勘探监督手册
测井分册
（第二版）

蔡　军　张国强　盛　达　陈　鸣　王　健　高强勇◎等编著

石油工业出版社

内容提要

本分册内容包括测井监督现场管理、电缆测井技术要点与质量控制、随钻测井技术要点与质量控制、工程测井技术要点与质量控制、现场解释与评价、测井作业常见问题处理建议及附录。

本分册可供油气勘探现场专业技术人员和管理人员参考。

图书在版编目（CIP）数据

勘探监督手册·测井分册 / 蔡军等编著 .— 2 版 .—北京：石油工业出版社，2025.1

ISBN 978-7-5183-6238-7

Ⅰ . ①勘… Ⅱ . ①蔡… Ⅲ . ①油气测井 – 技术监督 – 中国 – 手册 Ⅳ . ① TE-62

中国国家版本馆 CIP 数据核字（2023）第 161905 号

出版发行：石油工业出版社
（北京安定门外安华里 2 区 1 号　100011）
网　址：www.petropub.com
编辑部：（010）64222261　　图书营销中心：（010）64523633
经　　销：全国新华书店
印　　刷：北京中石油彩色印刷有限责任公司

2025 年 1 月第 2 版　2025 年 1 月第 1 次印刷
787×1092 毫米　开本：1/16　印张：29.25
字数：880 千字

定价：220.00 元
（如出现印装质量问题，我社图书营销中心负责调换）

·《勘探监督手册（第二版）》·
编委会

·《勘探监督手册·测井分册（第二版）》·
编写组

组　　长：蔡　军　张国强

副 组 长：盛　达　陈　鸣　王　健　高强勇　何玉春
王世越　魏　丹

成　　员：刘如明　曹　军　任　宏　涂春赵　苏鹤成
张国栋　王显南　王　勇　罗　鹏　顾玉洋
李世举　高永德　孙殿强　吴进波　王　锋
张明杰　李雄炎　刘小梅　汤丽娜　李国军
杨福林　钱玉萍　魏　涛

审稿专家组

（按姓氏笔画排序）

牛德成　卢华涛　吴兴方　秦瑞宝　徐大年　郭书生
黄　琳　黄志洁　蔡建荣

序

《勘探监督手册》是中国海洋石油勘探作业管理和技术操作规范的法规性文件，是勘探监督现场作业的工作手册，体现了中国海油勘探作业管理水平和技术能力，集合了中国海洋石油集团有限公司多年自营勘探的先进技术和管理方法，汇聚了众多勘探技术专家的工作成果，是几代勘探人智慧的结晶。《勘探监督手册》自1997年试用本推出以来，历经2002年和2012年两次修订，对规范勘探作业管理、提升作业效率、提高作业质量发挥了非常重要的作用。

"十二五"至"十三五"期间，中国海油油气勘探取得了重大突破，勘探逐渐向超深水深层、超高温高压、"双古"和"非常规"等领域转变与拓展，油气藏类型更为复杂，也推动了勘探作业在项目管理、作业技术提升上有更大的创新和突破。中国海油勘探作业团队以"精细管理、创新增效、成本管控"为宗旨，通过技术创新、管理提升，持续构建更为完善的海洋特色勘探作业技术体系。在此背景下2021年启动《勘探监督手册》第三次修订。

本次修订完善了技术标准和管理规范，新增了勘探作业新技术、新工艺方面的操作规范，新增了勘探作业有关的石油地质、地球物理、钻井工程、储层改造等相关基础知识，在继承原有成果的基础上进行了结构优化调整和内容完善，使得手册更具科学性、系统性、规范性和先进性。

《勘探监督手册（第二版）》包括物探、测井、测试和地质四个分册，各分册自成体系，是勘探作业管理人员、勘探监督现场管理的工作手册，也为科研技术人员及非勘探作业人员了解勘探作业提供了参考。希望通过本手册的指导和实施可以更好地实现勘探研究目标，促进勘探技术的发展与完善，为中国海油加快创建世界一流示范企业作出更大的贡献。

序

《勘探监督手册》是中国海洋石油勘探作业管理和技术操作规范的法规性文件，是勘探监督现场作业的工作手册，体现了中国海油勘探作业管理水平和技术能力，集合了中国海洋石油集团有限公司多年自营勘探的先进技术和管理方法，汇聚了众多勘探技术专家的工作成果，是几代勘探人智慧的结晶。《勘探监督手册》自1997年试用本推出以来，历经2002年和2012年两次修订，对规范勘探作业管理、提升作业效率、提高作业质量发挥了非常重要的作用。

“十二五”至“十三五”期间，中国海油油气勘探取得了重大突破，勘探逐渐向超深水深层、超高温高压、“双古”和“非常规”等领域转变与拓展，油气藏类型更为复杂，也推动了勘探作业在项目管理、作业技术提升上有更大的创新和突破。中国海油勘探作业团队以“精细管理、创新增效、成本管控”为宗旨，通过技术创新、管理提升，持续构建更为完善的海洋特色勘探作业技术体系。在此背景下2021年启动《勘探监督手册》第三次修订。

本次修订完善了技术标准和管理规范，新增了勘探作业新技术、新工艺方面的操作规范，新增了勘探作业有关的石油地质、地球物理、钻井工程、储层改造等相关基础知识，在继承原有成果的基础上进行了结构优化调整和内容完善，使得手册更具科学性、系统性、规范性和先进性。

《勘探监督手册（第二版）》包括物探、测井、测试和地质四个分册，各分册自成体系，是勘探作业管理人员、勘探监督现场管理的工作手册，也为科研技术人员及非勘探作业人员了解勘探作业提供了参考。希望通过本手册的指导和实施可以更好地实现勘探研究目标，促进勘探技术的发展与完善，为中国海油加快创建世界一流示范企业作出更大的贡献。

前言

《勘探监督手册》是中国海洋石油集团有限公司（以下简称中国海油）勘探作业的专用工具书和工作指导手册，规范了中国海洋石油勘探作业者的油气勘探现场专业技术标准和管理要求。在总结提升几十年自营勘探实践经验的基础上，充分汲取国际、国内先进石油公司管理方式和技术规程，先后历经初次编写和两次修订。《勘探监督手册》最早于 1997 年初次编写成册并试用；随着公司改组上市和勘探技术的快速进步发展，为了适应新形势下勘探管理工作的需要，及时补充新装备、新工艺、新技术等方面的内容，于 2002 年组织进行了首次修订；面对海洋石油近海油气勘探形势变化及深水、海外等勘探业务的拓展，为了适应勘探新技术的不断发展和需要，于 2012 年对手册进行了再次修订。经过二十多年的贯彻执行，历次的《勘探监督手册》在提高海上勘探现场作业效率、保障勘探现场作业质量、规范现场作业管理及提升资料录取质量等方面起到了重要作用。

"十二五"至"十三五"期间，中国海油油气勘探形势发生新的重大变化，勘探方向逐渐向超深水深层、超高温高压、"双古"及非常规等领域转变与拓展，油气藏类型也趋于向岩性、隐蔽型及复合型等转变。同时，勘探作业技术也获得了长足发展，仪器设备集成化、智能化，采集评价技术精细化、定量化，技术体系与作业规程得到进一步完善。2012 年出版的《勘探监督手册》已经不能完全适应当前的勘探作业需求，中国海油决定对《勘探监督手册》进行修订。

2021 年 2 月，中国海油成立了《勘探监督手册（第二版）》编委会，《勘探监督手册（第二版）》按专业分为物探分册、测井分册、测试分册和地质分册。手册修订原则为：一是健全、完善海洋特色勘探作业技术体系，补充新设备、新技术等方面内容；二是剔除已经不适用的技术内容，完善技术标准和管理规范；三是进一步增强作为工具书和指导手册的作用。

2021年6月18日，本分册编写组在海口召开了《勘探监督手册·测井分册（第二版）》（以下简称分册）的修订工作启动会，制订了新版分册的框架结构和修订计划，确定了测井分册编写组成员及分工等，明确了在继承2012年出版的《勘探监督手册》成果的基础上进行合理的结构优化调整和内容增补完善的修订要求，确定了分册修订的主要内容：（1）将分册整体架构调整为五大部分，包括测井监督现场管理、测井技术要点与质量控制（分电缆测井、随钻测井和工程测井三个章节）、现场解释及评价、测井作业常见问题处理建议及附录，形成一套从管理、采集技术与质控到测井解释的完整的现场监督技术体系。（2）测井监督现场管理部分依据目前作业与安全管理的要求，系统梳理作业管理与技术规范要求，补充、完善测井监督工作细则内容。（3）测井技术要点与质量控制部分依据中国海油近10年以来在电缆测井、随钻测井、工程测井等三个技术板块的主要实用技术，各板块均按技术代别和类型统一中海油服、斯伦贝谢、贝克休斯、哈里伯顿等四家服务公司的通用技术原理、主要影响因素及质控要求进行归纳总结，利于测井监督建立现场采集技术知识框架；对各家服务公司的个性技术只进行简要的技术介绍，利于技术体系的具体化和知识扩充。电缆测井部分新增介绍了26种测井新技术新工具，重点是高温高压测井技术、快速测井平台和测压取样新工艺等方面；随钻测井部分新增了21种34个仪器规格随钻测井工具、地质导向技术、信号传输和深度控制等内容。（4）工程测井和资料解释部分原分册归属电缆测井技术规程章节，本次修订分别作为单独的章节详细讲解相关作业规范和技术要点。（5）测井作业常见问题处理建议部分为新增章节，分享近十年在复杂作业条件下（定向大斜度探井、高温高压、复杂岩性储层）测井常见问题及推荐最优作业方案。（6）依据现行勘探技术标准和规范，重建附录的相关内容。（7）删除中国海油近几年不常用或者技术陈旧的测井工具和测井技术。

在分册修订过程中，编写组克服了新冠肺炎疫情的严重影响，组织了多轮次的函审、视频审查和三次线下专家审查会，圆满完成了本次修订任务。

分册全文共分为6章及附录，第1章由张国强、高强勇、曹军、任宏编写，第2章由高永德、陈鸣、孙殿强、吴进波、王锋、涂春赵、杨福林编写，第3章由王健、王世越、王显南、王勇、罗鹏、顾玉洋、李世举编写；第4章由蔡军、魏涛、盛达、何玉春、张国栋编写，第5章由魏丹、李雄炎、刘小梅、汤丽娜、李国军、钱玉萍编写，第6章由张国强、刘如明、苏鹤成、高强勇编写，附录由陈鸣、王世越、张明杰编写。

在分册的编写修订过程中，中国海洋石油有限公司勘探开发部和天津、上海、深圳、湛江、海南各分公司勘探（开发）部，中海油田服务股份有限公司油田技术事业部有关专家参加了编写、修订和审查，付出了大量的辛勤劳动，在此表示衷心感谢。最后，向参加分册审查给予大量宝贵意见的黄志洁、秦瑞宝、郭书生、黄琳、牛德成、吴兴方、徐大年、蔡建荣、卢华涛等审稿专家表示诚挚的敬意。

由于编著者水平有限，书中不足之处在所难免，恳请广大专家读者不吝指正。

目录

1 测井监督现场管理

1.1 测井监督岗位职责与技能要求

1.1.1 测井监督岗位职责

测井监督是中国海洋石油集团有限公司派驻作业现场的测井代表，以维护中国海洋石油集团有限公司的利益为己任。在测井作业中，测井监督对测井承包商实施监督，主要职责是确保录取资料的质量和现场解释客观、准确，并对成本进行控制。

测井监督岗位职责如下：

（1）现场测井监督直接对中国海洋石油集团有限公司负责，代表中国海洋石油集团有限公司。

（2）根据合同对测井承包商现场作业实施监督，对测井资料录取的质量负全部责任，并保证资料的及时性、完整性和规范性，同时提高作业效率，节省测井费用。

（3）根据作业井的地质设计或指令下达测井通知单，制订作业方案，按要求及时向基地汇报。

（4）对测井作业过程中的安全风险进行提示，监督落实设计和作业中的安全风险应对措施，确保其符合安全管理规定。

（5）根据合同要求，对承包商的人员资质、仪器设备进行检查，对不合格的仪器、设备、不称职或工作中出现严重错误的人员提出更换要求。

（6）积极收集地质、钻井、测试等有关资料，认真进行现场测井资料解释，在解释中不得漏掉油气层。

（7）充分了解测井合同内容，依据合同规定对实际完成的作业工作量进行确认并签字，对承包商的服务进行评估。

（8）参与地质设计中的测井系列设计及变更，根据作业井实际情况提出资料录取建议。

（9）负责编写测井作业总结报告，具体要求参见相关企业标准。

1.1.2 测井监督技能要求

1.1.2.1 应具备的学历与资历

（1）应具有大学专科及以上学历，具有本专业初级及以上执业资格证。

（2）有两年及以上测井相关工作经验。

（3）取得出海所需的各种证件。

1.1.2.2 应掌握的知识

（1）应掌握系统的测井方法原理、测井资料解释的基础理论知识，以及石油地质、地球物理勘探的必要知识。

（2）应掌握测井仪器的基本工作原理和测量条件，了解测井新技术及发展方向。

（3）应掌握测井专业现行技术规范和标准。

（4）应掌握本分册内容。

（5）应掌握测井作业安全相关知识，了解环境保护知识。

（6）应熟悉测井合同、报价单的详细条款。

（7）应了解作业地区政府对放射源、爆炸物等危险品运输、存放、使用的管理规定。

（8）应对钻井工程、钻井液、地层测试等作业的方法、工艺流程及装备有一定了解。

1.1.2.3 应具备的工作技能

（1）能正确理解和执行地质设计，按实际情况编写作业方案。

（2）能正确理解和执行测井合同，对承包商进行监督。

（3）能动员测井承包商的作业人员、设备到现场，执行作业方案，并对资料进行质量控制。

（4）能选择电缆地层测试压力测试、流体取样及井壁取心位置。

（5）能根据测井技术规程的要求检查验收测井资料，确保测井资料的完整性和规范性。

（6）能正确选取参数对测井资料进行现场处理，结合作业井录井资料及区域地质资料进行综合分析，正确评价油、气、水层。

（7）能独立审核测井作业工单，编写测井作业总结报告。

（8）应熟悉专业英语、英语缩写，能用英语与承包商进行工作交流。

1.1.3 资料保密

（1）必须严格执行中国海洋石油集团有限公司的保密规定，不得私自向第三方透露测井资料。

（2）对测井服务合同有关内容严格保密。

1.2 测井监督工作细则

本细则为中国海洋石油集团有限公司的测井监督明确了具体工作步骤，提供了基本的测井质量控制方法，指导测井监督合理运用权限、处理现场特殊情况，是完成测井监督工作的指南。

1.2.1 基地准备

1.2.1.1 赴井场前的准备

测井监督接受委派后，首先应对作业井所处的地质构造位置、构造类型、油气藏类型及其特征进行了解，并了解地质设计和钻井设计中与测井作业有关的内容及要求；有邻井资料的，应了解邻井地层层序、岩性、分层标志、油气层深度、DST 测试资料、地层水水分析资料等；了解测井合同、预算及价格表；准备好有关证件及其他出海作业所需用品。

1.2.1.2 作业动员

测井监督应充分掌握测井服务合同内容，依据地质设计提出仪器动员需求，明确专项测井仪器类型和具体配置。承包商应及时反馈仪器资源能否满足动员需求，需作业点之间调配的仪器应制订计划。若承包商无法满足仪器动员需求，测井监督应提出解决方案并及时向主管领导汇报。

1.2.1.3 人员和设备检查

测井监督应对测井承包商作业人员进行资质审查，不满足的人员禁止出海。

仪器设备动员前，测井监督应要求承包商提交测井仪器设备、火工品和放射性物品等的清单、近期使用记录和维保记录，确保仪器设备处于正常工作状态，满足动员需求。人员和仪器设备在动员过程中，测井监督应密切跟踪动态，并督促及时到达现场。

1.2.2 井场准备

1.2.2.1 到达井场后的检查

到达井场后，测井监督应及时了解钻井和录井情况，若实钻情况与设计出现较大差异时，应及时向主管领导汇报并提出相应建议。

测井监督应要求承包商及时进行仪器设备检查，并提交检查报告，如有不能正常工作的设备或缺少的部件，要求承包商及时采取补救措施，确保作业顺利实施。测井监督应要求承包商检查放射源、炸药等危险品的数量、状况、存放位置等是否符合管理规定。

1.2.2.2 作业条件

测井作业前，测井监督应关注井眼状况，进行作业条件和风险分析，积极与钻井总监沟通，采取措施保障井眼环境，满足资料采集要求，确保作业顺利实施。

电缆地层测试、核磁共振、电成像、旋转井壁取心等测井项目对钻井液的固相含量、电阻率等有一定的要求，测井监督应提前告知钻井总监，若处理后仍不能满足作业要求，应及时向主管领导汇报并提出解决方案。

随钻测井作业前，测井监督应与钻井总监协商随钻测井仪器组合、测量方式、测速、转速、泵压等相关参数，当井底温度接近或者高于随钻测井仪器耐温指标时，入井前应制订合理的降温措施；要求承包商检查仪器及传感器连接情况，保证设备工作状态正常。当

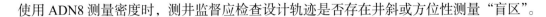

使用 ADN8 测量密度时，测井监督应检查设计轨迹是否存在井斜或方位性测量“盲区”。

1.2.2.3 现场作业交底会

测井作业前，测井监督应召集测井承包商及相关人员召开测井作业交底会，介绍本井的基本情况、测井计划和作业难点，明确仪器入井配置及测量模式，强调各个作业环节的注意事项，对作业风险作出提示，并制订应对措施。

1.2.3 测井作业现场实施

在作业开始前，测井监督应向测井工程师下达测井通知单，要求钻井液工程师用测井前通井循环结束时钻井液返出口处的钻井液，提供给测井工程师钻井液样品（不少于25mL）、钻井液滤液样品（不少于 10mL）和滤饼样品（体积不小于 $3cm^3$），滤饼取出时不得冲洗。

作业前，测井监督应要求现场相关方提供良好的测井作业环境，并对测井期间注意事项进行提示：禁止电气焊、打磨、跨越电缆吊装作业；无关人员远离测井区域；组装、拆卸仪器期间保护井口，严防井下落物；涉及火工品作业时进行无线电静默；在井口进行放射源操作时，要做好防护，并及时广播。

电缆测井时间一般从大钩吊起天滑轮（rig up）开始，至大钩降下天滑轮（rig down）为止。随钻测井时间一般从仪器入井开始，至仪器起出井口为止。

测井监督应要求承包商在组合随钻测井仪器前，检查仪器状态，准确丈量仪器长度和各测点零长；仪器入井前，按要求对仪器进行测试检查，并保证地面系统与仪器的时间一致，初始化完成后不得随意更改系统时间；仪器应在深度 500m 以内测试正常后，才能进行下步作业。

1.2.3.1 通知单及时效

测井通知单由现场测井监督填写，确保各项数据准确无误。井位坐标、升船数据、完钻井深、套管下深等数据按照钻井日报填写，造斜点、最大井斜角、最大狗腿度按照定向井轨迹数据填写。钻井液参数按照钻井液工程师提供的性能数据（包括 pH 值、黏度、密度、失水和氯离子等）填写，该数据一般选择测井前最后一次循环结束时的钻井液性能数据；测井系列、测井顺序按照测井作业方案填写；资料提交按合同要求填写；如实填写钻井过程中的复杂情况、钻具遇阻遇卡深度等。签字确认后，测井监督将测井通知单交给测井工程师。

电缆测井时效记录表由现场测井监督填写，应如实记录全部作业时间，超过 30min 的损失时间应统计在内；对测井服务的质量作出客观、公正的评价，记录测井作业中存在的问题，并备注原因；随钻测井记录参照电缆测井记录填写。

测井时效记录表包括：总测井时间、测井作业时间、有效测井时间、损失时间、通井时间和打捞时间。

总测井时间：包括测井作业时间、通井时间、复杂情况处理时间、打捞时间。

测井作业时间：包括有效测井时间和损失时间。

损失时间：从仪器出现故障开始起，到更换仪器下井到故障点为止。

测井时效：1-（损失时间 / 测井作业时间）×100%。

有效测井时效：（有效测井时间 / 总测井时间）×100%。

1.2.3.2 测井作业方案

现场测井监督应编写测井作业方案，内容应包括作业井基本信息、钻井液参数、邻井情况、风险分析及应对措施、仪器设备状况、仪器组合、测压取样和井壁取心深度设计等，报基地审批后实施。

（1）作业井基本信息：井名、井深、目的层、录井油气显示情况。

（2）钻井液参数：钻井液类型、密度、氯离子含量、井口和估算井底钻井液电阻率等信息。

（3）邻井情况：邻井各测井项目的作业简况，尤其是阻卡情况、地层基本信息、作业经验及问题、难点及应对措施。

（4）风险分析及应对措施：测井作业存在的风险以及预防措施，应重点分析放射性测井、测压取样和井壁取心等作业。

（5）仪器设备状况：各项测井仪器设备配备情况。

（6）仪器组合：测井项目所使用的仪器组合及长度、辅助设备的配置等情况。

（7）测压取样和井壁取心深度设计：根据录井、常规测井等相关资料，对测压取样以及井壁取心深度进行初步设计。

1.2.3.3 测井深度校正

测井监督的首要任务是校正深度，深度校正必须由测井监督确认。

随钻测井深度是钻具下入井中的实际长度，校正的基准为钻具表中的钻具长度，随钻测井工程师应持有一份经钻井总监确认的钻具表，以便实时跟踪和校正随钻测井深度。随钻测井深度校正方法如下：

（1）作业前确保随钻测井深度跟踪系统正常，并对光栅编码传感器深度跟踪系数进行标定。

（2）入井前应对仪器初始化，确保仪器时钟与地面主机的时钟统一，以防影响测井资料深度的准确性。

（3）钻具组合入井过程中，工程师应确认钻具组合顺序、工具长度、仪器零长等正确无误。

（4）下钻期间，工程师应根据钻具表持续进行深度跟踪与校正；下钻至距井底约200m时应降低下放速度，根据钻具表对每根立柱进行校深；接近井底时，应将钻具内螺纹端与钻台面对齐，与钻具表深度校准。

（5）钻进或随钻测井时，工程师应对每根立柱进行一次校深，并建立LWD深度跟踪表，校正原则如下：

① 当深度误差小于 ±0.1m 时，原则上无须进行深度调整。

② 当深度误差介于 ±0.1～±0.5m 时，在非水平井的主要目的层段，为保证储层真实垂厚的准确性，不宜进行深度校正；在非目的层段，可直接调整钻头深度。

③ 当深度误差超过 ±0.5m 时，应及时进行校正，并回到上一个深度参考点重置井深及钻头深度，复测本井段；如果误差仍然超过 ±0.5m，应复查钻具长度，或者重新对光栅编码传感器进行标定。

④ 深度调整应记录在 LWD 深度跟踪表内，并将跟踪表保存在完井报告内一起提交。

在半潜式钻井平台随钻测井时，宜同时使用随钻测井深度跟踪系统和潮汐补偿器来跟踪校正深度。随钻测井工具下钻前应对深度跟踪系统和潮汐补偿器进行标定，地面系统应更新深度跟踪系数；校深时，应对每根立柱坐卡时的钻头深度与经过潮汐补偿并考虑方余的理论钻具下深进行对比，计算每一柱的深度误差。

同一趟随钻测井不同曲线深度误差应不超过 ±0.2m，随钻测井的测井套管鞋深度与钻井提供的套管鞋深度误差应不超过 ±1m/1000m；否则，应复查钻具组合或套管长度。通常情况下，同一井段多趟随钻测井或不同井段多次随钻测井的校深是独立的。随钻测压、取样等需要准确定位测量点的作业，应以该次随钻测井第一趟测井的自然伽马曲线为基准进行校深。

测井电缆应在深度标准井内或地面电缆丈量系统中进行注磁标记，每 25m 做一个磁记号，每 500m 做一个特殊磁记号，电缆零长用丈量数据。做过注磁标记的电缆宜在深度标准井内进行深度校验，每 1000m 电缆深度误差应不超过 ±0.2m，非磁性记号深度系统也适用于该标准。电缆测井校深可参考以下两种方式进行，第一种是通过磁记号校深，第二种是非磁记号电缆校深方法。

方法 1：电缆磁记号校深方法。

（1）作业前应检查直线器的深度轮是否干净，确保深度轮表面没有明显的凹槽，因磨损而导致的凹槽应不超过 0.005in，否则需要更换。

（2）测井仪器应在井口对零，确认绞车面板显示深度与测井采集系统的深度一致；半潜式钻井平台由于潮汐影响会导致平台发生升沉，因此，进行电缆测井时须开启钻柱升沉补偿器来抵消平台升沉对测井深度的影响，因此需要额外进行以下步骤：下放仪器至钻台面以下 100～200m，停止下放仪器，记录采集系统的深度 D_1，在电缆与井口对齐的位置做胶带记号，开启钻柱升沉补偿器，拉紧补偿绳，上提电缆再次使胶带记号与井口对齐，将采集系统中的测井深度设置为 D_1。

（3）仪器下至套管鞋以下适当深度，上提测量，以浅电阻率曲线归零深度点作为测井套管鞋深度，并将该深度校至钻井日报中的套管鞋深度。

（4）仪器出套管鞋后，上提电缆连续听两个磁记号，记录磁记号的深度及张力，精确到小数点后 1 位。

（5）下放过程中应监测磁记号的连续性，磁记号每 25m 一个均匀出现，不应有过大的误差。

（6）井底附近上提仪器，连续听两个磁记号，记录磁记号的深度，同样精确到小数点后 1 位。同时注意记录电缆张力，使用张力和深度数据查阅图版（图 1.1）获得电缆伸长量。电缆伸长量应在上测过程中使用校深系统逐步去除，此操作应在泥岩段或非目的层段进行。

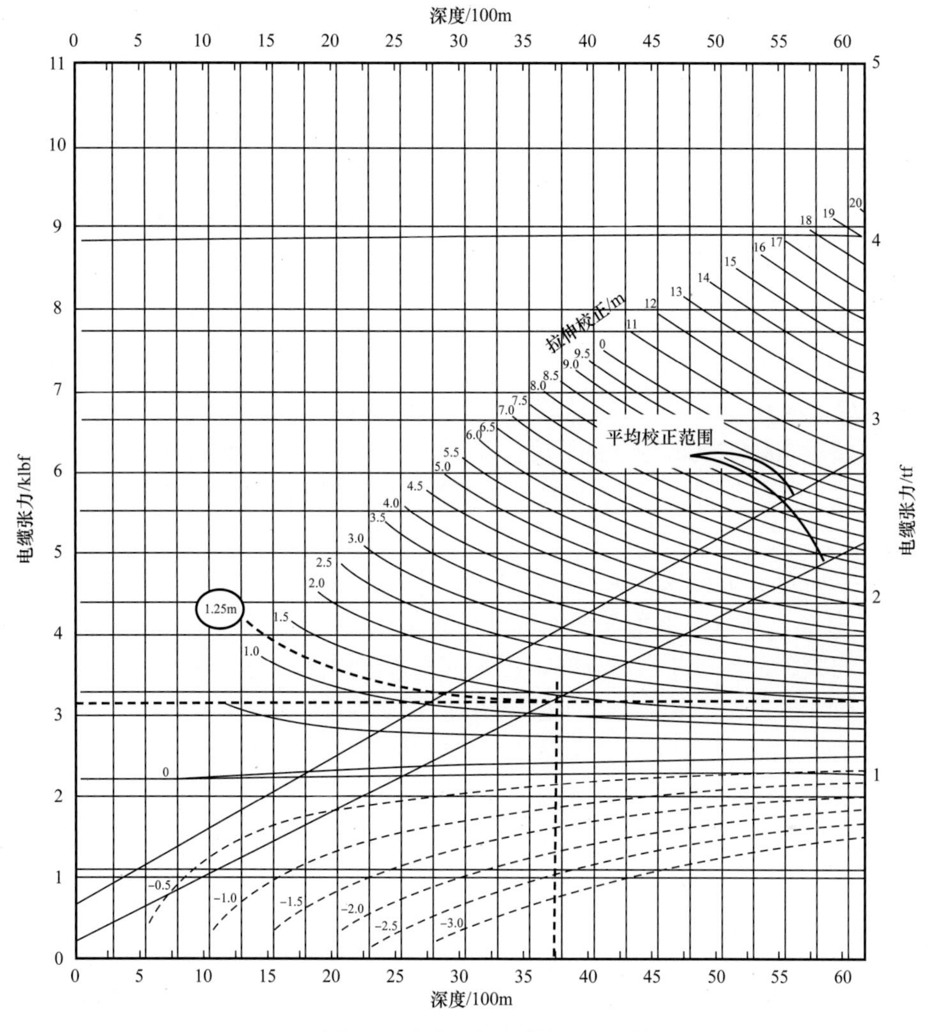

图 1.1 张力和深度数据查阅图版

（7）计算自动校正系数，上测过程中使用自动校深系统校正深度。

例如，当某井进行首次电缆测井校深作业时，井深 3741.40m，套管鞋深度为 500.00m；电缆磁记号每 25m 一个，其校深过程如下：

（1）仪器出套管后，上提仪器连续听两个磁记号，假设磁记号的深度分别为 528.60m、503.60m，记录磁记号的深度及张力。

（2）仪器接近井底时，上提仪器连续听两个磁记号，理论上听到磁记号的深度应为 3728.60m、3703.60m。假设实际听到的磁记号的深度分别为 3730.90m、3705.90m，与理论值产生了 2.30m 的误差，记录此时电缆张力为 3100lbf。

（3）计算电缆伸长量：查阅张力和深度数据图版读取电缆伸长量为 1.25m，将此伸长量加入当前深度获得实际深度为 3728.60m+1.25m=3729.85m。注意：加 1.25m 的原因是电缆伸长，导致仪器实际深度在地面视深度以下。

（4）计算自动校正系数：上述2.30m的误差为测量轮误差，此误差为线性误差，在上测过程中通过自动校深系统校正，此时将深度减去2.30m（3730.90m−2.30m=3728.60m），计算得出自动校正系数为2.30m/（3730.90m−503.60m）×1000m≈0.71m/km。

（5）仪器下到井底上提测量，电缆伸长量1.25m在上测过程中使用校深系统逐步去除，此操作应在泥岩段或非目的层段进行。

（6）设置软件自动校正系数为0.71m/km，使用该自动校正系数直至测井结束。同时，上测过程中持续跟踪磁记号，使用校深系统进行微调。

（7）仪器测至套管鞋后，检查测井测量的套管鞋深度与钻井日报记录的套管鞋深度误差应不超过 ±0.5m，当此误差超过该标准时应查找原因。

方法2：非磁记号电缆校深方法。

（1）测井仪器应井口对零，并确认绞车面板显示深度与测井采集系统的深度一致。

（2）下放仪器100～200m，停止下放仪器，并记录此时采集系统的深度为D_1，在直线器前端的电缆上做胶带记号，下放仪器，当电缆上的胶带记号与井口对齐时，记录采集系统的深度为D_2。记号移动的距离即为仪器在井口附近时直线器至井口之间的电缆长度，记录为L_1，$L_1=D_2-D_1$。下放仪器至接近井底时，重复上述步骤，停止下放仪器，并记录采集系统深度为D_3，在直线器前端的电缆上做胶带记号（与之前的位置相同），下放仪器，当电缆上的胶带记号与井口对齐时，记录采集系统深度为D_4，记号移动的距离即为仪器在井底附近时直线器至井口之间的电缆长度，记录为L_2，$L_2=D_4-D_3$。

半潜式钻井平台由于潮汐影响会导致平台发生升沉，因此，进行电缆测井时须开启钻柱升沉补偿器来抵消平台升沉对测井深度的影响，需要进行以下步骤：下放仪器100～200m，停止下放仪器，并记录采集系统深度为D_1；在电缆与井口对齐的位置做胶带记号，开启钻柱升沉补偿器，拉紧补偿绳，上提电缆使胶带记号再次与井口对齐，将采集系统中的测井深度设置为D_1；在补偿绳靠近井口、连接于隔水导管的一端做胶带记号；在直线器前端的电缆上做胶带记号，下放仪器，当胶带记号与补偿绳上的胶带记号对齐时，记录采集系统深度D_2，记号移动的距离即为仪器在井口附近时直线器至井口之间的电缆长度，记录为L_1，$L_1=D_2-D_1$；下放仪器至接近井底时，停止下放仪器并记录采集系统深度D_3，再次在直线器前端的电缆上做胶带记号（与之前的位置相同），然后下放仪器，当电缆上的胶带记号与补偿绳上的胶带记号对齐时，记录采集系统深度D_4，记号移动的距离即为仪器在井底附近时直线器至井口之间的电缆长度，记录为L_2，$L_2=D_4-D_3$。

（3）计算上述两次测得的电缆长度的差值ΔL，$\Delta L=L_1-L_2$，然后对采集系统深度进行校正：

① 若ΔL大于0.3m，则采集系统深度需加上此值作为校正。在校正之前须确认导致这两次所测电缆长度变化的原因（天滑轮移动、地滑轮移动或拖橇移动），并确定此原因已被消除。

② 若ΔL小于或等于0.3m，则采集系统深度无须校正。

（4）记录下测自然伽马曲线作为主曲线的深度校正曲线：仪器下放过程中，在裸眼段内选择岩性变化明显的井段下测记录长度约 200m 的自然伽马曲线。

（5）测井作业过程中，应监测两个深度轮的行程差，如果该差值在 1m/1000m 之内，则说明测井深度系统工作正常；电缆到达滚筒侧边时应记录深度和张力，作为深度测量系统的辅助记录。

（6）主曲线测量结束后，应参考下测自然伽马曲线进行深度校正，校正后的主曲线深度即为正确的测井深度。

（7）重复曲线应参考主曲线进行深度校正。

测井监督可根据现场实际情况选择适用的深度校正方法，但不论采取何种深度校正方式，第一次电缆测井测量的套管鞋深度与钻井日报记录的套管鞋深度误差应不超过 ±0.5m；电缆测井所有曲线之间应深度对齐，同次测量的各条曲线深度误差应不超过 ±0.2m。同一井段内，非首个测井项目应以该次测井第一个测井项目的自然伽马曲线为基准进行深度校正，不同测井系列的曲线深度误差应不超过 ±0.3m；后续井段测井时，以上一次测井第一个测井项目的自然伽马曲线为基准进行校深，测井深度与钻井深度的误差应不超过 ±1m/1000m。深度校正曲线应不小于 50m，如深度误差超过上述范围，应查明原因。

同一井段中，随钻测井和电缆测井之间的深度匹配应以本井段首次测井深度为基准进行深度校正，原则是保证目的层井段或者较厚的标志层的深度一致，对非目的层井段的深度误差可以不予考虑。无论是随钻测井还是电缆测井，现场深度校正只允许对全井段测井曲线进行整体平移，严禁整体拉伸、压缩和局部平移。

1.2.4 测井作业现场质量控制

1.2.4.1 质量控制要求

1.2.4.1.1 数据精度要求

（1）在已知地层有正确的测井响应。

（2）质量控制曲线应如实反映仪器的工作状态。

（3）曲线变化正常，无跳跃和平头。

1.2.4.1.2 图头要求

测井工程师应按照通知单填写图头数据，图头数据应包括测井系列名称、井口坐标、完钻井深、套管下深、井眼尺寸、钻井液性能、测量温度、工程师和测井监督姓名等。

（1）所用仪器设备数据均应齐全准确。

（2）测井系列名称准确完整。

（3）比例尺改变时，图头加以说明。

（4）备注栏应包括曲线异常变化、井眼状况、钻井液氯离子、仪器问题等简述。

（5）随钻测井图应包括仪器下井次数、井眼轨迹数据等信息。

1.2.4.1.3 电缆测井深度和深度比例要求

（1）测井电缆的深度按规定在深度标准井内或地面电缆丈量系统中进行注磁标记，每

25m（或 20m）做一个深度记号，每 500m（或 200m）做一个特殊记号，电缆零长以实际丈量数据为准；做了深度记号的电缆，应在深度标准井内进行深度校验，每 1000m 电缆深度误差不应超过 ±0.2m。

（2）非磁性记号深度系统应定期在深度标准井内进行深度校验，其深度误差应满足每 1000m 电缆深度误差不超过 ±0.2m。

（3）第一次测井的深度应以钻井日报记录的套管鞋深度为准，测量的套管鞋深度与钻井日报记录的套管鞋深度误差不超过 ±0.5m。后续井段测井时，以上一次测井第一个测井项目的自然伽马曲线为基准进行深度校正，深度校正曲线应不小于 50m，测井深度与钻井深度的误差应不超过 ±1m/1000m。同一井段内，不同测井系列曲线深度误差不超过 ±0.3m。

（4）测井仪器应在井口对零。

（5）重复曲线深度与主测井误差不超过 ±0.3m。

（6）套管井测井深度应以该井段裸眼测井的自然伽马曲线为基准进行校正，同时参考套管接箍和同位素深度。

（7）电缆测井深度误差超过标准时应查找原因，并保证目的层段深度准确，做好备注。

（8）深度比例严格按测井通知书的要求。

1.2.4.1.4 随钻测井深度及误差要求

（1）应每根立柱与钻具表进行一次校准，每根立柱的深度误差应不超过 ±0.1m。

（2）随钻测井的测井套管鞋深度与钻井提供的套管鞋深度误差应不超过 ±1m/1000m。

（3）同一趟随钻测井不同曲线深度误差应不超过 ±0.2m。

（4）对于深度的所有编辑更改都应有记录，可随时查询。

（5）随钻测井深度误差超过标准时应查找原因，并保证目的层段深度准确，做好备注。

1.2.4.1.5 刻度与校验要求

仪器应有正确的车间刻度，且不得超过各承包商的规定时间。所有的车间刻度、测前和测后校验数据齐全，误差应在允许范围内；所有刻度、校验数据均应附在蓝图上。

应对测前校验和测后校验的数据进行检查核对，对校验超出允许误差范围的仪器应立即更换，如测后校验超标，更换仪器重新测量。

1.2.4.1.6 测速要求

电缆测井测速必须限制在仪器串上所有仪器的规定测速容限值以内，测速应稳定。

随钻测井应根据采样率控制钻速，确保满足数据采样密度要求：

（1）在非目的层段，实时数据采样率应不低于 3 个样点 /m（1 样点 /ft）；在目的层段，实时数据采样率应不低于 6 个样点 /m（2 样点 /ft）。

（2）在非目的层段和目的层段，内存数据采样率均应不低于 6 个样点 /m（2 样点 /ft）。

1.2.4.1.7 重复性要求

电缆测井应至少有 60m 以上的重复曲线（核磁共振、成像等测速慢的测井项目重复曲线应不少于 20m，点测等测井项目除外），以检查仪器的稳定性；要求在深度校准后，先测主曲线，然后下放仪器到现场测井监督所要求的井段测量重复曲线，测量重复曲线的井段既不能在套管鞋处，也不能在井底，要在曲线有明显变化的井段，但不得用校深曲线来代替。测井曲线出现异常响应的井段应重复测量验证。重复曲线与主曲线的深度误差和重复性控制应在允许的误差范围内。

1.2.4.1.8 曲线标记要求

（1）标明第一个读数数据（FR）、最大井深（TD）和套管鞋位置（CSG）以及各曲线的名称。

（2）所有曲线的符号正确，无遗漏。

（3）曲线上横向比例变化、曲线偏移应标明。

1.2.4.1.9 横向比例要求

（1）横向比例满足中国海洋石油集团有限公司的设计或本区域惯例要求。

（2）同一道内的曲线采用不同的颜色或线体类型。

（3）刻度线选择正确。

（4）第二横向比例应为主横向比例的正常延续。有特殊变化时要在曲线交会处标明，并在横向比例尺上增加第二横向比例。

1.2.4.1.10 测井参数选择要求

（1）正确选取孔隙度测井的岩石骨架参数。

（2）正确选取平滑滤波参数、环境校正参数。

1.2.4.1.11 图面要求

图面整洁，图像清晰，图像及曲线颜色对比合理；曲线应标注名称，绘图刻度便于储层识别和岩性分析；曲线布局、线型选择合理，曲线交叉处清晰可辨。

完整的测井图应包含图头、井身结构示意图、主曲线段、重复曲线段、刻度和校验数据表，以及仪器串结构图。完整的测井图要由测井监督检查确认，主要看图头数据是否正确；备注栏是否对要说明的问题都有记述；刻度是否齐全；主曲线是否对曲线名称及井底、套管鞋、曲线异常都有标注；是否附有重复曲线和仪器示意图。

1.2.4.2 质量控制简要说明

1.2.4.2.1 自然伽马

带自然伽马的测井系列测速不得超过 9m/min，几个测井系列的自然伽马曲线在形态上应一致。测井特征应符合区域规律，与地层岩性有较好的一致性；正常情况下，泥岩层或富含放射性物质的地层呈高自然伽马特征，而砂岩层、碳酸盐岩地层呈低自然伽马特征。在钾离子含量较高的钻井液中，自然伽马响应值应增大，影响程度取决于钻井液相对密度、钾离子浓度和井眼尺寸。

1.2.4.2.2 自然电位

自然电位在泥岩处为基线，曲线应平滑无毛刺。如自然电位曲线有干扰或者异常，首先应及时排查是否有电气焊、切割、打磨等因素干扰。在砂泥岩地层，曲线应能反映岩性变化，渗透层自然电位曲线的幅度变化应有以下特征：

（1）当 R_{mf} 大于 R_w 时，自然电位曲线相对泥岩基线负偏移。

（2）当 R_{mf} 小于 R_w 时，自然电位曲线相对泥岩基线正偏移。

1.2.4.2.3 井径

井径曲线可由多种仪器测得，其测量精确度与井径臂的多少有关。井径要在套管内进行校验，误差在 ±0.2in 以内。

1.2.4.2.4 电阻率

电阻率曲线分感应电阻率和侧向电阻率，每种都至少有深、中、浅三条电阻率曲线。一般情况下，感应电阻率适用于淡水或油基钻井液，侧向电阻率适用于水基钻井液。在非渗透层，不同探测深度的电阻率曲线重叠。电阻率仪器在下出套管 50m 后进行主刻度，并在相同的位置进行测后校验。

1.2.4.2.5 声波

声波曲线不需刻度，纵波时差数值不得小于 40μs/ft，不得大于 190μs/ft。在自由套管中，声波时差测量值允许范围为 57μs/ft±2μs/ft。阵列声波包括单极子全波列模式、偶极子全波列模式和交叉偶极子全波列模式，测前要确定测量模式。

1.2.4.2.6 放射性测井

放射性测井包括补偿中子、补偿密度、岩性密度（或称 Z 密度）等。这一系列的特点是仪器带有放射源并且需要偏心测量。在砂泥岩剖面中，中子、密度的比例尺分别为 0～60p.u. 和 1.71～2.71g/cm^3；在复杂岩性剖面中，中子、密度的比例尺分别为 45～−15p.u. 和 1.95～2.95g/cm^3。石灰岩的骨架密度为 2.71g/cm^3，P_e 为 5.08。白云岩的骨架密度为 2.87g/cm^3，P_e 为 3.1。当钻井液密度大于 1.32g/cm^3 时，密度的补偿值为负值属正常现象，当钻井液中含有较多重晶石时也会出现类似现象，而且岩性密度的值也会因此而产生跳跃。密度的补偿值在正负 0.05g/cm^3 以内是正常的，扩径可能会导致超过此范围。

1.2.4.2.7 电缆地层测试

电缆地层测试对井况的要求较高，作业前应做黏卡试验验证井况，静止时间可依据实际情况选择 5～15min。

测压点的设计应遵循以下原则：

（1）明确测压目的，根据测压目的确定测压深度及参数；

（2）测压点应设计在井眼规则、泥质含量较小、孔隙度和渗透性相对较好的位置；

（3）测压点设计宜满足回归流体密度的要求，一般情况下，对垂厚大于 3m 的储层，测压点的数量宜不少于 3 个。

电缆地层测试仪器的温度计是按升温刻度的，所以测压应采用下测方式。到达测量深度后，停车观察温度的变化，并反复上下移动仪器，直到温度稳定为止（温度值在 1min 之内的变化 ±0.1℃范围内）。流体密度计算应不少于 3 个有效测压点，参与计算的测压点应来自同一探针。压力恢复过程中，如果地层压力在 1min 内变化小于 0.05psi，则说明压力已经稳定。压力数据的质量可用地层压力系数来评价，三个点的相对地层压力系数相同，至少小数点后三位相同或相近，即说明测得的压力值一致性好。对低渗储层，应尽可能用较低的抽取速度，使压降适宜。压力恢复时间应以 1000s 为上限，压力恢复时间达到 1000s，无论压力是否稳定均可结束测试。对于抽取流体后的压力值恢复接近于地层压力但无法稳定的现象，首先要作出判断，是地层的原因还是由于探头被堵塞所引起，如果认为由于探头被堵塞而引起，应找一个明显的水层来验证。对于坐封失败或坐封后抽取流体就漏的现象，应作出判断是封隔器破裂还是地层原因导致的。致密地层和裂缝性地层也会出现类似现象，主要是由地层致密未形成滤饼所致，这时应放弃进一步测试。

在每一设计测压点，如测不到地层压力，可在该点上下 0.3～0.5m 内选点补测，以便取得地层压力。

在取样之前应进行一次测压作业，测压的意义在于确定该点流动性。泵抽过程中要根据黏卡试验数据活动电缆，防止发生电缆黏卡；若活动电缆时出现黏卡迹象，应根据实际情况决定继续泵抽取样或及时灌样解封起出仪器通井。

取样时，应综合井下流体参数进行实时分析判断，可采用阶段性灌样的方式对样品进行氯离子对比，辅助判断流体性质，同时可累计样品体积；若泵抽效率较低，可采用段塞取样法以提高样品纯度。如果取样过程中发生漏封，建议在原点或其附近位置尝试再次坐封，提高取样效率。取 PVT 样时，取样筒内应充分过压，以减小流体返回地面时产生相变的可能性。

地面转样时应对油气水进行计量，首先应测量样筒压力来判断是否有气，若样筒压力值小于 100psi 则应先取气样再计量。现场宜采用排水集气法或直接转到气囊，现场应依据实际井场条件对样品进行分析，气样由录井服务公司的人员进行气体分析，含水样品应先由钻井液工程师进行氯离子分析，测井监督应在场，至少测量两次氯离子进行验证。结合揭开地层时的钻井液氯离子、测井前的钻井液氯离子、纯油层中所取的滤液氯离子以及离子相对变化综合分析，综合判断水样是地层水还是钻井液滤液。样品密封好后应及时运回基地。

1.2.4.2.8 核磁共振

测前要做好设计，测量模式要在原图上标注清楚。核磁共振测井对钻井液矿化度有一定的要求，要根据服务商提供仪器的限制条件优选测量模式。

（1）有效孔隙度（MPHI）总是小于总孔隙度（PHIT），只有在单一岩性的储层中有效孔隙度等于总孔隙度。

（2）单一岩性水层中，有效孔隙度近似等于密度—中子交会孔隙度。

（3）泥质砂岩地层中，有效孔隙度小于或等于用正确的骨架参数计算的密度孔隙度。

（4）纯气层中，有效孔隙度值应接近于中子孔隙度（假设骨架选择正确）。

（5）井眼扩径超过仪器探测直径时，仪器的响应将受到井眼钻井液的影响，使毛细管束缚流体体积 MBVI 显著增大。

（6）致密层或泥岩层的自由流体孔隙度应近似等于 0p.u.。

（7）稠油储层的总孔隙度应低于中子—密度交会孔隙度。

（8）双 T_W 模式中，短等待时间测量的有效孔隙度应小于或等于长等待时间测量的有效孔隙度。

（9）双 T_E 模式中，短回波间隔测量的有效孔隙度应大于或等于长回波间隔测量的有效孔隙度。

1.2.4.2.9　垂直地震剖面测井

垂直地震剖面测井按常规分有两种，一种叫检验爆炸（check shot），主要用来做时深曲线，一般从井底起，每 100m 一个点，直到井口；另一种叫垂直地震剖面（VSP），用来与地面地震剖面进行对比，确定时深关系，采样可以等间距也可不等间距，一般为每 25m 一点，从井底起测量，在裸眼井和套管井里均可以测量，但在套管井测量时要求固井质量良好，如浅层固井质量不好，可以采用每 100m 一个点的方法。

1.2.4.2.10　井壁取心

井壁取心的深度由基地确定后，通知现场测井监督。井壁取心应以自然伽马或自然电位校深，校深曲线至少要记录 50m，取心井段每超过 200m 应重新校深。若撞击式井壁取心弹体回收困难，电缆出现多次张力过大，应考虑再次校深。

撞击式井壁取心作业，由测井工程师按设计深度、仪器零长及岩心座在枪体上的位置，计算出实际发射的深度，计算表必须由测井监督验算审核，并选取合适的岩心座和取心药量。开始接枪前，测井监督要确认报房关机后才能通知测井人员接线，取心前现场测井监督要准备好取心深度表，记录每一发的发射情况和拉出的最大张力，并注意避免误射或前一颗还没拉出就发射下一发的情况。取心枪出井后不得用水冲洗，且应保持岩心完整性。仪器出井后，现场测井监督应首先确认岩心座按正确顺序复位，确认发射颗数、收获颗数、中空颗数、拉掉颗数及序号，并按顺序放入岩心盒中，对落井岩心座的数量要通报钻井监督。

旋转井壁取心适用于较硬地层，可以根据各地区的经验，由声波数值来确定适合于旋转井壁取心的地层。旋转井壁取心应选在岩性胶结情况较好、井壁规则（无大井眼、井壁垮塌）的层位。旋转井壁取心作业不成功的点，宜在该点的 ±0.5m 深度内选点补取。仪器在推靠井壁后不得放松电缆，尽量减少仪器与井壁接触的时间，以防仪器遇卡。

在出心前，应按设计深度准备好带深度标记的样瓶，注意样瓶盖和瓶体的标注一致。出心时要依据作业顺序确认壁心深度，装入对应深度的样瓶，避免样品深度混淆。当岩心全部取出后，连同设计深度表一同交地质监督，并填写样品交接单，地质监督描述完成后，应尽快送回基地。

1.2.4.2.11　固井质量检测

固井质量检测常用仪器有 CBL、VDL 和 SBT。CBL 需要在井内自由套管处进行刻度，刻度的方法为将仪器下放至自由套管处，观测套管首波声幅最大值，将其输入采集参数刻度为 100，然后下放至井底（或要求测量井段）上提记录数据，一般记录到 4～5 个自由套管接箍后停止记录。如发现自由套管声幅值超过 100 时，可以在记录结束后，使用系统回放功能，修改最大声幅值参数后进行数据回放，直到全井段声幅值都不超过 100 为止。CBL 在直井段的刻度值只能用于直井段，检测斜井段的固井质量时，必须在斜井段内刻度；如果在斜井段内没有自由套管，或者下尾管井段无自由套管，应考虑换用不需井下刻度的仪器。CBL 仪器要求仪器居中良好，测量结束后，应在最后一次刻度井段验证声幅值是否超过 100，若超过 100，应调整仪器居中状态并降低测速测量；如仍超过 100，应判断为仪器刻度有误，需重新刻度后再次测量。

SBT 固井质量测井将全井眼分成六个扇区进行测量，得到 6 条衰减率曲线。除了套管接箍处外，衰减率曲线不可为零或负值；为保证各个扇区衰减率测量的一致性，作业前需在直井段确定每个扇区的衰减率校正因子，确保 ATAV−ATMN 小于 2dB/ft；仪器须居中测量，套管内壁应保证清洁，保持 DTMX−DTMN 小于 6μs/ft。在水泥胶结道中，用五级灰度来描绘水泥胶结的程度，最浅的颜色表示衰减率在最大期望值的 20% 到 40%，深色区域表示衰减率在最大期望值的 80% 或更大。

1.2.4.2.12　声电成像测井

成像显示一般采用 256 级色标，从白色（高电阻）到黄色，再到黑色（低电阻）。全井所有资料都用来确定颜色级别的方法为静平衡；用一个较小滑动窗口的数据来确定颜色级别为动平衡，这个窗口的长度不超过 3ft。测井前要在套管内检验井径准确性，与套管内径真实值的误差应在 0.2in 以内。

电阻率成像测井最多只允许缺失一个极板的数据，仪器的旋转不能快于每 9m（30ft）一转。每个极板的电阻率图像和曲线应变化正常，相关性良好；图像应清晰，能够清楚辨识地质特征。每个极板无效（坏）纽扣电极数不能超过 5 个。

声成像井周反射波幅度图像和反射波旅行时间图像特征应一致，能够清楚辨识地质特征，不应出现与地层特征和井眼状况无关的抖动、条纹或“木纹”等异常现象。

1.2.4.2.13　随钻核磁共振

该工具带永久磁铁，作业范围内需注意防磁化。应根据地区规律，选取合适参数及测量模式、测量速度。测井前应获取井眼尺寸、温度、钻井液密度、钻井液电阻率等环境参数，以便对测量数据进行环境校正。随钻核磁共振对钻井液矿化度有一定的要求，要根据仪器性能和井眼条件优选测量模式。

1.2.4.2.14　随钻声波

应根据目的层情况制订最优的时差范围，以调整作业参数。随钻声波工具应居中测量，除在钻具组合设计阶段增加扶正器外，随钻测量过程中需控制钻井参数，以防止产生过高的井下振动或黏滑值。现场作业时，应获取井眼尺寸、温度、钻井液密度等环境参数进行环境校正。钻井液中含有较多气泡或泡沫时，声波数据质量会受到影响，此时应注意对钻井液进行除气处理。

1.2.4.2.15　随钻测压

随钻测压时使用随钻自然伽马曲线进行校深以消除钻具拉伸的深度误差。测压前应确保井眼清洁，测压点附近没有岩屑堆积；如果不能满足井眼清洁要求，可尝试探针的角度向上进行测压；尽量避免在测压井段划眼，以保持测压井段滤饼完整；尽量避免在推靠臂滑动、狗腿度高、井壁不规则的井段测压。

1.2.4.2.16 随钻电成像

作业时须控制钻井参数，以降低钻井黏滑值，减少井下仪器震动，提高成像数据质量。作业中，对速转比（测速与转速的比值）、钻压和振动等都要严格监控，速转比应满足仪器要求；振动过大时，测量图像会出现扭曲，应降低转速的同时降低测速，黏滑值大于转速的150%时应降低测速或提高转速。为确保成像的准确度，每一柱都要保证正确的测斜数据，避免数据出现偏差。

1.2.5 特殊情况处理

正常下放遇阻时，应低于正常下放速度和高于正常下放速度各试下一次，如不能通过遇阻点，应通知钻井监督。在钻井监督在场的情况下，再试下一次，如仍无法通过遇阻点，后续作业由钻井总监决定。

上提遇卡时，首先应判断遇卡类型，是电缆黏卡还是仪器遇卡，并要求测井工程师计算最大安全张力；若上提至最大安全张力不能解卡，应在钻井总监在场的情况下，再次提至最大安全张力，如仍不能解卡，则由钻井总监决定是继续上提还是准备打捞。如果测井操作手或测井工程师不按操作规程擅自决定上提，发生事故由承包商负责；如果上提张力超过测井工程师的最大权限（最大安全张力），谁下令由谁负责。

如决定打捞，首先要了解承包商所携带的打捞工具是否能满足要求，然后与钻井总监、测井工程师一起讨论打捞方法，并汇报基地。测井监督和承包商应对打捞作业提出建议，但不对打捞作业负责。

放射性仪器应采用穿心打捞；若电缆地层测试仪遇卡，首先应确认仪器推靠臂及探针是否收回，宜采用穿心打捞；电缆黏卡应采用穿心打捞，也可采用旁开门拨离电缆。其他仪器遇卡时可拉断或释放弱点，进行自由打捞。

如遇平台失火或井喷，应尽快关掉所有动力设备，将人员撤至安全地带。在紧急情况下，公司代表有权决定将爆炸品投入海中。

1.2.6 汇报制度

1.2.6.1 正常汇报

（1）到达现场后，汇报服务公司的人员和设备准备情况。

（2）掌握钻井作业进度，汇报测井作业预计开始时间。

（3）测井作业开始后，每天8:00和16:00向基地汇报现场作业进展。

（4）每一个测井系列结束后要向基地汇报。

（5）测压取样过程中及转样后要及时汇报，便于基地决策。

（6）仪器出现故障时，需向基地汇报仪器故障情况，并判断原因，提出后续作业建议。

（7）预测作业进度，提前请示。

（8）发生漏失的井，要记录并汇报漏失深度、漏失速度、漏失量、堵漏材料含量及类型、堵漏效果等情况。

（9）当井况较差、沉砂超标（1m/1000m）等情况影响正常作业或增加作业风险时，应及时向基地汇报。

（10）当仪器遇阻、遇卡时，应及时向基地汇报遇阻、遇卡的深度、时间及目前采取的措施等。

（11）测井作业结束，天滑轮落地后 24h 内，向基地汇报现场快速解释结果。

（12）固井质量测井完成后 4h 内，将固井质量测井图及现场快速评价结果发回基地。

（13）打捞作业时，需及时汇报打捞方式、开始打捞时间、到达鱼顶时间、落鱼捕捉情况、落鱼出井时间和状况等。

1.2.6.2 紧急汇报

（1）当遇到实际钻探与钻前预测的地质情况有重大变化需要修改测井项目设计时，现场测井监督应汇报基地，提出修改意见。

（2）测井作业中若出现重大事故，或发生人身伤害，测井监督应立即向钻井总监及基地汇报事故情况及初步处理建议。

1.2.7 作业结束后的工作

（1）天滑轮落地后 24h 内做出现场快速测井解释成果。

（2）核对作业时间及工作量，并签署工单。

（3）对需送回维修的仪器设备应做好记录，并督促承包商在仪器返回陆地 7 个工作日内反馈故障报告。

（4）对作业中出现的问题进行总结。

1.2.8 返回基地后的工作

1.2.8.1 资料验收与归档

（1）督促承包商及时提交测井资料，返回基地后一个月内完成验收、归档。

（2）归档的测井资料应包括数字文件和纸质图形文件，数字文件要与纸质图形文件内容一致，包含测井资料采集、处理相关参数、原始数据文件、数字图形文件等。

（3）存储测井数字文件的介质一般为 U 盘或光盘，其标签应注明作业者、油田、井名、井眼尺寸、测井服务公司、测井项目、井段、测量日期等。

1.2.8.2 报告编写与归档

依据 Q/HS 1076—2016《测井作业总结报告编写规范》，应在返回基地后一个月内完成测井作业总结报告，并及时审核、归档。

1.2.8.3 流体样品送检

流体样品返回基地后应送交化验室。测井监督应核对样品数量，准确填写样品检测通知单，并将化验室签字后的通知单扫描归档。

1.3 测井作业安全规定

本节着重强调测井作业安全，避免人员、设备的损伤，保证测井作业顺利进行，主要涉及测井作业时所用的火工器材、放射源、取样器等的安全使用以及打捞的安全操作规定。

1.3.1 定义

公司代表是作业者派驻井场的全权代表，对现场各项作业的安全负有全面指导和监督的责任。因此，测井监督对测井作业过程中有关安全事项，除向基地汇报请示外，还应向公司代表及时汇报。

（1）公司代表是对钻机、作业的安全负法律责任的人，其职务（职责范围）取决于作业内容、性质和区域，一般是钻井总监或测试总监。

（2）测井监督是现场测井负责人，对测井作业安全负有监管责任，应对测井作业过程中的安全隐患和安全风险进行提示，及时制止不符合测井作业安全规定的相关行为。

（3）测井工程师是测井承包商的现场负责人，对承包商人员、设备和作业的安全负责。

1.3.2 公司安全手册和行业规范中关于测井作业安全管理的相关规定

测井人员在井场作业应遵守有关方面的各项规定和制度，以保证自身和他人的人身及设备安全。

1.3.2.1 测井小队配置

（1）测井小队均应设安全员，负责本队安全检查并监督各项安全制度的落实。

（2）测井小队应定期开展安全活动，宜每周或每两周举行一次，并做记录。

（3）作业队车库、车辆、测井工房等应建立消防制度，配备消防设施。

（4）放射性、同位素测井作业时，测井小队应配备辐射监测仪，并定期检定。

（5）放射性测井人员应配备个人放射性计量计，定期检查并在职业健康档案上登记。

1.3.2.2 人员资格和设备资质

（1）测井人员应取得 HSE 培训合格证、井控培训合格证、硫化氢培训合格证、辐射安全与防护培训合格证、五小证（海上消防、海上急救、海上逃生、直升机水下逃生、救生艇筏操作培训合格证书）、健康证、乘船补差证等证件，并应符合 SY/T 6345—2022《海洋石油作业人员安全资格》和 SY/T 6608—2020《海洋石油作业人员安全培训要求》的相关要求。

（2）常规井壁取心、射孔作业人员应根据《民用爆炸物品安全管理条例》的规定进行培训，取得爆破员证、安全员证、保管员证。

（3）危险品运输车辆的驾驶员和押运人员应接受交通管理部门的培训，取得道路运输从业人员从业资格证，从业资格类别满足道路危险品运输要求。

（4）所使用的设备应具有产品检验合格证。

（5）所使用的辐射监测仪应有校验合格证。

1.3.2.3 作业要求

（1）测井作业前在公司代表组织召开的安全会上，测井承包商应针对作业井的具体情况，提出相应的安全建议。

（2）在测井过程中，若有井涌迹象，应立即通知公司代表，并将下井仪器慢速起过高压地层，然后快速起出井口停止测井作业。

（3）钻台上正对测井绞车方向应有足够的空间，不妨碍装天滑轮、地滑轮。作业现场应保证由绞车操作台瞭望钻台井口时，视线不受影响。滑道及猫道上不能有钻杆等其他影响测井作业安全施工的杂物，不得有油污、钻井液等。

（4）安装、卸除井口设备时，应有一名测井作业人员统一指挥，平台司钻与测井绞车操作人员按指挥人员的指令、手势进行操作，协调动作，以防发生电缆跳槽、打结及人身伤害事故。

（5）上提测井电缆时，为防止电缆由井眼带出的钻井液乱甩及防止冬天钻井液在电缆或天滑轮上结冰，影响安全作业及损伤电缆，平台应持续提供不低于 4 个大气压的压缩空气送到测井队刮泥器皮管中，用于吹干电缆。

（6）在进行测井作业时，钻台及井场应停止其他作业。在不影响测井作业的前提下，平台上必要的工作应在远离测井电缆、指重计线和喇叭布线的地方进行，自然电位测井时不得进行电焊施工。

（7）测井作业期间，应有专人值班巡视，除测井作业人员外，其他人员未经许可不得动用任何测井设备，以免出现危险。夜间作业时，平台应保障测井作业区的照明。

（8）测井期间，测井作业人员应在井口巡视，以防发生意外事故。

（9）遇有八级以上大风、暴雨、雷电、大雾等恶劣天气，不应进行作业；当海上有六级以上大风时，不应进行 VSP 作业。

（10）在遇有硫化氢作业时，应严格执行《海洋石油作业硫化氢防护安全要求》。

（11）带放射源的测井仪器卡死后，应穿心打捞。在未经上级部门同意的情况下，不得放弃打捞。

（12）在处理遇卡事故上提电缆或拉断弱点时，除必要的指挥和工作人员外，钻台上不得有其他人员。拉断电缆头弱点时，不得使用测井绞车，而应使用钻机大钩。

1.3.2.4 危险品的使用

（1）遵照有关危险品管理规定执行。

（2）危险品海上运输时，应向公司代表及港务监督进行申报并办理相应手续，指派专人押运。吊装时，绳套应牢固，操作应平稳，做到慢起、慢放，防爆箱和放射源应相隔一段距离，妥善固定；防止吊装和运输时发生碰撞或落入海中。

（3）平台上不宜长期存放放射源及爆炸品，如生产需要临时存放，则应经平台负责人同意。

（4）操作、安装危险品以及这些危险品出入井口时，除测井工作人员外，其他人员不得围观，不得在井口附近（钻台值班房除外）停留。

（5）在进行火工作业时（油管 / 钻杆输送作业除外），关闭所有导航设备、无线电通信设备及阴极保护设备，严禁动用电焊。所有船只要离开钻井船 / 平台 500m，值班船要保证作业期间没有船只进入这一区域，并通知值班船无线电关机时间。

（6）从接雷管到下井工具入井 100m 之前（油管 / 钻杆输送作业除外），操作人员应关闭发电机，并将操作室安全开关钥匙拔下。

（7）测量雷管通断时，雷管应放在防爆筒内，并应使用专用欧姆表。电缆射孔安装雷管时，雷管也应放在防爆筒内。

1.3.3 安全管理细则

（1）吊运测井设备及器材时，应由专业人员指挥，任何人不能在吊起的设备下面走动或停留。搬运测井仪器时应在服务公司人员的指导下小心搬运。

（2）接外引电源应由专业人员接线，并由专人监护。

（3）测井前应充分循环并调整好钻井液性能，确认气体上窜速度并估算安全作业时间窗口，确保测井作业满足安全作业时间窗口要求。

（4）应在钻井液和井眼条件稳定后才能实施测井作业。

（5）对于复杂井和事故井，测井小队应向钻井队和钻井监督详细了解复杂井段的情况。如果井下有落物，应详细了解落物名称、形状、尺寸及在井中的位置。

（6）放射性作业前必须全船广播，保证无关人员远离作业区域。

（7）对于测压取样和井壁取心等定点测量作业，应在目的层段进行黏卡试验。

（8）从测井操作间到钻台应视线开阔、通信顺畅，夜间作业应保证钻台照明充足。

（9）天滑轮、地滑轮和指重计上的销子应固定好，地滑轮的固定链条应固定在钻台本体上，而不能固定在钻台附体部件上，且此链条额定承重能力应达到 12t；地滑轮链条应单点固定，无法实现时链条夹角应小于 90°。

（10）当在地面连接仪器时，无关人员应远离测井仪器。

（11）当仪器下井时，无关人员应远离滑轮、电缆和滚筒。测井作业和井下仪器遇卡增加电缆拉力时，严禁跨越电缆，绞车后面和地滑轮处严禁站人。

（12）作业时，发动机、发电机的排气管阻火器（防火帽）应处于关闭状态，测井设备摆放应充分考虑风向。

（13）测井作业期间应注意保护井口，上提和下放仪器时，速度要平稳，无关人员不得进入测井操作间。

（14）测井作业期间，钻台及井场应停止其他作业，严禁过电缆、拖橇和测井工房吊货物。

（15）测井作业期间，录井、井队和钻井液服务商应派专人值班，观察返出情况并记录，发现异常应及时报告和处理。

（16）钻台应干净清洁，所有的钻井液、积水应冲洗干净，冲洗钻台的水不能混入钻井液中。滑道及猫道上不能有钻杆等其他影响测井作业安全施工的杂物，不得有油污、钻井液等。测井作业结束后，应对测井产生的废弃物进行分类回收处理。

（17）电缆和张力棒的使用与维护按 SY/T 6548—2018《石油测井电缆和连接器使用技术规范》的要求执行，并应有电缆使用记录。

（18）应使用刮泥器，保持电缆清洁。

（19）若电测时间较长，不能满足安全作业时间窗口时，应考虑中途通井循环。

（20）测井作业过程中溢流不严重时，应起出电缆或关闭万能防喷器，按照空井工况进行关井程序；若发生严重溢流，应直接剪断电缆关闭剪切闸板防喷器。

（21）转样人员应配备一台便携式 H_2S 气体监测报警仪，定期检查并记录。转样过程中，人员应站在上风口位置，同时操作人员应避开取样筒泄压阀排压。

（22）测井小队必须配备至少一套穿心打捞工具。

（23）在半潜式钻井平台上，一般用钻柱升沉补偿器来补偿测井仪器测深，即把补偿器与立管和一个滑轮在钻台上连接起来。用于连接的缆绳应具有较高的张力，并用安全绳把补偿器与钻台连接起来。即使补偿器的缆绳断裂，安全绳仍可避免人员和测井仪器受到伤害。

（24）钻柱升沉补偿器只有当仪器下过防喷器才能拉紧，当压力降低或移动补偿器系统时应进行常规检查。

（25）在半潜式钻井平台上，如果天气异常恶劣或测井时钻井船移动太大，应中止测井作业，但需由公司代表判断决定。

1.3.4 火工器材、放射源及取样器等的安全要求

1.3.4.1 炸药

测井作业使用炸药的项目有：射孔、切割、撞击式井壁取心、下桥塞 / 封隔器、爆炸松扣等项目。炸药的进口、运输、保存和使用都与严格的区域法规和条件有关，公司代表应该熟悉有关法规，并严格按照规定要求进行管理。

1.3.4.1.1 测井用炸药的种类

测井中使用的炸药大体上可分为三类：

（1）火药类，包括井壁取心药包、桥塞火药、油管 / 钻杆输送用延时火药。

（2）一类炸药（或称起爆炸药），包括电雷管、传爆管、撞击式雷管等。

（3）二类炸药，包括射孔弹、切割弹、导爆索、散装炸药等。

以上三类总称为炸药或者火工品，它们与放射性源一样都属于受控危险品。

1.3.4.1.2 炸药的特性

炸药之所以属于受控危险品就在于它的爆炸性和可燃性。在使用时，应做好以下几方

面的预防工作：

（1）防火：使用、贮存和运输时，必须远离火源。

（2）防高温：火工品会在较高的环境温度下发生质变，影响作业性能，甚至会发生事故。

（3）防雷电：火工品在受到雷击时，易被引爆。

（4）防静电：静电能引爆火工品，所以火工品使用者应穿戴防静电工作服。

（5）防碰撞：雷管类火工品在强烈的撞击、震动下可能被引爆，所以，在包装、运输、贮存及使用时，必须注意防止碰撞。

（6）防潮：测井作业用的火工品易受潮。

1.3.4.1.3 炸药的运输

（1）炸药的运输应遵守国际法规或国家陆地、海上、空中运输规定。在运输和存放炸药时应有专人押运和看管。

（2）火工品的领用、送还，必须办理相关手续。

（3）火工品的运输必须由专人押运，押运人员应掌握火工品的性能和安全知识。

（4）火工器材在运输时必须装在防爆箱内，且雷管类不能与火药或二类炸药混装在同一防爆箱。

（5）运输途中，押运人员不能远离，夜间必须有人看守，防爆箱必须加锁，过乡镇集市必须绕行。

（6）在防爆箱吊运时，押运人员必须在场，提醒装卸人员轻吊轻放、平稳操作。

1.3.4.1.4 现场储存爆炸品应遵守事项

（1）现场小炸药库应远离可能产生火花或火焰的地方和导热及辐射热的地方。

（2）必须使用加锁的防炸箱储存，并应放置于通风干燥处。

（3）储存场所应没有电线或具有防爆电线。

（4）加锁并有外部护栏。

（5）接地。

（6）用合适的语言如“炸药”“禁止烟火”“禁止无线电通话”等写出警告。

（7）一类、二类炸药要分级存放，不得混合存放。

（8）所有的炸药应干净、排放整齐并且挂标志牌。部分用过的导爆索要注意不能污染储存炸药的地面。防爆箱的存放位置应远离工作区、生活区，且易于及时抛弃；在陆地上，炸药库至少应远离井场和住房。

1.3.4.1.5 炸药的保管

公司代表应存有现场炸药的清单，在紧急情况下应有权决定炸药的抛弃；现场测井工程师应有炸药箱 / 库的钥匙，应负责炸药的安装、使用和搬运。

1.3.4.1.6 炸药的使用

只有服务公司才能使用火工品，其有关人员必须经过培训并具有实际工作经验。当使用火工品时必须做到：

（1）使用火工品的作业人员必须持有爆炸品操作合格证才能上岗作业。

（2）各种火工品的组装、连接、拆卸、下井和引爆，都必须严格遵守有关的操作规程。

（3）使用火工品的场所，严禁明火和吸烟。

（4）使用火工品的下井工具在下井前的组装、连接时要做到：断开地面仪器与电缆的连接开关，电缆缆芯必须放电，要防潮、防火、防止碰撞，无关人员远离作业现场，检查通断和绝缘时要用专用仪表。

（5）在进行火工作业时，关闭所有导航设备、无线电通信设备及阴极保护设备，严禁动用电焊。

（6）海上作业时，所有船只要离开钻井船 / 平台 500m；值班船要保证作业期间没有船只进入这一区域，并通知值班船无线电关机时间。

（7）从接雷管到下井工具入井 100m 之前，应关闭发电机，且将操作室安全开关钥匙拔下。

（8）雷雨天气禁止火工作业。

（9）作业期间无关人员应远离钻台和坡道。作业前应正式通告无线电关机和无关人员撤离工作区，且在危险区域和路线应挂标志牌。

（10）废炸药不准随意丢弃，应收入防爆箱，带回测井基地按有关规定统一销毁。

（11）取出由井下点火和未点火的炸药，应与安装时采取相反的步骤，注意先将雷管取出。

（12）陆地操作包括：使用安全接地带 / 钉接地漏电压；在冰冻或缺乏良好接地的区域，解决办法是把接地设备接到井架上；电子点火的炸药在沙暴 / 尘暴来临时，因干燥气候接地不良不要接线；邻近高压线和商业电台时应通告测井工程师。

1.3.4.1.7 地震测井

地震测井是在水下由空气枪产生冲击波，当使用空气枪进行地震测井作业时，应注意以下几点：

（1）空气枪具有危险性，无关人员应远离。

（2）禁止在空气中击发空气枪，以免产生爆炸。

（3）只有当空气管线与空气枪没有连接或空气枪在水中时，安全钥匙才可以扳到“测量挡”。

（4）当有潜水员在水下时，不能击发空气枪，应在作业前向潜水员提出危险警告。

（5）在海上作业时，悬挂空气枪的缆绳应安全地固定在吊车上，缆绳应与空气枪连接牢固，以免空气枪掉入海中。

1.3.4.2 放射源

放射性测井作业、仪器刻度和射孔层位的标记会用到放射性物质，存在一定的放射性危害。测井用脉冲中子源未激发时无放射性。

放射源的使用规定和执照是由专门部门掌管，其运输应遵守地方规定或国家道路、海洋和航空规定。服务公司和公司代表所在地区管理部门要负责保证执行这些规定。

1.3.4.2.1　放射性射线的防护原则与手段

在使用放射源活度不变的情况下，放射性工作人员所接受的外辐射剂量的大小，与照射距离的远近、照射时间的长短以及屏蔽物的使用有着直接的关系。因此，把距离防护、时间防护、屏蔽防护称为放射防护原则，也称为放射性外照射防护三要素。

（1）距离防护。放射性射线的通量与距离的平方成反比。在使用放射源时，应尽可能地增大人与放射源之间的距离，使受照射的剂量降到最低限度。

（2）时间防护。从事放射性工作的人员受到的外照射累计剂量与照射时间成正比。从事放射性的工作人员必须进行安全技术培训，熟练后才能进行装卸源操作，尽量缩短操作时间，减少受照射剂量。

（3）屏蔽防护。射线通过不同物质时会被不同程度地减弱，使用适当的屏蔽材料可以减少对人体的伤害。例如，铅对伽马射线的屏蔽能力最强，装卸伽马源时可戴铅眼镜、穿铅衣来实现屏蔽防护；硼对中子的减速能力较强，装卸中子源时可在铅衣外穿含硼防护服。

1.3.4.2.2　放射源的运输

（1）放射源的运输应遵守国际法规或国家陆地、海上、空中运输规定。这些法规在不同地区可能有变化，油公司和服务公司都应掌握法规方面的变更。

（2）放射源的领用和送还必须办理相关手续，以保证其随时处于受控状态。

（3）不论是近距离还是长途运输，放射源必须由作业人员或专职人员押运。

（4）运输途中，押运人员必须认真负责，保证源罐固定牢靠。同时，源罐必须加锁，运载途中，应注意远离人群集中的场所，不得在城镇闹市停车。

1.3.4.2.3　放射源的储存

（1）放射源应锁在放射源罐中，放射源罐应放在带锁的保护体内，尽可能远离工作区和生活区。

（2）源罐应存放在不可能受到碰撞的地方，以免损坏放射源的保护体。

（3）放射源严禁与炸药放在一起。

（4）源罐应装有带荧光的浮标，发生意外时以便于寻找或打捞。

（5）在所有的源罐和保护体上应有放射源标志。

（6）搬运装有放射源的保护体时应小心。

1.3.4.2.4　放射源的使用

（1）放射源是重大的危险物品，必须严防丢失、落井、泄漏和污染环境；从事放射性操作人员必须严格遵守领还、押运、使用和暂存的安全规定。

（2）从事放射性操作人员必须经过培训，掌握有关放射源的原理、特性、安全知识和防护方法，取得放射源操作合格证。

（3）从事放射性操作人员应掌握装卸源的要求。

（4）从事放射性作业人员必须注意合理分散接触剂量，切忌过于集中；必须佩戴放射性剂量牌，并应定期检查。

（5）当装源时所有无关人员应远离。

（6）放射源的暴露不得超过允许时间。

（7）禁止用手触摸放射源，并应防止吸入被放射源污染的蒸汽或灰尘。

（8）不使用的源必须锁在源罐里。

（9）在装卸放射源时必须保护好井口，防止掉入井中。

（10）卸源完毕后，应使用探测器检查确认放射源已存入源罐。

（11）工作结束后源罐放入仓库或规定的地方。

（12）当带源的测井仪器在井内遇卡时，不能强行拉断电缆弱点，必须进行穿心打捞。

（13）对使用的各类放射源，要定期进行检查和维护。

1.3.4.3 现场转样安全措施

（1）转样人员应经过相关培训。

（2）转样场所应空间宽阔，通风良好，光线充足。

（3）转样人员应在上风处进行操作，无关人员应远离。

（4）转样前，应首先测量样筒地面压力。

（5）转样时人员不要正对样筒出口。

（6）取样仪器出井时，应首先关闭仪器串底部的样品阀（手动阀），并泄压。

（7）在遇有硫化氢作业时，应严格执行《海洋石油作业硫化氢防护安全要求》。

1.3.5 打捞规定

目前电缆测井打捞的方法有穿心打捞、反穿心打捞、自由打捞和旁开门打捞四种。测井作业中井下仪器如果遇卡，由测井工程师提出打捞方法的建议，公司代表做决定并组织实施；带有放射源的仪器遇卡或电缆卡时，应穿心打捞。

1.3.5.1 穿心打捞

（1）打捞筒的准备及检查：根据落鱼尺寸、钻具结构和井眼尺寸选择合适的打捞工具、转换接头及其附件；选择与打捞筒外径一致的引鞋；注意检查打捞筒转换接头是否与钻具适配；检查打捞筒卡瓦、控制环的尺寸及工作状态；在地面对打捞筒与马笼头（尺寸与实际落鱼相同）进行对接试验来验证打捞筒是否合适，考虑是否需要使用加长筒；打捞工具组合完成后，测量长度、外径等尺寸，并向测井监督和公司代表提供相关数据。

（2）地面工具的准备及检查：检查循环接头和循环块，确保循环头密封面无破损、循环块无损伤；检查快速内、外螺纹接头主体是否存在变形及磨损严重的情况；螺纹是否灵活好用，锥框与锥框护套是否配套合适；试连接内、外螺纹快速接头是否配套，确保灵活自如并预留 1 套快速接头备用；检查加重棒内径是否与电缆外径相匹配，并配备足够的加重棒；检查加重棒阻挡块是否与电缆配套；检查 C 盘，与快速外螺纹接头和钻杆尺寸是否配套，并有备用 C 盘，检查防落环与快速外螺纹接头配套，检查循环块是否与钻具配套；检查电缆卡子的型号是否与电缆匹配；检查电缆卡子各螺纹是否灵活好用。

（3）装配打捞筒：将卡瓦正确装入打捞筒；将控制环正确装入打捞筒；将引鞋与打捞筒连接并用管钳打紧，将变螺纹与打捞筒连接并用管钳打紧；通过手触及目视检查卡瓦牙，如有明显磨损，应停止使用；装配打捞筒时，请现场公司代表到场共同确认。

（4）井口电缆处理：用大于测井时的正常悬重 1000～2000lbf 的拉力拉紧电缆；井口打好电缆卡子后做好记号下放电缆坐于井口，以 5min 内电缆无下滑为合格；适量下放游车，在自升式平台，在转盘面以上预留 2.5m 处切断电缆，半潜式平台需考虑潮差影响；斜井、裸眼段较长或电缆吸附卡，在穿心时可能发生井下电缆逐渐变紧的现象，在井口预留的电缆不应太短；在井浅的直井，预留长度为 2m 即可。切断电缆后，绞车一端的电缆注意捆绑固定好，防止坠落伤人。

（5）安装天地滑轮：由打捞负责人指挥、井队负责将天滑轮固定于井架二层平台或固定在天车底座的横梁上，其位置应使加重杆易于穿入钻杆；天滑轮应悬挂在游车的正上方，偏离越大，钻杆对电缆磨损越大；安装并检查地滑轮及指重计，并选择合适的 K 系数；为了便于绞车一端的电缆上提下放，建议电缆从顶驱水眼穿过；如果井队备有长吊环，建议更换长吊环以便于电缆的上提下放；固定天滑轮的链条或钢丝绳的安全拉力值应不小于电缆拉断力，使用双股链条或钢丝绳悬挂天滑轮。

（6）快速内、外螺纹接头的装配：① 外螺纹接头的装配——将井口预留的电缆穿过锥框护套，然后在简易台钳上将大小锥体砸紧；将快速外螺纹接头与锥框护套连接并打紧。② 内螺纹接头的装配——将加重棒正确安装于绞车一端的电缆，并锁紧阻挡块；将留出的电缆穿过锥框护套，然后在简易台钳上将大小锥体砸紧；将快速内螺纹接头与锥框护套连接并打紧。③ 对快速接头进行拉力试验，检查全部连接部位螺纹是否上紧；将快速接头（内、外螺纹接头）进行对接；用绞车上提电缆，拉到测井时的正常张力之后，在公母锥框护套附近的电缆上做上记号，接着上提电缆，使张力达到比测井时正常拉力大 2000lbf 并保持 5min，电缆应不滑动，放松电缆断开内、外螺纹接头，检查电缆和螺纹有无松动。拉紧电缆时，钻台人员应处在安全位置，防止电缆松脱伤人。

（7）下打捞筒：提起第一柱钻具，连接打捞筒；测井井口人员指挥绞车慢速上提带有加重棒的内螺纹接头至钻具吊卡处停车，绞车操作者记下此深度为 A，井架工将内螺纹接头穿入钻具后指挥绞车下放，直到内螺纹接头从打捞筒内穿出，绞车操作者记下此深度为 B；加重棒提升的高度以井架工便于将加重棒穿入钻杆为宜，绞车操作人员不应过高地上提加重棒，以免发生加重棒失控上冲天滑轮；将内、外螺纹接头对接，绞车上提电缆直到张力稍大于正常测井时的数值（电缆保持正常张力是为了下放钻杆时不至于损伤电缆，应取大于正常测井时电缆张力的 500～1000lbf）；卸掉电缆卡子，井队将第一柱钻具缓慢下入井中并坐卡瓦，打开吊卡；将防落环放置于钻具接箍处上提游车到第二根立柱高度；测井小队人员将 C 盘卡在外螺纹接头下端的脖径处，指挥绞车缓慢下放使 C 盘坐在钻杆接箍上，适量下放井口电缆后，分离内、外螺纹接头；上提电缆至穿心高度（深度 A），由井架工对第二根立柱进行穿心，上提游车将第二根立柱提到井口处，下放电缆至井口外螺纹接头处（深度 B），使内、外螺纹接头对接，适量上提电缆后，摘掉 C 盘，再进行立柱之间的对接及下井；重复上述步骤，逐根穿心及下放立柱，直到井下打捞工具接近落鱼；每下放10柱钻杆后，观察螺纹连接点及加重棒以上40m的电缆磨损情况，如磨损严重或有电缆松散，重新制作快速接头，并对井口打捞工具（加重杆、万向节、快速接头之间）的接口进行检查，发现螺纹松动现象及时紧固；下钻时绞车操作者应密切注意张力的变化，发现异常应及时通知钻台停止下钻，等到原因弄清后，再进行下一步操作。记下的两个深度（*A*及*B*）作为内螺纹接头在立柱上方和穿出立柱的参考深度；根据井况及钻井液性能情况，下钻过程适当间隔打通循环一次；钻台要有专人指挥，并保证与绞车操作人员的沟通顺畅。

（8）捕捉落鱼：钻具下至离鱼顶10m左右时，将循环块放置于钻具接箍处，将外螺纹接头坐于循环块上，断开快速接头，接泵循环，循环稳定后记下泵压和排量；上提下放钻具，测试钻具悬重、摩阻等参数并记录；重新核实钻具和鱼顶深度；拆掉循环块，继续穿心并缓慢下放钻具，逐渐使打捞筒靠近落鱼，在离鱼顶还剩余2～3m时（如立柱深度不合适，应通过接单根或短钻杆配长），放进循环块以适当的排量再进行一次循环（此次循环是为清洗鱼顶上的沉沙并再次清洗捞筒内的泥块堆积物，以保证打捞落鱼时能够顺利地进入捞筒内），若下放3m没有摸到落鱼，应接循环块继续循环；循环完毕后拆掉循环块；继续穿心并缓慢下放钻具抓落鱼，当电缆张力增加1000lbf时停止下钻，如果仪器处于卡死状态或在井底时，打捞筒套住落鱼并下压时，可能不会引起电缆张力增加，这时，司钻应密切注意悬重变化，如遇阻1～2t（排除摩阻影响），应停止下钻；将钻具缓慢上提1m，观察电缆张力及钻台井队大钩指重计变化；若电缆张力不降，则表明未抓住落鱼，应重复上述步骤；若电缆张力下降，表明可能已抓住落鱼，然后缓慢上提电缆1m，观察电缆张力是否缓慢恢复至钻具下压1000lbf时的张力；在钻具及电缆缓慢上提2m、3m的情况下重复此步骤以确认抓到落鱼；在上提电缆时，要派专人观察钻杆上端，并严密观察绞车面板张力，防止由于加重杆提出钻具和顶驱发生碰撞或摩擦导致的电缆张力快速上升，误判断为抓住落鱼。若上提时大钩拉力明显上升，在排除钻具遇卡的情况下，说明井下仪器可能卡死；在井下仪器串安全拉力、压力范围内，上下活动钻具，观察大钩指重计变化，判断井下仪器是否解卡；若仪器解卡，则确认是否抓到落鱼；若仪器不能解卡，则及时向现场测井监督、公司代表及基地汇报，请示下一步处理措施。

（9）拉断弱点提出电缆：确认捞住落鱼后，缓慢下放钻具，留合适的高度坐卡瓦，在井口打好电缆卡子，分离内、外螺纹接头，用游车缓慢上提电缆卡子，待电缆卡子离开井口后，记下张力；要采取措施防止电缆卡子打滑，如电缆上做记号、电缆打结、打卡箍、使用两个电缆卡子等，要安排专人在远处观察电缆卡子是否打滑；继续缓慢上提游车并注意张力的变化，地面电缆张力达到拉断弱点的理论值时，仍无法拉断弱点，再多提拉1000lbf为止，仍未拉断弱点，应认真查找弱点不断的原因（是否井下电缆被卡等），只有查找到原因后再试图使用大钩拉断弱点，不可盲目提拉电缆。电缆弱点被拉断前，无关人员应离开井口，操作人员应处于安全位置；电缆弱点拉断后，在钻具顶端位置打上电缆卡子，然后下放游车，将绳帽盒从电缆上剁掉，对两端电缆打方结或快速铠装（双向铠装，铠装长度不小于 5m）；适量上提游车到合适位置，然后用绞车回收电缆，待电缆卡子被提离井口后，停止上提电缆，等待一段时间，方结或快速铠装电缆无异常情况时，卸掉电缆卡子；绞车缓慢上提电缆使方结或铠装电缆安全通过天滑轮、地滑轮，接近直线器时，停止上提电缆，打开直线器后再继续上提电缆，待方结或铠装电缆盘绕在滚筒上后，再复原直线器并上提电缆出井口。要测量方结或铠装以下电缆的长度，避免出现电缆不是从弱点处断裂的情况下不能准确判断井下电缆的长度。井下电缆较长时，方结的作用完成后，应剁掉方结，并快速连接，使电缆能够规则地盘绕在滚筒上。

（10）起钻回收落鱼：锁住转盘，井队慢速平稳起钻，禁止旋转钻具和急刹车；落鱼出井后，将马笼头与仪器断开，待仪器全部拆卸完后，再分离打捞筒和马笼头；当使用井队卷扬机拆卸仪器时，要安排专人在井口晃动仪器，观察仪器运行状况，谨防仪器遇卡。

1.3.5.2 反穿心打捞

此方法一般为防止捕捉落鱼后，起钻过程发生落鱼脱落。上提钻具时，电缆仍需保持与井下仪器连接，每提出一柱钻具，在地面剁一次电缆，捕捉落鱼前步骤与正常的穿心打捞有部分类似（相似部分或步骤见穿心打捞部分）。

（1）打捞筒捕捉到落鱼后，在上提钻具前，电缆保持高于正常拉力 1000lbf（每提出 20 柱后，对正常拉力作一次调整：正常张力 +1000lbf−20 柱电缆的悬重）。

（2）同步上提钻具及电缆时速度应慢。上提过程中，应观察电缆加重棒的位置，不应发生加重棒碰撞天滑轮的情况。

（3）上提并卸开钻具，在井口电缆处打 T 型电缆卡，并将电缆卡子坐在 C 盘上（目的是避免电缆卡子对下方钻具螺纹造成损伤）。

（4）继续下放电缆，使电缆快速接头及加重棒露出游车悬挂的钻具（此过程需要井口人员向下拉扯电缆，以便加重杆能够顺利下滑）。

（5）待快速接头从钻具底部滑出后，停止下放电缆，分离快速接头的内、外螺纹接头并在电缆卡子上方 2m 处剁断电缆。

（6）上提电缆，当加重杆及快速接头的内螺纹接头从钻具上部提出时（即反穿心），绞车工将深度面板置“零”，作为参考深度。

（7）加重杆不应碰撞天滑轮。

（8）将游车悬挂的钻杆卸靠在钻台，完成一柱钻杆的分离。

（9）在井口电缆头处制作快速接头，并将第一个外螺纹接头从剁下的电缆上拆离。

（10）下放电缆使快速接头的内螺纹接头到达井口附近后停止，记下此时的深度。

（11）下部电缆的外螺纹接头制作完毕后，适量下放绞车电缆，使内、外螺纹接头对接后，上提电缆并去掉 T 型电缆卡及 C 盘。

（12）下放游车至井口，挂接下一柱钻具后，缓慢提升钻具。重复以上反穿心过程，直到落鱼提出井口。

（13）作业过程中如果决定拉断电缆弱点，参照穿心打捞部分的内容回收电缆。使用加长马笼头（橡皮马笼头）并需要在此类马笼头上打电缆卡子时，应将卡子直接打在内部钢丝上，防止电缆滑脱。

1.3.5.3 自由打捞

马笼头是测井仪器和电缆的连接部件，它位于仪器的顶部。目前使用的马笼头有常规马笼头和可释放马笼头。常规马笼头内部有一个弱点（张力棒），在一定拉力下，可实现弱点在电缆没有拉断之前首先断开。可释放马笼头可分为液压可释放、机械可释放和弱点熔断式三种类型，当需要释放时，在地面控制下可直接电控释放弱点，避免以往拉断弱点作业时对电缆的损伤。

目前中海油服、斯伦贝谢和贝克休斯等公司常用的电缆与张力棒有多个型号，具体信息详见表 1.1 和表 1.2，为确保安全，通常要求测井作业中不要超过电缆标定拉断力的 50%。一般在测井作业中根据井深、井眼轨迹等因素选择合适型号的电缆和张力棒。

表 1.1 各型号电缆参数表

公司	参数			
中海油服	电缆直径 /mm	13.20	12.40	12.29
	拉断力 /lbf	30000	28000	26500
斯伦贝谢	电缆直径 /mm	11.79	12.55	
	拉断力 /lbf	19410	27969	
贝克休斯	电缆直径 /mm	12.04		
	拉断力 /lbf	24500		

表 1.2 各型号张力棒参数表

项目				
中海油服张力棒破断力 /lbf	12000	9800	8000	6000
斯伦贝谢张力棒破断力 /lbf	12000	8000		
贝克休斯张力棒破断力 /lbf	12000	9800	7800	5700

最大安全张力计算方法是：最大安全拉力等于张力棒额定值 ×70% +（测井时的正常拉力 − 仪器在钻井液中的重量）。

自由打捞的优点是可在电缆不受伤害的情况下回收电缆，然后把打捞筒接在钻具的底部下井打捞仪器。该方法的最大缺点是打捞筒无法被电缆引导到被卡仪器的顶部，只有判断仪器在井眼中居中很好或在井底时，才可使用这种方法。

采用自由打捞有两点必须注意：

（1）必须经过公司代表同意，在拉断弱点时所有人员应远离钻台和电缆。

（2）对带有放射源的仪器不建议使用这种方法。

1.3.5.4 旁开门打捞

这种方法的优点是不需要把电缆切断。

（1）电缆装在一个顶部带槽的工具里，在打开旁开门后，装入此工具使其成为打捞工具引导筒的一部分；卡瓦首先滑过电缆然后用螺钉固定在打捞工具引导筒上，控制器由控制螺钉上紧后，打捞筒即可下井。

（2）当打捞筒接近落鱼时，整个管串应一面慢慢向右旋转一面下放，一旦卡瓦抓住仪器，在打捞筒的锥形螺旋线中向右旋转使管串向下，而使卡瓦向上，这样就使卡瓦膨胀并抓住仪器。

（3）在开始上提钻具时，不要加任何扭矩；卡瓦上提仪器时，在锥形螺旋线中将使卡瓦下沉，并紧紧抓住仪器，稳速上提，直至仪器提出井口。

（4）旁开门打捞的适用条件：

① 适用于套管井作业，打捞各种井下测井仪器，射孔枪等，适用范围广泛。

② 适用于裸眼直井段、大尺寸井眼、裸眼段短、井径规则井段等遇卡或电缆吸附卡作业。

（5）旁开门打捞存在的劣势：

① 成功率较低，作业过程中易挤伤电缆。

② 不适用于斜井、井况差、缩径、渗透层、狗腿度大等打捞作业。

③ 无法通过循环憋压判断是否抓住落鱼。

2 电缆测井技术要点与质量控制

电缆测井技术是应用地球物理的方法之一，自 1927 年问世以来，大致经历了四个发展阶段：第一阶段是模拟记录阶段（1927—1964 年），使用的主要测井方法是普通电阻率测井、感应测井、声速测井、自然伽马测井、自然电位测井及井径测井；第二阶段是数字测井阶段（1965—1972 年），主要测井方法有深、中、浅探测电阻率测井（双感应—球形聚焦测井和双侧向—微球形聚焦测井），三孔隙度测井（即中子测井、密度测井、声波时差测井），与井径测井、自然伽马测井、自然电位测井一起称为常规“标准九条曲线”测井，此外，还有地层倾角测井和声波全波变密度测井；第三阶段是数控测井阶段（1973—1990 年），增加了自然伽马能谱测井、岩性密度测井、碳氧比测井、长源距声波测井、电磁波传播测井、电缆地层测试和地层微电阻率扫描测井；第四阶段是成像测井阶段（1990 年以后）：发展了电成像测井、声成像测井、核磁共振测井和井壁取心等技术；现阶段正在进入第五个阶段，即三维扫描测井时代，测井技术解决复杂地质工程问题的能力越来越强。

电缆测井数据采集系统由井下数据采集系统、数据处理与传输系统、地面数据采集与控制系统三部分组成。在地面系统的控制下，通过电缆将仪器下入井内，基于地层的电、声、核、磁、力、光、热等物理自然或响应特性，沿井筒采集地球物理参数或岩石、流体样品，地面系统完成数据处理和显示，并将数据记录在存储介质上。

中国海洋石油集团有限公司（简称中国海油）电缆测井服务商主要有中海油田服务股份公司（简称中海油服，记为 COSL）、斯伦贝谢公司（简称斯伦贝谢，记为 SLB）、贝克休斯控股公司（简称贝克休斯，记为 Baker Hughes）和哈里伯顿公司（简称哈里伯顿，记为 Halliburton）。

本章基于当前中国海油的几个主要服务商提供的电缆测井资料编写。

2.1 海上拖橇系统以及常用电缆的功能及参数

2.1.1 海上拖橇系统

拖橇系统是为测井提供动力、信号传输的橇装设备。拖橇系统包括动力橇、电力橇及测井拖橇等几部分，目前海上常用的拖橇系统为中海油服的 ESS（全称 Enhanced Logging

Image System Standard Skid）系列勘探测井拖橇、斯伦贝谢公司的 OSU-PA/OSU-PB 及 OSU-N/MONU-B 海上拖橇、贝克休斯的 ZONEII-DNV-Skid 拖橇。

2.1.1.1 中海油服测井拖橇简介

ESS 勘探测井拖橇在结构上由动力橇和滚筒橇两部分组成，其中滚筒橇由橇体、绞车系统、电气系统、配套设施组成，动力橇由橇体、发动机及其附件、液压动力元件及其辅件、气动系统动力元件及其辅件组成。ESS 拖橇系统如图 2.1 所示，技术指标见表 2.1。测井设备和射孔枪均通过 API Specification Q1、ISO 9001：2000 质量认证，橇装设备通过中国船级社（CCS）的防爆认证。该橇装设备安装有正压防爆系统，适用于油气Ⅱ类防爆场所，危险等级为Ⅰ级。

图 2.1 ESS 拖橇系统外观图

表 2.1 中海油服拖橇系统指标参数

名称	DNV 全功能拖橇	ESS 勘探测井拖橇	CS 生产井拖橇	E-TRUCK 测井大车
组成结构	双操作系统 万米滚筒（无磁） 配备专用恒张力装置 Capstan 集成电动力单元	双操作系统 可配接便携地面 可升级万米滚筒 柴油式发动机 发电机（110V，50Hz）	可配置多操作系统 可配件便携地面 柴油式发动机 发电机（110V，50Hz）	最高车速 90km/h 双操作系统 可配接便携地面 可配万米滚筒 / 双滚筒
采集系统	ELIS-eXceed 高速 ESCOOL 系统	ELIS-eXceed 高速 ESCOOL 系统	CASE ELIS	ELIS-eXceed 高速 ESCOOL 系统
电缆容量	$^{15}/_{32}$in，18000lb，10000m（可选）	0.49in，30000lb，7000m（可选）	$^{5}/_{16}$in，11000lb，7000m	$^{15}/_{32}$in，18000lb，7500m（可选）
最大提升负荷	20000lb	33297lb（滚筒小径） 13360lb（滚筒大径）	6400lb	140400lb
电缆线速度范围	0.6～120m/min	0.6～120m/min	0.8～100m/min	0.5～133m/min
外形尺寸	5.525m×2.45m×2.932m	5m×2.44m×2.76m	4.02m×2.3m×2.75m	9.89m×2.5m×3.75m
质量	拖橇及电动力：13t 滚筒及电缆：8t	滚筒橇：8t（不带电缆） 动力：4t	主橇体：10t 动力橇：4t	22t

绞车系统采用液压传动技术，以发动机作为动力源，液压泵通过取力器将发动机的动力柔性传递给马达，马达驱动减速机和绞车滚筒来提升和下放电缆，满足测井作业的工况需要。液压回路可以根据工况要求，分别实现容积调速和容积节流联合调速两种调速功能。

2.1.1.2 斯伦贝谢测井拖橇简介

斯伦贝谢的重型模块化海上拖橇可用于使用标准高张力电缆、TuffLINE 18000 型以及 TuffLINE 26000 型扭矩平衡复合型电缆进行作业。OSU-PA 和 OSU-PB 拖橇通过使用 TuffLINE 18000 型电缆，可以在不使用双滚筒高张力系统的情况下，提供瞬时 18000lbf 的张力。在正常张力超过 13000lbf 的作业环境下，OSU-PA 和 OSU-PB 拖橇使用标准高强度电缆及双滚筒高张力系统可提供 21500lbf 张力。OSU-N 拖橇使用 TuffLINE 26000 型电缆及 21500lbf 双滚筒高张力系统，可提供 26000lbf 的张力以及大于 43000ft（13100m）的长电缆。OSU-PB 和 MONU-B 拖橇具有 CE 认证，可用于油气Ⅱ类防爆场所作业的电动液压拖橇。OSU-PA 拖橇系统如图 2.2 所示，技术指标见表 2.2。

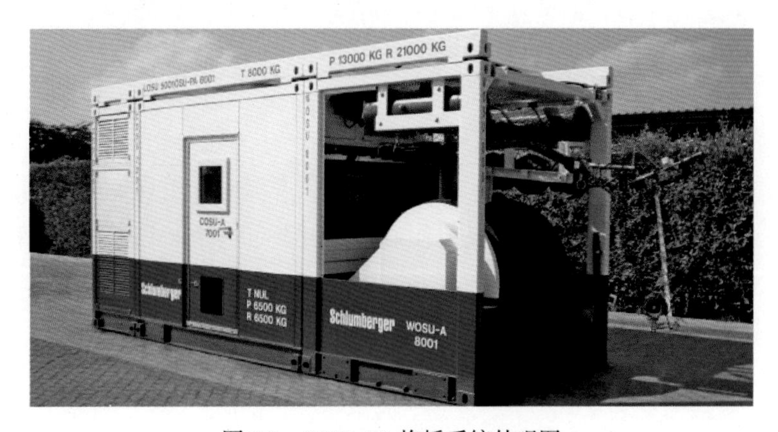

图 2.2 OSU-PA 拖橇系统外观图

表 2.2 斯伦贝谢拖橇系统指标参数

技术指标	OSU-PA、OSU-PB 海上拖橇	MONU-B 海上拖橇	OSU-N 海上拖橇
模块组件	发电模块（POSU）：柴油（OSU-PA）、电力液压（OSU-PB）。 测井模块（COSU）：高张力操作间。 绞车模块（WOSU）：带有 WDR-59 滚筒的高张力 WOSU	发电模块（EHPS）：电力液压。 测井模块（ONCC）：符合 NORSOK 标准的操作间。 绞车模块（WDDS 或 WOSU）：符合 Zone 规定的带有 WDR-59 滚筒的 WDDS 或带有 WDR-59 滚筒的高张力 WOSU	发电模块（POSU）：冗余型，双电动液压，含安装底架。 测井模块（COSU）：超深水操作间、高张力操作间。 绞车模块（WOSU）：带 WDR-70 滚筒的超深水 WOSU 或带有 WDR-59 滚筒的高张力 WOSU
采集系统	全模块 eWAFE 系统		
滚筒容量	WDR-59 滚筒，10060m TuffLINE18000	WDR-59 滚筒，10060m TuffLINE18000	WDR-70 滚筒，13100m TuffLINE26000 WDR-59 滚筒，10060m TuffLINE18000

续表

<table>
<tr><th>技术指标</th><th>OSU-PA、OSU-PB 海上拖橇</th><th>MONU-B 海上拖橇</th><th>OSU-N 海上拖橇</th></tr>
<tr><td>无双滚筒高张力系统下的张力</td><td>WOSU：18000lbf（80070N）</td><td>WDDS：11400lbf（50710N）
WOSU：18000lbf（80070N）</td><td>18000lbf（80070N）</td></tr>
<tr><td rowspan="2">在双滚筒高张力系统下的张力</td><td>符合 Zone 标准，甲板安装双滚筒（WDDC-BB）：24000lbf（106760N）</td><td rowspan="2">符合 ATEXZone 标准，CE 标准，甲板或起重机安装双滚筒（ZPPC）：24000lbf（106760N）</td><td rowspan="2">符合 Zone 标准，甲板安装双滚筒（WDDC-BB）：24000lbf（106760N）</td></tr>
<tr><td>符合 ATEXZone 标准，CE 标准，甲板或起重机安装双滚筒（ZPPC）：24000lbf（106760N）</td></tr>
<tr><td>特殊应用</td><td>单一或者模块式
DNV2.7-1，2.7-2，2-22
OSU-PB：CE，ATEXZone2</td><td>模块式
WOSU：DNV2.7-1，2.7-2，2-22
NORSOK，CEZone2</td><td>单一模式
DNV2.7-1
可快速更换滚筒</td></tr>
</table>

2.1.1.3 贝克休斯测井拖橇简介

贝克休斯测井拖橇系统（ZONEII-DNV-Skid）由一个动力橇和一个组合的采集室/绞车拖橇组成，可用于油气Ⅱ类防爆场所作业。该装置可由 30kW 柴油发电机提供电力或由钻井队提供电力。集成的 30kW 变压器为采集系统和所有其他电气设备提供所有必要的电力。绞车系统采用液压传动技术，以发动机作为动力源，液压泵通过取力器将发动机的动力柔性传递给马达，马达驱动减速机和绞车滚筒来上提和下放电缆。拖橇系统外观如图 2.3 所示，技术指标见表 2.3。

图 2.3　ZONEII-DNV-Skid 拖橇系统外观图

表 2.3 贝克休斯公司拖橇系统指标参数

系列	描述	长度	宽度	高度	总质量	皮重	有效负载
3881SD	全服务，−20℃，采集室和绞车	4932mm	2536mm	3040mm	19000kg	10750kg	8250kgf
	电驱液压系统	1240mm	2462mm	1932mm	4000kg	4000kg	0

2.1.2 电缆

2.1.2.1 电缆的功能

测井电缆用于各类测井、射孔以及取心等作业，其主要功能是承受张力、为井下仪器供电、信号传输、深度控制等。常用电缆外观如图 2.4 所示。测井电缆一般由导电缆芯、缆芯绝缘层、充填物、编织层及铠装防护层组成。导电缆芯由一根或几根线芯组成，每一根线芯由多根铜导线按一定的方向绞合而成，导电缆芯应具有尽可能低的电阻值。缆芯绝缘层决定了缆芯的耐温性能和电气性能。绝缘层材料通常为聚乙烯、泰氟隆等化学合成材料。充填物是充填在电缆缆芯周围的导电屏蔽层及萱麻、棉纱等物。编织层是铠装电缆的衬层，由纤维材料或布带绕包而成，它的作用是防止电缆缆芯受损。铠装防护层是在编织衬层外绕包的两层铠装钢丝。铠装层分内层及外层钢丝，铠装钢丝内层为右旋绕，外层为左旋绕，这种方式可以增强电缆的抗扭能力。

图 2.4 常用电缆外观图（型号：TuffLINE 18000）

2.1.2.2 电缆的使用

（1）绞车操作人员（绞车工）应持证上岗，并符合 SY/T 5726—2018《石油测井作业安全规范》中的安全要求。

（2）绞车停放在井场上的位置，应能保障电缆在绞车滚筒上排列整齐，电缆在绞车滚筒与井口滑轮运行的轨迹范围内应无障碍物，车辆摆放应符合 SY/T 5600—2016《石油电缆测井作业技术规范》中规定的要求。

（3）在电缆每次下井前、后，应检查各缆芯的电阻值以及缆芯与外皮、缆芯之间的绝缘值。

（4）绞车滚筒与井口滑轮之间的电缆在没有张力时，应防止电缆打结。

（5）带防喷装置测井时，天滑轮与井口防喷盒顶部之间的距离应大于 1m。天滑轮轮槽应对正防喷盒中心孔，电缆表面应无泥砂和杂物。

（6）操作绞车应平稳，电缆在套管内的运行速度应低于 6000m/h；在裸眼井段的首次测量项目电缆上提和下放速度不应超过 3000m/h，后续测井项目不应超过 4000m/h；新电缆应用前三口井时，电缆提起和下放速度应小于 2000m/h；下井仪器经过井口、套管鞋、油管鞋、开窗位置、井底等复杂井段，电缆运行速度应低于 600m/h。

（7）在裸眼井内静止时间不应超过 3min，有特殊要求时除外。

（8）测井作业时，绞车滚筒上的电缆至少应保留三层。

（9）与电缆接触的盘缆器、马丁代克上的导向轮、天滑轮和地滑轮，应与电缆保持转动接触，不应滑动接触。

（10）电缆工作张力不应超过电缆拉断力的 50%。

（11）已使用过的电缆，不应调头使用。

（12）在丛式井、水平井、大斜度井、超深井、落物井或在高密度高黏度钻井液等复杂井筒作业时，应降低电缆下放或上提的速度。

测井常用电缆技术指标见表 2.4。

表 2.4 测井常用电缆技术指标参数

结构	导体	7 × 0.33mm
	F46 绝缘	2.38mm
	屏蔽	2.40mm
	铠装	内层：16 × 1.50mm（3300N） 外层：20 × 1.67mm（4100N）
物理性能	电缆直径	13.2mm ± 0.10mm
	电缆空气中质量	704kg/km
	电缆耐温度	232℃
机械性能	电缆拉断力	125kN
	电缆弯曲直径	690mm
电性能	电缆耐电压	1200V DC
	电缆绝缘电阻率	15000MΩ·km
	电缆 20℃时直流电阻	33Ω/km
	电缆的电容	130pF/m
	静电屏蔽平衡	30mV
	相邻缆芯干扰特性	10mV

2.2 测井地面系统

测井地面系统的主要功能是控制井下仪器，并对井下仪器采集到的信号进行实时监测、处理、记录、传输，实时指导现场测井数据采集。测井系统经历了从手工记录系统到成像测井系统的发展过程，海上常用的测井地面系统有中海油服的 ELIS 和 ESCOOL、斯伦贝谢的 eWAFE 系统、贝克休斯的 ECLIPS-5700 系统。

2.2.1 中海油服地面系统

中海油服常用地面系统为 ELIS 和 ESCOOL，如图 2.5 所示。在系统实时控制方面，ELIS 地面采集系统采用高性能的 Power PC 单板机以及基于实时操作系统 VxWorks 的软件设计技术。在实时数据采集处理方面，ELIS 地面采集系统采用高性能的 DSP 数字信号处理技术。在通信解码方面，ELIS 地面采集系统采用了软件解码技术。ELIS 地面系统能够兼容过去的测井项目，并且能够增添新的测井服务功能。ELIS 的操作系统是在 Windows 基础上开发的，系统的软件主要由三个部分所组成：前端机嵌入式系统软件、后台主机实时采集处理软件和后台主机测井数据后处理软件。

图 2.5　ELIS 地面系统组成

ESCOOL 系统是在 ELIS 系统上的全新设计和升级，较 ELIS 系统性能大幅提升：

（1）显著提升传输速率，高达 1Mb/s，是 ELIS 系统的 4 倍以上。

（2）具有更强的兼容性，兼容 ELIS 系列井下仪器，同时支持总线 4 倍速率提升，且为全双工模式，总线通信速率和组合能力更强。

（3）网络化设计布局，地面仪器供电电源、马达供电电源、地面采集系统、井下遥测系统等均为网络化节点设计，拖橇内采用星形网络布局，实现拖橇内部网络化控制与检测；同时结合4G、5G、卫星等网络传输技术，将拖橇或整个作业点作为一个网络节点。

（4）通过RTC系统将所有作业点与后台专家指挥控制中心形成网络布局，基地的测井和油藏专家能够及时获取现场操作工程参数，指导和控制现场作业，实现作业装备状态监测及统一管理、现场操作智能化及风险预警。

2.2.2 斯伦贝谢地面系统

目前斯伦贝谢电缆测井常用eWAFE采集系统。eWAFE系统是对其前身MAXIS系统的升级改进，此系统能够实现斯伦贝谢测井最复杂的测井仪器之间的组合测井。在所有模块都配备的情况下，八个可编程、高密度通用电源模块（UPMs）可以同时供应几种不同电源组合（交流电、直流电、EMEX以及三相交流电），其输出功率可达MAXIS输出功率的三倍，且适配常见井下仪器（如大满贯、核磁共振、电成像、模块式地层动态测试器，测压取样测井平台，机械式旋转式井壁取心器等）。

eWAFE系统通过MaxWell现场采集软件及MAXIS系统的MCM高端采集和数据记录处理器操作井下测井仪器。MaxWell软件提供数据采集、仪器功能控制和实时数据回放功能，并可通过卫星或者eWAFE内置通信模块实现实时数据传输。通过与InterACT全球通信的协作和信息传输，eWAFE系统可安全地实现远程实时传送数据，从而支持现场及时决策。

2.2.3 贝克休斯地面系统

ECLIPS-5700测井地面系统是由ATLAS公司开发并生产的测井地面数据采集系统（图2.6）。该系统采用工作站作为主机及高速数据通信的WTS遥传系统，软件以UNIX/Windows操作系统为基础，采用现代图像处理显示技术；通过配备阵列化、成像化及大信息量为特点的井下仪器，实现以多参数采集、多任务分时处理为特点的实时测井数据采集、控制和处理；可提供常规和成像测井图件及记录数据，并能完成井壁取心、射孔和测井数据的现场通信传输及现场测井数据的初步分析处理等。

系统特点：

（1）该系统记录的数据包括仪器的原始信号、经过刻度的工程值和处理后的数据。由于记录了仪器的原始信号，仪器出现刻度误差时，可以用不同的参数重新回放处理测井资料。

（2）采用多窗口显示核测井仪器所获得的能谱及声波类仪器所获得的波形。用户控制这些窗口，既可显示原始数据，也可显示处理过的数据，以便操作员进行实时测井数据的质量控制。

（3）可以在主要测井曲线上实时重叠显示重复曲线，以验证仪器的重复性。

（4）实时绘制交会图，工程师可以根据预期的模型验证测井响应的正确性。

图 2.6　ECLIPS-5700 地面系统组成

（5）实时环境校正，消除测井质量控制过程中工程师的主观评估成分。

（6）实时相似校正，验证声波波形资料的完整性。

2.3　电法测井

电法测井是发展最早的地球物理测井方法，它主要用于测量井眼周围岩石电性参数。电法测井主要探测井眼附近人工电磁场产生和变化特征（如常规的侧向测井和感应测井等电阻率测井方法），同时也探测井下自然电场产生和变化的特征（如自然电位测井）。到目前为止，电法测井资料（尤其是电阻率测井资料）是地层流体饱和度定量评价的主要依据，仍然被认为是最重要和最有效的测井方法。

1927 年 9 月 5 日，在法国东部阿尔萨斯（Alsace）地区的佩彻布朗（Pechelbronn），Schlumberger 兄弟与 H.G.Doll 利用梯度电极系完成了实际电法测井，得到世界上第一条测井曲线，所记录的测井曲线清楚地指示了井下的含油砂岩，标志着现代地球物理测井的诞生。1929 年，Schlumberger 兄弟获得了用自然电位确定渗透性地层的专利，并于 1931 年实现了自然电位与电位电极系和梯度电极系一起测量，可以提供连续测井曲线。

1939 年，翁文波和赵仁寿等在四川进行了中国的首次电法测井；1948 年，王曰才和刘永年等在玉门油田利用半自动测井技术得到了视电阻率曲线（点测），并划分出油气储层。1942 年，G.E. Archie 提出 Archie（阿尔奇）公式，奠定了利用测井资料定量评价岩石流体饱和度的基础。

1949 年，考虑到油基钻井液的井眼条件，H.G. Doll 提出了感应测井，奠定了常规双感应测井研究与应用的基础。常规双感应测井目前仍然是常用的重要电法测井方法。1951 年，出现聚焦的侧向测井，20 年以后，发展了双侧向电阻率测井仪，一直应用到现在。

20 世纪 80 年代初期，国外研制的介电测井仪器开始应用。20 世纪 90 年代开始，在常规侧向测井和感应测井的基础上发展起来了阵列侧向测井、方位侧向测井和阵列感应测井等新方法、新技术。

2.3.1 自然电位测井

2.3.1.1 测量原理

自然电位（SP）测井是在裸眼井中通过井轴上自然产生的电位变化，研究地层性质的一种测井方法。自然电位曲线是井眼中移动电极的电位与地面固定电极电位差的反映。SP 曲线上的偏移是电流在井筒内钻井液中流动的结果，电流是井壁两侧流体所含离子浓度差形成的电化学作用所造成的。

如图 2.7a 所示，将一个电极 M 放入井中，另一个电极 N 放在地面上接地，在不存在任何人工电场的情况下，用测量电位差的仪器测量电极 M 相对于电极 N 的电位差，便可以进行自然电位测井。而在实际测井中，常常是在进行普通电阻率测井的同时，利用如图 2.7b 所示的原理线路，当电极在井内连续移动时，即可测得井内自然电位沿井剖面的变化曲线，即自然电位曲线。

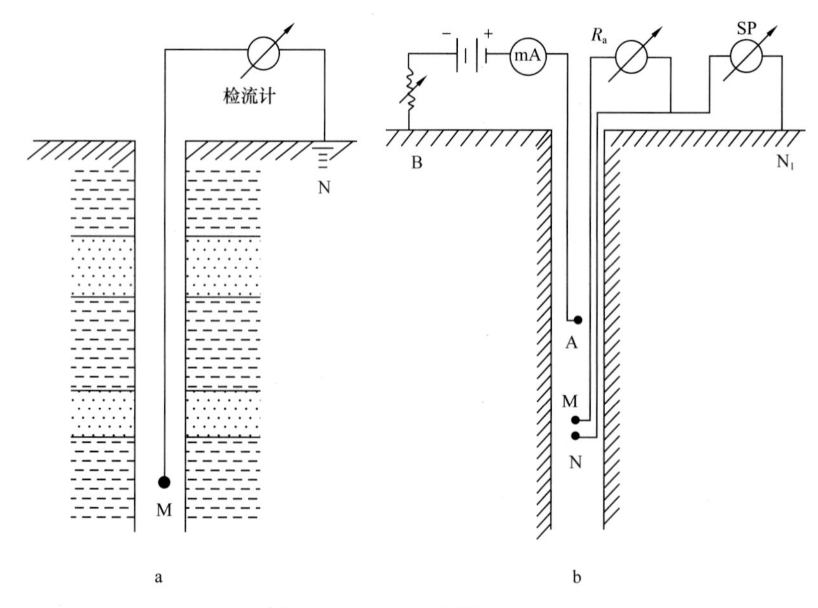

图 2.7 自然电位测量原理

2.3.1.2 资料要求与作业须知

（1）在 100m 井段内，泥岩基线偏移应小于 10mV。

（2）在砂泥岩剖面地层，SP 曲线应能反映岩性变化，砂岩渗透层自然电位曲线的幅度变化与钻井液滤液电阻率 R_{mf}、地层水电阻率 R_w 有关。当 R_{mf} 大于 R_w 时，自然电位曲线为负异常；当 R_{mf} 小于 R_w 时，自然电位曲线为正异常。

（3）重复测井曲线应与主测井曲线形状相同，SP 幅度大于 10mV 的地层，重复测量值与主测量值相对误差应小于 10%。

（4）曲线干扰幅度应小于 2.5mV。

（5）接地电极应放在不流动的水或钻井液池中，远离井场发电机或电源线。

（6）测速不应超过 30m/min。

（7）在油基或不导电钻井液中不应测 SP 曲线。

（8）操作工程师在移动泥岩基线时，应在原图上作出标记，且不得在目的层段进行。

（9）如发现曲线有受干扰的迹象，则需查清原因，常见自然电位干扰源见表 2.5。

表 2.5　常见自然电位干扰源

干扰源	干扰表现
磁性影响	周期性地出现，与电缆滚筒速度有关
双金属作用	无特别的正负偏差。通常干扰来自阴极保护装置
大地电流	表现为数值的偏移
随机电子干扰（发电机）	50～60Hz 的随机脉冲
电缆噪声	表现为与电缆卷绕有关的随机噪声
焊接	与焊接周期（热 / 冷）有关的周期性噪声

2.3.1.3　影响因素

自然电位幅度值与地层岩性、钻井液和地层水的性质、钻井液滤液电阻率与地层水电阻率的比值等参数有关。

（1）地层因素的影响：地层渗透性好，离子迁移速度快，SP 幅度大。地层电阻率越大，SP 幅度越大。泥质含量越高，吸附作用越强，SP 幅度越小。地层厚度小于 3.5 倍井径时，地层厚度越小，SP 幅度越小。

（2）非地层因素的影响：钻井液滤液电阻率与地层水电阻率的比值越大，SP 幅度越大。冲洗带越深，SP 幅度越小。

2.3.1.4　资料主要用途

（1）探测渗透层。

（2）确定地层界面位置，进行地层对比。

（3）确定地层水电阻率 R_w。

（4）计算泥质含量。

2.3.1.5　仪器性能指标

（1）基线统一后的重复误差范围应为 ±2mV。

（2）外加电源的刻度误差范围为 ±3V。

2.3.2 微侧向 / 微球形聚焦测井

微侧向 / 微球形聚焦测井是微电阻率测井的方法之一，适用于水基钻井液（淡水或盐水）、砂泥岩或石灰岩剖面的中深井进行测井。微球形聚焦测井是在微侧向的基础上发展起来的一种测井方法。

中国海油现有的微侧向 / 微球形聚焦测井仪器见表 2.6。

表 2.6 中国海油现有的微侧向 / 微球形聚焦测井仪器

公司	仪器名称	缩写
COSL	微侧向测井	MLL/HMLL（高温）
COSL	微球形聚焦测井	EMSF61XA/EMSF71XA（高温）/EMSF70（小井眼）
SLB	微球形聚焦测井	SRT
Baker Hughes	微侧向测井	MLL

2.3.2.1 测量原理

以微球形聚焦测井为例，该工具是一种极板式测井仪，如图 2.8 所示，其极板由主电极 A_0、屏蔽电极 A_1 和回路电极 B 组成。主电极向地层发射电流，在屏蔽电流的作用下被聚焦成束状，水平注入地层而不会沿滤饼分流。由于电极系尺寸较小，主电流进入地层不远即散开返回至仪器外壳，因此其探测深度浅，有极好的纵向分层能力，主要用来测量冲洗带电阻率。微球形聚焦测井仪器常与双侧向仪器在高矿化度钻井液中同时测量，获得浅、中、深径向电阻率数据。

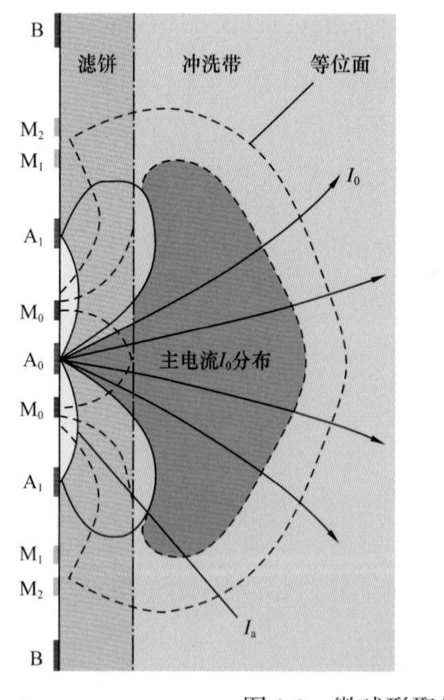

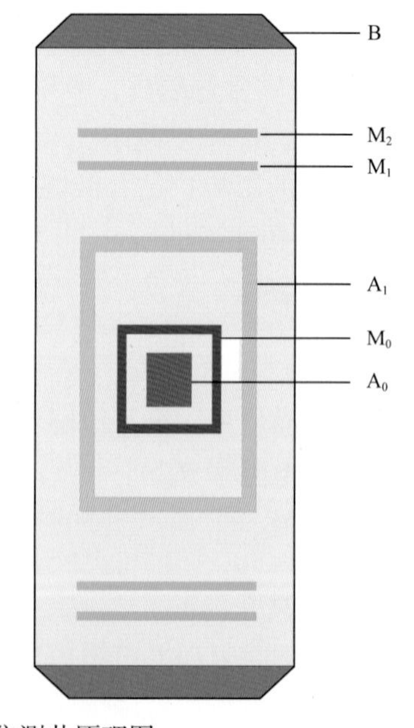

图 2.8 微球形聚焦测井原理图

2.3.2.2 资料要求与作业须知

（1）井径规则井段，在泥岩层或其他均质非渗透性地层，微球形聚焦测井曲线与双侧向测井曲线应基本重合；在渗透层段，微球形聚焦测井应反映冲洗带电阻率的变化并符合地层的侵入关系。

（2）在高电阻率薄层，微球形聚焦测井数值应高于双侧向测井数值。

（3）微球形聚焦测井在仪器测量范围内不应出现饱和现象。

（4）在碳酸盐岩及其他复杂岩性地层，致密层段微球形聚焦测井值多低于双侧向测井值，储层发育段及泥岩段接近双侧向测井值。

（5）有时因极板接触不良，微球形聚焦测井会出现间断的、极低的电阻率曲线，应该降低测速进行重复测量以改善数据质量。

（6）微球形聚焦测井重复测井与主测井形状相似，在井壁规则的渗透层段，重复测量值相对误差应小于 10%（裂缝地层通常重复性差）。

（7）微球形聚焦测井仪一般与双侧向测井仪组合测量。

（8）由于仪器内部井下仪器总线不贯通，微球形聚焦测井仪必须接在井下仪器总线仪器串底部。

2.3.2.3 影响因素

（1）滤饼影响。滤饼的存在，通常微侧向 / 微球形聚焦测井数值偏高。

（2）钻井液侵入的影响。钻井液滤液高侵地层时测量值偏低，低侵地层时测量值偏高。

（3）层厚的影响。微侧向 / 微球形聚焦测井分层能力大约相当于监督电极中点的距离，当层厚小于微侧向 / 微球形聚焦分层能力时，测量误差较大。

2.3.2.4 资料主要用途

（1）划分渗透层。

（2）划分薄层。

（3）确定冲洗带电阻率 R_{xo}。

（4）确定井眼和滤饼情况。

微侧向 / 微球形聚焦测井仪器性能见表 2.7。

表 2.7 微侧向 / 微球形聚焦测井仪器性能表

仪器性能	EMSF61XA	EMSF71XA（高温）	MLL/HMLL（高温）	EMSF70（小井眼）	MLL	SRT
公司名称	COSL	COSL	COSL	COSL	Baker Hughes	SLB
仪器外径	4.49in（114.05mm）	5.98in（151.89mm）	4.5in（114.3mm）	4.21in（106.93mm）	5.25in（133.35mm）	4.0in（101.6mm）
仪器长度	2.87m	3.91m	4.26m	2.25m	3.40m	6.05m
仪器质量	198lb	238lb	225lb	128lb	260lb	351lb

续表

仪器性能	EMSF61XA	EMSF71XA（高温）	MLL/HMLL（高温）	EMSF70（小井眼）	MLL	SRT
测量点到仪器底部长度	0.66m	0.60m	0.497m/0.491m	0.73m	0.474m	0.90m
耐温	175℃	205℃	175℃ /205℃	175℃	177℃	175℃
耐压	20000psi					
最小井眼	6in（152.4mm）			4.75in（120.65mm）	7in（177.8mm）	5in（127mm）
最大井眼	20in（508mm）			10in（254mm）	16in（406.4mm）	22in（558.8mm）
测井速度	9m/min			18m/min	15.2m/min	10.2m/min
测量范围	0.2～2000Ω·m					0.2～1000Ω·m
测量精度	±5%（2～200Ω·m），±10%（0.2～2Ω·m，200～2000Ω·m）					±5%（2～200Ω·m），±10%（200～1000Ω·m）
探测深度	4in（101.6mm）	6in（152.4mm）	1.5in（38.1mm）	—	1.5in（38.1mm）	2in（50.8mm）
垂直分辨率	8in（203.2mm）	8in（203.2mm）	1.2in（30.48mm）	—	1.2in（30.48mm）	—

2.3.3 双侧向测井

双侧向测井是在三侧向和七侧向测井的基础上发展起来的，具有较好的聚焦特性，并可以同时测量深、浅两种探测深度的电阻率曲线。

中国海油现有的双侧向测井仪器见表 2.8。

表 2.8 中国海油现有的双侧向测井仪器

公司	仪器名称	缩写
COSL	双侧向测井	EDLT/EDLT（高温）/EDLT70（小井眼）
SLB	高分辨率侧向测井	DLT
Baker Hughes	双侧向测井	DLL

2.3.3.1 测量原理

双侧向的电极系如图 2.9 所示。双侧向电极系有 9 个电极。主电极 A_0 位于中央，在 A_0 上下对称排列 4 对电极，每对电极分别用短路线连接。电极 M_1、M_1'和 N_1、N_1'为两对监督电极，电极 A_1、A_1'和 A_2、A_2'为两对聚焦电极（也称屏蔽电极）。深侧向的回流电极 B

和测量参考电极 N 在“无限远处”。

进行深探测时，屏蔽电极 A_1 与 A_2（A_1'和 A_2'）保持等电位，屏蔽电流 I_1 与主电流 I_0 为同极性。由于屏蔽电极 A_2、A_2'较长，加强了屏蔽电流对主电流的聚焦作用，因此主电流层进入地层深处后才逐渐发散，如图 2.9 左侧所示。由于深侧向探测深度深，它所测的视电阻率接近地层真电阻率。

进行浅探测时，电极 A_2、A_2'起回流电极的作用，由于电极 A_1 与 A_2（A_1'和 A_2'）为反极性，削弱了屏蔽电流对主电流的聚焦作用，主电流层进入地层不远的地方就发散了，如图 2.9 右侧所示。由于浅侧向探测深度浅，所测得的视电阻率受侵入带的影响较大。

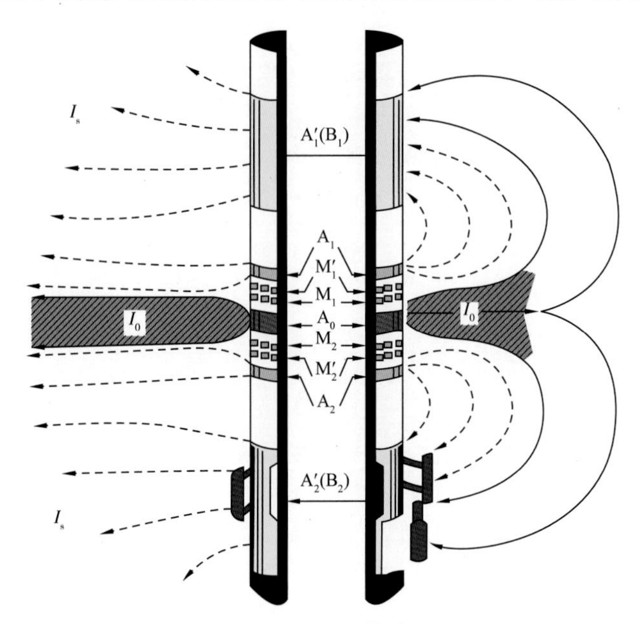

图 2.9　双侧向电极系及电流线分布

2.3.3.2　资料要求与作业须知

（1）双侧向测井作业时一般采用标准模式，对于钻井液电阻率很低或者井眼不规则的井况，可以考虑采用增强模式。

（2）双侧向测井适用于导电性钻井液，钻井液电阻率范围：0.015～3Ω·m。

（3）仪器应居中。

（4）重复测井与主测井形状相同，重复测量值相对误差应小于 5%（地层电阻率在 1～2000Ω·m）。

（5）在仪器测量范围内，厚度大于 2m 的砂泥岩地层，测井曲线在井径规则井段应符合以下规律：在均质非渗透性地层中，双侧向曲线基本重合；在渗透层段，当 R_{mf} 小于 R_w 时，深侧向测量值应大于浅侧向测量值；当 R_{mf} 大于 R_w 时，水层的深侧向测量值应小于浅侧向测量值，油层的深侧向测量值应大于或等于浅侧向测量值。

（6）对于碳酸盐岩及火成岩地层，溶孔发育段的测井特征与砂泥岩剖面的渗透性储层相似。

（7）在测量范围内不应出现饱和或平头现象。

（8）曲线可以准确确定地层界面。

2.3.3.3 资料主要用途

（1）判别油气水层。

（2）计算地层含水饱和度。

（3）识别裂缝。

（4）准确确定地层界面。

双侧向测井仪器性能见表 2.9。

表 2.9 双侧向测井仪器性能表

仪器名称	EDLT	EDLT （高温）	EDLT70 （小井眼）	DLT	DLL
公司名称	COSL	COSL	COSL	SLB	Baker Hughes
仪器外径	3.63in （92.202mm）	3.63in （92.202mm）	3.0in （76.2mm）	3.625in （92.075mm）	3.62in （91.95mm）
仪器长度	5.73m	6.28m	3.85m	9.27m	5.73m
仪器质量	267lb	220lb	167lb	531lb	267lb
测量点到仪器底部长度	3.61m	1.79m	1.88m	4.48m	1.79m
耐温	175℃	205℃	175℃	175℃	175℃
耐压	20000psi	20000psi	20000psi	20000psi	20000psi
最小井眼	5.5in （139.7mm）	5.5in （139.7mm）	4.75in （120.7mm）	4.625in （117.5mm）	5in （127mm）
最大井眼	24in （609.6mm）	24in （609.6mm）	13.8in （350mm）	16in （406.4mm）	20in （508mm）
测井速度	18m/min	18m/min	18m/min	25.4m/min	18m/min
测量范围	0.2～40000Ω·m				
测量精度	±5%（1～2000Ω·m），±10%（2000～5000Ω·m），±20%（0.2～1Ω·m，5000～40000Ω·m）				
最大探测深度	1.397m	1.397m	1.397m	1.829m	1.397m
垂直分辨率	24in （609.6mm）	24in （609.6mm）	24in （609.6mm）	24in （609.6mm）	24in （609.6mm）

2.3.4 阵列侧向测井

阵列侧向测井是一种多探测深度阵列型侧向测井仪器，主要用于导电钻井液井中高电阻率地层测量，可以在同一深度位置同时测量不同径向探测深度视电阻率，能够清晰描述侵入剖面，其高纵向分辨率有利于薄层评价。

中国海油现有的阵列侧向测井仪器见表 2.10。

表 2.10 中国海油现有的阵列侧向测井仪器

公司	仪器名称	缩写
COSL	阵列侧向测井	EALT/HALT（高温）
SLB	高分辨率阵列侧向测井	HRLA/HRLT-C（高温）
Baker Hughes	阵列侧向测井	RTeX

2.3.4.1 测量原理

阵列侧向测井仪器采用硬件聚焦的方式进行信号聚焦，并通过改变屏蔽电极的长度、回流电极的长度、回流路径实现不同径向探测深度的地层电阻率测量。其中屏蔽电极向地层发射屏蔽电流，主监督电极检测主监督电极之间的电位差，形成反馈电流，以驱动屏蔽电流使主监督电极之间的电位差趋于零。通过测量主电流（I_0）、监督电极与地面参考电极之间的电压差（V_0）来计算地层的电阻率。

主电极 A_0 和屏蔽电极（或回流电极，A_1−A_1'、A_2−A_2'、A_3−A_3'、A_4−A_4'、A_5−A_5'）、监督电极（M_1−M_1'、M_2−M_2'、M_3−M_3'、M_4−M_4'、M_5−M_5'、M_6−M_6'、M_7−M_7'）电极构成阵列电极系。主电极 A_0 和不同的屏蔽电极、回流电极及监督电极组合，形成四个测量深度不同的侧向测井模式（$MLRU_1$、$MLRU_2$、$MLRU_3$、$MLRU_4$）。图 2.10 是中海油服 EALT 阵列侧向测井仪器电流分布示意图。采用如下公式求得各个工作模式下的视电阻率：

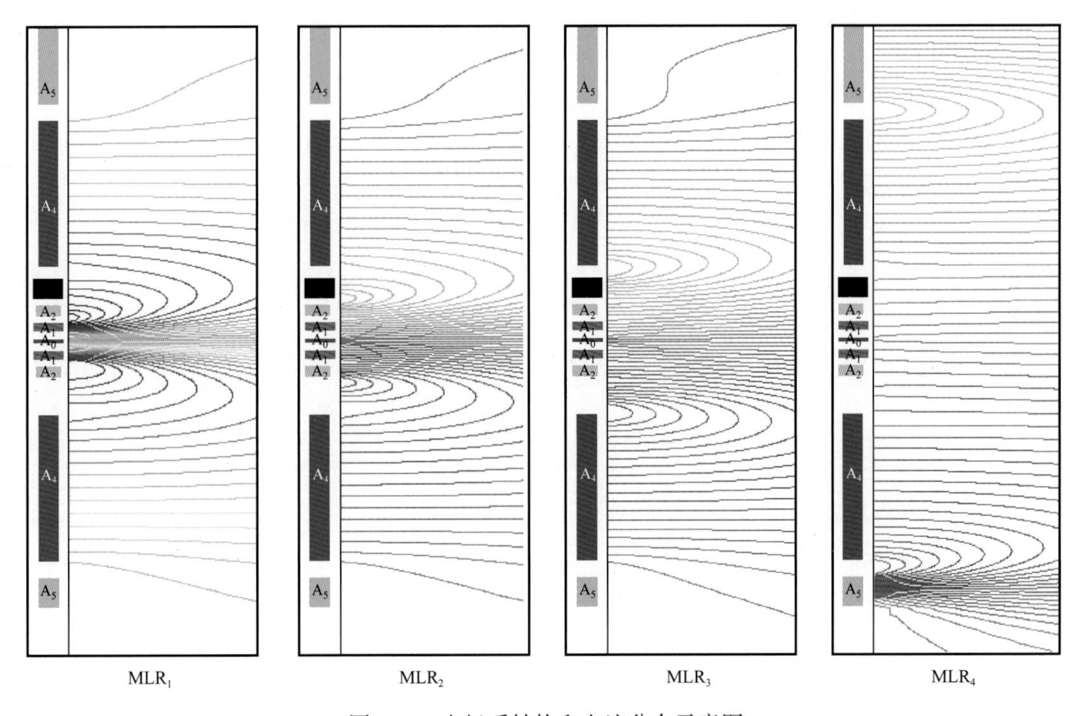

图 2.10 电极系结构和电流分布示意图

$$\mathrm{MLRU}_i = K_i \frac{V_{\mathrm{M}_0(\mathrm{AL}i)}}{I_{0(\mathrm{AL}i)}}$$

式中 MLRU_i——工作模式 i 的视电阻率，Ω·m（i=1，2，3，4）；

K_i——工作模式 i 的仪器常数（i=1，2，3，4）；

$V_{\mathrm{M}_0(\mathrm{AL}i)}$——工作模式 i 的探测电压，V（i=1，2，3，4）；

$I_{0(\mathrm{AL}i)}$——工作模式 i 的探测电流，A（i=1，2，3，4）。

2.3.4.2 资料要求与作业须知

（1）为了确保在电阻率值达到饱和的情况下得到真实可靠的侵入电阻率值，建议另加冲洗带测量仪（MSFL）。

（2）首先检查所有的刻度是否在误差范围之内。在测量时，建议随时观察测井质量控制曲线（LQC），确保仪器能作出及时的校正和处理。

（3）在均匀厚地层中，经过井眼校正后的阵列电阻率曲线应由浅到深依次排列，但在薄层中或地层电阻率与围岩电阻率之比很大时，会出现异常情况。

（4）能够较好反映岩性变化和流体性质。

（5）在大井眼或 R_m 很小时，电流沿井眼流动可能会引起深、浅电阻率曲线分开。

2.3.4.3 影响因素

曲线出现异常时，应考虑井眼尺寸、围岩电阻率、地层厚度和钻井液侵入等因素的影响。

2.3.4.4 仪器优势

阵列侧向测井仪与双侧向测井仪相比，采用了阵列化设计，获取不同径向探测深度的电阻率，同时受参考电极和围岩影响更小，其优点有：

（1）清楚地指示渗透性。更加完整的阵列侧向测井曲线常能解决可疑的渗透层，因为存在侵入层的地方可以见到较大的曲线分离，而减少了与侵入无关的曲线分离现象（如格罗林根效应）。

（2）可得到更精确的地层真电阻率，减少了围岩和参考电极影响，且测量的地层信息更多。

（3）利用了地层反演技术，使计算的地层电阻率值更精确。

2.3.4.5 其他类型阵列侧向仪器介绍

HRLA 是一种斯伦贝谢公司侧向仪器，可以提供五条独立的并通过聚焦的、深度与分辨率匹配的电阻率曲线。利用二维模型及反演，计算更精确的地层电阻率 R_t。仪器特点：（1）无长绝缘马笼头、作业省时间、提高效率；（2）所有电流返回仪器本体，无电压效应；（3）数据从共同的中心电极获取，使用多种频率同时测量；（4）阵列电极使用软件和硬件进行聚焦，减少了邻层的影响，加强了薄层的识别。

HRLT-C 为 HRLA 的增强版，通过使用保温筒及高温电子线路升级实现更优异的耐温耐压性能。与 HRLA 相比，HRLT-C 外径及长度均有增加，但各项测量参数保持一致。

贝克休斯公司 RTeX 仪器电极系由中心电极（A_0）、屏蔽电极（A_1-A_4 和 A_1'-A_4'）和监督电极（M_1、M_1'和 M_2、M_2'）组成。电极 A_1、A_2、A_3 位于该仪器本体上，RTeX 仪器上下端连接的仪器形成 A_4 电极，因此在 RTeX 仪器的上下两端必须连接长度相近的仪器（电极长度为 10～14in），用绝缘短节限制 A_4 电极长度。A_4 电极的绝缘短节以上部分（或以下部分）形成 A_5 电极（A_5 电极是回流电极）。

2.3.4.6 资料主要用途

（1）提供多条不同径向探测深度测量曲线；利用地层反演技术，能够提供地层真电阻率 R_t、侵入带电阻率 R_{xo}、侵入深度 L_{xo} 和侵入剖面。

（2）划分岩性剖面和薄层评价。

（3）判断流体性质，计算地层含水饱和度。

阵列侧向测井仪器性能见表 2.11。

表 2.11 阵列侧向测井仪器性能表

仪器名称	EALT/HALT（高温）	HRLA/HRLT-C（高温）	RTeX
公司名称	COSL	SLB	Baker Hughes
仪器外径	4.0in（101.6mm）	3.625in（92.075mm）/ 3.645in（92.583mm）	4.0in（101.6mm）
仪器长度	4.28m	7.38m/10.1m	5.6m
仪器质量	202.4lb	394lb/486lb	305lb
测量点到仪器底部长度	2.136m	3.79m/5.16m	2.161m
耐温	175℃ /205℃	150℃ /200℃	177℃
耐压	20000psi	15000psi/20000psi	20000psi
最小井眼	6in（152.4mm）	5.5in（139.7mm）	5.25in（133.35mm）
最大井眼	16in（406.4mm）	16in（406.4mm）	16in（406.4mm）
测井速度	18m/min	18m/min	18.3m/min
测量范围	0.2～40000Ω·m	0.2～10000Ω·m	0.2～50000Ω·m
测量精度	±5%（1～2000Ω·m），±10%（2000～10000Ω·m），±20%（0.2～1Ω·m，10000～40000Ω·m）		
探测深度	9～38in	50in	18～74in
垂直分辨率	12in	12in	12in
采样率	2in	2in	2in

2.3.5 阵列感应测井

感应测井是油田勘探开发中常用的测井项目之一。随着计算机技术的发展，20 世纪 50 年代首先推出了双感应测井仪，其后斯伦贝谢公司、阿特拉斯公司和哈里伯顿公司也相继研制出阵列感应测井仪，提高了感应测井的测量精度，拓宽了应用范围，取得了较好的效果。

中国海油现有的阵列感应测井仪器见表 2.12。

表 2.12　中国海油现有的阵列感应测井仪器

公司	仪器名称	缩写
COSL	高分辨率感应测井仪	EAIL/HAIL（高温）
SLB	阵列感应测井仪	AIT/HIT（高温）/QAIT（高温小井眼）
Baker Hughes	阵列感应测井仪	HDIL
Halliburton	阵列感应测井仪	HARI

2.3.5.1 测量原理

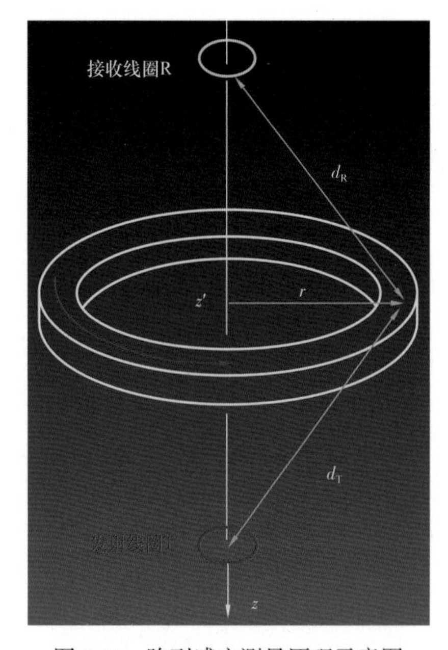

图 2.11　阵列感应测量原理示意图

阵列感应测井仪测量原理基于麦克斯韦电磁理论，如图 2.11 所示，设 T 是发射线圈，R 是接收线圈，T 和 R 组成线圈系。T 和 R 都在井轴上，而且线圈轴和井轴一致，并设定井轴为柱坐标系 $r\varphi z$ 的 z 轴。T 和 R 之间的距离是 L，即线圈距。T 和 R 在 z 轴上的位置分别是 $-L/2$ 和 $L/2$。假定介质有对 z 轴的旋转对称性，即介质的性质与方位角 φ 无关。这样的介质就可以看作由许多截面积为 drdz 的单元环所组成（几何因子理论）。

在发射线圈 T 上加载一定频率的交流电，产生的交流信号在地层环感应生成一个感应电压。这个电压比发射电流相位滞后 90°，而且电压产生的涡流按一定比例流进地层环的地层电阻率等值回路中，这个电流在接收线圈中产生感应电压，该电压与回路中的地层电导率成一定比例关系。这个比例常数随仪器轴线的半径和回路位置不同而不同，与线圈系的结构和位置不同而不同，这个比例常数就是几何因子。

对一个给定的线圈结构，几何因子是地层环的半径及其沿着仪器轴线位置的函数，所以可以把它考虑成一个二维函数。从上述模型中，可以推断出接收信号相对发射电流经过了两次 90° 的相移，所以接收信号与这个电流是反相的（实际上是 180° 相移，但是把信号变化按同相处理）。把同相信号称为“实部信号”，即有用信号；在接收器也有一个信号直接与发射器信号耦合，这个信号较大而且不受地层电导率的影响，将此信号称为“直接耦合”。由于经过地层感应电流产生的携带有地层信息的有用信号很微弱，相对而言，直耦信号很强，为了克服这个问题，工程设计中线圈系基本单元采用三线圈系结构（一个发射、两个接收基本单元）。

通过合理设计补偿线圈和主接收线圈匝数比和绕线方向，可以有效抵消直接耦合信号。为了获得更好的探测效果和性能，还需要从软件上进行聚焦，数据需要进行井眼校正、趋肤效应校正、自适应性滤波和分辨率匹配等处理。

中海油服阵列感应测井仪 EAIL 采用 7 个阵列单元线圈系，利用 8 种工作频率，共测量原始分量和虚分量信号 112 个，经过软件聚焦信合成处理后，可得到三种纵向分辨率（1ft、2ft、4ft）、六种探测深度（10in、20in、30in、60in、90in 和 120in）的电阻率测井曲线。

2.3.5.2 资料要求与作业须知

（1）可适用于水基或油基钻井液，以及直井、大斜度井及水平井。

（2）测速：采样率为 4 样点 /ft 时，推荐测速为 30ft/min；采样率为 4 样点 /ft 时，最大测速为 60ft/min；采样率为 2 样点 /ft 时，最大测速为 100ft/min。

（3）应有不少于 60m 的重复段测量，以检查仪器的重复性、稳定性。深探测曲线（90in 和 120in）主测井曲线与重复段误差应小于 10%。

（4）要求每 90 天至少进行一次主刻度。

（5）在用软件聚焦之前应对井眼进行校正。

（6）整个仪器要求居中良好，在井斜大于 10°～15° 或盐水钻井液（R_t/R_m>100）时，要使用最大的扶正器。当与极板仪器一起使用时，要使用两个万向接头。

（7）在井眼规则的泥岩层或非渗透低阻层，不同深度的电阻率曲线基本重合；在渗透层（有侵入情况下），测井曲线数值应符合以下规律：R_{mf} 小于 R_w 时，水层和油层径向电阻率均呈现正差异；R_m 大于 R_w 时，水层径向电阻率呈负差异。

（8）电阻率曲线的相互关系应与区域规律、地层流体性质相吻合。

（9）电阻率曲线的数值与其他电阻率方法测井值变化规律基本一致。

（10）仪器使用范围：阵列侧向电阻率测井和阵列感应电阻率测井分别采用串联和并联方式测量地层电阻率，其适用条件存在较大差异。通常阵列感应测井适用于低电阻地层、高孔隙度、低地层水电阻率的盐水地层，且井内充满高电阻率钻井液（油基钻井液、原油钻井液或空气）。阵列侧向测井则适用于高电阻地层、低孔隙度和含高电阻率的淡水地层，井内充满低电阻率钻井液。图 2.12 为水基钻井液条件下阵列电阻率测井的适用条件图版。阵列感应电阻率测井适用于浅绿色区域，地层电阻率不高于 400Ω·m，且地层电阻率与钻井液电阻率比值不大于 10；阵列侧向电阻率适用于蓝色区域，一般要求地层电阻率与钻井液电阻率比值不小于 10，当钻井液电阻率较低或地层电阻率较高时，阵列侧向电阻率测井为最优选择；阵列感应电阻率测井和阵列侧向电阻率测井在绿色区域均适用[1]。

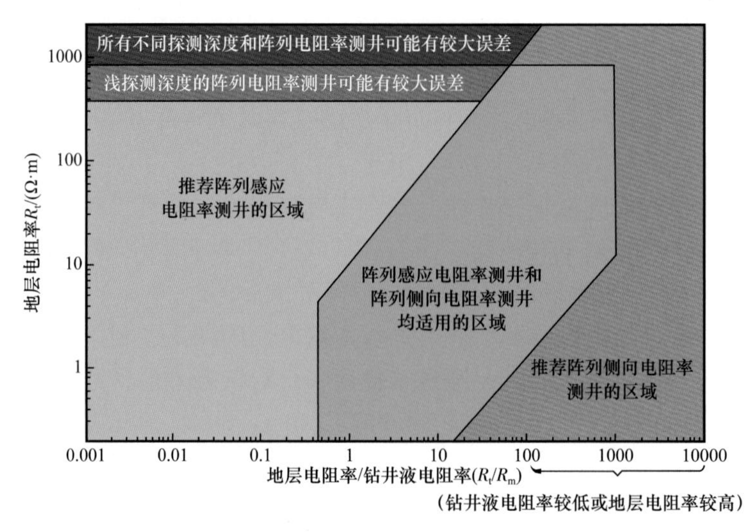

图 2.12　水基钻井液条件下阵列电阻率测井的适用条件图版

2.3.5.3　影响因素

（1）井眼环境影响。扩径会导致信号失真，螺旋井眼会导致感应测井资料呈弹簧状变化。

（2）钻井液矿化度配置过高，会导致泥岩段曲线不重合。

2.3.5.4　其他类型阵列感应仪器介绍

斯伦贝谢公司 AIT 具有一个发射线圈和八个接收线圈阵列，其主线圈源距分别为 6in、9in、12in、15in、21in、27in、39in、72in；发射线圈同时以三种频率（26.325kHz、52.65kHz、105.3kHz）工作，在每个频率工时下，测量每个线圈阵列的实分量信号和虚分量信号，这样井下仪器就可在 3in 的深度段内得到 28 个原始测量信号；这些信号传输到地面由计算机处理，消除井眼环境影响，实现软件聚焦，可得到三种纵向分辨率（1ft、2ft、4ft）、五种探测深度（10in、20in、30in、60in、90in）的测井曲线。

贝克休斯公司 HDIL 井下仪器是一种多接收器、多频率、全数字式阵列感应仪器。该仪器设计成 6～94in 的间距接收线圈，较长的间距可以在深侵入的情况下精确计算地层电阻率 R_t，而较短间距线圈可以进行井眼校正。

HDIL 使用多种频率采集数据，由对不同频率采集的数据进行对比来提高数据的质量。对相关的数据点进行一致性检验，提供数据的质量指示。全频谱的 HDIL 数据组合了八种不同频率，用于减低干扰并提供质量控制和诊断指示，并进行趋肤校正。

2.3.5.5　资料主要用途

（1）储层划分。

（2）确定地层 R_t 和 S_w。

（3）反演侵入带剖面。

（4）薄层解释。

阵列感应测井仪器性能见表 2.13。

表 2.13 阵列感应测井仪器性能表

<table>
<tr><td>仪器名称</td><td>EAIL/HAIL</td><td>HDIL</td><td>AIT/HIT/QAIT</td><td>HARI</td></tr>
<tr><td>公司名称</td><td>COSL</td><td>Baker Hughes</td><td>SLB</td><td>Halliburton</td></tr>
<tr><td>仪器外径</td><td>3.625in（92.07mm）</td><td>3.625in（92.07mm）</td><td>3.875in（98.425mm）/
3.875in（98.425mm）/
3in（76.2mm）</td><td>3.625in（92.07mm）</td></tr>
<tr><td>仪器长度</td><td>8.25m/10.48m</td><td>8.84m</td><td>4.76m/8.9m/9.38m</td><td>8.48m</td></tr>
<tr><td>仪器质量</td><td>430lb/370lb</td><td>433lb</td><td>261lb/623lb/497lb</td><td>415lb</td></tr>
<tr><td>测量点到仪器底部长度</td><td>4.7m/3.85m</td><td>2.268m</td><td>2.41m/2.50m/3.02m</td><td>4.7m</td></tr>
<tr><td>耐温</td><td>175℃ /235℃</td><td>175℃</td><td>150℃ /260℃ /260℃</td><td>175℃</td></tr>
<tr><td>耐压</td><td colspan="4">20000psi</td></tr>
<tr><td>最小井眼</td><td>4.5in（114.3mm）</td><td>4.5in（114.3mm）</td><td>5.5in（139.7mm）/
4.875in（123.83mm）/
3.875in（98.425mm）</td><td>4.5in（114.3mm）</td></tr>
<tr><td>最大井眼</td><td colspan="3">20in（508mm）</td><td>24in（609.6mm）</td></tr>
<tr><td>测井速度</td><td colspan="3">9.14m/min</td><td>18m/min</td></tr>
<tr><td>测量范围</td><td colspan="4">0.1～2000Ω · m</td></tr>
<tr><td>测量精度</td><td colspan="4">± 2%</td></tr>
<tr><td>探测深度</td><td colspan="4">10～120in（254～3048mm）</td></tr>
<tr><td>垂直分辨率</td><td colspan="4">1ft（304.8mm）、2ft（609.6mm）、4ft（1219.2mm）</td></tr>
<tr><td>采样率</td><td colspan="4">4 点 /ft</td></tr>
</table>

2.3.6 三维电阻率扫描测井

中国海油现有的三维电阻率扫描测井仪器见表 2.14。

表 2.14 中国海油现有的三维电阻率扫描测井仪器

公司	仪器名称	缩写
COSL	三维感应测井仪	TR-Prober
SLB	三维电阻率扫描仪	RTScanner
Baker Hughes	三维感应测井仪	3DEX

2.3.6.1 测量原理

以中海油服三维感应测井为例，说明三维电阻率测井工作原理。如图 2.13 所示，三维感应测井基于非均值化地层电磁场理论，采用三轴发射线圈向地层中发射低频交变电磁场，在地层中产生感应电流。感应电流形成二次交变电磁场，在三维接收线圈阵列中产生感应电动势。图 2.13a 为三维感应仪器探测器结构。三维感应探测器是由一组三轴发射线圈 T、三组不同接收位置的三轴接收线圈（A_4、A_6、A_7）组成的测量 9 个分量的三维探测器阵列，同时增加 4 组不同接收位置的单轴接收线圈（A_1、A_2、A_3、A_5）测量 *zz* 分量，共同组成 7 组三维阵列感应探测器。如图 2.13b 所示，三轴 *x*、*y* 和 *z* 方向发射与接收线圈结构，其中对称设计 *x* 和 *y* 方向线圈，尺寸大小与匝数相同，并与 *z* 方向线圈保持同轴共点。如图 2.13c 所示，每组三维子阵列包含 1 个三轴发射线圈、1 个三轴接收线圈和三轴屏蔽线圈组成的三线圈系结构，L_R、L_B 表示接收线圈与屏蔽线圈到发射线圈的距离。在 *x*、*y* 和 *z* 三轴的测量信号分别来自 *x*、*y* 和 *z* 三个方向共 9 个电流分量，即 *xx*、*xy*、*xz*、*yx*、*yy*、*yz*、*zx*、*zy*、*zz*。

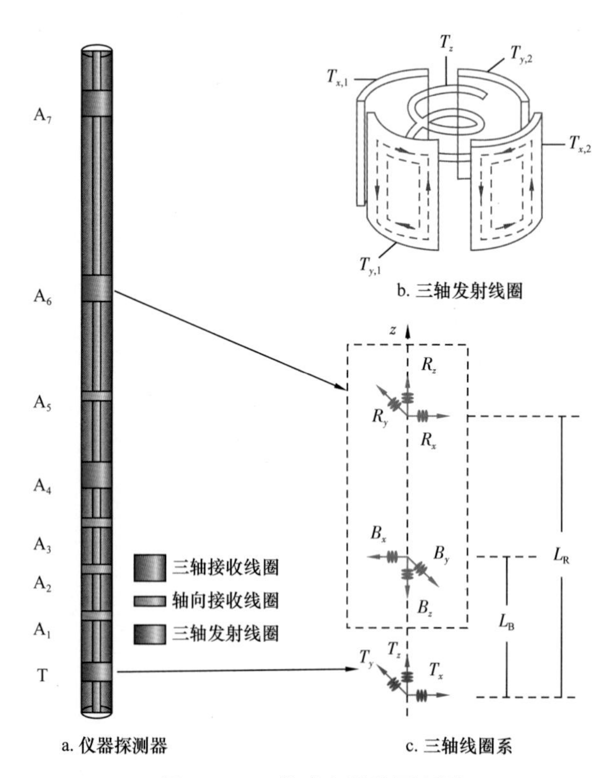

图 2.13　三维感应测井原理图

在井地角为 0° 的井中，只有 *xx*、*yy*、*zz* 三个分量有测量响应；在井地角不为 0° 的井中，上述 9 个分量都有测量响应。反演处理九个分量的测量数据得到地层垂直电阻率 R_v 和水平电阻率 R_h，并计算地层倾角和方位。

2.3.6.2　资料要求与作业须知

（1）应在仪器串上连接扶正器、井径仪、GPIT 方位测量仪，进行偏心测量。

（2）GPIT 上面或下面应有至少 4ft（1.2m）的非磁性外壳，同时应至少距离三维电阻率仪器 6ft（1.8m）。

（3）测前应做好设计，掌握地层真电阻率 R_t 和钻井液电阻率 R_m 资料，确保仪器在作业能力范围之内。

（4）在非渗透层，电阻率曲线应该重合并相互匹配；在渗透层，电阻率曲线通常有差异，一般来说，R_h 小于 90in 探测深度的阵列感应电阻率小于 R_v。

（5）在砂泥岩互层，由于各向异性的影响，泥岩段 R_v 可以比其他电阻率曲线读值略高。

（6）三维电阻率扫描测井适用于各向异性较强的地层，属于感应类测井，一般要求地层电阻率低于 200Ω·m，且地层电阻率与钻井液电阻率比值小于 300。在高矿化度水基钻井液中测井，测量误差明显增高。

2.3.6.3 其他三维电阻率测井介绍

斯伦贝谢公司 RTScanner 从直接测量中计算垂直和水平电阻率（分别为 R_v 和 R_h），同时解决任何井倾斜中的地层倾角问题。RTScanner 在三维方向上进行多深度测量，确保所推导的电阻率是真实的 3D 立体电阻率。从这些测量中计算的烃和含水饱和度会更加准确，从而得到更加准确的油藏模型。该仪器适合层状的、各向异性的或者断裂地层。RTScanner 具有六套三轴阵列，每套包含在地层不同深度进行测量的三个同位线圈。从六套三轴源距中的每套感应线圈计算 R_v 和 R_h。三个单轴接收器全面接收井眼信号，用于从三轴测量中移除井眼影响。除此之外，电阻率、地层倾角和方位角的测量用于构造解释。

贝克休斯公司 3DEX 井下仪器是一种地层评价仪器，用于测定顺层（水平）和立层（垂直）电阻率，确定电阻率各向异性、地层倾角和方位，确定薄层砂泥岩层序及对应准确的 S_w，更加准确经济有效地识别和量化薄层低电阻率产油层中的油气资源，改进大斜度井的电阻率评估。即使砂岩含量只占 20%，其垂直电阻率对含油气的砂岩也非常敏感。

2.3.6.4 资料主要用途

（1）校正围岩和地层倾角影响、确定地层真实电阻率 R_t。

（2）适用于各向异性较强的地层测量，可以用于分析地层各向异性。

（3）可以对层状和低电阻率地层定量分析。

（4）构造分析和油藏定量描述。

三维电阻率扫描仪器性能见表 2.15。

表 2.15 三维电阻率扫描仪器性能表

仪器性能	TR-Prober	RTScanner	3DEX
公司名称	COSL	SLB	Baker Hughes
仪器外径	3.875in（98.4mm）	3.875in（98.4mm）	3.63in（92.2mm）
仪器长度	6.5m	5.92m	10.4m

续表

仪器性能	TR−Prober	RTScanner	3DEX
仪器质量	271.2lb	408lb	554lb
测量点到仪器底部长度	0.805m	2.475m	4.619m
耐温	150℃	150℃	175℃
耐压	20000psi	20000psi	20000psi
最小井眼	6in（152.4mm）	6in（152.4mm）	4.5in（114.3mm）
最大井眼	20in（508mm）	20in（508mm）	14in（355.6mm）
测井速度	9m/min	18m/min	9m/min
测量范围	0.1～2000Ω·m	0.01～420Ω·m	0.5～100Ω·m
测量精度	±2%	±5%	±2%
探测深度	10～120in（254～3048mm）	10～90in（254～2286mm）	60～90in（1524～2286mm）
垂直分辨率	1ft（304.8mm），2ft（609.6mm），4ft（1219.2mm）		5ft（1524mm）
采样率	4 个采样点 /ft		

2.3.7 介电扫描测井

中国海油现有的介电扫描测井仪器见表 2.16。

表 2.16 中国海油现有的介电扫描测井仪器

公司	仪器名称	缩写
SLB	介电扫描仪	ADT
Baker Hughes	介电扫描仪	ADEX

2.3.7.1 测量原理

以斯伦贝谢公司介电扫描仪 ADT 为例，介绍介电扫描测井工作原理。如图 2.14 所示，介电扫描测井属于电磁波传播类的电法测井，它有一个全铰接式极板，将发射器和接收器推靠到井壁上。铰接式极板的形状呈圆柱形。2 个发射器和 8 个接收器天线组集成在曲面极板上，被设计成完全的磁偶极子。2 个发射器和 8 个接收器中的每一个都可以在纵向和横向极化模式下工作，在四个不连续的频率（20MHz−1GHz）下进行测量。每个测量周期包括 72 个相位测量。通过多组发射器—接收器对进行井眼补偿，利用质量控制算法提取不平衡的发射器—接收器对，并将其从计算中去除。

极板面上的电偶极子提供两种操作模式。在传播模式下，进行最浅的横向测量，用于计算钻井液特性；在反射模式下，测量极板前面物质的介电特性及钻井液或滤饼的特性。

因为该仪器能采集纵向和横向极化数据，因此可定量分析高分辨率各向异性。纵向极化探测与仪器轴正交的平面上的介电常数和电导率，横向极化探测水平和垂直两个方向上的介电常数和电导率。

该仪器主要探测三种信息：径向信息、地质构造信息和岩石基质结构。通过反演各个频率下不同发射器—接收器对记录的数据，得到几个区域的介电常数和电导率（滤饼、近冲洗带和远冲洗带）。利用CRI模型，计算四种频率中每一频率的岩石物理参数。

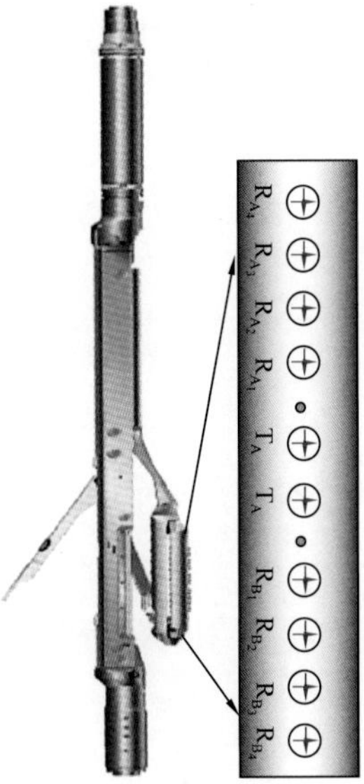

图 2.14　介电扫描仪 ADT

2.3.7.2　资料要求与作业须知

（1）介电扫描仪是一种极板仪器，应偏心测量。为了保证极板贴靠井壁，当和其他居中仪器或者使用偏簧的仪器连接时，应使用活动短节，保证介电扫描仪贴靠井壁。

（2）推荐的最佳仪器组合是介电扫描测井—中子密度测井—核磁共振测井。该组合可以从测量的孔隙度组合获得实时的解释结果。

（3）在仪器检测时，应保证极板压力超过35psi。

（4）ADT_CRIM_PHIW（ADT含水孔隙度）与PXND_HILT（PEX密度—中子的总孔隙度）对比，两条曲线应该显示相近的读数值（两条曲线在相同比例尺下应该基本重合）。

（5）ADT_CRIM_RXO（ADT−Rxo）和从MCFL测量的RXOI两条曲线应该显示相近的读数值（两条曲线在相同比例尺下应该基本重合）。在泥岩段，ADT−Rxo一般应该略低于MCFL−RXOI。

（6）介电扫描测井探测深度较浅（1～4in），主要反映近井冲洗带信息，适用于低孔低渗储层、致密储层和稠油等侵入作用较弱的地层，解决电阻率测井无法准确计算地层含水饱和度的难题。

2.3.7.3　其他介电扫描测井介绍

贝克休斯公司ADEX井下仪器是一种六发射、四接收、五频率阵列型地层评价仪器，补偿设计有效减少了不规则井眼的影响，地层电导率测量范围宽，测得的数据可用于评估S_w、R_w、R_{xo}、胶结系数等岩石物理性质。

2.3.7.4　资料主要用途

（1）介电扫描测井纵向分辨率高，可较好地计算薄互层含水饱和度。

（2）介电扫描测井用于碳酸盐岩时：① 独立于地层水电阻率R_w的冲洗带油气体积；② 岩石结构胶结指数曲线。

（3）介电扫描测井用于碎屑岩时：① 低阻、低对比度储层评价；② 计算未知或变化地层水矿化度；③ 薄层评价及各向异性；④ 黏土阳离子交换（CEC）曲线。

（4）介电扫描测井探测深度较浅，适用于低孔低渗储层孔隙结构指示。

（5）介电扫描测井用于稠油时：① 淡水地层评价；② 计算未知或变化地层水矿化度；③ 原油流动性评价。

介电扫描仪器性能见表 2.17。

表 2.17　介电扫描仪器性能表

仪器名称	ADT	ADEX
公司名称	SLB	Baker Hughes
最大压力	20000psi	20000psi
最高温度	175℃	150℃
最大测井速度	1100m/h	1100m/h
采样率	0.4in（10.2mm）	3in（76.2mm）
垂直分辨率	1.0in（25mm）	3in（76.2mm）
精度（在最高频率 1GHz 条件下）	相对介电常数 ε_r ± 1% 或 ± 0.1	相对介电常数 ε_r ± 5%
	电导率 σ ± 1% 或 ± 5mS	电导率 σ ± 5%
在最高频率条间隙测量范围	相对介电常数：1～100	相对介电常数：1～100
	电导率：0.1～3000mS	电导率：5～1000mS
探测深度	1～4in（25.4～101.6mm）	1～5in（25.4～127mm）
长度	11.27ft（3.44m）	17.5ft（5.334m）
仪器质量	262lb	410lb
测量点到仪器底部长度	0.783m	0.756m
仪器外径	4.77in（121.2mm）	5in（127mm）
最小井眼尺寸	5.25in（133.4mm）	6in（152.4mm）
最大井眼尺寸	22in（558.8mm）	18in（457.2mm）

2.3.8　过套管电阻率测井

中国海油现有的过套管电阻率测井仪器见表 2.18。

表 2.18　中国海油现有的过套管电阻率测井仪器

公司	仪器名称	缩写
SLB	过套管地层电阻率测井仪	CHFR–Plus/CHFR–Slim（小井眼）

2.3.8.1　测量原理

过套管电阻率测井测量经套管泄漏到地层中的电流（漏失电流），并计算出地层电阻率。

过套管地层电阻率测井仪 CHFR-Plus 测井原理如图 2.15 所示，采用三种测量模式，第一种是全电阻测量模式，从电极 A 注入电流，从地面的回路电极 B 返回，测量 J 相对应参考电极 G 的电位；第二种是套管电阻测量模式，从电极 A 注入电流，回路电极在 F 电极，测量电极 C 与 D 以及 D 与 E 之间的电压；第三种是泄漏电流测量模式，从电极 A 注入电流，回流电极在 B 极，测量电极 C 与 D 以及 D 与 E 之间的电压。将三种测量值代入一定的算法计算得到过套管地层电阻率值[2]。

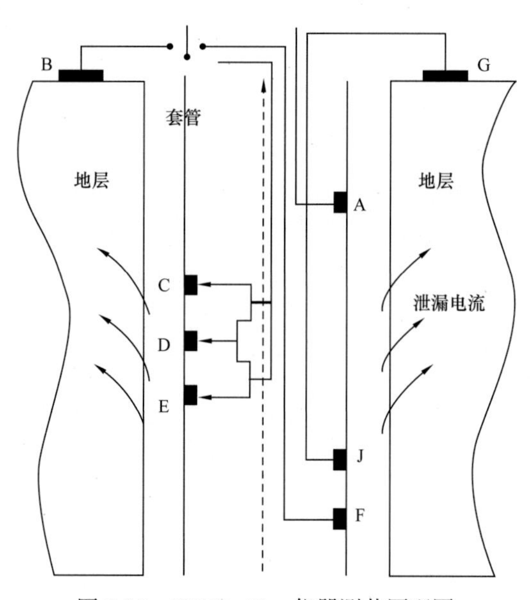

图 2.15 CHFR-Plus 仪器测井原理图

典型的地层电阻率大致是钢质套管电阻率的 10^9 倍。测量到的流入地层的电流会在套管处产生电压降，套管的电阻只有几十微欧姆，而一般漏失电流只有几毫安，因此 CHFR-Plus 仪获取的电势差是纳伏级。

小井眼过套管地层电阻率测井仪（CHFR-Slim）提供在钢套管环境下具有较深探测半径的地层电阻率测量。CHFR-Slim 仪器使用比 CHFR-Plus 性能更强的硬件和改进的测量理论，提高了作业效率。

2.3.8.2 资料要求与作业须知

（1）CHFR 测量要求仪器与套管壁有良好的接触。老井的结垢、腐蚀可能会对测量带来不良影响。在老井存在结垢、腐蚀的情况下，必须进行刮井作业。如果刮井器仍然不能有效清除结构或腐蚀，用酸清洗套管会大大改善套管内壁作业条件。

（2）对同一井段进行重复测量和时间推移测量，研究多次测量曲线的重合程度可以检测 CHFR 测井仪的稳定性。

（3）CHFR 测井仪的测量结果应该与裸眼井深侧向电阻率曲线良好重合。

2.3.8.3 影响因素

（1）测量频率的影响。测井仪器工作频率必须满足套管内壁和外壁上电位二阶导数相等。

（2）电极距的影响。电极距越小，测量对地层界面反映越灵敏；但电极距越小，测量信号越小，信噪比越低。

（3）套管对 CHFR 测井响应的影响。套管半径、套管厚度、套管非均质都会对 CHFR 测井响应产生影响。

2.3.8.4 资料主要用途

（1）新井或老井下套管后电阻率测量。

（2）识别水淹层。

（3）求取剩余油饱和度。

（4）在裸眼井无法测井的井眼中进行测井，获取储层评价资料。

CHFR 仪器性能见表 2.19。

表 2.19 CHFR 仪器性能表

仪器名称	CHFR−Plus	CHFR−Slim
公司名称	SLB	SLB
仪器外径	3.375in（85.7mm）	2.125in（54mm）
仪器长度	48ft（14.63m）	37ft（11.3m）
仪器质量	310lb	253lb
测量点到仪器底部长度	5.88m	5.88m
额定温度	150℃	150℃
额定压力	15000psi	15000psi
套管外径范围	4.5～9.625in（114.3～244.5mm）	2.875～7in（73～178mm）
最大井斜	—	水平
点测时间	—	1min
折算测井速度	240ft/h（73.15m/h）	240ft/h（73.15m/h）
电阻率范围	1～100（Ω·m）	
纵向分辨率	4ft（1.2m）	
探测深度	7～32ft（2.1～9.8m）	
准确度	3%～10%	
精确度	1%～7%	

2.4 声波测井

声波测井是地球物理测井的重要分支，是测量记录井下地层剖面的岩石声学性质以及评价井壁岩层性质的地球物理测井方法。声波测井所测量记录的岩石声学性质包括：岩石中纵波和横波以及井筒内波导（管波或斯通利波）的声速、幅度，声波在岩石中传播时能量或幅度的衰减规律以及声波信号频率变化的特征等。

声波测井出现于20世纪50年代。1952年，在套管井中用人工声源激发声振动，声波在沿套管传播时，若套管外有水泥环，则套管中的声振动被抑制，测量记录到的声波信号减弱，借此可以判断套管外水泥环的胶结状况，这是最早的声幅—水泥胶结测井。1956年研发了测量裸眼井的声波速度测井，同期根据实验室岩石声学的研究，发现储层岩石纵波速度 v_p 的倒数（物理声学中称为慢度，测井专业中称为时差，纵波时差记为DTC，横波时差记为DTS）与孔隙度间存在近似线性关系，此后声速测井结果成为估算储层孔隙度的重要方法之一。

1979年研发了声波全波列测井，将声学发射和接收换能器之间距离加长，因此能在时间轴上区分速度不同的波，使对井下声波信号的测量记录从井壁上的纵波首波扩展到井壁上作为纵波后续波的横波、伪利瑞波和井内管波的完整波列。

1990年研发了多种源距、按线阵方式接收声波信号的阵列声波测井。

上述的各种声波测井方法都是测量记录井下声源在井内液体中激发的纵波入射井壁岩层后产生的转换波，由于井下声源是圆管状的，因此产生以井轴为对称轴的声场。

1993年研发了用偶极子或多极子声源在井下激发出非对称声场，这种非对称声场可在井壁上直接激发近似于横波的挠曲波，相应的声波测井方法叫作偶极子横波测井或多极子横波测井。

2000年以后又推出了声波扫描、远探测声波以及三维声波等测井方法。

中国海油现有的声波测井仪器见表2.20。

表2.20　中国海油现有的声波测井仪器

类型	公司	仪器名称	缩写
数字声波测井仪器	COSL	数字声波测井仪	EDAT
	Baker Hughes	数字声波测井仪	DAL
阵列声波测井仪器	COSL	偶极子阵列声波测井仪	EXDT/HXDT（高温）
	SLB	偶极子声波测井仪	DSI/HDSI（高温）
	Baker Hughes	多极子阵列声波测井仪	MAC/XMAC
	Baker Hughes	交叉多极子阵列声波测井仪	XMAC Ⅱ
远探测声波测井仪器	COSL	远探测声波测井仪	AFST
	Baker Hughes	交叉多极子阵列声波测井仪	XMAC-F1
	SLB	三维远场声波成像测井仪	3DFF
三维声波测井仪器	COSL	三维声波测井仪	AFBS
声波扫描测井仪器	SLB	声波扫描仪	SonicScanner

2.4.1 测量原理

2.4.1.1 数字声波测井

以单发双收声速测井仪为例，发射器发出的声波经过钻井液、地层、钻井液传播到接收器，其传播途径如图 2.16 所示，即沿 ABCE 路径传播到接收换能器 R_1，经 ABCDF 路径传播到接收换能器 R_2，到达 R_1 和 R_2 的时刻分别为 t_1 和 t_2，因此可计算到达两个接收换能器的时间差 ΔT。由于仪器间距已知，ΔT 的大小反映了地层声速的高低，声速测井实际上记录的是地层时差（声波在地层中传播单位距离所用的时间）。测量时由地面仪器通过把时间差 ΔT 转变成与其成比例的电位差的方式来记录时差 Δt。仪器记录点在两个接收器的中点，下井仪器在井内自下而上移动测量，便记录出一条随深度变化的时差曲线。声波时差的单位是 μs/m 或 μs/ft。

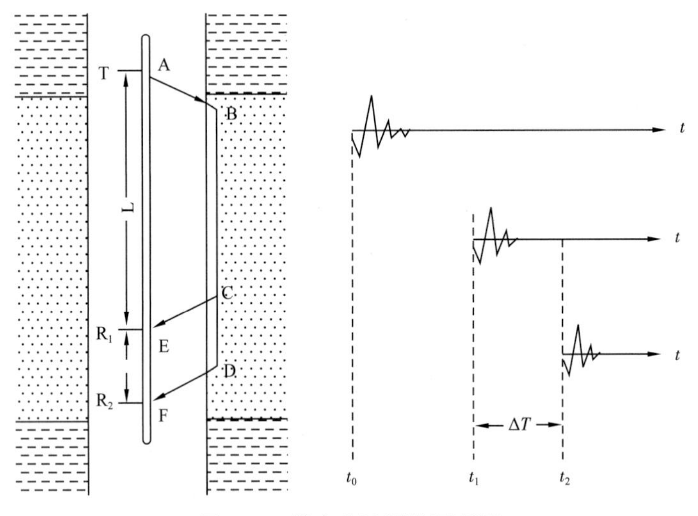

图 2.16 数字声波测井原理图

2.4.1.2 阵列声波测井

以中海油服交叉偶极子阵列声波测井仪 EXDT 为例，该仪器由 2 个单极子发射器（纵横波模式时频率为 8～30kHz，斯通利波模式时频率为 80Hz～5kHz）、两个正交的偶极子发射器（频率为 80Hz～5kHz）和 8 组接收器的阵列接收器组成。这些接收阵列进行适当的配置，可接收单极子和偶极子声波信息。EXDT 使用偶极子声源，这种声源是一种定向的压力源，由两个相位相反耦合在一起的单极子声源组成。这种压力源可使井壁产生小的弯曲，因而能在地层中激发弯曲波或挠曲波，它是一种频散现象很强的波，当频率很低时，其速度接近于横波速度，故可在软地层用来代替横波速度。阵列接收器之间的间隔为 6in，每个接收器由四个接收元件组成，这些接收元件在方位上呈 90° 正交排列，总共有 8 组阵列接收器共计 32 个接收元件，相对的接收元件分开进行偶极子接收，合在一起进行单极子接收。仪器结构如图 2.17 所示。

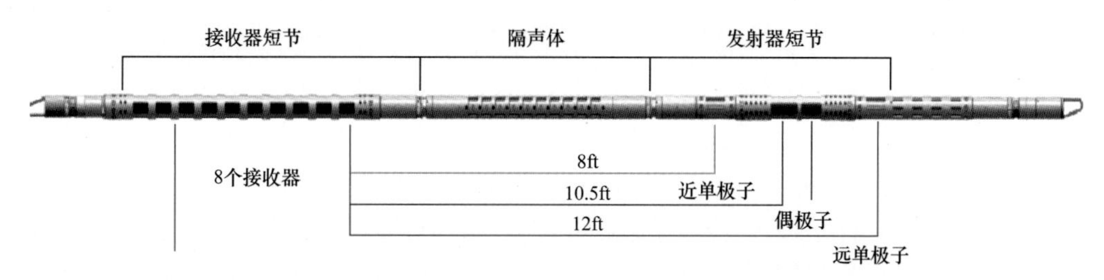

图 2.17 中海油服交叉偶极子阵列声波测井仪（EXDT）

2.4.1.3 远探测声波测井

利用偶极子横波远场反射成像原理，以辐射到井外地层中的偶极子声波能量作为入射波，探测从井旁洞穴、裂缝等声阻抗界面反射回来的声场，从而实现井周地质构造判断和储层评价。与单极子纵波反射成像技术相比，偶极子横波远场反射成像技术具有更远的探测深度，且能够评价反射体方位。偶极子声波远探测测井仪具备正交偶极子阵列声波测井仪的所有功能，并在此基础上增加了偶极子声波远探测测量模式，其探测成像深度可以达到 30～70m，且具有方位指向性，可对不同角度地层剖面分别成像。阵列声波也可以进行远探测声波使用，只是探测距离比远探测声波测井仪小。

2.4.1.4 三维声波测井

三维声波测井可探测井眼周围地层轴向、周向及径向地质构造信息。发射声系为两个远单极子声源、上下两个近单极子声源和两个正交偶极子声源；接收声系每个方位 13 个接收器，8 个方位，共 104 个接收器（图 2.18）。三维声波测井可实现交叉偶极子测井仪器的所有测量功能及后期应用评价方法，而且在地层蚀变及破损、地层各向异性类型识别、三维各向异性分析等方面有独特的应用效果。

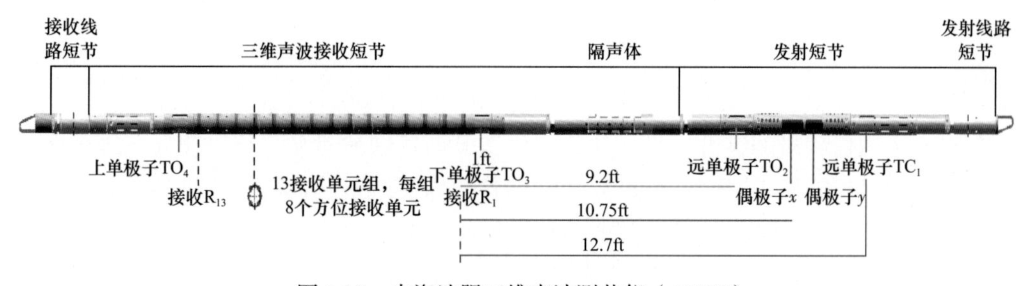

图 2.18 中海油服三维声波测井仪（AFBS）

2.4.1.5 声波扫描测井

声波扫描测井通过对井筒周边地层轴向和径向的声场探测，可以提供真正的三维测量。它采用新的声学测量技术，可进行多种声学测量，包括多源距单极子声波采集、交叉偶极子声波测量及水泥胶结固井质量检测。除了轴向和不同方位，该仪器还提供多个探测深度的径向测量，探测近井眼地层声波时差和远场声波时差。声波扫描测井典型的探测深度相当于井眼直径的 2～3 倍。

声波扫描测井的宽频谱测量使得仪器可以获取高信噪比数据，并最大化提取地层信息，无须多趟测量，在快地层和慢地层中均可采集到有效数据。单极子发射器在整个声频范围内特别增强了低频输出，偶极子发射器的设计具有输出功率大、波形稳定、频带宽和功耗低等特点。相比于其他声波仪器，声波扫描测井仪的接收器阵列更长且具有方向性。它有 13 组接收器，每组有 8 个方位。上下两个近端发射器位于接收器阵列的两端，另有一个较远的第三发射器（图 2.19）。长、短源距组合，可增加探测深度，从而提供井周径向剖面。

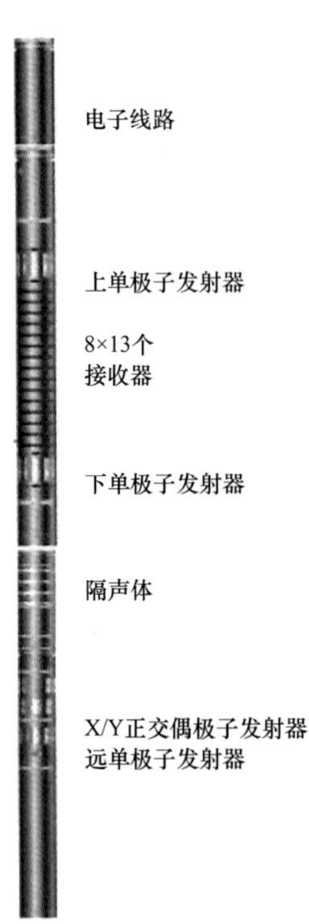

图 2.19　斯伦贝谢声波扫描仪 SonicScanner 示意图

利用声波扫描测量的纵波、快横波、慢横波及斯通利波时差，可以建立三维各向异性岩石力学模型，计算出相对于井眼轴向的三维各向异性模量，判断地层是各向同性还是各向异性，并确定各向异性的类型及其成因（如地层本身或钻井诱导）。

在套管井中，声波扫描测井既可测量套后地层声学信息，也可同时评价水泥胶结质量（DCBL）。仪器的任意一个单极子发射器都可测量不受流体和温度影响的 3ft 声幅和 5ft 变密度波形。另外，声波扫描测井还可以进行三维远场声波成像（3D Far Field Sonic Service）测量以及斯通利波地层渗透率评价。与地面地震图像相比，声波扫描远探测声波反射成像的分辨率显著提高。

2.4.2　资料要求与作业须知

（1）交叉偶极子阵列测井仪可在一次测量过程中同时完成阵列声波纵波地层时差、单极子全波列、偶极子横波全波列以及正交交叉偶极子全波列测井。仪器有两种测量模式：

Inline 模式和 Crossline 模式。采用 Inline 模式测井时，可以采集单极子时差波列、单极子全波列、偶极子横波全波列数据；采用 Crossline 模式测井时，除了可以采集与 Inline 模式下相同的单极子时差波列、单极子全波列之外，还可采集偶极子横波四分量全波列数据。

（2）进行交叉偶极子方式测井时，应使用方位短节，而且仪器旋转每 12m 不应超过一周。

（3）仪器应居中测量（加合适的扶正器）。

（4）声波扫描测井还可以用于水泥胶结质量评价。

（5）测井后应在无水泥黏附的套管中测量 15m 纵波时差曲线，套管纵波数值在 57μs/ft ± 2μs/ft。

（6）波形曲线应有相关性，硬地层的纵波、横波、斯通利波界面清楚，幅度变化正常。裂缝层段应有明显的裂缝显示。

（7）重复测量应在主测井前、测量井段上部、曲线幅度变化明显且井径规则的井段测量，其长度不小于 60m。与主测井对比，重复测井与主测井的波列特征应相似，重复测量值相对误差应小于 4%。

2.4.3 影响因素

（1）测量环境因素的影响，包括井眼尺寸、钻井液性能、各向异性等方面。井眼尺寸过大，声波衰减大；水基钻井液时差比油基钻井液小；大斜度井中的薄层砂岩或层状泥岩对时差曲线影响较大。

（2）测量因素的影响。仪器偏心、仪器串结构和测速会影响声波测量。

（3）余波干扰。地层含气、裂缝性地层裂缝发育段或破碎带，受余波干扰较大，声波首波辨认困难。

2.4.4 其他声波测井仪介绍

中海油服 EDAT（图 2.20）既可应用于裸眼井地层纵波时差测量，也可应用于水泥胶结质量检测。仪器采用单发五收结构，接收换能器 R_1–R_4 组成时差接收阵列，用于地层纵波时差测量。发射换能器 TX 到接收换能器 R_1 的间距为 3ft，适合水泥胶结质量（CBL）的测量；发射换能器 TX 到接收换能器 R_5 的间距为 5ft，适合声波变密度（VDL）的测量。

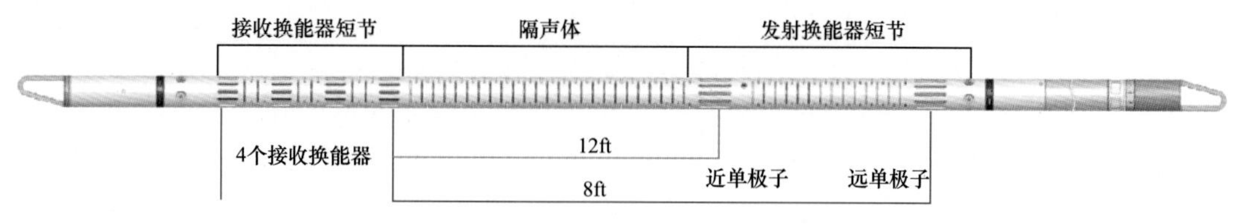

图 2.20　中海油服数字阵列声波测井仪（EDAT）

斯伦贝谢公司 DSI 仪器（图 2.21）的工作模式有 5 种。声波测井之前必须正确选择测量模式。（1）上偶极子和下偶极子模式：来自任一个偶极子发射器的 8 列偶极子波形，从

发射时刻起开始采样，每个样的采集时间为40μs，每个波形采512个样。测量横波时差，偶极子发射，阵列接收。（2）交叉偶极子模式：对两个交叉偶极子发射器来说，总共采集32列标准的波形。获取快慢横波时差，用以研究地层的各向异性，偶极子发射，阵列接收。（3）斯通利波模式：共采集8列波形，每列波形都是从低频脉冲激发单极子换能器的时刻开始采集，每个样的采集时间为40μs，每列波形采512个样。测量低频斯通利波时差，单极子发射，阵列接收。（4）P和S模式：共采集8列波形，每列波形都是从高频脉冲激发单极子换能器的时刻开始采集，每个样的采集时间为10μs，每列波形采512个样。测量纵波、横波和斯通利波时差，单极子发射，阵列接收。

电子线路

4×8个
接收器

隔声体

发射器：单极子
正交偶极子

图2.21　斯伦贝谢公司交叉偶极子声波测井仪DSI示意图

贝克休斯公司MAC仪器由两个单极子发射器、两个偶极子发射器和八个阵列单极子接收器、八个阵列偶极子接收器组合而成。阵列设计和长源距提高了仪器的采样精度与准确度，测量数据具有更高的稳定性。其偶极子发射器的中心频率低，为1～3kHz，在低频情况下，挠曲波以地层横波速度传播，可通过测量挠曲波的速度来测量地层的横波速度，因此，MAC可测量横波速度很慢的地层。仪器测量模式为全波列测量模式，可以采集单极子时差波列、单极子全波列、偶极子横波全波列数据。贝克的XMAC-F1交叉多级子声波可探测距离井周35m远处的裂缝、断层等。XMAC Ⅱ仪器原理与EXDT仪器相同。

斯伦贝谢公司三维远场声波成像测井（3DFF）采用端到端专利工作流，对8个方位的波形数据进行处理，在滤波后的波场数据中自动识别反射体，且每个反射体都可追溯到其原始波形进行质控，结果能够和偏移成像图叠合显示、综合分析。三维远场声波成像测井探测距离远大于常规声波测井。它能够分析裂缝的连通性，识别地震分辨率无法识别到的构造特征，并从井壁到近场至远场进行追踪，快速应用于油藏分析、钻井和完井决策中。

2.4.5　资料主要用途

（1）数字声波测井资料的用途：① 判断气层；② 划分岩性；③ 确定地层孔隙度；④ 异常地层压力预测；⑤ 岩石强度分析；⑥ 裂缝检测。

（2）阵列声波测井资料的用途：① 岩石机械特性分析；② 地层评价；③ 地球物理应用；④ 横波各向异性测量；⑤ 各向异性的确定和分析。

（3）声波远探测测井资料的用途：① 评估近井筒至远场的储层裂缝连通性和发育状态；② 岩石机械特性预测；③ 地层流体特性指示；④ 地层渗透率指示；⑤ 地层孔隙度指示；⑥ 分析地层各向异性。

（4）三维声波测井资料的用途：① 地层三维岩石力学参数计算；② 压裂前地层岩石脆性计算；③ 压裂后缝高及方位性判断；④ 优化完井及射孔评价；⑤ 复杂储层评价。

声波仪器性能见表2.21。

表 2.21 声波仪器性能表

仪器名称	EDAT	EXDT	HXDT（高温）	AFST	AFBS	DSI/HDSI（高温）	SonicScanner	MAC	XMAC Ⅱ
公司名称	COSL	COSL	COSL	COSL	COSL	SLB	SLB	Baker Hughes	Baker Hughes
仪器外径	3.375in（85.73mm）	3.9in（99.06mm）				3.625in（92mm）/4in（101.6mm）	3.625in（92mm）		3.9in（99.06mm）
仪器长度	4.07m	9.08m	10.92m	9.09m	10.7m	15.5m/17.39m	6.71m	10.97m	11.42m
仪器质量	230.4lb	778.23lb	736.3lb	778.23lb	777lb	887lb/1176lb	837.4lb	701lb	778.23lb
测量点到仪器底部长度	2.103m	2.8m（DT24） 6.23m（DTS，DTP）	5.05m（DT24） 4.78m（DTS，DTP）	2.72m（DT24） 6.14m（DTS，DTP）	1.95m	7.925m/8.342m	7.879m	2.2m	2.205m
耐温	175℃	175℃	235℃	175℃	175℃	175℃ /232℃	175℃	204℃	175℃
耐压	20000psi	20000psi	25000psi	20000psi	20000psi	20000psi/25000psi	20000psi	20000psi	20000psi
最小井眼	4.5in（114.3mm）	4.5in（114.3mm）	5in（127mm）	4.5in（114.3mm）	4.5in（114.3mm）	4.75in（120.65mm）	4.75in（120.65mm）	4.5in（114.3mm）	4.5in（114.3mm）
最大井眼	17in（431.8mm）	17in（431.8mm）	17in（431.8mm）	15.75in（400mm）	17in（431.8mm）	17.5in（444.5mm）	22in（558.8mm）	21in（533.4mm）	21in（533.4mm）
测井速度	16m/min	Crossline 模式：9.3m/min Inline 模式：15m/min	Crossline 模式：4.52m/min Inline 模式：8.53m/min	Crossline 模式：9.3m/min Inline 模式：15m/min	4m/min	单一模式：18m/min 三模式同测：5m/min	18.28m/min	Subset6 模式：9m/min	Subset6 模式：8.5m/min Subset10 模式：4.6m/min
测量范围	40～200μs/ft	纵波：40～200μs/ft，横波：80～1000μs/ft				纵波：40～280μs/ft，横波：80～1000μs/ft，斯通利波：80～1000μs/ft			
测量精度	纵波：±2μs/ft，横波：±5μs/ft								
探测深度	—	0.8～15m	—	30～70m	70m	—	—	—	0.8～15m
垂直分辨率	6in（152.4mm）	19.7in（500.38mm）		6in（152.4mm）					

2.5 放射性测井

2.5.1 自然伽马 / 自然伽马能谱测井

中国海油现有的自然伽马 / 自然伽马能谱测井仪器见表 2.22。

表 2.22　中国海油现有的自然伽马 / 自然伽马能谱测井仪器

类型	公司	仪器名称	缩写
自然伽马测井仪器	COSL	自然伽马测井仪	EGRT/EGRT70（小井眼）
	COSL	防震伽马	PFC
	SLB	自然伽马测井仪	SGT/QTGC（高温）/STGC（小井眼）/STGC（高温小井眼）
	Baker Hughes	自然伽马测井仪	GR
	Baker Hughes	防震伽马	PFC
自然伽马能谱测井仪器	COSL	自然伽马能谱测井仪	EDST/HDST
	SLB	自然伽马能谱测井仪	NGS/HNGS（高温）
	Baker Hughes	数字能谱测井仪	DSL

自然伽马和自然伽马能谱测井用于测量地层中天然放射性元素的含量。由于放射性元素通常聚集在页岩和泥岩中，故自然伽马和自然伽马能谱测井可间接测量沉积地层中的泥质含量。自然伽马能谱测井所测量的伽马射线的特定谱域，测量地层中的钾、钍和铀的含量。钾与云母和长石有关，钍和铀与放射性盐类有关，铀还与有机质有关。

2.5.1.1 测量原理

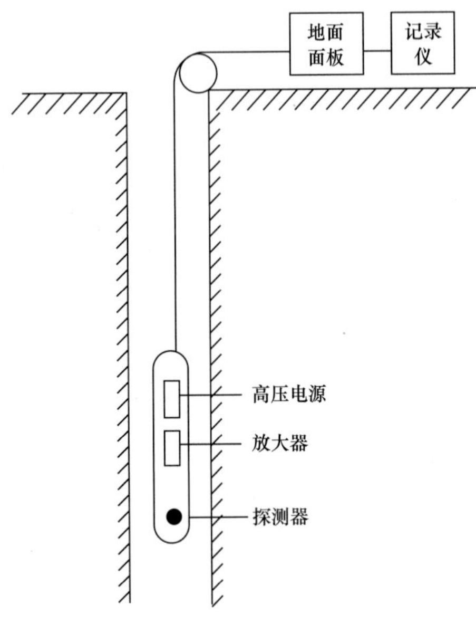

图 2.22　自然伽马测井原理示意图

（1）自然伽马测井仪通过探测器（晶体和光电倍增管）把地层中放射的自然伽马射线转变为电脉冲，经过放大输送到地面仪器记录下来。如图 2.22 所示，整个测量装置由井下仪器和地面仪器两大部分组成。当井下仪器在井内由下向上提升时，来自岩层的自然伽马射线穿过井内钻井液和仪器外壳进入探测器。探测器将接收到的一连串自然伽马射线转换成电脉冲，然后经井下放大器加以放大，使之能有效地沿电缆送到地面上。地面仪器接收到井下传来的电脉冲之后，再次加以放大，送入一个“计数率电路”进行累计，变为连续电流，并使该电流与单位时间内进入的电脉冲数成正比。最后用记录仪连续记录该电流所产生的电位差的变化，再经过变换和刻度，连续记录出井剖面上岩层的自然伽马强度曲线，称为自然伽马测井曲线。

（2）自然伽马能谱仪井下仪器由碘化铯探测器、高压电源和脉冲放大器组成。地面部分由线性放大器、多道谱仪计数器和照相示波仪组成。自然伽马能谱测井最关键的技术是井下伽马射线能谱探测和地面脉冲幅度分析。地层中放射的伽马射线打到闪烁探测器的晶体上，由光电倍增管输出一个与射线在闪烁体中损失的能量成正比的电脉冲。该脉冲信号被放大后，经电缆传输到地面多道谱仪上。能谱分析仪不仅显示输入脉冲的能谱，而且还根据多道地址开设能窗。Th 特征能量为 2.62MeV，窗口开在 173～211 道，峰值在 188 道上；U 特征能量为 1.76MeV，窗口开在 115～139 道，峰值在 129 道上；K 特征能量为 1.46MeV，窗口开在 94～113 道，峰值在 106～108 道上。这样除了在多道谱仪上显示 Th、U、K 能谱图外，还将窗口计数送往相应计数器，经波谱校正后记录 K、U、Th 和总的伽马射线计数率（API 单位）四条曲线[3]。

（3）防震伽马测井仪（或称为射孔地层校深仪）与其他伽马测井仪一样，测量地层的自然伽马射线。其探头是闪烁计数器或盖革管计数器，能够抵抗取心或射孔造成的冲击震动。但由于其探测效率较低，所以测量的统计起伏较大，主要利用其较好的抗震性在井壁取心或电缆射孔作业时进行深度校正。

2.5.1.2 资料要求与作业须知

（1）在目的层段应重复测 60m，重复误差应在允许范围内。

（2）钻井液添加剂如 KCl 和重晶石会影响读数。能谱测井曲线应经过处理以消除这些影响。

（3）由于钻井液对测井质量的影响，图头上应记录井筒流体的类型和密度；裸眼井和套管井的影响是非线性的；仪器记录的是统计值（计数率），在对曲线标准化时，不同次的测井是不能绝对比较的。

（4）自然伽马测井因受地层中运移流体所携带的铀元素沉淀或者岩盐的影响，会作出地层不正确含泥质的指示。应将测量结果与岩屑样品作比较，若有异常，应增加自然伽马能谱测井。

（5）测井特征应符合地区规律，与地层岩性有较好的对应性。一般情况下，泥岩层或富含放射性物质的地层呈高自然伽马特征，而砂岩层、致密地层及纯石灰岩地层呈低自然伽马特征。

（6）曲线与自然电位、补偿中子、体积密度、补偿声波及电阻率曲线有相关性。

（7）重复测井与主测井形状基本相同，重复测量值相对误差应小于 5%。

（8）自然伽马能谱测井所测总自然伽马与自然伽马测井曲线基本一致；铀（U）、钍（Th）、钾（K）数值符合地区规律；重复测井与主测井形状基本相同，总自然伽马重复测量值相对误差应小于 5%；钍和铀的重复测量值相对误差应小于 7%，钾的重复测量值相对误差应小于 10%。

（9）使用防震伽马测井仪进行井壁取心校深作业时，应至少每 200m 校深一次；在取薄层岩心时，应加密校深次数。

（10）使用防震伽马测井仪进行深度校正时，测量曲线与主曲线深度误差应控制在±0.3m以内。

2.5.1.3 影响因素

（1）地层厚度对曲线幅度的影响。由于受围岩影响，地层变薄时，要考虑层厚对自然伽马读值的影响。

（2）井况的影响。扩径会使自然伽马测井曲线值降低，套管井中自然伽马测井值会比裸眼中测量数值低。

（3）放射性涨落的影响。放射性涨落使得自然伽马测井曲线出现“小锯齿”状。

（4）测速太快也会影响自然伽马测量值。

2.5.1.4 资料主要用途

（1）划分岩性和渗透层。

（2）深度匹配。

（3）计算泥质含量。

（4）自然伽马能谱测井可以帮助寻找高放射性储层。

防震伽马仪器性能见表2.23，自然伽马/自然伽马能谱测井仪器性能见表2.24。

表2.23 防震伽马仪器性能表

仪器名称	PFC	PFC
公司名称	COSL	Baker Hughes
最高耐温	175℃	175℃
最大耐压	20000psi（137.9MPa）	20000psi（137.9MPa）
仪器外径	3.5in（88.9mm）	3.5in（88.9mm）
仪器长度	50in（1.27m）	71.38in（1.81m）
仪器质量	110lb（50kg）	130lb（59kg）
测量点到仪器底部长度	0.41m	0.574m
最小测量井眼	4in（102mm）	4in（102mm）
最大测量井眼	20in（508mm）	20in（508mm）
仪器抗拉强度	65000lb（29.5t）	170000lb（77.1t）
仪器抗压强度	29000lb（13.1t）	118000lb（53.5t）
最大测速	9.1m/min	18.3m/min
探测深度	12in（304.8mm）	12in（304.8mm）
垂向分辨率	8in（203mm）	8in（203mm）

表 2.24　自然伽马 / 自然伽马能谱测井仪器性能表

仪器名称	EDST/DSL	HDST	EGRT	EGRT70	SGT/QTGC（高温）	STGC（小井眼）/ STGC（高温）	NGS/HNGS（高温）
公司名称	COSL/Baker Hughes	COSL	COSL	COSL	SLB	SLB	SLB
仪器外径	3.625in（92.08mm）	4in（101.6mm）	3.62in（91.95mm）	2.87in（73mm）	3.375in（85.73mm）/ 3in（76.2mm）	2.5in（63.5mm）/ 2.75in（69.85mm）	3.75in（95.25mm）
仪器长度	7.31ft（2.228m）	7.78ft（2.372m）	6.4ft（1.95m）	3.40ft（1036.32mm）	5.5ft（1.67m）/ 10.67ft（3.25m）	7.7ft（2.35m）/ 10ft（3.05m）	11.69ft（3.56m）/ 14.36ft（4.38m）
仪器质量	142lb（64.41kg）	187lb（84.82kg）	120lb（54.43kg）	36lb（16.33kg）	88lb（39.92kg）/ 186.3lb（84.50kg）	71.6lb（32.48kg）	444lb（201.39kg）/ 490lb（222.26kg）
测量点到仪器底部长度	0.49m	0.49m	0.41m	0.82m	1.396m/ 2.234m	1.826m/1.757m	2.652m/ 3.466m
耐温	200℃	235℃	204℃	175℃	175℃ /260℃	150℃ /200℃	175℃ /260℃
耐压	20000psi	25000psi	20000psi	20000psi	20000psi/ 30000psi	14000psi/ 20000psi	20000psi
最小井眼	4.75in（120.65mm）	5in（127mm）	4.75in（120.65mm）	3.75in（95.25mm）	4.5in（114.3mm）/ 3.875in（98.4mm）	3.375in（85.73mm）/ 3.625in（92.1mm）	4.75in（120.65mm）
最大井眼	26in（660.4mm）	26in（660.4mm）	24in（609.6mm）	10in（254mm）	24in（609.6mm）	10in（254mm）	24in（609.6mm）
测井速度	9m/min	18m/min	9m/min	9m/min	18m/min	18m/min	9m/min
测量范围	GR 不超过 2500API；钾含量不超过 100%；铀不超过 250g/t；钍不超过 700g/t						
测量精度	GR 测量值的 3%；K、U、Th 测量值的 4%						
探测深度	12in（304.8mm）			24in（609.6mm）			9.5in（241.3mm）
垂直分辨率	15in（381mm）			12in（304.8mm）			20in（508mm）

2.5.2 密度测井

密度测井基于伽马射线的散射，是被伽马射线源所照射的环境物质体积密度的函数。体积密度是指岩石的总体密度值，对孔隙地层来说，它包括岩石的固体骨架和占据孔隙空间的流体，如水、油或气。

岩性密度测井是国外20世纪70年代后期研制的一种测井方法，它是在密度测井的基础上发展起来的，是利用光电效应和康普顿散射效应，同时测定地层的岩性和密度的测井方法。

中国海油现有的密度测井仪器见表2.25。

表2.25 中国海油现有的密度测井仪器

公司	仪器名称	缩写
COSL	岩性密度测井仪	EZDT/HZDT（高温）/EZDT70（小井眼）
SLB	岩性密度测井仪	LDT/HLDT（高温）
SLB	套管井地层密度测井仪	CHFD
Baker Hughes	Z-密度测井仪	ZDL/HTD（高温）

2.5.2.1 测量原理

岩性密度测井由 ^{137}Cs源发射伽马射线进入地层，当伽马射线与地层原子碰撞时，发生康普顿散射而损失能量。其中一些伽马射线折射回仪器的两个探头而被接收。介质体积密度的变化会在伽马射线能谱曲线上引起明显变化。如图2.23所示，介质密度的变化将使记录的伽马射线能谱曲线沿纵坐标移动，它表明一个给定的密度差（$\rho_2-\rho_1$），对任何能量，伽马射线计数率都有一个相应的常数比 n_2/n_1（n 为伽马射线计数）。研究表明，要确定介质密度值，计数可限制在高能段而不必包含光电吸收的低能段。高能区主要发生康—吴散射，地层的视密度与计数率呈对数关系。

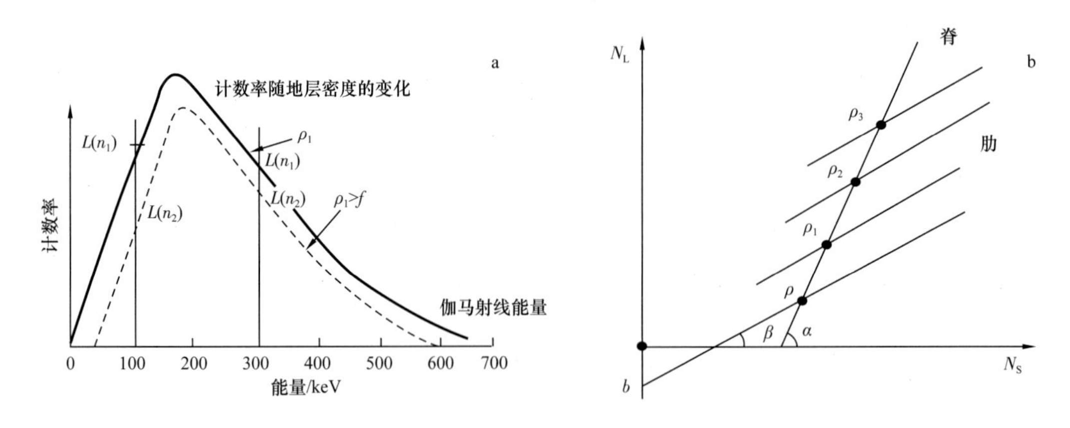

图2.23 伽马射线能谱与密度的关系图（a）和脊肋图（b）

当采用双源距探测时，地层体积密度为地层长源距视密度与 $\Delta\rho$ 之和，$\Delta\rho$ 是滤饼校正量，$\Delta\rho$ 等于（长源距的视密度—短源距视密度）/ 滤饼影响系数。密度测井时，仪器使用“脊肋”图版自动校正井眼的滤饼影响。

在测定 P_e 值时，需用长源距低能窗（也称岩性窗）LITH（能量在 60～100keV 之间）的计数率 N_S 和长源距高能窗（能量在 200～540keV 之间）的计数率 N_H。P_e 与此两能窗计数率的比值之间存在着线性关系[4]。

高温密度仪器与普通的岩性密度仪相比，具备更高的耐温性能。它适用于井温较高的深井，该仪器不能测量 P_e 值。

对于过套管密度测井 CHFD 而言，测量原理是建立套管井中长、短源距探测器计数率与地层密度的脊—肋线关系图，从而可以在套管井中利用密度探头测量得到的计数率，经过处理计算出地层密度。套管和水泥的测量结果影响类似于裸眼测井中的滤饼对测量值的影响，套管对短源距探测器影响更大，密度测井仪 CHFD 探测深度为 3～4in（8cm 左右），由于光电指数 P_e 探测深度较小，受套管和水泥影响较大，P_e 值不能用于岩性识别。

除此之外，斯伦贝谢公司推出了过套管测井系列，国内常用过套管工具还有套后中子、套后声波、套后伽马、过套管能谱测井和过套管地层元素俘获谱 ECS 测井等，入井工具结构及测量参数与裸眼环境一致，并无区别。

2.5.2.2 资料要求与作业须知

（1）主刻度至少每 90 天做一次。测前校验与主校验、测后校验和测前校验密度值误差应在 ±0.03g/cm^3 以内。

（2）在目的层段的稳定地层中重复 60m，检查与主测井曲线的重复性。重复测井与主测井形状应基本相同，在井径规则井段重复测量值误差在 ±0.03g/cm^3 以内。

（3）当滤饼较厚或钻井液密度小于 1.2g/cm^3 时，$\Delta\rho$ 应为正值。当滤饼较厚和钻井液密度大于 1.323g/cm^3，特别是当钻井液中含有重晶石时，$\Delta\rho$ 是负值属正常。当钻井液中含有重晶石成分时，光电吸收截面指数曲线在渗透层及裂缝发育段应有明显的升高。

（4）测速不超过 9m/min。

（5）在砂泥岩剖面，渗透层段（气层除外）体积密度计算的地层孔隙度与补偿中子、纵波时差计算的地层孔隙度接近。在明显气层段，密度孔隙度应大于或等于中子孔隙度。

（6）岩性密度标准值见表 2.26。

表 2.26 岩性密度标准值

参数	砂岩	石灰岩	白云岩	硬石膏	盐岩
ρ_{ma}/（g/cm^3）	2.65	2.71	2.87	2.98	2.04
P_e/（bar/e）	1.81	5.08	3.1	5.05	4.65

（7）如果水泥胶结质量好，CHFD 仪器探头能靠近井眼椭圆的短轴，则可以得到可靠的数据。分析认为，获得可靠数据的可能性为 50%。

（8）过套管密度 CHFD 和套后中子通常组合测量，测量时中子测井可以用于对密度测量的质量控制。

2.5.2.3 影响因素

（1）井眼环境的影响。扩径严重会导致仪器极板推靠不好，密度曲线失真。

（2）重晶石的影响。在含重晶石的钻井液中，重晶石的影响会导致密度数值不准。

（3）滤饼与钻井液密度太大，会影响密度校正值的测量。

（4）由于磨损造成的极板倾斜或极板附着滤饼，曲线会出现固定的补偿（$\Delta\rho$）偏移，$\Delta\rho$ 超出 0.15g/cm^3 时表明密度孔隙度资料存在问题。

（5）测量因素的影响。测量速度、仪器贴井壁状况和采集模式都会影响密度测量值。

（6）过套管测井受套管、水泥环厚度、固井质量、套管位置和井斜等因素影响，因此较难评估其测量质量。

2.5.2.4 资料主要用途

（1）确定地层孔隙度和岩性。

（2）识别地层矿物。

（3）判断流体性质。

（4）识别气层。

密度测井仪器性能见表 2.27。

表 2.27 密度测井仪器性能表

仪器性能	EZDT	HZDT	EZDT70	LDT/HLDT	ZDL/HTD
公司名称	COSL	COSL	COSL	SLB	Baker Hughes
仪器外径	4.88in（123.95mm）	4.88in（123.95mm）	3.50in（88.9mm）	4.5in（114.3mm）/ 3.5in（88.9mm）	4.88in（123.95mm）
仪器长度	18.54ft（5.652m）	18.9ft（5.76m）	8.97ft（2.735m）	14.33ft（4.37m）/ 21.98ft（6.70m）	11.23ft（3.42m）
仪器质量	470lb（213.19kg）	313lb（141.97kg）	215.8lb（97.89kg）	315lb（142.88kg）/ 511lb（231.79kg）	365lb（165.56kg）
测量点到仪器底部长度	0.97m	1.162m	0.80m	0.61m/0.762m	0.632m
耐温	175℃	205℃	175℃	175℃ /260℃	175℃ /204℃
耐压	20000psi	25000psi	20000psi	20000psi/ 25000psi	20000psi
最小井眼	5.5in（139.7mm）	5.5in（139.7mm）	3.75in（95.2mm）	5.5in（139.7mm）/ 4.5in（114.3mm）	6in（152.4mm）
最大井眼	22in（558.8mm）	22in（558.8mm）	10in（254mm）	16in（406.4mm）/ 19in（482.6mm）	22in（558.8mm）

续表

仪器性能	EZDT	HZDT	EZDT70	LDT/HLDT	ZDL/HTD
测井速度	9m/min				
测量范围	1.3～3.0g/cm³				
测量精度	± 0.025g/cm³（2.0～3.0g/cm³）				
探测深度	8in（203.2mm）	8in（203.2mm）	—	2in（50.8mm）/	8in（203.2mm）
垂直分辨率	19in（482.6mm）	19in（482.6mm）	—	11in（279.4mm）/ 6in（152.4mm）	19in（482.6mm）

2.5.3 中子测井

以中子与地层介质相互作用为基础的测井方法称为中子测井。广义的中子测井包括连续中子源测井和脉冲中子源测井。补偿中子测井（CNL）是双源距热中子测井，它探测热中子，所以也称为热中子测井。

中子测井发展历程为：20 世纪 50 年代出现了有源电缆常规中子测量，80 年代中期推出了有源随钻中子测量；21 世纪初，无源中子测井（电缆和随钻）和高温高压中子（电缆）测井技术日益成熟，并在中国海油得到应用。

中国海油现有的中子测井仪器见表 2.28。

表 2.28　中国海油现有的中子测井仪器

公司	仪器名称	缩写
COSL	补偿中子测井仪	ECNT/HCNT（高温）/ECNT70（小井眼）
SLB	补偿中子测井仪	CNT/HAPS（无源中子）
Baker Hughes	补偿中子测井仪	CN

2.5.3.1 测量原理

中子测井仪使用一个放射源向地层发射高能（4.1MeV）快中子，快中子与地层物质的原子核发生碰撞，每次碰撞后中子会损失能量，其中发射的中子与地层中氢原子碰撞的影响最大。反射回的慢（热）中子（0.025eV）由两个探头进行计数，中子读数取决于地层的含氢指数，含氢指数与单位体积含氢量成正比，淡水为 1 个单位。中子测井提供经过补偿的两个探头计数率之比，由地面计算机处理，计算出线性刻度的中子孔隙度曲线。无源中子测井原理见 2.5.5。

2.5.3.2 资料要求与作业须知

（1）补偿中子测井为非极板式仪器，通常与其他的仪器组合测量，用弓形弹簧使仪器偏心。

（2）目的层至少应做60m重复测量，并在统计误差范围内比较两者的重复性，重复测量值相对误差应小于 ±1.5p.u.。

（3）主刻度至少每90天做一次。测前校验与主校验、测后校验和测前校验刻度值误差应在 ±2p.u.。

（4）补偿中子曲线与体积密度、纵波时差、自然伽马曲线有相关性；在致密的纯岩性段，测井值应接近岩石骨架值。

（5）砂泥岩剖面，渗透层段（气层除外）补偿中子计算的地层孔隙度与体积密度、纵波时差计算的地层孔隙度接近。

（6）在明显气层段，中子孔隙度应小于或等于密度和声波孔隙度。

（7）中子测井标准值（视石灰岩孔隙度和 P_e 值）见表2.29。

表2.29 中子测井标准值

参数	砂岩	石灰岩	白云岩	硬石膏	盐岩
中子值/p.u.	−2.1	0	0.5	−0.7	−1.8
P_e 值/（bar/e）	1.81	5.08	3.1	5.05	4.65

2.5.3.3 影响因素

（1）井眼环境的影响。扩径严重会导致仪器偏心效果不好，中子曲线失真。

（2）氯、铁和硼是影响中子测井的很强的热中子吸收体。地层泥质中的铁和硼含量较高时，都会使中子视孔隙度偏低。

（3）钻井液的影响。钻井液加重材料容易引起探头计数率增高，出现地层低孔隙的假象；钻井液中氯离子浓度高会对中子测井造成很大影响，使视孔隙度偏低。

（4）测量因素的影响。测量速度、仪器贴井壁状况和采集模式都会影响中子测量值。

2.5.3.4 资料主要用途

（1）计算视孔隙度。

（2）与其他测井资料结合识别岩性、识别气层。

中子测井仪器性能见表2.30。

表2.30 中子测井仪器性能表

仪器性能	ECNT/CN	HCNT	ECNT70	CNT/HAPS（无源中子）
公司名称	COSL/Baker Hughes	COSL	COSL	SLB
仪器外径	3.63in（92.2mm）	3.63in（92.2mm）	2.87in（73mm）	3.375in（85.73mm）/4in（101.6mm）
仪器长度	7.58ft（2.311m）	8.44ft（2.573m）	6.30ft（1.92m）	7.25ft（2.21m）/16ft（4.88m）

续表

仪器性能	ECNT/CN	HCNT	ECNT70	CNT/HAPS（无源中子）
仪器质量	150lb（68.04kg）	209.4lb（94.98kg）	92.6lb（42kg）	203lb（92.08kg）/ 400lb（181.44kg）
测量点到仪器底部长度	0.76m	0.76m	1.22m	1.02m/1.62m
耐温	175℃	235℃	175℃	175℃ /260℃
耐压	20000psi	25000psi	20305psi	20000psi/ 25000psi
最小井眼	4.75in （120.65mm）	5in （127mm）	3.75in （95.2mm）	4.375in（111.13mm）/ 4.625in（117.48mm）
最大井眼	21in （533.4mm）	21in （533.4mm）	10in （254mm）	22in（558.8mm）/ 18in（457.2mm）
测井速度	9m/min	11m/min	9m/min	18m/min/9m/min
测量范围	−3～100 石灰岩孔隙度单位（p.u.）			−2～100p.u.
测量精度	准确度： ± 0.5p.u.（孔隙度小于 7p.u. 时） ± 7%（孔隙度大于 7p.u. 时） 重复性：± 1.5p.u.			CNT： 0～20p.u. 时， ± 1p.u. 20～30p.u. 时， ± 2p.u. 30～45p.u. 时， ± 6p.u. HAPS： 0～5p.u. 时， ± 0.5p.u. 5～30p.u. 时， ± 7p.u. 30～60p.u. 时， ± 10p.u.
探测深度	12in （304.8mm）	12in （304.8mm）	12in （304.8mm）	6～10in/7in
垂直分辨率	28in （711.2mm）	28in （711.2mm）	28in （711.2mm）	24in（609.6mm）/ 14in（355.6mm）

2.5.4 综合孔隙度岩性测井

2.5.4.1 测量原理

综合孔隙度岩性测井仪采用了一套电子线路、三个探测探头的模块系统，把中子孔隙度、岩性密度和自然伽马能谱三支仪器组合到了一起。如图 2.24 所示，中子孔隙度探头（APS）中子源由脉冲中子发生器产生，脉冲中子发生器消除了对放射性同位素源的需求，脉冲中子发生器的中子产额高（3×10^8n/s），比常规镅铍中子源高约 8 倍。此仪器可提供更高的计数率，更好地利用溴化镧 $LaBr_3$：Ce 闪烁体，因此测量精度更高，测井速度更快，同时使用新的方法进行仪器校验，脉冲中子发生器省掉了化学中子源，提高了人身安全和环境保护。岩性密度探头（LDS）与常规岩性密度相同，通过提高电子线路的性能，改进线性关系和仪器的控制，从而提高了测量的动态精度。自然伽马能谱（HNGS）使用高效探头、全谱记录和处理，实时环境校正，改善了测量结果，而且测速提高到 1800ft/h。

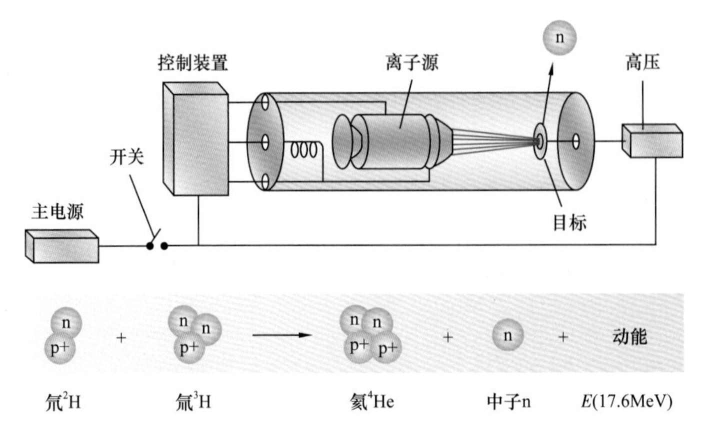

图 2.24　脉冲中子发生器工作原理图

2.5.4.2　资料要求与作业须知

HNGS 的测速为 1800ft/h。

2.5.4.3　资料主要用途

（1）岩性识别。

（2）孔隙度计算。

（3）气层识别。

（4）沉积环境分析。

（5）地层有机碳含量计算。

IPL 仪器性能见表 2.31 至表 2.34。

表 2.31　IPL 仪器性能表（对 APS 和 CNL 的环境校正）

环境效应	APS 孔隙度 /APLC	CNL 孔隙度 /TNPH
井眼尺寸（4in）	1.3p.u.	2.4p.u.
中子测量点到仪器底部长度	5.563m	5.386m
密度测量点到仪器底部长度	0.61m	0.61m
能谱测量点到仪器底部长度	11.781m	10.046mm

表 2.32　IPL 仪器性能表（已知条件下的响应）

地层	APLC
0p.u. 砂岩	−0.8p.u.
0p.u. 石灰岩	0p.u.
0p.u. 白云岩	0p.u.

续表

地层	APLC
20p.u. 砂岩	16.5p.u.
20p.u. 石灰岩	20p.u.
20p.u. 白云岩	20.5p.u.
硬石膏	1.5p.u.
盐岩	21～24p.u.

表 2.33 IPL 仪器性能表（井眼规则时中子孔隙度的重复性）

范围	重复性
0～7p.u.	± 0.5%
7～42p.u.	± 7%

表 2.34 IPL 仪器性能表（测量性能）

输出	垂直分辨率	在孔隙度为 15p.u. 时的探测深度
APLC	14in（355.6mm）	7in（177.8mm）
SIGF	12in（304.8mm）	5in（127.0mm）

2.5.5 多功能脉冲中子测井

2.5.5.1 测井原理

脉冲星（PNX）多功能脉冲中子测井仪配备一个高输出脉冲中子发生器和多个探测器，直径只有 1.72in（43mm），可以过油管在套管井环境下测井。如图 2.25 所示，该仪器结合高通量中子输出和专有的脉冲处理电子集成线路，实现伽马射线快速探测，能提供非弹谱和俘获谱测量，数据质量明显优于其他任何直径的脉冲中子仪器。

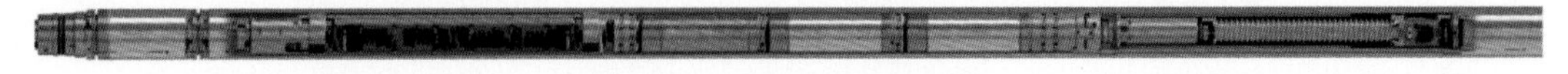

图 2.25 PNX 仪器示意图

除了提供传统的套管井测井项目——中子俘获截面（Sigma）、氢指数（HI）和碳氧比（C/O）外，PNX 还提供了一组扩展的元素，包括总有机碳含量（TOC）以及新的快中子捕获截面（FNXS）测量，用来量化气体充填孔隙度，并与液体充填孔隙度和低孔隙地层区分。

PNX 测井不依赖于传统的基于电阻率的岩石和流体识别方法，它可在任何地层水矿化度、大范围井况条件下准确地确定地层含水饱和度。

2.5.5.2 资料要求与作业须知

如果需要在高温井作业，可以进行保温桶改造。改造后根据中子管（电激发中子源）的工作参数不同，可以维持仪器进行 3～5h 的测量。

2.5.5.3 资料主要用途

（1）矿物、岩性、流体含量分布评价。

（2）低阻储层油气识别。

（3）诊断遗漏油层、衰竭油气藏。

（4）快中子捕获截面（FNXS）测量，区分气充填孔隙度和液充填孔隙度。

PNX 仪器性能见表 2.35 至表 2.37。

表 2.35 PNX 仪器性能表（测量规格）

采集		实时采集地面直读
输出	时间域	中子俘获截面（Sigma）、孔隙度（TPHI）、快中子散射截面（FNXS）
	能量域	多种元素的非弹和俘获产额、碳氧比、总有机碳含量
	非弹性俘获模式	200ft/h（61m/h）
	弹性气、Sigma、含氢指数（GSH）模式	3600ft/h（1097m/h）
	Sigma 岩性模式	1000ft/h（305m/h）
	测量范围	孔隙度：0～60p.u.
	钻井液类型或密度限制	无
	组合性	与 ThruBit 过钻头测井系统和使用 PSP 生产服务平台的遥测系统的仪器兼容
	特殊应用	符合 NACE MR0175 标准，抗 H_2S 和 CO_2

表 2.36 PNX 仪器性能表（机械规格）

额定温度	350℉（175℃）
额定压力	15000psi（103.4MPa）
最小套管尺寸	$2^3/_8$in（6.03cm）
最大套管尺寸	$9^5/_8$in（24.45cm）
外径	1.72in（4.37cm）
长度	18.3ft（5.58m）

表 2.37 PNX 仪器性能表（测量规格）

质量	88lb（40kg）
测量点到仪器底部长度	2.515m
抗张力	10000lbf（44480N）
抗挤压力	1000lbf（4450N）

2.5.6 地层元素测井

随着复杂岩性、页岩油气和致密油气等非常规油气藏勘探开发的深入，石油公司迫切需要准确了解地层岩性及矿物成分。地层元素测井是唯一能从岩石成分角度解决岩性识别问题的测井方法。中国海油常用的地层元素测井仪器主要有斯伦贝谢公司的 ECS 和 LithoScanner 仪器、贝克休斯公司的 FLeX 仪器。在中子源方面，ECS 和 GEM 均采用了镅铍中子源，而 LithoScanner 和 FLeX 则采用了 14MeV 的脉冲中子发生器。

元素测井发展历程为：20 世纪 60 年代，斯伦贝谢公司推出自然伽马能谱测井技术，能够对地层产生的伽马射线进行能谱分析，确定地层中常见放射性元素（钍、铀、钾）的含量；20 世纪 80 年代，斯伦贝谢公司和哈里伯顿公司分别研制出元素俘获测井仪 ECS 和 GEM，使用化学中子源；21 世纪初期，斯伦贝谢公司和贝克休斯公司发明了无源地层元素扫描测井技术（脉冲中子），并得到推广应用。

中国海油现有的地层元素测井仪器见表 2.38。

表 2.38 中国海油现有的地层元素测井仪器

公司	仪器名称	缩写
SLB	元素俘获能谱仪	ECS
SLB	岩性扫描成像测井仪	LithoScanner
Baker hughes	元素扫描成像测井仪	FleX
Halliburton	地层元素测井仪	GEM

2.5.6.1 测量原理

（1）以斯伦贝谢元素俘获能谱仪 ECS 为例，说明地层元素测井工作原理。如图 2.26 所示，ECS 测井通过镅铍中子源向地层中发射 4MeV 的快中子，快中子在地层中与一些元素发生非弹性散射变为热中子，最终被周围的原子俘获，元素通过释放伽马射线回到初始状态。由锗酸铋（BGO）晶体组成的探测器探测到伽马射线能谱，主要是由 H、Cl、Si、Ca、Fe、S、Ti、Gd 元素的谱所组成。H 和 Cl 在地层中和井眼中都存在，而其他的元素一般只出现在地层骨架矿物中，其中元素 Si、Ca、Fe、S、Ti 是 ECS 谱数据解释的关键数据。探测器探测到的伽马射线谱是中子与地层中所有元素相互作用放出的伽马射线谱的叠加。分析测量的累计伽马射线谱的过程就叫作剥谱，通过设定不同的能量窗口经过处理，将测量的数据拟合一系列的标准谱，拟合的结果就是地层中硅（Si）、钙（Ca）、铁（Fe）、硫（S）、钛（Ti）、钆（Gd）等元素的含量，经过进一步的计算处理得到地层中矿物的含量。

（2）以 LithoScanner 为例，说明元素扫描成像测井仪测量原理。该仪器采用钨屏蔽的中子发生器，其中子产额高达 3×10^8n/s，比常规镅铍中子源高 8 倍；采用了温度性能好的铈掺杂作为激活剂的溴化镧晶体，无需使用保温瓶，耐温指标达到了 177℃；其计数率超过 2500000 计数 /s，分辨率是 ECS 使用的锗酸铋晶体的 3 倍。测井数据输出碳

（C）、氧（O）、硅（Si）、铁（Fe）、钙（Ca）、硫（S）、镁（Mg）、钾（K）、钠（Na）等18种元素，如图2.27所示。相比元素俘获能谱测井，元素扫描成像测井处理后多得到碳、氧元素，且解谱得到的镁、铝、钾和钠等元素精度更高。利用碳元素测量结果直接确定地层总有机碳含量（TOC），能够进行准确的总孔隙度定量分析和储层质量的量化评价[5]。

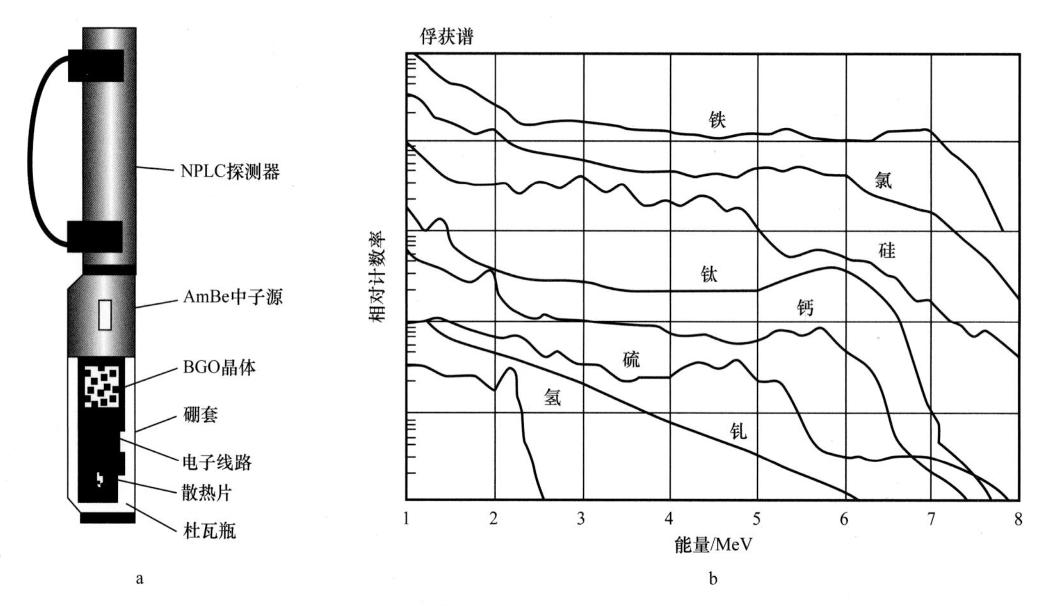

图2.26　ECS测井仪（a）和8种主要俘获伽马射线谱（b）

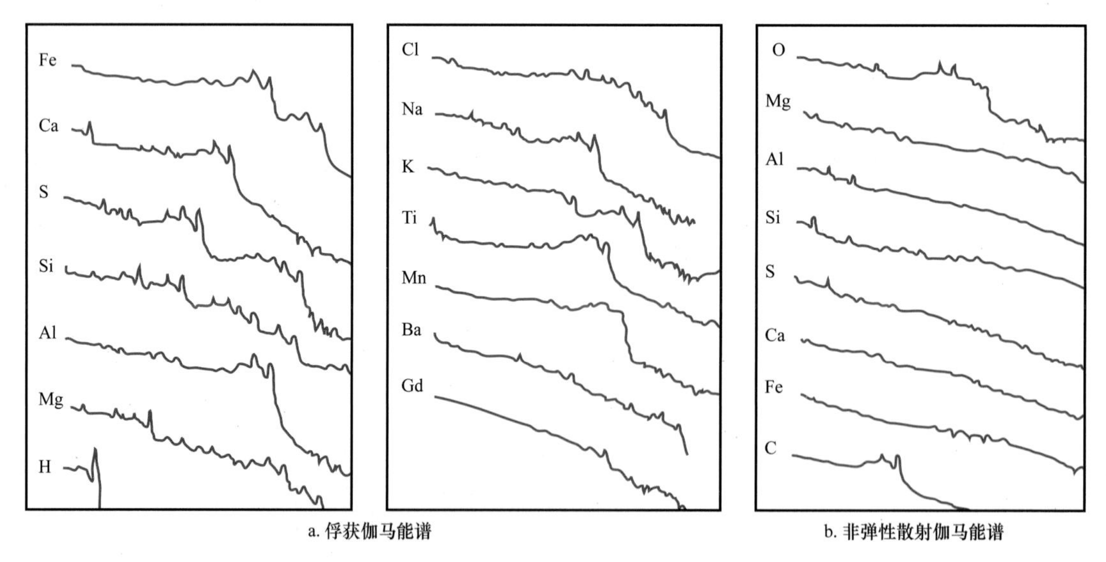

图2.27　元素扫描成像测井俘获和非弹性散射伽马能谱

2.5.6.2　资料要求与作业须知

以ECS为例，说明元素俘获能谱仪资料要求与作业须知：

（1）ECS 采用偏心测量，以使地层信号最大化。ECS 最佳测量条件是低矿化度钻井液和较低的测井速度。在高矿化度井筒内，ECS 的上部和下部均放置偏心装置。在大井眼、高矿化度井，ECS 的测井速度应降低到 900ft/h（274m/h）以下甚至更低，以确保测量具有足够的统计精度。

（2）建议 ECS 仪器采用 CO_2 冷却，因为 BGO 探头的能谱分辨率随温度的升高而下降。这一步骤在长时间作业（如薄层层析 TLC 作业）或高温井非常重要。

（3）在套管井中测量时，应开启仪器的实时套管校正，同时 ECS 的测井速度应降低到 900ft/h（274m/h）以下甚至更低。

（4）GR 应放在 ECS 之上。如果 GR 放在 ECS 下面，由于 ECS 激化地层，GR 测量将受到影响。

2.5.6.3 影响因素

（1）测井速度影响。具体的测井速度可以使用专用的软件进行模拟。

（2）井筒、钻井液参数影响。钻井液含有中子吸收元素（如氯）影响最大，如果含量高则测速需要相应减慢。除此之外，井眼尺寸、矿化度等参数也有一定影响。

（3）地层参数影响，例如地层孔隙度、地层水矿化度等。

2.5.6.4 资料主要用途

（1）元素俘获能谱测井资料用途：① 评价地层各元素含量；② 识别岩性；③ 研究沉积环境。

（2）岩性扫描成像测井资料用途：① 实时元素测量和准确的岩性定量分析；② 地层及流体 Sigma 测量；③ 计算岩石骨架属性参数，进行岩石物理评价。

地层元素测井仪器性能见表 2.39。

表 2.39 地层元素测井仪器性能表

仪器性能	ECS	LithoScanner	FLeX	GEM
公司名称	SLB	SLB	Bake Hughes	Halliburton
测井速度	1800f/h	600f/h	1800f/h	1800f/h
测量范围	600keV～8MeV	1～10MeV	1～14MeV	—
纵向分辨率	18in（45.72cm）	18in（45.72cm）	24in（60.96cm）	21in（53.34cm）
精度	2%	2%	± 1μs/ft	2%
探测深度	9in（22.86cm）	7～9in（17.78～22.86cm）	8.5in（21.59cm）	9in（22.86cm）
额定温度	175℃ / 260℃（内部保温瓶，CO_2 降温）	177℃	177℃	177℃
额定压力	20000psi（高压版本为 25000psi）	25000psi	20000psi	20000psi

续表

仪器性能	ECS	LithoScanner	FLeX	GEM
最小井眼尺寸	6.5in（16.51cm）	5.5in（13.97cm）	6.0in（15.24cm）	6.0in（15.24cm）
最大井眼尺寸	20in（50.80cm）	24in（60.96cm）	22in（55.88cm）	22in（55.88cm）
外径	5.0in（12.70cm）	4.5in（11.4cm）	4.87in（12.37cm）	4.72in（11.99cm）
长度	10.15ft（3.09m）	14ft（4.27m）	15.6ft（4.75m）	31.5ft（9.6m）
质量	305lb（138kg）	366lb（166kg）	295lb（133.8kg）	—
测量点到仪器底部长度	—	—	1.711m	6.3m

2.6 核磁共振测井

核磁共振测井利用与医学核磁共振成像几乎完全相同的原理进行地层参数测量，即通过磁场和射频线圈发射交变电磁场来实现空间定位和选片，但在设计上进行了彻底的改造，不是把观测样品放在仪器（磁体）的中心，而是把测量仪器（磁体和天线）放在井眼之中，将地层处于仪器的外部作为观测样品。

核磁共振测井目前主要在裸眼井中测量，能够为油气资源评价提供独特的信息，包括：与岩石矿物骨架成分无关的孔隙度，孔径分布（孔隙中只含有单相流体时），毛细管束缚水、泥质束缚水、可动流体，渗透率，可动流体中的油、气含量等。

核磁共振测井仪从测量方式上分为两种，一是居中测量的 MRIL−P 型核磁共振测井仪；另一种是贴井壁测量的 CMR−Plus 组合式核磁共振测井仪、MReX 核磁共振测井仪和 EMRT 核磁共振测井仪。它们在射频脉冲施加方式上都采用 CPMG 的方式，在静磁场的施加方式上都采用 Inside−out 方式，在井筒外建立磁场；不同的是，CMR 测井仪建立的静磁场为均匀磁场，其他仪器为梯度磁场。

中国海油现有的核磁共振测井仪器见表 2.40。

表 2.40　中国海油现有的核磁共振测井仪器

公司	仪器名称	缩写
COSL	核磁共振测井仪	EMRT/EMRT−HT（高温）/EMRT−2D（二维）
SLB	核磁共振测井仪	CMR−Plus/MRScanner（二维）/CMR−NG（二维）
Bake hughes	核磁共振测井仪	MReX
Halliburton	核磁共振测井仪	MRIL−P

2.6.1 测量原理

以 MRIL−P 型核磁共振测井仪为例，该仪器采用 5 个频带共 9 个不同的频率进行测量，由永久磁铁产生均匀的静磁场，使地层中的氢原子核产生极化。由仪器的天线发射射频脉冲，使磁化矢量扳转 90° 和 180°，同时由天线接收射频信号。仪器在井内居中测量，在井眼周围地层中形成以井轴为中心、直径为 14～16.5in、厚度 1mm、高 24in、彼此之间相距 1mm 的 9 个圆柱壳（图 2.28）。天线发射的频率取决于圆柱壳距离井轴的位置，离井眼最近的测量体的工作频率为 760kHz，最远的为 580kHz，在 8in 井眼中，这些壳体对应的探测深度为 3～4in。该仪器在测井数据采集、控制信噪比等方面有其显著的特点。

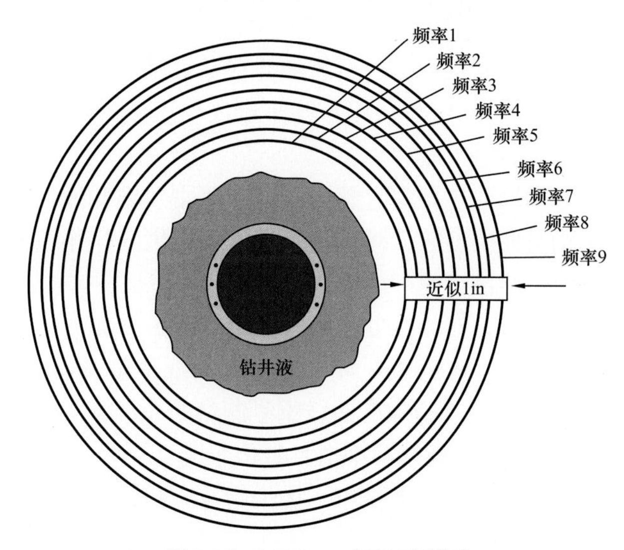

图 2.28　MRIL-P 切片示意图

MRIL-P 型核磁共振测井仪有四种基本的观测模式：

（1）DTP（单 T_W+ 泥质束缚水观测模式）：它分 5 个频带 2 组，24 个回波串。设计该种方法的主要目的为计算总孔隙度、有效孔隙度、毛细管束缚水、泥质束缚水、渗透率。

（2）DTW（双 T_W 观测模式）：主要设计目的为进行油气的识别与轻烃的定量分析，5 个频带 3 组，40 个回波串。

（3）DTE（双 T_E 观测模式）：主要目的为进行做扩散加权用于稠油、气体的检测和定量计算，5 个频带测 3 组，40 个回波串。

（4）DTWE（双 T_W+ 双 T_E 观测模式）：该观测模式可同时将 MRIL-P 型所有测井信息一次采集上来。其 5 个频带测 5 组信息。该观测模式经分解后可以得到 3 种观测模式：双 T_W 短 T_E+PR06、双 T_W 长 T_E+PR06、双 T_E 长 T_W+PR06。

MRIL-P 型核磁共振测井仪器的多观测模式为其在不同的油气藏条件、不同的观测目标中的应用奠定了基础。在具体的某个地区、确定的应用目标，可以通过测前设计来确定观测模式。

二维核磁共振测井研究的对象是饱和流体的储层岩石，变化参数是横向弛豫时 T_2、纵向弛豫时间 T_1、扩散系数 D 以及内部磁场梯度 G。二维核磁共振测井在原来的弛豫时间（通常为横向弛豫时间 T_2）观测的基础上，对纵向弛豫时间 T_1 进行了观测，同时它也可以在反映磁场特性的参数之间进行两两组合观测。由于 T_1 测井不受扩散系数的影响，使用 T_1–D 有时会比 T_2–D 观测更准确。通过二维反演，可以得到弛豫—弛豫二维图像（T_2–

T_1）、横向弛豫—扩散系数（T_2–D）的二维图像等。二维核磁共振测井仪器可以通过 T_{2D} 谱、T_1/T_2 谱更好的识别复杂储层中的束缚水、天然气、重质油等，除了可获得一维核磁共振仪器所提供的储层信息外，还能获取地层中各相流体体积（孔隙度）、饱和度、油黏度及不受扩散影响的孔隙结构信息。

2.6.2 资料要求与作业须知

（1）对于偏心测量型核磁共振而言，可靠的井壁贴靠是取得高质量核磁共振数据的前提。例如，为了保证 MRScanner 核磁贴靠井壁，建议使用至少两个偏簧、偏心器或者在探测器上下不安装动力井径装置（PPC）。

（2）测井前，根据井眼尺寸、井深、地层温度与压力、钻井液性能、目的层中的矿物成分、地层流体类型及原油性质参数，对采集参数进行优化设计并确定合适的采集方式。

（3）测量模式在原图上标注清楚。

（4）同次测井曲线补接时，在补接处必须重复测量至少 25m。

（5）当地层孔隙度大于或等于 15% 时，孔隙度曲线重复测量值的相对误差应小于 10%；当地层孔隙度小于 15% 时，孔隙度曲线重复测量的允许绝对误差为 1.5%。

（6）回波串的拟合度（CHI）曲线应平滑且数值小于 2。

（7）增益（Gain）曲线应平滑且无噪声干扰，增益应随钻井液电阻率及井径的变化而调整。

（8）测速应符合测前设计要求。

（9）测量曲线应与地层规律相吻合，有关孔隙度的响应特征见 1.2.4.2.8。

2.6.3 影响因素

（1）测井时间。核磁共振测井的探测深度比较浅，探测的区域为冲洗带。如果利用核磁共振资料来检测油气情况，则应该及时测井，尽量减小钻井液滤液对地层流体的影响。

（2）测井模式。核磁共振测井有多种测井模式，选择合适的模式对核磁共振资料的地质评价极为关键。

（3）测井速度。核磁共振测井的采集系统为时间驱动，回波串在每个等待时间后产生，测速超标会降低资料的纵向分辨率。

（4）温度。磁场强度是温度的函数，温度升高，磁场强度减小。

（5）测井参数。等待时间和回波间隔是两个重要参数。时间太短，氢核极化不完全，直接影响孔隙度、渗透率的计算；回波间隔太大，将漏失弛豫速率快的小孔隙的信息，同样使测得的孔隙度偏小。

2.6.4 其他核磁共振测井介绍

中海油服 EMRT 仪器利用静磁场和脉冲射频磁场（RF）来进行井下自旋回波核磁共振响应的测量。EMRT 采用多频梯度磁场，探测径向不同深度核磁共振响应。EMRT 采用偏心测量设计，有效降低钻井液电阻率影响。EMRT 可进行移谱、差谱识别流体性质，定量测量可动流体、毛细管束缚水、泥质束缚水孔隙度、渗透率。EMRT 仪器共有八种测量模式，常用的有三种供选择：孔渗模式、油模式（OIL3F+HOIL6F）、气模式（GAS6F1+GAS6F2）。

CMR 是斯伦贝谢公司在 1995 年推出的可组合式核磁共振测井仪。该仪器用一片弓形弹簧把仪器推靠到井壁进行测量。它有一个短天线，夹在两块经过优化设计的磁铁中间，使 CMR 测量聚焦在地层内部 1.1in（2.8cm）处、纵向长 6in（15cm）的层段上。该仪器将一个永久磁铁固定在仪器的滑板上，永久磁铁使地层中的氢质子按磁场排列，然后天线发射一个脉冲使氢质子旋转 90°，撤掉脉冲后质子回到原来的状态所用的时间称为弛豫时间，用 T_2 表示，它是地层中孔隙分布的函数。该仪器的一个主要用途是测量地层总孔隙度。

CMR−Plus 仪器在 CMR 基础上做了几处改进，主要是仪器更小（长度只有 4.75m），重量轻且坚固；具有更长的预极化磁场的新磁铁结构（磁铁长 30in），满足了连续测井条件下氢自旋预极化的要求，使它在快弛豫环境中的测速提高到 1097m/h。它与井壁接触的滑鞋面较低，因而可以在最小为 6in 的井眼中测井。该仪器采用了新的脉冲采集序列，最小脉冲回波间隔提高到 0.2ms，增强了 CMR−Plus 探测快速衰减信号的能力，可以分辨微小孔隙。CMR−Plus 具有独特的鞍状天线设计，电子线路也进行了更新升级，使测量结果信噪比提高，更加改善了储层评价的高精度测量（图 2.29）。

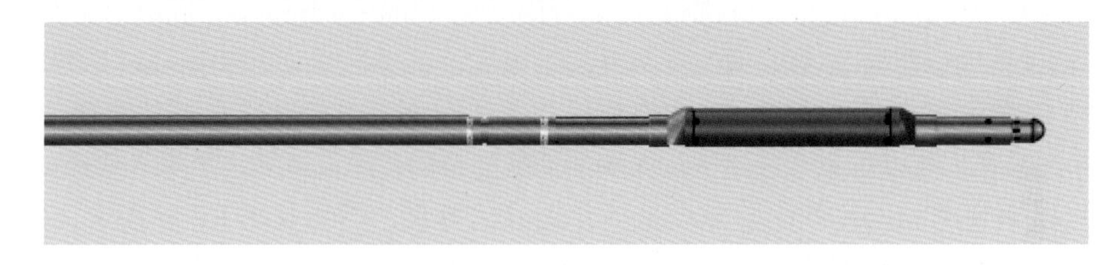

图 2.29　斯伦贝谢公司核磁共振测井仪（CMR−Plus）

CMR−Plus 仪器有两种测量模式：（1）EPM（精度增强模式）可以使 CMR−Plus 在束缚流体测量中获得更高的精度。短 T_2 部分衰减只有几个回波，比起长 T_2 部分信噪比低。为克服这种情况，EPM 模式在每次 T_2 测量时，多次重复初始部分的测量（通常为 10 次）。这将大大提高短 T_2 部分的测量精度，从而改善孔隙度和渗透率的测量。（2）MRF（核磁共振流体计算模式）可以直接判别仪器探测范围内的油气水等流体。MRF 模式利用 CMR−Plus 仪器进行点测，结合 T_2 谱和扩散系数谱进行二维处理，从而区分流体类型并估算原油黏度。MRF 测量也同时提供高精确度的 CMR 标准输出，诸如自由流体孔隙度、束缚流体孔隙度、渗透率等。

MRScanner 是斯伦贝谢公司二维核磁共振电缆测井仪器（图 2.30）。它通过在梯度磁场采用共时、多频测量，可以一次性获得 3 个探测深度的数据。纵向测量数据包括横向弛豫时间（T_2）、纵向弛豫时间（T_1）和扩散系数谱等。它采用多个等待时间和多个回波间隔，使不同流体的扩散系数 D 及弛豫时间 T_1 差异最大化，利用 D−T_1 交会图识别流体性质。它探测深度大，能识别由不光滑井眼、滤饼和流体侵入造成的数据质量问题，而且不受井眼尺寸和几何形态、井斜、温度和钻井液类型的影响。它提供连续的储层流体剖面，可进行精细评价。

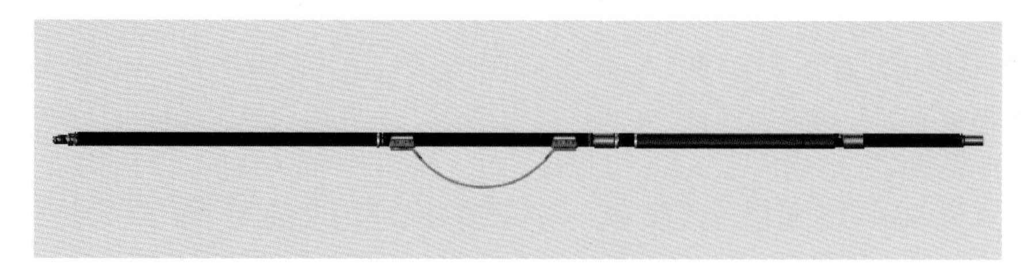

图 2.30　斯伦贝谢公司核磁共振电缆测井仪（MRScanner）

斯伦贝谢公司新一代二维核磁共振测井仪 CMR−NG 可以提供连续的地层 T_1 和 T_2 谱测量，尤其是针对低孔隙度和弛豫时间很快的地层，CMR−NG 与之前的二维核磁共振测井仪器相比，其测量敏感度、准度和精度都有很大提高。CMR−NG 的采集处理速度比上一代核磁共振采集快 20 倍。现代电子技术也使得 CMR−NG 可以处理更短等待时间、更大负载循环的电磁脉冲序列。全新的脉冲序列设计不仅可以测量连续的 T_1 和 T_2 弛豫时间，同时大幅提高了孔隙度测量的精确度。

CMR−NG 最短回波间隔时间（T_E）为 0.2ms，与 CMR_Plus 或 CMR−AT 相同；CMR−NG 的工作频率在 2MHz 附近，大约是其他具有 T_1−T_2 测量功能的核磁共振仪器工作频率的 2 倍。工作频率越高，核磁共振测量信噪比（SNR）就越高，同时对孔隙内流体的 T_1/T_2 比敏感度也越高。CMR−NG 有两种测量模式：标准测量模式和高分辨率测量模式。

利用 CMR−NG 的高精度 T_1−T_2 二维核磁共振连续测量，以及结合其他测量如介电扫描、元素扫描等，可以对非常规油气藏或稠油油藏复杂的孔隙流体做出更深入细致的描述。

贝克休斯公司 MReX 利用静磁场来极化地层的氢核，然后利用 RF 磁场来扳倒核子。首先利用 α 脉冲将氢核扳倒到静磁场垂直的方向，然后利用第二脉冲（β 脉冲）使氢核重聚，产生可测量的自旋回波信号（在设计的 T_E 时刻）。MReX 仪器连续使用一系列相等间隔的第二脉冲来测量自旋回波串，MReX 测量的重要信息均包括在回波串中。MReX 记录的是回波产生的时刻和幅度。回波串的初始幅度与地层中的流体信息有关，反映的是地层孔隙度。MReX 分为三种测量模式：（1）FE 基本模式，进行孔渗测量；（2）FE+OIL 测量模式，可以对地层油水识别和孔渗定量评价；（3）FE+GAS 测量模式，主要是针对气层的识别。

2.6.5　资料主要用途

（1）与岩性无关的总孔隙度、有效孔隙度、可动孔隙度的确定。

（2）计算孔径分布及自由流体体积，确定黏土束缚水、毛细管束缚水、可动流体饱和度。

（3）流体性质识别，可动流体中的油、气含量。

（4）计算储层渗透率。

（5）与其他测井资料结合进行储层评价、低阻油气藏评价。

核磁共振测井仪器性能见表 2.41。

表 2.41 核磁共振测井仪器性能表

仪器性能	EMRT/ EMRT−2D/ EMRT−HT	CMR−Plus	MRScanner	CMR−NG	MReX	MRIL−P
公司名称	COSL	SLB	SLB	SLB	Bake Hughes	Halliburton
仪器外径	5.04in （128mm）	5.3in （134.6mm）	4.75in （120.65mm）	不带弓形弹簧时 5.3in（134.6mm） 带有弓形弹簧时 6.6in（167.6mm）	5.0in （127mm）	6in （152mm）
仪器长度	8.9m/8.9m/7.75m	4.75m	10m	4.75m	7.44m	10.36m
仪器质量	937.4lb （425.20kg）	450lb （204kg）	1104lb （500.77kg）	不带弓形弹簧时 374lb（169.64kg） 带有弓形弹簧时 413lb（187.33kg）	178lb （80.74kg）	1448.5lb （657.03kg）
测量点到仪器底部长度	1.38m	0.591m	2.527m	—	1.504m	—
耐温	160℃ /160℃ /204℃	175℃	300℃	177℃	177℃	177℃
耐压	20000psi	20000psi	20000psi	20000psi	20000psi	20000psi
最小井眼	6in （152.4mm）	5.875in （149.2mm）	5.875in （149.2mm）	不带弓形弹簧时 5.875in（149.2mm） 带有弓形弹簧时 7.875in（200mm）	6in （152.4mm）	6in （152.4mm）
最大井眼	16in （406.4mm）	没有上限，但是必须偏心			14in （355.6mm）	16in （406.4mm）
测井速度	1～3.5m/min/ 1～3.5m/min/ 1m/min	4.07～ 18.28m/min	—	T1A 长模式：1.45m/min T1A 短模式：1.55m/min T1B 长模式：2.17m/min T1B 短模式：2.33m/min	0.8～ 7.3m/min	0.4～ 1.1m/min
测量范围	0～100p.u.					
测量精度	± 2p.u.	± 1p.u.	± 2p.u.	± 0.5p.u.	± 2p.u.	± 2p.u.
探测深度	1.77～4.72in （45～120mm）	6in （152.4mm）	1.25～10.2in （31.75～ 259mm）	0.5～1.5in （12.7～38.1mm）	2.6～4.5in （66.04～ 114.3mm）	8in （203.2mm）

续表

仪器性能	EMRT/ EMRT-2D/ EMRT-HT	CMR-Plus	MRScanner	CMR-NG	MReX	MRIL-P
垂直分辨率	1.96ft （597.41mm）	0.6ft （182.88mm）	0.625ft （190.5mm）	静态：0.5ft（152.4cm） 动态（高分辨率模式）： 0.75ft（228.6cm） 动态（标准模式）： 1.5ft（457.2cm）	2ft （609.6mm）	2ft （609.6mm）
最小回波间隔	0.4～10ms	0.2ms	0.45ms	0.2ms	0.6ms	0.6ms
测量方式	偏心	偏心	偏心	偏心	偏心	居中

2.7　声电成像测井

2.7.1　水基钻井液电成像测井

海上常用的电成像测井技术来自四大测井公司：中海油服（COSL）、斯伦贝谢公司（SLB）、贝克休斯公司（Baker Hughes）和哈里伯顿公司（Halliburton）。下面以斯伦贝谢公司研发的FMI仪器为例，介绍其发展历程和测量原理。FMI是斯伦贝谢公司于20世纪90年代推出的产品，它是在地层倾角仪的基础上发展起来的，其产品的发展顺序为：CDM（1955）—HDT（1965）—SHDT（1975）—FMS（1986）—FMI（1992）。

中国海油现有的水基钻井液电成像测井仪器见表2.42。

表2.42　中国海油现有的水基钻井液电成像测井仪器

公司	仪器名称	缩写
COSL	增强型微电阻率扫描成像测井仪	ERMI/ERMI-HT（高温）/ERMI-SLIM（小井眼）
SLB	全井眼微电阻率成像仪	FMI/FMI-HD（高清）
Baker Hughes	电阻率声波成像仪	STAR/STAR-HD（高清）
Halliburton	超级微电阻率扫描成像测井仪	XRMI

2.7.1.1　测量原理

以斯伦贝谢公司FMI为例，如图2.31所示，FMI由推靠器极板发射交变电流，电流通过井内钻井液柱和地层而回到仪器上部的回路电极。推靠器、极板体金属连接等元件起到聚焦作用，使极板中部的阵列纽扣电极流出的电流垂直于极板外表面（即井壁）。测量阵列纽扣电极上的电流反映出纽扣电极正对着的地层，由于岩石结构或电化学上的非均质性引起的微电阻率的变化。测量时沿井壁以一定间隔进行密集采样。采样数据经过一系列校正处理，如深度校正、速度校正、平衡校正等处理后，用一种渐变的色板或灰度值刻度，将每个采样点的数值转换成一个色元，便可形成电阻率图像，代表电阻率由低到高。因此图像颜色的变化指示井壁地层导电性的细微变化，而与实际的岩石颜色无关。

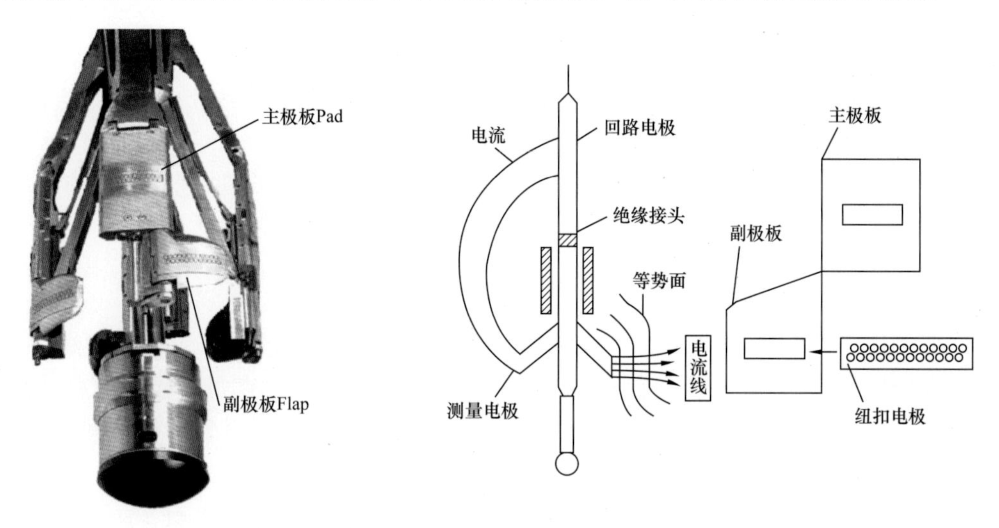

图 2.31 全井眼微电阻率成像仪（FMI）测量原理

FMI 具有 4 个臂 8 个极板，每个极板上有 24 个微电极，共计 192 个微电极。每个电极直径约为 0.2in，测量时极板被推靠在井壁上向地层中发射电流。每个电极所发射的电流随其贴靠的井壁的岩石物性及井壁条件的不同而变化，因此记录到的每个电极的电流反映了井壁上的微电阻率变化。测量时沿井壁以每 0.1in 为间隔进行密集采样。

高清全井眼微电阻率成像仪 FMI-HD 是 FMI 仪器的增强改进。其机械测量部分如推靠臂和极板等与 FMI 相同，不同之处在于：（1）FMI-HD 可以用于油基钻井液中测量，虽然要求地层电阻率大于 50Ω · m，但对于油基钻井液中的成像测量而言，其分辨率和覆盖率的优势非常明显；（2）电流供应短节、电子信号处理短节和信号适配短节进行了更新，提高了图像清晰度和地层信息敏感度；（3）采用各个极板独立自动增益的技术，可以更好地优化测量信号质量及图像质量。

2.7.1.2 资料要求与作业须知

（1）测井前要在套管内检验井径读数，套管内径 ±0.3in。

（2）仪器的旋转不能快于每 30ft/r，分析电阻率曲线的重复性必须考虑仪器的旋转和极板的影响。

（3）按规定进行重复测量，重复井段不少于 30m，重复图像应与主图像基本相似。在井斜大于 5° 时，方位的重复误差为 ±2°，井斜角的重复误差为 ±0.2°。

（4）极板的电导率图像和曲线变化正常，有相关性；图像清晰，能够清楚辨识地质特征。不应有超过两个极板的图像失真或不正常，每个极板无效（坏）纽扣电极数不能超过 5 个。

（5）除遇卡外，不应出现图像和曲线缺失、畸变现象。

（6）在主要目的层，在仪器动态范围内，图像和曲线出现饱和现象的累计长度不应超过测量井段的1%，图像和曲线饱和井段不应连续超过1m。

（7）与声成像组合测井时，电、声成像图有一定的相关性并与常规测井资料一致。

2.7.1.3 影响因素

（1）钻井液性能的影响。主要受流体成分（水基、油基、盐水等）和钻井液密度影响，钻井液中固相颗粒增多，成像质量变差。

（2）极板和井壁贴靠程度的影响。极板和井壁之间的间隙会降低仪器垂向分辨率。

（3）井眼规则程度的影响。井眼不规则容易遇阻遇卡，影响图像质量。

2.7.1.4 其他类型电成像测井介绍

中海油服ERMI成像测井仪测量原理与FMI基本一致，只是在测量臂和纽扣电极数量上有所区别。ERMI有6个独立臂，每个臂上有一个极板，在每个极板上有25个纽扣电极，6个臂共有150个电极。极板上的25个纽扣电极分为两排，两排之间的距离为0.3in，同一排电极横向间距为0.2in；两排电极交错排布。

哈里伯顿公司XRMI成像测井仪共有6个测量极板，每个极板上有25个纽扣电极，与ERMI基本一致。

贝克休斯公司STAR电阻率声波成像仪能够同时进行地层声波和电阻率成像。STAR声波成像使用了一个旋转发射器，它以12r/s的速度旋转并用超声波脉冲以每转250次扫描井壁。在脉冲—回声的工作模式下，发射器发出声信号并检测从井壁表面返回的反射。反射回声的幅度和到达时间被记录下来，正常的采样速率是指测井速度为20ft/min时每英尺采36个样。如果测速为10ft/min的速度测井则可每英尺采取72个样。记录的返回信号的传播时间提供极其详细的井径测量来精确描述井眼形状。

STAR电阻率成像使用六个独立的固定在弹簧臂上带关节的极板。每一个极板含有两排电极，每排12个电极相互错开。电极的直径为0.16in，每个极板总计测量宽度为2.5in。电极以每英尺120个采样点（0.1in）的速率采样。

STAR仪器特点为：

（1）同时采集声波和电阻率成像数据。

（2）声波成像覆盖整个井眼360°的范围，可以识别细小的特征，如井眼裂缝，孔洞和结核。

（3）电阻率成像具有较宽的动态范围，可以提供地质纹理。

（4）可以按照用户的要求采取多种采集模式。

STAR仪器用不同技术对裂缝成像两次，保证了尽可能多的裂缝可以识别出来。通常裂缝发育井段会发生阻卡现象，或者存在特殊的岩石、流体和裂缝的组合，在特定的岩性段或井段内降低了探测的成功率，即使在这种情况下也可得到STAR的图像。声波和电阻率图像都对岩石特性和裂缝非常敏感。电阻率图像对井壁表面的损伤反应灵敏，但对探测井壁的条带受限制，360°覆盖的幅度图像清晰地显示了裂缝的几何形状和邻接关系。总之，通过对多幅声电图像进行对比分析，可以使裂缝类型识别更详尽。

STAR−HD 结合了微电阻率成像和聚集技术，使用了六臂独立的铰链式支架机构，保证了在大斜度井中仪器居中效果和测井图像质量。仪器共六个测量极板，奇数和偶数极板间隔排列，每个极板有 24 个纽扣电极，分成两排，每个纽扣电极间距 0.1in，144 个微电阻率提供了更多的地层信息。测量时 6 个极板推靠至井壁岩石上，由地面设备控制向地层中发射电流，每个纽扣电极保持恒定电压，其发射的电流强度随其贴靠的井壁岩石及井壁条件不同而变化。极板的金属壳保持和纽扣电极一样的电压，来帮助纽扣电极将发射的电流能更深入地流入地层。这样记录到的每个纽扣电极的电流及所施加的电压反映了井壁四周的微电阻率变化。

2.7.1.5 资料主要用途

（1）裂缝、孔洞识别与评价。

（2）构造地质：计算构造倾角，识别与确定断层。

（3）沉积分析：计算沉积倾角，判断古水流方向、沉积微相与砂体展布，识别与评价薄层。

（4）进行钻井诱导缝的判别与分析、地应力方向分析。

（5）辅助取心与测试：井壁取心和 MDT 测压取样的选点与深度匹配。

水基钻井液电成像仪器主要技术指标见表 2.43。

表 2.43 水基钻井液电成像仪器主要技术指标

仪器主要技术指标	ERMI/ERMI−HT（高温）	ERMI−SLIM	FMI/FMI−HD	STAR/STAR−HD	XRMI
公司名称	COSL	COSL	SLB	Baker Hughes	Halliburton
仪器外径	5in（127mm）	4.5in（114.30mm）	5in（127mm）	4.8in（121.92mm）	5in（127mm）
仪器长度	8.39m	8.61m	7.44m	9.35m	11.97m
仪器质量	610.68lb（277.00kg）	496.04lb（225.00kg）	434.80lb（197.22kg）/ 407.00lb（184.61kg）	600.00lb（272.16kg）	802.00lb（363.78kg）
测量点到仪器底部长度	1.33m/1.33m	1.33m	3.70m/3.03m	1.01m	—
耐温	175℃ /205℃	205℃	175℃	175℃	175℃
耐压	20000psi	25000psi	20000psi	20000psi	20000psi
最小井眼	6in（152.4mm）	5.5in（139.7mm）	5.875in（149.23mm）	4.8in（121.92mm）	6in（152.4mm）
最大井眼	21in（533.4mm）	13in（330.2mm）	21in（533.4mm）	21in（533.4mm）	21in（533.4mm）
测井速度	6m/min	6m/min	9.15m/min	3.3m/min	8m/min

续表

仪器主要技术指标	ERMI/ERMI-HT（高温）	ERMI-SLIM	FMI/FMI-HD	STAR/STAR-HD	XRMI
测量范围	0.2～10000Ω·m	0.2～10000Ω·m	0.2～10000Ω·m	0.2～100000Ω·m	0.2～2000Ω·m
探测深度	4in（101.6mm）	4in（101.6mm）	1in（25.4mm）	4in（101.6mm）	4in（101.6mm）
垂直分辨率	0.2in（5.08mm）	0.2in（5.08mm）	0.2in（5.08mm）	0.2in（5.08mm）	0.2in（5.08mm）
井眼覆盖率	61%（8.5in 井眼）	40%（8.5in 井眼） 60%（6in 井眼）	80%（8.5in 井眼）	59%（8.5in 井眼）	63%（8.5in 井眼）

2.7.2 油基钻井液电成像测井

中国海油现有的油基钻井液电成像测井仪器见表 2.44。

表 2.44 中国海油现有的油基钻井液电成像测井仪器

公司	仪器名称	缩写
COSL	油基钻井液电成像测井仪	OGIT/OGIT-HT（高温）/OGIT-SLIM（小井眼）
SLB	油基钻井液微电阻率成像仪	OBMI
SLB	油基钻井液高频电成像测井仪	NGI/NGI slim（小井眼）
Baker Hughes	油基钻井液电成像仪	EI

2.7.2.1 测量原理

以中海油服油基钻井液电成像 OGIT 仪器为例，如图 2.32 所示，该仪器主要由三部分构成：仪器体、测量极板与回流电极。仪器在井下工作时，测量极板与井壁之间的间隙内会被高阻的油基钻井液充填，这样测量极板、间隙流体与井壁就可以等效为一个电容。OGIT 仪器有 6 个极板，每个极板上有 15 个纽扣电极，供电电极发射同极性的电流，依据电容耦合原理，电极电流聚焦穿透间隙中的高阻钻井液，进入地层一定深度后发散，电流到达上部地层后再穿透高阻钻井液回到回流电极，形成一个完整的电流回路。测量极板上每个电极的电流信号主要受其接触的局部地层的电阻率影响，记录每个电极的电流、电压与二者相位差，经电路系统处理后上传地面软件，通过算法处理就可以生成井壁电阻率图像，直观显示出地层特征。OGIT 在 8.5in 井眼覆盖率为 60%，OGIT-SLIM（小井眼）在 6in 井眼覆盖率为 60%[6]。

图 2.32 中海油服油基电成像测井仪（OGIT）

2.7.2.2 资料要求与作业须知

（1）测前要检查极板纽扣和井径，保证测井响应正确。

（2）规定仪器旋转每 10m 不得大于一周，原则上以满足解释要求为准。

（3）测井时应同时监视电导率曲线，不得保持在零或饱和值。这 6 条曲线应相互关联，并且应跟踪电阻率测井的峰值和谷值。

（4）每个极板上出现的死电极数不得超过 4 个，连续死电极数不得超过 2 个。

（5）按规定进行重复测量，重复井段不少于 20m，重复图像应与主图像基本相似。在井斜大于 5° 时，方位的重复误差为 ±2°，井斜角的重复误差为 ±0.2°。

（6）在套管中进行井径的测前测后刻度，并且其读值与实际套管内径值误差不超过 ±0.5in。

（7）图像能正确反映地层的地质现象，除仪器遇卡外，图像上不允许出现砖块状。

2.7.2.3 其他类型油基电成像测井介绍

斯伦贝谢公司油基钻井液微电阻率成像仪 OBMI 每个极板有上下两个供电电极，发射交流电进入地层，测量分布于两个供电电极之间的纽扣电极的电位差，结合供电电流的强度，计算出井周电阻率。图 2.33 为 OBMI 测量原理示意图，仪器有四个极板，每个极板上有 5 对纽扣电极，每个深度点上可测出沿井周分布的 20 个电阻率。在 8in 井眼中图像覆盖率为 32%。为了提高图像的井眼覆盖率，实际测量中常集成两支 OBMI 仪器，以 45° 角上下组合连接，8in 井眼中图像覆盖率提高至 64%。

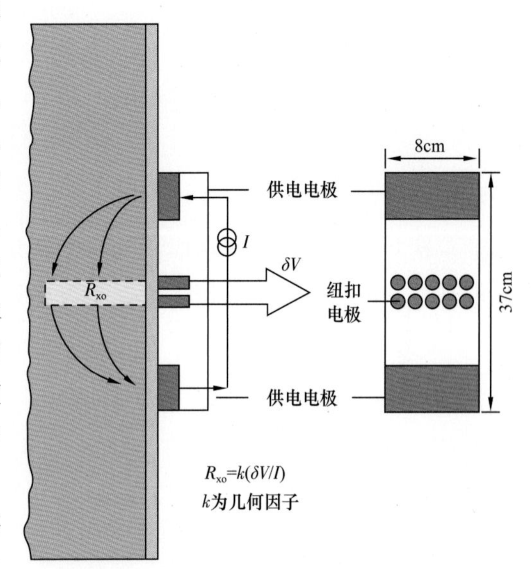

图 2.33 斯伦贝谢公司油基钻井液微电阻率成像仪 OBMI 测量原理图

OBMI 仪器是行业中唯一可以直接提供高分辨率冲洗带电阻率 R_{xo} 测量值的仪器。仪器使用的短电位电阻率原理本身就具有定量性质，不需要其他测井曲线进行标定。岩石物理工程师经常使用 OBMI 测量的 R_{xo} 值区分厚度达 1.2in（3.05cm）的薄砂岩层和泥岩层。地质工程师则使用 OBMI 图像识别层理和其他沉积特征，最小可达 0.4in（1.02cm）。另外，仪器还成功地探测到小于 0.4in 的开口裂缝和闭合裂缝。

斯伦贝谢公司 NGI 仪器使用全新的机械结构设计（图 2.34），仪器有上下两组交叉组合连接的极板，每组各有 4 个极板，每个极板均有呈一排排列的 24 个纽扣电极，192 个纽扣电极分布在 8 个极板上，仪器纵向分辨率高，可达 0.24in，与 FMI 相当，在 8in 井眼中图像覆盖率达到 98%。NGI 采用弓形基板设计，8 个极板相互独立，最大限度地减少椭圆井筒或恶劣井况下极板与井壁的不良接触，同时，NGI 仪器可以在仪器下放的情况下获

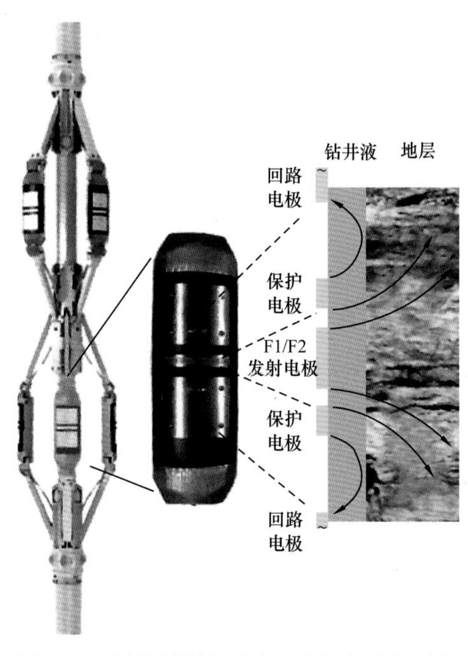

图 2.34　斯伦贝谢公司油基高频电成像测井仪器结构和测量原理

取数据。在下测时获取图像数据可以有效降低仪器上提时的拖曳对图像数据的影响，而且可以在第一时间获得图像数据，节省钻井时间。

贝克休斯公司油基钻井液电成像 Earth Imager（简称 EI）结合了微电阻率成像和聚集技术，使用了业内认可的六臂独立铰链式支架机构，保证了在大斜度井中仪器居中效果和测井图像质量。仪器共 6 个测量极板，奇数和偶数极板间隔排列，并且采用了不同曲率的极板以满足不同尺寸的井眼测量。其中每个极板有 8 个电极，测量时 6 个极板推靠至井壁岩石上，由地面设备控制向地层中发射电流，每个电极发射的电流随其贴靠的井壁岩石及井壁条件不同而变化。因此记录到的每个电极的电流强度及所施加的电压反映了井壁四周的微电阻率变化。在油基钻井液系统工作时，Earth Imager 采用了固定的高频率，在此频率下油基钻井液阻抗最小，因此可准确记录地层电阻率的变化。

2.7.2.4　资料主要用途

油基钻井液电成像的资料应用与水基钻井液电成像一致。

油基钻井液电成像主要技术指标见表 2.45。

表 2.45　油基钻井液电成像仪器主要技术指标

仪器主要技术指标	OGIT/OGIT-HT	OGIT-SLIM	OBMI	NGI/NGI slim	EI
公司名称	COSL	COSL	SLB	SLB	BakerHughes
仪器外径	5.4in（137.16mm）	4.5in（114.3mm）	5.75in（146.05mm）	6.5in（165.1mm）/ 5in（127mm）	4.8in（121.92mm）
仪器长度	8.3m	8.3m	5.18m	9.5m	9.35m
仪器质量	639.34lb（290kg）	554.02lb（251.3kg）	301.8lb（137kg）	697.42lb（316.34kg）/ 679.78lb（308.34kg）	600.54lb（272.4kg）
测量点到仪器底部长度	1.337m/1.337m	1.306m	0.70m	7.91m/—	1.01m
耐温	175℃ /205℃	205℃	175℃	175℃	175℃
耐压	25000psi				
最小井眼	7in（177.8mm）	6in（152.4mm）	7in（177.8mm）	7.5in（190.5mm）	4.8in（121.92mm）
最大井眼	16in（406.4mm）	9in（228.6mm）	16in（406.4mm）	17in（431.8mm）	21in（533.4mm）
测井速度	6m/min	6m/min	18.28m/min	9.15m/min	3.3m/min

续表

仪器主要技术指标	OGIT/OGIT-HT	OGIT-SLIM	OBMI	NGI/NGI slim	EI
测量范围	0.2～10000Ω·m			0.2～20000Ω·m	
测量精度	±20%				
探测深度	4in（101.6mm）		3.5in（88.9mm）	0.2in（5.08mm）	0.8in（20.32mm）
垂直分辨率	0.2in（5.08mm）		0.4in（10.16mm）	0.13in（3.30mm）	0.3in（7.62mm）

2.7.3 声成像测井

目前井壁超声波成像仪主要有三种：斯伦贝谢公司的UBI、贝克休斯公司的UXPL和中海油服的CBIT。其测量原理基本一致，都是利用超声波反射波能量的强弱和声波双程传播时间，与反射界面的物理性质及井眼几何形态有关的原理，评价井壁岩石特性、井眼及套管状况。

中国海油现有的声成像测井仪器见表2.46。

表2.46 中国海油现有的声成像测井仪器

公司	仪器名称	缩写
COSL	井周声波成像测井仪	CBIT
SLB	超声波井眼成像仪	UBI
Baker Hughes	超声波井眼成像仪	UXPL

2.7.3.1 测量原理

以中海油服的CBIT为例说明工作原理。如图2.35所示，它是由一个旋转换能器发射250～400kHz频率的超声波束，该声波束被聚焦（直径约0.2in），射向井壁，声波在井壁与钻井液接触面上被反射回来，又被换能器在发射点所接收。换能器是半球形聚焦的，这样可以提高分辨率，使其在大井眼与高密度钻井液中比常规仪器具有更优越的性能。换能器以一定的速度环绕井壁360°旋转，仪器也以一定的测井速度上升，即测量点呈螺旋线上提，达到了纵横向上连续的测井记录。超声波成像测井记录包括：（1）时间（TT），即发射器到井壁的双程旅行时间；（2）幅度（AMP），即反射回接收器的声波信号能量大小。

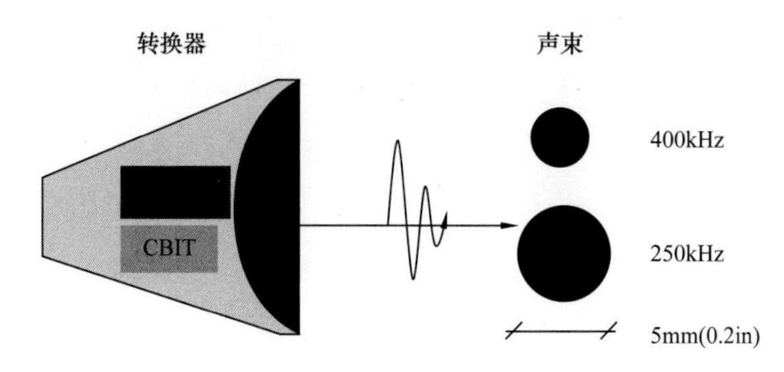

图2.35 CBIT仪器超声波脉冲井内流体传播方式

2.7.3.2 资料要求与作业须知

（1）测井时要求仪器居中，按井眼条件使用扶正器及钻井液排除器，保证反射波幅度适当和图像良好。

（2）测量过程中仪器每旋转 12m 不得大于一周。

（3）井周反射波幅度图像和反射波旅行时间图像特征应一致，能够清楚辨识地质特征，不应出现与地层特征和井眼状况无关的抖动、条纹或“木纹”等异常现象。

（4）井斜角、井斜方位角和仪器方位曲线无异常跳跃现象。

（5）不应出现图像和曲线缺失、畸变现象。

（6）在主要目的层，在仪器动态范围内，图像和曲线出现饱和现象的累计长度不应超过测量井段的 1%，图像和曲线饱和井段不应连续超过 1m。

（7）与电成像组合测井时，电、声成像图有一定的相关性并与常规测井资料一致。

2.7.3.3 影响因素

（1）钻井液性能的影响。8.5in 井眼中，当钻井液密度达到 $1.6g/cm^3$ 以上时，成像质量较差。

（2）发射点到井壁的距离的影响。随着距离增加，接收到的反射信号变弱甚至无法接收到反射信号。

（3）井壁结构的影响。表面粗糙不平整，使声波发生漫反射，返回信号弱。

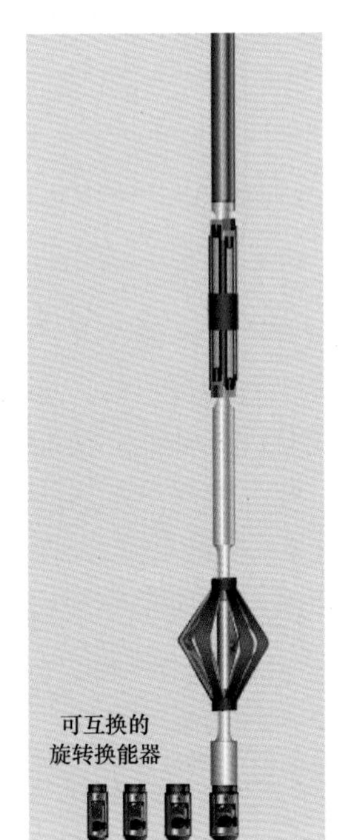

图 2.36 斯伦贝谢公司超声波井眼成像仪（UBI）

（4）仪器偏心。仪器偏心造成两个扇区发射信号不能被接收，或接收角度不好，因而在时间图上部分暗、部分亮，幅度图像上对称分布着 2 个亮带与 2 个暗带。

（5）工作频率的影响。超声波主频率在 250kHz。如果频率过高，受钻井液固体颗粒影响大，容易衰减。

2.7.3.4 其他类型三维电阻率扫描仪器介绍

斯伦贝谢公司超声波井眼成像仪 UBI 可在水基或油基钻井液中获得高分辨率的井眼图像。图像可用于识别地层倾角、裂缝和其他与井眼相交的地质现象。另外，也可从仪器测量到的准确井眼横截面得到井眼稳定性和崩落现象等关键信息。

如图 2.36 所示，UBI 仪器在一个超声波旋转接头（USRS）上装有一个换能器。换能器发射超声波脉冲，并测量由此形成的回波的传播时间和幅度。其工作频率可选 250kHz 或者 500kHz，频率越高，图像的质量越好。因高密度钻井液使声波信号衰减增大，信噪比降低，所以较低的频率适合于分散型钻井液。换能器组合有不同尺寸，因此可与所有常规井眼尺寸相匹配。另外，还可对换能器组合进行选择，以便优化超声波脉冲在井眼流体中传播的距离，这可减少脉冲在重质流体中的衰减并保持一个良好的信噪比。

UBI 仪器允许的最大偏心间隙可达 0.25in（0.63cm）。处理软件可校正测速、仪器偏心对幅度和传播时间的影响。通过 GPIT 多功能测斜仪所测量的井斜和方位信息，结合仪器相对方位实现图像的定向。通过图像动态归一化得到更清晰的图像显示，便于可视化解释。增强型超声波井眼成像测井（Power UBI）采用了新型换能器，能有效地克服高密度钻井液或油基钻井液对脉冲回波信号的衰减，适用的钻井液密度可达 $2.16g/cm^3$ 或以上，适用的井眼最大尺寸为 16in（40.64cm）。增强型超声波井眼成像测井可靠性更高，测速更快，从而提高了资料质量和作业时效。

贝克休斯公司 UXPL 井下仪器在水基钻井液、油基钻井液环境下都可以进行高分辨率声波成像，能提供声幅和旅行时两种类型图形，可对裂缝进行识别并协助判断裂缝是否开启。与类似仪器相比，该仪器工作频率较低，因此，在大尺寸井眼和高密度钻井液中仍具有优越的性能。

2.7.3.5 资料主要用途

（1）声波成像仪器可以在油基钻井液（非电导性钻井液）井中成像，它所提供的井眼声成像可以与电成像联合使用，更好地反映地层特征。

（2）获取井眼详细的几何形态。

（3）识别裂缝、孔洞和井眼垮塌。

（4）测量岩层和裂缝的方位。

（5）确定地层倾角。

2.7.3.6 声电成像测井与电成像测井在资料应用上的差别

（1）声成像能够展示清晰完整的地层剖面，实现井壁全覆盖。电成像井眼覆盖率一般在 60%～85%。

（2）声成像主要是识别井壁孔洞缝，以及判断井眼和套管状况。电成像分辨率更高，不仅能识别井壁孔洞缝，还能识别判断岩性、划分薄层、识别层理、古水流分析等。电成像可以定量计算孔洞缝参数。

（3）声成像能够帮助判断裂缝有效性，起到验证电成像解释成果的作用。

声成像测井仪器性能见表 2.47。

表 2.47 声成像测井仪器性能表

仪器性能	CBIT	UBI	UXPL
公司名称	COSL	SLB	Baker Hughes
仪器外径	3.625in（92.08mm）	3.375in（85.73mm）	3.625in（92.08mm）
仪器长度	3.04m	6.40m	4.77m
仪器质量	202.82lb	377.6lb	280.0lb
测量点到仪器底部长度	3.02m	0.09m	0.404m
耐温	175℃	177℃	175℃

续表

仪器性能	CBIT	UBI	UXPL
耐压	20000psi	20000psi	20000psi
最小井眼	5.5in（139.7mm）	4.875in（123.83mm）	5.5in（139.7mm）
最大井眼	16in（406.4mm）	12.875in（327.03mm）	16in（406.4mm）
测井速度	3.66m/min	2.17～10.8m/min	3.1m/min
测量精度	±0.12in（±3mm）	±0.12in（±3mm）	±0.12in（±3mm）
探测深度	井壁	井壁	井壁
垂直分辨率	66r/ft	0.2in（5.08mm）	60r/ft

2.8 电缆地层测试

地层测试是油气勘探中验证储层流体性质、求取地层产能最直接、最有效的方法。常用的地层测试方法有完井射孔油管测试、钻杆测试（DST）和电缆地层测试等。电缆地层测试可以测量某一储层经过抽吸后压力场的变化，并获取地层原状流体。压力是地层的直接地质参数，直接地反映储层的情况，而其他测井方法测量的是间接的物理量。以下分别以斯伦贝谢、贝克休斯、中海油服常用仪器为例，介绍电缆地层测试器的仪器组成、测量原理与作业要点。

中国海油现有的电缆地层测试仪器见表 2.48。

表 2.48　中国海油现有的电缆地层测试仪器

公司	仪器名称	缩写
COSL	增强型地层动态测试仪	EFDT
SLB	模块式地层动态测试器	MDT 和 MDT Forte（高温）
SLB	快速测压工具	XPT/HXPT（高温）
SLB	套管井地层动态测试器	CHDT
Baker Hughes	储层特性描述仪	RCI（增加 RCX）
Baker Hughes	快速测压工具	FTeX

2.8.1 仪器结构介绍

2.8.1.1 MDT 仪器结构介绍

MDT 的模块组件为两类：基本模块和可选模块。基本模块为完成基本电缆地层测试所必须具备的基础模块，主要包括供电模块、液压动力模块、单探针模块、取样模块、管线系统。可选模块可根据不同的测试目的和要求进行增减，主要包括流动控制模块、泵抽模块、PVT多取样模块、流体分析模块、双封隔器模块、速星封隔器模块。MDT 仪器组件如图 2.37 所示。

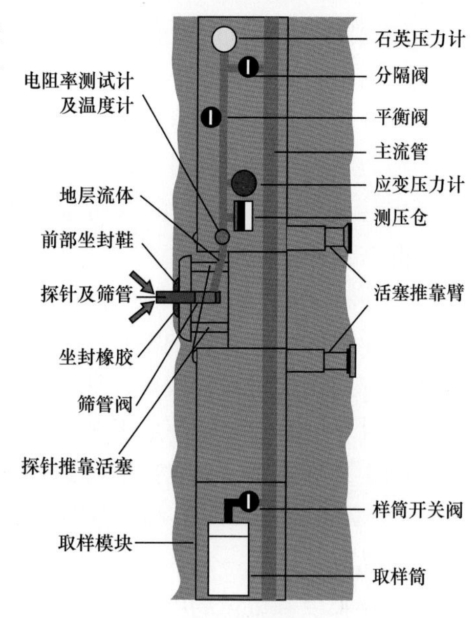

图 2.37　MDT 仪器组件示意图

2.8.1.1.1　基本模块

（1）供电模块（PRPC）。供电模块在仪器串的最顶部，通过电缆总线给仪器各模块供电。

（2）液压动力模块（MRHY）。液压动力模块通常在供电模块之下，该模块为仪器提供最基本的液压动力源。

（3）单探针模块（MRPS）。与液压动力模块直接相连，可以选择聚焦探针或超大探针等。插入井壁的探针使测试管线与外界隔离，从而完成地层压力测试功能。该模块提供了一个预测试室，其容量可调，MDT 最大容积为 20cm^3。预测试过程中，测试系统可以在地面控制流动压力、流体流动速度和测试室体积，通过预测试获得主测试最佳的仪器操作参数。MDT 常用探针示意图如图 2.38 所示，探针参数见表 2.49。

图 2.38　MDT 常用探针示意图

表 2.49　MDT 常用探针类型参数表

探针类型	过流面积	胶皮最大承受压差	胶皮最大承受温度	适用井径范围
标准探针	0.15in^2	11000psi	175℃ /200℃（高温）	6.0～14in
大探针（LD）	0.85in^2	11000psi	175℃ /200℃（高温）	6.0～14in
超大探针（XLD）	2.011in^2	11000psi	175℃ /200℃（高温）	6.0～14in
聚焦探针（Quicksilver）	1.012in^2	10000psi	175℃	6.0～14in
椭圆形探针（E−Probe）	8.962in^2	10000psi	175℃	6.0～14in

① 超大探针（XLD−Probe）：流动面积增加，井眼适应性强，具有更高的坐封成功率，适用于中孔中渗地层，计算的流度更为可靠，泵抽流度下限提升，可至 1mD/（mPa·s）。

② 聚焦探针（Quicksilver）：采用双流体通道设计形成聚焦流度效果，外圈探针为环状主要用于汇聚侵入地层的钻井液滤液，称为聚焦探针；内圈探针与普通探针一样，称为取样探针。这种设计有利于快速分离地层流体和钻井液滤液，较短时间内泵抽到较纯的地层流体。在使用油基钻井液时，这个设计使聚焦探针在油基钻井液的钻井环境下也可以提供超低污染（小于 5%）的高质量样品。聚焦探针必须同时使用两个 MDT 的泵抽模块配合一起工作。

③ 椭圆探针（E-Probe）：针对砂泥岩薄互层以及致密地层研发。该探针设计成椭圆形，作业时椭圆探针长轴贴合井壁，与地层的有效过流面积高达 $8.96in^2$。较大的过流面积可改善在致密储层采样表现，成为在不使用双封隔器或者速星探针时的首选采样探针，但椭圆探针不适合滤饼较厚或者井眼不规则情况。

（4）取样模块（MRSC)。取样模块有三种规格的取样筒可供选择：1gal、2.75gal 和 6gal。前两种取样筒具有独立的管线和电路总成，可以组合在仪器的任何位置，且具有防硫化氢功能。一般一次入井携带 6 个 PVT 样筒，理论上软件可以支持 24 个 PVT 取样筒，但受仪器长度和重量的限制，6gal 取样筒由于不具备独立的管线和电路总成，因而只能放置在仪器底部。

（5）管线系统。管线系统如同血管一样连接 MDT 的各个组件，液压动力模块的指令相当于管线系统每个节点的阀门，控制流管中流体的流动去处。当液压达到 2800psi 时，MDT 的过滤阀才开始启用，同时 MDT 的测试活塞动作。

MDT 基本模块参数见表 2.50。

表 2.50　MDT 基本模块参数表

MDT 参数	供电模块 （MRPC）	液压动力模块 （MRHY）	取样模块 （MRSC）	单探针模块 （MRPS）
额定温度	347°F（175℃）	347°F（175℃）	347°F（175℃）	347°F（175℃）
额定压力	20000psi（138MPa）	20000psi（138MPa）	20000psi（138MPa）	20000psi（138MPa）①
外径	4.75in（12.07cm）	4.75in（12.07cm）	4.75in（12.07cm）	标准：4.75in（12.07cm） 大井眼工具：7.5in（19.05cm） 超大井眼工具：10.5in
长度	4.98ft（1.52m）	8.42ft（2.57m）	8.04ft（2.45m）	6.25ft（1.91m）
质量	160lb（73kg）	275lb（125kg）	225lb（102kg）	200lb（91kg）
抗拉力②	160000lbf（711710N）	160000lbf（711710N）	160000lbf（711710N）	160000lbf（711710N）
抗压力②	85000lbf（378100N）	85000lbf（378100N）	85000lbf（378100N）	85000lbf（378100N）
抗 H_2S	是	是	是	是

① 无石英压力计时，MRPS 的额定压力和额定温度分别是 20000psi（138MPa）、347°F（175℃）。这些额定值随使用的石英压力计不同而变化；而石英压力计具有几种不同额定压力与额定温度的规格。

② 在 15000psi（103MPa）和 320°F（160℃）时，这些额定值适用于除双封隔器模块（MPRA）外的所有 MDT 模块。压缩载荷是温度与压力的函数。

2.8.1.1.2 可选模块

（1）流动控制模块。流动控制模块提供一种向地层深处产生波动的方法，并对波动进行控制，从而更准确地确定地层渗透率。该模块提供的最大测试体积为 1000cm³，这 1000cm³ 的流体可以控制排放，它可以重复地产生压力干扰，配合多探针系统更准确地确定地层渗透率。此外，该模块可以控制取样的流速和压力，为困难地质条件下取样提供便利。

（2）泵抽模块（MRPO）。该模块是 MDT 仪器最为重要以及最具特色的可选模块。它实现了测试流体的管理排放，为获取有代表性的地层流体提供了重要技术保证。由于钻井液的侵入，电缆地层测试开始抽出的往往是冲洗带的钻井液滤液，它不代表真实的储层流体类型和性质。取样过程中，现场工程师可根据流体电阻率和光谱分析结果判断样品污染程度，以决定是否停止泵抽，获取样品。MDT 泵抽模块可提供的参数图件如图 2.39 所示，参数见表 2.51。

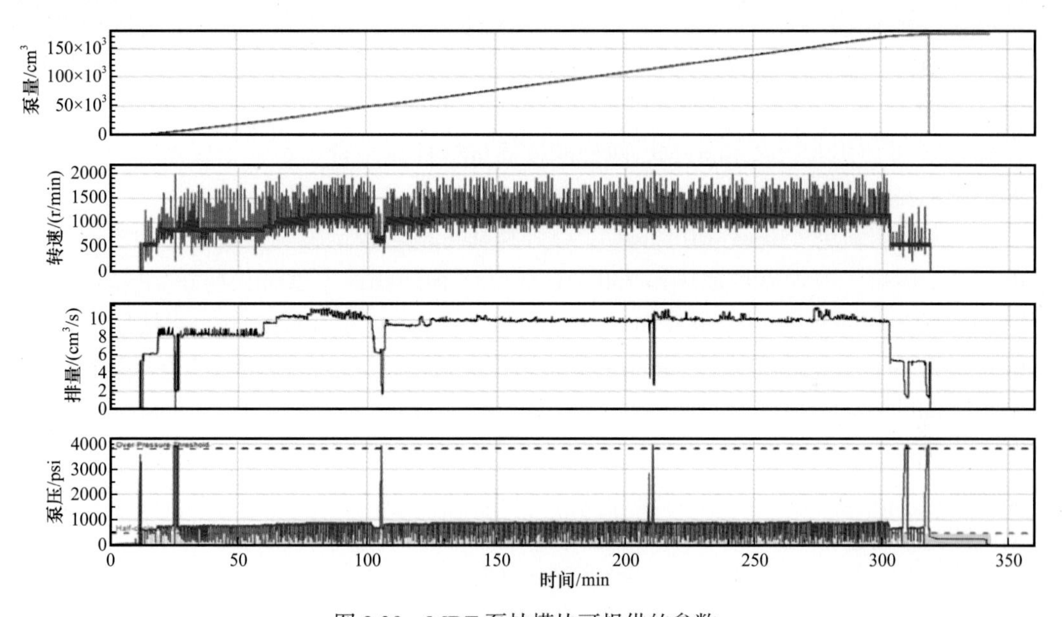

图 2.39 MDT 泵抽模块可提供的参数

表 2.51 MDT 泵抽模块参数表

泵类型	常规变流泵				改进型蜗牛泵（STD）
	常规（Standard）	高压泵（HP）	超高压泵（XHP）	双倍超高压泵（XXHP）	
每泵向排量 /cm³	485	366	177	115	485
最大举升压差 /psi	4600	6000	8360	11760	4600
排量范围 /（cm³/s）	1.3～14	0.98～11	0.7～7.9	0.5～5.6	0.2～2.1
温度上限 /℃	200	200	200	200	200
压力上限 /psi	20000	20000	20000	20000	20000

注：常规变流泵的两个排量范围分别对应的高泵压状态（致密）和低泵压状态（物性好）。

（3）PVT 多取样模块（MRMS）：MDT 的 PVT 取样采用多个取样筒（6 个），每个样筒容量为 450cm^3，实际容量 420cm^3。在取样过程中，严格控制取样压降（确保样品在泡点压力以上）。压降的控制可以采用加水垫的办法。该模块可用于 PVT 取样，其对于准确地确定油气藏地下状态流体的相态和性质、指导后期勘探开发具有重要意义，MDT 为进行直接的地层 PVT 取样提供了新的手段。

PVT 取样采用低振动取样（Low Shock）模式控制泵抽模块取样过程，确保采样过程中流动压力保持稳定，满足 PVT 取样要求。在采用低振动取样过程中，取样筒阀门端与仪器内部流线相连，样筒内部装有一个可移动的活塞，样筒底部与井筒连通。在进行泵抽清理滤液过程中，样筒阀门处于关闭状态。在取样时，样筒阀门打开，流体被泵抽模块通过加压推入取样筒中。低振动取样过程中，流动压力始终保持稳定，将压力干扰减少到最小。目前地层测试作业中，完全采用低振动取样技术采集 PVT 样品。

PVT 多取样模块可在一次入井过程中共获取 6 个具有代表性的地层高压物性流体样品。MRMS 可使用两种取样筒：普通高压物性样筒（MPSR）、单相超高压物性样筒（SPMC）。

MRMS 可使用 MPSR 和 SPMC 两种取样筒进行任意组合。在一个仪器串中最多可组合 5 个 MRMS 模块，即共可组合 30 个取样筒。

MPSR 的容积为 450cm^3（0.12gal），该种样筒可以直接运输。为使样品中不同流体组分能够重新组合，取样筒可加热到 200°F（93℃），但该样筒不适合长期储存样本。SPMC 样筒的容积为 250cm^3（0.07gal），可加热至 400°F（204℃）。SPMC 不能直接用于样品的运输，只能用于井场超高压物性样品采集。为使凝析油样品中的凝析液体重新蒸发产生逆凝结需要，可将样本加热到油藏温度，对于蜡状沉淀物则需加热到 180°F（82℃）。SPMC 具备额外的补偿加压能力，可以保证将样品压力保持在远高于油藏压力范围以上，使流体样品始终处于单相状态。在需要进行沥青质含量分析的取样时，必须使用 SPMC，因为沥青的沉淀为不可逆过程。

（4）双封隔器模块（PRPA）：MDT 双封隔器如图 2.40 所示。双分隔器模块的测试功能与小型的 DST 测试相似。双封隔器模块利用两个可膨胀封隔器部件将井筒封隔来测试或取样。测试井段的长度（即封隔器间距离）默认为 3.2ft（0.98m），可加长至 5.2ft、8.2ft 或 11.2ft（1.58m、2.5m 或 3.41m）。对于 3.2ft 封隔井段，坐封测试井段的过流面积较探针模块大 3000 倍。

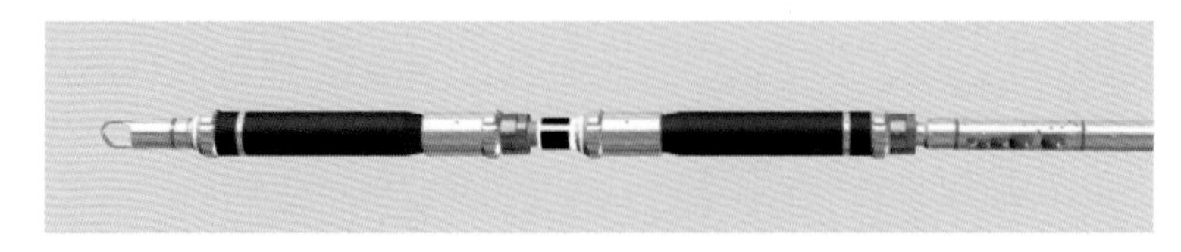

图 2.40　MDT 双封隔器

在地层渗透性较好时，压力测试的波及半径可达 50～80ft（15～24m），类似于小规模的钻杆测试（DST）。使用 MRPA 也可以通过向封隔器之间的井段泵入钻井液实现微型水力压裂作业，确定地层最小水平主应力。

双封隔器的技术优势如下：

① 较大的供液面积可减小流动压降，避免地层流体在较大压降条件下出现相态变化，适用于对压力变化敏感的流体，如凝析气或高挥发油等。

② 测压过程中压降较小，可提高低渗储层的测压成功率，并可避免使用单探针模块可能造成的地层伤害从而导致出砂。

③ 裂缝性储层段上也可有效坐封，完成测试。

MDT 双封隔器参数见表 2.52。

表 2.52 MDT 双封隔器参数表

胶皮代码	外径	最小井径	最大井径	最高温度	最高压力	最大压差	类型
SIP-A3-5in	5in（12.70cm）	5.875in	7.5in	350°F（177℃）	20000psi（138MPa）	4500psi（31MPa）	对称
SIP-A3A-5in	5in（12.70cm）	5.875in	7.5in	350°F（177℃）	20000psi（138MPa）	4500psi（31MPa）	非对称
IPCF-H2S-500	5in（12.70cm）	5.875in	7.5in	350°F（177℃）	20000psi（138MPa）	有待标定	非对称
SIP-A3-6.75in	7in（17.78cm）	7.875in	9.625in	350°F（177℃）	20000psi（138MPa）	3000psi（21MPa）	对称
SIP-A3A-6.75in	7in（17.78cm）	7.875in	9.625in	350°F（177℃）	20000psi（138MPa）	3000psi（21MPa）	非对称
IPCF-PAS-700	7in（17.78cm）	7.875in	9.625in	350°F（177℃）	20000psi（138MPa）	3000psi（21MPa）	对称
IPCF-PA-700	7in（17.78cm）	7.875in	9.625in	350°F（177℃）	20000psi（138MPa）	3000psi（21MPa）	非对称
IPCF-PC-700	7in（17.78cm）	7.875in	9.625in	350°F（177℃）	20000psi（138MPa）	4500psi（31MPa）	非对称
IPCF-BA-700	7in（17.78cm）	7.875in	9.625in	410°F（210℃）	20000psi（138MPa）	3000psi（21MPa）	非对称
IPCF-H2S-700	7in（17.78cm）	7.875in	9.625in	350°F（177℃）	20000psi（138MPa）	3000psi（21MPa）	非对称
SIP-A3A-8.5in	8.5in（21.59cm）	9.875in	14in	350°F（177℃）	20000psi（138MPa）	3000psi（21MPa）	非对称
SIP-A3A-10in	10in（25.40cm）	11in	17.5in	350°F（177℃）	20000psi（138MPa）	2100psi（14MPa）	非对称

（5）速星封隔器模块（Saturn）：MDT 速星封隔器如图 2.41 所示，参数见表 2.53。速星封隔器提供的流动面积可达 79.44in^2，比椭圆探针的最大过流面积增加了 12 倍，显著提高了地层测试作业在低渗储层、稠油取样、疏松地层取样、近饱和流体取样、井眼不规则

等条件下的作业能力。由于速星封隔器流线体积小，通过泵抽进行压力测试可降低超压出现概率，可以有效地在低至 0.01mD/（mPa·s）的流度下进行压力测试。与双封隔器相比，速星封隔器由于承压可达 8000psi，使其在低渗的测压与流体识别以及提升作业效率等方面有明显优势。

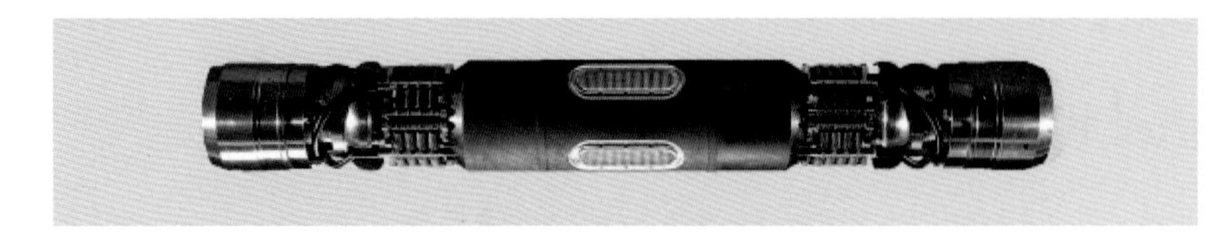

图 2.41　MDT 速星封隔器

表 2.53　MDT 速星封隔器参数表

额定温度	普通版本：347°F（175℃）
	速星 5 和速星 7 高温版本：392°F（200℃）
额定压力	普通版本：20000psi（138MPa）
	高压版本：25000psi（172MPa）
	超高压版本：30000psi（207MPa）
井眼尺寸最小值	速星：55.875in（141.92cm）
	速星：77.875in（197.8cm）
	速星：99.875in（253.68cm）
井眼尺寸最大值	速星：57in（144.78cm）
	速星：79.5in（201.93cm）
	速星：914.5in（2322.83cm）
外径	仪器主体：4.75in（12.06cm）
	速星 5 胶皮单元：5in（12.7cm）
	速星 7 胶皮单元：7in（17.78cm）
	速星 9 胶皮单元：9in（22.86cm）
最大井眼椭圆度	20%
长度	5.7ft（1.74m）
	加上模块化探头和电子元件（MRSE）后 12.4ft（3.78m）
质量（空气中）	速星 5：264lb（120kg）
	速星 7：385lb（175kg）
	速星 9：485lb（220kg）

（6）流体分析模块。

① 常规流体分析模块（LFA）。LFA 是在 OFA 的基础上发展起来的。除具有 OFA 的特点外，其最突出的是对污染程度的准确定位，以及提供对油藏评价非常重要的气油比（GOR）参数。MDT 常规流体分析模块（LFA）如图 2.42 所示，参数见表 2.54。

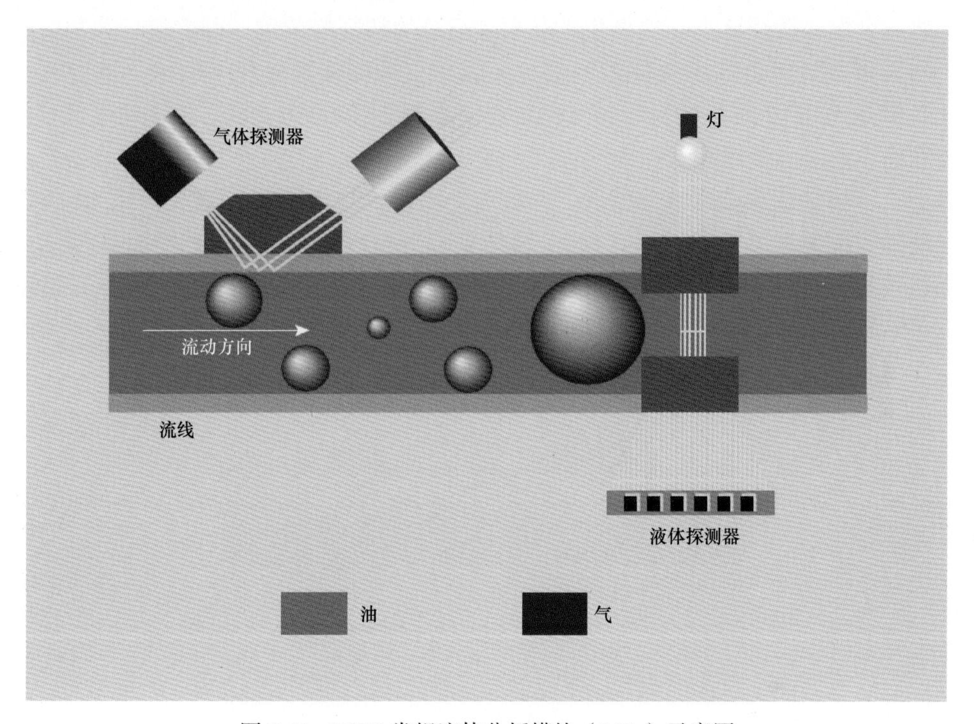

图 2.42 MDT 常规流体分析模块（LFA）示意图

表 2.54 MDT 常规流体分析模块（LFA）参数表

额定温度	347°F（175℃）
额定压力	20000psi（138MPa）
井眼尺寸最小值	$5^5/_8$in（14.29cm）
井眼尺寸最大值	22in（55.88cm）
外径	4.75in（12.07cm）
长度	6.17ft（1.88m）
质量	187lb（85kg）
抗 H_2S	是

注：25000psi（172MPa）高压型和 30000psi（207MPa）超高压型可以按需要定制。

在 PVT 取样过程中，应用 LFA 对管线流体的性质进行实时监测，可确保 PVT 取样的质量。在油基钻井液取样的过程中，由于侵入的原油不含有甲烷，应用 LFA 模块可以方便地将地层原油和侵入的原油方便地识别开来。

② 流体组分分析模块。流体组分分析模块（CFA）采用光学分光计和荧光计两个探测器，实时分析凝析气和高挥发油的组分并进行流体采样、荧光测量对井下流体相变过程非常敏感。在气层取样时，荧光测量可确保单相 PVT 取样质量，以获得可靠地层气体样品。光学分光计的工作原理与 LFA 分析模块相似，但是 CFA 中多个光密度通道位于测量甲烷、乙烷—戊烷、重烃分子、二氧化碳和水等组分的特征峰位置，可定量计算相应组分的浓度。CFA 可以计算流线中流体的气油比（GOR）或凝析油气比（CGR）等参数，并将气油比的测量范围从 LFA 的最大值 2500ft^3/bbl 提高到 30000ft^3/bbl。在含油气储层，CFA 可以精细描述地层的流体性质在不同深度上的变化情况。与 IFA 相比，CFA 具备定量流体测量能力，可测量基本流体组分信息，配合荧光测量，使其在精细区分干气、湿气、凝析气及轻质油方面具备基本的能力。MDT 流体组分分析模块（CFA）如图 2.43 所示，参数见表 2.55。

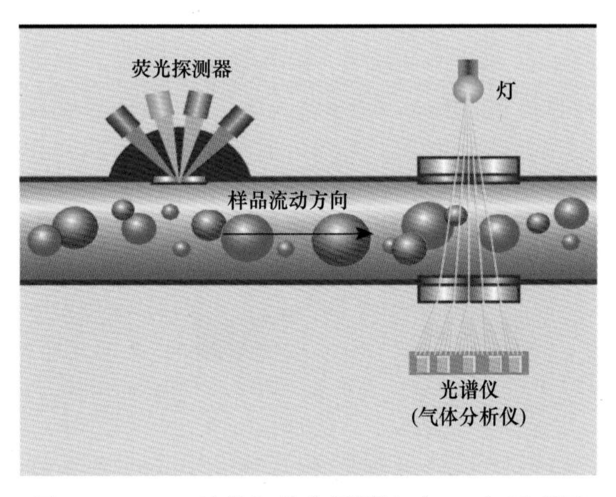

图 2.43　MDT 流体组分分析模块（CFA）示意图

表 2.55　MDT 流体组分分析模块（CFA）参数表

额定温度	347°F（175℃）
额定压力	20000psi（138MPa）
井眼尺寸最小值	$5^5/_8$in（14.29cm）
井眼尺寸最大值	22in（55.88cm）
外径	4.75in（12.07cm）
长度	5.1ft（1.55m） 带有操作帽：6.6ft（2.01m）
质量	161lb（73kg）
抗 H_2S	是

③ 井下流体实验室（IFA）。MDT 井下流体实验室（IFA）如图 2.44 所示，井下流体实验室是实时准确测量多种井下流体性质的 MDT 高级模块。相对于前一代 CFA 和 LFA，IFA 拥有更多的探测组件，可以测量更丰富的流体参数并提供更高精度的解释结果。井下

流体实验室可实时测量地层条件下的流体性质，主要为流体组分（C_1、C_2、C_3—C_5、C_{6+}与 CO_2）、流体气油比、井下荧光、气泡检测、水 pH 值、含水量、流体密度、流体黏度、压力、温度、电阻率、油基钻井液滤液污染度等。

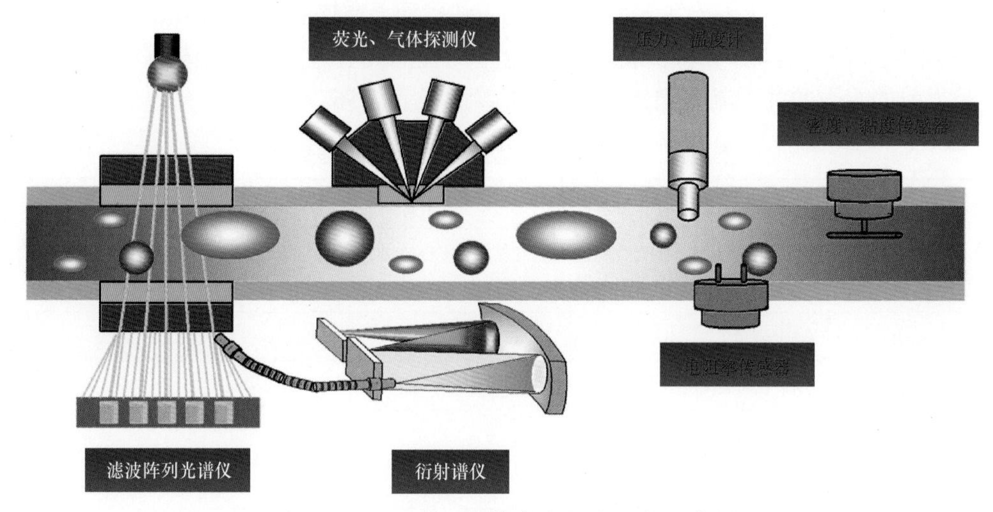

图 2.44　MDT 井下流体实验室（IFA）示意图

流体组分和 CO_2 含量测量：井下流体组分传感器包括两个达到实验室测量精度级别的光栅光谱仪和阵列光谱仪，其测量的光学吸收光谱可满足井下实时流体高精度定量分析的要求。光栅光谱仪有 16 个通道，覆盖波长集中在烃类吸收峰附近，范围 1600～1800nm，阵列光谱仪有 20 个通道，覆盖波长范围 400～2100nm。这两个光谱仪可测量从可见光区至近红外光波长区间的光吸收情况，用于对井下流体的烃类组成、CO_2 含量、含水率和钻井液滤液污染情况进行定量解释分析。

荧光测量：井下荧光传感器用于实时测量流体荧光响应，在流体取样时使用荧光数据判断是否存在原油脱气现象或者凝析气藏可能存在的反凝析现象，确保流体样品处于单相状态。荧光测量可用于区别凝析气藏和高挥发性油藏，二者具有相似的气油比和流体密度。

气油比测量：基于井下流体组分测量结果。采用优化后的计算模型提供更准确的气油比值。

电阻率测量：井下流体实验室的电阻率传感器与其他地层测试工具中使用的电阻率传感器工作原理类似，测量仪器流线中的流体电阻率，可用于监视仪器流线中的矿化度变化情况。

密度测量：使用振动杆技术，测量振动杆在流体中形成的共振特性。密度传感器直接测量谐振频率和质量因数，二者与流体密度存在高度相关性。密度传感器具有一定的抗腐蚀性能，其测量是在流动条件下进行的。

黏度测量：使用振动杆探测器和振动丝传感器这种黏度测量装置测量流动条件下的流体黏度。具体使用何种黏度测量装置取决于井况、钻井液特点以及储层条件。

水 pH 值测量：通过主动将 pH 染料注入仪器流线，并依据流体颜色变化进行 pH 值测量。通过光学流体分析测量的 pH 值结果可达到 0.1pH 单位的测量精度。在储层条件下进行 pH 值测量，可规避流体样品在运输处理过程中产生的不可逆的 pH 值变化。

温度压力测量：使用高精度压力和温度传感器，直接测量井下流体分析及取样过程中流体压力和温度变化情况。

流体颜色测量：阵列光谱仪测量的吸收光谱包含可见光波长区间，其测量结果直接表征井下流体颜色，可用于井下油气水流体识别、油藏沥青质梯度分析和地层水 pH 值测量。

与 LFA 和 CFA 相比，IFA 无论是流体定量测量的内容还是测量的精度均有较大的提升，是目前的主力的井下流体测量单元，IFA 参数见表 2.56。

表 2.56　MDT 井下流体实验室（IFA）参数表

测量参数	井下流体分析系统
测量输出	烃类组分、气油比、流体密度与黏度、CO_2、水 pH 值、流体颜色、气泡监测、井下荧光、流线压力与温度、流体电阻率、污染度
测井速度	静止测量
测量范围	井下密度测量：0.05～1.2g/cm^3
	井下黏度测量：0.2～300mPa·s
测量精度	井下密度测量：0.001g/cm^3
测量准确度	井下密度测量：±0.012g/cm^3
	井下黏度测量：振动丝方式 ±10%，密度棒方式 ±12%
组合能力	与全部 MDT 模块化地层动态测试仪系统包括 MDT-Forte 与 MDT Forte-HT、速星 3D 封隔器、聚焦探针，与 InSitu Pro 软件系统兼容
特殊应用	在油藏条件下进行井下流体分析
机械规格	井下流体分析系统
额定温度	347°F（175℃）
额定压力	25000psi（172MPa）
井眼尺寸最小值	6in（15.24cm）
井眼尺寸最大值	由探针或者封隔器决定
外径	由探针或者封隔器决定
长度	10.43ft（3.18m）
质量	368lb（167kg）
抗拉力	160000lbf（711710N）
抗压力	85000lbf（378100N）

2.8.1.2　RCI 仪器结构介绍

RCI 的模块组件可分为两类，基本标准模块和可选模块。基本标准模块为完成基本电缆测试所必须具备的基础模块，主要包括探针模块、泵抽模块、流体识别模块、样筒模块等。可选择模块可根据不同的测试目的和要求进行增减，主要为双封隔器。

2.8.1.2.1 探针模块

RCI 常用探针如图 2.45 所示。单探针类型主要包括标准探针、大脸探针、E 探针、XE 探针、XL 探针。每次下井可以携带两个探针入井，常用的井下组合为大脸探针 +XL 探针，大脸探针用于测压，有效防止测压时井壁垮塌；XL 探针用于泵抽，较大的过流面积增加泵抽效率。

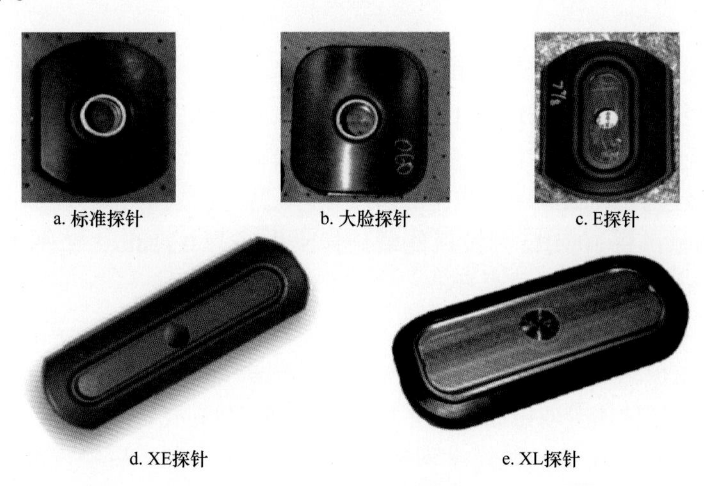

图 2.45 RCI 常用探针

RCI 常用探针参数见表 2.57。

表 2.57 RCI 常用探针参数表

探针参数	标准探针	大脸（LargeFace）探针	E（E−longated）探针	XE 探针	XL 探针
有效吸口面积 /in²	0.41	0.41	1.94	8.0	33.00
滤网面积和吸口面积比	0.72	1.0	1.33	3.76	7.541
适用井径范围 /in	6.0～12.25	6.0～12.25	6.0～12.25	8.5～12.25	8.5～12.25

2.8.1.2.2 泵抽模块

RCI 常用泵主要有两种，一种是小泵，主要用于测压；一种是大泵，主要用于泵抽取样。RCI 泵抽模块参数见表 2.58。

表 2.58 RCI 泵抽模块参数表

泵的参数	泵的体积	最大泵抽压差		最大泵抽速率		泵的类型
1	56cm³	4200psi	28.96MPa	9.5cm³/s	0.57L/min	小泵
2	30cm³	5350psi	36.89MPa	7.5cm³/s	0.45L/min	小泵
3	885cm³	1188psi	8.19MPa	33.7cm³/s	2.022L/min	大泵
4	500cm³	4212psi	29.04MPa	9.5cm³/s	0.57L/min	大泵
5	434cm³	5235psi	36.09MPa	7.7cm³/s	0.462L/min	大泵

2.8.1.2.3 流体识别模块

RCI 的流体识别模块可提供光谱、声速、密度、黏度、荧光、折射系数、电阻率等参数的测量。

（1）光谱测量：通常使用第 16 道光谱吸收量减去第 15 道光谱吸收量（C16−C15）以及第 14 道光谱吸收量减去第 13 道光谱吸收量（C14−C13），来展示流体性质随时间变化的情况。

不同流体经过光谱分析探头通常有如下经验关系式：

100% 纯油经过探头时，C16−C15=0.5；C14−C13=0.1。

100% 纯水经过探头时，C16−C15=0.1；C14−C13=1.8。

100% 纯气经过探头时，C16−C15=C14−C13=0.2；C18−C15=0.3。

（2）声速测量：将 10MHz 声波换能器连接到内径为 0.218in、壁厚为 0.110in 的钛合金样品流线管上，以实现声速的测量。

（3）密度、黏度测量：通过压电共振叉实现密度与黏度的测量，共振叉由嵌入到铌酸锂基板中的两个电极组成，通过交流信号来驱动前叉并扫过其共振频率。基于频谱和共振叉响应的关系，通过使用等效电路模型，计算密度和黏度。

（4）荧光测量：荧光是一种光学现象，其中分子吸收光子后触发波长更长的光子发射。原油在紫外光照射下发出会一种特殊光亮，原油的发光现象是因为其含有芳香族环状化合物，水和天然气则不显荧光，此外原油密度不同，荧光的强度也不同。通常，吸收的光子在紫外线范围内，发出的光在可见光范围内，但这取决于吸收率曲线。在 RCI 工具中，使用 395nm 波长的光源来照亮原油（紫外线和可见光之间的 400nm 边界线附近）。然后观测可见光下蓝色（475nm）、绿色（525nm）、黄色（575nm）、橙红色（632nm）和深红色（694nm）发出的荧光程度。

RCI 流体识别模块参数见表 2.59，不同流体识别参数响应见表 2.60。

表 2.59 RCI 流体识别模块参数表

压力测量范围及精度	测量范围：0～16000psi　　测量精度：±0.02%
压力测量灵敏度	0.008psi
流体光学密度测量范围及精度	0～4.0OD425～1　100nm/0～4.0OD1300～1935nm±10%
流体声波时差测量范围	900～1800m/min，分辨率 3m/s
流体密度测量范围及精度	0.20～1.50g/cm^3，±0.01g/cm^3
流体黏度测量范围及精度	0.2～30.0mPa·s±10%/30.0～200mPa·s±20%

2.8.1.2.4 样筒模块

目前现场作业通常选择一个或者两个样筒模块入井，可以携带 6 个或者 12 个样筒，包括 840cm^3 的常规样筒和 600cm^3 的氮气保压样筒，所有样筒都是可以运输的。所有样筒都是专门为运输设计的，保证了样品在打开之前均维持在加压状态。

表 2.60 不同流体识别参数响应值

流体类型	水	干气	凝析气	轻质油—重质油
光谱	C14−C13=1.8	C18−C15=0.3	—	C16−C15=0.5
密度	1.0g/cm^3	0.2g/cm^3（随压力增高而增高）	0.55g/cm^3（随压力增高而增高）	0.55～1g/cm^3
声波	170～190μs/ft	跳波（超过 400μs/ft）	—	200～380μs/ft
反射系数	1.3～1.4（矿化度增高而增高）	＜1.3	＜1.3	1.33～1.55
荧光	无（非常弱）	无（非常弱）	蓝色（多环化合物）	蓝色—红色
黏度	1mPa·s	0.1mPa·s	0.1mPa·s	随油品 API 增加而减低

2.8.1.2.5 双封隔器

如图 2.46 所示，RCI 的双封隔器坐封长度为 1m，坐封胶皮膨胀压力 2500psi。仪器可提供三种规格的胶皮，一是适用于 6～8in 的小型井眼的胶皮，其外径为 5.38in；二是适用于 7.87～10.5in 的标准井眼的胶皮，其外径为 6.5in；三是适用于 10.5～14in 的大型井眼的胶皮，其外径为 8.5in。

图 2.46 RCI 双封隔器示意图

2.8.1.3 EFDT 仪器结构介绍

EFDT 是一种模块化、泵抽式电缆地层测试仪器，如图 2.47 所示，其主要模块为探针模块、泵抽模块、多 PVT 样筒、井下流体实验室。

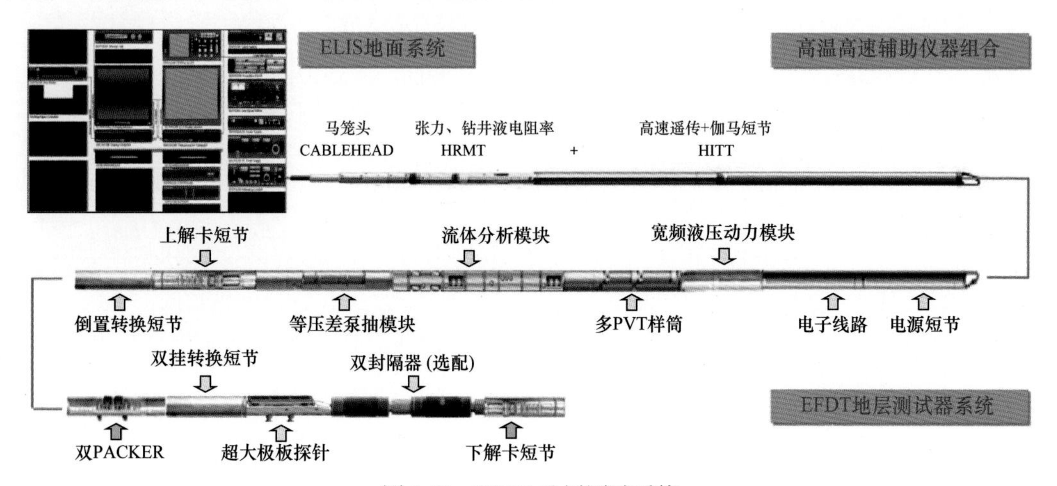

图 2.47 EFDT 地层测试系统

2.8.1.3.1 探针模块

如图 2.48 所示，EFDT 探针主要包括普通探针、椭圆探针、聚焦探针、3D 探针及双封隔器，能满足从浅层疏松地层到低孔隙度、低渗透率储层及潜山裂缝的全系列。

a. 常规探针

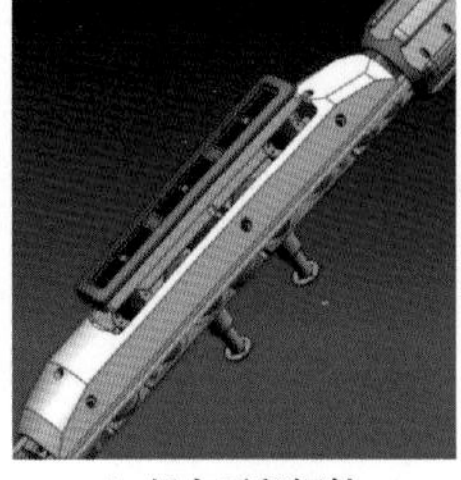
b. 超大面积探针

c. 3D探针

图 2.48　EFDT 探针示意图

3D 探针由均布在圆周的三个探针组合而成，三个探针可单独控制，可选择不同类型，满足各类储层尤其是低孔渗储层的测压取样需求。

双封隔器由安装在芯轴上的两个膨胀式胶桶及控制模块组成，通过充压膨胀，接触井壁，隔离井筒，形成密闭空间；适应于（超）低渗、非均质性强及裂缝性地层的测压与取样。

EFDT 探针技术指标见表 2.61。

表 2.61　EFDT 探针技术指标

探针技术指标		普通 / 椭圆探针	3D 探针	双封隔器
测量参数	测井模式	定点测量	定点测量	定点测量
	测量范围	16000psi	20000psi	16000psi
	测量精度	± 0.02%	± 0.02%	± 0.02%
	过流面积	$0.22in^2/0.785in^2/2.37in^2$	最大 $72in^2$（可调）	＞1m 井段（可调）
	钻井液适用性	均适用	均适用	均适用
	兼容性	ELIS	ELIS、ESCOOL	ELIS
物理参数	温度指标	150℃	205℃	175℃
	耐压指标	20000psi	20000psi	20000psi
	最小井眼	5.5in	8.5in	6in
	最大井眼	22in	14in	12.25in
	外径	4.724in（119.99mm）	6.89in（175mm）	5.04in（128.02mm）
	长度	2.44m	5.06m	5.5m
	质量	107.5kg	287.4kg	312kg
	抗拉强度	44004lbf	44004lbf	44004lbf
	抗压强度	88008lbf	88008lbf	88008lbf

2.8.1.3.2 泵抽模块

泵抽模块采用流液混合双向泵，精确抽吸井下流体，获取地层压力及样品；同时具备地层流体泡点压力测试能力；能提供最大 9200psi 的工作压差。有两种泵抽短节可选，一是普通泵抽短节，采用流液混合双向泵及位移传感器闭环控制，可更换三种不同规格柱塞泵缸体，泵抽承受压差能力可覆盖 4500～9200psi 范围；另一种是宽频调速泵，采用高压直流潜油电动机带不同排量的双泵设计，通过电动机的转向控制泵的工况，利用旋转变压器及 PWM 等技术控制电动机转速，达到精确控制泵抽排量的目的。它与 EFDT 其他模块组合使用，能提高测压质量，使超稠油出砂、低渗等复杂储层取样成为可能，能精准控制泵抽速度（表 2.62）。

表 2.62 EFDT 泵抽短节技术指标

泵技术指标		宽频调速泵	普通泵
测量参数	泵速	0.1～13.5cm³/s	4～12cm³/s
	泵速精度	0.01cm³/s	0.5cm³/s
	泵抽冲程	217mm	137mm
	最大压差	4500psi/6600psi/9200psi	4500psi/6600psi/9200psi
	钻井液适用性	均适用	均适用
	兼容性	ELIS、ESCOOL	ELIS
物理参数	温度指标	205℃	150℃
	耐压指标	20000psi	20000psi
	最小井眼	5.5in	5.5in
	最大井眼	22in	22in
	外径	4.724in（119.99mm）	4.724in（119.99mm）
	长度	3.98m	2.46m
	质量	361.55lb	234.56lb
	抗拉强度	44004lbf	44004lbf
	抗压强度	88008lbf	88008lbf

2.8.1.3.3 多 PVT 样筒

多 PVT 样筒采用井下保压、ID 控制可重复组合技术，实现一次下井获取多个（最多 48 个）原状地层流体。EFDT 多 PVT 样筒技术指标见表 2.63。

表 2.63　EFDT 多 PVT 样筒技术指标

样筒技术指标		双 PVT	多 PVT	多 PVT
测量参数	样筒体积	$450cm^3$	$350cm^3$	$960cm^3$
	样筒个数	2	6	6
	样筒耐压	25000psi	25000psi	25000psi
	样筒特点	便携式	便携式	便携式
	钻井液适用性	均适用	均适用	均适用
	兼容性	ELIS	ELIS、ESCOOL	ELIS、ESCOOL
物理参数	温度指标	175℃	205℃	205℃
	耐压指标	20000psi	20000psi	20000psi
	最小井眼	5.5in	5.5in	5.5in
	最大井眼	22in	22in	22in
	外径	4.724in（119.99mm）	4.724in（119.99mm）	4.724in（119.99mm）
	长度	1.915m	4.98m	4.32m
	质量	177.91lb	435.22lb	375.88lb
	抗拉强度	44004lbf	44004lbf	44004lbf
	抗压强度	88008lbf	88008lbf	88008lbf

2.8.1.3.4　井下流体实验室

井下流体实验室（DFL）集合了光谱、荧光、黏度、密度、电导率、温度、压力等传感器，能实时获取高精度井下流体组分（C_1、C_2、C_3、C_4、C_5、C_{6+}、CO_2）和沥青质含量、油水分率、气油比、API 值及相态检测等多种参数，实现地层油、气、水精准判断。目前最成熟及应用最多的是密度、电导率参数。

EFDT 井下流体实验室技术指标见表 2.64。

2.8.1.4　其他类型电缆地层测试仪器介绍

2.8.1.4.1　高温高压 MDT（MDT−Forte）

MDT−Forte 是针对高温高压储层的地层测试和取样的特殊需求而设计的。MDT−Forte 电子线路部分经过重新设计，使用经过严格抗震处理的底板，减少了传统电路设计在复杂井下条件时的故障率。MDT−Forte 在高达 200℃的环境中，成功通过连续 100h 作业时间的测试，可在深水、高温高压等恶劣条件下作业。

表 2.64 EFDT 井下流体实验室技术指标

测量参数	输出成果	密度、电导率、黏度、C_1—C_{6+} 组成、CO_2 含量、气油比、油水分率、API 等
	测井速度	定点测量
	测量范围	光谱 1100～2100nm；荧光 3800～680nm；密度 0～2.0g/cm³；黏度 0～200mPa·s
		电导率 0.15～20.0S/m
	分辨率	光谱 4nm；荧光 2nm；组成 5%；油水分率 5%；气油比 15%
	精度	密度 0.025g/cm³；黏度 0.1mPa·s
	钻井液适用性	均适用
	兼容性	ELIS
物理参数	温度指标	175℃
	耐压指标	20000psi
	最小井眼	5.5in
	最大井眼	22in
	外径	5in（127mm）
	长度	3.3m
	质量	297.6lb
	抗拉强度	44004lbf
	抗压强度	88008lbf

与常规 MDT 相比，MDT-Forte 采用 Axton 动态补偿单石英压力计。该压力计可以分别刻度成高压模式（指标为 30000psi 即 207MPa，190℃）或者高温模式（20000psi 即 138MPa，200℃）。该压力计在高温高压环境下可提供与常温常压条件下的常规石英压力计同样的压力测量精度和分辨率。

2.8.1.4.2 新型地层测试仪（Ora）

Ora 关键组成部分包括聚焦封隔器、双入口双封隔器、Ora 流动管理器、Ora 流体扫描仪，以及 Ora 样品管理器。Ora 不能测压，需要与 XPT 组合才能完成测压任务。

（1）聚焦封隔器。

Ora 的聚焦封隔器分为偏心聚焦单封隔器（图 2.49）、同心聚焦单封隔器（图 2.50），技术指标见表 2.65。其中，偏心聚焦封隔器胶皮上存在两种入口，中间的椭圆形入口为主流线，上下的圆形入口为辅助流线。只有 7in 胶皮，适用 $7^7/_8$～$9^1/_2$in 井眼；同心聚焦封隔器胶皮上存在一种入口（椭圆形），该入口分内外两部分，内部通向主流线，外部通向辅助流线，7in 胶皮适用 $7^7/_8$～$9^1/_2$in 井眼，9in 胶皮适用 $9^7/_8$～14in 井眼。

图 2.49　偏心聚焦封隔器

图 2.50　同心聚焦封隔器

表 2.65　Ora 聚焦封隔器技术指标

封隔器类型	偏心聚焦单封隔器	同心聚焦单封隔器
胶皮最大承受压差及温度	8000psi，200℃	8.5in 井眼：8000psi，200℃ 12.25in 井眼：8000psi，150℃
主流动入口面积	$64.5in^2$	$14.5in^2$
副流动入口面积	$44.5in^2$	$46.5in^2$
总流动入口面积	$109in^2$	$61in^2$

（2）双入口双封隔器。

双入口双封隔器的主要特点如下：

① 不互溶流体在封隔空间分离，通过不同的流道进行不同流体的采集。双封隔器在泵抽过程中，流体在封隔空间重力分异，密度低的流体（烃类）浮在上部，密度高的流体（钻井液及水）沉在下部（图 2.51）。

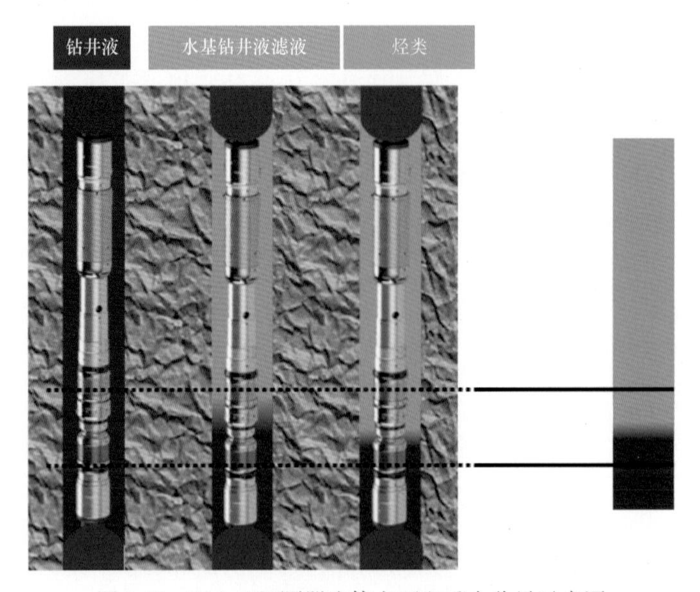

图 2.51　双入口双隔器流体在环空重力分异示意图

② 封隔长度可调，标准距离 2.4m，最长封隔距离可达 15m，可选加长杆 4m 和 1.5m。

③ 双流动入口设计。

④ 充注胶皮时间最快可达 4min，根据实际钻井液性能充注胶皮时间会发生变化。

⑤ 7in 和 9in 胶皮，适用于 7.875～14.5in 井眼，和 MDT 一致。

⑥ 胶皮承受压差和 MDT 双封胶皮一致。

⑦ 温度上限：200℃。

（3）Ora 流动管理器。

与 MDT 的泵抽模块类似，Ora 流动管理器有标准泵和高速泵，两种泵的主要技术指标见表 2.66。

表 2.66　Ora 流动管理模块技术指标

仪器类型	标准泵	高速泵
温度上限	200℃	200℃
压力上限	20000psi/35000psi	25000psi
最大压差	5000psi 和 8000psi 两种	5000psi 和 8000psi 两种
泵冲程体积	$489cm^3$/ 冲程 5K 泵	$489cm^3$/ 冲程 5K 泵
	$202cm^3$/ 冲程 8K 泵	$202cm^3$/ 冲程 8K 泵
5K 泵流速范围	0.2～$60cm^3/s$	0.2～$100cm^3/s$*
8K 泵流速范围	0.1～$34cm^3/s$	0.1～$100cm^3/s$*

* 当温度高于 150℃而低于 175℃时，最高流速 ×75%，当温度高于 175℃时，建议选取标准泵。

（4）Ora 流体扫描仪（FISO）。

Ora 井下流体扫描仪包括光谱仪、荧光、密度黏度仪、新型黏度、流体电阻率测量仪和压力温度计，这些测量可以监控两条流线中的流体。

（5）Ora 样品管理器。

与 MDT 的多样筒模块（MRMS）类似，每个 Ora 样品管理器可携带 6 个样筒，其中氮气补偿样筒容积为 $400cm^3$，标准样筒容积为 $675cm^3$（表 2.67）。

表 2.67　Ora 流体扫描仪及新型测量仪的参数汇总

仪器参数	测量及误差值
流体组分	C_1，C_2，C_3，C_4，C_5，C_{6+}，CO_2
感应电阻	测量范围 0.01～20Ω·m，误差：±5%
	测量范围 20～65Ω·m，误差：±10%（<170℃）
密度测量	测量范围 0.05～$1.6g/cm^3$，误差：±$0.006g/cm^3$
新型黏度仪	测量范围 0.2～300mPa·s，误差：±10%
光谱测量	24 道光谱两条流线可以同时测量
	OD：−0.1～3.5；准确度 =±0.01；精度 =0.0005
温压	200℃，20000psi/35000psi

2.8.1.4.3 RCX

RCX 和 RCI 在仪器原理、探针类型、泵抽模块等方面是一样的，且可以互换使用，其区别在于内部的电动机参数不同，外在区别有仪器的耐温、耐压参数不同，其他是一致的。RCI 的耐温耐压分别为 175℃，20000psi；RCX 的耐温耐压指标为 190℃，25000psi。

2.8.1.4.4 快速测压（XPT/HXPT/FTeX）

（1）常规快速测压（XPT）。

快速测压可与常规测井仪器组合，在常规测井过程中同时完成地层压力与流度的测量，提高压力测试作业效率。与传统的模块式动态地原测试器相比，XPT 测压方式经过充分优化，可减少作业时间，降低作业风险。

XPT 可更精确地控制测试体积与测试速度这两个主要参数，满足在不同的渗透率储层进行压力测量的需要。在低渗储层中，可使用除常规探针外的其他探针类型，如大探针或椭圆探针，提供更大的过流面积，最大的探针可以提供 $7.5in^2$ 的过流面积。在测试过程中，XPT 仪器允许设置最大压降数值以保护探针。XPT 仪器压力预测试的控制部分与仪器的液压锚定系统互相独立，因此压力测试不受流线泄漏、工具移动的影响。同时，XPT 仪器测试仓体积较大，不必清空测试仓即可反复多次进行压力测试。

（2）高温快速测压（HXPT）。

高温快速测压扩展了常规快速测压（XPT）在高温环境下的作业能力，可在 232℃环境中连续工作 14h。HXPT 仅用于测试地层压力和流动性，不具备取样和其他地层测试功能。与传统的模块式动态地层测试器相比，该仪器在高温条件下有更高的压力测量精度，并可显著减少测试时间和作业风险。

HXPT 仪器设计中使用保温瓶和高热稳定性的石英压力计，在压力测试过程中不必耗费额外时间等待压力计温度平衡，通常在不到 1min 内即可完成一次高精度的地层压力和流度测量，作业效率高。

石英压力计放置在保温瓶中，使其在高温环境下保持良好的稳定性和超长的连续作业能力。HXPT 采用电动机控制压力预测试过程，可获取传统地层测试器无法实现的精确压力梯度数据。HXPT 在高温条件下采用与 XPT 相同的压力预测试控制机制，得到同等精度的测量结果。

与 MDT 相比，XPT/HXPT 在测压坐封 / 测压结束回收时，打开推靠臂坐封、收回推靠臂的时间更短（具体时间根据井眼大小会有变化，例如在 12.25in 井眼中，MDT 的坐封时间为 80～120s，回收时间为 50～60s，XPT 的坐封时间为 20～25s，回收时间为 15～20s）；XPT/HXPT 的预测试室容积为 $35cm^3$，相比 $20cm^3$ 的 MDT，单次测试可以抽取更多的流体；XPT/HXPT 的预测试的速度范围相比 MDT 也更加宽泛，最慢可以达到 $1.2cm^3/min$，最快可以达到 $120cm^3/cm$。XPT/HXPT 直接驱动预测试系统与井下电子控制相结合，精度更高，与液压锚固系统隔离，在测压作业时，采用独立的电动机和减速机构精准控制预测试室的活塞的移动，该系统能够提供超小的预测试体积（$0.1cm^3$），以最大限度地减少低流动性地层的压力恢复时间。

XPT/HXPT 技术指标见表 2.68。

表 2.68 XPT/HXPT 技术指标

仪器名称		XPT		HXPT
		XPT−B	XPT−C	
测量输出		地层压力、流度（渗透率 / 流体黏度）、流体密度		地层压力、流度
测井速度		静止测量		静止测量，探针伸出收回时间：15s
测量范围		最大过平衡压力： XPT−B：6500psi（44.8MPa） XPT−C：8000psi（55MPa）		最大过平衡压力：8000psi（55MPa） 压力测试体积范围：0.1～37cm^3 压力测试流速范围：0.02～2cm^3/s
测量精度		蓝宝石压力计：0.04psi（276Pa） CQG 石英压力计：0.005psi（34Pa）在 1s 门控时间 Quartzdyne 高温压力计：0.01psi/s（69Pa/s） 温度：0.01°F		Quartzdyne 压力计：0.01psi（69Pa/s） 备用蓝宝石压力计：0.4psi（2757.9Pa），在 1Hz 采样率下 温度：0.18°F
测量准确度		蓝宝石压力计：±5psi（±34kPa） CQG 石英压力计：±［2psi（14kPa）+ 读值 ×0.01%］ Quartzdyne 高温压力计：±（量程 ×0.02%+ 读值 ×0.01%） 温度：±1.0°F		CQG 石英压力计：±（测量范围 ×0.02%+ 读值 ×0.01%） 备用蓝宝石压力计：±［5psi（34kPa）+ 读值 ×0.01%］ 温度：±3.6°F
机械规格	额定温度	302°F（150℃）	320°F（160℃）	392°F（200℃），连续作业 14h
	额定压力	20000psi（138MPa） 石英压力计： 15000psi（103MPa）	20000psi（138MPa） 石英压力计： 15000psi（103MPa）	20000psi（138MPa）
	井眼尺寸最小值	4.75in（12.07cm）	4.75in（12.07cm）	4.75in（12.07cm）
	井眼尺寸最大值	14.5in（36.83cm）	14.5in（36.83cm）	15.4in（39.12cm）
	外径	仪器：3.375in（8.57cm） 探针部分： 3.875in（9.84cm）	仪器：3.375in（8.57cm） 探针部分： 3.875in（9.84cm）	仪器：3.75in（9.53cm） 探针部分： 4.0625in（10.32cm）
	长度	21.31ft（6.49m）	21.54ft（6.57m）	30.2ft（9.2m）
	质量	450lb（204kg）	451lb（205kg）	730lb（331kg）
	抗拉力	50000lbf（222410N）	50000lbf（222410N）	50000lbf（222410N）
	抗压力	22000lbf（97860N）	22000lbf（97860N）	22000lbf（97860N）

2.8.1.4.5 快速测压（FTeX）

FTeX 配备的电动机泵不同于以往的液压泵，可精准控制作业过程中的抽吸速度，对低渗透地层的评估尤为有效。与 RCI 仪器相比，FTeX 具有以下优点：

（1）通过智能电泵，实现超高精度泵速控制（RCI 是液压泵），自动调节泵速快慢以稳定测压曲线，避免压力陡增造成的堵塞。可根据上次测压流度自动调节测压泵速。

（2）压降时获得稳定流速，以获得高精度流度计算结果。

（3）模式化测压、全数字化操控。压力测试耗时更短，应对低渗透地层效率更高。

（4）可与 Baker Hughes 其他所有裸眼井工具组合下井（大满贯、核磁共振、成像等）。FTeX 更细更短，与满贯一起下井测量风险较低。

FTeX 仪器性能见表 2.69。

表 2.69 FTeX 仪器性能表

仪器外径	3.875in（98mm） 备注：使用加长推靠最大打开直径 17in（432mm）
适用井眼	4.75～16in
仪器长度	EA：10ft6.25in（3.207m）/MA：19ft10.80in（6.066m）
仪器质量	EA：235lb（106.6kg）/MA：485lb（220kg）
额定温度	350°F（176.67℃），72h
额定压力	30000psi（206.8MPa）
抗 H_2S	是
压力计	石英压力计
压力计精度	≤0.01% 读值

FTeX 具有三种压降控制、六种压降组合模式。压降控制包括：（1）体积控制——平滑加减速以泵抽指定体积液体；（2）压力控制——快速将压力降至预定压力；（3）稳压控制——最后测试以获得准确流度。测压模式包括：（1）单次压降模式；（2）默认模式；（3）欠压实储层模式；（4）低流度储层模式；（5）高流度储层模式；（6）气层模式。

FTeX 使用的智能探针采用弹簧推靠设计，确保了探针一旦贴合井壁形成坐封后，会根据与井壁贴合程度自动校正推力，进而提升了坐封成功率。

2.8.1.4.6 套管井地层动态测试器（CHDT）

套管井地层动态测试器（CHDT）可以用来在套管井中进行多点测压、取样作业。CHDT 仪器采用独特的钻孔技术，在套管上钻孔并穿透套管和水泥环，直至原状地层，然后进行测压、取样等地层测试测量。CHDT 可以与 MDT 的泵抽模块和流体识别等其他模块组合，测压取样结束后，CHDT 可以在钻孔位置打入防腐金属塞，从而保护套管的完整性。

CHDT 仪器性能见表 2.70。

表 2.70 CHDT 仪器性能表

仪器外径	4.25in（108mm）
仪器长度	31.2ft（9.5m）
可选取样筒	9.7ft（2.9m）
套管尺寸	5.5～9.625in
最大套管壁厚度（标准探针）	0.5in
额定温度	350°F（176.67℃）
额定压力	20000psi（137900kPa）
额定欠平衡压力	4000psi（275bar）
抗 H_2S	是
最大钻孔数和塞子数	6/run
塞子额定承压	10000psi（68950kPa）（双向）
最大钻孔深度	6in（152mm）
钻孔直径	0.281in（7.137mm）
压力计	石英压力计、CQG 和应变压力计
CQG 精度	±1psi/±0.01% 读值

2.8.2 测量原理及过程

2.8.2.1 测压基本原理及作业流程

测压时探针贴靠井壁，探针坐封成功后，仪器内部管线与地层连通，与环空封隔。通过泵抽降低管线内压力，之后静置等待压力恢复并实时记录。由于管线与地层连通，管线压力会恢复到与地层压力相等，此时压力计显示压力即为地层压力。

2.8.2.2 取样基本原理及作业流程

探针坐封后，内部与地层连通。通过反复抽吸，排除冲洗带、过渡带钻井液滤液，最终抽得真实地层流体。根据地质油藏需求和流体性质合理选择取样点，尽量不重复取样。取样前落实好深度并测压落实流度，若满足取样要求则开始取样，在取样泵排之前必须要进行一次测压作业，测压的意义在于确定该点的流动性是否可以满足取样泵排要求。当流体识别传感器测量值有所改变，显示出地层流体已进入管线，若取样点少可考虑取一个钻井液滤液样作为对比样，继续抽吸直到传感器值稳定表明样品较纯时进行取样，实际作业过程中根据仪器状态及井下流体监测情况可提前取备份样。若需要取 PVT 样，则根据流度情况判断是否可达到取 PVT 样的条件并做好标注。

2.8.3 资料质量要求与作业须知

2.8.3.1 压力测试质量要求

（1）当测量井段超过200m时，应进行一次深度再校正，每次校深测量井段应大于60m，深度误差小于0.2m。

（2）根据设计深度由浅至深测量，每个点的测量应等到压力计温度稳定（温度值在1min之内变化 ±0.1℃范围内）后进行。

（3）应采用较大的测试容积完成压力测试，测试室容积一般不应低于5cm^3。

（4）测前、测后钻井液柱压力数据的测量时间应保证至少30s，压力值应出现稳定读值的状态，当压力值60s内变化不大于6.895kPa（1psi）时应视为稳定读值。

（5）MDT、RCI、EFDT测前、测后的钻井液柱压力差应不大于20.684kPa（3psi）；FMT、RFT、BASIC-RCT测前、测后的钻井液柱压力差应不大于34.474kPa（5psi）。

（6）压力曲线变化正常，无抖跳；在压力恢复阶段，当石英压力计读数在60s内变化小于0.3448kPa（0.05psi）、应变压力计读数在60s内变化小于0.6898kPa（0.1psi）时，应视为稳定读值，其读值应为恢复的地层压力值。

（7）压力恢复时间应以1000s为上限，压力恢复时间达到1000s，无论压力是否稳定均可结束测试；当压力恢复时间小于1000s、压力值出现规定的稳定读值时，可结束测试。

（8）作业不成功（如坐封失败、压力未能恢复）的点，宜在该点上下0.5m内选点补测。

2.8.3.2 测压点类型判断

测压点按照有效性分为有效点、超压点、致密点、干点和坐封失败点，其压力曲线特征与资料解释方法见5.2.4.3。

2.8.3.3 地层流体取样质量要求

（1）取样前应进行一次测压作业，得到地层压力和测压点流度。

（2）地层流体泵出过程中，应根据压差（钻井液柱压力和地层流动压力之差）和封隔器承压能力调整抽吸速度。

（3）以流体分析资料显示相对稳定的地层流体特征时取样为宜。

（4）取样时，流动压力应保持在泡点压力之上并接近地层压力。

（5）PVT样品取样前宜先进行泡点测试，取样过程中应确保样品管线压力高于流体泡点压力。

（6）取样后宜进行压力恢复测试。

2.8.3.4 PVT取样要求

（1）污染控制：水基钻井液滤液，滤液含量小于10%；油基钻井液滤液，油层滤液含量小于5%，气层滤液含量要更低。

（2）相变控制：在泵抽过程中，必须保持单相状态。如在泵抽过程中发现油层出现脱气现象或者有凝析液现象，必须降低泵速直到两相流动消失并稳定再取样，否则达不到PVT要求。

2.8.3.5 测压取样现场测井注意事项

（1）应以弄清主要目的层的流体性质为原则，对可疑层也要重点分析。

（2）测前设计只是预定方案，测井时应根据前一测量点的结果，修改和完善测前设计。

（3）出现意想不到的问题或以前未见过的现象时，首先从分析地质资料（包括储层、流体、钻井液特性等）入手，排除地层本身的原因，然后检查仪器工作状态是否正常，由里及表，一步步找到问题的原因所在。

（4）测井前保证井眼内没有漏失或井喷，钻井液性能稳定，仪器在下放过程中应尽量慢，以免扰动钻井液的平衡状态；测量时最好从上部地层开始、由上至下进行测井；测量位置深度相差较大时，应重新校深。

（5）测井时，仪器下放到指定深度后，应停留5～6min再进行测压，第一个点停留时间最好再长一些（10min左右），以确保石英压力计达到稳定。

（6）如果井内钻井液配制不合适，容易造成电缆吸附。为降低电缆吸附和黏卡风险，一方面应尽可能调整钻井液性能，降低钻井液滤液滤失量，减薄滤饼厚度。为保证井眼通畅，减小施工时测井仪器遇卡风险，要求钻井队在钻井液中加入润滑剂、防卡剂及堵漏剂。另一方面在泵抽过程中，应每隔一段时间放松电缆，每次电缆下放范围为2～3m，然后再提到原来位置。

（7）泵出流体的时间和体积与地层的侵入情况有关，其过程较为复杂。泵抽时间的长短由地层情况和地区经验确定，最主要的是在井场测量过程中应密切留意流体监测情况。

2.8.4 资料主要用途

2.8.4.1 压力资料的应用

（1）计算地层流度。

（2）回归地层流体密度。

（3）确定地层流体界面。

（4）确定储层连通性。

2.8.4.2 样品资料的应用

落实流体性质，基于样品实验分析结果确定样品的物理特性，为产能评价提供重要参数。

2.9 井壁取心

井壁取心是在裸眼井井壁上钻取岩心以评价储层岩性、物性和含油气性的一种获取实物的测井技术。井壁取心技术从20世纪30年代开始，逐步发展成为不可或缺的测井技术。

井壁取心技术分为撞击式井壁取心和旋转式井壁取心。撞击式井壁取心是利用火药爆炸的能量，将取心筒射入地层，获取岩心样品。旋转式井壁取心器在液压马达驱动下，依靠钻头垂直于井壁钻取地层岩石样品，取出的岩石样品具有形状完整（标准的圆柱体）、保持原始地下状态等特点。

中国海油常用的井壁取心有撞击式井壁取心、旋转式井壁取心仪和大直径旋转式井壁取心，见表 2.71。

表 2.71　中国海油现有的井壁取心仪器

类型	公司	仪器名称	缩写
撞击式井壁取心仪器	COSL	撞击式井壁取心仪	ESWC
	SLB	撞击式井壁取心仪	RSWC
旋转式井壁取心仪器	COSL	旋转式井壁取心仪	ERSC
	SLB	机械式旋转式井壁取心仪	MSCT/MSCT（高温）
	Baker Hughes	旋转式井壁取心仪	RCOR
大直径岩心旋转式井壁取心仪器	COSL	模块式大直径岩心旋转式井壁取心仪	MRCT/MRCT-HT（高温）
	SLB	机械式旋转式井壁取心仪	XL-Rock（超大直径）
	Baker Hughes	旋转式井壁取心仪	MAXCOR（大直径）

2.9.1　测量原理

撞击式井壁取心是通过自然伽马或自然电位进行深度定位后，将取心枪置于预定的取心深度，发射中空的圆柱形弹体进入地层，采集地层岩心样品。取心时从地面加电点火，按顺序每次发射一颗取心弹。点火由枪的底部自下而上进行，弹体射入地层后由连接在枪体上的两条钢丝绳回收。可以 1 支枪入井，也可以 2 支枪连接一起一次入井。

旋转式井壁取心是以液压为动力来钻取并收获多个井壁岩心。以斯伦贝谢公司 MSCT 为例，该仪器使用低速度、高扭矩的取心技术，提供形状一致的圆柱形岩心样品，封闭的仪器设计保证在所有类型的井眼流体中进行可靠操作。高分辨率的闪烁伽马计数器使仪器精确定位。金刚石镶嵌的取心钻头，可取得直径 0.92in（23.4mm）、长度 2in（50.8mm）的岩心。旋转机械井壁取心器的标准配置可取心 50 个，每一个岩样均通过隔片隔离开，以便于识别。

相对于撞击式井壁取心，旋转式井壁取心适用性好，在硬地层也能保证较高收获率；取出的岩心尺寸相对较大；不破坏地层岩石原状，有利于对地层岩性、物性和含油气性进行分析；工作参数显示精确、直观。

2.9.2 资料要求与作业须知

2.9.2.1 撞击式井壁取心质量控制

撞击式井壁取心要使用取心火药，涉及火工品作业，应遵循火工品作业操作规程；作业前应要根据取心目的层岩性、物性，设计使用不同类型的取心弹体、不同重量的火药，以提高岩心收获率；为提高取心深度的精确性，至少每200m校深一次，在取薄层岩心时，应加密校深次数；点火后，应通过上提和下放电缆，在合适的张力下操作，使每一颗弹体脱离地层，若所有使其脱离地层的方法都已失败，应上提电缆，把钢丝绳拉断；上提取心枪时操作要谨慎、平稳，防止拉出地层的弹体丢失落井，上提速度不超过40m/min；通过套管鞋和防喷器时，应降低速度，并观察电缆张力的变化；取下弹体，要自下而上依序摘取，按顺序放入盒中，从弹体压出岩心后装入对应深度的岩心瓶中，防止深度混乱；取心枪提出井口前，操作人员应通知甲方代表到场；取心枪出井后，岩心岩性与测录井资料不相符，或岩心收获率低，有弹体脱离枪身或弹体破碎，应予以记录并向监督通报。

2.9.2.2 旋转式井壁取心质量控制

作业前，须了解井况（井深、井斜、井温、套管深度、钻井液密度等）及常规测井资料（包括自然伽马测井曲线）；应提前通知测井工程师做好准备工作（取心颗数与深度）；取心应选择声波时差适中、岩性胶结情况较好、井壁规则（无大井眼、井壁垮塌）的层位。开始取心前做好静止试验，仪器在推靠井壁后不应放松电缆，并尽量减少仪器与井壁接触的时间，以防仪器遇卡；取心作业时未取到岩心时（常发生在大井眼、井壁坍塌的井段），应重新上提，下放仪器使仪器钻头位置转向后再进行取心。若由于井况原因（发生大井眼、井壁坍塌）无法取到岩心，应重新在取心目的层的其他位置设定取心点。

2.9.3 影响因素

（1）高固相含量影响井壁取心收获率。

（2）地层过于疏松或过硬影响井壁取心收获率。

（3）井径不规则、扩径影响井壁取心心长及收获率。

2.9.4 其他类型井壁取心技术介绍

MRCT、XL-Rock、MAXCOR工作原理与常规旋转式井壁取心仪基本一致，主要是它们为大直径取心仪，打破了岩心小的障碍，能够获取大直径岩心。三支仪器的岩心直径均为1.5in（38.1mm），是传统小直径岩心的1.5倍左右。岩心长度略有差异，其中MRCT为2.75in（69.85mm），XL-Rock为3in（76.2mm），MAXCOR为2.5in（63.5mm）。

各仪器参数的不同点见表2.72。

表 2.72　井壁取心仪器性能表

仪器名称	ESWC/RSWC	ERSC/RCOR	MSCT/MSCT（高温）	MRCT/MRCT−HT	MAXCOR	XL−Rock/XL−Rock（高温）
公司名称	COSL/SLB	COSL/Baker Hughes	SLB	COSL	Baker Hughes	SLB
最高耐温	204℃	170℃	175℃ /204℃	175℃ /205℃	204℃	175℃ /204℃
最大耐压	20000psi	21000psi	25000psi	20305psi	25000psi	25000psi
仪器外径	4in（101.6mm）	5in（127mm）	5.25in（133.35mm）	6in（152.4mm）	19.34in（491.24mm）	6.4in（162.56mm）
最小测量井眼	6in（152.4mm）	6in（152.4mm）	5.875in（149.23mm）	7.5in（190.5mm）	7.5in（190.5mm）	7.5in（190.5mm）
最大测量井眼	18in（457.2mm）	12.25in（311mm）	19in（482.6mm）	17in（431.8mm）	14in（355.6mm）	19in（482.6mm）
仪器长度	9.81ft（2.99m）	23.29ft（7.1m）	33.62ft（10.25m）/36.29ft（11.06m）	40.68ft（12.4m）	50.62ft（15.43m）	37.34ft（11.38m）/40ft（12.19m）
仪器质量	216lb（98kg）	437lb（198kg）	743lb（337.02kg）/762lb（345.64kg）	1113lb（505kg）	1840lb（835kg）	925lb（419.57kg）/944lb（428.19kg）
取心颗数	25～50 颗					
岩心直径	1in（25mm）	1in（25mm）	0.92in（23.4mm）	1.5in（38.1mm）	1.5in（38.1mm）	1.5in（38.1mm）
岩心长度	—	2in（50mm）	1.75in（44.4mm）	2.75in（69.85mm）	2.5in（63.5mm）	3in（76.2mm）
仪器抗拉强度	88185lbf（392266N）	26400lbf（117433N）	22900lbf（101860N）	25007lbf（111237N）	78000lbf（346975N）	22900lbf（101860N）

2.9.5　资料主要用途

（1）评价储层岩性、物性和含油气性。

（2）分析烃类型和组分。

（3）通过岩心识别薄互层。

2.10　垂直地震剖面测井

垂直地震剖面测井（Vertical Seismic Profiling，VSP）是一种在地表激发井下接收的地震观测技术，可以提供地下地层结构同地面测量参数之间最直接的对应关系。其发展历程经历了 5 个阶段，即零偏垂直地震、非零偏垂直地震、变井源距 VSP、三维 VSP 和随钻 VSP。本节主要介绍零偏垂直地震和非零偏垂直地震的技术要点和作业规程。

中国海油现有的垂直地震剖面测井仪器见表 2.73。

表 2.73 中国海油现有的垂直地震剖面测井仪器

公司	仪器名称	缩写
COSL	垂直地震测井仪	VSP/VSP-HT（高温）
SLB	多功能地震成像仪	VSI/QVSI（高温）

2.10.1 测量原理

以中海油服 VSP 为例，垂直地震剖面测井（VSP）在地表附近的一些点上激发地震波，在沿井孔不同深度布置的一些检波点上进行观测。根据震源到井口的距离，VSP 分为零偏垂直地震（震源在井附近激发，井中接收信号）、非零偏垂直地震（离井较远的距离激发，在井中接收信号）和变井源距 VSP。在垂直地震剖面中，由于检波器通过井置于地层内部，所以既能接收到自上而下传播的下行波，也能接收到自下而上传播的上行波及各类续至波。若采用三分量检波器接收信号，除了纵波外，还可以接收到横波（SV 波和 SH 波）。利用这些信息，可以研究井旁地层剖面及在实际地质介质中波的形成和传播的规律（图 2.52）。

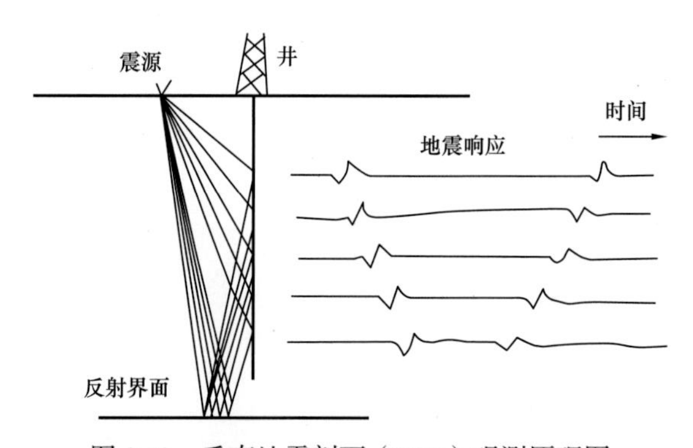

图 2.52 垂直地震剖面（VSP）观测原理图

非零偏垂直地震应根据正演地质模型来确定观测系统，震源不是固定在一个点，而是沿设计测线移动（Walk-away 或 Walk-around VSP）。级间距可以等间距也可不等间距，既可以在裸眼井测也可在套管井中使用。

法国 SERCEL 公司的 GEOWAVES 系统是全智能化、数字化、模块化的高性能 VSP 采集系统，最多支持 32 级井下 3 分量检波器 GAU 采集单元，可以精确地记录纵波、垂直横波和水平横波，级间电缆长度可选（标准长度 10m、15m、20m、30m），每一级的推靠臂可按顺序依次打开和收回。通过地面软件可以显示推靠臂状态，确保得到最佳的探头与地层的耦合。同时可以通过张力显示，防止仪器遇卡。

2.10.2　VSP 资料要求与作业须知

（1）对井眼条件的要求：钻井平台和井孔的基本数据（如补心高度、船艏向、套管程序、固井质量、裸眼井的井径、钻井液密度、井下温度等）应齐全、准确；应保证裸眼井段畅通，无井壁坍塌，确保井下仪器安全；保证井中液面高度接近井口，以减弱套管波的干扰；建议采用裸眼井测量作业，在裸眼井况较差的情况下可考虑下套管后作业，同时要求套管和井壁之间固结良好，保证井下仪器与井壁耦合良好。

（2）现场采集测点的要求：现场填写 VSP 测量深度表，其内容应包括测点顺序号、测点深度和检查点的深度。

（3）震源要求：① 震源类型：空气枪或电火花。② 震源固定的要求：VSP 作业需用船上的吊车固定空气枪震源，并一直保持到作业结束。风力较大时将不准动用吊车，这时可在下风处把空气枪放入海水中，并将连接空气枪的电缆固定在甲板栏杆上，作业时要时常检查空气枪是否被吹向桩腿。③ 震源沉放深度：根据海况确定，一般 3～5m，误差 ±0.5m。④ 震源容量：单只气枪 150～250in^3，多枪时根据作业要求而定。⑤ 震源气枪工作压力：1800～2000psi。⑥ 监测震源检波器（水听器）应置在震源的正下方或正上方 3m 左右的地方。

（4）井下仪器的要求：作业前要检查所有设备，保证处于正常工作状态；井下仪器推靠臂的压力应能保证仪器与井壁最佳耦合；井下仪器级间电缆的绝缘电阻在地面上时不低于 200MΩ；井下仪器下井前，电缆绞车应对零；仪器出井时，应重新检查电缆绞车对零情况，记下其误差，供深度校正使用。

（5）现场资料采集要求：观测时要记录震源子波；常规零偏垂直地震作业每个观测点须获得 5 炮合格记录，非零偏垂直地震作业每个观测点须获得 1 炮合格记录；在测量过程中，同深度点重复观测误差不大于一个采样间隔；当井下仪器（检波器）受压力增加时，记录信号应为负值，监视记录的波形初至应下跳；初至前记录道应平静无噪声，初至起跳清楚，读数准确，相同观测点波形稳定；现场采集记录的填写标注要清楚，内容至少应包括井号、作业时间、震源方位、震源与井口水平距离、采集参数和观测数据、异常情况说明等。

（6）水听器信号要求：水听器记录的信号首波无噪声干扰；同一观测点的几个波形记录一致性、稳定性好，初至波信号完整、起跳时间一致。

（7）三分量检波器信号要求：初至波和后续波无噪声干扰；同一深度点的几个记录重复性好；叠加后不同深度点的波形一致性好。

（8）目的层段要求深度采样间隔一致，通常采样间隔为 16m。对于浅层或者是固井质量较差，采样间隔可以适当变大。

（9）现场作业报告准确。

2.10.3　资料主要用途

（1）在勘探阶段，可用来进行时深转换、识别多次波、提供准确的地层速度、合成地震记录、预测钻头下岩性和高压区等。

（2）在油藏开发阶段，可用来确定油层反射层的准确深度、确定油藏边界、监控二次采油过程、提高油藏描述精度和人工裂缝探测等。

2.10.4 技术指标

2.10.4.1 地面采集系统

温度：−5～50℃。

电源：85～264 VAC/47～63Hz/2000W。

2.10.4.2 G GUN（气枪）

G GUN 是属于气枪家族中的一种地震能量震源，该气枪经过 3000psi 高压的持续测验，可以将两支 G GUN 组成平行枪阵或者将三支组成三角形枪阵。

容积：250in^3。

长度：597mm（23.5in）。

宽度：292mm（11.5in）。

质量：65kg。

2.10.4.3 张力压缩单元

功能：监测张力压缩单元处张力变化，以便确定仪器下放上提过程中是否遇阻遇卡。

压力：1400bar（20000psi）。

温度：180℃。

范围：0～5tf。

2.10.4.4 伽马射线单元

功能：测自然伽马曲线，进行准确的深度校正。

压力：1400bar（20000psi）。

温度：0～175℃。

长度：792mm。

质量：14kg。

外径：83.4mm。

2.10.4.5 套管接箍定位单元

功能：测量套管接箍，用于套管中的准确校深。

压力：1400bar（20000psi）。

温度：0～175℃。

长度：409mm。

质量：6kg。

外径：79mm。

2.10.4.6 高速遥测单元

功能：用于通信。

压力：1500bar（21756psi）。

温度：0～180℃。

长度：747mm。

质量：9.5kg。

外径：79mm。

2.10.4.7 采集单元

功能：由地震单元和数字化转换器单元组成，可组成 1～32 级。三分量换能器带自动可收回推靠臂，重量轻，为数字化传感器。

外径：79mm（$3^{7}/_{64}$in）。

质量：21.2kg（46.74lb）。

长度：1.2m（47.21in）。

压力：1500bar（21756psi）。

温度：180℃。

井眼范围：4.5～16in。

2.10.4.8 带传感器和滚轴的加重单元

功能：用于实时监控井下仪器运动状态挂接加重杆。

2.10.5 多功能地震成像仪（VSI）

VSI 使用非万向节三分量加速度检波器进行信号接收。检波器阵列可通过电缆进行多级组合。仪器整体设计和检波器接触面设计可使得耦合谐振和失真降到最低。如图 2.53 所示，当仪器下井或上提时，推靠臂闭合；采集数据时，推靠臂张开并施加压力将检波器模块推靠井壁。三分量检波器模块中的自检装置先发射一个激励信号，判断与地层或套管的耦合情况。若耦合情况不好，可增加推靠臂压力或选择其他测量位置。VSI 可以精确地记录纵波、垂直横波和水平横波。

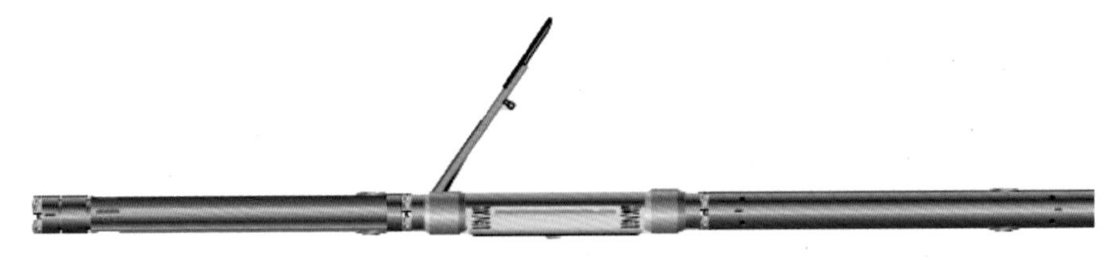

图 2.53 斯伦贝谢公司多功能地震成像仪（VSI）

根据测量时震源 / 接收器不同的布置位置，VSP 有多种测量方式。每种布置都是为了实现特定的测量目标。校验炮（CSS）和零偏 VSP（ZVSP）是两种最常用的测量方式。

它们能提供地层的时深关系（地层速度）和一维（对直井而言）的走廊叠加道，实现与地面地震和测井曲线三者之间的相关标定。零偏 VSP 的一项关键应用是进行钻头前方待钻地层的孔隙压力预测以及目标层深度估计（优化套管布置方案）。

如需要对目标层位成像（目标层有构造变化 / 倾角 / 断层等），就不能把震源放在接收器正上方，而要使二者之间有一定的偏移距，这种类型的 VSP 有偏移距 VSP（OVSP）、变源距 VSP（WVSP）和三维 VSP。如果井是斜井，震源放置在接收器正上方，入射波垂直入射时，同样也能得到地层成像结果（VIVSP 或 Walkabove 属于这种类型）。VIVSP 最主要的优点是入射波垂直，能准确地测出垂直速度。也可以通过网格采集或加密螺旋采集几条变井源距 VSP（WVSP）测线获得一个三维 VSP 数据体。这个三维 VSP 数据体的最终处理成果是一个高分辨率的长方体或圆锥体（多个方位）。

2.10.6 高温地震成像仪（QVSI）

VSI 资料质量要求与作业须知：

（1）在数据采集之前，必须根据井筒尺寸范围优选推靠臂。VSI 锚定力取决于推靠臂类型和井眼尺寸，当仪器下到井底时，就无法改变。

（2）使用最新的交互控制震源控制系统 TRISOR，使得震源压力、水下深度及气枪组合同步，在整个施工过程中一致。

（3）自检系统检查检波器与地层或套管的耦合情况，排除记录波列中规则噪声或管波影响。

（4）检查三分量检波器首波到时及相对幅度。

（5）为了优化（成像）VSP 采集设计，建议采集前进行二维（和 / 或三维，若可能）的建模分析。通过建模分析，可以确定采集参数并评价采集任务的可行性。审慎缜密地评价采集目标与采集可行性能确定出最终采集数据的实际应用效果。

VSI 资料主要用途：

（1）用于裸眼和套管井中不同偏移距的垂直地震剖面测井（VSP），获得地层速度（时深关系）和走廊叠加道用以标定地面地震。

（2）可进行地层 Q 值分析，并预测超压地层。

（3）水力压裂监测中在监测井中记录微地震信号，对水力压裂形成的裂缝进行描述。

QVSI 同样使用非万向节三分量加速度检波器进行信号接收，最多可以同时连接 4 级检波器。QVSI 与 VSI 工作原理相似，但全新的设计与工艺使得多级检波器与级间电缆耐温耐压性能取得极大提升，在 260℃ /30000psi 环境下可持续工作 8h。QVSI 与 VSI 的不同之处在于，QVSI 无法进行非主动地震监测（HFM）作业，也不能与 CCL/Tractor 组合下井。

其他特殊采集类型包括非主动地震监测（HFM）、随钻地震 SeismicVISION（SVWD）、井间地震（Xwell）、水平井 VSP 以及盐丘 VSP（SPROX）。

地震测井仪器性能见表 2.74。

表 2.74　地震测井仪器性能表

仪器名称	VSI	QVSI	VSP	VSP-HT
公司名称	SLB	SLB	COSL	COSL
外径	3.375in（85.72mm）	3in（76.2mm）	3.375in（85.72mm）	3in（76.2mm）
耐温	175℃	260℃	175℃	205℃
耐压	20000psi	30000psi	20000psi	30000psi
最小井眼	3in	3.5in	4in	3in
最大井眼	22in	14.75in	20in	22in
仪器长度	1.95m	2.99m	1.26m	1.21m
仪器质量	31.93kg	75.75kg	21kg	18.9kg
检波器类型	GAC-D(24 位 A/D 转换）	GAC-E(24 位 A/D 转换）	检波器 SGO-15HT	SGHT-15
可组合级数	1～40 级		1～32 级	
级间距	15.24m/30.48m		10m	
与其他仪器组合	可组合 GR、CCL、Tractor 一起下井测量	可组合 GR 一起下井测量	可组合 GR 一起下井测量	

2.11　套管井地层评价测井

中国海油现有的套管井地层评价测井仪器见表 2.75。

表 2.75　中国海油现有的套管井地层评价测井仪器

公司	仪器名称	缩写
COSL	储层评价仪	RET
SLB	油藏饱和度仪	RST/RST PRO
Baker Hughes	储层动态监测仪	RPM

2.11.1　套管井储层评价仪

2.11.1.1　测量原理

储层评价仪（RET）是通过脉冲中子源向地层发射 14MeV 的高能脉冲快中子，快中子和地层元素发生非弹性散射、弹性散射、热中子俘获等反应，释放伽马粒子，不同阶段的反应，释放不同能量的伽马光子及强度，标志着地层中特定的元素种类及浓度。

储层评价仪是新一代生产井储层评价的仪器，主要有两种测井模式，一种是碳氧比测井，一种 Sigma 测井。碳氧比测井的基本原理为：C 元素和 O 元素与高能快中子发生非弹性散射后，释放的伽马能量不一样；在测量的非弹能谱上，分别通过代表 C 元素的能窗范围和 O 元素的能窗范围计算 C 和 O 的计数率，由于石油中有 C 元素没有 O 元素，水中有 O 元素没有 C 元素，通过碳氧比值，就可以计算储层的含油饱和度。Sigma 测井模式主要测量地层的宏观俘获截面，反应储层对中子的减速能力，主要用于高矿化度地层。

2.11.1.2 资料质量要求与作业须知

（1）到达目的层应进行 GR 校深，保障深度系统的正确性，也可以先测量一趟 Sigma，用于校深和初步了解储层情况。

（2）到达目的层根据操作流程设置测井模式、中子管控制参数，监控仪器的各种状态应正常，等中子管预热完后，才能测井。

（3）高压设置要合适。中子管产额监控值高于测井模式的标准值，碳氧比模式 TimeNinValue 大于 80000，Sigma 模式 TimeNinValue 大于 40000。

（4）靶压靶流 Ripple 要稳定，靶流稳定在 ±10 范围内。

（5）测井前，关掉能谱的能量自动校正，设置各个 PMT 探头高压，监控俘获谱 H 峰位置，把能谱的能量手动校正到正确的位置。

（6）根据测井的重复性好坏，重复测量 3～5 趟。

（7）仪器必须下井 100m 设置测井模式，加高压打靶，严禁在地面操作，否则会产生高能中子对人的伤害；作业完，必须及时关掉中子管，下电，也必须等 30min 才能吊出井口。

（8）上提下放仪器的速度不应超过 40m/min。

（9）仪器贵重，脉冲中子管内有密封气体，要轻拿轻放。

（10）井口吊装时，生产井仪器串太细，起吊要轻，必须有人托起仪器。

2.11.1.3 资料主要用途

（1）定量计算储层含油饱和度。

（2）结合裸眼井资料，定量计算储层的动用程度。

（3）定性预测油气、气水、油水界面。

（4）计算储层的孔隙度。

RET 仪器性能见表 2.76。

表 2.76　RET 仪器性能表

物理参数	外径		43mm
	耐温		165℃
	耐压		103.4MPa
	长度		3.8m
功能参数	油饱和度	适用范围	15～40p.u.
		探测深度	15～30cm
		测速	Sigma 模式：6m/min 碳氧比模式：0.9m/min
		纵向分辨率	0.61m
		精度	5%
	气饱和度	适用范围	5～40p.u.
		探测深度	30cm
		测速	5m/min
		纵向分辨率	0.8m
		精度	5%

2.11.2　油藏饱和度测井

2.11.2.1　测量原理

油藏饱和度仪 RST/RST Pro 具有独特的双探头能谱系统，使仪器即使在油管中也能一次性记录碳氧比和双激发（Dual-Burst）热衰减时间测量。碳氧比用于计算不依赖水矿化度的原油饱和度，这种测量在地层水矿化度不明或矿化度很低时特别有用。如果地层水矿化度高，可以采用双激发（Dual-Burst）热衰减时间。这两种测量结合，可以探测并定量评价与地层水矿化度不同的注入水突破。

RST 仪器（RST-A 和 RST-B）通常用于 Flagship 生产测井服务；RST Pro 仪器（RST-C 和 RST-D）通常用于 PS 平台的生产测井服务。RST 和 RST Pro 仪器均有两种尺寸，在流动或关井条件下，用于不同套管尺寸和应用要求：$1^{11}/_{16}$in（42.86mm）RST-A 和 RST-C、2.5in（63.5mm）RST-B 和 RST-D。RST-B 和 RST-D 仪器采用被屏蔽的探头：近探测与地层屏蔽、远探头与井筒屏蔽。

2.11.2.2　资料质量要求与作业须知

（1）RST 和 RST Pro 用于地层评价时一般应该进行偏心测量，一个重要原因就是弹性 / 俘获特征数据库不支持居中工具，因此在实际测量时保持仪器偏心是很重要的。但是，当进行生产测井时，如 WFL 水流速测量等，建议仪器居中，以便更好评价整个井筒区域。

（2）在纯净的水层，碳氧比应该比油层的碳氧比低。井筒中的油同时影响远 / 近碳氧比，使它们的读值升高。在泥岩段或页岩段，高的碳氧比与有机质含量有关。

（3）差的固井质量影响测井质量。如果套管后水泥窜槽充满了水，将使 IC 测量“显示”为水。相反，如果套管后水泥窜槽充满了油，将使 IC 测量“显示”为油。

2.11.2.3 资料主要用途

（1）过套管地层评价。

（2）一次性测量 Sigma、孔隙度、碳氧比。

（3）老井含水饱和度评价（尤其是在裸眼井阶段没有进行测井）。

（4）套管中（与井筒角度无关）水相速度测量（生产测井）。

（5）套管外近井地带水相速度测量。

（6）根据碳氧比，确定不依赖于地层水矿化度的地层原油体积。

（7）流动测量（与其他井筒持率测量仪组合）。

（8）元素俘获（H、Cl、Ca、Si、Fe、S、Gd 和 Mg）。

（9）元素弹性碰撞（C、O、Si、Ca 和 Fe）。

（10）三相井筒持率。

（11）PVL* 相速度测量。

（12）井筒矿化度。

（13）SpectoLith 岩石矿物评价。

（14）煤层气、页岩气藏评价、产能评估。

RST/RST Pro 仪器性能见表 2.77。

表 2.77 RST/RST Pro 仪器性能表

仪器性能	参数
测量输出	元素弹性或俘获含量、碳氧比、地层俘获截面（Sigma）、孔隙度、井筒持率、水速度、相速度、SpectroLith 岩矿处理
测井速度 *	弹性模式：100ft/h（30m/h）（与地层相关） 俘获模式：600ft/h（183m/h）（与地层和矿化度相关） RST sigma 模式：1800ft/h（549m/h） RST Pro sigma 模式：3600ft/h（1097m/h）
测量范围	孔隙度：0～60p.u.
纵向分辨率	15in（381mm）
精度	取决于地层的氢指数
探测深度	10in（254mm）
钻井液类型或密度限制	无
可组合性	RST 仪器：可与 PL Flagship 系统和 CPLT 系统组合 RST Pro 仪器：可以与使用 PS 平台通信系统的仪器及 CGRS 组合

续表

仪器性能	参数	
仪器名称	RST-A，RST-B	RST-C，RST-D
额定温度	302°F（150℃） 400°F（204.4℃）（加保温瓶）	302°F（150℃）
额定压力	15000psi（103MPa） 20000psi（138MPa）（加保温瓶）	15000psi（103MPa）
最小井眼尺寸	$1^{13}/_{16}$in（46.00mm）	$2^{7}/_{8}$in（73.00mm）
最大井眼尺寸	$7^{5}/_{8}$in（193.70mm）	$7^{5}/_{8}$in（193.70mm）
外径	1.71in（43.40mm）	1.51in（38.35mm）
长度	23ft（7.01m）	22.2ft（6.76m）
质量	101lb（46kg）	208lb（94kg）
测量点到仪器底部长度	4.24m/4.09m	4.06m/3.91m
抗拉力	10000lbf（44480N）	10000lbf（44480N）
耐压力	1000lbf（4450N）	1000lbf（4450N）

* 用 Tool Planner 工具，根据实际应用条件优选测井速度。

2.11.3 套管井储层动态监测仪

2.11.3.1 测量原理

储层动态监测仪是通过脉冲中子源向地层发射 14MeV 的高能脉冲快中子，快中子和地层元素发生非弹性散射、弹性散射、热中子俘获和氧活化等反应，释放伽马粒子，不同阶段的反应，释放不同能量的伽马光子及强度，标志着地层中特定的元素种类及浓度。

储层动态监测仪（RPM）是新一代生产井储层评价的仪器，有多种测井模式，如碳氧比、PNC、PNHI、HYD 等作业模式。碳氧比测井模式与 RET 相同。PNC 测井模式主要测量地层的宏观俘获截面，反应储层对中子的减速能力，主要用于高矿化度地层，也可以计算含油饱和度。PNHI 也是利用碳氧比模式的测井数据，计算井筒的持率。HYD 模式是氧活化水流测井模式。

2.11.3.2 资料质量要求与作业须知

（1）到达目的层，应进行 GR 校深，保障深度系统的正确性，也可以先测量一趟 Sigma，用于校深和初步了解储层情况。

（2）降低数据的统计涨落，需控制测速：PNC 模式控制在 15ft/min，碳氧比模式控制在 6ft/min。

（3）统计涨落依赖中子源的稳定输出，中子产额越高，统计涨落越低，注意中子管产额的监控，碳氧比模式及 PNHI 模式 TTLC1 大于 4000，PNC 模式 ISS 大于 13000000。

（4）RPM 作业重要影响因素是探头增益的控制，在测井记录过程中，根据需要随时调整。特别重要的是，在作业前手动设置好初始化增益，测井过程中可以设置为自动增益模式。

（5）到达目的层，根据操作流程设置测井模式、中子管控制参数，监控仪器的各种状态必须正常，必须等中子管预热完后才能测井。

（6）监控仪器工作状态参数是否正常。

（7）特别是碳氧比模式，选择单峰或多峰，进行能谱的能量校正，并监控能谱能量校正的正确性。

（8）根据测井的重复性好坏，重复测量 3～5 趟。

（9）仪器必须置于井下 100m 设置测井模式，加高压打靶，严禁在地面操作，否则会产生高能中子对人的伤害；作业完，必须及时关掉中子管，下电，也必须等 30min 才能吊出井口。

（10）上提下放仪器的速度不应超过 40m/min。

（11）仪器贵重，脉冲中子管内有密封气体，要轻拿轻放。

（12）井口吊装时，由于生产井仪器串太细，起吊要轻，必须有人托起仪器。

（13）地面作业者必须配备中子监控仪。监控作业区域，保护作业者。

2.11.3.3 资料主要用途

（1）在岩性变化不大的地层中，碳氧比大小可直接判断地层含油饱和度的高低。

（2）在岩性变化较大的地层中，通过 Si/Ca 或 Ca/Si 曲线反向重叠判断地层的含油饱和度。

（3）指示岩性和气层。

（4）通过 GasView 模块处理，可以定量计算气藏的含气饱和度。

RPM 仪器性能见表 2.78。

表 2.78 RPM 仪器性能表

测量地层参数	设计模式	碳氧比 +PNC+ 氧活化
	岩性分析	√
	油饱和度精度	5%
	分层能力	0.6m
	识别气层	×
	产层出水分析	√
仪器参数	测速	碳氧比模式：0.6m/min PNC 模式：6m/min
	与 PLT 组合性	×
	耐温	177℃
	耐压	138MPa
	外径	43mm
	长度	9.1m

2.12 辅助测井

2.12.1 井斜方位测量

中国海油现有的井斜方位测量仪器见表2.79。

表2.79 中国海油现有的井斜方位测量仪器

公司	仪器名称	缩写
COSL	套管测斜仪	CORT
COSL	方位测斜仪	EORT
SLB	通用测斜仪	GPIT
Baker Hughes	井斜方位测斜仪	ORIT

2.12.1.1 测量原理

套管测斜仪是用来测量井身参数的方位测井仪，采用高精度光纤陀螺仪，在套管井和裸眼井中对井斜角、井斜方位角以及相对方位角进行连续测量。光纤陀螺的工作原理基于萨格纳克效应。萨格纳克效应是指相对惯性空间转动的闭环光路中所传播光的一种普遍的相关效应，即在同一闭合光路中从同一光源发出的两束特征相等的光，以相反的方向进行传播，最后汇合到同一探测点。若绕垂直于闭合光路所在平面的轴线相对惯性空间存在着转动角速度，则正、反方向传播的光束走过的光程不同，产生光程差，其光程差与旋转的角速度成正比。因而只要知道了光程差和与之相应的相位差信息，即可得到旋转角速度。

方位测斜仪是专门用来测量井身参数的测井仪。方位测井仪可以在裸眼井中实现对井斜角、井斜方位角以及相对方位角的连续测量。仪器的工作原理是采用三个轴向上的重力加速度计及三个轴向上的测量地磁场分量的磁力计，测出6个连续变化的模拟量（A_X、A_Y、A_Z、M_X、M_Y、M_Z），通过对这些模拟量进行处理和转换、计算出井斜角、井斜方位角以及相对方位角。通用测斜仪GPIT提供倾斜角测量。仪器的方位由三个参数来确定：仪器倾角、仪器方位角和相对方位。GPIT仪器同时使用了一个三分量倾角计和一个三分量的磁力计来确定这些参数。

通用测斜仪GPIT的基本测量原理是精密的测量仪器的轴向相对于地球重力场（G）和磁场（F）的偏差。由于在地球坐标系内这两个向量都已充分确定，因此仪器相对于地球的方位也可以确定。磁力计测量三分量F_X、F_Y、F_Z，倾角计测量重力加速度分量A_X、A_Y和A_Z。MAXIS多任务采集和成像系统使用这些测量值来计算仪器倾角，方位角和相对方位。GPIT仪器在裸眼井中使用时，上下仪器的外壳必须为非磁性材质。在套管井中只可用来测量仪器倾角和相对方位。

2.12.1.2 资料要求与作业须知

（1）套管测斜仪可适用于套管井和裸眼井，其方位测量不受套管影响。

（2）套管测斜仪加速度计质量控制曲线 gtotal，其值应为 1000mGal ± 10mGal，用于检测三轴加速度计的工作状态。

（3）所有曲线应缓慢平滑地变化，所有的曲线突变或无变化的井段都应仔细检查其原因。

（4）所测量井斜角曲线 DEV、井斜方位角曲线 DAZ 变化正常，无负值。

2.12.1.3　资料主要用途

2.12.1.3.1　方位测斜仪用途

（1）测量井斜角 DEV、井斜方位角 DAZ 可用于确定相对大地坐标的井身轨迹。

（2）测量相对方位角为声成像、电成像、倾角仪器等提供方位参数。

2.12.1.3.2　通用测斜仪用途

（1）井眼方位角、井眼倾斜角、井眼相对方位。

（2）仪器方位角信息。

（3）裸眼段井眼的倾角和方位信息以便于绘图。

（4）对于各种倾角仪提供方位和朝向测量。

（5）将 USIT 超声波套管成像仪的图像和实际井眼定位。

CORT、EORT、GPIT 仪器性能见表 2.80、表 2.81。

表 2.80　CORT、EORT 仪器性能表

仪器名称	测速	耐温	耐压	直径	井斜角测量范围	井斜角测量精度	井斜方位角测量范围	井斜方位角测量精度		
CORT	25m/min	175℃（350℉）	137.9MPa（20000psi）	9.2cm（3.6in）	0°～90°	± 0.5°	0°～360°	1°≤井斜角≤3°	3°≤井斜角≤60°	60°<井斜角≤90°
								± 4°	± 3°	± 4°
EORT/ORIT	35m/min	175℃（350℉）	137.9MPa（20000psi）	8.6cm（3.4in）	0°～90°	± 0.25°	0°～360°	1°≤井斜角≤5°	5°≤井斜角≤10°	10°≤井斜角≤90°
								± 10°	± 6°	± 1.5°

表 2.81　GPIT 仪器性能表

仪器性能	参数
测量输出	井眼方位、倾角和相对位置、仪器方位
测井速度	3600ft/h（1097m/h）
测量范围	0°～360°
精度	方位：± 2°
	倾角：± 2°
探测深度	只进行井眼环境测量

续表

仪器性能	参数
钻井液类型或密度限制	无
可组合性	可与大多数仪器相组合
特殊应用	抗 H_2S
额定温度	350°F（175℃）
额定压力	20000psi（138MPa）
井眼尺寸最小值	$4^5/_8$in（117.50mm）
井眼尺寸最大值	无限制
外径	3.625in（92.10mm）
长度	4.0ft（1.22m）
质量	55lb（25kg）
抗拉力	50000lbf（224110N）
抗压力	16700lbf（74280N）

2.12.2 井径测井

在钻井过程中，由于地层受钻井液的冲洗、浸泡以及钻具的冲击碰撞等，实际的井径往往和钻头的直径不同。通过测量井径的变化，可以为地层评价及井眼工程提供一些重要的参考信息。井径仪的结构主要有两种：一种是进行单独井径测量的张臂式井径仪，另一种是利用某些仪器的推靠臂（如密度仪、井壁中子测井仪、微侧向仪等）测量井眼半径。井径仪按测量臂个数分为分动式三臂井径仪、四臂井径仪和六臂井径测井仪，其中三臂、四臂井径仪为推靠式，六臂为张开式。

中国海油现有的井径测井仪器见表 2.82。

表 2.82　中国海油现有的井径测井仪器

公司	仪器名称	缩写
COSL	分动式三臂井径测井仪	ECAL
COSL	四臂井径测井仪	FCAL/ECAL70（小井眼）
SLB	四臂动力井径测井仪	PPC
COSL	六臂井径测井仪	HCAL

2.12.2.1 测量原理

井径测井仪是用来测量井眼直径的仪器。现以张臂式井径仪为例，讲述井径测量基本原理。图 2.54a 为四臂井径工具图，b 为井径仪推靠井壁的结构示意图，c 为井径测量电路图。测量时，井径臂（也叫井径腿）受弹簧力作用而伸张推靠在井壁上，电位器将井径臂的张缩变化转换成电阻变化，通过桥式电路计算出井径测量值。

HCAL 六臂井径测井仪有六个可伸缩臂结构，测量每个臂上下两个半臂与仪器轴的夹角，通过计算得到井眼的井径大小。ECAL 三臂井径测井仪是分动式三臂井径仪。FCAL 四臂井径测井仪可以分别测量 4 个以仪器轴为中心间隔 90° 的井眼半径。

2.12.2.2 资料要求与作业须知

（1）测前在已知内径的套管中测一小段作为附加的刻度检验。

（2）测后必须在套管中校验。井径连续测量进入套管，直到曲线平直稳定段长度超过 10m，与套管内径标称值对比，误差在 ±15mm（±0.6in）以内。

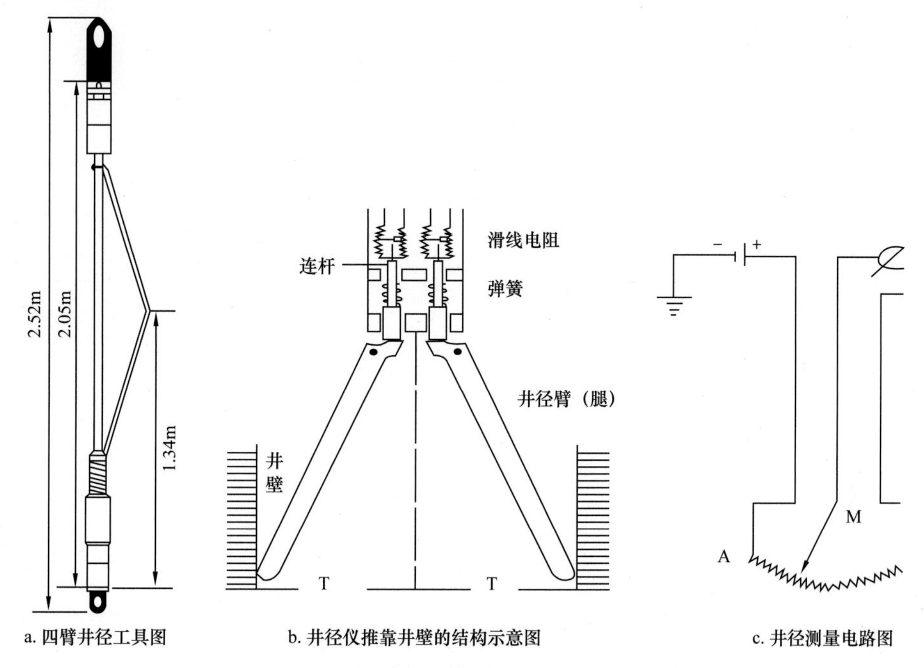

图 2.54　井径测井仪原理电路图（以四臂井径测井仪为例）

（3）重复测井与主测井形状一致，重复测量值相对误差应小于 5%。

（4）致密层井径数值应接近钻头直径，渗透层井径数值一般应接近或略小于钻头直径。

（5）井径腿全部伸开、合拢时的最大、最小值与实际标称值对比，误差在 ±6.4mm（±0.25in）以内。

2.12.2.3 影响因素

（1）井斜的影响。在定向井中，井径仪偏离井筒内的居中位置，测井曲线较难反应井筒内井径的变化。

（2）高黏度流体的影响。高黏度流体降低了测量臂的灵活性，增大了测量误差。

（3）井下落物的影响。

2.12.2.4 资料主要用途

（1）评价井眼几何形状，包括坍塌、不规则、椭圆度。

（2）用于确定井眼体积、计算水泥量。

（3）用椭圆井眼的长轴方向结合方位资料，可判断裂缝和地应力方向等。

井径测井仪器性能见表 2.83。

表 2.83 井径测井仪器性能表

仪器名称	ECAL	FCAL	HCAL	ECAL70（小井眼）	PPC
公司名称	COSL	COSL	COSL	COSL	Schlumberger
仪器外径	4.4in（112mm）	3.5in（88.9mm）	3.6in（91.4mm）	3.15in（80mm）	4.3in（109mm）/ 4.58in（116mm）
仪器长度	2.29m	3.35m	2.32m	1.87m	1.99m/2.49m
仪器质量	114.6lb	244.4lb	115.08lb	88.2lb	169.76lb/234.84lb
测量点到仪器底部长度	0.85m	0.861m	0.87m	0.85m	1.637m/2.140m
耐温	175℃	175℃	175℃	175℃	175℃ /232℃
耐压	20000psi	20000psi	20000psi	20000psi	20000psi
最小井眼	5.5in（139.7mm）			3.75in（95.25mm）	5in
最大井眼	26in（660.40mm）			13.8in（350mm）	40in（居中）；21in（偏心）
测井速度	21m/min	18m/min	36.6m/min	18m/min	36.6m/min
测量精度	3% 或 ±0.1in				
探测深度	井筒				
垂直分辨率	3in（76.20mm）				2in（50.80mm）

2.12.3 张力 / 温度 / 钻井液电阻率测井

中国海油现有的张力 / 温度 / 钻井液电阻率测井仪器见表 2.84。

表 2.84 中国海油现有的张力 / 温度 / 钻井液电阻率测井仪器

公司	仪器名称	缩写
COSL	张力 / 温度 / 钻井液电阻率仪	ERMT
SLB	井眼环境测量仪	EMS
Baker Hughes	张力 / 温度 / 钻井液电阻率仪	TTRM

2.12.3.1　测量原理

（1）张力探头部分：张力短节的张力探头是由四个应力片组成一个平衡的惠斯通电桥，粘贴在探头壳体上。每个应力片由 2 个 350Ω 的电阻片串联组成，产生 700Ω 的电桥。电桥的激励由仪器提供 10V 直流电源。在 10V 电压激励下，电桥的灵敏度是 1mV/1000lbf。

（2）井下温度部分：RTD 铂材料的温度电阻装置作为井中温度感应元件。在 0℃时，RTD 元件的电阻为 500Ω。变化值 α 为 0.00385Ω/℃。探针感应的温度被认为是电阻变化的一个函数。

（3）钻井液电阻率部分：安装在传感器下端第三部分的微型圆柱电极阵列可以测试钻井液电阻率的值。

井眼环境测量仪 EMS 显著增强了对井眼形状测量的精密性。六条独立的仪器臂环绕井周测量井径，可确定井眼椭圆度用于应力分析。除此之外，EMS 还可提供钻井液电阻率、钻井液温度和仪器轴向的加速度信息，对井下测量进行实时校正提供支持。

EMS 的六条仪器臂可以在一个比较大的井径范围内非常精密地测量井眼横截面，胜过以往的传统仪器。EMS 通过测量六条精密的椭圆半径和椭圆度算法提供详尽的井眼几何形状信息，用来进行成像仪器的环境校正，增强井眼应力分析，更准确地对固井所需水泥体积进行估计。

EMS 的电阻率传感器上的多重电压监控电极比传统仪器在测量钻井液电阻率方面更精确、更结实耐用，在较恶劣的环境下也可正常工作。例如，在仪器表面附着滤饼或井眼较小的情况下，EMS 仍然可以获得高质量的测量数据。

由于 EMS 可以和各种成像仪器组合（包括 AIT 阵列感应成像仪、ARI 方位电阻率成像仪和 IPLT 集成化孔隙度岩性测量仪），现场可以直接生成经过环境校正的测井图而无须再多下一次仪器。

2.12.3.2　资料质量要求与作业须知

仪器串入井前，在井口将张力进行刻度。

2.12.3.3　资料主要用途

（1）实时测量井下温度。

（2）测量井眼内钻井液电阻率值。

（3）测量井下仪器串受力状况，从而判断仪器卡或电缆卡。

ERMT/TTRM、EMS 仪器性能见表 2.85、表 2.86。

表 2.85　ERMT/TTRM 仪器性能表

仪器性能	ERMT	TTRM
公司	COSL	Baker Hughes
最大测速	100ft/min（30m/min）	100ft/min（30m/min）
最小井眼	4.5in（114mm）	4.5in（114mm）

续表

仪器性能	ERMT	TTRM
仪器长度	43.8in（1.11m）	43.8in（1.11m）
仪器质量	80lb（36.29kg）	80lb（36.29kg）
仪器外径	3.63in（92.1mm）	3.63in（92.1mm）
耐温	175℃ /2h	200℃ /0.5h
耐压	20000psi（137.9MPa）	20000psi（137.9MPa）
测量范围（拉力）	0～12000lbf	0～12000lbf
测量范围（压缩力）	0～10000lbf	0～10000lbf
测量范围（温度）	0～230℃	0～230℃
测量范围（电阻率）	0.01～10Ω·m	0.01～10Ω·m
误差（拉力）	±800lbf±5%	±800lbf±5%
误差（压缩力）	±800lbf±5%	±800lbf±5%
误差（温度）	2℃ ±5%	2℃ ±5%
误差（电阻率）	0.01Ω·m±5%	0.01Ω·m±5%

表 2.86　EMS 仪器性能表

仪器性能	参数
测量输出	钻井液电阻率、钻井液温度、井径
测井速度	3600ft/h（1097m/h）
测量范围	电阻率：0.01～5.0Ω·m 温度：0～392°F（0～200℃） 井径：30in（762mm）居中测；17in（431.8mm）偏心测
精度	电阻率：±10%（0.02～0.5Ωm）；±7%（0.5～5.0Ωm）
	温度：±1.8°F（±1℃）精度；±0.18°F（±0.1℃）分辨率
	井径：±0.1in（±2.5mm）精度；±0.06in（±1.5mm）分辨率
	加速器：1.6in/s^2（±40mm/s^2）精度；0.4in/s^2（±10mm/s^2）分辨率
探测深度	只进行井眼环境测量
钻井液类型或密度限制	无
可组合性	可与大多数仪器相组合
额定温度	350°F（175℃）
额定压力	20000psi（137.9MPa）
井眼尺寸最小值	6in（152.40mm）

续表

仪器性能	参数
井眼尺寸最大值	30in（762mm）
外径	3.375in（85.7mm）
长度	14.23ft（4.34m）
质量	297lb（135kg）
抗拉力	50000lbf（224110N）
抗压力	11000lbf（48930N）

2.12.4 爬行器

中国海油现有的爬行器见表 2.87。

表 2.87 中国海油现有的爬行器

公司	仪器名称	缩写
COSL	爬行器	RLTRAC-B/RLTRAC-C
SLB	爬行器	MaxTRAC

2.12.4.1 测量原理

以 MaxTRAC 为例说明。如图 2.55 所示，MaxTRAC 井下牵引系统是一种往复式卡紧井下爬行器，这种高效爬行器可以提供动力驱动仪器前进。它的一个显著特点就是其凸轮—卡紧式设计。MaxTRAC 通常由两个动力短节组成（最大可接 4 个），每个动力短节的三组推靠臂使爬行器在井内居中。每个推靠臂都将凸轮和两个轮子顶在井壁上，凸轮上有爪齿。爬行器开始传动行程时，液压系统使推靠臂以固定量伸出，顶靠在井壁上；爬行器的驱动系统开始推动仪器串前进时，反作用力会使凸轮紧贴在井壁上，防止后滑。电动机驱动爬行器本体和负荷前行，该过程持续到行程结束。另一个动力短节接替该传动过程，驱动电动机换向复位以进行下一个行程。在内径 2.4～9.625in（61.0～244.0mm）的任何井眼内，MaxTRAC 装置都能提供其全部驱动力。

图 2.55 往复式卡紧井下爬行器示意图

2.12.4.2 资料质量要求与作业须知

（1）作业前应通过设计软件模拟电缆张力，根据井眼轨迹数据，判断是否能将仪器串输送到井底，以及能否安全提出地面。

（2）完井方式可以是套管射孔、割缝筛管和防砂筛管。

（3）生产管串最小内径不小于 58mm。

（4）电泵井需加“Y”形接头。

2.12.4.3 应用特点

（1）MaxTrac 和其他测井仪器组合，可实现生产测井、套管井地层评价、水泥胶结和套管腐蚀评价、射孔和打桥塞、裸眼测井、管材回收。

（2）与常规系统相比，需要更低的电力，作业更有效率。

（3）采用蠕虫式牵引系统，连续移动。

（4）可靠性更高。

（5）具有边爬行边下行测量的能力。

爬行器仪器性能见表 2.88。

表 2.88 爬行器仪器性能表

仪器名称	RLTRAC-B 型	RLTRAC-C 加强型	MaxTRAC
公司名称	COSL	COSL	SLB
仪器外径	80mm	80mm，驱动短节 86mm	54mm
仪器长度	驱动短节 2～4 驱 2 驱：4116mm 3 驱：5104mm 4 驱：6091mm	驱动短节 2～4 驱 2 驱：4126mm 3 驱：5134mm 4 驱：6131mm	9.8m（两个爬行短节）
耐温	150℃	150℃	150℃
耐压	14503.8psi	14503.8psi	15000psi
适应井径	4.5～9.625in	4.5～9.625in	2.4～9.625in

2.12.5 电控释放弱点

中国海油现有的电控释放弱点仪器见表 2.89。

表 2.89 中国海油现有的电控释放弱点仪器

公司	仪器名称	缩写
SLB	电控释放弱点	ECRD

ECRD是新一代的电弱点，专为深井、斜井和井况差的井设计，其特点为：

（1）在电缆允许的情况下电缆头最大张力可拉到8000lbf，从而减少打捞的可能性，节省作业时间。尤其在仪器串（如MDT）比较重时，测量可以不用考虑弱点的强度。

（2）在断开电缆和测井仪器的时候通过电压控制，不需要使用高张力拉脱，尤其在斜井中更为适用，从而大大降低了打捞时出现意外的可能性。

ECRD的仪器性能见表2.90。

表2.90 ECRD仪器性能表

工作温度	−65～400°F
额定压力	20000psi（138MPa）
最小井眼尺寸	无限制
最大井眼尺寸	无限制
外径	1.3in
长度	7.5in
激发后分离拉力	＜100lbf
最大拉力	8000lbf
质量	108.96kg

2.12.6 可释放马笼头

中国海油现有的可释放马笼头见表2.91。

表2.91 中国海油现有的可释放马笼头

公司	仪器名称	缩写
COSL	可释放马笼头	HCH
Baker Hughes	多芯可释放马笼头	MRCH

HCH的主要作用是当仪器串在电测过程中遇卡需要打捞时，通过控制面板给马笼头施加正确的直流电，驱动电动机转动就能立即解锁可释放机构。此时绞车上提电缆即可完成电缆的快速回收。HCH不仅提高了作业安全性，而且在保护电缆的同时节约了打捞过程中的时间和经费。

MRCH与HCH原理类似，可提高作业的安全性，同时提高仪器遇卡后打捞作业的效率。

HCH、MRCH技术参数见表2.92、表2.93。

表 2.92　HCH 技术参数表

最高耐温	204℃（400°F）
最大耐压	137.9MPa（20000psi）
外径	92mm
长度	1.82m
质量	MA：38kg；EA：19kg
供电要求	110V DC
电缆类型	7 芯电缆
压力补偿方式	设置充油平衡腔
可释放原理	电动机驱动解锁

表 2.93　MRCH 技术参数表

最高耐温	204℃（400°F）
最大耐压	137.9MPa（20000psi）
外径	85.8mm（3.38in）
长度	1.34m（52.7in）
质量	MA：27.3kg；EA：15.9kg
供电要求	110V DC
电缆类型	7 芯电缆
压力补偿方式	硅脂密封
可释放原理	电动机驱动解锁

2.12.7　异向推靠解卡装置

中国海油现有的异向推靠解卡装置见表 2.94。

表 2.94　中国海油现有的异向推靠解卡装置

公司	仪器名称	缩写
COSL	异向解卡	PUSH−TO−GO

测压取样作业期间，易出现仪器吸附卡。当仪器发生吸附卡时，在探针与推靠臂正交方向上，通过液压推靠装置将仪器推离井壁，达到解卡目的（图 2.56）。

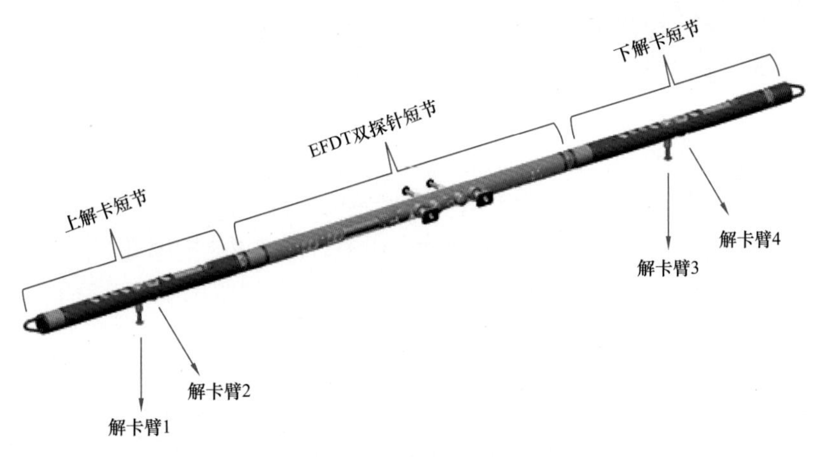

图 2.56 异向推靠解卡装置

仪器特点：

（1）异向推靠解卡装置总线式、模块化设计，与地层测试器 EFDT 兼容。

（2）采用全新异向推靠解卡方式，液压推靠解卡，解决钻井液吸附仪器卡。

（3）采用推靠解卡装置安全性设计，液压系统设计了解卡臂紧急自动收回装置，锁紧压力实时监控。

（4）解卡推靠装置采用液压系统集成式设计，装置结构紧凑、可靠性高，易于维护保养。

异向推靠解卡装置技术参数见表 2.95。

表 2.95 异向推靠解卡装置技术参数表

仪器温度压力指标	175℃ /140MPa
仪器外径	120mm
运输长度	1890mm
安装长度	1600mm
小型解卡臂	5.5～12.5in
大型解卡臂	12.5～22in

2.13 快速测井平台

2.13.1 快速平台

2.13.1.1 测量原理

快速平台由电阻率仪器和放射性仪器组成，特定情况下可组合声波测井仪器。仪器设计共用一支电子电路短节，最顶部为高集成自然伽马中子（HGNS），由自然伽马能谱和补偿中子及信号传输系统组成，其下部为电子电路短节，接着是三探头岩性密度仪，最下部是电阻率仪器。电阻率仪器可以是阵列感应（AIT），可以是方位侧向（ARI），也可以是高分辨率侧向（HALS）。整个仪器的长度为38ft（约12m），相当于一支普通测井仪的长度。而小满贯组合的长度约为22m，加声波的大满贯组合约为30m。通常小满贯测井由自然伽马、电阻率和中子密度组成，但由于电阻率仪器要求居中测量，而中子密度仪器要求偏心贴井壁测量，因此小满贯测井存在着不可避免的缺陷。而快速平台把岩性密度仪设计成一倾斜的短节，使密度可以贴井壁测量，而电阻率仪器则可居中测量，弥补了这一缺陷。

在探井或评价井中，为了尽量测到井底的地层信号，通常用单支仪器下井测量，所以要得到电阻率和放射性孔隙度要下井两次，加上两次仪器的刻度时间和下井时间，按一次下井测量为4～6h计算，为8～12h。而快速平台一次刻度一次下井测量，只用4～6h即可得到所有数据。

在开发井中，通常用小满贯或大满贯组合测井，为了尽量减少由仪器的长度引起的测量盲区，往往要多钻20～30m的测井口袋。而快速平台由于仪器短，所需测井口袋相对较短，节省了钻进的时间和成本。

快速平台在接偶极子声波时，由于偶极子声波仪器的长度较长，会失去其短小精悍的优点。

2.13.1.2 推荐测速

测井速度NPRM=HiRes和/或HLMO=倾角模式是1800ft/h（550m/h）。

NPRM=VeryHires是1800ft/h（550m/h）。

这将导致密度数据等效于DPP=HIRS以传统的LDTD仪器以900ft/h（275m/h）速度测井。

NPRM和/或HLMO=STAN是3600ft/h（1100m/h）。

NPRM=Standard或NPRM=HiRes是3600ft/h（1100m/h）。

这将使密度数据等效于DPPM=STAN以传统的LDTD仪器以1800ft/h（550m/h）速度测井。

2.13.1.3 仪器定位

（1）仪器的不同部位定位不同。顶部HNGS用弹簧片使其偏心。

（2）HMS用自身的井径给井壁以作用力使其偏心。

（3）下部的电阻率仪器用间隙器使其居中，但间隙器要在上部和下部各用一个，而且尺寸要相同，使仪器在井中不会倾斜。

（4）HGNS在已知条件下的中子响应参见表2.96。

假设：MATR设定LIME（使用石灰岩骨架做比值对孔隙度转换），规则的井眼、使用井眼校正、取值用平均值，在已知条件下HDD密度的响应参见表2.97。该表显示了典型的HDD的密度值。这些值应在进行过井眼校正后才能观察到，并存在统计起伏。对PEF应进行滤饼校正，且钻井液中未加重晶石等矿物。

PEF的读数限制在不能低于0.8。

表 2.96　HGNS 在已知条件下的中子响应

地层 / 矿物	NPHI（斯伦贝谢 CP−1c 解释图版）	TNPH 或 NPOR（斯伦贝谢 CP−1e 或 CP−1f 解释图版）
0p.u. 砂岩	−1.7p.u.	−2.0p.u.
0p.u. 石灰岩	0p.u.	0p.u.
0p.u. 白云岩	2.4p.u.	0.7p.u.
20p.u. 砂岩	15.8p.u.（如果地层矿化度 =0mg/L）	15.1p.u.（如果地层矿化度 =0mg/L） 14.4p.u.（如果地层矿化度 =250mg/L）
20p.u. 石灰岩	20.0p.u.	20.0p.u.
20p.u. 白云岩	27.2p.u.（如果地层矿化度 =0mg/L）	22.6p.u.（如果地层矿化度 =0mg/L） 24.1p.u.（如果地层矿化度 =250mg/L）
石膏	−0.2p.u.	−2.0p.u.
盐岩	0p.u.	−3.0p.u.
煤	38～70p.u.	38～70p.u.
泥岩	30～60p.u.	30～60p.u.

表 2.97　HDD 在已知条件下的密度响应

地层	RHOB/（g/cm^3）	PEF/（bar/e）
0p.u. 砂岩	2.65～2.68	1.81
0p.u. 石灰岩	2.71	5.08
0p.u. 白云岩	2.87	3.14
硬石膏	2.98	5.05
盐岩	2.04	4.65
煤	1.2～1.7	0.2
泥岩	2.1～2.8	8～6.3

2.13.1.4　在已知条件下 HALS 的响应

（1）在非渗透层，井眼校正后的 HLLD 和 HLLS 应该重合。

（2）在裂缝地层，HALS 取决于 R_t/R_m 的比值，在方位电阻率曲线上可能出现跳跃。

（3）如果仪器是居中的，电子偏离的电导率曲线应该重合。

（4）格罗宁根旗标只有在格罗宁根能够出现的地方或非常低电阻率的地层才能显示。

2.13.1.5　在已知条件下 AIT−H 的响应

（1）在进行深度匹配、井眼校正和多道信号处理后，不同曲线（10in、20in、30in、60in、90in）的相对位置（值）取决于 R_{mf} 和 R_w 的值、各自的饱和程度和侵入深度。

（2）在淡水钻井液中，通常的侵入剖面是探测较深的曲线低于探测较浅的曲线。盐水钻井液则相反。在非渗透层，如泥岩，曲线应相互重合（说明：井眼不规则、超压的影响、泥岩水化和各向异性是可忽略的）。

（3）在渗透层的前端，曲线的相对位置（应考虑到 R_w 和 R_{mf} 的值），应显示一致的剖面（如环空存在油气应出现变形）。

2.13.1.6　MCFL 测井曲线

通常由 MCFL 探头计算的 RSOZ 的偏离应该与三探头的岩性密度探头计算的 DSOZ 偏离相符合。然而这两种测量在对比度低的情况下可能读数差别很大。例如，当 R_{mc} 与 R_{xo} 相近时，MCFL 将探测不到滤饼；而当滤饼密度接近于地层密度时，岩性密度仪器无法区分滤饼和地层。

R_{xo} 曲线在非渗透层（即没有滤饼，没有侵入）应该等于 AIT-H 和 HALS 的测量。滤饼和侵入都可以引起浅电阻率仪器如 MCFL 的读数与 AIT-H 和 HALS 深电阻率仪器的读数不同。HMIN 和 HMNO 与微电阻率曲线相似，但只在 MCFL 仪器的工作范围内，在没有或有一点滤饼时应相互重合。在有滤饼存在的情况下，HMNO 大于 HMIN。精确的 R_m 输入（人工输入或从探头内实时取得）对 MCFL 的微电阻率曲线的测量是很重要的。

各曲线重复性、精确度见表 2.98 至表 2.106。

表 2.98　PEX（GR 重复性）

输出	重复性
GR	± 7%@1800ft/h

表 2.99　PEX（中子重复性）

范围	重复性
0～20p.u.	± 1p.u.@1800ft/h
30p.u.	± 2p.u.@1800ft/h
＞45p.u.	± 6p.u.@1800ft/h

表 2.100　PEX（HNGS 加速度计的精确度）

范围	精确度
± 1.8*g*	± 1%

表 2.101　PEX（HDD 密度范围）

输出	最小值	最大值	旗标（估算值超出模型可靠范围时设为 1）
RHOB	1.40g/cm^3	3.30g/cm^3	QCRH
PEF	1.1bar/e	7.7bar/e	QCPEF
Hmc（滤饼厚度）	0in	1.5in	QCRH，QCPEF

表 2.102 PEX（HDD 密度精确度）

输出	精确度
RHO1	0.01g/cm³ 0in 滤饼；0.02g/cm³ 0.5in 滤饼
PEF2	0.15bar/e 0in 滤饼；0.20bar/e 0.5in 滤饼

注：1. 对重晶石，RHO 精确度是 ±0.025g/cm³，当滤饼厚度小于 0.5in；
2. 假设钻井液系统中没有重晶石。

表 2.103 PEX（HDD 密度精度）

输出	精度
RHO18in 垂直分辨率	0.01g/cm³ 以 1800ft/h、2in 采样 0.02g/cm³ 以 3600ft/h、2in 采样
RHO8in 垂直分辨率	0.02g/cm³ 以 1800ft/h、2in 采样 0.025g/cm³ 以 3600ft/h、2in 采样
PEF18in 垂直分辨率	0.10bar/e 以 1800ft/h、2in 采样 0.15bar/e 以 1800ft/h、2in 采样
PEF8in 垂直分辨率	0.10bar/e 以 1800ft/h、2in 采样 0.15bar/e 以 1800ft/h、2in 采样

注：1. 精度等于标准偏差（Sigma）乘 1.96。对高斯分布，大约为真正平均值偏离的所有值的 95% 小于 1.96Sigma；
2. 假设钻井液系统中没有重晶石。

表 2.104 PEX（MCFL 重复性）

范围 /（Ω·m）	重复性 /%
1～200	5
200～500	10
500～2000	20

表 2.105 PEX（HALS 重复性）

范围 /（Ω·m）	重复性 /%
1～2000	5
200～5000	10
5000～40000	20

注：裂缝性地层，尽管在不同的通道上重复仍可以看到跳跃。

表 2.106 PEX（AIT-H 重复性 / 精确度）

范围	重复性
0.1～2000Ω·m	60in 探测深度。输出不包括井眼效应。 重复性 = ±2% 或 ±0.75Ω·m，取较大值

最新的快速平台版本 PEX150 的额定工作温度为 150℃，技术指标见表 2.107、表 2.108。

表 2.107　PEX/PEX150 技术指标（测量指标）

输出	HGNS：GR、中子孔隙度、仪器加速度
	HMS：体积密度、光电指数（PEF）、井径、微电阻率
	HALS：侧向测井电阻率、自然电位（SP）、钻井液电阻率（R_m）
	AIT：感应阵列电阻率、SP、R_m
最大测井速度	3600ft/h（1097m/h）
钻井液类型和钻井液密度限制	无
连接性	仪器串的最下部；上部可以斯伦贝谢大多数测井仪相连

表 2.108　PEX/PEX150 技术指标（标准曲线）

探头	最低分辨率	中等分辨率	最高分辨率
HALS	HLLD、HLLS：18in	无	HLD、HLS：8in
MCFL	RXOZ：18in	RXO8：8in	RXOI：2in
HDD	RHOZ、PEFZ、UZ、HDRA：18in	RHO8、PEF8、U8：8in	RHOI、PEFI、UI：2in
Neutron	NPHI、TNPH、NPOR：24in	无	HNPO、HTNP：12in
GR	ECGR 或 GR：24in	无	EHGR 或 HGR：12in
AIT-H	AHF10—AHF90：48in	AHT10—AHT90：24in	AHO10—AHO90：12in

2.13.2　高压高温测井平台

中国海油现有的高压高温测井平台见表 2.109。

表 2.109　中国海油现有的高压高温测井平台

公司	名称	缩写
COSL	高温高速测井平台	ESCOOL
SLB	高压高温测井平台	Xtreme
Baker Hughes	高压高温测井平台	Nautilus

2.13.2.1　测量原理

以 Xtreme 测井平台为例。Xtreme 测井平台用于高温、高压和恶劣环境下的地层评价，传感器坚固、稳定，能传输高质量的数据，能够在 30000ft 的深井中进行测量，耐温和耐压分别为 500℉（260℃）和 25000psi（172MPa）。仪器由阵列感应、长源距声波、岩性密度、超热中子和自然伽马能谱组成，其特点是最上部为集成的信号传输系统、自然伽马和加速度计，可以对所有 Xtreme 的测量提供实时速度校正，并实时监测井底温度；中部为孔隙度仪器和岩性密度仪器；阵列感应有与 AIT 相同的五个探测深度和三个垂直分辨率，自带间隙器，放在仪器的最底部。在密度和声波仪器之间接有万向接头，既可以使上部孔隙度仪器和岩性密度仪器贴井壁，又可使下部声波和阵列感应仪器居中。声波仪器是单极子数字声波，可以提供井眼补偿的 3～5ft 间距的时差或长间距（7～9ft 和 9～11ft）的时差，也可以记录全波波形，还可用来进行水泥胶结的测量。超热中子孔隙度仪器使用的是中子发生器而不是放射性中子源。全系列测井组合和完整的测量系列及 Xtreme 施工设计软件保证了困难环境下关键地层评价数据的测量。

Xtreme 由下列仪器组成：

（1）遥测和自然伽马短节 HTGC：包括加速度计短节，用于支持全部 Xtreme 测量的实时速度校正和井底温度测量。

（2）自然伽马能谱 HNGS：提供总自然伽马、去铀自然伽马和钍、铀和钾的含量。

（3）超热中子探头 HAPS：使用中子管作为放射性源，提供超热中子孔隙度，并利用环境校正后的中子俘获截面进行泥岩分析、粒径估算和矿化度计算。

（4）岩性密度探头 HLDS：应用探头能谱数据测量地层体积密度和光电指数。

（5）声波测井仪 HSLT：提供全波形记录的井眼补偿声波（BHC）或长源距声波时差（DDBHC），能提供套管井水泥胶结评价和变密度测井。

（6）阵列感应仪 HIT：提供与标准 AIT 仪相同的高质量电阻率测量。钻井液电阻率实时测量可用于计算下井仪与井壁之间的间隙，实现井眼环境的校正。

Nautilus 由下列仪器组成：

（1）自然伽马能谱仪 GR/SL：量化钍、铀和钾计数率，用于岩性识别。

（2）补偿密度仪 CDL：准确测定地层体积密度。

（3）补偿中子仪 CN：与 CDL 组合测井，测定地层孔隙度及地层流体类型。

（4）交叉偶极子声波仪 XMAC F1：快地层、慢地层均适用，提供全波列、单极子、交叉偶极子阵列数据。

（5）阵列感应仪 HDIL：提供高分辨率电阻率测量，测深可达 120in，真实反映原状地层情况。

（6）三臂井径仪：用于评估井眼条件，为测井资料提供重要的环境校正数据。

ESCOOL 裸眼电缆测井平台是 COSL 针对高温高压井研发的裸眼电缆测井设备，仪器满足 205℃ /235℃高温及 140MPa/175MPa 高压环境。设备覆盖常规测井、电成像、核磁共振、测压取样等高端测井设备。该系统采用网络化通信技术，实现井下仪器与地面系统高速数据网络连接。电缆传输速率为 1Mb/s，仪器总线速率为 10Mb/s。

2.13.2.2 资料主要用途

（1）阵列感应的原状地层电阻率（R_t）测量。

（2）地层评价和岩性识别。

（3）井眼几何形状测量。

（4）高温高压。

Xtreme 仪器性能见表 2.110、表 2.111。

表 2.110　Xtreme 仪器性能表 1

仪器名称	HTGC	HNGS	HAPS	HLDS	HSLT	HIT
额定温度	500°F（260℃）	500°F（260℃）	500°F（260℃）	500°F（260℃）	500°F（260℃）	500°F（260℃）
额定压力	25000psi（172MPa）	25000psi（172MPa）	25000psi（172MPa）	25000psi（172MPa）	25000psi（172MPa）	25000psi（172MPa）
最小井眼尺寸	$4^{3}/_{4}$in（120.7mm）	$4^{3}/_{4}$in（120.7mm）	$5^{7}/_{8}$in（149.2mm）	$4^{1}/_{2}$in（114.3mm）	$4^{3}/_{4}$in（120.7mm）	$4^{7}/_{8}$in（123.8mm）
最大井眼尺寸	没有限制	没有限制	21in（533.4mm）	20in（508mm）	20in（508mm）	20in（508mm）
外径	3.75in（95.3mm）	3.75in（95.3mm）	4in（101.6mm）	3.5in（88.9mm）	3.875in（98.4mm）	3.875in（98.4mm）
长度①	10.67ft（3.25m）	11.7ft（3.57m）	16ft（4.88m）	12.58ft（3.83m）	25.5ft（7.77m）②	29.2ft（8.90m）
质量	265lb（120kg）	276lb（125kg）	400lb（181kg）	402lb（182kg）	440lb（199kg）②	625lb（283kg）
抗拉力	50000lbf（222410N）	50000lbf（22410N）	50000lbf（22410N）	30000lbf（133446N）	29700lbf（132110N）	20000lbf（88960N）
抗压力	20000lbf（88960N）	23000lbf（102310N）	15000lbf（66720N）	5000lbf（22240N）	BHC HSLS-W 探头：2870lbf（12770N）DDBHC HSLS-Z 探头：1650lbf（7340N）	6000lbf（26690N）
在 500°F③保持时间	12h	10h	4h	5h	5h	12h

① 装配长度；② BHC 探头；③ 在仪器加电的情况下。

表 2.111　Xtreme 仪器性能表 2

仪器性能	IT	XSLT	HLDT	HNPL	XAPS	HNGS	XTGC-B
温度	500°F	500°F	500°F	500°F	500°F	500°F	500°F
压力	25kpsi	25kpsi	25kpsi	25kpsi	25kpsi	25kpsi	25kpsi
组合长度	350in	306in①	189.5in	128in	192in	98in	128in
质量	283.75kg	199.76kg①	182.51kg	124.85kg	181.60kg	93.07kg	120.31kg
最大外径	3.88in	3.75in	3.5in	3.75in	4in	3.75in	3.75in

续表

仪器性能	IT	XSLT	HLDT	HNPL	XAPS	HNGS	XTGC-B
最大测速	3600 ft/h	3600 ft/h	3600 ft/h	—	3600 ft/h	3600 ft/h	3600 ft/h
最小井眼	4.88in	4.75in	4.5in	4.75in	5.875in	4.75in	4.75in
最大井眼	20in	18in	16in	NA	21in	20in	20in
500°F 下持续工作时间	12h②	5h②	5h②	4h②	4h②	10h②	12h②

① 井眼补偿探头；② 在测井状态下仪器加电的情况。

Nautilu 仪器性能指标见表 2.112、表 2.113。

表 2.112 Nautilus 仪器性能表 1

仪器名称	GR/SL	CDL	CN	XMAC F1	HDIL	3ARM CALIPER
额定温度	500°F（260℃）	500°F（260℃）	500°F（260℃）	450°F（232℃）	500°F（260℃）	500°F（260℃）
额定压力	30000psi（206.87MPa）	30000psi（206.87MPa）	30000psi（206.87MPa）	30000psi（206.87MPa）	30000psi（206.87MPa）	30000psi（206.87MPa）
最小井眼尺寸	5.17in（131mm）	5.17in（131mm）	5.17in（131mm）	5.17in（131mm）	5.17in（131mm）	5.17in（131mm）
最大井眼尺寸	17.5in（444mm）	12in（305mm）	17.5in（444mm）	17.5in（444mm）	17.5in（444mm）	16in（444mm）
外径	4.17in（106mm）	4.17in（106mm）	4.17in（106mm）	4.17in（106mm）	4.17in（106mm）	4.25in（108mm）
长度①	9.5ft（2.9m）	18.26ft（5.57m）	9.58ft（2.92m）	43.71ft（13.31m）	37.42ft（11.4m）	7.5ft（2.29m）
质量	282lb（127.9kg）	494lb（224.1kg）	284lb（128.8kg）	1090lb（499.1kg）	876lb（397.4kg）	132lb（59.9kg）
抗拉力	78000lbf	58000lbf	78000lbf	30000lbf	36000lbf	34000lbf
抗压力	78000lbf	58000lbf	78000lbf	30000lbf	6in 井眼：16600lbf 8in 井眼：9000lbf	6in 井眼：27000lbf 8in 井眼：20000lbf
在 500°F② 保持时间	6h	6h	6h	6h（450°F）	6h	6h

① 装配长度；② 在仪器加电的情况下。

表 2.113　Nautilus 仪器性能表 2

仪器名称	PowerAdapter	Swivel	TTRm	CR	Orit	Knuckle
温度	500°F	500°F	500°F	500°F	500°F	500°F
压力	30000psi	30000psi	30000psi	30000psi	30000psi	30000psi
组合长度	1.61m	1.08m	0.81m	2.79m	3.05m	1.42m
质量	58.11kg	30.87kg	35.41kg	122.58kg	133.48kg	47.22kg
最大外径	3.88in	3.38in	3.63in	4.17in	4.17in	3.63in
最小井眼	4.88in	5in	4.63in	5.17in	5.17in	4.63in
最大井眼	17.5in	17.5in	17.5in	17.5in	17.5in	17.5in
500°F 下持续工作时间	6h	6h	6h	6h	6h	6h

2.13.3　小井眼高压高温测井平台

中国海油现有的小井眼高压高温测井平台见表 2.114。

表 2.114　中国海油现有的小井眼高压高温测井平台

公司	名称	缩写
SLB	小井眼高压高温测井平台	SlimXtreme

2.13.3.1　测量原理

SlimXtreme 主要应用小井眼、高压、高温等非常规环境下测井，并主要应用于多分支井、大位移井或侧钻井，以及过钻杆测井或钻杆传输测井。SlimXtreme 采用能经受高温高压且耐磨的传感器和小井眼设计组合，使其能够提供高质量的井场数据，测井速度为3600ft/h。仪器采用的电缆数字遥测技术能经受同样的温度和压力。

2.13.3.2　SlimXtreme 测井平台组成

（1）阵列感应测井仪 QAIT：能提供 5 种径向探测深度、3 种纵向分辨率、精度与 AIT 相同的阵列感应电阻率。仪器输出结果经过了环境校正。

（2）声波测井仪 QSLT：单极子声波仪器、数字算法首波探测可提供可靠的 3～5ft 或 5～7ft 井眼补偿声波时差。CBL、衰减和变密度水泥胶结测井可用于固井质量的评价。CBL 安装了一个 1ft 的接收器，可用于评价致密地层的水泥胶结质量。

（3）岩性密度测井仪 QLDT：可从三探头阵列能谱数据中得到地层密度和光电指数。电子弹簧井径仪线路控制仪器偏心，并提供上测和下测方向的井径测量。

（4）补偿中子测井仪 QCNT：提供与普通补偿中子测井仪同样高质量、经环境校正的中子孔隙度数据。

（5）遥测和伽马短节QTGC：包括一个组合式加速度计短节，用于支持全部SlimXtreme测量下的实时速度校正和钻井液温度监测。

SlimXtreme仪器性能见表2.115。

表2.115 SlimXtreme仪器性能表

仪器名称	QAIT	QSLT	QLDT	QCNT	QTGC
额定温度	500°F（260℃）	500°F（260℃）	500°F（260℃）	500°F（260℃）	500°F（260℃）
额定压力	30000psi（207MPa）	30000psi（207MPa）	30000psi（207MPa）	30000psi（207MPa）	30000psi（207MPa）
最小井眼尺寸	$3^7/_8$in（98.4mm）	$3^7/_8$in（101.6mm）	$3^7/_8$in（98.4mm）	$3^7/_8$in（98.4mm）	$3^7/_8$in（98.4mm）
最大井眼尺寸	20in（508.0mm）	8in（203.2mm）	9in（22.86mm）	10in（254.0mm）	没有限制
外径	3in（76.2mm）	3in（76.2mm）	3in（76.2mm）	3in（76.2mm）	3in（76.2mm）
长度	30.8ft（9.39m）	23ft（7.01m）带接入式扶正器：29.9ft（9.11m）	14.7ft（4.48m）	11.9ft（3.63m）	10.67ft（3.25m）
质量	499lb（226kg）	270lb（122kg）	253lb（115kg）	191lb（87kg）	180lb（82kg）
在500°F（260℃）条件下保持时间	8h①	5h	5h①	8h①	8h①

① 在仪器带电的测井环境中。

2.13.4 过钻杆测井

2.13.4.1 测量原理

对于大斜度井及水平井，电缆测井仪器难以完成测量任务，过钻杆测井通过将仪器放入钻杆水眼中随钻杆下入井底，从而完成与常规电缆测井相同的裸眼井测井数据采集。常用的过钻杆测井技术为斯伦贝谢公司的ThuBit，国内大庆油田也有自主研发的过钻杆测井系统FITS。其中斯伦贝谢的过钻杆测井系列相对齐全，主要包括自然伽马、自然伽马能谱、中子密度、阵列感应、阵列侧向、全波列声波测井、偶极子声波测井、电成像测井。大庆油田的过钻杆测井技术主要有自然伽马、伽马能谱、自然电位、双侧向、单极子声波、中子密度、交叉偶极子阵列声波、阵列感应测井系列。下面主要对斯伦贝谢公司过钻杆测井技术进行介绍。

ThruBit过钻头测井系统具有四种作业模式：

（1）常规电缆测量模式：电缆投放，电缆测井。

（2）过钻头电缆测量模式：电缆投放，电缆测井。

（3）过钻头存储测量模式：电缆投放，存储式测井。

（4）泵送存储测量模式：泵送投放，存储式测井。

施工流程如图 2.57 所示：

（1）正常通井及滑眼作业完成后，上提钻具离开井底至 Thrubit 测井设备可完全伸出。

（2）Thrubit 测井设备通过电缆投放或者辅以泵送下放至钻具底部。

（3）仪器串通过通止阀，落座在机械卡座上；上电测试正常后断开并起出电缆。

（4）正常起钻，以内存模式记录测井数据。

（5）钻头及 Thrubit 测井设备起至套管内。

（6）用电缆下入回收接头，捕获测井设备后起出至地面。

（7）在通井后续作业继续进行的同时，在地面读取内存数据并进行处理。

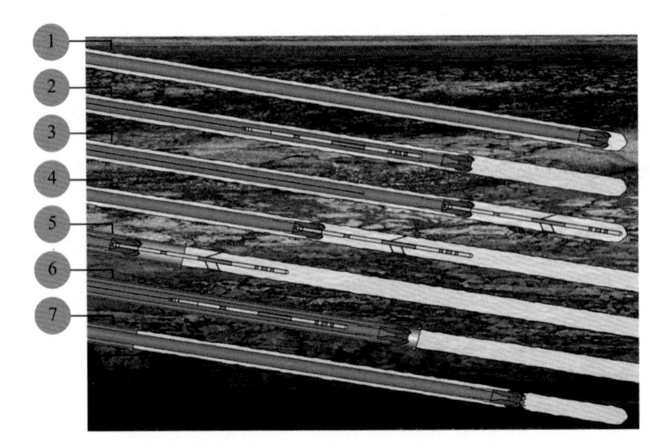

图 2.57　过钻头测井施工流程示意图

过钻杆测井仪器（ThuBit）外径为 2.125in，以钻杆为通道并穿过钻杆传输仪器。测井项目包括常规测井、阵列感应、阵列侧向、自然伽马能谱、偶极子声波和电成像等。ThuBit 可适用于大部分常见井眼尺寸，同时又能穿过常用的绝大多数钻杆和钻具的孔眼。ThuBit 可以像普通电缆测井那样实时传输测井，也可采用特有的输送方式进行存储式测井。ThuBit 测井包括以下单支井下仪器或系列组合，可根据情况灵活应用。

（1）遥传、存储与伽马测井（TMG）：提供整个井下仪器串的通信和数据存储功能，同时也进行地层自然伽马测量，以便进行地层对比和泥质含量计算。该仪器内还设计有多轴加速度计，用于监测仪器的转向、抖动和震动以及井眼斜度的测量。

（2）自然伽马能谱测井（TBSG）：通过对地层自然伽马进行能谱测量，解析出地层的钾、铀、钍含量。这三种地层最常见的自然放射性元素可用于区分地层特征、确定黏土类型、识别放射性砂岩储层，以及借助实验室刻度方法确定总有机碳含量这一非常规油气评价的重要参数。

（3）中子测井（TBN）：在裸眼或套管环境中均可进行测井，可提供经井眼和环境校正后的传统中子孔隙度曲线和热中子孔隙度曲线。

（4）密度测井（TBD）：测量地层密度、光电截面指数和井径；采用闪烁伽马探测器和铰接式极板设计，确保与井壁的良好接触，以保证大斜度井和井眼条件较差情况下的数据测量质量。单臂式井径用于推靠极板贴靠井壁同时进行井径测量。原始测量数据经过计算和校正处理，保证了密度测量的精度，基本不受井眼、钻井液类型和钻井液密度的影响。

（5）阵列感应测井（TBIT）：主要用于小井眼、大斜度井和水平井的测井数据采集，也可以用于恶劣井壁状况、溢流井、漏失井和带压井等复杂井的测井数据采集，可提供五种径向探测深度和三种纵向分辨率的感应电阻率测量，并设计有钻井液电阻率传感器，用于环境校正和井筒流体分析。

（6）阵列侧向测井（TBLA）：其测量原理、阵列设计以及电路动态范围都与标准尺寸的 HLA 阵列侧向仪器一样。

（7）全波列声波测井（TBS）：设计为一个单极子发射器、一个源距为 36in 的接收器和一组 6 个接收器。这 6 个接收器最近的距发射器 60in，相邻接收器之间间距为 6in。接收器记录的波形数据经时间相关性处理，得到纵波时差、横波时差。ThuBit 声波测井仪居中测量，通过仪器串中一对特制的接入式扶正器实现居中。

（8）偶极子声波测井（TBDS）：过钻杆偶极子声波测井仪共有两组发射器，采用机械式隔声体阻滞仪器本体的直达波干扰。一个压电式单极子发射器可以发射标准频率或特定低频脉冲；两个压电陶瓷柱体偶极子发射器正交排列，可激发宽频声波，以获取高信噪比的偶极子数据。过钻杆偶极子声波测井仪有 12 个间距 4in（101.6mm）的阵列接收器。接收器距单极子发射器最小距离为 70.2in（1.78m），距偶极子发射器最小距离为 78in（1.98m）。每级接收器由四个不同指向的宽频压电水听检波器组成，并分别与偶极子发射器方向保持一致；四个水听检波器的信号叠加为单极子波形，相互背对的一组检波器的信号之差叠加为偶极子波形并消除单极子波的干扰。仪器有 4 种基本测量模式，在测井过程中顺序激发不同模式的测量，共记录 4 套各 12 组波形数据。

过钻杆微电阻率成像测井仪外径为 $2^{1}/_{8}$in，是目前业界中直径最小的电阻率成像仪。它利用存储模式获取高分辨率的成像数据，数据质量与 FMI 相当。过钻杆微电阻率成像仪采用弹簧极板设计，可以将数据采集探头与电子线路部分组装在直径 $2^{1}/_{8}$in 的仪器中。单个数据采集短节包含 4 个 90° 夹角的极板臂，每一个极板臂包含 2 排共 12 个纽扣电极。伸缩的弹簧臂可实现与井壁的良好接触。过钻杆微电阻率成像仪最多可以组合三个数据采集短节，共计 144 个纽扣电极。在 6in 井眼中的覆盖率接近 80%。在测量地层电阻率的同时，该仪器还可以同时测量双井径、井斜和相对方位等信息。过钻杆微电阻率测井仪通常采用居中测量模式。该仪器可以和其他仪器如密度、声波和感应等组合，这样一次下井便可以获得用于地层评价的完整高精度测井资料。

2.13.4.2 资料要求与作业须知

（1）过钻杆测井的仪器仅记录时间域的数据（数据—时间的对应关系），需要录井提供深度—时间的对应关系文件，即起钻过程中各个时间点的钻头深度数据。具体的数据格式、采样率等要求需要根据具体的作业内容、地层情况来确定。

（2）仪器泵出钻杆后，钻杆只能向上移动，不能向下移动，否则有可能折断仪器。

2.13.4.3 资料主要用途

各类资料用途与常规电缆测井资料用途一致。

过钻杆测井仪器规格指标见表 2.116，过钻头测井仪器规格指标见表 2.117。

表 2.116　过钻杆测井仪器规格指标

仪器规格性能	ThuBit	ThuBit	ThuBit	ThuBit	ThuBit	ThuBit	ThuBit	ThuBit	ThuBit
	遥传存储与自然伽马	中子	密度	阵列感应	高分辨率阵列侧向	全波列声波	伽马能谱	偶极子声波	FMI 过钻头成像
测量输出	自然伽马	热中子孔隙度	地层体积密度	5 种探测深度感应电阻率（10in、20in、30in、60in 和 90in）	5 条侧向电阻率	单极子纵波和横波时差	地层总伽马	单极子纵波	高分辨率地层成像和地层倾角，*X*−*Y* 双轴井径
	温度		光电因子（PEF）	钻井液电阻率 R_m	地层真电阻率 R_t	全波列记录	去铀伽马	偶极子横波	
	井斜		井径	SP（可选）①	侵入深度		钾、铀、钍曲线	全波列记录	
	相对方位				冲洗带电阻率 R_{xo}			斯通利波	
测速	3600ft/h（1097m/h）	1800ft/h（549m/h）	1800ft/h（549m/h）	3600ft/h（1097m/h）	3600ft/h（1097m/h）	3600ft/h（1097m/h）	1800ft/h（549m/h）	1800ft/h（549m/h）	1800ft/h（549m/h）
测量范围	0～1000API	0～60p.u.（0～60% 未经校正的孔隙度）	密度：1.04～3.3g/cm^3	0.1～2000Ω·m	R_m=0.2～100000Ω·m	42～155μs/ft（138～508μs/m）	0～1000API	纵波时差：＜170μs/ft（＜558μs/m）	采样率：0.05in（0.13cm）
			PEF：0.9～10bar/e		R_m=0.2～20000Ω·m			横波时差：＜200μs/ft（＜656μs/m）	6in（152.4mm）井眼覆盖率 80%
			井径：2.13～18in（54.1～457.2mm）						

续表

仪器规格 性能	ThuBit 遥传存储与自然伽马	ThuBit 中子	ThuBit 密度	ThuBit 阵列感应	ThuBit 高分辨率阵列侧向	ThuBit 全波列声波	ThuBit 伽马能谱	ThuBit 偶极子声波	ThuBit FMI 过钻头成像
纵向分辨率	24in（609.6mm）	12～15in（304.8～381mm）	体积密度：9～12in（228.6～304.8mm）	1.2ft，4ft（0.30m、0.61m 和 1.22m）	12in（304.8mm）	24in（609.6mm）	测速 1800ft/h 时 60in（1520mm） 测速 900f/h 时 30in（76cm）	采用率 6in（152.4mm）数据处理时纵向分辨率：<44in（<1.12m）	0.2in（5.1mm）
精度	自然伽马：±5%	<20p.u.：±1p.u. 20～30p.u.：±2p.u. 30～45p.u.：±6p.u.	体积密度：±0.01g/cm^3 PEF：±0.15bar/e 井径：±0.2in（5.1mm）	±1Ω·m 或 ±2%（以大者为准）	1～2000Ω·m：±5% 2000～5000Ω·m：±10% 5000～100000Ω·m：±20%	±2μs/ft（±6.6μs/m）	Th：±3.2μg/g 或读值的 ±5% U：±1μg/g 或读值的 ±5% K：±0.5% 或读值的 ±10%	井眼<8$^3/_4$in（22.22cm） Δt：±2μs/ft（±6.6μs/m）或 ±2%（以大者为准）	井径：±0.2in（5.1mm） 井斜：±0.2°（5°<井斜角<85°）
探测深度	12in（30.48cm）	10in（254mm）	体积密度：2in（50.8mm） PEF：2in（50.8mm）	10in（254mm） 20in（50.80cm） 30in（762mm） 60in（1524mm） 90in（2286mm）	50in（127mm）②	3in（76.2mm）	12in（304.8mm）	纵波时差：3～6in 横波时差：3 倍井筒直径	1in（25.4mm）

续表

仪器规格性能	ThuBit	ThuBit	ThuBit	ThuBit	ThuBit	ThuBit	ThuBit	ThuBit	ThuBit
	遥传存储与自然伽马	中子	密度	阵列感应	高分辨率阵列侧向	全波列声波	伽马能谱	偶极子声波	FMI 过钻头成像
钻井液密度或类型限制	无	无	无	通常饱和盐水钻井液密度会超出仪器工作范围	只适用于导电钻井液密度	空气或泡沫钻井液通常会超出声波仪器工作测量范围无	无	空气或泡沫钻井液通常会超出声波仪器工作测量范围	要求水基钻井液且 R_m<50Ω·m
测井环境	裸眼或套管井	裸眼或套管井	裸眼井	裸眼井	裸眼井	裸眼或套管井	裸眼或套管井	裸眼或套管井	裸眼井
可组合性	与 ThuBit 仪器都可以组合	与 ThuBit 仪器都可以组合	与 ThuBit 仪器都可以组合	与 ThuBit 仪器都可以组合	与 ThuBit 仪器都可以组合	与 ThuBit 仪器都可以组合	与 ThuBit 仪器都可以组合	与 ThuBit 仪器都可以组合	与 ThuBit 仪器都可以组合
测井模式	实时式（地面直读）	实时式（地面直读）	实时式（地面直读）	实时式（地面直读）	实时式（地面直读）	实时式（地面直读）	实时式（只有状态数据）	实时式（只有状态数据）	存储式
	存储式	存储式	存储式	存储式	存储式	存储式	存储式	存储式	存储式泵送

① 自然电位（SP）的测量由另外的独立短节提供，且只能在实时传输模式下（非存储测井模式）；

② 原状地层与侵入的电阻率之比为 10：1 情况下的响应中值。

表 2.117 过钻头测井仪器规格指标

性能	ThuBit 遥传存储与自然伽马	ThuBit 中子	ThuBit 密度	ThuBit 阵列感应	ThuBit 高分辨率阵列侧向	ThuBit 全波列声波	ThuBit 伽马能谱	ThuBit 偶极子声波	ThuBit FMI 过钻头成像
额定温度	300°F（150℃） 高温版：350°F（175℃）	300°F（150℃） 高温版：350°F（175℃）	300°F（150℃） 高温版：350°F（175℃）	300°F（150℃） 高温版：350°F（175℃）	300°F（150℃）	300°F（150℃）	300°F（150℃）	300°F（150℃）	300°F（150℃）
额定压力	15000psi（103MPa）	15000psi（103MPa）	15000psi（103MPa）	15000psi（103MPa）	15000psi（103MPa）	15000psi（103MPa）	15000psi（103MPa）	17500psi（120MPa）	15000psi（103MPa）
最小井眼尺寸	最小钻具通径 $2^3/_8$in（60.3mm） 裸眼测井：3in（76.2mm）	最小钻具通径 $2^3/_8$in（60.3mm） 裸眼测井：3in（76.2mm）	最小钻具通径 $2^3/_8$in（60.3mm） 裸眼测井：3in（76.2mm）	最小钻具通径 $2^3/_8$in（60.3mm） 裸眼测井：3in（76.2mm）	最小钻具通径 $2^3/_8$in（60.3mm） 裸眼测井：3in（76.2mm）	最小钻具通径 $2^3/_8$in（60.3mm） 裸眼测井：3in（76.2mm）	最小钻具通径 $2^3/_8$in（60.3mm） 裸眼测井：3in（76.2mm）	最小钻具通径 $2^3/_8$in（60.3mm） 裸眼测井：3in（76.2mm）	最小钻具通径 $2^3/_8$in（60.3mm） 裸眼测井：5.5in（139.7mm）
最大井眼尺寸	14in（35.56cm）	16in（40.64cm）	16in（40.64cm）	16in（40.64cm）	16in（40.64cm）	13.25in（33.66cm）	14in（35.56cm）	$9^3/_4$in（24.77cm）	$9^3/_4$in（24.77cm）
外径	$2^1/_8$in（54mm）	$2^1/_8$in（54mm）	$2^1/_8$in（54mm）	$2^1/_8$in（54mm）	$2^1/_8$in（54mm）	$2^1/_8$in（54mm）	$2^1/_8$in（54mm）	$2^1/_8$in（54mm）	$2^1/_8$in（54mm）
长度	6.13ft（1.87m）	4.77ft（1.45m）	10.48ft（3.19m）	15.48ft（4.72m）	24.08ft（7.34m）	19.55ft（5.96m）	5.84ft（1.78m）	29.11ft（8.87m）	31.13ft（9.49m）
质量	43lb（19.5kg）	35lb（15.9kg）	106lb（48.1kg）	88lb（39.9kg）	247lb（112kg）	114lb（51.7kg）	38lb（17.3kg）	145lb（66kg）	138lb（62.6kg）

参考文献

[1] 刘国强，等.测井新技术应用方法与典型实例［M］.北京：科学出版社，2021.
[2] 尤建军，张超谟，陈洋，等.CHFR 测井原理及影响因素研究［J］.地球物理学进展，2005，20（3）：780-785.
[3] 占许文.基于可控源的伽马能谱测井及解谱应用［D］.兰州：兰州大学，2020.
[4]《测井监督》编委会. 测井监督：上册［M］.北京：石油工业出版社，2011.
[5] 杨兴琴，王环.岩性扫描成像测井仪 Litho Scanner［J］.测井技术，2012，6（22）：568.
[6] 刘耀伟，于增辉，廖胜军，等.油基泥浆电成像仪器的研制与应用［J］.石油管材与仪器,2019,5(3)：1-5.

3 随钻测井技术要点与质量控制

随钻测量（Measurement While Drilling，MWD）是在钻井过程中进行井下信息实时测量和上传的技术简称。MWD 测量的对象包括井斜、方位、井下扭矩、钻头承重、自然伽马和电阻率等参数。20 世纪 80 年代，在原 MWD 系统的基础上增加了对密度、中子等参数测量，由这类仪器组成的系统常被称为随钻测井系统（Logging While Drilling，LWD），它能够实时采集钻头附近的地层信息。

早在 20 世纪 30 年代，国外就开始进行随钻测量的尝试，将传输电缆嵌入钻杆内进行随钻电阻率测量，但是由于无法保证钻杆连接处的绝缘问题而未能成功。随着钻井液脉冲传输技术和旋转导向技术的突破，随钻测井技术进入快速发展阶段，从基本的定向井轨迹测量开始，发展了电磁波电阻率、地层密度、中子孔隙度、单极子声波和超声波井径等技术。21 世纪以来随钻测井技术向高端测井项目迈进，陆续开发了随钻电阻率成像、随钻核磁共振、随钻四极子声波、随钻测压取样、随钻地震等技术，具备较完整的随钻实时储层评价能力。随钻测井作为一种具有革命性的测井新技术，是解决大斜度井、多分支井、水平井以及大位移井等复杂井况钻井和测井不可缺少的手段，极大提升了地质决策的科学性和实时性，至此，测井技术进入电缆测井和随钻测井齐头并进的新时代，打开了油气田勘探开发的新局面[1-2]。

我国在“六五”与“七五”期间曾组织过多个随钻测井项目研究，但未取得实质性进展。从 20 世纪 90 年代中期开始，中国石油和中国石化通过引进、消化和吸收国外先进的随钻测井技术，成功研制出具有自主知识产权的随钻自然伽马和随钻电阻率测量仪。“十二五”期间，中国石油集团测井有限公司（CPL）和中海油田服务股份有限公司（COSL）均成立了专业研究团队，开始随钻测井的技术研发和装备制造能力建设，经过近十年发展，国内已具备功能齐全的随钻测量和随钻测井仪器。

目前，为中国海洋石油集团有限公司提供随钻测井技术服务的公司主要有中海油田服务股份公司（简称中海油服，记为 COSL）、斯伦贝谢公司（简称斯伦贝谢，记为 SLB）、贝克休斯控股公司（简称贝克休斯，记为 Baker Hughes）和哈里伯顿公司（简称哈里伯顿，记为 Halliburton）等，表 3.1 列出了常用的随钻测井仪器。

表 3.1 常用随钻测井仪器统计表

公司名称	随钻测井仪器
中海油服	近钻头方位伽马 NBIG675/475、随钻电磁波电阻率 ACPR800/675/475、随钻中子 INP800/675/475、方位岩性密度 LDI800/675/475、随钻阵列声波 MAST675、随钻四极子声波 QUAST675/475、随钻测压 IFPT675、随钻边界探测 DWPR800/675/475
斯伦贝谢	阵列补偿电磁波电阻率 ARC900/825/675/475/312、小井眼随钻测量仪 Impulse475、侧向电阻率成像仪 geoVISION 825/675/475、方位密度与中子 ADN825/675/475、随钻声波 SonicVISION900/825/675、多极子声波 SonicScope900/825/675/475、多功能随钻测井仪 EcoScope675、无化学源综合随钻测井仪 NeoScope675、随钻核磁共振 ProVISION675/825、侧向电阻率成像 MicroScope675/475、随钻地层压力测试仪 StethoScope 825/675、随钻测压取样 SpectraSphere675、多地层边界探测 PeriScope675/475、随钻钻头前视探测 IriSphere825/675、随钻地震测井 SeismicVISION825/675
贝克休斯	随钻自然伽马和电阻率测井仪 OnTrak950/825/675/475、方位电磁波电阻率 AziTrak675/475、随钻中子密度孔隙度测井 LithTrak 825/675/475、随钻声波 SoundTrak675/825/950、随钻核磁共振 MagTrak475/675/825、随钻高分辨电阻率成像 StarTrak475/675、随钻测压 TestTrak475/675/825、随钻测压取样 FasTrak675
哈里伯顿	双自然伽马测井仪 DGR950/800/675/475、随钻电磁波电阻率 EWR-Phase4 950/800/675/475、随钻电阻率 EWR-M5 950/800/675、方位岩性密度 ALD800/675/475 和补偿热中子 CTN800/675/475、方位聚焦电阻率 800/675/475、MRIL-WD675/800、方位探边电阻率 ADR675/475、随钻地层测试器 GeoTap950/800/675/475

3.1 实时信号传输原理

钻井液脉冲传输技术是随钻测井中地面与井下工具双向通信不可或缺的核心技术，实现测量信息实时上传和指令下传。相应工具一般由三个部分组成：负责为系统供电的涡轮发电机、负责采集各传感器数据的电子部分、将数据转化为信号的连续脉冲波发生器。连续脉冲波发生器一般由定子和转子组成，可以按一定规律运转，钻井液流经转子与定子产生不同的压力差即形成了钻井液脉冲信号。井下各工具和传感器采集的数据，通过井下硬连接的形式传输到脉冲发生器部分，进而通过编码方式转化为二进制数字信号串，再编译成转子的运转模式，使流经的钻井液自动产生规律压差。

如图 3.1 所示，钻井液脉冲随钻数据传输系统分为井下部分和井上部分，井下通信电路板采集总线上的工程参数及地层参数，通过数据编码器将模拟信号转换为数字信号，数字信号经控制电路调制，传递给驱动电路，驱动电路控制电动机运动，带动钻井液脉冲器转子摆动，对流经的钻井液介质形成截流效应，产生脉冲信号；信号经钻柱内钻井液传输到地面，在地面管线处的压力传感器采集压力波幅值；地面解调系统将压力波形解析成数字信号，完成井下测井数据到井上的传播过程。

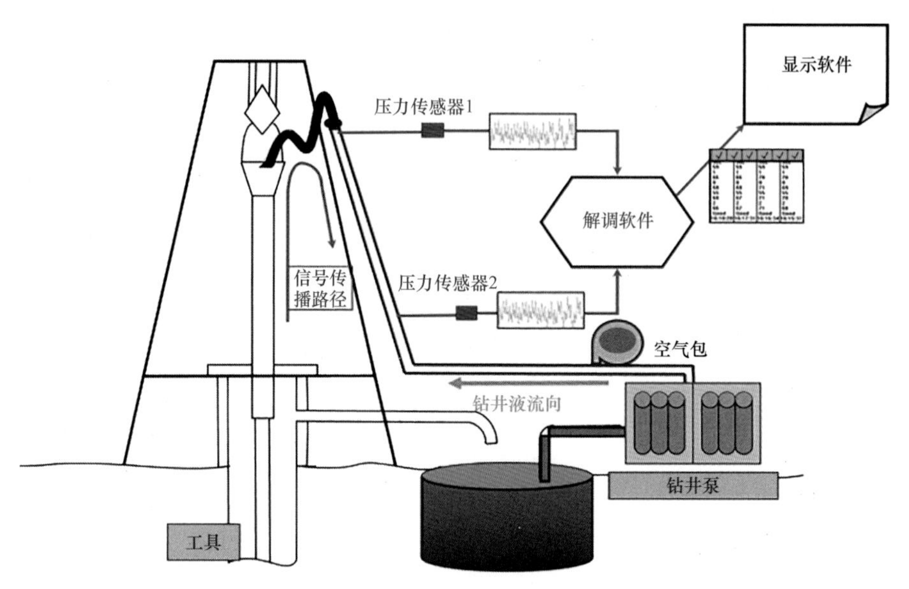

图 3.1　钻井液脉冲传输示意图

3.1.1　中海油服钻井液脉冲传输

3.1.1.1　仪器介绍

实时信号传输系统仪器组成为涡轮发电机短节（TGC）、脉冲器短节（HSVP）和指令下传机构（CDL）。高速率钻井液脉冲器（HSVP）是一种基于摆动阀原理的钻井液脉冲器。该型脉冲器支持的传输方式包括 PA、OOK、CPFSK、PSK，传输速率 0.5～12b/s，可通过 CDL 指令下传系统进行实时配置。

高速率钻井液脉冲器（HSVP）挂接在 Drilog® 系统中，替代原 Drilog® 系统中的正脉冲式脉冲发生器，通过 Tbus 总线与 Drilog® 系统的中控设备连接。在 Tbus 总线中，测井仪器将测得的数据上传至总线，中控采集总线上的数据，发送给 HSVP® 的通信电路板。通信电路板提取这些数据，编码后提供给驱动控制电路，再由驱动控制电路控制电动机运动，带动转子剪切钻井液流体，实现压力波形的产生和传播。

3.1.1.2　应用特点

（1）支持多种调制方式，适应不同井况的工作。

（2）产生连续变化的波式压力波形，具有优良的抗噪性，可满足更复杂的调制方式设计要求。

（3）实现更高速率的数据传输，3000m 深度实际传输速度可以达到 12b/s。

（4）支持 CDL 指令下传切换调制方式和传输速率。

（5）支持 CDL 指令下传切换转子摆动角度，以调节压力波幅值；通过 CDL 切换，可支持静默模式。

高速率钻井液脉冲器（HSVP）技术指标见表 3.2。

表 3.2 高速率钻井液脉冲器（HSVP）技术指标

技术名称	HSVP800	HSVP675	HSVP475
仪器外径	8in（203mm）	6.75in（171.45mm）	5in（127mm）
最大直径	9.5in（242mm）	7.47in（190mm）	5.25in（133mm）
适合井眼范围	10.625～17.5in （270～445mm）	8.375～10.625in （213～270mm）	5.75～6.75in （146～172mm）
长度	23.6ft（7.21m）	22.9ft（6.98m）	21.5ft（6.57m）
上传速率	0.5～12b/s		
最高温度	150℃		
最高压力	20000psi		
钻井液排量范围	低排量（351～616gal/min） 中排量（483～880gal/min） 高排量（616～1231gal/min）	低排量（283～446gal/min） 中排量（381～664gal/min） 高排量（510～998gal/min）	低排量（123～187gal/min） 中排量（153～251gal/min） 高排量（207～350gal/min）
最大曲率	旋转：8°/30m 滑动：15°/30m	旋转：13°/30m 滑动：20°/30m	旋转：15°/30m 滑动：30°/30m
最大钻压	245tf	300tf	115tf
最大转速	400r/min		
最高基频频率	36Hz		

3.1.2 斯伦贝谢实时信号传输

3.1.2.1 仪器介绍

斯伦贝谢主要应用三种随钻实时信号传输方式，分别为钻杆传输、电磁传输和钻井液脉冲传输，目前在国内主要使用的是钻井液脉冲传输方式，小井眼随钻实时信号传输使用随钻测量工具 SlimPulse、IMPulse、DigiScope，常规井眼使用 TeleScope 和 TruLink，高温井使用 TeleScope ICE。

其中常用的 TeleScope 采用压缩算法增加数据传输速度，TeleScope 传输的信息可以用于优化地质导向、提高钻井效率和降低风险。快速方便的下行链路协议保证了信息从地面实时传送到井下仪器，传输速度和设置可以方便地改变，因为采用双向通信，在下行链路时，仍可以继续正常的测井和钻井作业。

3.1.2.2 应用特点

（1）可在快速钻井过程中传输多套实时测量数据。

（2）可传输地质导向数据，并能基于实时通过下行链路向井下工具发指令。

（3）适应恶劣和复杂的钻井环境，包括高温、高压和深井。

（4）来自多种仪器的实时测量数据提供了综合的井下环境分析。

（5）测井时的快速下行链路提高了作业效率。

（6）存储器数据钻后分析提高了后续钻井设计的质量。

（7）强大的信号探测确保在深井中也能获得综合信息。

（8）带高速处理器和软件的 Orion 平台。

（9）灵活的井下配置和程序。

（10）集成记录存储器。

斯伦贝谢数据传输参数见表 3.3。

表 3.3　斯伦贝谢数据传输参数表

名称	TeleScope675	TeleScope825	TeleScope900	TeleScope950
井下数据上传频率	0.25～24Hz	0.25～24Hz	0.25～24Hz	0.25～24Hz
井下供电方式	涡轮发电	涡轮发电	涡轮发电	涡轮发电
外径	6.75in（171.5mm）	8.25in（209.6mm）	9.0in（228.6mm）	9.5in（241.3mm）
最大直径	6.89in（175.0mm）	8.41in（213.6mm）	9.16in（232.7mm）	9.68in（245.9mm）
长度	24.7ft（7.53m）	24.6ft（7.50m）	24.7ft（7.53m）	24.8ft（7.56m）
质量	946kg	1399kg	1808kg	1998kg
井下数据物理上传速率	0.5～12b/s			
常规仪器最大耐温	150℃			
高温仪器最大耐温	175℃			
常规仪器最大承压	20000psi			
高温仪器最大承压	30000psi			
常规仪器钻井液排量	300～800gal/min	300～800gal/min	300～800gal/min	300～800gal/min
高温仪器钻井液排量	200～1000gal/min	300～2000gal/min	300～2000gal/min	300～2000gal/min
最大曲率	旋转：8°/30m/ 滑动：15°/30m	旋转：7°/30m/ 滑动：12°/30m	旋转：6°/30m/ 滑动：10°/30m	旋转：6°/30m/ 滑动：10°/30m
最大抗震	震动级别 3（50g 以上大于 10Hz）时 30min，或 50g 以上累计 20 万次震动			

3.1.3 贝克休斯实时信号传输

3.1.3.1 仪器介绍

实时信号传输系统仪器（BCPM1 或者 BCPM2）由涡轮发电机模块（MVA）、脉冲器模块（CVA）和指令下传机构（ABPA）组成。贝克休斯第一代高速率钻井液脉冲器BCPM1是一种正压脉冲器，通过蘑菇头的上下闭合产生正压脉冲，传输频率为0.08～2Hz，对应传输速率约12b/s和0.5b/s。

BCPM2是贝克休斯第二代高速率钻井液脉冲器，是一种基于连续波原理的钻井液脉冲器，传输方式为PSK，传输速率3～30b/s，可通过ABPA指令下传系统进行实时配置。BCPM2挂接在AutoTrak®系统中，通过M30总线与AutoTrak®系统的中控设备连接。在M30总线中，测井仪器将测得的数据上传至总线；中控采集总线上的数据，发送给BCPM2的通信电路板；通信电路板提取这些数据，编码后提供给驱动控制电路，再由驱动控制电路控制电动机运动，带动转子剪切钻井液流体，产生压力波形。

3.1.3.2 应用特点

（1）支持多种调制方式，适应不同井况的工作。

（2）产生连续变化的波式压力波形。这种波形具有更优良的抗噪性，可满足更复杂的调制方式设计要求。

（3）实现更高速率的数据传输，最高传输速度可以达到30b/s。

（4）支持ABPA指令下传切换调制方式和传输速率。

（5）支持ABPA指令下传切换转子摆动角度，以调节压力波幅值；支持静默模式，可通过ABPA切换。

高速率钻井液脉冲器（BCPM）技术指标见表3.4。

表3.4 高速率钻井液脉冲器（BCPM）技术指标

名称	BCPM1		BCPM2	
仪器外径	4.75in（121mm）	6.75in（171mm）	4.75in（121mm）	6.75in（171mm）
最大直径	6.75in（171mm）	7.274in（184.76mm）	6.75in（171mm）	7.274in（184.76mm）
适合井眼范围	5.875～10.625in（149.22～269.87mm）		5.875～10.625in（149.22～269.87mm）	
长度	11.1ft（3.38m）	10.65（3.25mm）	17.5ft（5.33m）	16.2ft（4.93m）
上传速率	10b/s		40b/s	
最高温度	150℃			
最高压力	20000psi			
钻井液排量范围	125～1200gal/min			
最大曲率	旋转：8°/30m；滑动：15°/30m			
最大钻压	114tf	300tf	114tf	300tf
最大转速	450r/min			
最高基频频率	9Hz		40Hz	

3.1.4 哈里伯顿实时信号传输

3.1.4.1 仪器介绍

哈里伯顿有四种实时信号传输方式，分别是正脉冲、负脉冲、电磁波、智能钻杆，其中在国内应用的是正脉冲和负脉冲。正、负脉冲原理介绍和对比见表 3.5。

表 3.5 正、负脉冲原理介绍和对比

信号类型	正脉冲	负脉冲
原理介绍	通过脉冲器蘑菇头的伸缩，减小过流面积，产生正压脉冲波，被地面压力传感器接收	通过电控阀门的开关，实现从钻具内部泄压到环空，产生负压脉冲波，被地面压力传感器接收
优点	（1）可在作业现场拆装维护； （2）成本较低	（1）传输速率高； （2）作业现场免维护

井下工具实时测量的各种数据由中控短节收集，经过处理排序后发送给正脉冲或负脉冲，技术指标见表 3.6。正脉冲或负脉冲对收到的数据进行编码，编解码方式为脉冲位置调制（Pulse Position Modulation，PPM）。这种编码方式是将比特数据转化成相邻两次脉冲之间的时间间隙，不同的时间间隙代表不同的比特值。地面压力传感器识别到脉冲波后，将每两个脉冲波之间的时间间隙计入数据库，然后进行反脉冲调制，得到井下的测井数据。

表 3.6 正脉冲和负脉冲技术指标

信号类型	正脉冲	负脉冲
适用井眼尺寸	6～16in（152.4～406.4mm）	6～16in（152.4～406.4mm）
最高温度	175℃	150℃
最高压力	25000psi	
排量范围	根据需求可调整	高于钻井设备能够支持的上限

3.1.4.2 应用特点

（1）负脉冲最高可支持 7b/s 的数据传输速度；正脉冲最高可支持 4b/s 的数据传输速度。

（2）负脉冲对排量上限和堵漏材料基本无限制。

（3）负脉冲信号强度大，抗噪性好。

（4）正脉冲可在现场调整配置，适应各种排量范围和钻井液密度。

（5）支持下传指令调整正脉冲和负脉冲的传输速率以及信号强度。

3.2 深度控制

中海油服、斯伦贝谢、贝克休斯、哈利伯顿等各家公司深度控制原理基本一致。

3.2.1 仪器介绍及应用特点

根据平台类型不同，深度跟踪所采用的传感器分为两类：

（1）自升式平台所使用的是安装在绞车滚轴端的绞车传感器和夹在死绳上的悬重传感器。绞车传感器利用轴传动原理，根据绞车滚筒转动，记录大钩上下的位置变化，从而转化为钻具上下移动的距离，即井深变化。悬重传感器利用对死绳张力的感应，判断出卡与坐卡：坐卡时，钻具不随大钩移动；出卡时，钻具与大钩同步移动（图 3.2）。

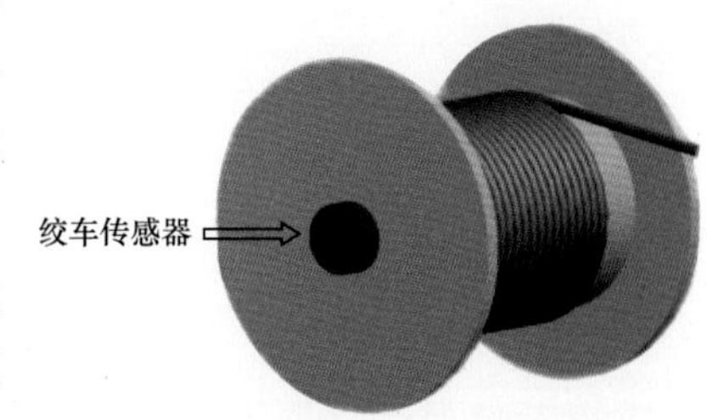

图 3.2 自升式平台跟深原理

（2）由于受到深水潮汐和平台升沉的影响，浮式平台和钻井船需要使用安装在伸缩节位置的平台升沉补偿传感器、安装在司钻房顶端的深水跟深传感器以及夹在死绳上的悬重传感器，同时还需要结合井位附近的每日潮汐变化进行校正。深水跟深传感器的钢丝绳挂在顶驱上，根据顶驱的上下移动距离，得到带有伸缩补偿的大钩移动距离；而平台升沉补偿传感器主要测量伸缩节的伸缩量变化。通过这两个传感器所得到的数据，再加上悬重传感器判断出的坐卡状态，可以得到准确的井深变化。

3.2.2 质量控制及作业须知

（1）钻具表：钻具组合入井之前，应实际测量各钻具的真实长度，记录制作钻具表，以便确认井下钻具总长度，从而对比跟深系统得到的实时钻头深度，可以直观地判断深度跟踪的质量。

（2）传感器校准：井下工具入井之前，应提前校准地面传感器，确定绞车各部分系数以保证绞车传感器转数计算出的长度与大钩上下移动距离一一对应，确认悬重传感器测量的精准度和出坐卡门限值，从而保证深度跟踪的准确性。

（3）深度校正：钻具入井后，尤其打钻时，应进行实时深度校正，利用钻具表对比实时钻头深度记录在特定的跟深表中，如发现深度误差为偶发固定值，可对比钻具表钻头深度进行一次性修正；如钻头深度变化有快于或慢于钻具表的趋势，则需要调整传感器相关系数。

3.2.3 技术指标

（1）采集时间间隔：10ms。

（2）深度值精度：1cm。

3.3 随钻自然伽马测井

随钻自然伽马测井为常规必测的随钻项目，是地层评价最基本的手段。20 世纪 80 年代中期以来，国外钻井行业大量采用定向井、水平井、分支井及大位移井等钻井工艺，使

MWD 技术得到广泛应用，作为 MWD 的配套仪器，随钻自然伽马的发展也取得了长足的进步。随钻自然伽马测量仪器发展趋势主要表现为多方位测量、近钻头测量和与其他测量项目高度集成等方面，目的是更好地确定钻头在地层中的位置、实时判断岩性变化，为地质导向作业和深度校正服务。

中国海油常用随钻自然伽马测量工具有普通伽马、方位伽马、双向伽马 DGR、近钻头方位伽马等。

随钻自然伽马测量通常是与其他测量项目高度集成。斯伦贝谢公司阵列补偿电磁波电阻率 ARC 集成的是普通伽马，小井眼随钻电阻率测井 ImPulse、多功能随钻测井 EcoScope、无化学源综合随钻测井仪 NeoScope、随钻侧向电阻率成像测井 MicroScope、近钻头和方向电阻率成像测井 GVR、多边界探测仪 PeriScope 均集成了方位伽马。中海油服随钻电阻率伽马测井仪 ACPR、随钻方位电磁波电阻率测井仪 DWPR 均集成了方位伽马。贝克休斯公司随钻电阻率工具 OnTrak、方位电磁波电阻率 AziTrak 均集成了方位伽马。哈里伯顿公司只有 EWR-M5 工具集成了方位伽马 AGR，其他电阻率工具通常与双向伽马 DGR 挂接测量地层岩性。表 3.7 列出了常用能够进行随钻自然伽马测量的仪器和适用条件。

表 3.7 常用随钻自然伽马测井仪器和适用条件统计表

公司	仪器类型 / 规格	适用井眼范围	最高温度	测量范围	垂直分辨率
中海油服	ACPR675/800	212.7～311.15mm（8.375～12.25in）	150℃	0～500API	172.72mm（6.8in）
	NBIG675	212～251mm（8.35～9.875in）	150℃	0～500API	172.72mm（6.8in）
斯伦贝谢	ImPulse475	146.05～171.45mm（5.75～6.75in）	175℃	0～250API	152.4mm（6in）
	arcVISION675/825/900	215.9～444.5mm（8.5～17.5in）	175℃	0～250API	152.4mm（6in）
	PeriScope475/675	146.05～250.825mm（5.75～9.875in）	150℃	0～250API	254mm（10in）
	GVR475/675/825	146.05～311.15mm（5.75～12.25in）	150℃	0～250API	152.4mm（6in）
	NeoScope675	215.9～228.6mm（8.5～9.0in）	175℃	0～1000API	304.8mm（12in）
	EcoScope675	212.725～250.825mm（8.375～9.875in）	175℃	0～1000API	304.8mm（12in）
	iPZIG475/675/800	146.05～311.15mm（5.75～12.25in）	150℃	0～250API	152.4mm（6in）
贝克休斯	OnTrak475/675/825/950	146.05～660.4mm（5.75～26in）	175℃	0～500API	153.0mm（6in）
	AziTrak475/675	146.05～269.875mm（5.75～10.625in）	175℃	0～500API	153.0mm（6in）
哈里伯顿	DGR475/675/825/950	149～762mm（5.875～30in）	175℃	0～380API	228.6mm（9in）
	EWR-M5 675/800/950	210～762mm（8.25～30in）	150℃	0～500API	180mm（7in）

3.3.1　测量原理

随钻自然伽马测井与电缆自然伽马测井原理基本一致，它是以地层的自然放射性为基础，测井时沿井眼记录地层伽马射线强度。来自岩层的自然伽马射线穿过井内钻井液和仪器外壳进入探测器，探测器将接收到的伽马射线转换成电脉冲信号，经井下电路计数并处理，连续记录出井剖面上地层的自然伽马强度。

各家公司方位伽马测量原理基本一致，不同点是扇区数量、伽马传感器个数和测量参数有区别，详见各测量工具仪器性能表。以中海油服近钻头方位伽马（NBIG）为例，介绍方位伽马仪器结构和工作原理。随钻近钻头方位伽马测井仪（Near Bitinclination and Azimuth Gamma Measurement Tool，NBIG）是一种适用于马达定向作业的随钻地质导向测井工具，如图 3.3 所示，能实时完成近钻头方位伽马测量，同时具备近钻头井斜、8 扇区方位钻井参数测量能力。NBIG 分为上下两个短节，下短节为测量短节，位于钻头和马达之间；上短节为数据跨传短节，与 Drilog® 随钻测井系统连接。其工作原理分为近钻头井斜测量、近钻头扇区测量和方位伽马测量三部分。

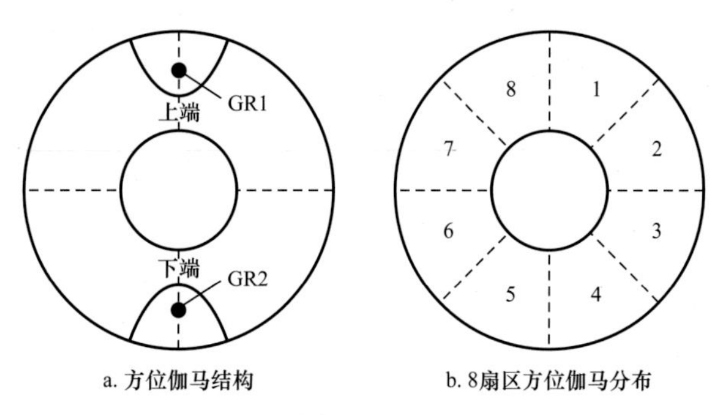

图 3.3　方位伽马测量原理示意图

3.3.2　主要技术特点

（1）近钻头井斜测量技术：适应钻头快速旋转工况的近钻头井斜测量技术，测点距离钻头 0.55m，更好地实现马达作业模式下轨迹控制。

（2）近钻头方位伽马测量技术：近钻头方位伽马提供伽马成像测量，测点距离钻头 0.75m，实现近钻头地质导向功能，能够有效判断“顶出”还是“底出”。

（3）井下短距无线跨传技术：适用于水基和油基钻井液，跨马达进行信号传输。

3.3.3　近钻头方位伽马优势

（1）近钻头方位伽马由于测量零长小，克服了常规随钻自然伽马测量滞后的不足。尤其在薄层、复杂储层进行水平井钻井时，推荐使用近钻头方位伽马地质导向[3]。

（2）利用多扇区自然伽马曲线也可以综合得到上、下两条自然伽马曲线。当钻头离开目的层时，参照上、下两个不同方向自然伽马曲线形态，可以帮助判断仪器是顶出还是底出目标层。

（3）利用多扇区自然伽马曲线可以进行伽马成像，利用伽马成像可以估算地层视倾角，指导导向人员对井眼轨迹作出调整。

此外，近钻头方位伽马仪器还有斯伦贝谢公司近钻头方位伽马 iPZIG、哈里伯顿公司近钻头方位伽马 GABI 等。

3.3.4 刻度与校验

（1）按要求进行刻度和校验，主刻度至少每 90 天做一次。

（2）工具电子部件取出维修保养或重要部件更换后，应进行刻度与校验。

3.3.5 资料要求与作业须知

（1）原始数据应包含计数率和自然伽马曲线。

（2）在目的层段，曲线采样率应不低于 6 个样点 /m（2 个样点 /ft）；伽马成像数据采样密度在非目的层段，曲线采样率宜达到 6 个样点 /m（2 个样点 /ft）以上。

（3）曲线特征应符合地区规律，与地层岩性有较好的对应性。正常情况下，泥岩层或富含放射性物质的地层呈高自然伽马特征，而砂岩层、碳酸盐岩地层呈低自然伽马特征。

（4）实时数据中自然伽马曲线应无大段毛刺或折线。

（5）录取方位伽马成像资料时测量工具转动应规则。

（6）自然伽马曲线应根据质量控制要求进行相应的环境校正。参数校正通常包括钻井液密度、井眼尺寸、工具尺寸和钾离子含量等，相关参数应确保输入正确，实时数据校正需要输入钻头尺寸、钻井液密度。

3.3.6 影响因素

（1）井眼尺寸的影响：井眼尺寸不同，到达探测器的伽马射线粒子数量不同，因此自然伽马数值也不同。井径扩大，所测自然伽马数值会减小。

（2）钻井液成分的影响：当井内有钻井液时，井内介质对伽马射线的吸收较强，通常钻井液密度增大，测量到的自然伽马数值会减小。如果钻井液中混有含放射性成分的物质（如 KCl），测量到的自然伽马数值会显著增大。

（3）钻铤的影响：由于自然伽马测量仪装在钻铤内，钻铤会对伽马探测器产生一定的屏蔽作用。钻铤会吸收一部分伽马射线，因此自然伽马数值会减小。钻铤的厚度和密度越大，影响越明显。

（4）测井速度的影响：测井速度会直接影响随钻自然伽马测量仪的统计涨落误差，因此通常钻速应该控制在 45m/h 以内，最大不应该超过 76m/h。

3.3.7 资料主要用途

随钻自然伽马曲线可以判断地层岩性、计算泥质含量、划分地层厚度、判断沉积环境、校深。除此以外，方位伽马最重要的应用是帮助进行地质导向，分析仪器高边与上下围岩的位置关系，最大限度提高钻遇率。

3.4 随钻电磁波电阻率测井

20世纪中叶，Apr公司与LaneWalls公司在随钻自然伽马测井以及随钻电阻率测井中成功应用了钻井液遥传远控系统，并且将接收线圈和发射线圈安装于钻铤上，随钻探测的思想从此问世。

最初始的随钻电磁波测井仪器是由NL公司研发并投入市场。该仪器是由一个发射线圈和两个接收线圈即最基本的三线圈系组成，并且使用一种工作频率。贝克休斯公司的DPR仪器以及哈里伯顿公司的EWR仪器也都使用了这种单发双收三线圈系基本结构，仪器的工作频率都设置为2MHz。

1988年，斯伦贝谢公司推出了CDR仪器，由于使用了双发双收四线圈系，减小了仪器本身的误差，并可实现井眼补偿的功能，大大改善了仪器的精度。

1992年，哈里伯顿公司研制出了EWR-Phase4仪器。该仪器为四发双收六线圈系单边发射结构，总共可以获得包括深、中、浅、极浅四种不同探测深度的八条测井曲线，但是该仪器并没有井眼补偿的功能。

1994—2003年，斯伦贝谢公司相继推出了ARC675、ARC825、ARC900等规格工具。该仪器使用五发双收线圈系结构，线圈系采用双边发射不对称排列，通过软件聚焦可以获得五组不同探测深度的电阻率曲线且具有井眼补偿功能。同时，贝克休斯公司和哈里伯顿公司也在不断改进仪器性能，分别推出OnTrak（双边发射对称结构）和EWR-M5（双边发射不对称结构）随钻电阻率工具。

随后，斯伦贝谢公司将多种测量项目高度集成，2005年研发了多功能随钻测井仪EcoScope，2012年无化学源综合测井仪NeoScope得到推广应用。

中国海油现有的随钻电磁波电阻率测井仪器见表3.8。

表3.8 中国海油现有的随钻电磁波电阻率测井仪器

公司	仪器名称	缩写
COSL	随钻电阻率	ACPR
SLB	随钻电阻率	ARC
Baker hughes	随钻电阻率	OnTrak
Halliburton	随钻电阻率	EWR-P4/M5/Slim-P4

总而言之，随钻电阻率测井技术向多频补偿电阻率、低频双边发射电阻率、多功能高度集成等方向发展，目的是便捷、准确地采集到地层信息，消除仪器自身的因素而导致的电阻率异常现象（窗帘效应、极化角现象和佐罗效应等），最大限度减小地层的非均质性、大斜度和各向异性对测量结果的影响。表3.9列出了常用随钻电磁波电阻率仪器和适用条件。

表 3.9 常用随钻电磁波电阻率仪器和适用条件

公司	仪器类型 / 规格	适用井眼范围	最高温度	相位移测量范围	垂直分辨率	探测深度	发射线圈数量 / 接收线圈数量	曲线条数
中海油服	ACPR675/800	212.7～444.5mm（8.375～17.5in）	150℃	0.2～2000Ω·m	203.2mm（8in）	431.8～1270mm（17～50in）	4/2	4 条相位移和 4 条衰减
斯伦贝谢	ImPulse475	146.05～171.45mm（5.75～6.75in）	175℃	0.2～2000Ω·m	203.2mm（8in）	355.6～4470.4mm（14～176in）	5/3	4 条相位移和 4 条衰减
	arcVISION475/675/825/900	146.05～444.5mm（5.75～17.5in）	175℃	0.2～3000Ω·m	203.2mm（8in）	330.2～1016.0mm（13～40in）	5/3	10 条相位移和 10 条衰减
贝克休斯	OnTrak475/675/825/950	146.05～660.4mm（5.75～26in）	175℃	0.1～3000Ω·m	200mm（7.87in）	380～1219.0mm（15～48in）	4/2	4 条相位移和 4 条衰减
哈里伯顿	EWR−Phase4 475/675/800/950	149～762mm（5.875～30in）	140℃	0.05～3000Ω·m	152.4mm（6in）	381～1270.0mm（15～50in）	4/2	4 条相位移和 4 条衰减
	EWR−M5 675/800/950	210～762mm（8.25～30in）	150℃	0.05～5000Ω·m	152.4mm（6in）	304.8～800.1mm（12～31.5in）	6/3	15 条相位移和 15 条衰减
	Slim−P4	149～165mm（5.875～6.5in）	140℃	0.05～2000Ω·m	152.4mm（6in）	381～3683mm（15～145in）	4/2	4 条相位移和 4 条衰减

3.4.1 测量原理

随钻电磁波电阻率测井仪器结构复杂，采用多发多收测量模式。其理论依据是电磁波与介质相互作用，受 Maxwell 方程和相应的电荷电流守恒定律支配。仪器利用相位移测量法和幅度衰减测量法，通过测量接收线圈之间电动势的振幅衰减和相位差来获得地层信息。

相位差测量方法：以 EWR−P4 为例，相位差的产生是由近接收极和远接收极之间的 6in 间距导致的。例如，电磁波的波长为 24in，整个波形为 360°，远近接收极接收到的电磁波的相位差为 90°；对于高电阻的地层，如果波长是 60in，由计算（6/60）×360 可知两个接收极之间测量到的相位差为 36°。相位差与地层电阻率的关系可以通过查图版计算，通常相位差越大，地层电阻率越低。

振幅衰减测量方法：电磁波在传播过程中，强度会逐渐减弱，其振幅的变化与地层的电阻率有直接关系。通过测量远近两个接收极的电磁波强度，可以计算出振幅衰减量，从而得到地层电阻率。

3.4.2 刻度与校验

（1）按要求进行刻度和校验，仪器主刻度期限不超过 90 天。

（2）工具电子部件取出维修保养或重要部件更换后，应进行刻度与校验。

3.4.3 资料要求与作业须知

（1）原始数据应包含各频率、源距下的所有电阻率曲线和衰减、相位移数据。

（2）在高角度和各向异性的地层中，斜井电阻率大于相邻直井的相同地层电阻率。

（3）在井眼规则的非渗透地层，随钻电阻率曲线基本重合。

（4）电阻率数值符合区域规律，大段泥岩数值与电缆电阻率测井一致。

（5）通常应进行井眼尺寸、钻井液电阻率、温度校正。

3.4.4 随钻电阻率响应特征：

径向探测响应特征：（1）长源距电阻率高于短源距电阻率；（2）幅度衰减电阻率高于相位电阻率；（3）低频电阻率高于高频电阻率；（4）背景值电阻率越大，探测深度越大。

纵向分辨率响应特征：（1）短源距电阻率高于长源距电阻率；（2）相位电阻率高于幅度衰减电阻率；（3）高频电阻率高于低频电阻率。

3.4.5 影响因素

早期的随钻电磁波电阻率仪器具有不可克服的缺点（如单边发射、单向接收、不对称结构体等）。这些仪器固有的特性以及受周围环境的影响，会导致各种电阻率曲线异常现象发生。其中钻井导致的影响因素有井眼条件、偏心影响和侵入影响，地层本身影响的因素有围岩影响、极化效应、各向异性和介电效应等。

（1）井眼环境的影响。当电阻率传感器经过井眼不规则井段时，电阻率曲线起伏变化频率较快，俗称“窗帘花边效应（Lace Curtain Effect）”（图 3.4）。

（2）围岩和层厚的影响。在大斜度井和水平井中，当仪器穿过两电阻率相差很远的地层分界面时，测量的电阻率值突然增到极大（远远超过地层的真实电阻率），产生严重畸变的现象，叫电阻率极化角现象（图 3.5）；当电阻率传感器频繁穿过砂泥岩交互薄层时，会导致浅探测电阻率数值大于深探测电阻率（图 3.6），通常称“左罗效应（Zorro Effect）”。

（3）地层各向异性的影响。电阻率的各向异性是当地层厚度小于测量仪器的分辨率或井斜角较大时，引起水平电阻率与垂直电阻率测量结果不一致（该种条件下与电缆测井对比，随钻电阻率会大于电缆测井电阻率）。如图 3.7 所示，BZ28−2S 平台某井 1505m 以下地层录井为荧光细砂岩，因为各向异性导致高频电阻率数值大于低频电阻率，出现曲线分离现象。

（4）钻井液侵入的影响。对随钻测井来说，通常钻井液侵入特征不明显。但是在不同时间内重复同一测井方法，钻井液侵入可能会导致渗透层电阻率出现分离和数值变化。

（5）仪器偏心的影响。通常在油基钻井液、大尺寸井眼环境以及工具不居中的情况下发生。该效应在高频情况下表现明显，曲线特征为高频电阻率曲线异常甚至形成尖峰。

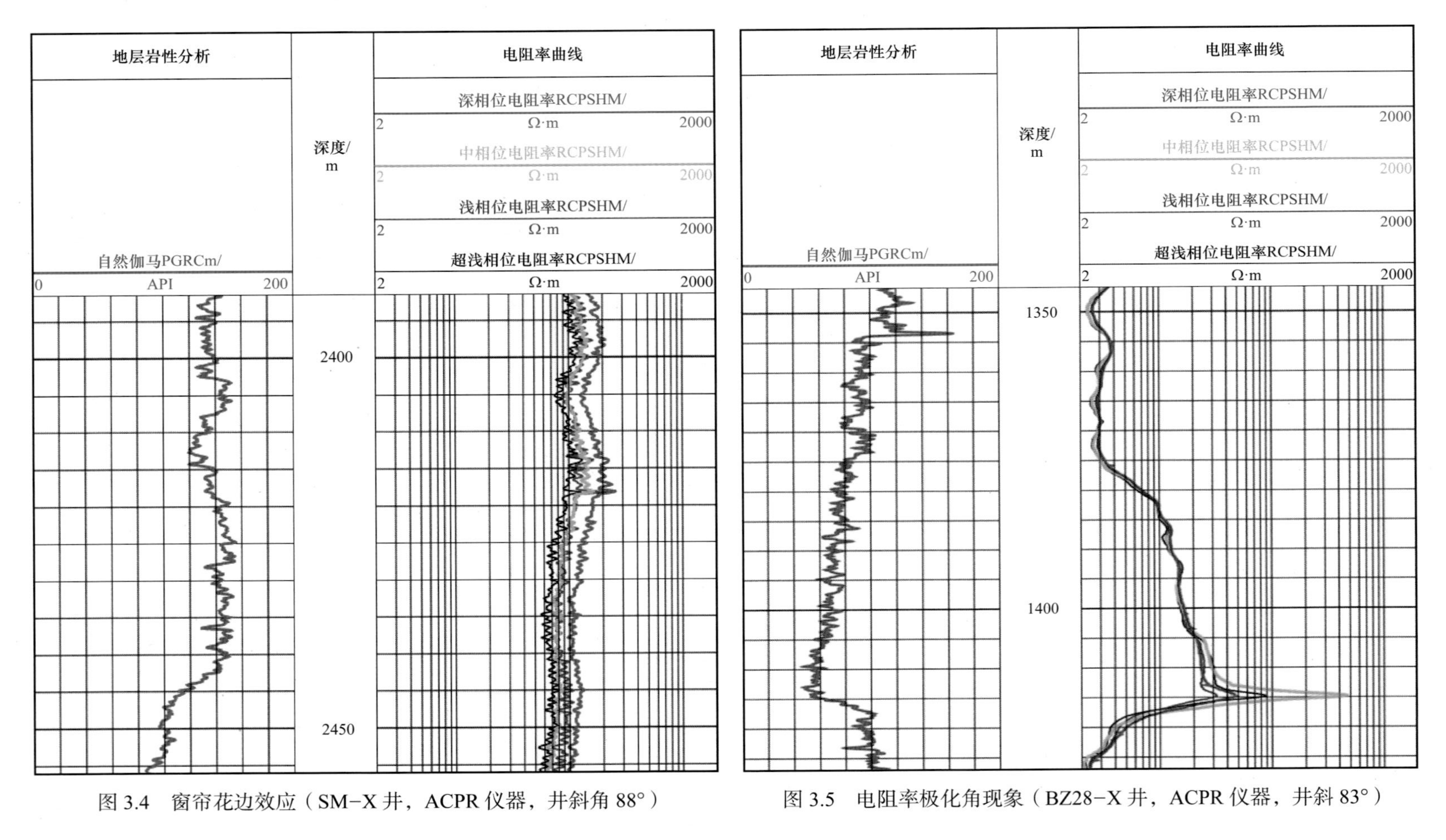

图 3.4　窗帘花边效应（SM-X 井，ACPR 仪器，井斜角 88°）

图 3.5　电阻率极化角现象（BZ28-X 井，ACPR 仪器，井斜 83°）

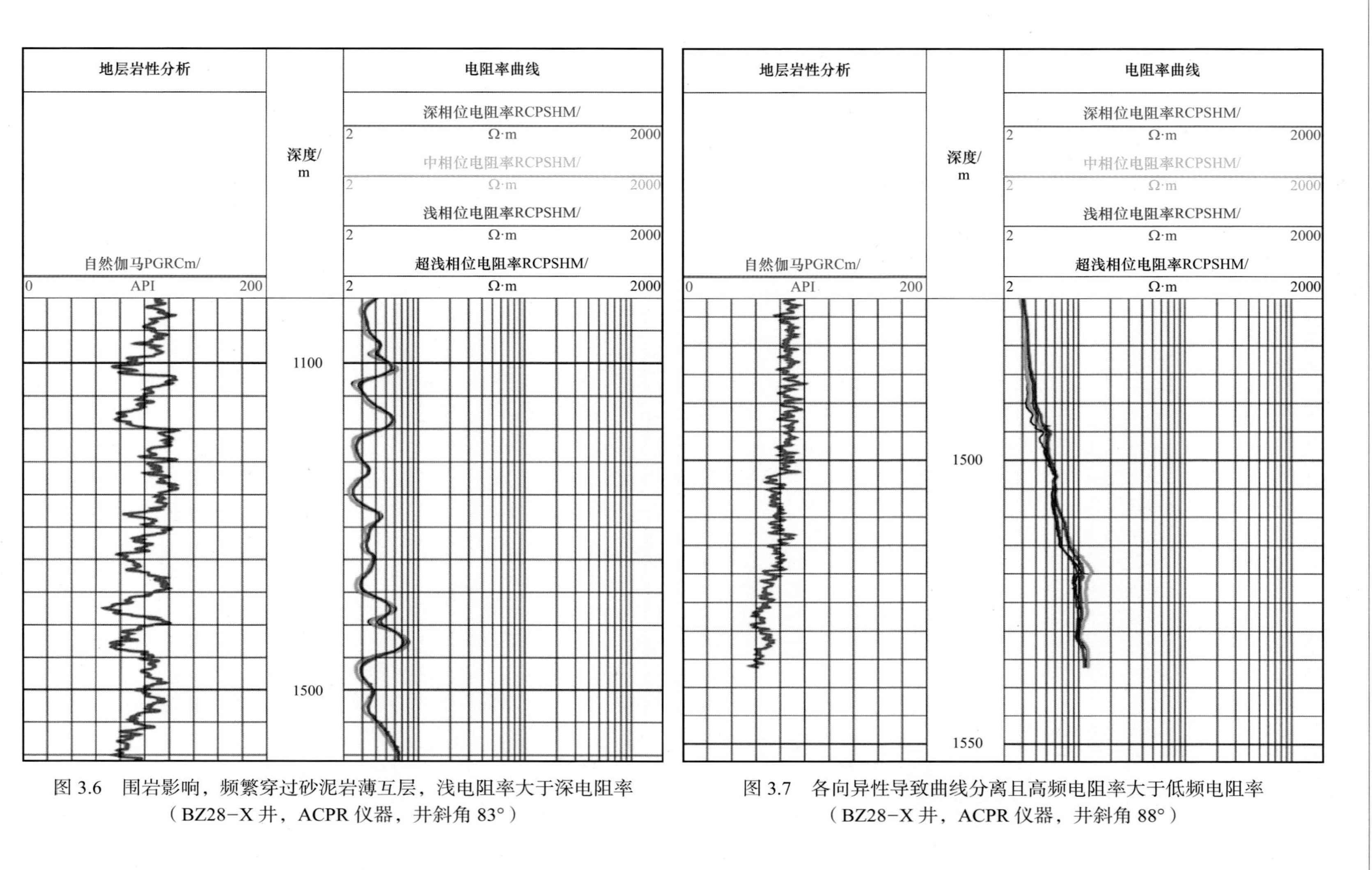

图 3.6　围岩影响，频繁穿过砂泥岩薄互层，浅电阻率大于深电阻率（BZ28-X 井，ACPR 仪器，井斜角 83°）

图 3.7　各向异性导致曲线分离且高频电阻率大于低频电阻率（BZ28-X 井，ACPR 仪器，井斜角 88°）

（6）介电效应的影响。介电效应一般常见于未知介电常数的高电阻率地层当中。为了获取精确的电阻率测量值，当地层电阻率高于 200Ω·m 时，建议进行介电响应校正。受介电效应影响，井段曲线特征通常为短源距电阻率大于长源距电阻率[4]。

3.4.6 资料主要用途

（1）实时提供不同探测深度的电阻率曲线。

（2）帮助实时判断流体性质和油水界面。

（3）与孔隙度资料结合，计算含水（油）饱和度。

（4）地质导向服务。

3.4.7 中海油服随钻电阻率测井（ACPR）

3.4.7.1 测量原理

随钻电阻率测井仪（Array Compensation Propagation Resistivity，ACPR）采用双频、双源距、对称结构线圈系，发射天线位于接收天线的两端，共有 4 个发射天线和 2 个接收天线；电阻率与方位伽马测量集成于一体，两个伽马探头采用 180° 对称放置，增强了仪器的稳定性和可靠性；测量系统具备自动温漂校正功能；电路安装在钻铤外壁内，电路板通过盖板密封，如图 3.8 所示。

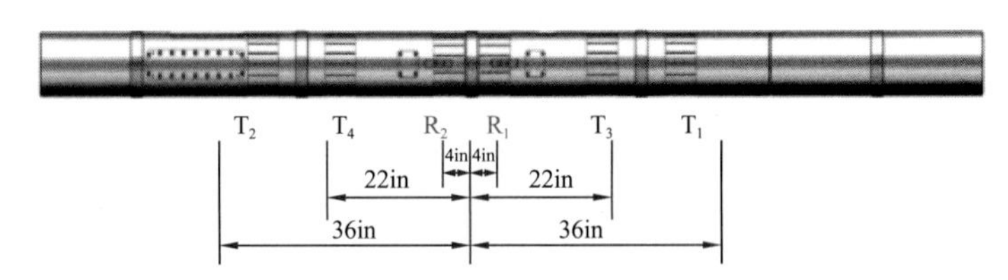

图 3.8 中海油服随钻电阻率测井仪（ACPR）

3.4.7.2 质量控制及作业须知

（1）以 5s 采样周期记录时，要求测速小于 54m/h。

（2）内存记录数据有限制（清空内存后 12 天），每次起钻后根据情况下载数据，清空内存。

（3）若 ACPR 工具有接收或发射传感器损坏，实时数据会受到部分影响，可使用 ToolAssistant 软件对内存卸载数据处理后进行专家数据处理，可根据接收 / 发射损坏情况恢复内存下载数据。

（4）提供两种数据下载方式：简化数据下载与完整数据下载。简化数据下载井口占用时间短；完整数据下载井口占用时间稍长。若简化数据发现数据有缺失的情况，可下载完整数据进行数据恢复。

（5）仪器需按要求进行检查，每次入井前要测试查看仪器状态。

ACPR 仪器性能见表 3.10。

表 3.10 ACPR 仪器性能表

仪器名称	ACPR 675	ACPR 800
仪器外径	6.75in（171.45mm） 最大 7.25in（184.15mm）	8in（203.2mm） 最大 8in（203.2mm）
仪器内径	1.91in（48.5mm）	2.28in（58mm）
适用井眼尺寸	8.375～10.625in （212.7～270mm）	10.625～17.5in （270～445mm）
仪器长度	11.4ft（3.48m）	13.5ft（4.12m）
仪器质量	590kg	880kg
最大狗腿度	滑动 20°/30m；旋转 13°/30m	滑动 16°/30m；旋转 10°/30m
上扣扭矩	24340lbf·ft	43500lbf·ft
最大钻压	304tf	240tf
钻井液排量范围	225～650gal/min	
最大工作扭矩	52000lbf·ft	75230lbf·ft
电阻率测量点（距仪器底部）	6.66ft（2.03m）	6.20ft（1.89m）
伽马测量点（距仪器底部）	2.33ft（0.71m）	1.90ft（0.58m）
最高工作温度	150℃	150℃
最高工作压力	20000psi	20000psi
抗冲击性能	500g 半正弦 @1ms	500g 半正弦 @1ms
最大钻进速度（ROP）	54m/h（8s/ 采样点）；108m/h（5s/ 采样点）	
工作电压	24～48V	
电阻率内存容量	电阻率（RES）：32MB	
电阻率数据存储时间	电阻率（RES）：12 天（5s/ 采样点）；6 天（2.5s/ 采样点）	
方位伽马传感器类型	碘化钠闪烁晶体	
方位伽马测量	测量范围 0～500API，测量精度 ±2API@100API，垂直分辨率 6.8in	
方位扇区	8 扇区成像	
方位伽马储存能力	大于 200h	
电源	锂电 /MWD（开泵）	

3.4.8 斯伦贝谢阵列补偿电磁波电阻率测井（ARC）

3.4.8.1 测量原理

阵列补偿电磁波电阻率（Array Resistivity Compensated logging instrument，ARC）通过仪器上阵列排列的五个发射天线和两个接收天线，可以测得不同深度的电阻率。如图3.9所示，三个信号发射器分别布置在一对接收器上方16in、28in、40in的位置，另外两个信号发射器布置在接收器下方22in、34in的位置。每个发射器会按不同时序向地层发出2MHz和400kHz的电磁波，通过分别测量两个接收器接收到的相位和振幅的差异，计算得到10条相位和10条衰减井眼补偿电阻率。ARC工具采用线性组合实现井眼补偿。ARC系列工具集成了自然伽马（非方位伽马）探测仪测量地层的自然伽马，作为判断地层岩性的主要依据。

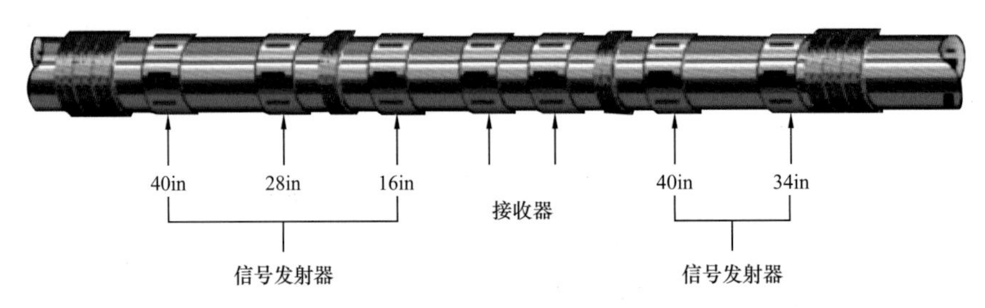

图3.9 斯伦贝谢阵列补偿电磁波电阻率测井仪（ARC）

3.4.8.2 质量控制及作业须知

（1）为保证测量值的准确和精度，ARC工具感应电阻率、自然伽马测量需进行车间刻度，刻度有效期为三个月；循环当量密度，使用原厂刻度，刻度有效期为一年，过期需送回生产中心进行重新刻度。

（2）以10s采样周期记录时，要求测速小于90m/h，最高采样周期为5s。

（3）内存记录数据有限制（从电池安装开始计时约为192h），每次起钻后根据情况下载数据，清空内存。

（4）在开泵时，MWD会通过钻井液带动涡轮发电并供给ARC，这时锂电池只提供很少的电量，可以忽略不计；在不开泵时，锂电池将正常工作，供电给ARC。全新一对锂电池在正常井下温度（75～100℃）下正常工作为80～110h（即安装电池之后的总关泵时间）。如果预测电量不能保证下一趟钻的正常使用，应在甲板更换电池。

（5）ARC工具中自然伽马测量值须进行钾离子浓度校正。钻井液中钾离子浓度较高时，需钻井液工程师提供准确钾离子浓度值，以便精确校正自然伽马测量值。

（6）电阻率测量值须对钻井液盐度校正。钻井液采用KCl加重或盐度超高时，对于电阻率测量值有一定影响，建议控制钻井液盐度。

（7）若ARC工具有一个接收传感器损坏，实时数据会受到部分影响，可使用ARCWizard软件对内存卸载数据处理，完全恢复内存卸载数据（仅限于一个接收传感器损坏的情况）。

（8）如对实时数据密度要求较高，编写数据帧推荐使用压缩数据点，对实时数据精度无影响，可有效提高数据点密度。

（9）测量 2MHz 和 400kHz 两种频率电磁波相位和衰减电阻率，获取 20 条不同探测深度的感应曲线和一条自然伽马曲线；能够将井眼的影响、钻井液侵入、地层界面和各向异性特征区分开来；实时动态介电常数校正；可以与其他仪器组合使用；提供实时循环当量密度 ECD 值，有助于改善井眼清洁状况并提高井下钻井安全。

ARC 仪器性能见表 3.11。

表 3.11　ARC 仪器性能表

仪器性能	VISION475	VISION675	VISION825	VISION900
仪器外径	4.75in（120.65mm）	6.75in（171.45mm）	8.25in（209.55mm）	9.0in（228.6mm）
仪器内径	—	3.2in（81.28mm）	4in（101.6mm）	4.25in（107.95mm）
适用井眼尺寸	5.75～6.75in（146.05～171.45mm）	8.25～9.875in（209.55～250.82mm）	10.5～14.75in（266.70～374.65mm）	12.25～17.5in（311.15～444.5mm）
仪器长度	18.18ft（5.54m）	18.18ft（5.54m）	18.18ft（5.54m）	18.0ft（5.48m）
仪器质量	726kg	800kg	1000kg	1200kg
最大狗腿度（旋转）	15°/30m	8°/30m	7°/30m	6°/30m
最大狗腿度（滑动）	30°/30m	16°/30m	14°/30m	12°/30m
上扣扭矩	—	23000lbf · ft	42400lbf · ft	65000lbf · ft
最大钻压	—	74000000lbf/L^2（L：扶正器之间距离，以 ft 为单位，下同）	164000000/L^2	261400000/L^2
钻井液排量范围	200～400gal/min	500～800gal/min	1600～1950gal/min	1600～1950gal/min
最大工作扭矩	—	16000lbf · ft	23000lbf · ft	35000lbf · ft
电阻率测量点（距仪器底部）	6.92ft（2.11m）			
伽马测量点（距仪器底部）	7.08ft（2.16m）			
最高工作温度	175℃			
最高工作压力	25000psi			
抗冲击性能	50$\sqrt{g}$（30min）			

续表

仪器性能	VISION475	VISION675	VISION825	VISION900
最大钻进速度（ROP）	109m/h			
工作电压	30V			
电阻率内存容量	144MB			
电阻率数据存储时间	450h			
伽马传感器类型	碘化钠闪烁晶体			
伽马测量	测量范围 0～250API，测量精度 ±3API@100API，垂直分辨率 6in			
伽马储存能力	大于 200h			
电源	锂电 /MWD（开泵）			

3.4.9 贝克休斯随钻电阻率测井（OnTrak）

3.4.9.1 测量原理

随钻电阻率工具 OnTrak 可以提供电阻率、井斜、方位伽马、环空压力及震动测量，OnTrak 与地面系统 Advantage^{SM} 同时使用，可以优化定向能力和地层评估能力。OnTrak 电阻率传感器使用四个发射器、两个接收器的双频补偿天线矩阵，得到 8 条电阻率曲线（4 条相位移电阻率和 4 条衰减电阻率），供电和通信模块可以发电为井下工具提供电力，并通过钻井液脉冲进行双向通信。OnTrak 工具集成了方位伽马仪器，两个伽马传感器采用 180° 对称放置，可以提供 16 扇区伽马成像。仪器如图 3.10 所示。

图 3.10　贝克休斯随钻电阻率测井仪（OnTrak675+LithoTrak675）

3.4.9.2 质量控制及作业须知

（1）一般情况下，OnTrak 工具的方位伽马、电阻率和环空压力每三个月做一次车间刻度，每次入井前要做测试检查，以保证工具状态正常。

（2）OnTrak 工具必须与数据传输处理短节 BCPM 一同使用。

（3）地层电阻率较高时，相移电阻率比振幅衰减电阻率更精确。

（4）现场作业时，应尽量获取井眼尺寸、温度、钻井液密度、钻井液电阻率等环境参数以便对测量数据进行环境校正。

OnTrak 仪器性能见表 3.12。

表 3.12 OnTrak 仪器性能表

仪器名称	OTK475	OTK675	OTK825	OTK950
仪器外径	4.75in（120.65mm）	6.75in（171.45mm）	8.25in（209.55mm）	9.5in（241.3mm）
仪器内径	3.159in（80.24mm）	4.183in（106.25mm）	5.0in（127mm）	5.709in（145mm）
适用井眼尺寸	5.75～6.75in（146～171.45mm）	8.375～10.625in（212.73～269.875mm）	10.625～12.5in（269.875～317.5mm）	12.5～26in（317.5～660.4mm）
仪器长度	20.34ft（6.2m）	17.05ft（5.2m）	19.02ft（5.8m）	22.96ft（7.0m）
仪器质量	844kg	1000kg	1550kg	1780kg
最大狗腿度	滑动 30°/30m；旋转 10°/30m	滑动 20°/30m；旋转 13°/30m	滑动 13°/30m；旋转 6.5°/30m	滑动 13°/30m；旋转 6.5°/30m
上扣扭矩	10324lbf·ft	29480lbf·ft	44247lbf·ft	66371lbf·ft
最大钻压	15tf	25.5tf	35tf	45tf
钻井液排量	475～1325gal/min	757～3407gal/min	1495～4900gal/min	1140～6050gal/min
最大工作扭矩	10324lbf·ft	23598lbf·ft	35398lbf·ft	64896lbf·ft
电阻率测量点（距仪器底部）	9.67ft（2.95m）	5.31ft（1.62m）	6.72ft（2.05m）	12.53ft（3.82m）
伽马测量点（距仪器底部）	2.20ft（0.67m）	1.28ft（0.39m）	1.34ft（0.41m）	5.38ft（1.64m）
最高工作温度	175℃			
最高工作压力	20000psi			
抗冲击性能	$5\sqrt{g}$（20min）			
最大钻进速度（ROP）	90m/h（0.25m/点）			
工作电压	33V			
电阻率数据存储时间	根据工具组合而不同，但通常在 680～3000 循环时间范围内			
方位伽马传感器类型	碘化钠闪烁晶体			
方位伽马测量	测量范围 0～500API，测量精度 ±2.5API@100API，垂直分辨率 6in			
方位扇区	16 扇区成像			
方位伽马储存能力	512MB			
电源	钻井液驱动涡轮			

3.4.10　哈里伯顿随钻电磁波电阻率测井（EWR-P4/EWR-M5/Slim-P4）

3.4.10.1　测量原理

哈里伯顿随钻电磁波电阻率测井仪器（Electromagnetic Wave Resistivity，EWR）主要通过测量射频电磁波在地层中传播后相位移和幅度衰减变化量的方法来计算电阻率。EWR 系列包括 EWR-P4、EWR-M5 和 Slim-P4 三种类型。EWR-P4 使用的是 2MHz 和 1MHz 频率的电磁波对地层进行测量。由图 3.11 可知，EWR-P4 采用 4 发 2 收结构，包括 3 个 2MHz 的发射极（由右向左为超浅发射极、浅发射极、中发射极）、1 个 1MHz 的发射极（为深发射极）。接收极 2 个，由右向左为远接收极、近接收极。总共可以获得包括深、中、浅、极浅四种不同探测深度的八条测井曲线。EWR-P4 工具没有集成随钻伽马，与双向伽马 DGR 挂接，测量自然伽马曲线。EWR-P4 仪器性能见表 3.13。

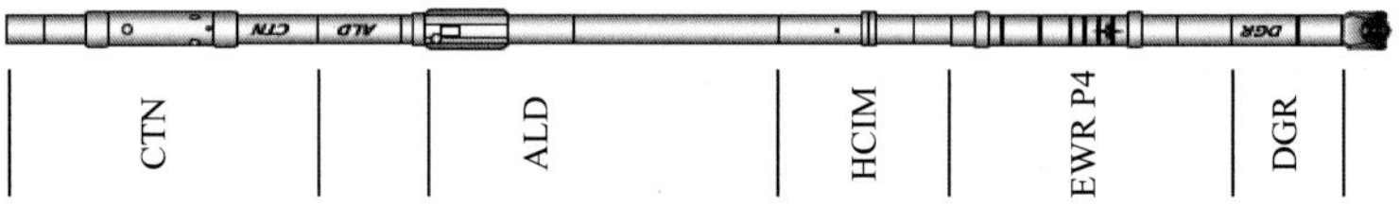

CTN　ALD　HCIM　EWR P4　DGR

图 3.11　哈里伯顿随钻电磁波电阻率测井仪（EWR-P4+DGR+CTN+ALD）

表 3.13　EWR-P4 仪器性能表

仪器性能	800 型	675 型	475 型
仪器外径	8in（203.2mm）	6.75in（171.45mm）	4.75in（121mm）
仪器内径	1.92in（49mm）	1.92in（49mm）	1.25in（31.8mm）
适用井眼尺寸	10.5～14.75in（267～375mm）	8.27～9.875in（210～251mm）	5.875～7.25in（149.23～184.15mm）
仪器长度	12.2ft（3.72m）	12.1ft（3.69m）	22.5ft（6.86m）
仪器质量	900kg	700kg	492kg
最大狗腿度	滑动 14°/30m；旋转 8°/30m	滑动 21°/30m；旋转 10°/30m	滑动 30°/30m；旋转 14°/30m
上扣扭矩	54000～56000lbf·ft	30000～33000lbf·ft	9900～10900lbf·ft
最大钻压	26tf	20tf	20tf
最大工作扭矩	57700lbf·ft	34700lbf·ft	25000lbf·ft
钻井液排量范围	300～1200gal/min		
电阻率测量点（距仪器底部）	5.0ft（1.52m）		7.8ft（2.38m）
伽马测量点（距仪器底部）	1.74ft（0.53m）		—

续表

仪器性能	800 型	675 型	475 型
最高工作温度	140℃		
最高工作压力	18000psi		
抗冲击性能	40g（100 次）		
最大钻进速度（ROP）	150m/h		
工作电压	19～21V		
电阻率内存容量	2～6MB		
电阻率数据存储时间	大于 10 天		
电源	HCIM 电池（BHA 用正脉冲传输信号，涡轮主供电，电池副供电）		

DGR（Dual GR）包括了两块独立电路的半圆形测量板，每块测量板包括 8 根 Geiger-Muller 的伽马射线测量管。每一块测量板均能准确测量来自地层的伽马射线。通常情况下提供的测量数据为两块测量板的平均数据，但是在其中一块发生故障后，可通过地面系统软件操作，使用另一块测量板的数据作为最后测量数据。DGR 有 475/675/800/950 四种规格供选择。DGR 仪器性能见表 3.14。

表 3.14　DGR 仪器性能表

仪器性能	DGR475	DGR675	DGR800	DGR950
仪器外径	4.75in（121mm）	6.75in（171mm）	8in（203mm）	9.5in（241mm）
适用井眼尺寸	5.875～7.25in（149～184mm）	8.27～9.875in（210～251mm）	10.5～14.75in（267～375mm）	12.25～30in（311～762mm）
仪器长度	Slim-P4 自带	4.5ft（1.37m）		5.07ft（1.55m）
仪器质量	493kg	202kg	295kg	695kg
测量点到仪器底部距离	14.85ft（4.5m）	1.74ft（0.27m）	1.78ft（0.54m）	1.9ft（0.58m）
适用钻井液	水基钻井液 + 油基钻井液			
钻井液排量范围	225～650gal/min			
钻井液电阻率	没有限制			
地面系统及版本	Insite9.2			
最大狗腿度	旋转 14°/30m	旋转 10°/30m		旋转 8°/30m
	滑动 30°/30m	滑动 21°/30m		滑动 14°/30m

续表

仪器性能	DGR475	DGR675	DGR800	DGR950
最高工作温度	175℃			
最高工作压力	23000psi			
伽马测量范围	0～380API			
伽马测量精度	± 5API			
连续使用时间	大于 10 天			

EWR-M5 是在 EWR-P4 基础上发展改进后更先进的随钻电阻率测量仪器。EWR-M5 作为一个集成电阻率和方位伽马测量的随钻测量系统，具备探测范围广、探测精度高、探测深度大、受环境影响小、区分地层边界明显、消除温度影响的简化校正等优点，可对井下钻井液电阻率测量、方位伽马（AGR）、振动（DDSR）和随钻压力（PWD）进行实时和内存测量。该工具可在不同的深度进行 30 次完全补偿的电阻率测量、高相对倾角的各向异性测量、定向床边界控制的方位伽马测量、用于钻井优化的随钻压力测量。

EWR-M5 电阻率传感器包括六个发射器，以非对称方式布置在三个接收器的两侧，如图 3.12 所示。发射器和接收器的这种布置允许在 250kHz、500kHz 和 2MHz 频率下在 16in、23in、32in、40in 和 48in 处进行五次完全补偿测量，每个测量周期包含 30 次补偿测量，得到 15 条相移电阻率和 15 条相移衰减结合电阻率。对于接收器上侧的每个发射器间距和频率，其下侧有一个互补的发射器来提供补偿电阻率测量。EWR-M5 方位伽马与电阻率测量集成于一体，两个伽马传感器采用 180° 对称放置，可以进行 8 扇区成像。EWR-M5 仪器性能见表 3.15。

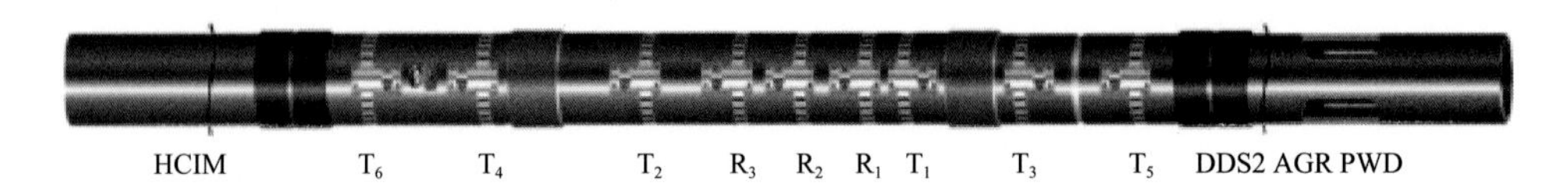

图 3.12　哈里伯顿随钻电磁波电阻率测量仪（EWR-M5）

表 3.15　EWR-M5 仪器性能表

仪器性能	675 型	800 型	950 型
仪器外径	6.75in（171mm）	8in（203mm）	9.5in（241mm）
适用井眼尺寸	8.25～9.875in （210～251mm）	10.5～14.75in （267～375mm）	12.25～30in （311～762mm）
仪器长度	23.61ft（7.20m）	25.34ft（7.72m）	25.42ft（7.75m）
仪器质量	1091kg	1622kg	2279kg
最大狗腿度	旋转 10°/30m 滑动 21°/30m	旋转 8°/30m 滑动 14°/30m	旋转 8°/30m 滑动 14°/30m

续表

仪器性能	675 型	800 型	950 型
上扣扭矩	30000～33000lbf·ft	53000～58000lbf·ft	89000～90000lbf·ft
最大钻压	200tf	270tf	330tf
钻井液排量范围	300～1200gal/min	300～1200gal/min	400～1500gal/min
最大工作扭矩	34700lbf·ft	57700lbf·ft	87500lbf·ft
电阻率测量点（距仪器底部）	9.95ft（3.03m）	11.02ft（3.36m）	11.07ft（3.37m）
伽马测量点（距仪器底部）	1.82ft（0.55m）	1.85ft（0.56m）	1.86ft（0.57m）
最高工作温度	150℃		
最高工作压力	2500psi		
抗冲击性能	$5\sqrt{g}$（20min）		
最大钻进速度（ROP）	150m/h		
工作电压	19～21V		
电阻率内存容量	1GB		
电阻率数据存储时间	大于 10 天		
方位伽马传感器类型	2 个碘化钠闪烁晶体		
方位伽马测量	测量范围 0～500API，测量精度 ±4API@100API，垂直分辨率 7in（18cm）		
方位扇区	8		
方位伽马储存能力	1GB		
电源	HCIM 电池（BHA 用正脉冲传输信号，涡轮主供电，电池副供电）		

Slim-P4 用于小井眼随钻电阻率测量，适用井眼尺寸 5.875～6.5in，可以提供实时和内存多种探测深度的电阻率测量，提供 8 条不同探测深度的电阻率。Slim-P4 没有集成随钻伽马，与双向伽马 DGR 挂接，测量地层自然伽马曲线。Slim-P4 仪器性能见表 3.16。

表 3.16　Slim-P4 仪器性能表

仪器性能	参数
仪器外径	4.75in（120.65mm）
仪器内径	1.25in（31.75mm）
适用井眼尺寸	5.875～6.5in（149～165mm）
仪器长度	22.5ft（6.858m）
仪器质量	400kg

续表

仪器性能	参数
最大钻压	110tf
钻井液排量范围	150～350gal/min，受钻井液密度影响
电阻率测量点（距仪器底部）	7.8ft（2.38m）
伽马测量点（距仪器底部）	14.85ft（4.5m）
最高工作温度	140℃
最高工作压力	18000psi
电阻率内存容量	2～6MB
电源	HCIM 电池（BHA 用正脉冲传输信号，涡轮主供电，电池副供电）

3.4.10.2 质量控制及作业须知

（1）正常情况下，工具从平台返回车间后，就要做车间刻度。

（2）EWR-P4 工具必须与井下中央控制单元 HCIM 一同使用，并由 HCIM 提供电能，提供同步测量时钟。EWR-P4 必须在井下中央控制单元 EWR 内部装配储存器，可将测量到的电阻率数据储存在内，同时储存有车间的标定数据，储存器为 1MB 闪存。EWR-M5 工具自带中控系统。

（3）地层电阻率较高时，相移电阻率比振幅衰减电阻率更精确。

（4）EWR-P4 的测点位置在两个接收极正中间，可以直接测量得到。EWR-M5 的测点位置在 R_2 接收极和 R_3 接收极中间，现场作业中准确输入接收极的朝向（向下或向上），否则将出现数据与深度不匹配，其直接表现是电阻率曲线与自然伽马曲线响应不一致。

（5）现场作业时，需要获取井眼尺寸、温度、钻井液电阻率等环境参数，以便实时对测量数据进行校正。

（6）EWR-P4 工具可以测量 8 条不同探测深度的电阻率曲线，EWR-M5 可以测量 15 条相移电阻率和 15 条相移衰减结合电阻率；能够区分井眼的影响、钻井液侵入、地层界面和各向异性特征；通过分析电阻率测量曲线，能帮助现场工程师实时判断油水界面或其他液相界面，与孔隙度资料结合，计算油水饱和度。

3.5 随钻中子密度测井

随钻放射性测井早期采用随钻补偿密度中子，2000 年以后推出随钻方位、岩性密度、中子测井。2005 年，斯伦贝谢推出了一种带脉冲中子发生器的多功能随钻测井仪器 EcoScope；后来在 EcoScope 基础上，研制出无化学源综合随钻测井仪 NeoScope，该仪器能够提供随钻方位伽马、电阻率和中子孔隙度、中子伽马密度以及热中子俘获截面、元素俘获谱测量等测井项目（EcoScope 如果装上相应的电子线路，也可以采集热中子俘获截面和元素俘获谱）。

中国海油现有的随钻中子密度测井仪器见表 3.17。

表 3.17 中国海油现有的随钻中子密度测井仪器

公司	仪器名称	缩写
COSL	随钻密度测井仪	LDI
COSL	随钻中子测井仪	INP
SLB	方位中子密度测井仪	ADN（SADN）
SLB	多功能随钻测井仪	EcoScope
SLB	无化学源综合随钻测井仪	NeoScope
Baker hughes	随钻中子密度测井仪	LithoTrak
Halliburton	方位岩性密度测井仪	ALD
Halliburton	补偿超热中子测井仪	CTN

表 3.18 列出了常用随钻中子密度仪器和适用条件。

表 3.18 常用随钻中子密度仪器和适用条件

公司	仪器名称	仪器类型 / 规格	适用井眼范围	最高温度	测量范围	垂直分辨率	探测深度	是否自带扶正器
中海油服	中子	INP675/800	215.9～445mm（8.5～17.5in）	150℃	0～100%	312.42mm（12.3in）	406.4mm（16in）	无扶正器
	密度	LDI675/800	215.9～445mm（8.5～17.5in）	150℃	1.0～3.1g/cm^3	186mm（7.32in）	317.5mm（12.5in）	扶正器尺寸：209.55mm（8.25in）
斯伦贝谢	中子	ADN 475/675/825	146.05～438.15mm（5.75～17.25in）	175℃	0～100%	304.8mm（12in）	152.4～228.6mm（6～9in）	ADN475/675/825 中子部分无扶正器
		SADN825						SADN 中子部分带扶正器
		EcoScope675	212.725～250.825mm（8.375～9.875in）	175℃	0～100%	355.6mm（14in）	152.4～228.6mm（6～9in）	无扶正器
		NeoScope675	215.9～228.6mm（8.5～9.0in）	175℃	0～100%	355.6mm（14in）	152.4～228.6mm（6～9in）	无扶正器

续表

公司	仪器名称	仪器类型 / 规格	适用井眼范围	最高温度	测量范围	垂直分辨率	探测深度	是否自带扶正器
斯伦贝谢	密度	ADN 475/ 675/825	146.05～438.15mm（5.75～17.25in）	150℃ / 175℃	1.0～3.1g/cm^3	152.4mm（6in）	101.6mm（4in）	ADN475&675 扶正器可选；ADN825 无扶正器；SADN825 有扶正器
		EcoScope675	212.725～250.825mm（8.375～9.875in）	175℃	1.7～3.05g/cm^3	152.4mm（6in）	101.6mm（4in）	三种尺寸扶正器：200.025mm（7.875in）；209.55mm（8.25in）；238.125mm（9.375in）
		NeoScope675	215.9～228.6mm（8.5～9.0in）	175℃	1.7～2.9g/cm^3	457.2mm（18in）	254mm（10in）	扶正器尺寸：209.55mm（8.25in）
贝克休斯	中子	LiThoTraK475/ 675/825	149～311.15mm（5.875～12.25in）	150℃ / 175℃	0～100%	490mm（19in）	254mm（10in）	无扶正器
	密度	LiThoTraK475/ 675/825	149～311.15mm（5.875～12.25in）	150℃ / 175℃	1.6～3.1g/cm^3	203mm（8in）	7.62mm（0.3in）	无扶正器
哈里伯顿	补偿超热中子	CTN 475/ 675/800	139.7～311.15mm（5.5～12.25in）	150℃	0～100%	304.8mm（12in）	101.6～152.4mm（4～6in）	无扶正器
	方位岩性密度	ALD 475/ 675/800	139.7～311.15mm（5.5～12.25in）	150℃	1.0～2.0g/cm^3	381mm（15in）	55.88mm（2.2in）	无扶正器

3.5.1 概述

3.5.1.1 测量原理

地层密度测井是通过安装在仪器上的放射源（^{137}Cs）向地层发射特定能量的伽马射线，伽马射线穿过地层后将损失一部分能量，在远端探测器和近端探测器接收到的伽马射线能量不同，呈现能谱分布状态。通过分析能谱的形态并利用长短源距接收器伽马射线计数率，可计算出地层密度和光电吸收截面指数（计算方法在电缆测井章节有介绍）。如图 3.13 所示，声波间隔传感器可以测量探测器到井壁之间的距离（也叫间隙探测），用于密度校正和井径测量。为了减少钻井液对测量的影响，源口和接收极均安装在突出的扶正器的一个翼上，以保证源口和接收极尽量接近地层。同时，为了防止放出的伽马射线通过传感器本体，直接被接收极接收，在设计上增加了起屏蔽作用的钨块及钨环。

如图 3.14 所示，随钻中子测井利用中子源发射快中子，快中子经与地层原子核发生弹性散射被减速为热中子，热中子被 ^{3}He 探测器所探测，远近距离两组探测器对地层中返回的中子进行计数，利用远、近探测器计数率的比率可计算孔隙度。随钻中子可以测量超声中子井径。

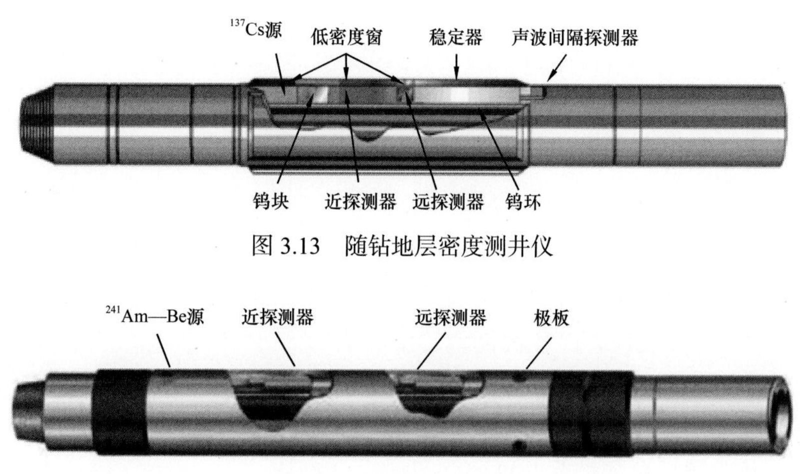

图 3.13　随钻地层密度测井仪

图 3.14　随钻中子测井仪

3.5.1.1.1　方位密度测量原理

中海油服、斯伦贝谢、贝克休斯和哈里伯顿等测井公司均可进行方位密度测量。将整个井眼划分成均匀 16 个扇形区块，钻井过程中测量工具保持旋转，密度探测器所测量到的数据将被编译写入这些扇形区块中。方位密度可以测量 16 个不同扇区的密度和光电指数（P_e），实现密度成像，也可以将扇区数据按顺序分成四个象限（上、下、左、右），为地质导向提供服务。

以斯伦贝谢公司方位密度测量为例，斯伦贝谢公司方位密度是随钻测井行业中率先能提供方向性测量的工具。除对井眼进行传统的整体平均值测量外，工具在旋转时还将井眼划分为 16 个方向性扇形区块。ADN 工具可以测量所有 16 个扇形区域的密度和 8 个扇形区域的超声波井径。方向性测量利用地磁场和重力场作为基准，使得仪器在大斜度井和水平井中可分辨出上、下、左、右四个方向，在直井和小斜度井中可分辨出东、南、西、北四个方向。（注：当工具的轴向平行于地球磁场矢量方向时，工具将无法分辨方向。如果工具的轴向与地球磁场矢量方向夹角超过 10°，则可保证系统可靠性）。

方位密度仪器工作时，测量的密度和光电数据存储在围绕井眼的 16 个扇区内。扇区数据分成 4 个象限（上、下、左、右），仪器旋转探头在 4 个象限内测量的密度及孔隙度结果 360° 成像，除了方位参数外，还记录各参数的平均值。在这 16 个扇区内，通过计算密度和光电系数来获得方位角的数据。这些方位角的数据能给出定性的成像图，实现密度成像。

3.5.1.1.2　多功能随钻测井仪测量原理

多功能随钻测井仪把方位密度中子和随钻电阻率仪器组合到了一个短节上，其电阻率测量原理与 ARC 相同。EcoScope 多功能随钻测井仪利用脉冲中子发生器（PNG）代替传统化学中子源（^{241}Am−Be），进行中子孔隙度测量；其密度测量采用侧装伽马源（^{137}Cs），原理与 ADN 相同。

NeoScope 通过脉冲中子发生器（PNG）代替传统化学中子源（Am−Be）及伽马源（^{137}Cs），能够不使用任何化学源提供中子和密度测量服务。NeoScope 中子测量原理与 EcoScope 相同，NeoScope 密度测量原理与 EcoScope 相比，主要区别在于测量用的伽马源不同，NeoScope 密度测量使用从脉冲中子发生器产生的中子，激发地层产生伽马射线，也叫二次伽马源，而非化学源。

3.5.1.2　脉冲中子发生器 PNG 介绍

脉冲中子发生器可以产生一种电子中子源。中子发生器的核心部分为米尼管。米尼管是一种微型加速器，能够产生带正电荷的氘离子，当氘被打到由氚（$^{3}_{1}H$）构成的靶心时，一部分粒子将发生聚变反应，产生高能量的中子束。

高能量的中子束通过释放伽马射线回到基态，释放的伽马射线形成伽马云，由于伽马射线的衰减取决于地层的电子密度，因此斯伦贝谢公司利用 SNGD 算法，推出了基于 PNG 的商用无化学源综合随钻测井仪。

3.5.1.3　有源和无源密度测井效果对比

无源密度测井测量精度和分辨率低，无法实现方位密度的测量，目前仅适用于 8.5in 井眼，资料受井眼环境影响大。

3.5.1.4　刻度与校验

（1）按要求进行刻度和校验，仪器主刻度期限最长不超过 90 天。

（2）每次工具组件、扶正器、放射源有变化时应进行刻度；仪器出井后如果扶正器磨损超标应进行重新刻度。

（3）主刻度和车间校验应达到允许误差范围之内。

3.5.1.5　密度测井资料要求与作业须知

（1）在水平井中，底部密度补偿值应该接近 0。

（2）重复测井与主测井形状相同，在井径规则的非渗透层段，密度重复测量值误差应在 $\pm 0.015g/cm^3$ 以内，光电吸收截面指数重复测量值误差应在 ± 0.2bar/e 以内。

（3）录取方位密度成像资料时测量工具转动应规则，并设置合理的扶正器。

（4）在钻井工具造成螺旋井眼的情况下，密度曲线会相应地出现周期性变化。

（5）在无扶正器的情况下，方位密度的平均密度值会受影响，应选用受影响小的底部密度值或者提取密度最大值作为地层真实密度。

（6）方位密度带扶正器设置时，在直井及低斜度井中可提供可靠的密度数据；在扩径及井壁不光滑情况下，测量会受到影响。仪器转动时，需要方向性数据对密度进行校正；不旋转的情况下，选用平均密度作为地层真实密度。

（7）原始数据应包含密度曲线、密度校正值、长短源距计数率、光电俘获截面指数、密度井径。

（8）方位密度成像数据密度在非目的层段曲线采样率宜达到 6 个样点 /m 以上；在目的层段，曲线采样率应不低于 6 个样点 /m。成像数据量根据各自仪器相应要求采用曲线采样率乘以扇区来计算。

（9）密度曲线与补偿中子、纵波时差、自然伽马曲线有相关性。在致密的纯岩性段，测井值应接近岩石骨架值。

（10）如钻井液体系中不含高光电吸收截面指数矿物，光电吸收截面指数曲线应能反映地层岩性的变化。

（11）钻井液中含有重晶石时，光电吸收截面指数曲线在渗透层及有效裂缝发育段应有明显的升高。

3.5.1.6　中子测井资料要求与作业须知

（1）原始数据应包含中子孔隙度、长短源距计数率。

（2）中子曲线与密度、纵波时差、自然伽马曲线有相关性。在致密的纯岩性段，测井值应接近岩石骨架值。

（3）在已知岩性的地层中，中子与密度、纵波时差交会图的响应与已知岩性响应一致。

（4）纯水层中子计算的地层孔隙度与密度、纵波时差计算的地层孔隙度接近。

（5）在明显含气层段，中子孔隙度应小于密度和纵波时差计算的孔隙度。

（6）中子孔隙度应进行井眼尺寸和仪器偏心距校正，同时应做温度、钻井液含氢指数、钻井液矿化度、地层水矿化度校正。

（7）重复测井与主测井形状相同，在孔隙度大于 10% 的地层中，重复段相对误差应在 ±10% 以内。

（8）录取中子孔隙度资料时应设置合理的扶正器。

3.5.1.7　影响因素

中子密度测量主要受井眼环境条件、滤饼与钻井液性能、钻具震动和泵噪等钻井环境因素影响。通常井眼扩径或者测量间距增大，导致密度值减小、中子值增大；钻井液中有重晶石或者是钻井液密度过高，会导致测量值可信度低；钻井液黏滑值高会影响密度成像质量。因此需要校正的参数有钻井液密度、环空温度、环空压力、井眼尺寸、地层及钻井液矿化度。

3.5.1.8　资料主要用途

（1）提供实时地层密度、中子孔隙度和光电指数，用于计算地层孔隙度和识别岩性、判断气层。

（2）多扇区的数据可以提供地质成像、计算地层倾角，为地质导向提供服务。

（3）多功能测井仪综合了方位伽马、电阻率和中子密度等资料的应用，NeoScope 工具还可以获取热中子俘获截面和元素俘获能谱，帮助确定地层矿物和岩性。

3.5.2 中海油服随钻密度测井（LDI）和随钻中子测井（INP）

随钻密度测井仪（Litho-Density Imaging logging instrument，LDI）通过安装在仪器上的 ^{137}Cs 伽马源，向地层发射伽马射线，仪器探测器测量经过地层衰减到达仪器的伽马光子数量，计算得到地层密度和光电吸收截面指数。仪器采用 NaI 晶体闪烁探测器，具有 16 扇区方位密度测量成像技术能力，并安装有超声换能器进行间隙探测和补偿计算。

随钻中子测井仪（Integrated Neutron Porosity logging instrument，INP）通过安装在仪器上的中子源，向地层发射快中子，快中子与地层物质的原子核发生各种作用，减速成为热中子。仪器探测器测量经过地层衰减到达仪器的热中子数量，判断地层含氢指数，计算地层孔隙度。仪器采用 ^{241}Am-Be 中子源和 ^{3}He 管探测器，并安装有超声换能器进行井径探测和补偿计算。仪器示意图如图 3.15 所示。

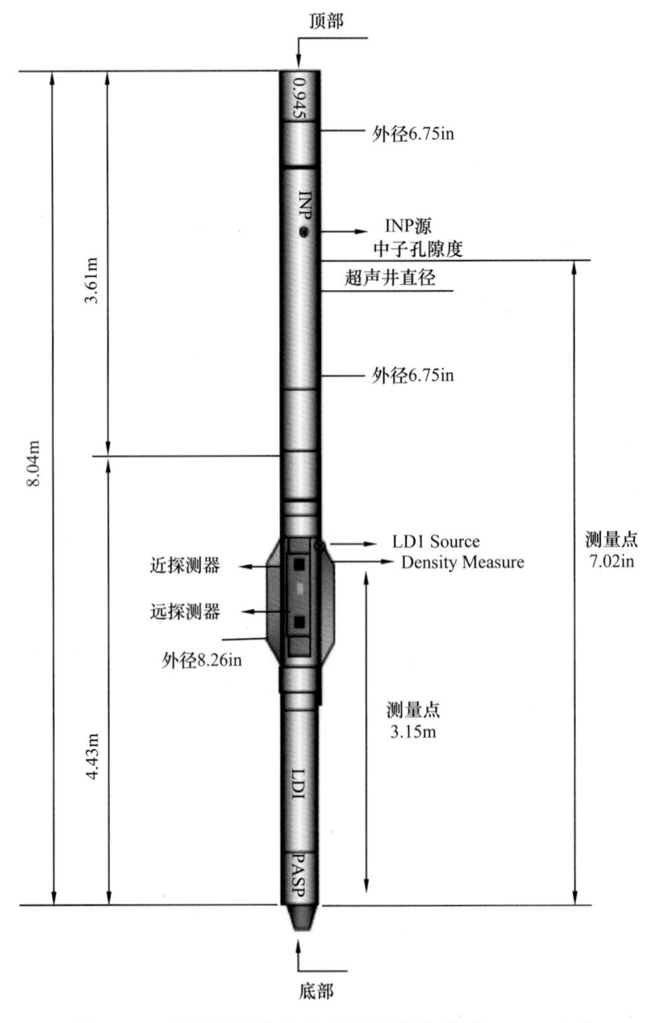

图 3.15 中海油服随钻中子密度测井仪（INP+LDI）

随钻密度 LDI、随钻中子 INP 仪器性能见表 3.19、表 3.20。

表 3.19 随钻密度 LDI 仪器性能表

仪器性能		LDI675	LDI800
工具外径		6.75in（171mm）	8in（203mm）
适用井眼尺寸		8.5～9.875in（215.9～251mm）	10.625～17.5in（270～445mm）
仪器长度		14.53ft（4.43m）	18.17ft（5.54m）
仪器质量		680kg	1258kg
钻井液排量范围		220～650gal/min	400～1200gal/min
密度测点位置（距工具底部）		10.3ft（3.14m）	5.97ft（1.82m）
P_e 测点位置（距工具底部）		10.1ft（3.08m）	6.30ft（1.92m）
间隙测点位置（距工具底部）		8.3ft（2.53m）	7.94ft（2.42m）
密度测量范围		1.0～3.1g/cm^3	
密度测量精度		±0.015g/cm^3	
密度垂直分辨率		7.3in（186mm）	
密度测量统计误差		±0.007g/cm^3	
P_e 测量范围		1～20bar/e	
P_e 测量精度		±5%	
P_e 垂直分辨率		7.3in（186mm）	
P_e 测量统计误差		±0.15bar/e	
间隙测量范围		0～2in（0～50mm）	
间隙统计重复性		±0.1in（0～25.4mm）	
间隙传感器类型		超声波收发器	
钻井液类型		水基钻井液 + 油基钻井液	水基钻井液 + 油基钻井液
最大钻压		20tf	27tf
最大转速		180r/min	180r/min
最大测速		60m/h	60m/h
最大作业扭矩		25073lbf·ft	30973lbf·ft
最大拉伸载荷		43tf	59tf
最大工作温度		150℃	150℃
最大工作压力		20000psi	20000psi
最大狗腿度通过能力	旋转	10°/30m	8°/30m
	滑动	15°/30m	12°/30m

表 3.20　随钻中子 INP 仪器性能表

仪器性能		INP675	INP800
工具外径		6.75in（172mm）	8in（203mm）
适用井眼尺寸		8.5～9.875in（215.9～251mm）	10.625～17.5in（270～445mm）
仪器长度		12.1ft（3.7m）	17.03ft（5.19m）
仪器质量		700kg	1000kg
钻井液排量范围		800gal/min	1600gal/min
中子孔隙测点位置（距工具底部）		9.87ft（3.01m）	9ft（2.74m）
井径测点位置（距工具底部）		6.4ft（1.95m）	4.92ft（1.5m）
孔隙度探测系统		短源距探测器 ^{3}He×6/ 长源距探测器 ^{3}He×6/Am-Be 中子源	
孔隙度测量精度		±0.4p.u.（0～10p.u.），±4%（10～50p.u.）	
孔隙度测量范围		0～100p.u.	
孔隙度纵向分辨率		12.3in（312.42mm）	
井径测量精度		±0.1in（±2mm）	
井径探测系统		180° 均匀分布超声换能器 ×3，中心频率 300kHz	
采集间隔		5～40s 范围可设置	
钻井液类型		水基 + 油基	
最大钻压		20tf	32tf
最大转速		400r/min	
最大测速		60m/h	
最大作业扭矩		23598lbf·ft	39822lbf·ft
最大拉伸载荷		20tf	
最大工作温度		150℃	
最大工作压力		20000psi	
最大狗腿度通过能力	旋转	10°/30m	8°/30m
	滑动	15°/30m	12°/30m

3.5.3　斯伦贝谢方位密度和中子测井（ADN/SADN）

方位密度和中子测井仪器（Azimuthal Density and Neutron，ADN）提供补偿中子和岩性密度测量，进行定量随钻地层评价，其原理同电缆测井密度和中子一样，如图 3.16 所示。ADN 有两个放射源（1 个伽马源和 1 个中子源），放射源贴井壁向地层发射伽马射线和中子射线，用长、短源距窗口测量计数率，从而确定地层岩性及孔隙度。

ADN 密度测量原理与电缆的测量原理基本类似，均采用 ^{137}Cs 伽马源和 2 个碘化钠晶体探测器（分别为长距离探测器和短距离探测器）。测井放射源发射伽马射线，经过地层衰减后返回射线探测器。传感器按照伽马射线的能量并进行分类。每个能量级别区间记录不同的数量。因此每个能量区间可反映出地层的某种特定属性和特征，例如体积密度和光电指数。利用长短距离两个探测器的数据进行井眼补偿，可以校正井眼影响，例如扩径或者非光滑井壁的影响，从而给出可靠的密度数据。密度的环空间隙校正利用了斯伦贝谢特有的脊—肋校正图补偿技术，使得即便环空间隙增至最高 1in 时，仍能确保密度值的准确性[5]。

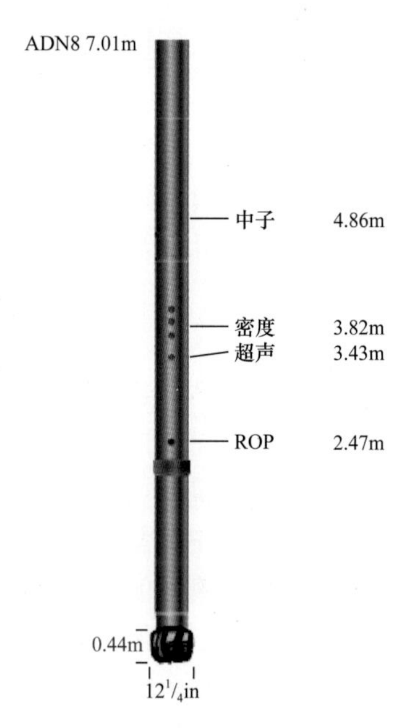

图 3.16 斯伦贝谢方位密度和中子测井仪（ADN）

ADN 工具中子孔隙度测量利用强度 10Ci 的中子放射源和两排 ^{3}He 探测器来测量地层中子孔隙度。ADN 可以测量整体平均性和方向性地层中子孔隙度。中子源向地层发射高能量中子束，与地层发生作用。中子束减速，能量降低，达到热中子量级。热中子随后被 ^{3}He 探测器所探测。远近距离两组探测器对地层中返回的中子进行计数，通过远近探测器数值的比率可计算孔隙度。

ADN 仪器有三种规格：ADN8（主要用于 12.25in 井段）、ADN6（工具本体分为无扶正器和扶正器两种类型）和 ADN4（工具本体分为无扶正器和扶正器两种类型）。同时 SADN8（本体带扶正器）也隶属 ADN 家族。SADN 在 ADN 仪器的基础上进行了编码算法的修改，同时自带扶正器，因此测量精度和分辨率好于原有的 ADN 工具。

质量控制与作业须知：

（1）一般 ADN 工具密度、孔隙度及光电吸收率测量值需进行车间刻度，刻度有效期为三个月，以保证测量值的准确和精度。更换工具、更换放射源、工具进行三级以上的维修保养或工具距上次刻度超过三个月以上，需在维修车间对工具重新进行刻度。ADN 工具刻度具体信息会在最终内存卸载图上显示，若刻度值超出范围，将标识为红色。

（2）方位密度中子仪器为一体化仪器，一般组合在仪器串顶部，以利于在卡钻时回收放射源。ADN 之上不可接任何定向接头、浮阀等工具，并保证 ADN 之上钻具内径须大于打捞工具外径。

（3）测速小于 90m/h。测井时需装电池，但目前大部分 ADN 工具已通过硬件、软件更新已可实现无电池测井。

（4）ADN 系列有 ADN475（有或无扶正器）、ADN675（有或无扶正器）、SADN825（双扶正器）、Slick ADN825（无扶正器）四种型号。使用时要特别注意工具本体扶正器的防磨（特别是 SADN825），建议在工具上方配置扶正器短节来防止工具本体的扶正器磨损。下方在钻头与工具之间加扶正器短节。

（5）黏滑值会影响密度测量精度，影响密度成像测量，故在钻进过程中应适当调整钻井参数以免产生过高黏滑值。

（6）使用无扶正器 slick ADN825 时，如井斜超过 10°，一般情况下成像导出密度将优于平均密度。

（7）使用马达滑动造斜时，密度测量值精度将受影响，甚至产生螺旋井眼现象。如对测量精度要求较高，建议划眼补测或改用旋转导向工具。

（8）ADN 工具可提供超声波井径、密度井径、中子井径，需根据地层及具体情况选用合适的井径测量值。

（9）钻井液中重晶石将会显著影响光电吸收率测量值以及密度测量值，氯离子会显著影响中子孔隙度测量值。如非必要，建议对钻井液的重晶石及氯离子浓度进行控制。

（10）可以进行随钻方位聚焦测井，提供地层密度、中子孔隙度、光电指数和超声井径；16 扇区的数据可以提供地质成像，为地质导向提供服务；可回收放射源，减少放射源落井危险；使用密度成像可以计算地层倾角，以识别整体的地层特征；可以与其他随钻工具组合使用。

ADN/SADN 仪器性能见表 3.21。

表 3.21　ADN/SADN 仪器性能表

仪器性能	ADN475	ADN675	ADN825	SADN825
工具外径	4.75in（120.65mm）	6.75in（172mm）	8.25in（209.55mm）	8.25in（209.55mm）
适用井眼尺寸	5.75～6.75in（146.05～171.45mm）	8.25～9.875in（209.55～250.82mm）	10.5～17.25in（266.7～438.15mm）	12.25in（311.15mm）
仪器长度	23.66ft（7.21m）	17.5ft（5.33m）	22.29ft（6.79m）	27.9ft（8.5m）
仪器质量	680kg	770kg	1180kg	900kg
钻井液排量范围	0～400gal/min	0～800gal/min	0～1600gal/min	0～1000gal/min
密度测点位置（距工具底部）	4.95ft（1.51m）	10.37ft（3.16m）	11.09ft（3.38m）	9.78ft（2.98m）
P_e 测点位置（距工具底部）	8.63ft（2.63m）	14.34ft（4.37m）	14.50ft（4.42m）	16.27ft（4.96m）
井径测点位置（距工具底部）	—	9.12ft（2.78m）	9.81ft（2.99m）	9.22ft（2.81m）
密度测量范围	1.0～3.05g/cm^3			
密度测量精度	± 0.015g/cm^3			
密度垂直分辨率	6in（152.4mm）			
30p.u. 测速 200ft/h 时的统计误差	光滑无扶正器			

续表

仪器性能		ADN475	ADN675	ADN825	SADN825
P_e 测量范围		1～10bar/e			
P_e 测量精度		±5%			
P_e 垂直分辨率		2in（50.8mm）			
P_e 统计重复率		95%			
孔隙度测量范围		0～100p.u			
孔隙度测量精度		±0.5p.u.（地层孔隙度 0～10p.u.）；±5%p.u.（地层孔隙度 10～50p.u.）			
孔隙度纵向分辨率		12in（304.8mm）			
最大钻压		50000000lbf/L^2	74000000lbf/L^2	175000000lbf/L^2	175000000lbf/L^2
最大测速		110m/h	110m/h	110m/h	110m/h
最大作业扭矩		8800lbf·ft	16000lbf·ft	23000lbf·ft	—
最大拉伸载荷		90tf	295tf	—	—
最大工作温度		150℃/175℃	150℃/175℃	150℃/175℃	150℃/175℃
最大工作压力		20000psi	25000psi	18000psi	—
最大狗腿度	旋转	15°/30m	8°/30m	5°/30m	5°/30m
	滑动	30°/30m	16°/30m	5°/30m	5°/30m

3.5.4 贝克休斯随钻中子密度孔隙度测井（LithoTrak）

LithoTrak 采用声波井壁间隙筛分采集专利技术和方位成像技术，把测量的伽马值按照井壁间隙进行筛选分放，井壁间隙以 0.25in 为增量进行分区，提高了密度测量的准确性。方位密度短节可不用依靠工具面方位独立测得 16 个方向的地层密度。实时传输 4～16 个象限密度值，经过处理的存储数据可以进行密度成像和提取地层倾角。随钻中子密度 LithoTrak 和随钻核磁共振 MagTrak 仪器串如图 3.17 所示。

质量控制及作业须知：

（1）正常情况下，密度 ORDtm（旋转密度仪）两个月做一次车间刻度，CM3Ntm 短节中子仪器三个月做一次车间刻度，现场入井前要做测试检查。

（2）LithoTrak 工具应与 OnTrak 一同组合使用。

（3）使用放射源时，注意辐射风险。

（4）现场作业时，应获取井眼尺寸、温度、钻井液密度、钻井液矿化度、地层水矿化度等环境参数，以便对测量数据进行环境校正。

（5）可提供处理后的密度成像和地层倾角；用超声波井径仪来校正井壁间隙和井径；实时四象限方位用于地质导向；提供环境校正后的中子孔隙度。

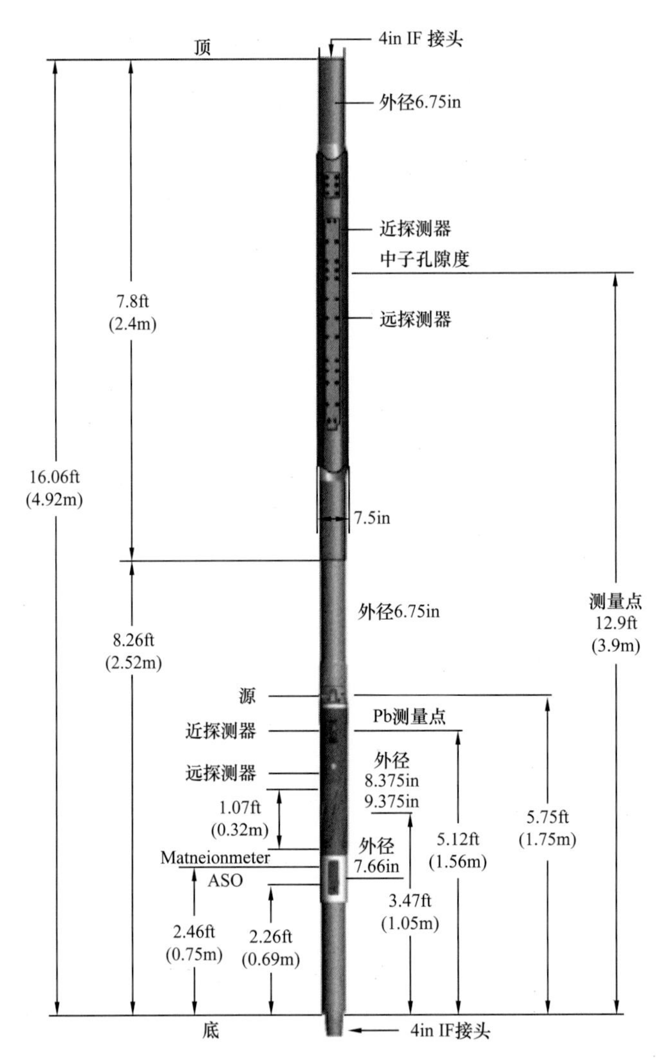

图 3.17　贝克休斯随钻中子密度孔隙度和随钻核磁共振测井仪（仪器串为 LithoTrak675+MagTrak675）

LithTrak 仪器性能见表 3.22。

表 3.22　LithTrak 仪器性能表

仪器性能	LithTrak475	LithTrak675	LithTrak825
工具外径	4.75in（121mm）	6.75in（172mm）	8.25in（210mm）
适用井眼尺寸	5.875～6.75in（149～171mm）	8.75～10in（222.3～254mm）	10.625～12.25in（270～311mm）
仪器长度	14.4ft（4.4m）	16.06ft（4.92m）	18.2ft（5.55m）
仪器质量	435kg	750kg	1481kg
钻井液排量范围	160～320gal/min	200～900gal/min	310～1600gal/min
密度测点位置（距工具底部）	2.46ft（0.75m）	4.49ft（1.37m）	5.10ft（1.55m）

续表

仪器性能		LithTrak475	LithTrak675	LithTrak825
P_e 测点位置（距工具底部）		2.46ft（0.75m）	4.49ft（1.37m）	5.10ft（1.55m）
井径测点位置（距工具底部）		4.85ft（1.48m）	6.79ft（2.07m）	5.95ft（1.81m）
密度测量范围		1.6～3.1g/cm^3		
密度测量精度		± 0.015g/cm^3		
密度垂直分辨率		8in（短间距）/16in（高分辨率）		
密度统计重复率		200ft/h、2.5g/cm^3 时 ± 0.015g/cm^3		
P_e 测量范围		1～10bar/e		
P_e 测量精度		2～5bar/e 时 ± 0.25bar/e		
P_e 垂直分辨率		8in（203.0mm）		
P_e 统计重复率		200ft/h 时 ± 0.25bar/e		
孔隙度测量精度		± 0.5p.u.（＜10p.u.）/5%（10～50p.u.）		
孔隙度测量范围		0～100p.u.		
孔隙度纵向分辨率		19in（490mm）		
孔隙度统计重复率		20p.u.（一个标准差）、200ft/h 时 ± 0.6p.u.		
钻井液类型		水基钻井液 + 油基钻井液		
最大转速		450r/min		
最大测速		60m/h		
最大作业扭矩		36873lbf · ft		
最大拉伸载荷		340tf	340tf	594tf
最大工作温度		150℃	150℃	150℃
最大工作压力		30000psi	20000psi	30000psi
最大狗腿度通过能力	旋转	9°/30m		
	滑动	16°/30m		

3.5.5 哈里伯顿方位岩性密度（ALD）和补偿热中子测井（CTN）

方位岩性密度仪器（Azimuthal Lithology Density，ALD）提供岩性密度测量和光电指数（P_e）测量，以进行定量随钻地层评价。ALD 方位岩性密度仪器通过 ^{137}Cs 源发射伽马射线与地层作用，长、短源距两个探测器接收散射的伽马射线来计算地层的岩性密度和光电指数（P_e）。

ALD 工具随着钻具进行旋转过程中，可以获得 16 个径向方位的密度、P_e 和 $\Delta\rho$ 数据。方位密度、P_e 和 $\Delta\rho$ 数据可以绘成方位测井曲线（上、下、左、右四个象限密度测井图）或者密度成像。实时的和存储的方位密度数据均可以提供方位测井曲线或者密度成像。ALD 成像测井数据可以描绘有关地层形状的特征，如井壁不规则以及由应力作用引起的井眼垮塌。ALD 使用了哈里伯顿公司成熟的快速采样统计优化技术，从而可以保证密度和 P_e 数据质量的优化。利用这种技术可以对以很小间隙下采集的高质量计数样品进行识别和区分，甚至在没有高边方位采样的直井中进行。

随钻补偿热中子测量（Compensate Thermal Neutron，CTN）由中子源发射中子，主要与地层中的氢发生作用。CTN 工具在近源距和远源距都采用 ^{3}He 中子探测器接收与地层作用后的热中子，中子孔隙度是根据近 / 远探测器计数率的比值计算得出的，在此过程中要对井眼尺寸、仪器与井壁的间隙、钻井液比重、钻井液矿化度、地层矿化度、压力和温度进行环境参数校正。

3.5.5.1 质量控制

（1）ALD 仪器设计为钻具扶正器形式，要求测量极板尽量贴近井壁。虽然仪器自身有间隙补偿功能，但间隙大于 1.5in 时无法保证测量的精确度。

（2）在实际作业中，采用快速采样方法，即在钻具旋转过程中始终选取极板贴近井壁的部分数据作为测量值，尤其在定向井作业中效果更佳。

（3）CTN 中子源可以通用，作业时务必输入正确的 Source Factor；密度源不能通用，一个密度源对应特定一支 ALD。

（4）测量仪器在井下可能处于偏心的状态，因此要求仪器旋转速度高于一定值（数值比采样周期大 10），例如 20s 的采样时间至少用 30 转的转速。若工具不能旋转的话，需要在 LWD 工具上下各使用一个满眼扶正器以达到居中。

3.5.5.2 作业须知

（1）ALD 和 CTN 工具一般与电阻率工具组合使用，放射源侧装，并装有放射源防脱落装置（图 3.17）。

（2）ALD 仪器自身实现无电池测量，使用中控电池进行测量。

（3）不同尺寸的 ALD 和 CTN 工具选用合适的扶正器尺寸（例如 8.5in 井眼 ALD 用 6.75in 工具，采用 8.25in 扶正器），保证工具贴井壁测量，获得可靠的测量数据。

（4）黏滑值会影响密度测量精度，影响密度成像测量，故在钻进过程中应适当调整钻井参数以免产生过高黏滑值。

（5）使用马达滑动造斜时，密度测量值精度将受影响，甚至产生螺旋井眼现象。如对测量精度要求较高，建议划眼补测或改用旋转导向工具。

ALD、CTN 仪器性能见表 3.23 至表 3.26。

表 3.23 ALD 仪器性能表

仪器名称		ALD 800	ALD 675	ALD 475
工具外径		8in（203mm）	6.75in（172mm）	4.75in（120.65mm）
适用井眼范围		12.25in（311.15mm）	8.25～9.625in（209.55～244.47mm）	5.5～6.75in（139.7～171.45mm）
仪器长度		16.31ft（4.97m）	14.54ft（4.43m）	14.35ft（4.37m）
仪器质量		1000kg	700kg	500kg
钻井液排量范围		350～1200gal/min	225～650gal/min	120～350gal/min
密度测点位置（距工具底部）		4.90ft（1.49m）	4.11ft（1.25m）	5.28ft（1.61m）
P_e 测点位置（距工具底部）		4.90ft（1.49m）	4.11ft（1.25m）	5.28ft（1.61m）
井径测点位置（距工具底部）		6.50ft（1.98m）	6.11ft（1.80m）	6.28ft（1.91m）
密度测量范围		1.5～3.1g/cm^3		
密度测量精度		±0.025g/cm^3		
密度垂直分辨率		15in（381mm）		
密度测量统计误差		±0.025g/cm^3		
P_e 测量范围		1～20bar/e		
P_e 测量精度		±5%		
P_e 垂直分辨率		6in（152.4mm）		
P_e 测量统计误差		±0.25bar/e		
间隙测量范围		2in（5cm）		
间隙传感器类型		声波		
钻井液类型		水基钻井液＋油基钻井液		
最大钻压		11tf	20tf	26tf
最大转速		250r/min		
最大测速		120m/h		
最大作业扭矩		40390lbf·ft	24290lbf·ft	7630lbf·ft
最大拉伸载荷		755t	554t	285t
最高工作温度		150℃		
最高工作压力		18000psi		
最大狗腿度通过能力	旋转	8°/30m	10°/30m	14°/30m
	滑动	14°/30m	21°/30m	30°/30m

表 3.24　CTN 仪器性能表

仪器名称		CTN 800	CTN 675	CTN 475
工具外径		8in（203mm）	6.75in（172mm）	4.75in（120.65mm）
适用井眼范围		12.25in（311.15mm）	8.25～9.625in（209.55～244.47mm）	5.5～6.75in（139.7～171.45mm）
仪器长度		17.5ft（5.33m）	11.8ft（3.59m）	11.4ft（3.47m）
仪器质量		1265kg	550kg	255kg
钻井液排量范围		350～800gal/min	225～650gal/min	120～350gal/min
中子孔隙测点位置（距工具底部）		4.4ft（1.34m）	2.2ft（0.67m）	6.0ft（1.83m）
井径测点位置（距工具底部）		7.4ft（2.25m）	3.2ft（0.98m）	7.0ft（2.13m）
孔隙度探测系统		^{3}He		
孔隙度测量精度		测量值在 0～10p.u. 的情况下，精度是 0.5p.u.；测量值在 10～50p.u. 的情况下精度是 5%（要求每 30s 一个采样点）		
孔隙度测量范围		0～100p.u.		
孔隙度纵向分辨率		12in（304.8mm）		
井径测量精度		± 0.1in（2.5mm）		
井径探测系统		声波		
采集间隔		6s		
钻井液类型		油基 + 水基		
最大钻压		110tf	200tf	260tf
最大转速		250r/min		
最大测速		120m/h		
最大作业扭矩		40390lbf · ft	24290lbf · ft	7630lbf · ft
最大拉伸载荷		755tf	554tf	285tf
最大工作温度		150℃		
最大工作压力		25000psi		
最大狗腿度通过能力	旋转	8°/30m	10°/30m	14°/30m
	滑动	14°/30m	21°/30m	30°/30m

表 3.25 哈里伯顿 ALD（高温密度）仪器性能表

仪器名称		ALD 475	ALD 675	ALD 800
工具外径		4.75in（120.65mm）	6.75in（172mm）	8in（203mm）
适用井眼尺寸		5.5～6.75in（139.7～172mm）	8.25～10.625in（209.55～269.87mm）	10.625～12.25（269.87～311.15mm）
仪器长度		14.35ft（4.37m）	14.54ft（4.43m）	16.31ft（4.97m）
仪器质量		300kg	690kg	1350kg
密度测点位置（距工具底部）		4.90ft（1.49m）	4.11ft（1.25m）	5.28ft（1.61m）
P_e 测点位置（距工具底部）		4.90ft（1.49m）	4.11ft（1.25m）	5.28ft（1.61m）
井径测点位置（距工具底部）		6.50ft（1.98m）	6.11ft（1.86m）	6.28ft（1.91m）
密度测量范围		1.50～3.10g/cm^3		
密度测量精度		±0.025g/cm^3		
密度垂直分辨率		15in（381mm）		
密度测量统计误差		±0.005g/cm^3（2.2g/cm^3）		
P_e 测量范围		1～20bar/e		
P_e 测量精度		±0.25bar/e		
P_e 垂直分辨率		6in（152.4mm）		
P_e 测量统计误差		±3%		
钻井液类型		油基钻井液＋水基钻井液		
最大钻压		110tf	200tf	260tf
最大转速		250r/min		
最大测速		120m/h		
最大作业扭矩		40390lbf·ft	24290lbf·ft	7630lbf·ft
最大拉伸载荷		755tf	554tf	285tf
最大耐温		175℃		
最大工作压力		25000psi	30000psi	30000psi
最大狗腿度通过能力	旋转	8°/30m	10°/30m	14°/30m
	滑动	14°/30m	21°/30m	30°/30m

表 3.26　哈里伯顿 CTN（高温中子）仪器性能表

仪器名称		CTN 475	CTN 675	CTN 800
工具外径		4.75in（120.65mm）	6.75in（172mm）	8in（203mm）
适用井眼尺寸		5.75～7in （146.05～177.8mm）	8.375～10.675in （212.72～271.15mm）	10.675～16in （271.15～406.4mm）
仪器长度		11.4ft（3.47m）	11.8ft（3.59m）	17.5ft（5.33m）
仪器质量		255kg	550kg	1265kg
钻井液排量范围		120～350gal/min	225～650gal/min	350～800gal/min
中子孔隙测点位置（距工具底部）		4.4ft（1.34m）	2.2ft（0.67m）	6.0ft（1.83m）
孔隙度探测系统		^{3}He		
孔隙度测量精度		±0.5p.u.（0～10p.u.） ±5%（10～50p.u.）		
孔隙度测量范围		0～100p.u.		
孔隙度纵向分辨率		12in（304.8mm）		
采集间隔		6s		
钻井液类型		油基钻井液＋水基钻井液		
最大钻压		110tf	200tf	260tf
最大转速		250r/min		
最大测速		120m/h		
最大作业扭矩		40390lbf·ft	24290lbf·ft	7630lbf·ft
最大拉伸载荷		755tf	554tf	285tf
最大工作温度		175℃		
最大工作压力		25000psi		
最大狗腿度通过能力	旋转	8°/30m	10°/30m	14°/30m
	滑动	14°/30m	21°/30m	30°/30m

3.5.6　斯伦贝谢多功能随钻测井（EcoScope）

EcoScope 工具集中子密度电阻率于一体，仪器更短，只有 8m 左右，测速更快，达到 134m/h，而且用中子脉冲器产生中子流，代替传统的中子化学源（该工具密度测井需要放置 1 颗放射源），测井时使用涡轮发电。该仪器在 8.5in 井眼已得到普遍应用。

EcoScope 采用了具有钨防护层的大尺寸的 NaI 探测器。自然伽马测量具有较高的方位角敏感性，其正面背面比近似为 47∶1（较之 GVR，有很大的提高）。EcoScope 可以进行 16 个扇区自然伽马测量，从而提高自然伽马成像质量。自然伽马测量的基本原理与在其他 LWD 工具中使用的基本原理相同，不同点是 EcoScope 中使用了大尺寸 NaI 探测器，并且运用全新的稳定方法保证测量值的准确。为了排除温度对增益的影响，EcoScope 通过控制 PMT 电压，保证在不同温度变化下 160keV GR 峰值的稳定性。EcoScope 与其他 LWD 工具相比能够提供更精确的自然伽马测量结果。由于采用了高度集成化设计，EcoScope 一次测量可提供方位伽马、电磁波电阻率、方位密度和光电指数（成像）、中子孔隙度、近钻头井斜、环空压力和环空循环当量、超声井径、密度井径等。仪器如图 3.18 所示。

图 3.18　斯伦贝谢多功能随钻测井仪（EcoScope）

质量控制与作业须知：

（1）EcoScope 工具感应电阻率、方位伽马测量和中子密度需进行车间刻度，刻度有效期为三个月；循环当量密度，使用原厂刻度，刻度有效期为一年，过期需送回生产中心进行重新刻度。更换工具、更换放射源、工具进行三级以上的维修保养或工具距上次刻度超过三个月以上，需在维修车间对工具重新进行刻度。EcoScope 与 NeoScope 相似度较高，通过部分配件的更换，以及配套的特殊的刻度，可以实现功能转化。

（2）EcoScope 为集中子密度电阻率一体化仪器，需要放置一颗密度源。

（3）在工具入井测试的时候，为了保证安全，关闭中子脉冲器进行第一次工具测试。测试通过之后再次在钻台初始化工具。入井下钻至水面 100m 后进行第二次工具测试。

（4）工具在上提补测时，中子脉冲器会激发地层，地层缓慢释放伽马射线，对自然伽马的补测影响很大。建议关泵提过补测段之后下钻补测。

（5）如对实时数据密度要求较高，编写数据帧推荐使用压缩数据点，对实时数据精度无影响，可有效提高数据点密度。

（6）EcoScope 工具电阻率受钻井液盐度影响，光电吸收率与密度受重晶石影响，中子孔隙度受氯离子浓度影响（参见 ARC 与 ADN 章节）。

（7）PNG 经过改进，寿命有所提高，但每次工具入井前，现场工程师均需监测 PNG 参数，以便确认 PNG 状态良好。

（8）EcoScope 中子孔隙度采用了更先进的密度校正算法，如工具损坏无法获得密度测量值，中子孔隙度也将同时受到影响。

（9）EcoScope 加强了 PNG 安全管理，增加了 APWD（环空测压）传感器自动控制。若 APWD 传感器测量压力低于 100psi，软件将自动关闭 PNG，以免误发射。

EcoScope 仪器性能见表 3.27、表 3.28。

表 3.27　EcoScope 仪器性能表（技术参数规格）

<table>
<tr><td rowspan="4">电阻率测量</td><td>测量类型</td><td>衰减电阻率</td><td colspan="2">相移电阻率</td></tr>
<tr><td>测量范围（最大间距）</td><td>0.2～50Ω·m</td><td colspan="2">0.2～3000Ω·m</td></tr>
<tr><td>垂向分辨率</td><td>1ft（0.30m）</td><td colspan="2">0.7ft（0.21m）</td></tr>
<tr><td>精确度（<25.0Ω·m）</td><td>±3%</td><td colspan="2">2%</td></tr>
<tr><td rowspan="4">伽马测量</td><td>范围</td><td colspan="3">0～1000API</td></tr>
<tr><td>垂向分辨率</td><td colspan="3">12in（304.8mm）</td></tr>
<tr><td>精确度</td><td colspan="3">±5%</td></tr>
<tr><td>统计分辨率（平均）</td><td colspan="3">±4API（50API，200ft/h）</td></tr>
<tr><td rowspan="7">中子孔隙度测量</td><td>垂向分辨率</td><td colspan="3">12in（304.8mm）</td></tr>
<tr><td>范围</td><td colspan="3">0～100p.u.</td></tr>
<tr><td rowspan="2">精确度</td><td colspan="3">±0.5p.u.（0～10p.u.）</td></tr>
<tr><td colspan="3">±5%p.u.（10～50p.u.）</td></tr>
<tr><td>30p.u.，测速 200ft/h 时的统计误差</td><td>8in 钻头</td><td>8.5in 钻头</td><td>10in 钻头</td></tr>
<tr><td>平均误差</td><td>±1.7p.u.</td><td>±1.7p.u.</td><td>±2.4p.u.</td></tr>
<tr><td>四象限误差</td><td>±3.3p.u.</td><td>±3.6p.u.</td><td>±5.0p.u.</td></tr>
<tr><td rowspan="3">密度测量</td><td>测量范围</td><td colspan="3">1.7～3.05g/cm^3</td></tr>
<tr><td>垂直分辨率</td><td colspan="3">6in（152.4mm）</td></tr>
<tr><td>成像特征</td><td colspan="3">16 扇区</td></tr>
<tr><td rowspan="3">光电效应</td><td>测量范围</td><td colspan="3">1～10bar/e</td></tr>
<tr><td>垂直分辨率</td><td colspan="3">2in（50.8mm）</td></tr>
<tr><td>成像特征</td><td colspan="3">16 扇区</td></tr>
</table>

3.5.7　斯伦贝谢无化学源综合随钻测井（NeoScope）

无化学源综合随钻测井仪 NeoScope 通过脉冲中子发生器（PNG）代替传统化学中子源（^{124}Am−Be）及伽马源（^{137}Cs）。该工具集成了随钻电阻率测井、中子孔隙度测井、中子伽马密度测井、元素俘获谱能谱测井（ECS）、热中子俘获截面测井、方位自然伽马测井等 6 种地球物理测量方法，并且可以提供井下多种震动测量（包括轴向、横向和圆周向震动）。NeoScope 装有环空压力测量仪（APWD），用于提供环空压力和环空循环当量密度（ECD）。

表 3.28　EcoScope 仪器性能表（机械参数规格，6.75in）

本体通径		6.90in（175.26mm）
适用井眼尺寸		8.375～9.875in（212.75～250.825mm）
长度		26.4ft（8.04m）
质量		1225kg
最大工作温度		175℃
最大工作压力		20000psi
钻井液排量范围		800gal/min
钻头最大承压		80000000lbf/L^2
最大工作扭矩		16000lbf · ft
最大拉伸载荷		113tf
允许最大狗腿	旋转	8°/30m
	滑动	16°/30m
最大含砂量		2%
含氧量		1μg/g
最小 pH 值		9.5
供电方式		MWD 供电
内存		1.5GB
实时 Telemetry		通过 MWD
是否推荐使用滤网短节		是

质量控制与作业须知：

（1）为了消除工具自身的差异性，以保证测量值的准确和精度，NeoScope 需要进行空气刻度。当电子部分从工具中取出、发射器或者接收器被更换、对工具进行一级及以上维修保养、工具测量有可疑响应等，需要重新对工具进行空气刻度。

（2）如对实时数据密度要求较高，编写数据帧推荐使用压缩数据点，对实时数据精度无影响，可有效提高数据点密度。

（3）工具发生一级及以上维修保养时，需要对工具进行四点校正刻度。

（4）NeoScope 带有一个 8.25in 扶正器，用于 8.5in 井眼。

（5）钻井液中的氧含量应小于 1μg/g，以减轻工具的氧腐蚀。其次，脉冲中子发生器激发出来的中子进入地层，使得 ^{16}O 变成了放射性同位素 ^{16}N，其又通过 7s 的半衰期衰减为 ^{16}O，并释放出高能的伽马。这使得上提复测过程中，伽马值会远远大于真实的地层伽马值。在复测作业时，如果要确保全部测量数据的准确性，应采用下放复测。

（6）NeoScope采集的密度为中子伽马密度，只采用了一个长源距探测器，不能提供井眼补偿和滤饼校正。因此，无源密度测井测量精度较低，受井眼扩径影响更大，应谨慎使用。

（7）采用无伽马源密度（NGD）技术，整个中子及密度测量将不放置任何化学源，都由中子脉冲器进行测量及计算。

NeoScope仪器性能见表3.29、表3.30。

表3.29　NeoScope仪器性能表（技术参数规格）

仪器性能		参数		
电阻率测量	测量类型	衰减电阻率	相移电阻率	
	测量范围（最大间距）	0.2～50Ω·m	0.2～3000Ω·m	
	垂向分辨率	1ft（0.30m）	0.7ft（0.21m）	
	精确度	±3%	2%	
方位伽马测量	范围	0～1000API		
	垂向分辨率	12in（304.8mm）		
	精确度	±5%		
	统计分辨率（平均）	±4API（50API，200ft/h）		
平均中子孔隙度	垂向分辨率	12in（304.8mm）		
	范围	0～100p.u.		
	精确度	±0.5p.u.（0～10p.u.）		
		±5%p.u.（10～50p.u.）		
中子测量	30p.u.，测速200ft/h时的统计误差	8in钻头	8½in钻头	10in钻头
	平均误差	±1.7p.u.	±1.7p.u.	±2.4p.u.
	四象限误差	±3.3p.u.	±3.6p.u.	±5.0p.u.
中子伽马密度	垂向分辨率	6in（152.4mm）		
	范围	1.7～3.05g/cm^3		
	精确度	±0.015g/cm^3		
	2.5g/cm^3，测速200ft/h时的统计误差	7in扶正器	8.25in扶正器	9in扶正器
	平均误差	±0.005g/cm^3	±0.005g/cm^3	±0.006g/cm^3
	四象限误差	±0.010g/cm^3	±0.010g/cm^3	±0.010g/cm^3

续表

<table>
<tr><th colspan="2">仪器性能</th><th colspan="3">参数</th></tr>
<tr><td rowspan="6">光电效应</td><td>范围</td><td colspan="3">1～10bar/e</td></tr>
<tr><td>垂直分辨率</td><td colspan="3">2in（50.8mm）</td></tr>
<tr><td>精确度</td><td colspan="3">±5%bar/e</td></tr>
<tr><td>3个单位，200ft/h测速时的统计误差</td><td>7in扶正器</td><td>8¼in扶正器</td><td>9in扶正器</td></tr>
<tr><td>平均</td><td>±0.3bar/e</td><td>±0.3bar/e</td><td>±0.4bar/e</td></tr>
<tr><td>四象限</td><td>±0.5bar/e</td><td>±0.5bar/e</td><td>±0.7bar/e</td></tr>
<tr><td rowspan="6">热中子俘获截面测量（俘获单位为c.u.）</td><td>垂向分辨率</td><td colspan="3">15in（381mm）</td></tr>
<tr><td>范围</td><td colspan="3">5～100c.u.</td></tr>
<tr><td rowspan="2">精确度</td><td colspan="3">±1c.u.～20c.u.，200ft/h</td></tr>
<tr><td colspan="3">±5%～20c.u.，200ft/h</td></tr>
<tr><td rowspan="2">统计</td><td colspan="3">±1c.u.～20c.u.，200ft/h</td></tr>
<tr><td colspan="3">±5%～20c.u.，200ft/h</td></tr>
<tr><td rowspan="7">元素俘获能谱</td><td>产额</td><td colspan="3">H，Cl，Si，Ca，Fe，S，Gd，Ti，Ba</td></tr>
<tr><td>干重</td><td colspan="3">Si，Ca，Fe，S，Gd，Ti，Al</td></tr>
<tr><td>岩性</td><td colspan="3">石英、长石、云母、碳酸盐、硬石膏、黄铁矿、黏土、菱铁矿</td></tr>
<tr><td rowspan="4">元素干重</td><td colspan="3">Si：±6.6%，Ca：±4.7%</td></tr>
<tr><td colspan="3">Fe：±1.0%，S：±1.6%</td></tr>
<tr><td colspan="3">Gd：±1.0%，Ti：±1.0%</td></tr>
<tr><td colspan="3">平均：±0.3%</td></tr>
</table>

3.6 随钻声波测井

在随钻测井技术发展过程中，随钻声波测井商业化应用较晚，主要原因在于随钻过程中钻柱系统运动和噪声的复杂性导致声波接收非常困难。自1990年以来，斯伦贝谢、哈里伯顿以及贝克休斯等公司在测量地层的纵波速度方面取得了成功。2002年贝克休斯公司首次将四极子声波测量技术应用于随钻测井，并开发出随钻多极子声波测井仪，随钻声波才有了实质进展。我国从“十三五”开始开展了随钻声波仪器等方面的研究，并制造出样机。

中国海油现有的随钻声波测井仪器见表3.31。

表3.32列出了常用随钻声波仪器和适用条件。

表 3.30　NeoScope 仪器性能表（机械参数规格，6.75in）

项目		参数
本体通径		6.90in（175.26mm）
适用井眼尺寸		8.5～9.0in（215.9～228.6mm）
长度		26.4ft（8.04m）
质量		1225kg
最大工作温度		175℃
最大工作压力		20000psi
钻井液排量范围		800gal/min
最大钻压		80000000lbf/L^2
最大工作扭矩		16000lbf·ft
最大拉伸载荷		113tf
允许最大狗腿	旋转	8°/30m
	滑动	16°/30m
最大含砂量		2%
含氧量		1μg/g
最小 pH 值		9.5
供电方式		通过 MWD
内存		1.5GB
实时 Telemetry		通过 MWD
是否推荐使用滤网短节		是

表 3.31　中国海油现有的随钻声波测井仪器

公司	仪器名称	缩写
COSL	随钻阵列声波测井仪	MAST
COSL	随钻四极子声波测井仪	QUAST
SLB	随钻阵列声波测井仪	Sonic VISION
SLB	随钻多极子声波测井仪	SonicScope
Baker hughes	随钻多极子声波测井仪	SoundTrak
Halliburton	随钻声波测井仪	Xbat

表 3.32 常用随钻声波仪器和适用条件

公司	仪器名称	仪器类型 / 尺寸	适用井眼范围	测量范围	最大耐温	最大耐压	发射 / 接收
中海油服	随钻阵列声波	MAST675	215.9～250.825mm（8.5～9.875in）	40～150μs/ft（纵波时差）	150℃	20000psi	1 套单极子换能器 / 4 个阵列接收器
	随钻四极子声波	QUAST475/675	149～271mm（5.875～10.625in）	40～170μs/ft（纵波时差）60～600μs/ft（横波时差）	150℃	20000psi	1 套单极子、1 套四极子 /4×8 个接收器
斯伦贝谢	随钻阵列声波	Sonic VISION 675/825	209.6～762mm（8.25～30in）	40～230μs/ft（纵波时差）70～500μs/ft（横波时差）	150℃	25000psi	1 套单极子换能器 / 4 个阵列接收器
	随钻多极子声波	SonicScope475/675/825/900	142.875～660mm（5.625～26in）	40～170μs/ft（纵波时差）60～700μs/ft（横波时差）	150℃	30000psi	1 套单极子、1 套四极子 /4×12 个接收器
贝克休斯	随钻多极子声波	SoundTrak675/825/950	212.72～660mm（8.375～26in）	40～220μs/ft（纵波时差）60～550μs/ft（横波时差）	150℃	25000psi	1 个全方位多极子声波发送器 /4×6 个接收器
哈里伯顿	随钻声波	Xbat 475/675/800/950	146.05～914.4mm（5.75～36in）	40～180μs/ft（纵波时差）60～550μs/ft（横波时差）	150℃	30000psi	4 个声波发射器 / 4×6 个接收器

3.6.1 概述

3.6.1.1 测量原理

以贝克休斯公司随钻声波为例，介绍随钻阵列声波测井原理。如图 3.19 所示，随钻声波测井仪从右至左由上部短节（ABRU）、声源电子线路部分（SEM）、全向声源、声波隔离器、接收器阵列、接收器电子线路部分（REM）、下部短节（ABRD）等组成。

随钻声波测井仪器的核心部件为声波发射器和接收器。声波发射器采用一组圆柱形压电晶体，称为全向声源。在钻铤的外壁，均匀镶嵌 8 块压电陶瓷薄片，在单一电脉冲的激励下，每块压电陶瓷薄片都可以向外伸张或向内压缩，可以根据需要定义这些压电薄片的工作时序。接收器采用四极子全向接收技术，共有 24 个接收器，按 4×6 阵列排列。阵列结构沿轴向上的每列 6 个接收器为 1 组，共用 1 块接收信号处理板；在同一块信号处理板上，每个传感器又分别有独立的信号传输与处理通道，这种设计的主要目的是避免各种声波频率间的信号串扰以及同一频率信号多次传播的干扰。

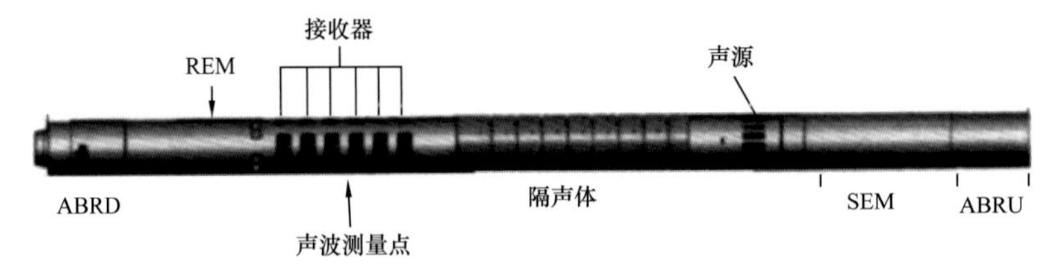

图 3.19 贝克休斯公司随钻声波测井仪

发射探头和接收探头都是四瓣圆柱状，发射探头工作模式有单极子、偶极子和四极子共 3 种模式。

（1）单极子声波模式：在前半个工作时序，全部 8 片压电陶瓷薄片同时通正电压脉冲激励，使之向外伸张；在后半个工作时序，全部 8 片压电陶瓷薄片同时通负电压脉冲激励，使之向内压缩。

（2）偶极子声波模式：相邻的 4 片压电陶瓷薄片通正电压脉冲激励，使之向外伸张；同时另外 4 片压电陶瓷薄片通负电压脉冲激励，使之向内压缩。

（3）四极子声波模式：对每相邻 2 块压电陶瓷薄片以及与之相对的 2 块压电陶瓷薄片分别通正电压，使之向外伸张；同时对另外的 4 块压电陶瓷薄片分别通负电压，使之向内压缩。

声源发射器以最佳频率向井眼周围地层发射声能脉冲，声波信号沿井壁及周围地层向下传播。接收信号时，4 组传感器的第一个压电陶瓷晶体接收到第一个波至信号，经过多路开关选择、带通滤波电路处理、信号放大，得到 1 个标准的声波信号基值。同样，在第二个接收传感器中，也可以得到相似的声波信号值，多个接收传感器可以得到一组相似的波至信号，选用相应的算法就可以求出声波时差信号。

3.6.1.2 影响因素

（1）仪器居中性：由于仪器不居中或者工具在井眼中相对位置的移动，纵横波及其他首波将无法同时抵达同一接收器，这样各种波形在抵达时均会稍有差异。

（2）井下振动：井下工具剧烈的振动或钻井噪声会降低信噪比，从而影响声波测井的数据质量。

（3）气体影响：当地层中气体渗入钻井液时，钻井液滤液的时差会增加，同时会增加声波在钻井液中的衰减。

（4）钻速过快，采样点少，影响声波质量。

3.6.1.3 资料要求与作业须知

（1）随钻声波波形上显示套管鞋位置与实际套管鞋位置一致，在自由套管井段纵波时差读值应在 57μs/ft ± 2μs/ft。

（2）单极子全波能看到清晰的地层纵波、横波和斯通利波信息，四极子全波能看到清晰的螺旋波。

（3）根据现场仪器零长对随钻声波测井资料校深，校深后声波时差与电阻率、自然伽马对应良好。

（4）由于首波受钻铤波影响，通常需要滤除低频干扰信号。

（5）现场作业时，应尽量获取井眼尺寸、温度、钻井液密度等环境参数，以便对测量数据进行环境校正。

（6）重复测井与主测井形状相同，在孔隙度大于 10% 的地层中，重复段相对误差应在 ±10% 以内。

（7）为确保工具居中，需配备上、下扶正器。

（8）必须保证井下钻具组合的稳定性，剧烈的振动或钻井噪声会降低声波测井的信噪比，影响声波测井的数据质量[6]。

3.6.1.4 资料主要用途

（1）在地质与测井储层评价方面：

① 可以计算储层孔隙度。

② 计算岩石力学参数。

③ 实时识别气层。

④ 利用斯通利波，可以计算地层渗透率。

（2）在完井方面：

① 可以确定水泥返高。

② 进行固井质量监测。

③ 帮助压裂设计。

④ 评价压裂效果等。

3.6.2 中海油服随钻阵列声波测井（MAST/QUAST）

随钻阵列声波测井仪（Monopole array sonic tool，MAST）是一种随钻测量工具，它由下面一个发射换能器、上面四个接收换能器组成，发射换能器带宽 1.5～20kHz，接收带宽 500Hz～23kHz，可实时测量地层的纵波时差，且在硬地层可提供横波时差测量。

随钻四极子声波成像测井仪（Quadrupole array sonic tool，QUAST）由下部 1 套单极子发射换能器、1 套四极子发射换能器，上部 4×8 个接收器组成，发射换能器带宽 1～20kHz，接收带宽 500Hz～23kHz。该仪器把单极子全波测量技术和四极子螺旋波测井技术结合在一起，可以测量任意地层中的纵波、横波及斯通利波慢度。仪器结构如图 3.20 所示。

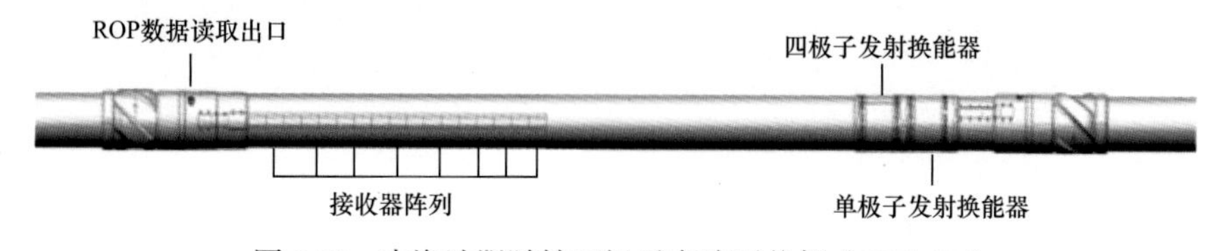

图 3.20 中海油服随钻四极子声波测井仪（QUAST）

质量控制与作业须知：

（1）在钻进过程中，剧烈震动会影响声波仪器数据质量。组合仪器串时，MAST应尽量远离钻头。

（2）在运输中，接收换能器和发射换能器应做好防护，防止损坏。

（3）MAST最大测速135m/h，QUAST最大测速180m/h，作业前可根据实际情况设置参数。

MAST、QUAST仪器性能见表3.33、表3.34。

表3.33　MAST仪器性能表

仪器性能		参数
仪器外径		6.75in（171.45mm）
最大外径		6.9in（175.26mm）
适用井眼尺寸		8.5～9.875in（215.9～250.825mm）
仪器长度		18.34ft（5.59m）
仪器质量		850kg
声波测点位置（距工具底部）		下端面向上13.55ft（4.13m）
最大钻压		300tf
最大转速		400r/min
最大工作扭矩		330000lbf·ft
最大操作拉力		1470kN
最大工作温度		150℃
最大工作压力		20000psi
最大狗腿度通过能力	旋转	8°/30m
	滑动	16°/30m
钻井液排量范围		800～1500gal/min
纵波时差范围		40～150μs/ft
横波时差范围		60～800μs/ft
发射器数量		1个发射换能器
接收器数量		4个接收换能器
纵波时差精度		±2μs/ft
纵波垂直分辨率		2ft（0.6m）
存储量		320MB
电源		锂电/涡轮发电

表 3.34　QUAST 仪器性能表

仪器名称		QUAST475	QUAST675
仪器外径		4.75in（121mm）	6.75in（172mm）
最大外径		5.875in（149mm）	7.64in（190mm）
适用井眼尺寸		5.875～6.75in（149～172mm）	8.5～10.625in（216～271mm）
仪器长度		21.75ft（6.63m）	23.8ft（7.23m）
仪器质量		400kg	1100kg
声波测点位置（距工具底部）		13.1ft（3.995m）	5.72ft（1.745m）
最大钻压		110tf	300tf
最大转速		400r/min	400r/min
最大工作扭矩		9000lbf · ft	22000lbf · ft
最大拉伸载荷		200tf	150tf
最大工作温度		150℃	
最大工作压力		20000psi	
最大狗腿度通过能力	旋转	16°/30m	13°/30m
	滑动	30°/30m	20°/30m
钻井液排量范围		200～350gal/min	225～650gal/min
纵波时差范围		40～200μs/ft	
横波时差范围		60～800μs/ft	
发射器数量		1 套单极子发射换能器、1 套四极子发射换能器	
接收器数量		48（4×12）	32（4×8）
垂直分辨率		3.7ft（1.13m）	3.5ft（1.1m）
纵波时差精度		± 2μs/ft	
横波时差精度		± 5μs/ft	
存储量		2GB	8.5GB
电源		锂电 / 涡轮发电	

3.6.3　斯伦贝谢随钻阵列声波测井（SonicVISION/SonicScope）

SonicVISION 由下端一个发射器、上部四个接收器组成，高能宽带发射 3～245kHz，主要用来获取地层纵横波时差，停泵静态测量效果较好，如图 3.21 所示。

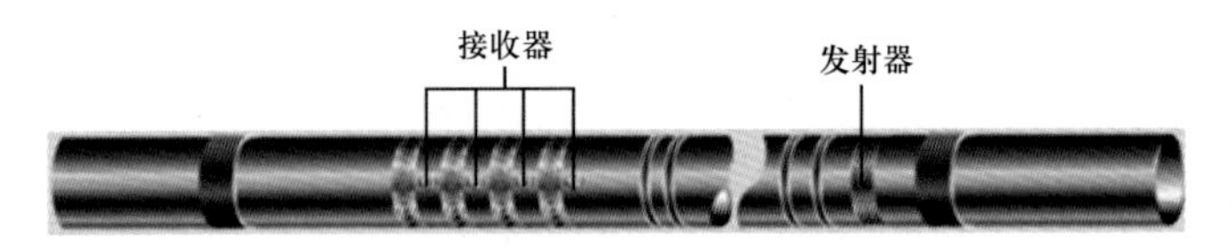

图 3.21 斯伦贝谢随钻声波测井仪（SonicVISION）

SonicScope 是在 SonicVISION 基础上研发的新一代随钻声波测井工具。SonicScope 多极子随钻声波测井结合了高质量的单极子和四极子测量方法，能够在传输斯通利波的同时实时传输纵波和横波慢度，且不受钻井液慢度的影响。如图 3.22 所示，SonicScope 采用宽频多极子发射器和接收器，频率范围从 1kHz 到 20kHz，工具能够记录更多低频信息。由 2 个发射器（SonicScope475 只有 1 个发射器）和 4 组（每组 12 个，共 48 个）接收器组成。发射器采用的是多极子声源，3 种激发模式。SonicScope 使用的频率较宽，可以很好保证各种类型地层的声波耦合，提高纵波声波时差测井信噪比及数据可靠性。

图 3.22 斯伦贝谢随钻多极子声波测井仪（SonicScope）

质量控制与作业须知：

（1）声波仪器在钻进过程中受震动、旋转、气侵等多种因素影响，测量效果不是太理想，一般现场采用测速小于 60m/h、停泵滑动模式测量，在钻达目的层后，采用滑动上测模式进行重测。

（2）工具动员之前，应根据目的层情况制订最优的时差范围。

（3）完钻之后，经过工程师发指令，可以以 1s/ 数据点（可存储约 8h 数据）或者 2s/ 数据点（可存储 16h 数据）的高内存数据精度上提补测。上提速度小于 600m/h（1s/ 数据点模式）/300m/h（2s/ 数据点模式），一般使用 1s/ 数据点模式。工具内的电池可以在开泵或者停泵下进行上提补测。

（4）声波工具对于居中测量要求较高，除在钻具设计阶段须增加上下扶正器外，钻进过程中需适当控制钻井参数，防止产生过高的井下振动或黏滑值。

（5）如对实时数据密度要求较高，编写数据帧推荐使用压缩数据点，对实时数据精度无影响，可有效提高数据点密度。

SonicVISION、SonicScope 仪器性能见表 3.35、表 3.36。

3.6.4 贝克休斯随钻多极子声波测井（SoundTrak）

贝克休斯随钻多极子声波测井 SoundTrak 可以精确测量所有地层中纵波和横波传输时间，其多重频率的声波可以在各种传播速度范围地层和井眼尺寸下获得高质量的测量数据。SoundTrak 由一个高输出全方位多极子声波发送器、一个能消除工具偏心影响的 6×4 个阵列接收器和一个用来隔开发射极和接收极声波绝缘体组成。即便在震动较大的测量环境下，井下处理系统和声波层叠技术能够优化信噪比。纵波传输速度参数质量信息会被实时传输，原始波形数据可存储在高容高速的内存中以备后续操作。仪器如图 3.23 所示。

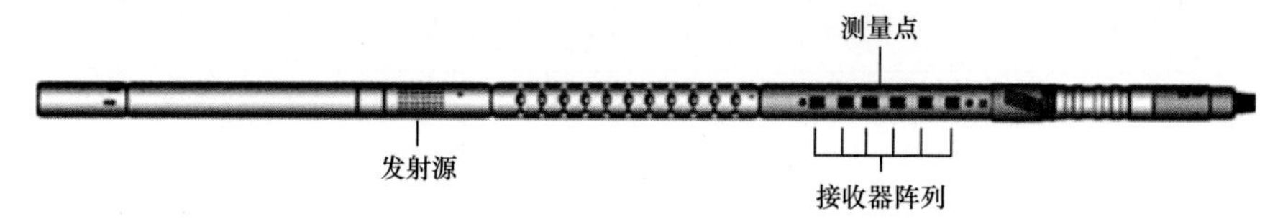

图 3.23　贝克休斯随钻声波测井仪（SoundTrak）

表 3.35　SonicVISION 仪器性能表

<table>
<tr><td colspan="2">仪器名称</td><td>SonicVISION 675</td><td>SonicVISION 825</td></tr>
<tr><td colspan="2">仪器外径</td><td>6.75in（171.45mm）</td><td>8.25in（209.55mm）</td></tr>
<tr><td colspan="2">最大外径</td><td>扶正器外径</td><td>扶正器外径</td></tr>
<tr><td colspan="2">适用井眼尺寸</td><td>8.25～14in（209.6～355.6mm）</td><td>10.625～30.0in（269.87～762mm）</td></tr>
<tr><td colspan="2">仪器长度</td><td>23.8ft（7.25m）</td><td>22.6ft（6.88m）</td></tr>
<tr><td colspan="2">仪器质量</td><td>1135kg</td><td>1544kg</td></tr>
<tr><td colspan="2">声波测点位置（距工具底部）</td><td>4.24ft（1.29m）</td><td>4.3ft（1.31m）</td></tr>
<tr><td colspan="2">最大钻压</td><td>57000klbf/L^2</td><td>128000klbf/L^2</td></tr>
<tr><td colspan="2">最大转速</td><td colspan="2">400r/min</td></tr>
<tr><td colspan="2">最大工作温度</td><td colspan="2">150℃</td></tr>
<tr><td colspan="2">最大工作压力</td><td colspan="2">25000psi</td></tr>
<tr><td colspan="2">最大工作扭矩</td><td>16000lbf · ft</td><td>23000lbf · ft</td></tr>
<tr><td colspan="2">最大拉伸载荷</td><td>150tf</td><td>227tf</td></tr>
<tr><td rowspan="2">最大曲率</td><td>旋转</td><td>8°/30m</td><td>6°/30m</td></tr>
<tr><td>滑动</td><td>16°/30m</td><td>14°/30m</td></tr>
<tr><td colspan="2">钻井液排量范围</td><td>800gal/min</td><td>1200gal/min</td></tr>
<tr><td colspan="2">纵波时差范围</td><td colspan="2">40～230μs/ft</td></tr>
<tr><td colspan="2">横波时差范围</td><td colspan="2">70～500μs/ft</td></tr>
<tr><td colspan="2">发射器数量</td><td colspan="2">1 个</td></tr>
<tr><td colspan="2">接收器数量</td><td colspan="2">4 个</td></tr>
<tr><td colspan="2">垂直分辨率</td><td colspan="2">2ft（0.6m）</td></tr>
<tr><td colspan="2">纵波时差精度</td><td colspan="2">± 1μs/ft</td></tr>
<tr><td colspan="2">横波时差精度</td><td colspan="2">± 1μs/ft</td></tr>
<tr><td colspan="2">存储量</td><td colspan="2">96MB</td></tr>
<tr><td colspan="2">电源</td><td colspan="2">锂电 /MWD（开泵）</td></tr>
</table>

表 3.36　SonicScope 仪器性能表

仪器名称		SonicScope475	SonicScope675	SonicScope825	SonicScope900
仪器外径		4.75in（120.65mm）	6.75in（171.45mm）	8.25in（209.55mm）	9in（222.96mm）
最大外径		4.82in（122.42mm）	6.9in（175.26mm）	8.42in（213.87mm）	10in（254mm）
适用井眼尺寸		5.625～8in（142.87～203.2mm）	8.25～10.625in（209.55～269.87mm）	10.625～12.25in（269.87～311.15mm）	12.25～26in（311～660mm）
仪器长度		31.5ft（9.6m）	32ft（9.75m）	32ft（9.75m）	32ft（9.75m）
仪器质量		810kg	1630kg	1940kg	1630kg
声波测点位置（距工具底部）		4.8ft（1.46m）	5.88ft（1.79m）	6.03ft（1.84m）	5.98ft（1.82m）
最大钻压		46000klbf/L^2	57000klbf/L^2	128000klbf/L^2	261400klbf/L^2
最大转速		400r/min			
最大工作扭矩		8800lbf·ft	22000lbf·ft	45000lbf·ft	74000lbf·ft
最大拉伸载荷		110tf	150tf	300tf	420tf
最大工作温度		150℃			
最大工作压力		25000psi	30000psi	30000psi	25000psi
最大狗腿度通过能力	旋转	15°/30m	8°/30m	7°/30m	6°/30m
	滑动	30°/30m	16°/30m	14°/30m	12°/30m
钻井液排量范围		400gal/min	800gal/min	1200gal/min	1600gal/min
纵波时差范围		40～170μs/ft			
横波时差范围		60～600μs/ft	70～700μs/ft	70～700μs/ft	70～700μs/ft
发射器数量		1 个	2 个	2 个	2 个
接收器数量		48 个			
垂直分辨率		2ft（0.6m）			
纵波时差精度		± 1μs/ft	± 1μs/ft	± 1μs/ft	± 1μs/ft
横波时差精度		± 1μs/ft	± 1μs/ft	± 1μs/ft	± 1μs/ft
存储量		1000MB	2GB	2GB	2GB
电源		锂电池 /MWD（开泵）			

质量控制及作业须知：

（1）SoundTrak 工具必须与 OnTrak 一同使用。

（2）必须根据区域地质信息调整作业参数。

（3）为确保工具居中，需配备上、下扶正器。

（4）现场作业时，应尽量获取井眼尺寸、温度、钻井液密度等环境参数，以便对测量数据进行环境校正。

SoundTrak 仪器性能见表 3.37。

表 3.37　SoundTrak 仪器性能表

仪器名称	SoundTrak675	SoundTrak825	SoundTrak950
仪器外径	6.75in（171.45mm）	8.25in（209.55mm）	9.5in（241mm）
最大外径	7.09in（180.1mm）	8.4in（213.4mm）	9.67in（245.8mm）
适用井眼尺寸	8.375～10.625in（212.72～269.87mm）	10.5～17.5in（267～445mm）	12.25～26in（311～660mm）
仪器长度	32.8ft（10m）	32.8ft（10m）	32.8ft（10m）
仪器质量	1702kg	2360kg	3080kg
声波测点位置（距工具底部）	9.3ft（2.85m）		
最大转速	450r/min		
最大工作扭矩	19173lbf·ft		
最大拉伸载荷	400tf	510tf	610tf
最大工作温度	150℃		
最大工作压力	25000psi		
最大曲率	根据钻具组合不同而变化		
钻井液排量范围	200～900gal/min	300～1300gal/min	420～1600gal/min
纵波时差范围	40～220μs/ft	40～220μs/ft	40～220μs/ft
横波时差范围	60～550μs/ft	60～600μs/ft	60～600μs/ft
发射器数量	1 个	1 个	1 个
接收器数量	24 个	24 个	24 个
垂直分辨率	1.15ft（0.35m）	2ft（0.61m）	3ft（1m）
纵波时差精度	2%		
横波时差精度	5%		
存储量	2.25GB		
电源	锂电 /MWD（开泵）		

3.6.5 哈里伯顿随钻声波测井（Xbat ™ Plus）

哈里伯顿随钻声波工具 Xbat ™ Plus 能够提供准确的纵波和横波时差测量，工具由四个声波发射器和 6×4 个方位接收器组成，如图 3.24 所示。其发射器为能发射较高能量的多极子声源，发射频带范围在 2～20kHz，可以在各种类型地层中测量纵横波，提高了声波测井信噪比及数据可靠性。升级后的方位声波接收器采用最新的压电陶瓷技术，提高了接收器的灵敏度和均衡性，探测频率范围较宽，可以准确获取慢地层的信号。同时工具还有 4 个超声井径探头，可以测量井眼形状。

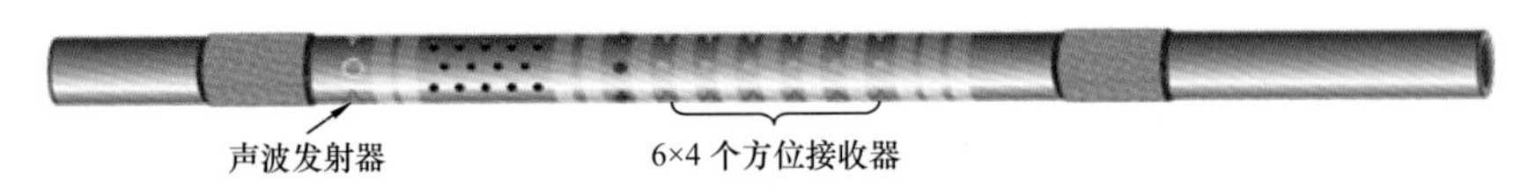

图 3.24 哈里伯顿随钻声波测井仪（Xbat ™ Plus）

质量控制与作业须知：哈里伯顿测井曲线质量控制按照规范标准的流程分为四个步骤：工具的维修与保养、车间刻度与验证、环境参数、办公室测井曲线质量控制。

（1）工具的维修与保养。哈里伯顿 Sperry 工具的维修保养计划是根据 CBM（Condition Based Maintenance），即按照工具以前在井下工作的条件和时间的综合因素来确定工具需要进行哪个级别的维护保养。该系统包含三个重要参数：井下时间、振动累计系数和温度累计系数。

基于三个重要参数，维修保养也分为两个级别：标准维护保养和温度 / 振动加速效应。仪器维保后都经过功能测试、高温环境模拟测试并准确刻度，出具详细报告。工具在每次入井前 / 后均严格执行校准和验证，以保证测量数据的准确性。

（2）车间刻度与验证。哈里伯顿的工具在每次作业前 / 后严格执行校准和验证，以保证井下测得数据的准确性。

（3）环境参数。工具入井后，随钻工程师会收集并输入环境参数，对于不确定的参数会及时和测井监督沟通，确保输入参数的准确性，最终获取准确的测量结果。

（4）办公室测井曲线质量控制。在钻井过程中，解释工程师实时跟踪，进行深度和曲线质量检查。

Xbat ™ Plus 仪器性能见表 3.38。

表 3.38 Xbat ™ Plus 仪器性能表

仪器性能	Xbat 475	Xbat 675	Xbat 800	Xbat 950
仪器外径	4.75in（120.65mm）	6.75in（171.45mm）	8.25in（209.55mm）	9.5in（241.3mm）
适用井眼尺寸	5.75～8.5in（146～216mm）	8～10.6in（203～270mm）	10.6～17.5in（270～445mm）	12.25～36in（311.05～914.4mm）
仪器长度	26.5ft（8.07m）	21ft（6.4m）	21ft（6.4m）	21ft（6.4m）
仪器质量	600kg	960kg	1330kg	2010kg

续表

仪器性能		Xbat 475	Xbat 675	Xbat 800	Xbat 950
声波测点位置（距工具底部）		9.68ft（2.95m）	9.45ft（2.88m）	9.17ft（2.80m）	9.25ft（2.82m）
最大钻压		110tf	200tf	260tf	330tf
最大转速		250r/min	250r/min	250r/min	250r/min
最大工作扭矩		7630lbf·ft	24290lbf·ft	40390lbf·ft	61250lbf·ft
最大拉伸载荷		285tf	554tf	755tf	1012tf
最大工作温度		150℃			
最大工作压力		25000psi	30000psi		
最大曲率	旋转	14°/30m	10°/30m	8°/30m	8°/30m
	滑动	30°/30m	21°/30m	14°/30m	14°/30m
钻井液排量范围		120～350gal/min	225～650gal/min	350～1200gal/min	350～1400gal/min
纵波时差范围		40～180μs/ft			
横波时差范围		60～550μs/ft			
发射器数量		4 个			
接收器数量		24 个			
垂直分辨率		30in（0.762m）			
纵波时差精度		± 1μs/ft			
横波时差精度		± 2.5μs/ft			
存储量		6GB			
电源		电池			

3.7 随钻核磁共振测井

随钻核磁共振测井是在钻井过程中进行核磁共振测量，得到实时、连续的 T_2 分布，利用 T_2 分布计算独立于岩性的孔隙度、可动流体体积、束缚流体体积和渗透率。

随钻核磁共振测井发展历程大致为：20 世纪 50 年中期，Varian 首次提出核磁共振测井概念，将用于测量地磁场强度的 NMR 磁力计用于油井测量；1985 年以色列威兹曼科学院的两位科学家 Zvi Taicher 和 Schmuel Shtrikman 等发明使用梯度磁场的核磁共振成像测井（MRIL）；1996 年，Akkurt 和 Vinegar 等提出 NMR 油气识别技术；1997 年国外石油公司开始随钻核磁共振仪器研发；2001 年，哈里伯顿公司推出 MRIL−LWD 仪器，同年斯伦贝谢公司推出 proVISION 核磁共振仪器，在随钻核磁技术的应用上取得了突破；2004 年贝克休斯公司推出了 MagTrak 随钻核磁共振仪器，并进行了商业化的推广。

中国海油现有的随钻核磁共振测井仪器见表 3.39。

表 3.39　中国海油现有的随钻核磁共振测井仪器

公司	仪器名称	缩写
SLB	随钻核磁共振	ProVISION
Baker hughes	随钻核磁共振	MagTrak
Halliburton	随钻核磁共振	MRIL-WD

表 3.40 列出了常用随钻核磁共振仪器和适用条件。

表 3.40　常用随钻核磁共振仪器和适用条件

公司	仪器类型 / 尺寸	适用井眼范围	最高温度	最大静水压	垂直分辨率	探测深度
斯伦贝谢	ProVISION675/825	212.73～320.68mm（8.375～12.675in）	150℃	20000psi	0.9～1.2m（2.95～3.93ft）	70mm（2.75in）
贝克休斯	MagTrak475/675/825	146.05～311mm（5.75～12.25in）	150℃	25000psi	0.6～1.2m（1.96～3.93ft）	160mm（6.3in）
哈里伯顿	MRIL-WD675/800	215.8～311.2mm（8.5～12.25in）	150℃	20000psi	1.23m（4.04ft）	356mm（14in）

3.7.1　概述

3.7.1.1　测量原理

以斯伦贝谢公司 proVISION 为例，介绍核磁共振测井测量原理。如图 3.25 所示，proVISION 仪器在循环模式下作业，其操作周期包括：发射高频射频脉冲、初始极化地层氢核、接收回波信号。脉冲和回波接收交替重复，直至采集完计划的回波数。实时传输的随钻核磁共振测量结果通过钻井液脉冲遥传到地面。仪器测量的原始数据在井下用优化的信号算法进行处理，完成 T_2 谱反演。反演后可以实时获得孔隙度、T_2 谱分布、束缚流体体积、自由流体体积、渗透率等信息。

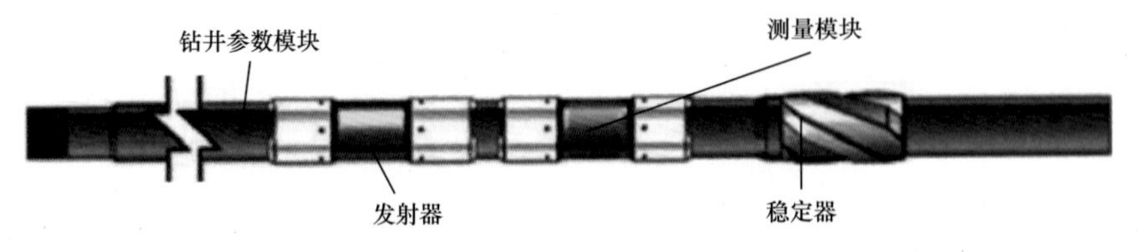

图 3.25　斯伦贝谢公司核磁共振测井仪（proVISION）

3.7.1.2　刻度与校验

核磁共振仪器一般每三个月做一次车间刻度，以保证仪器状态正常。

3.7.1.3 影响因素

钻柱的侧向运动对随钻核磁共振测量结果会产生影响。为了减小仪器侧向运动对测量结果的影响，斯伦贝谢公司 proVISION 仪器采用低梯度场设计，具有较厚的测量壳体。哈里伯顿公司在径向运动强烈的钻井状态下，MRIL−WD 工具使用饱和恢复脉冲序列测量，称为 RL（Reconnaissance Logging）模式。

3.7.1.4 资料要求与作业须知

核磁共振测井质量要求主要检查以下几个参数：发射器在井下器的工作频率（Freq）、增益（Gain）、井眼温度校正后的射频脉冲的磁场强度（B1mod）、振铃（Ring）、噪声（noise）、回波间噪声（Ie_noise）、最大电压（HVmax）、最小电压（HVmin）、直流电补偿（DC−offset），各质控参数及可接受范围详见表 3.41。

表 3.41　随钻核磁共振质控参数表

参数	目标	可接受范围
工作频率	根据校准和非振铃窗口内。T_2 将在峰值谐振频率两侧的边带上运行	492～502kHz
增益	与环境一致，井下变化缓慢，但会看到钻孔扩大	T_1：135～225ms T_2：185～350ms
磁场强度	在校准图中处于或非常接近峰值 B1	2.0～2.8mT
振铃	低	T_1：＜20ms　T_2：＜10ms
噪声	低	＜5dB
回波间噪声	低	＜8
最大电压	420V　可能在低 Q（盐）环境中“挣扎”	420～450V
最小电压	270V　T_2 性能优于 T_1　DTW 性能优于 DTE	270～420V
直流电补偿	0	＜5mV

3.7.1.5 作业须知

（1）现场作业前，根据地层特点选择不同测量模式。

（2）工具带永久磁铁，作业范围内需注意防磁化。

（3）现场作业时，应尽量获取井眼尺寸、温度、钻井液密度、钻井液电阻率等环境参数，以便对测量数据进行环境校正。

3.7.1.6 随钻核磁共振优势

随钻核磁共振测井资料不仅与电缆核磁共振测井资料具有很好的一致性，同时也具有电缆核磁共振测井不具备的测井优势，其优势如下：

（1）随钻核磁共振测井可以同钻具连接入井，不受井斜影响，实现优化井眼轨迹、提高油气钻遇率的目标。

（2）随钻核磁共振测井资料的录取是在地层揭开后相对较短的时间内进行的，因此受钻井液侵入等因素影响较小，确保录取的资料更接近原始地层信息。

（3）在地层揭开后可及时提供实时测井数据，为后续作业准备提供了更多的宝贵时间。

（4）完钻后可直接下套管，避免中途测井，减少作业程序，提高作业效率。

（5）不受井眼垮塌的影响。

3.7.1.7 资料主要用途

（1）计算总孔隙度、有效孔隙度和可动孔隙度。

（2）计算渗透率，研究孔隙大小、粒度分布和孔隙结构。

（3）辅助判断流体性质。

（4）帮助产能预测和评价低阻油层等。

3.7.2 斯伦贝谢随钻核磁共振测井（ProVISION Plus）

ProVISION Plus 测量填充于岩石孔隙空间的液体极化氢核所建立的衰减量。核磁共振是用来测量氢指数的，不同的流体具有不同的氢指数及极化特征。ProVISION 的双向等待时间方法可用来直接区分水和烃类（水极化的时间比烃类要短得多，长等待时间用以极化烃类），从长短等待时间可以提供烃体积指示，这种信息实时传输至地面。ProVISION Plus 仪器主要特点是优化了磁场结构，由竖向安装的圆柱形反向偶极磁体形成轴对称的梯度磁场。同时，ProVISION Plus 仪器最小化了侧向震动等不利测量环境的影响，通过快速采样加速计和磁力计系统组成的传感器来实现测量钻柱的侧向运动幅度、运动速度及钻头的每分钟瞬时转数。仪器如图 3.26 所示。

图 3.26 斯伦贝谢随钻核磁共振测井仪（ProVISION Plus）

质量控制及作业须知：

（1）测井前要应尽量获取井眼尺寸、温度、钻井液密度、钻井液电阻率等环境参数，以便对测量数据进行环境校正，钻井液矿化度不能太高，如果增益值小于 0.2 则无法测量。

（2）工具带永久磁铁，作业范围内需注意防磁化。

（3）根据地区规律，选取合适参数及测量模式。

ProVISION Plus 仪器性能见表 3.42。

表 3.42 ProVISION Plus 仪器性能表

仪器性能	ProVISION Plus 675	ProVISION Plus 825
工具外径	6.75in（171.45mm）	8.25in（209.55mm）
适用井眼尺寸	8.375～10.625in（212.73～269.88mm）	10.25～12.625in（260.35～320.68mm）

续表

仪器性能		ProVISION Plus 675	ProVISION Plus 825
仪器长度		37.4ft（11.37m）	38.47ft（11.73m）
仪器质量		1769kg	2630kg
钻井液排量范围		800gal/min	1200gal/min
测点距工具底端长度		6.03ft（1.84m）	6.03ft（1.84m）
最小钻井液电阻率		0.02Ω·m	0.02Ω·m
最大钻压		74000000lbf/L^2	74000000lbf/L^2
最大拉伸载荷		150tf	240tf
最大扭矩		46000lbf·ft	91000lbf·ft
最高累计振动持续时间		振动级别 2 持续 5h 或振动级别 3 持续 0.5h	
最大工作温度		150℃	
最大工作压力		20000psi	
最大狗腿度	旋转	8°/30m	7°/30m
	滑动	16°/30m	14°/30m
垂直分辨率		4in（101.6mm）	
测量精度		±1%	
探测深度		14in（355.6mm）	17in（432mm）

3.7.3 贝克休斯随钻核磁共振测井（MagTrak）

贝克休斯 MagTrak 随钻核磁共振测井技术提供实时总孔隙度，不需要放射源和岩性参考。根据石油工业标准定义的 T_2 分布，随钻核磁共振测井可以得到自由水和束缚水含量、流体饱和度以及孔隙特征。MagTrak 随钻测井工具有着很高的垂直分辨率，探测直径可达 12.6in；可预先设定操作模式，简易井上操作，这种模式能够适应绝大多数地层和流体特性。孔渗模式：可以得到总孔隙度、毛细管束缚水孔隙度、黏土束缚水孔隙度和预测渗透率。孔渗 + 轻烃模式：可以得到总孔隙度、毛细管束缚水孔隙度、黏土束缚水孔隙度、预测渗透率和轻烃饱和度。MagTrak 随钻核磁共振测井工具由一个传感器短节和两个扶正器组成。

质量控制及作业须知：

（1）一般每三个月做一次车间刻度，以保证仪器状态正常。

（2）MagTrak 工具必须与 OnTrak 一同使用，并配备独立的 BCPM 供电。

（3）可根据地层特点选择不同测量模式。

（4）工具带永久磁铁，作业范围内需注意防磁化。

（5）现场作业时，应尽量获取井眼尺寸、温度、钻井液密度、钻井液电阻率等环境参数，以便对测量数据进行环境校正。

MagTrak 仪器性能见表 3.43。

表 3.43　MagTrak 仪器性能表

仪器名称	MagTrak 475	MagTrak 675	MagTrak 825
工具外径	4.75in（121mm）	6.75in（172mm）	8.25in（210mm）
适用井眼尺寸	5.75～6.75in（146～172mm）	8.375～9.875in（212.72～250.82mm）	10.625～12.25in（270～311mm）
仪器长度	17.3ft（5.27m）	18.6ft（5.67m）	24.3ft（7.41m）
仪器质量	590kg	1130kg	2100kg
钻井液排量范围	145～410gal/min	343～660gal/min	423～1162gal/min
测点距工具底端长度	4.28ft（1.31m）	4.28ft（1.31m）	5.22ft（1.593m）
最小钻井液电阻率	0.02Ω·m	0.02Ω·m	0.1Ω·m
最大钻压	11tf	25tf	29tf
最大拉伸载荷	30tf	36tf	68tf
最大扭矩	20300lbf·ft	23500lbf·ft	75000lbf·ft
最大转速	400r/min		
最大工作温度	150℃		
最大工作压力	25000psi		
最大允许通过狗腿度	最大允许通过狗腿度根据具体应用和其他一些参数如钻具组合、井眼轨迹和钻井方式（造斜、降斜或稳斜）的不同而变化		
回波间隔	可自定义，最小 0.6ms		
回波数	可自定义，最大 5000		
垂直分辨率	5.1ft（1.55m）	2ft（0.60m）/4ft（1.2m）	1.2ft（0.37m）
测量精度	±1p.u. 或 ±5%		
探测深度	9.8in（249mm）	18in（457mm）	18in（457mm）

3.7.4　哈里伯顿随钻核磁共振测井（MRIL-WD）

随钻核磁共振成像测井（MRIL-WD）工具是一种 LWD 传感器，可测量孔隙度、束缚流体孔隙度和微孔隙度、渗透率等信息。MRIL-WD 工具可以在不同的测井模式下工作。MRIL-WD 可以通过采用对运动不敏感的 T_1 回波测量技术来消除或减少钻井过程中不利因素对测量信号的影响，同时也可以选择标准 CPMG 的 T_2 回波测量。在随钻测井过程中，仪器可根据表征仪器旋转的磁力计上的读数自动切换模式（T_1 或 T_2 测井），也可以通过钻井液脉冲发生器手动设置。MRIL-WD 可以独立运行或与其他 Sperry LWD 传感器结合使用。MRIL-WD 可提供实时及内存数据。数据的作业后处理可用于高级处理方法和数据解释。仪器串如图 3.27 所示。

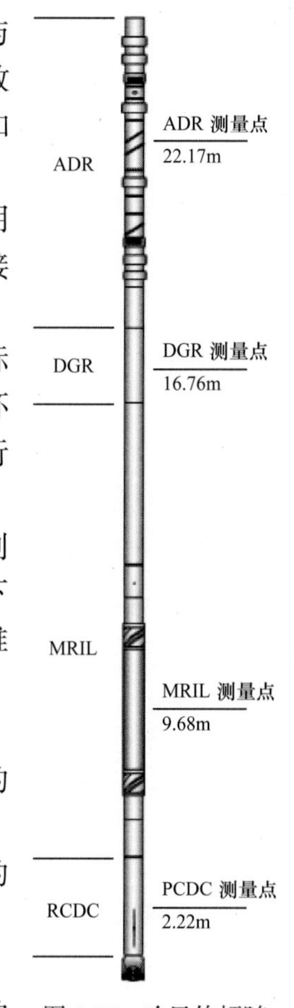

图 3.27　哈里伯顿随钻核磁共振测井仪（MRIL-WD）

该工具的主要部件包括强永磁体和射频天线。强永磁体产生用于极化氢原子的梯度磁场，射频天线能够传输射频（RF）信号和接收回波响应。

质量控制及作业须知：哈里伯顿测井曲线质量控制按照规范标准的流程分为四个步骤：工具的维修与保养、车间刻度与验证、环境参数、办公室测井曲线质量控制，下面分别对这四个方面进行介绍。

（1）工具的维修与保养。哈里伯顿 Sperry 工具的维修保养计划是根据 CBM-Condition Based Maintenance，即按照工具以前在井下工作的条件和时间的综合因素，来确定工具需要进行哪个级别的维护保养。该系统包含三个重要参数：

① 井下时间：作业时间、循环时间、钻井时间。

② 振动累计系数：按每次井下作业时间和振动情况计算出来的累计值。

③ 温度累计系数：按每次井下作业时间和温度情况计算出来的累计值。

基于这三个重要参数，维修保养分为两个级别：

① 标准维护保养：SAP 系统根据工具使用情况自动提示进行的常规保养。

② 温度 / 振动加速效应：温度和振动单次或累计触发的维护保养和零部件更换。仪器维保后都经过功能测试、高温环境模拟测试并准确刻度，出具详细报告。工具在每次入井前 / 后均严格执行校准和验证，以保证测量数据的准确性。

（2）车间刻度与验证。哈里伯顿的工具在每次作业前 / 后严格执行校准和验证，以保证井下测得数据的准确性。根据工具的不同，校准和验证的方法也不同，若校准值超出正常校准范围，工具重新返回库房进行校验，直到符合入井标准。

对于核磁共振测井的质量控制，可通过哈里伯顿 NMR studio 软件进行操作，主要检查以下几个参数：发射器在井下器的工作频率、Ring、噪声、增益（Gain）、井眼温度校正后的射频脉冲的磁场强度（B1mod）、HVmin、HVmax、Ie_noise、DC-offset。

（3）环境参数。工具入井后，随钻工程师会收集并输入环境参数，对于不确定的参数会及时和监督沟通，确保输入参数的准确性，最终获取准确的测量结果。

（4）办公室曲线质量控制。在钻井之前，解释工程师会收集邻井数据，分析地层岩性和物性，同时根据甲方的钻井地质设计，对预钻井提前判断岩性和物性；在实时钻井过程中，实时跟踪测井曲线，依据邻井测量结果及区域经验，进行深度跟踪并检查曲线合理性。

MRIL-WD 仪器性能见表 3.44。

表 3.44　MRIL-WD 仪器性能表

仪器名称		MRIL-WD675	MRIL-WD800
工具外径		6.75in（171.5mm）	8.0in（203.2mm）
适用井眼尺寸		8.5～10.625in（215.8～269.9mm）	12.25in（311.2mm）
仪器长度		38.73ft（11.80m）	39.23ft（11.96m）
仪器质量		1701kg	2676kg
钻井液排量范围		225～650gal/min	350～1200gal/min
测点距工具底端长度		6.79ft（2.08m）	7.13ft（2.18m）
最小钻井液电阻率		1.0Ω·m	
最大钻压		20tf	27tf
最大拉伸载荷		75.5tf	55.4tf
最高累计振动持续时间		90*g*（100 次）	
最大转速		180r/min	
最大工作温度		150℃	
最大工作压力		20000psi	
最大狗腿度	旋转	10°/30m	8°/30m
	滑动	18°/30m	14°/30m
回波间隔		0.6ms	
回波数		8	
垂直分辨率		4ft（1.23m）	
测量精度		±1p.u. 或 ±5%	
探测深度		14in（356mm）	16in（406.4mm）

3.8　随钻侧向电阻率成像测井

世界上第一支随钻电阻率测井仪器是由斯伦贝谢公司在 1988 年正式推出的，称为补偿电阻率伽马仪（CDR）。到 1990 年，通过 MWD 工具实现了 CDR 仪器的随钻实时测量，标志着随钻测井进入了真正的实时随钻测井时代。1993 年，第一支随钻侧向电阻率仪器 ABR 投入商业化市场。

目前世界上有多家公司能够提供随钻电阻率测井服务，其最新的代表性产品有斯伦贝谢的随钻电阻率成像测井仪器 GVR 和 MicroScope、贝克休斯的成像仪器 StarTrak、哈里伯顿的成像仪器 Insite AFR。这些仪器均可提供与电缆成像测井分辨率相近的电阻率成像图。

中国海油现有的随钻侧向电阻率成像测井仪器见表 3.45。

表 3.45　中国海油现有的随钻侧向电阻率成像测井仪器

公司	仪器名称	缩写
SLB	近钻头和方向电阻率成像	Geovision
SLB	随钻高分辨电阻率成像	MicroScope
Baker hughes	随钻高分辨电阻率成像	StarTrak
Halliburton	随钻方位聚焦电阻率成像	AFR

表 3.46 列出了常用随钻侧向电阻率仪器和适用条件。

表 3.46　常用随钻侧向电阻率仪器和适用条件

公司	斯伦贝谢 Geovision675/825	斯伦贝谢 MicroScope475/675	贝克休斯 StarTrak475/675	哈里伯顿 AFR475/675/800
适用井眼范围	215.9～311.15mm （8.5～12.25in）	149.225～250.825mm （5.875～9.875in）	143～215.9mm （5.63～8.5in）	149～311mm （5.875～12.5in）
仪器外径	8.25in/6.75in	4.75in/6.75in	4.75in/6.75in	4.75in/6.75in/8in
发射电极	1 个环电极、3 个纽扣电极和一个钻头电极	8 个纽扣电极	环井周 360°扫描	1 对环形发射极和 2～3 排纽扣电极
最高工作温度	150℃	150℃	175℃	150℃
最大工作压力	18000psi/15000psi	20000psi	25000psi	25000psi
垂直分辨率	2～3in	0.4in	0.25in	1in（标准）/0.4in（高分辨率）
电阻率曲线	3 种不同探深电阻率	4 种不同探深电阻率	120 个扇区	56 条电阻率

3.8.1　概述

3.8.1.1　测量原理

随钻电阻率成像测井通过发射极产生电流，电流流过工具外壁、纽扣电极和地层。通过测量纽扣电极的电流，可确定纽扣电极附近的地层电阻率。井眼的不同方位有不同的测量结果，形成电阻率成像。各个方位的测量值也可以汇总在一起计算得出平均电阻率。各服务商发射电极结构都不一样，因此采集到的电阻率曲线和分辨率存在差别。

以 GVR（Geovision 近钻头和方向电阻率成像仪）为例，如图 3.28 所示，该工具采用电极发射电流的方法实现侧向电阻率测井，可在灵活的多配置模式下工作，为地层评价和地质导向提供多达 5 条电阻率的测量，并可提供 3 种不同探测深度的电阻率成像和自然伽马成像。其中方位系统利用地磁场作为参考系来判断钻具旋转时工具的方位角，开展方位电阻率和伽马射线的测量。电极方位测量能够获得高清分辨率的地层影像、测定倾斜角，并判断出裂缝和井眼压裂情况。

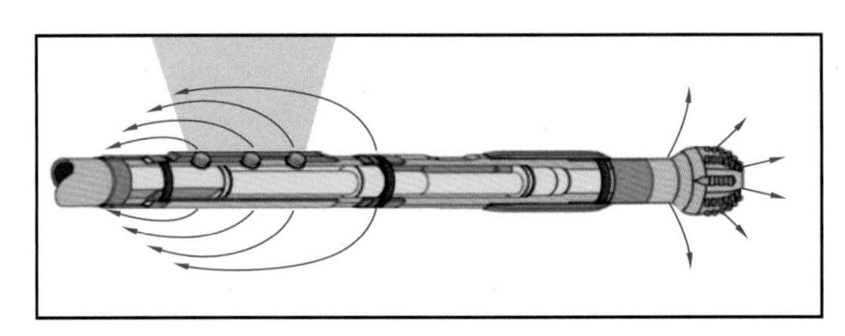

图 3.28　Geovision 近钻头和方向电阻率成像仪测量原理

3.8.1.2　刻度与校验

为保证测量值的准确和精度，自然伽马工具需进行车间刻度，刻度有效期为三个月；电阻率在每次返回基地时要做测试检查。在工具入井前，现场工程师须检查刻度日期及刻度结果，确保刻度有效、正确。

3.8.1.3　影响因素

（1）通常不适用于油基钻井液。

（2）钻井中，对钻压、钻速和振动都要严格监控。振动过大，测量图像会出现扭曲现象。

（3）为确保成像的准确度，每一柱都要保证正确的测斜数据，否则数据有可能存储到错误的扇区中或出现偏差。

（4）在采样周期内至少转一圈，测量结果会更好，因为所有三个纽扣电极都会测量到每个方位的数据，减少了某些方位可能出现空白的概率，同时提高了测量的信噪比。

3.8.1.4　主要优势

（1）电阻率成像可以直观井壁成像。

（2）提供不同探测深度的高分辨率方向性电阻率。

（3）近钻头电阻率测量能够实时给出地层最直接的信息。

3.8.1.5　资料主要用途

（1）在大斜度井和水平井中，随钻电阻率成像是识别裂缝、孔洞发育程度的重要手段。

（2）可提供钻头电阻率曲线，以钻头作为测量电极，测量点即位于钻头处，能够应用于井眼定位。

（3）用于构造和沉积学研究。

3.8.2 斯伦贝谢近钻头和方向电阻率成像测井（GVR）

GVR（Geovision Resistivity）属于侧向测井系列产品中的电阻率测井工具，采用电极电阻率的办法，在水基（导电式）钻井液环境中对电阻率进行测量。该工具可在灵活的多配置模式下工作，为地层评价和地质导向提供多达5项电阻率测量，同时进行电阻率和自然伽马成像。

GVR仪器由一个环形电极、一个钻头电极和三个纽扣电极组成发射电极（图3.29）。钻头电极测量可以确定钻头处地层的电阻率变化，帮助确定钻遇地质层位，确定下套管位置和校深。环形电极可以提供高分辨率的侧向电阻率（即环形电阻率）。三个不同探测深度的纽扣电极可以转动，实现电阻率成像。

图3.29 斯伦贝谢近钻头和方向电阻率成像仪（GVR）

除电阻率测定之外，GVR还可利用伽马探测器来对地层自然伽马射线进行测量。其中的方位系统利用地磁场作为参考系来判断钻具旋转时工具的方位角，从而开展方位电阻率和伽马射线的测量。纽扣式电极方位测量能够获得高清分辨率的地层影像、倾斜角测定并判断出裂缝和井眼压裂情况。GVR附带的其他传感器则专门用于探测纵向震动与温度。

质量控制与作业须知：

（1）GVR侧向电阻率仪器测速一般小于90m/h，测井时可选择装电池或者无电池作业。

（2）GVR在油基钻井液中只可得到钻头电阻率，质量较差，但是在卡层取心等应用中可以得到钻头附近地层电阻率，发挥其功效。

（3）GVR工具提供方向性电阻率镜像，作业时须旋转使用并控制钻井参数，以降低钻井黏滑值，提高成像数据质量。

（4）如对实时数据密度要求较高，编写数据帧推荐使用压缩数据点，对实时数据精度无影响，可有效提高数据点密度。

（5）工具必须与所有电导体隔离绝缘。一般来说，将工具放置于带有橡胶垫衬底的支架之上。如果没有橡胶垫，也可以使用栈板与干木块代替。当电导体接近于本工具时无须担心，只要确保工具与电导体绝缘即可。

（6）为保证测量值的准确和精度，一般GVR工具自然伽马需进行车间刻度，刻度有效期为三个月，电阻率在每次返回基地时要做测试检查。在工具入井前，现场工程师须检查刻度日期及刻度结果，确保刻度有效、正确。

GVR仪器性能见表3.47。

表 3.47　GVR 仪器性能表

<table>
<tr><td colspan="2">仪器名称</td><td colspan="2">Geovision 675</td><td colspan="2">Geovision 825</td></tr>
<tr><td colspan="2">仪器外径</td><td colspan="2">6.75in（171.45mm）</td><td colspan="2">8.25in（209.55mm）</td></tr>
<tr><td colspan="2">适用井眼尺寸</td><td colspan="2">8.5～9.875in
（215.9～250.852mm）</td><td colspan="2">10.625～12.25in
（269.875～311.15mm）</td></tr>
<tr><td colspan="2">仪器长度</td><td colspan="2">10.12ft（3.08m）</td><td colspan="2">12.72ft（3.88m）</td></tr>
<tr><td colspan="2">仪器质量</td><td colspan="2">544kg</td><td colspan="2">1000kg</td></tr>
<tr><td colspan="2">钻井液排量范围</td><td colspan="2">0～800gal/min</td><td colspan="2">0～1200gal/min</td></tr>
<tr><td colspan="2">测点距底端长度</td><td colspan="2">3.67ft（1.12m）</td><td colspan="2">3.54ft（1.08m）</td></tr>
<tr><td colspan="2">最大钻压</td><td colspan="2">71000000lbf/L^2</td><td colspan="2">164000000lbf/L^2</td></tr>
<tr><td colspan="2">最大扭矩</td><td colspan="2">16000lbf·ft</td><td colspan="2">23000lbf·ft</td></tr>
<tr><td colspan="2">最大震动强度</td><td colspan="4">累计 200000 个大于 50g 的震动</td></tr>
<tr><td colspan="2">最大震击载荷</td><td colspan="4">150tf</td></tr>
<tr><td colspan="2">最大工作温度</td><td colspan="4">150℃</td></tr>
<tr><td colspan="2">最大工作压力</td><td colspan="2">18000psi</td><td colspan="2">15000psi</td></tr>
<tr><td rowspan="2">最大狗腿度</td><td>旋转</td><td colspan="2">4.5°/30m</td><td colspan="2">4°/30m</td></tr>
<tr><td>滑动</td><td colspan="2">16°/30m</td><td colspan="2">11°/30m</td></tr>
<tr><td colspan="2">电阻率测量</td><td>钻头电阻率</td><td colspan="2">环电阻率</td><td>三条纽扣电阻率</td></tr>
<tr><td colspan="2">范围</td><td>0.2～200000Ω·m</td><td colspan="2">0.2～200000Ω·m</td><td>0.2～1000Ω·m</td></tr>
<tr><td colspan="2">电阻率垂向分辨率</td><td>12～24in
（304.8～609.5mm）</td><td colspan="2">2～3in
（50.8～76.2mm）</td><td>2～3in
（50.8～76.2mm）</td></tr>
<tr><td colspan="2">探测深度</td><td>12in（304.8mm）</td><td colspan="2">7in（177.8mm）</td><td>5in，3in，1in</td></tr>
<tr><td rowspan="4">测量精度</td><td><2000Ω·m</td><td>±5%</td><td colspan="2">±5%</td><td></td></tr>
<tr><td>>2000Ω·m</td><td>±20%</td><td colspan="2">±20%</td><td></td></tr>
<tr><td><200Ω·m</td><td></td><td colspan="2"></td><td>±5%</td></tr>
<tr><td>>200Ω·m</td><td></td><td colspan="2"></td><td>±20%</td></tr>
<tr><td colspan="2">垂向分辨率</td><td>12～24in
（304.8～609.5mm）</td><td colspan="2">2～3in
（50.8～76.2mm）</td><td>2～3in
（50.8～76.2mm）</td></tr>
</table>

注：假定 12in 钻头直接组合到仪器上。

3.8.3 斯伦贝谢随钻高分辨率成像测井（MicroScope）

MicroScope 属于电极电阻率工具。MicroScope HD 是一种随钻侧向电阻率高清成像工具，多适用于水基钻井液（图 3.30）。MicroScope 能够提供四种不同深度的实时和内存电阻率，同时进行方位伽马测量。

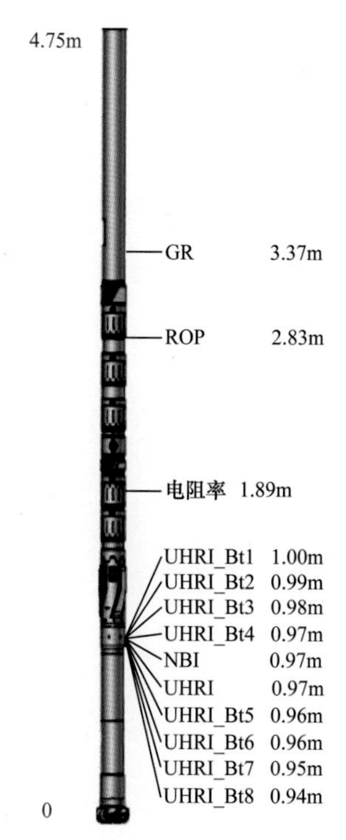

图 3.30 斯伦贝谢随钻高分辨率电阻率成像仪（MicroScope）

质量控制与作业须知：

（1）仪器黏卡系数低于仪器转动速度的 20%，严格按照测井速度 / 转动速度小于 0.7 要求测井。例如，地面转动速度为 100r/min 时，测速最高不超过 70m/h；地面转动速度为 120r/min 时，测速最高不超过 84m/h。

（2）仪器黏卡系数超过转动速度的 25% 时，由于井下转动速度波动较大，测井速度 / 转动速度要求小于 0.6。例如，地面转动速度为 100r/min 时，测速最高不超过 60m/h；地面转动速度为 120r/min 时，测速最高不超过 72m/h。

MicroScope 仪器性能见表 3.48。

表 3.48 MicroScope 仪器性能表

仪器性能	MicroScope475	MicroScope675
仪器外径	4.75in（120.65mm）	6.75in（171.45mm）
仪器内径	2.25in（57.15mm）	2.81in（71.374mm）
适用井眼尺寸	5.875～6.5in（149.225～165.1mm）	8.85～9.875in（224.79～250.825mm）
仪器长度	15.58ft（4.75m）	16.40ft（5m）
仪器质量	454kg	795kg
钻井液排量范围	400gal/min	800gal/min
测点距底端长度	因不同测点而异	因不同测点而异
最大钻压	46000lbf/L^2	71000000lbf/L^2
最大扭矩	8000lbf·ft	16000lbf·ft
最大震动强度	累计 200000 个大于 50g 的震动	
最高工作温度	150℃	

续表

仪器性能		MicroScope475	MicroScope675
最大工作压力		20000psi	
最大狗腿度	旋转	15°/30m	8°/30m
	滑动	30°/30m	16°/30m
电阻率测量范围		0.2～20000Ω·m	0.2～20000Ω·m
电阻率垂向分辨率		1in（25.4mm）	
电阻率探测深度		1.5～30in（38.1～762mm）	
电阻率测量精度	纽扣	0.1～250Ω·m ±5% 250～500Ω·m ±10% 500～1000Ω·m ±20%	
	环形	0.1～2000Ω·m ±5% 2000～5000Ω·m ±11% 5000～10000Ω·m ±22%	

3.8.4 贝克休斯随钻高分辨电阻率成像测井（StarTrak）

StarTrak 随钻高分辨电阻率成像工具可以在旋转钻进时进行环井周 360° 的微电阻率测量，获得 120 个扇区的方位电阻率测量值；实时传输可根据用户需求，选择 8～64 扇区成像信息；磁力计数据高度精确，快速的井下处理能力使工具即使在黏卡情况下也能精确测量仪器的工具面；测量电极尺寸最小化，有利于分辨极细微的构造、地质和沉积特征，即使在较快的机械钻速下，也能获得高分辨率成像。

质量控制及作业须知：

（1）StarTrak 工具应与 OnTrak 一同使用。

（2）不适用于油基钻井液。

（3）要求钻井液的电阻率不小于 0.1Ω·m。

（4）钻井中，对钻压、钻速和振动都要严格监控。振动过大，测量图像会出现扭曲的现象。钻压要稳定，最佳钻速大于 120r/min。

（5）为确保成像的准确度，每一柱都要保证正确的测斜数据，否则数据有可能存储到错误的扇区中或出现偏差。

（6）地质导向时，实时更新三维地质导向模型；实时分析诱导裂缝、扩径及泥岩垮塌，监控井眼稳定性；对地应力模型进行实时校正及沉积相分析；薄层分析及岩石物理应用。

StarTrak 仪器性能见表 3.49。

表 3.49 StarTrak 仪器性能表

仪器名称	StarTrak475	StarTrak675
仪器外径	4.75in（121mm）	6.75in（171.45mm）
仪器内径	1.25in（31.75mm）	1.75in（44mm）
适用井眼尺寸	5.75～6.75in（143～171mm）	8.5in（215.9mm）
仪器长度	9.80ft（2.99m）	8.3ft（2.53m）
仪器质量	290kg	276kg
钻井液排量范围	475～1325gal/min	265～900gal/min
测点距底端长度	5.61ft（1.71m）	3.7ft（1.12m）
最大钻压	11tf	30tf
最大转速	450r/min	450r/min
最大扭矩	9000lbf · ft	24000lbf · ft
最大震动强度	$15\sqrt{g}$（20min）	
最高工作温度	150℃	
最大工作压力	25000psi	
最大允许通过狗腿度	最大允许通过狗腿度根据具体应用和其他一些参数如钻具组合、井眼轨迹和钻井方式（造斜、降斜或稳斜）的不同而变化	
电阻率测量范围	0.2～2000Ω · m	
电阻率垂向分辨率	0.25in × 0.25in	
电阻率探测深度	12in（304.8mm）	
电阻率测量精度	5%	
成像区间	120 扇区	

3.8.5 哈里伯顿随钻方位聚焦电阻率测井（AFR）

随钻方位聚焦电阻率（Azimuthal Focused Resistivity，AFR）应用于高分辨率井眼电阻率成像、不同探测深度的侧向电阻率测量、近钻头电阻率测量和钻井液电阻率测量。AFR 可以在低钻井液电阻率和高地层电阻率的情况下提供地层电阻率的准确测量。

如图 3.31 所示，该工具包括一对环形发射极（红色和绿色部分）和两排或三排纽扣电极。发射极产生电流，电流流过工具外壁、纽扣电极和地层。通过测量纽扣电极的电流，可确定纽扣电极对面地层的地层电阻率。井眼的不同方位有不同的测量结果，形成电阻率成像。各个方位的测量值也可以汇总在一起计算得出平均电阻率。这种测量在原理上与传统的电缆侧向测井类似。

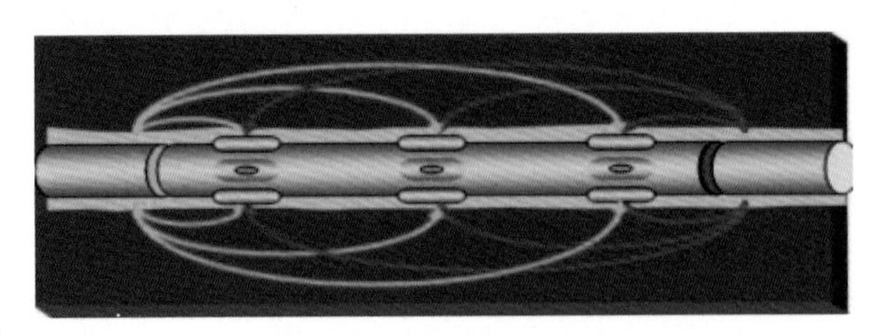

图 3.31　哈里伯顿随钻方位聚焦电阻率测井仪（AFR）

AFR 测量的电阻率属于补偿电阻率。补偿后的电阻率比非补偿电阻率更准确。电阻率的补偿主要是通过与纽扣电极有相同距离的上下两个发射极实现的。此外，下发射极还可以作为接收极，测量从上发射极到下部 BHA 的电流。该电流的大小用于估算钻头处或钻头周围地层的电阻率。

质量控制与作业须知：

（1）深度跟踪。高分辨率井眼成像需要密切地关注深度跟踪。成像数据的出图深度比例尺通常在 1∶20 左右，比传统出图比例高 10 倍。图像中的地层特征可能小于 1in，因此深度跟踪至关重要。

（2）转速。AFR 的最低转速取决于工具初始化时的采样周期。基本要求是在采样周期内对井眼的整个圆周进行扫描，否则可能会遗漏部分数据，从而导致图像出现空白。由于该工具每行有三个纽扣电极，间隔为 120°，理论上该工具只需在采样周期内旋转三分之一，即可生成完整的图像。然而在实践中，如果该工具能够在采样周期内至少转一圈，测量结果会更好，因为所有三个纽扣电极都会测量到每个方位的数据，减少了某些方位可能出现空白的概率，同时提高了测量的信噪比。

（3）黏滑振动。黏滑震动是钻具组合转速不恒定、周期性变化的现象。AFR 对数据的采样速度非常快，采样周期通常在 0.5～2s 之间。如果 BHA 发生黏滑，则工具很可能会在一个或多个采样周期内保持静止，从而导致图像中的数据丢失。降低黏滑震动的措施是：提高转速、降低钻压，或者将钻具提离井底释放扭矩。

（4）测斜。成像数据是根据方位传感器的测量确定扇区，也就是磁力计测量工具高边相对于磁北的方向。通常方位数据都是参考钻具的重力高边，而不是磁北。当每次测斜成功后，中控短节计算磁北和钻具重力高边之间的角差，然后将该角差传输给 AFR 的方位传感器。测斜错误或长时间不测斜会导致 AFR 的角差偏离准确值。

AFR 仪器性能见表 3.50。

表 3.50　AFR 仪器性能表

仪器性能	AFR475	AFR675	AFR800
仪器外径	4.75in（120.65mm）	6.75in（171.45mm）	8.0in（203.2mm）
仪器内径	1.25in（31.8mm）	1.92in（48.8mm）	2.38in（60.5mm）
适用井眼尺寸	5.875～6.75in（149～171mm）	8.375～10.625in（213～269mm）	12.25in（311mm）

续表

仪器性能		AFR475	AFR675	AFR800
仪器长度		12.9ft（3.93m）	10.8ft（3.29m）	8.5ft（2.6m）
仪器质量		600kg	1150kg	820kg
钻井液排量范围		125～350gal/min	225～650gal/min	340～1200gal/min
测点距底端长度		7.75ft（2.36m）	5.33ft（1.62m）	4.09ft（1.25m）
最大钻压		11tf	20tf	27tf
最大转速		180r/min		
最大扭矩		10500lbf·ft	33000lbf·ft	58000lbf·ft
最大震动强度		横向峰值振动 90*g* 耐受 10min，轴向峰值振动 40*g* 耐受 10min		
最大震击载荷		40*g* 100 次	40*g* 100 次	40*g* 100 次
最高工作温度		150℃		
最大工作压力		25000psi	22500psi	25000psi
最大狗腿度	旋转	14°/30m	10°/30m	8°/30m
	滑动	30°/30m	21°/30m	14°/30m
电阻率测量范围		0.2～20000Ω·m 0.05～5000mS/m		
电阻率垂向分辨率		1in（标准）/0.4in（高分辨率） 25mm（标准）/10mm（高分辨率）		
电阻率探测深度		10in（254mm）		
电阻率测量精度		0～200Ω·m：±2% 500Ω·m：±3% 1000Ω·m：±10% 2000Ω·m：±20% >10000Ω·m：±2%（总体变化迹象）		
成像区间		128 扇区		

3.9 随钻测压取样

随钻测压技术是一种在钻井过程中实时测量地层动态压力参数的技术。相比传统的电缆地层测压技术，降低了在大斜度井中使用钻杆传输电缆测压工具的潜在作业风险。

中国海油现有的随钻测压取样仪器见表 3.51。

表 3.52 列出了常用随钻测压仪器和适用条件。

表 3.51　中国海油现有的随钻测压取样仪器

公司	仪器名称	缩写
COSL	随钻测压	IFPT
SLB	随钻测压	StethoScope
Baker Hughes	随钻测压	TestTrak
Halliburton	随钻测压	GeoTap
SLB	随钻测压取样	SpectraSphere
Baker hughes	随钻测压取样	FasTrak

表 3.52　常用 675 型随钻测压仪器参数对比表

公司	中海油服 IFPT	斯伦贝谢 StethoScope	贝克休斯 TestTrak	哈里伯顿 GeoTap
适用井眼范围	215.9～266.7mm（8.5～10.5in）	215.9～266.7mm（8.5～10.5in）	212.725～250.825mm（8.375～9.875in）	212.725～269.875mm（8.375～10.625in）
仪器长度	30ft（9.14m）	30.5ft（9.29m）	24.3ft（7.41m）	28.4ft（8.66m）
预测体积	0.1～30mL	0～25mL	0～30mL	1～50mL
预测速率	0.1～2.0mL/s	0.1～2.0mL/s	0.1～2.0mL/s	0.1～2.0mL/s
测压泵形式	电动机＋丝杠＋活塞	电动机＋丝杠＋活塞	液压柱塞泵	液压柱塞泵
测量范围	0～20000psi	0～20500psi	0～30000psi	200～25000psi
测量精度	0.02%FS	0.01%FS	0.02%FS	0.02%FS
最高工作温度	150℃	150℃	150℃	150℃
供电方式	电池	涡轮发电或电池	涡轮发电	电池
电池容量	至少 80×10min	至少 80×5min	—	至少 21 天

3.9.1　概述

3.9.1.1　测量原理

利用液压驱动将活塞推靠臂推靠在井壁上，探针吸嘴从坐封橡胶中央伸出刺穿滤饼，起到隔离钻井液的作用。坐封后打开阀门，使地层与仪器内部流管相导通，抽吸一定量的地层流体，利用仪器内压力计来记录压力响应情况，实现地层压力测量的目的[7]。

3.9.1.2　影响测压效果的主要因素

（1）井眼的规则程度。需修整井壁，保证井眼顺滑，避免螺旋井眼和扩径井段，尽量避免破坏滤饼。

（2）堵漏材料影响。钻井液中尽量不要添加堵漏剂，如核桃皮、粗云母等或者小球，以免堵塞探针。

（3）滤饼和钻井液的性能。需要有较好的滤饼条件，利于提高坐封成功率。作业时应关注井筒压差。

（4）地层因素。致密、裂缝发育的地层会加大坐封和漏失风险，从而影响随钻测压的成功率。

3.9.1.3 单点测压流程

（1）清理管线：探针刺穿滤饼后，少量抽吸以清理管线，使管线与地层连通。

（2）调查预测试：评估测试结果，快速估算流度与地层压力。

（3）正式测试：根据预测试结果，设定测压参数（抽吸量与抽吸速度）。

3.9.1.4 测压点资料处理与解释

测压点按照有效性分为有效点、超压点、致密点、干点和坐封失败点，其压力曲线特征与资料解释方法见 5.2.4.3。

3.9.1.5 资料主要用途

（1）测量地层压力，估算地层流体密度，确定油水界面，计算地层渗透率。

（2）在开发调整井中可用于实时分析地质动态信息，判断地层能量变化情况。

3.9.2 中海油服随钻测压（IFPT）

随钻地层压力测试器（Instant Formation Pressure Tester，IFPT）是一种以机械液压为主的随钻测井仪器，主要用于在随钻作业状态下进行地层压力测量和储层流度分析计算。

IFPT 采用模块化结构设计，整支工具的结构主要包括电池模块、通信控制模块、液压动力模块、精密抽吸模块和推靠坐封钻铤模块等。仪器如图 3.32 所示。

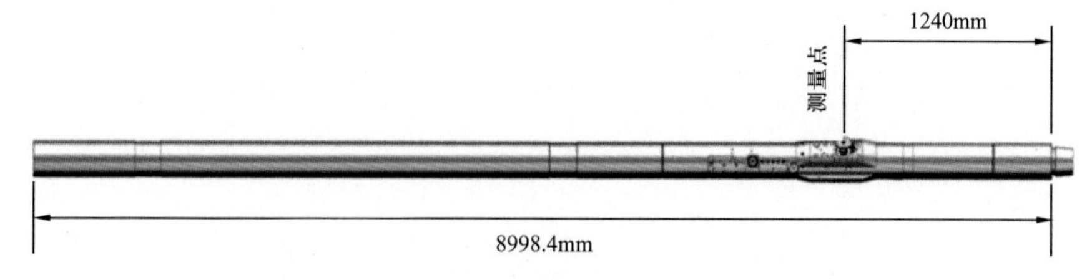

图 3.32 中海油服随钻测压仪器测井仪（IFPT）

质量控制及作业须知：

（1）测压作业为定点测试，从发送测压指令开始到测后上传数据约 15～20min，期间钻具必须保证完全静止。

（2）下井后首次启动测压作业前应做钻具摩阻测试，分别静置 5min、10min、15min 后移动钻具观察摩阻情况，也可根据井况设定测试方式。

（3）大斜度井作业时探针一般调整至高边位置（左右 45°以内即可）。若坐封效果不好，可尝试其他位置。

（4）在移动至测点时，一般要求下放过测点 2～3m 后，再缓慢上提至测点位置。

（5）测压期间需开泵上传数据，泵排量应控制在保证井壁稳定和数据传输质量前提下的最小排量。

（6）为保证测试质量，建议均采用智能测压模式。

IFPT 仪器性能见表 3.53。

表 3.53　IFPT 仪器性能表

仪器性能		参数
仪器参数	工具外径	6.75in（171.45mm）
	最大外径	8.15in（207mm）
	适用井眼尺寸	8.5～10.5in（215.9～266.7mm）
	最高工作温度	150℃
	最高工作压力	20000psi
	仪器长度	29.52ft（8.998m）
	仪器质量	944kg
	测点位置（距工具底部）	4.07ft（1.24m）
	预测室体积	$30cm^3$
	预测速率	$0.1～2cm^3/s$
	地层压力测量范围	0～16000psi
	地层压力测量精度	±0.02%FS
工程参数	钻铤外径	7in（177.8mm）
	内部流道最小内径	1.89in（48mm）
	旋转时仪器最大曲率	13°/30m
	滑动时仪器最大曲率	20°/30m
	最大钻压	260tf
	最大转速	400r/min
	最小屈服力矩	52000lbf·ft
	最大操作拉力载荷	59tf
	最大振动载荷	150tf
	横向机械冲击	$500\sqrt{g}$
	钻井液排量范围	200～750gal/min

续表

仪器性能		参数
传感器参数	测量类型	探针
	传感器类型	高精度石英压力传感器
	仪器供电	锂电池
	抽吸体积范围	0～30cm^3
	抽吸速率	0.1～2cm^3/s
	地层压力测量范围	25000psi
	压力传感器分辨率	0.01psi
	测量压力精度	± 0.02%FS
	流度测量范围	0.01−10000mD/（mPa · s）
	流度测量精度	± 5%
	活塞外径	10.58in（267mm）

3.9.3 斯伦贝谢随钻测压（StethoScope）

斯伦贝谢随钻地层压力测量仪器 StethoScope 可在任何井斜条件下获取可靠的地层孔隙压力。由于使用了支撑定位活塞，StethoScope 一般情况下不需要利用工具的重力进行坐封，因此减少了预测试探针定向所需要的时间。工具所需的动力来源于自身的电池和 MWD。在进行停泵方式测量时，所有的驱动动力全部来源于电池。在停泵方式下进行测试可使测得的数据免受钻井液循环带来的动态影响，减少了动态超压的可能性。电池的容量可以满足 150 个压力测试点在标准条件下的测试。电池驱动紧急回收功能确保工具免受损坏，从而不会影响后续的钻进和测试，但随钻测压不能进行流体取样和进行流体识别。仪器如图 3.33 所示。

图 3.33　斯伦贝谢随钻测压仪（StethoScope）

质量控制与作业须知：

（1）为保证测量值的准确和精度，StethoScope 工具内张力压力传感器及石英压力传感器均需刻度，刻度有效期为一年。张力压力传感器每六个月需在维修车间进行刻度检查，每一年须送回生产中心重新刻度。石英压力传感器每一年须送回生产中心重新刻度。

（2）StethoScope 测压模式根据预先判断的地层渗透率有四种固定模式可选（3～20min 不等），固定 2 次抽吸。先进的时间优化模式（TOP 模式固定 5min）可以根据地层渗透率自动优化流体抽吸速度，以提高测压精度并有效降低测试速度，降低卡钻概率。

（3）准确的深度定位：需要通过随钻 LWD 伽马校深，以消除钻具拉伸的深度影响。

（4）测压前井眼循环干净，测点附近没有岩屑堆积。如果不能使井眼清洁，可尝试探针的角度向上测压。尽量避免在马达滑动、高狗腿、井壁不规则（可参考声电成像）部位测压，可以提高测试成功率。

（5）保持测压深度滤饼完整。如果是在完钻后另外下钻补测，尽量不在测压深度划眼。

（6）测压时钻具必须静止不动，需要跟司钻进行良好的沟通。

（7）由于使用了支撑定位活塞，StethoScope 有效提高了测量点成功率，并使测量侧部及上部井壁成为可能。StethoScope 工具支撑定位活塞为可钻材料，若司钻误操作导致活塞损坏落井，不需打捞。

（8）随钻测压不能进行取样和进行流体识别。

StethoScope 仪器性能见表 3.54。

表 3.54　StethoScope 仪器性能表

仪器性能		StethoScope675	StethoScope825
仪器参数	工具外径	6.75in（171.45mm）	8.25in（209.55mm）
	最大外径	9.25in（234.95mm）	12in（304.8mm）
	适用井眼尺寸	8.5～10.5in（215.9～266.7mm）	12.25～15.0in（311.15～381mm）
	最高工作温度	150℃	150℃
	最高工作压力	20000psi	18000psi
	仪器长度	31ft（9.4m）	31.5ft（9.6m）
	仪器质量	944kg	1284kg
	测点位置（距工具底部）	5.28ft（1.61m）	5.61ft（1.71m）
	预测室体积	$25cm^3$	
	预测速率	$0.3cm^3/s$	
	地层压力测量范围	50～20000psi	
	地层压力测量精度	± 2.2psi	
工程参数	钻铤外径	6.75in	8.25in
	内部流道最小内径	3in	4in
	旋转时仪器最大曲率	8°/30m	7°/30m
	滑动时仪器最大曲率	16°/30m	13°/30m
	最大钻压	$57000lbf/L^2$	$128000lbf/L^2$

续表

仪器性能		StethoScope675	StethoScope825
工程参数	最小屈服力矩	52000lbf·ft	52000lbf·ft
	最大操作拉力载荷	150tf	240tf
	最大振动载荷	累计 200000 个大于 50*g* 的震动	
	横向机械冲击	累计 200000 个大于 50*g* 的震动	
	钻井液排量范围	0～800gal/min	0～1600gal/min
传感器参数	测量类型	探针	
	传感器类型	高精度石英压力传感器	
	仪器供电	锂电池	
	抽吸体积范围	0～25cm^3 可调	
	抽吸速率	0.1～2cm^3/s	
	地层压力测量范围	25000psi	
	压力传感器分辨率	0.01psi	
	测量压力精度	± 2.2psi	
	流度测量范围	0～6000mD/（mPa·s）	
	流度测量精度	± 5%	
	活塞外径	2.25in（57.15mm）	2.94in（74.68mm）

3.9.4 贝克休斯随钻测压（TestTrak）

随钻地层压力测试工具 TestTrak 能够在钻井过程中实时提供地层压力和地层流体流度；预先优化设定压降率和压降容积，实现全智能自动化测量；应用井下处理器中的高级地层速率分析程序（FRASM），实现了工具操作自动化。一旦传感器收到测试命令，密封垫自动从工具内伸出，与井壁完全密封。地层流体能够流入工具内部的通道建立后，地层流体会被有控制地吸入。工具记录测试中的压力和温度，井下计算机处理测试结果并传回地面，存储的内存数据可以在工具出井后下载。

质量控制与作业须知：

（1）可与 AutoTrak 旋转导向或 OnTrak 随钻测量系统配套使用，也可以和带分流阀的动力钻具组合使用。

（2）可根据地层特点选择使用密封垫。

TestTrak 仪器性能见表 3.55。

表 3.55　TestTrak 仪器性能表

仪器名称	TestTrak 475	TestTrak 675	TestTrak 825
工具外径	4.75in（121mm）	6.75in（171.45mm）	8.25in（210mm）
最大外径	5.02in（127.6mm）	7in（177.8mm）	8.274in（210.2mm）
适用井眼尺寸	5.75～7.5in（146～191mm）	8.375～10.625in（212.725～269.875mm）	8.375～9.875in（212.73～251mm）
最高工作温度	302°F（150℃）	330°F（165℃）	302°F（150℃）
最高工作压力	30000psi	30000psi	30000psi
仪器长度	24.4ft（7.45m）	24.28ft（7.4m）	24.4ft（7.44m）
仪器质量	570kg	1250kg	
测点位置（距工具底部）	1.7ft（0.51m）	20.7ft（6.30m）	20.8ft（6.35m）
预测室体积	5cm³，10cm³		
预测速率	3min，5min，7min，10min		
地层压力测量范围	0～30000psi		
地层压力测量精度	0.02%		
钻铤外径	5.02in（127.6mm）	7in（177.8mm）	8.274in（210.2mm）
旋转时仪器最大曲率	10°/30m		
滑动时仪器最大曲率	16°/30m		
最大钻压	11.3tf	29.5tf	24.5tf
最大转速	450r/min	450r/min	450r/min
最大操作拉力载荷	300tf	1100tf	1400tf
最大振动载荷	$50\sqrt{g}$		
横向机械冲击	$50\sqrt{g}$		
钻井液排量范围	125～350gal/min	225～900gal/min	400～1300gal/min
测量类型	探针		
传感器类型	高精度石英压力传感器		
仪器供电	锂电池		
抽吸体积范围	5cm³，10cm³		
抽吸速率	0.1psi/min，0.5psi/min		
地层压力测量范围	0～30000psi		
压力传感器分辨率	0.012psi		
测量压力精度	0.05psi		
流度测量范围	0.1～10000mD/（mPa·s）		
流度测量精度	±5%		

3.9.5 哈里伯顿随钻测压（GeoTap）

GeoTap 测压提供指定深度点的实时地层压力测量。在钻具静止的条件下，GeoTap 的探头伸出工具外壁，贴紧井壁，形成密封。位于测压探头内部的测压管伸出探头约 1cm，突破滤饼，与地层连通。通过测压管的抽吸动作，将地层流体吸入工具内部，确保地层流体的压力与工具内部压力传感器区域一致。这样，就能够测得地层的流体压力。仪器如图 3.34 所示。

质量控制与作业须知：哈里伯顿测井曲线质量控制按照规范标准的流程分为工具的维修与保养、车间刻度与验证、环境参数、办公室测井曲线质量控制四个步骤。

（1）工具的维修与保养。哈里伯顿 Sperry 工具的维修保养计划是根据 CBM（Condition Based Maintenance），即按照工具以前在井下工作的条件和时间的综合因素来确定工具需要进行哪个级别的维护保养。该系统包含三个重要参数：井下时间、振动累计系数和温度累计系数。

仪器维修保养后都经过功能测试、高温环境模拟测试并准确刻度，出具详细报告。工具在每次入井前 / 后均严格执行校准和验证，以保证测量数据的准确性。功能测试包括：密封垫、抽吸管道、平衡阀、液压油、电气部件和液压部件的完整性情况，以及滤饼状态、对井眼密封状况、钻井液侵入状况等。

（2）车间刻度与验证。哈里伯顿的工具在每次作业前 / 后严格执行校准和验证，以保证井下测得数据的准确性。根据工具的不同，校准和验证的方法也不同。

电阻率工具用的是接收极振幅测量电路的校准、常温空气条件下校准、高温冷却校准、常温空气条件下自我验证。

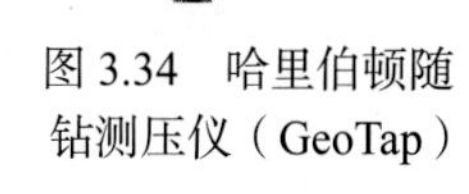

图 3.34 哈里伯顿随钻测压仪（GeoTap）

（3）环境参数。工具入井后，随钻工程师会收集并输入环境参数，对于不确定的参数会及时和测井监督沟通，确保输入参数的准确性，最终获取准确的测量结果。

（4）办公室曲线质量控制。在钻井过程中，解释工程师实时跟踪，进行深度和曲线质量检查。

GeoTap 仪器性能见表 3.56。

表 3.56 GeoTap 仪器性能表

仪器性能		GeoTap 475	GeoTap 675	GeoTap 800	GeoTap 950
仪器参数	工具外径	4.75in（120.65mm）	6.75in（171.45mm）	8in（203.2mm）	9.5in（241.3mm）
	最大外径	5.28in（134.11mm）	7.75in（196.85mm）	9.75in（247.65mm）	10in（254mm）

续表

仪器性能		GeoTap 475	GeoTap 675	GeoTap 800	GeoTap 950
仪器参数	适用井眼尺寸	5.75～7.3in（146～185mm）	8.375～10.625in（213～270mm）	10.625～17.5in（270～444.5mm）	12.25～18in（311～457.2mm）
	最高工作温度	150℃	150℃	150℃	150℃
	最高工作压力	25000psi	25000psi	25000psi	25000psi
	仪器长度	24ft（7.32m）	28.4ft（8.66m）	26.7ft（8.14m）	26.7ft（8.14m）
	仪器质量	790kg	966kg	1225kg	1453kg
	测点位置（距工具底部）	7.12ft（2.17m）			
	预测室体积	$30cm^3$		$50cm^3$	
	预测速率	$0.1～3cm^3/s$			
	地层压力测量范围	200～25000psi			
	地层压力测量精度	± 1psi			
工程参数	最大钻铤外径	5.25in（133mm）	7.75in（197mm）	9.75in（248mm）	10in（254mm）
	流道直径	0.22in（5.588mm）		0.33in（8.382mm）	
	旋转时仪器最大曲率	14°/30m	10°/30m	8°/30m	8°/30m
	滑动时仪器最大曲率	30°/30m	21°/30m	14°/30m	14°/30m
	最大钻压	11tf	20tf	26tf	33tf
	最大转速	250r/min	250r/min	250r/min	250r/min
	最大工作扭矩	7630lbf·ft	24290lbf·ft	40390lbf·ft	61250lbf·ft
	最大操作拉力载荷	285tf	554tf	755tf	1012tf
	最大振动载荷	$40\sqrt{g}$			
	横向机械冲击	$90\sqrt{g}$			
	钻井液排量范围	125～350gal/min	225～650gal/min	350～1200gal/min	350～1400gal/min
传感器参数	测量类型	探针			
	传感器类型	高精度石英＋张力压力传感器			
	仪器供电	电池或涡轮发电			
	抽吸体积范围	$5～30cm^3$	$5～30cm^3$	$5～50cm^3$	$5～50cm^3$
	抽吸速率	$0.1～3cm^3/s$	$0.1～3cm^3/s$	$0.1～7.7cm^3/s$	$0.1～7.7cm^3/s$

续表

仪器性能		GeoTap 475	GeoTap 675	GeoTap 800	GeoTap 950
传感器参数	地层压力测量范围	250～25000psi			
	压力传感器分辨率	5Hz			
	测量压力精度	± 1psi			
	流度测量范围	0.01～1000mD/（mPa·s）			
	流度测量精度	± 10%			
	活塞外径	2in（50.8mm）	2.25in（57.15mm）	3in（76.2mm）	

3.9.6 斯伦贝谢随钻测压取样（SpectraSphere）

随钻测压取样工具 SpectraSphere 是在原有的测压工具 TST 基础上升级而成，技术更先进、功能更全面。SpectraSphere 不但可以完成传统测压工具的所有功能，还能提供随钻地层流体成分分析，通过实时分析能够判断地层流体中不同碳类型的成分和含量，从而确定是否需要取样。同时，SpectraSphere 也能够实现随钻取样，工具最多能带 12 个取样瓶入井，每个取样瓶能储存 424mL 的取样流体。

质量控制及作业须知：

（1）一般 SpectraSphere 工具压力表需进行车间刻度，刻度有效期为 12 个月，以保证测量值的准确和精度。取样品定期清理填充流体。

（2）SpectraSphere 为分开式仪器，主要由四部分组成，每一部分都是单独的仪器，需要现场组合。

（3）为了模拟测压过程中的黏卡风险，测压作业前需进行黏卡测试。本测试必须在第一次测压作业前进行，该过程大约需进行 25min 左右，具体测试过程如下：在开泵的状态下保持钻具静止 10min，开顶驱活动钻具，观察悬重有无异常，如果上一步一切正常，把静止时间延长至 15min，重复上述步骤。此阶段可开泵，不旋转。在黏卡测试过程中如果发现黏卡的风险较高，可先将岩屑循环干净，修整井壁，再重新做黏卡测试。

（4）主要操作过程包括：测压过程（10min），泵抽流体分析和取样过程（60～240min）。两个过程中均需要发指令，上下活动钻具，释放扭矩，记录上提下放悬重。发送指令前在测压点以下活动，摆到指定工具面（一般为 45°～135°）；在发送指令过程中，工具可上下活动，但是不能旋转。在指令结束后，在规定时间内把 SpectraSphere 探针置于测压位置，下放悬重至中间值，将顶驱刹车刹死。

（5）在开泵测压过程中，严禁切换钻井泵，以防干扰信号传输，造成工具状态紊乱。尽量低排量循环，减少对测压结果造成的扰动。

（6）在测压的过程中，如果井下有紧急情况发生，司钻或者测井监督可以无视 SpectraSphere 并采取必要的行动，包括活动钻具。这样做的结果会导致支撑活塞脱落和探针损坏，SpectraSphere 将不能再进行测压，需要起钻更换支撑活塞和测压探针。落入井里的支撑活塞和测压探针可以用普通 PDC 钻头钻碎。

（7）钻井液性能要求：严格控制含砂量，含砂不大于 0.5%。钻井液要有良好润滑性，保障携砂及井壁稳定性，防止卡钻等事故发生，各项性能指数保持相对稳定，严禁大起大落。

SpectraSphere 仪器性能见表 3.57。

表 3.57　SpectraSphere 仪器性能表

仪器性能			参数
测压取样测压部分（HYDRA）	范围		0～30000psi
	精确度		＜5psi
	分辨率		± 0.1psi
	仪器类型		HYDRA 6.75in
	井眼尺寸		8.5～10.5in（215.9～266.7mm）
	长度		39ft（11.89m）
	质量		1725kg
	最大耐温		150℃
	最大工作压力		25000psi
	最大含砂量		0.5%
	最大曲率	旋转	8°/30m
		滑动	16°/30m
	最大工作扭矩		40000lbf·ft
	最大拉伸载荷		15tf
	LCM 容限		0.63in（16mm）
	电源		锂电 /MWD（开泵）
流体分析模块（POM）	范围		0～30000psi
	精确度		＜5psi
	分辨率		± 0.1psi
	仪器类型		POM $6^3/_4$in
	井眼尺寸		8.5～14in（215.9～355.6mm）
	长度		42.5ft（12.95m）
	质量		1800kg
	最大耐温		150℃
	最大工作压力		25000psi
	最大含砂量		0.5%

续表

仪器性能			参数
流体分析模块（POM）	最大曲率	旋转	8°/30m
		滑动	16°/30m
	最大工作扭矩		40000lbf·ft
	最大拉伸载荷		15tf
	LCM 容限		0.63in（16mm）
	电源		工具自身涡轮发电 /WMD 供电
取样瓶模块（SCM）	BHA 中数量		1 套 BHA 最多可携带 4 个 SCM
	取样瓶数量		每个 SCM 可携带 3 个取样瓶
	取样瓶容积		$424cm^3$
	仪器类型		SCM$6^3/_4$in
	井眼尺寸		8.5～14in（215.9～355.6mm）
	长度		17.8ft（5.42m）
	质量		725kg
	最大耐温		150℃
	最大工作压力		25000psi
	最大含砂量		0.5%
	最大曲率	旋转	8°/30m
		滑动	16°/30m
	最大工作扭矩		40000lbf·ft
	最大拉伸载荷		15tf
	LCM 容限		0.63in（16mm）
	电源		WMD 供电
流通短节（PVS）	BHA 中数量		1
	作用		提供工具内流体排出通道
	仪器类型		PVS 6.75in
	井眼尺寸		8.5～14in（215.9～355.6mm）
	长度		4ft
	质量		315kg
	最大耐温		150℃

续表

仪器性能			参数
流通短节（PVS）	最大工作压力		25000psi
	最大含砂量		0.5%
	最大曲率	旋转	8.0°/30m
		滑动	16°/30m
	最大工作扭矩		40000lbf·ft
	最大拉伸载荷		15tf
	LCM 容限		0.63in（16mm）

3.9.7 贝克休斯随钻测压取样（FasTrak）

3.9.7.1 结构

贝克休斯随钻测压取样仪器 FasTrak 主要包括四个模块。

（1）动力模块：为工具提供必要的动力，包括测压取样过程中探针的坐封与回收、仪器内部开关阀门以及各元器件工作的供电。

（2）泵抽与分析模块：是整套工具的核心模块，主要包括探针、压力计、流体分析元件、泵等。

（3）样桶模块：装载样桶，通过阀门与仪器管线连通。单根模块最多可容纳四个样桶，一次下井最多可串联四根模块。

（4）终端模块：负责排出泵抽流体。测压过程中，地面发出指令，仪器接收到指令后，自动开始坐封测压，完成三次压降或达到预设测压时间后，探针自动解封，并上传测压结果。泵抽过程中，地面发出指令，仪器开始测压随后泵抽。泵抽过程中，可通过指令调整泵抽速度。流体分析元件实时测量流体的参数，包括声波、密度、压缩系数、光谱等。当流体满足取样要求时，地面发指令取样。

3.9.7.2 质量控制

（1）测压：根据压力稳定性与相关性，系统自动对测压结果打分，最高分为 7 分。4 分以上，说明压力已稳定，测量压力可作为地层压力；6 分以上，测量压力与流度有效。

（2）取样：取样的质控主要依靠流体参数的实时分析，流体类型不同，参数有所不同，整体的判断原则是观察各参数的变化趋势，若趋势从变化到稳定，说明此时流体成分已趋于稳定，可进行取样。

3.9.7.3 作业须知

（1）检查工具及各配件、手工具。

（2）组合时注意保护工具上、下端及探针安装处，避免因为磕碰损坏工具。

（3）钻台操作因为要用到的手工具较多，要保护好井口，避免井下落物；接扣时注意工具居中，保护好特殊扣型，避免工具损伤。

（4）按甲方要求选择合适的自然伽马曲线响应段，复测较深。

（5）测压取样前，一定要按规程做充分的黏连测试，与甲方一起评估井下风险，如果裸眼段较长，可以延长黏连测试的时间，以获得更接近泵抽静止时间的井下状况。

（6）测压取样前，都要充分释放扭矩，以自然悬重状态下放至测试深度。

（7）测压取样时，定向工程师要一直坚守在钻台，有任何情况要第一时间通知测压取样工程师，没有得到允许，不可以活动钻具！不可以旋转钻具！否则会损坏探针，导致作业失败！如遇井下复杂情况，第一时间通知测压取样工程师，将探针收回，再活动钻具。

（8）起钻至钻台后，需要下载数据、冲洗工具内部流道，并释放工具内的憋压，并需要将样筒套筒打松，清洗样筒外表，一系列操作步骤较多，需要井队耐心配合。

（9）甩到甲板后，需要一块离气源近的较开阔场地，将样筒取出，并给样筒打压。

（10）所取样品，按甲方要求或在现场放样，或将样筒运回陆地实验室。

FasTrak 仪器性能见表 3.58。

表 3.58　FasTrak 仪器性能表

仪器性能			参数
测压取样测压部分	范围		0～30000psi
	精确度		<6psi
	分辨率		0.05psi
	井眼尺寸		8.37～9.875in（214～251mm）
	长度		42.6ft（12.98m）
	质量		1834kg
	最大耐温		150℃
	最大工作压力		30000psi
	最大含砂量		1%
	最大曲率	旋转	10°/30m
		滑动	15°/30m
	最大工作扭矩		47934lbf·ft
	最大拉伸载荷		52tf
	LCM 容限		0.13in（3.3mm）
	电源		涡轮发电

续表

仪器性能			参数
流体分析模块	范围		0～30000psi
	精确度		＜6psi
	分辨率		0.05psi
	井眼尺寸		8.375～9.875in（214～251mm）
	长度		同测压模块
	质量		1280kg
	最大耐温		150℃（300°F）
	最大工作压力		30000psi
	最大含砂量		同测压模块
	最大曲率	旋转	同测压模块
		滑动	同测压模块
	最大工作扭矩		同测压模块
	最大拉伸载荷		同测压模块
	LCM 容限		同测压模块
	电源		同测压模块
取样瓶模块	BHA 中数量		1～4
	取样瓶数量		4 个
	取样瓶容积		840cm^3
	井眼尺寸		$8^3/_8$～$9^7/_8$in
	长度		17.5ft
	质量		280kg
	最大耐温		同测压模块
	最大工作压力		同测压模块
	最大含砂量		同测压模块
	最大曲率	旋转	同测压模块
		滑动	同测压模块
	最大工作扭矩		同测压模块
	最大拉伸载荷		同测压模块
	LCM 容限		同测压模块
	电源		同测压模块

3.10 随钻边界探测

随钻边界探测技术因其在地质导向、实时地层评价中具有重要应用价值而得到快速发展与应用。以斯伦贝谢公司为例，2005 年，随钻储层边界探测工具 PeriScope675 实现了地质导向过程中储层边界的可视化，探测深度也更深。2008 年，小井眼储层边界探测地质导向工具 PeriScope475 成功开发，拓展了三维地质导向技术的应用范围。2009 年斯伦贝谢公司全球利用 PeriScope 探边工具进行地质导向井数达到 300 井次。2020 年中海油服 675 型随钻边界探测仪器完成 100 井次随钻探边与地质导向服务。

常用的随钻边界探测仪主要有中海油服的 DWPR、斯伦贝谢公司的 PeriScope/PeriScope-HD、贝克休斯公司的 AziTrak 以及哈里伯顿公司的 ADR。

中国海油现有的随钻边界探测仪器见表 3.59。

表 3.59 中国海油现有的随钻边界探测仪器

公司	仪器名称	缩写
COSL	随钻边界探测	DWPR
SLB	多地层边界探测	PeriScope
Baker hughes	随钻边界探测	AziTrak
Halliburton	随钻边界探测	ADR
SLB	随钻钻头前视探测	IriSphere

表 3.60 列出了常用随钻边界探测仪器和适用条件。

表 3.60 常用随钻边界探测仪器和适用条件

仪器名称	中海油服 DWPR800/675	斯伦贝谢 PeriScope475/675	贝克休斯 AziTrak475/675	哈里伯顿 ADR475/675
适用井眼范围	215.9～311.15mm（8.5～12.25in）	146.05～247.65mm（5.75～9.75in）	146.05～270mm（5.75～10.625in）	149～270mm（5.875～10.625in）
测量模式	四发 / 四收	六发 / 四收	四发 / 四收	六发 / 三收
线圈系摆放关系	斜交	斜交	正交	斜交
成像能力	有	无	有	有
探边深度	22.3ft（6.8m）	15ft/21ft（4.6m/6.4m）	17ft（5.2m）	18ft（5.5m）
频率	2MHz/400kHz	2MHz/400kHz/100kHz	2MHz/400kHz	2MHz/500kHz/125kHZ
电阻率探测深度	144in（3657mm）	65in（1651mm）	48in（1219mm）	120in（3048mm）

3.10.1 概述

3.10.1.1 测量原理

随钻边界探测仪测量的主要依据是边界效应。边界效应是指当测量仪器穿过储层边界时，在接收天线上测量的感应电压和相位差信号产生一个显著的畸变，形成类似边界的响应。对该畸变信号进行提取和处理，即可评价储层边界特征，估算井眼到边界的距离。

以斯伦贝谢公司 PeriScope 为例，如图 3.35 所示，该仪器内置一个带有 6 个发射器和 4 个接收器的对称传感器阵列。5 个发射器（T_1 至 T_5）的天线沿仪器轴向排列，第 6 号发射器 T_6 天线横向放置。一对接收器 R_1 和 R_2 的天线在仪器中间轴向排列，另一对天线方向彼此垂直的接收器 R_3 和 R_4 位于仪器两端，接收器与仪器轴成 45° 斜交，PeriScope 正是以此来实现方向性测量。仪器有 3 种工作频率，轴向线圈有 4 种间距，可提供多条不同频率不同间距的电阻率测量曲线。PeriScope 根据相移电阻率和衰减电阻率极性的变化来指示地层界面相对于仪器的位置。

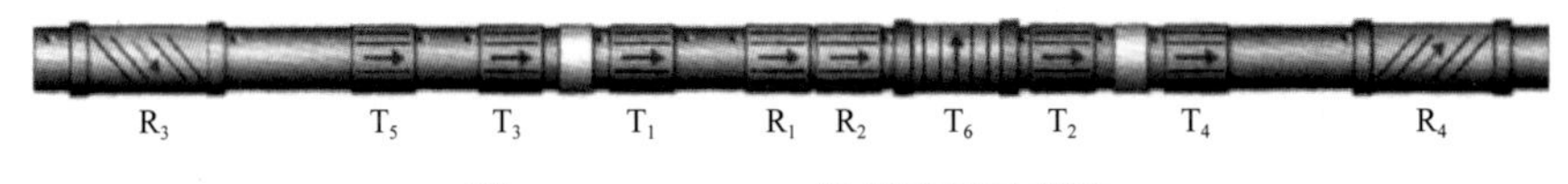

图 3.35 PeriScope 仪器线圈示意图

3.10.1.2 刻度与校验

（1）一般电阻率和自然伽马测量每三个月进行一次车间刻度，以保证仪器状态正常。

（2）自然伽马测量值须进行钾离子浓度校正。钻井液中钾离子浓度较高时，需钻井液工程师提供准确的钾离子浓度值，以便精确校正自然伽马测量值。

（3）电阻率测量值需要做钻井液电阻率校正。若钻井液采用 KCl 加重或盐度超高时，对于电阻率测量值有一定影响，建议控制钻井液矿化度。

3.10.1.3 边界效应影响因素

（1）源距影响及选择。源距越长，穿越地层边界时产生的边界效应越显著，幅度比电阻率信号较相位差电阻率信号在边界处的变化更加剧烈，更容易进行信号提取及识别。

（2）发射频率的影响。选取的发射频率越高，测量信号在地层边界上的峰值越大。

（3）天线安装角度的影响。随着接收天线倾角的增加，定向幅度比信号在接近地层边界面时的变化更加明显，在界面处峰值越大。但是，随着接收天线倾角增加，定向测量误差增大。所以选择倾斜接收天线的倾角为 ±45°，既保证了定向测量信号的灵敏性，又考虑到了接收信号的强度。

（4）井眼倾斜角度的影响。井眼倾角在 80°～100° 范围内，幅度比信号的幅度达到最大值。

（5）地层电阻率对比度影响。随着储层与上下围岩层电阻率对比度增加，定向幅度比信号与定向相位差信号在边界处的信号幅度也增加，边界效应更加显著[8]。

3.10.1.4 资料主要用途

随钻边界探测可提供常规电阻率、探边地质信号、方位伽马、地层倾角等实时曲线；根据电阻率及地质信号反演成像，计算层边界距离，实时进行地质导向。

3.10.2 中海油服随钻边界探测（DWPR）

随钻方位电磁波电阻率测井仪（Directional Wave Propagation Resistivity Tool，DWPR）采用双斜正交天线设计的收发阵列。DWPR 具有 4 个发射天线、4 个接收天线（图 3.36），常规电阻率测量源距为 22in（2MHz+400kHz）、36in（2MHz+400kHz）、60in（400kHz+100kHz），通过计算两个接收天线上的幅度比与相位差，可得到 6 条相位和 6 条幅度井眼补偿电阻率；T_1、T_2、R_1、R_2 天线横向放置，T_3、T_4、R_3、R_4 与仪器轴成 ±45° 斜交，通过 T_3、T_4 与 R_1—R_4 不同阵列组合，可提供 24in、36in、82in、96in 探边地质信号，其中 100kHz/96in 探边信号可有效探测地层 6.8m 地层边界；DWPR 也可提供 24in、96in 各向异性电阻率，进行各向异性评价。

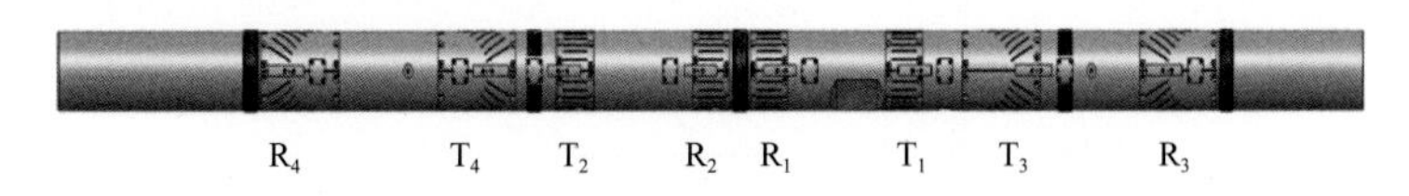

图 3.36 中海油服随钻边界探测仪（DWPR）

DWPR 具有方位电阻率和方位伽马测量功能，可以与其他仪器组合使用，可获得地层方位、倾角、电阻率各向异性特征、井眼四周介质电阻率变化情况和井眼离储层边界距离等信息。利用 DWPR 进行水平井地质导向，可以优化井眼轨迹，极大提高储层钻遇率和油气产量。

质量控制及作业须知：

（1）根据不同区域情况，配置实时上传曲线序列；若仪器串节点过多，可优化简化实时上传序列。

（2）吊装过程中注意区分上下，严禁反向悬挂，运输过程中需将上端用特氟龙垫片配合护帽压死。

（3）仪器下载及井口测试过程中，使用高速通信下载盒注意防静电，以免出现通信异常。

（4）仪器测速建议控制在 100m/h 内。

（5）WPS 为 DWPR 地质导向及建模专用软件，导向工程师需将 wits 传输曲线与反演用曲线进行正确配置，保证传输序列与使用序列一致。

（6）RTC 为 DWPR 地质导向 wits 实时传输软件，当出现深度异常时，需与管理员进行沟通，进行深度修复。

DWPR 仪器性能见表 3.61。

表 3.61　DWPR 仪器性能表

仪器性能		DWPR 675	DWPR 800
通用参数	最大外径	6.75in（171.45mm）	8.24in（209.2mm）
	适用井眼尺寸范围	8.375～10.625in （212.7～269.875mm）	10.625～12.25in （269.875～311.15mm）
	长度	14.9ft（4.54m）	
	质量	850kg	910kg
	电阻率测点位置（距工具底部）	7.1ft（2.17mm）	
	方位伽马测点位置（距工具底部）	5.6ft（1.72mm）	
	最高工作温度	150℃	
	最高工作压强	20000psi	
	最大振动	$20\sqrt{g}$（5Hz～1kHz）	
	最大冲击	$500\sqrt{g}$（1ms 半正弦）	
	钻井液排量	225～650gal/min	225～800gal/min
	最大工作旋转扭矩	51990lbf·ft	75220lbf·ft
	连接上扣扭矩	24330lbf·ft	39800lbf·ft
	最大狗腿度	滑动 20°/30m；旋转 13°/30m	滑动 12°/30m；旋转 8°/30m
	供电方式	钻井液驱动涡轮发电机	
	供电电压	24～72V	
	平均功耗	15W	
	转速范围	60～400r/min	
	最高 ROP	168m/h（每米测量 2 个点）	
	数据存储容量	384MB（可累计记录 174h 以上）	
电阻率测量参数	工作频率	2MHz，400kHz，100kHz	
	天线源距	22in，36in，60in	

续表

<table>
<tr><td colspan="3">仪器性能</td><td colspan="2">DWPR 675</td><td colspan="2">DWPR 800</td></tr>
<tr><td rowspan="17">电阻率测量参数</td><td rowspan="12">电阻率测量范围／精度</td><td rowspan="2">2MHz PD</td><td colspan="2">0.2～50Ω·m</td><td colspan="2">±1%</td></tr>
<tr><td colspan="2">50～200Ω·m</td><td colspan="2">±0.2mS/m</td></tr>
<tr><td rowspan="2">400kHz PD</td><td colspan="2">0.2～25Ω·m</td><td colspan="2">±1%</td></tr>
<tr><td colspan="2">25～200Ω·m</td><td colspan="2">±0.4mS/m</td></tr>
<tr><td rowspan="2">100kHz PD</td><td colspan="2">0.2～10Ω·m</td><td colspan="2">±4%</td></tr>
<tr><td colspan="2">10～200Ω·m</td><td colspan="2">±4mS/m</td></tr>
<tr><td rowspan="2">2MHz ATT</td><td colspan="2">0.2～25Ω·m</td><td colspan="2">±1%</td></tr>
<tr><td colspan="2">25～200Ω·m</td><td colspan="2">±0.4mS/m</td></tr>
<tr><td rowspan="2">400kHz ATT</td><td colspan="2">0.2～10Ω·m</td><td colspan="2">±1%</td></tr>
<tr><td colspan="2">10～200Ω·m</td><td colspan="2">±1mS/m</td></tr>
<tr><td rowspan="2">100kHz ATT</td><td colspan="2">0.2～2Ω·m</td><td colspan="2">±2%</td></tr>
<tr><td colspan="2">2～200Ω·m</td><td colspan="2">±10mS/m</td></tr>
<tr><td rowspan="3">最高纵向分辨率</td><td>类别</td><td>2MHz 电阻率</td><td colspan="2">400kHz 电阻率</td><td>100kHz 电阻率</td></tr>
<tr><td>PD</td><td>0.2m</td><td colspan="2">0.3m</td><td>1m</td></tr>
<tr><td>ATT</td><td>0.4m</td><td colspan="2">0.6m</td><td>1.5m</td></tr>
<tr><td colspan="2">最大径向探测深度</td><td colspan="4">11.81ft（3.6m）（R_t=10Ω·m）</td></tr>
<tr><td colspan="2">方位电阻率成像</td><td colspan="4">16 扇区成像</td></tr>
<tr><td rowspan="4">地质信号测量参数</td><td colspan="2">工作频率</td><td colspan="4">2MHz，400kHz，100kHz</td></tr>
<tr><td colspan="2">天线源距</td><td colspan="4">24in，36in，82in，96in</td></tr>
<tr><td colspan="2">最大探边深度</td><td colspan="4">22.30ft（6.8m）（R_s/R_t=1/100）</td></tr>
<tr><td colspan="2">方位扇区</td><td colspan="4">16 扇区</td></tr>
<tr><td rowspan="4">自然伽马测量参数</td><td colspan="2">测量范围</td><td colspan="4">0～500API</td></tr>
<tr><td colspan="2">精度</td><td colspan="4">±2API（100API，ROP=26m/h，四点平均）</td></tr>
<tr><td colspan="2">最高纵向分辨率</td><td colspan="4">9.84in（250mm）</td></tr>
<tr><td colspan="2">方位伽马成像</td><td colspan="4">8 扇区成像</td></tr>
</table>

3.10.3 斯伦贝谢多边界探测（PeriScope）

斯伦贝谢多边界探测仪 PeriScope 通过对倾斜线圈设置技术、高中低三频率发射（2MHz、400kHz 及 100kHz）以及 9 种不同接收器间距的精细设置技术（96in、84in、

74in、44in、40in、34in、28in、22in、16in）的整合，可进行 360° 全方位、深探测测量。如图 3.37 所示，工具有四个接收器、六个发射器，以实现对距离井眼远达 6.4m 的储层边界及走向进行地质导向探测。同时，PeriScope 还可提供高质量的多频率常规电阻率测量（2MHz、400kHz、100kHz）、方位伽马测量以及环空压力测量。

图 3.37　斯伦贝谢多边界探测测井仪（PeriScope）

PeriScope 集常规电阻率与全方位、深探测地质导向于一体，缩短仪器串长度，提前避开钻进风险，帮助完善储层地质模型。

质量控制与作业须知：

（1）高质量的数据是斯伦贝谢 LWD 随钻测井服务的基础。为了消除工具自身的差异性，以保证测量值的准确和精度，PeriScope 需要进行空气刻度。当电子部分从工具中取出、发射器或者接收器被更换、使用时长三个月、工具测量有可疑响应等，需要重新对工具进行空气刻度。

（2）PeriScope 用作地质导向工具时，一般将其置于钻具组合的底部，以便于实时近钻头地质导向。如对实时数据密度要求较高，编写数据帧推荐使用压缩数据点，对实时数据精度无影响，可有效提高数据点密度。

（3）为提供准确的地质导向数据，需严格把控井下的震动值和黏滑值。如果震动值和黏滑值过大，应调整相应钻井参数，以防止瞬时的 BHA 憋停可能导致工具无法正常提供实时导向数据。

PeriScope 仪器性能见表 3.62。

表 3.62　PeriScope 仪器性能表

仪器性能		PeriScope475	PeriScope675
通用参数	标称外径	4.75in	6.75in
	适用井眼尺寸范围	5.75～6.75in（146.05～171.45mm）	8.25～9.75in（209.55～247.65mm）
	长度（不含变扣接头）	23.5ft（7.16m）	18.3ft（5.58m）
	质量	544kg	816kg
	电阻率测点位置（距工具底部）	7.68ft（2.34m）	9.12ft（2.78m）
	方位伽马测点位置（距工具底部）	17.42ft（5.31m）	3.48ft（1.06m）
	最高工作温度	150℃	150℃
	最高工作压强	20000psi	20000psi
	最大振动	50g（30min）	50g（30min）

续表

仪器性能		PeriScope475	PeriScope675
通用参数	最大冲击	200000lbf	330000lbf
	钻井液排量	400gal/min	800gal/min
	最大工作旋转扭矩	8000lbf · ft	12000lbf · ft
	连接上扣扭矩	9000lbf · ft	24000lbf · ft
	最大狗腿度	滑动 30°/30m；旋转 15°/30m	滑动 16°/30m；旋转 8°/30m
	供电方式	MWD 供电	
	供电电压	30V	
	平均功耗	50W	
	转速范围	10～300r/min	
	最高 ROP	110m/h	
	数据存储容量	104MB	
电阻率测量参数	工作频率	2MHz	400kHz
	天线源距	96in，84in，74in，44in，40in，34in，28in，22in，16in	96in，84in，74in，44in，40in，34in，28in，22in，16in
	电阻率测量范围 / 精度	相变电阻率 2MHz ± 2%（0.2～60Ω · m） 400kHz ± 2%（0.1～10Ω · m） 100kHz ± 2%（0.05～2Ω · m）	相变电阻率 2MHz ± 2%（0.2～60Ω · m） 400kHz ± 2%（0.1～10Ω · m） 100kHz ± 2%（0.05～2Ω · m）
		振幅电阻率 2MHz ± 3%（0.2～25Ω · m） 400kHz ± 3%（0.1～3Ω · m） 100kHz ± 3%（0.01～1Ω · m）	振幅电阻率 2MHz ± 3%（0.2～25Ω · m） 400kHz ± 3%（0.1～3Ω · m） 100kHz ± 3%（0.01～1Ω · m）
	最高纵向分辨率	0.6ft（0.18m）	
	最大径向探测深度	44in（1117mm）	69in（1752mm）
地质信号测量参数	工作频率	100kHz，400kHz，2MHz	
	天线源距	22in，34in，44in，74in，84in，96in	
	最大探边深度	21ft（6.4m）	
	方位扇区	16 扇区	
自然伽马测量参数	测量范围	0～250API	
	精度	± 3%	
	最高纵向分辨率	10in（0.25m）	
	方位伽马成像	16 扇区	

3.10.4 贝克休斯方位电磁波电阻率（AziTrak）

贝克休斯方位电磁波电阻率 AziTrak 采用传感器与接收线圈正交的设计，可以实时确定靠近地层界面的方位，如页岩透镜体、盖层或者油水界面的方位。AziTrak 距井眼轴线探测半径可高达 5.1m。当 AziTrak 与地质导向一起使用时，可以推测出到层界面的距离，可得到靠近地层的 16 扇区方位电阻率，其动态补偿可以消除环境的干扰。仪器如图 3.38 所示。

图 3.38 贝克休斯方位电磁波电阻率测井仪（AziTrak）

质量控制与作业须知：

（1）一般情况下，自然伽马、电阻率和环空压力每三个月进行一次车间刻度，每次入井前要做测试检查，以保证工具状态正常。

（2）AziTrak 工具必须与数据传输处理短节 BCPM 一同使用。

（3）地层电阻率较高时，相移电阻率比振幅衰减电阻率更精确。

（4）现场作业时，应尽量获取井眼尺寸、温度、钻井液密度、钻井液电阻率等环境参数，以便对测量数据进行环境校正。

（5）该工具可以极大程度地排除环境影响，如井眼尺寸、工具偏心率、工具弯曲程度和温度等的影响；多重线圈系使得工具对靠近地层探测更为敏感。矩形的线圈接收器加强了环形波的探测深度；16 扇区方位分辨率可以确定靠近地层的方位角，方便进行地质导向；可以清楚地区别油水界面与倾斜的页岩顶层，适用于所有钻井液类型。

AziTrak 仪器性能见表 3.63。

表 3.63 AziTrak 仪器性能表

仪器性能		AziTrak 675	AziTrak 475
通用参数	标称外径	6.75in	4.75in
	适用井眼尺寸范围	8.5～10.625in（215.9～270.0mm）	5.75～6.75in（146.05～171.45mm）
	长度（不含变扣接头）	23.0ft（7.01m）	23.5ft（7.16m）
	质量	1300kg	950kg
	电阻率测点位置（距工具底部）	5.1ft（1.55m）	4.6ft（1.41m）
	方位伽马测点位置（距工具底部）	11.6ft（3.55m）	13.2ft（4.01m）
	最高工作温度	150℃	150℃
	最高工作压强	20000psi	20000psi
	最大振动	$5\sqrt{g}$（20min）	$5\sqrt{g}$（20min）
	最大冲击	$5\sqrt{g}$（20min）	$5\sqrt{g}$（20min）

续表

	仪器性能		AziTrak 675	AziTrak 475
通用参数	钻井液排量		200～900gal/min	125～350gal/min
	最大工作旋转扭矩		22123lbf · ft	7374lbf · ft
	连接上扣扭矩		29498lbf · ft	10324lbf · ft
	最大狗腿度		滑动 20°/30m；旋转 13°/30m	滑动 20°/30m；旋转 13°/30m
	供电方式		钻井液驱动涡轮	
	供电电压		30V	
	平均功耗		12W	
	转速范围		30～400r/min	
	最高 ROP		60m/h	
	数据存储容量		512MB	
电阻率测量参数	工作频率		2MHz，400kHz	2MHz，400kHz
	天线源距		8in；12in	8in；12in
	电阻率测量范围和精度	2MHz PD	0.1～3000Ω · m，±0.85%	
			0.1～50Ω · m，±0.4mS/m	
		400kHz PD	0.1～1000Ω · m，±0.85%	
			0.1～25Ω · m，±0.8mS/m	
		2MHz ATT	0.1～500Ω · m，±0.85%	
			0.1～25Ω · m，±0.85mS/m	
		400kHz ATT	0.1～200Ω · m，±4%	
			0.1～10Ω · m，±4mS/m	
	最高纵向分辨率	2MHz 电阻率	PD 0.2m	ATT 0.2m
		400kHz 电阻率	PD 0.3m	ATT 0.3m
	最大径向探测深度		2.3m（R_t=100Ω · m，R_{xo}=10Ω · m）	
	方位电阻率成像		16 扇区成像	
地质信号测量参数	工作频率		2MHz，400kHz	
	天线源距		35.62in，22.37in，11in，4in	
	最大探边深度		5.2m	
	方位扇区		16 扇区	

续表

仪器性能		AziTrak 675	AziTrak 475
自然伽马测量参数	测量范围	0～500API	
	精度	±2.5API（100API，ROP=18m/h，四点平均）	
	最高纵向分辨率	6in（153mm）	
	方位伽马成像	8 扇区成像（实时） 16 扇区（内存）	

3.10.5 哈里伯顿方位探边电阻率（ADR）

哈里伯顿方位探边电阻率 ADR 能提供电阻率和地质导向测量。电阻率测量包括传统电阻率测量、方位电阻率和 R_v/R_h。地质导向测量包括到层边界的距离、方向以及成像。ADR 传感器将地质导向测量与传统的多频补偿电阻率测量相结合，为精确导向和准确的岩石物理分析提供支持。

ADR 具有以 45° 角倾斜的接收器天线，来测量电磁场的标准 Z（轴向）分量以及 X（横向）分量。Z 分量是常规的测量，与工具平行。X 分量垂直于轴向，位于工具的一侧（发射器和接收器距离较近的一侧）。如图 3.39 所示，ADR 由六个发射器和三个倾斜的接收器组成，包含三种不同的频率：125kHz、500kHz 和 2MHz。其中，六个发射器和两个接收器用于传统的补偿电阻率（3 个深度）和地质导向测量，补偿间距为 16in、32in 和 48in。ADR 能够测量七个完全补偿的相位移电阻率和七个完全补偿的衰减电阻率（125kHz 不用于 16in 和 32in 间距）。所以，每个采样周期，可以获得 14 个补偿电阻率测量值（7 个相位移电阻率、7 个衰减电阻率），每个都有不同的地层探测深度。第三个接收器位于工具的下端，仅用于地质导向测量。该发射器将在三个频率下运行，测量值是“绝对”相位电阻率和衰减电阻率，而不是补偿电阻率。第三个接收器能够提供六种相位移电阻率测量和六种衰减电阻率测量（125kHz 和 500kHz 频率）。

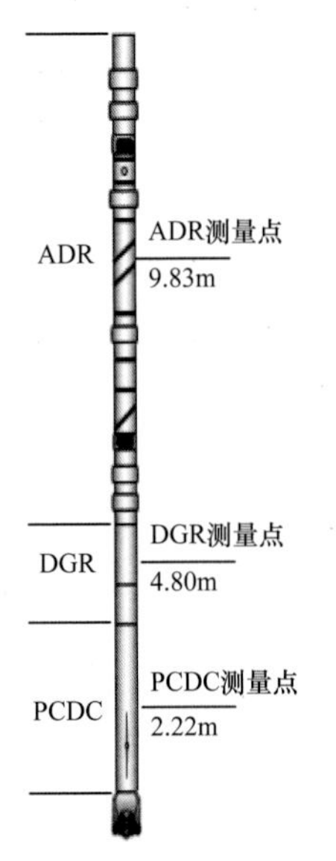

图 3.39 哈里伯顿方位探边电阻率测井仪（ADR）

质量控制与作业须知：

（1）确保库房校验报告中的各种测量偏差不超过质量控制范围。

（2）远距离接收器用于地质导向，探测深度更深。但由于该测量没有经过补偿，所以仅能用于定性测量。

ADR 仪器性能见表 3.64。

表 3.64　ADR 仪器性能表

仪器性能		ADR475	ADR675
通用参数	标称外径	4.75in（121mm）	6.75in（171mm）
	适用井眼尺寸范围	5.875～7.25in（149～184.15mm）	8.375～10.625in（213～270mm）
	长度（不含变扣接头）	25.28ft（7.70m）	23.34ft（7.11m）
	质量	600kg	1150kg
	电阻率测点位置（距工具底部）	1.18ft（0.36m）	
	最高工作温度	150℃	
	最高工作压强	25000psi	
	最大振动	振动峰值 40*g* 持续 10min	
	最大冲击	90*g*	
	钻井液排量	125～350gal/min	225～650gal/min
	最大工作旋转扭矩	7630lbf·ft	24290lbf·ft
	连接上扣扭矩	10900lbf·ft	34700lbf·ft
	最大狗腿度	滑动 30°/30m；旋转 14°/30m	滑动 21°/30m；旋转 10°/30m
	供电方式	电池或涡轮发电	
	供电电压	19～20V	
	平均功耗	100～150mW	
	转速范围	30～250r/min	
	最高 ROP	120m/h	
	数据存储容量	1GB	
电阻率测量参数	工作频率	125kHz，500kHz，2MHz	
	天线源距	112in/96in/80in/48in/32in/16in	112in/96in/80in/48in/32in/16in
	电阻率测量范围	0.05～5000Ω·m	
	电阻率测量精度（2MHz、48in 距离）	±0.2%（1Ω·m） ±0.6%（10Ω·m） ±2%（100Ω·m） ±10%（1000Ω·m）	
	最高纵向分辨率	16in	
	最大径向探测深度	1.3～18ft（0.4～5.5m）	
	方位电阻率成像	32 扇区成像	

续表

仪器性能		ADR475	ADR675
地质信号测量参数	工作频率	125kHz，500kHz，2MHz	
	天线源距	112in/96in/80in	
	最大探边深度	48ft（14.63m）	
	方位扇区	32	
自然伽马测量参数	测量范围	0～380API	
	精度	±5API（100API）	
	最高纵向分辨率	9in	

3.10.6　斯伦贝谢随钻钻头前视探测（IriSphere）

现有的随钻探边技术专注的是地层径向边界距离变化的探测，而薄互层和低电阻率储层的探边问题始终是一个技术上的难题。另外，如何对钻头前方的断层、岩性尖灭、构造突变等引起的储层边界变化进行提前探测，也是需要考虑的另一个技术难点。因此，研发具有“前视”能力的探边工具势在必行。近年来，斯伦贝谢公司随钻钻头前视探测技术得到了推广应用。

3.10.6.1　测量原理

斯伦贝谢随钻钻头前视探测 IriSphere 通过深部方向性的电磁测量，可以揭示距离井眼远处的地层叠置情况以及流体性质变化特征。IriSphere 的发射器和接收器与工具轴向有一定的倾斜角，在工具旋转时，接收器接收到的信号与工具的环向方向相关，通过算法及反演，得到环绕工具 360° 的地层信息。同时，IriSphere 仪器由一个发射器及若干个接收器组成，接收器可根据实际需求，合理安排发射器与接收器之间的距离，钻头前方预计探测深度为 5～30m，如图 3.40 所示。

图 3.40　斯伦贝谢随钻钻头前视探测仪（IriSphere）

3.10.6.2　反演方法

IriSphere 根据工具实时测量的数据进行连续反演，采用蒙特卡洛方法，进行成千上万次模型计算，在不同的模型中改变层数、电阻率、各向异性、厚度及倾角，将这些模型运算的结果与仪器实际测量进行比对，将其中最吻合的模型保留。通过反演后，得到工具向前、两侧、向后全方位地层电阻率。

3.10.6.3　应用特点

（1）IriSphere 探测钻头前方储层，刻画储层分布和厚度，描绘钻头前方油水界面，为套管鞋位置优化、钻井取心段的确定以及钻井液密度的实时调整提供精确指导。

（2）复杂地层精确着陆。通过超过30m的探测深度，IriSphere服务有效降低了实钻过程中浅着陆或者深着陆的风险。IriSphere可以在储层维度上探测构造变化，提供储层顶的精确垂深，并且能够有效预测储层横向方面的地质变化，实现储层展露最大化。

（3）IriSphere从地层的视角描绘了储层几何形态，从而实现井眼的钻进导向，精确控制井眼在储层最优处以便水平段的延伸，避免因地质因素引起的侧钻和复杂构造中的隐患。

（4）通过在储层维度上描述地层重叠和流体接触，IriSphere可以帮助作业者优化油田开发战略。IriSphere实时探测数据和地表地震数据的结合能够改善构造和地质模型，从而提高采收率。

（5）IriSphere探测数据能够整合到3D储层模型中，从而优化钻井作业和完井设计，达到改进产能和油田开发策略的效果。

3.10.6.4 质量控制与作业须知

（1）黏滑值会影响方向性电磁测量精度，影响反演模型，故在钻进过程中，应适当调整钻井参数以免产生过高黏滑值。

（2）测速10～40m/h。由于IriSphere主要用于实时决策，故而测速依赖于实时数据传输量大小和传输速度。

（3）发射器和接收器上都有天线，要注意工具防磨。

（4）发射线圈发射的电磁波受到套管影响，通常要接收器出套管之后才能准确测量。

（5）测量需要工具旋转，考虑到黏滑影响，通常情况下要求顶驱转速不低于45r/min，故而不适用于造斜动力钻具。

（6）测量数据采用时间平均而非深度平均，故在每次钻新地层前需要钻具尽可能接近井底，并等待约3min后继续钻新地层。

IriSphere仪器性能见表3.65。

表3.65 IriSphere仪器性能表

仪器性能			参数
IriSphere服务	钻具中发射器数量		1
	钻具中接收射器数量		1～3
测量间距	间距	最小	4.9m
		最大	30m以上，视钻具组合设计和目标而定
	方向性覆盖		360°
	方向性分辨率		2in（50.8mm）
	测井精度		2°
	测量范围		对于1～50Ω·m的边界，可达45.72m

续表

仪器性能		参数		
内存数据	开泵存录时长	360h		
	电源供给	MWD 涡轮供电（无电池）		
	工具规格	IriSphere475	IriSphere675	IriSphere825
	适用井眼尺寸范围	5.625～6.75in （142.875～171.45mm）	8.5～9.875in （215.9～250.8mm）	10.5～14.75in （266.7～374.65mm）
	本体通称外径	4.81in（122.174mm）	6.75in（171.45mm）	8.25in（209.55mm）
	最大外径	5.4in（137.16mm）	7.1in（180.5mm）	9.1in（231.1mm）
作业参数	钻井液类型	水基钻井液、油基钻井液和合成钻井液		
	最高工作温度	150℃		
	最高工作压强	30000psi		
	最大狗腿度	15°/30m（旋转） 30°/30m（滑动）	8°/30m（旋转） 16°/30m（滑动）	7°/30m（旋转） 14°/30m（滑动）
	钻井液排量范围	100～400gal/min	300～800gal/min	600～1200gal/min
	最大承受井底震动	3 级 30min		
	旋转速度范围	20～200r/min		

3.11 地质导向工具与地质导向技术

地质导向指的是在钻井过程中，利用随钻测量和随钻测井实时数据，结合其他钻井工程参数，以人机对话方式来控制井眼轨迹的一项技术。斯伦贝谢公司将地质导向解释为：在水平井钻井过程中，将先进的随钻测井技术、工程应用软件与人员紧密结合的实时互动式作业服务，其目标是优化水平井井眼轨迹在储层中的位置，实现单井产量和投资收益的最大化。

随着定向钻井和随钻测井技术的发展，地质导向方法不断提升。地质导向技术发展历程为：早期基于传统的无方向性随钻测井资料的被动式地质导向技术，导向方法是建立地质模型、曲线拟合、实时更新模型；第二代地质导向时期，基于随钻成像资料的交互式地质导向技术，导向方法是利用随钻伽马成像、密度成像和方位电阻率成像资料，识别界面指导控制轨迹；第三代地质导向时期，主动式的储层边界探测地质导向技术，导向方法是边界探测、预测储层边界。

3.11.1 地质导向工具

地质导向工具主要包括定向钻井工具、随钻测井工具和导向软件[9]。定向钻井和随钻测井工具一般包括钻头、测传导向马达（含近钻头测量短节）、无线短传以及井场信息接收处理系统，为地质导向提供了硬件基础；导向软件提供了软件环境。表 3.66 列举了常用地质导向工具。

表 3.66 常用地质导向工具

<table>
<tr><th>工具类型</th><th>斯伦贝谢</th><th>中海油服</th><th>贝克休斯</th><th>哈里伯顿</th></tr>
<tr><td rowspan="4">定向钻井工具</td><td>导向马达</td><td>导向马达</td><td>导向马达</td><td>导向马达</td></tr>
<tr><td>PowerDrive Xtra/PowerDrive X5 推靠式旋转导向系统</td><td rowspan="3">Welleader2.0 旋转导向系统</td><td rowspan="3">AutoTrak G3.0 旋转导向系统</td><td rowspan="3">GeoPilot 旋转导向系统</td></tr>
<tr><td>PowerDrive Xceed/PowerDrive X6 旋转导向系统</td></tr>
<tr><td>PowerDrive Archer 高造斜率混合式旋转导向系统</td></tr>
<tr><td rowspan="9">随钻测井工具 LWD</td><td>ARC+ADN</td><td>ACPR</td><td>Ontrik</td><td>EWR</td></tr>
<tr><td>GVR+ADN</td><td>ACPR+LDI+INP</td><td>LithTrak</td><td>NUKE</td></tr>
<tr><td>EcoScope</td><td>DWPR</td><td>AziTrak</td><td>ADR</td></tr>
<tr><td>NeoScope</td><td>QUAST（选用）</td><td>SoundTrak（选用）</td><td rowspan="6"></td></tr>
<tr><td>PeriScope</td><td rowspan="5">IFPT（选用）</td><td rowspan="5">MagTrak（选用）</td></tr>
<tr><td>ProVISION（选用）</td></tr>
<tr><td>SonicVISION（选用）</td></tr>
<tr><td>StethoScope（选用）</td></tr>
<tr><td>MicroScope（选用）</td></tr>
<tr><td rowspan="2">随钻测量工具 MWD</td><td>PowerPulse</td><td>HSVP 高速率钻井液脉冲器</td><td>BCPM</td><td>MK9</td></tr>
<tr><td>TeleScope</td><td colspan="3"></td></tr>
</table>

3.11.1.1 定向钻井工具

在复杂的水平井施工过程中，地质导向对定向钻井工具的性能有很高要求，不仅要保障井下安全，提高钻井时效，而且要满足随钻测井和精确井眼轨迹控制要求。

马达和旋转导向钻井系统是定向钻井工具中最核心的部件，也是目前应用最广的定向钻井工具。测传导向马达（Instrumented Steerable Motor）是一种完全仪器化的导向马达，通过带弯角的螺杆实现定向功能，其壳内装有传感器组件，直接与钻头相连，能测量近钻头处地层电阻率、方位电阻率、自然伽马以及井斜和钻头转速等参数[10-11]。这些参数通过电磁波传送到 MWD/LWD 部件，再通过钻井液脉冲传送到地面。

旋转导向钻井系统可以在旋转钻进过程中实施定向，全过程获得成像数据，与近钻头井斜和近钻头伽马相结合，为地质导向进行精确井眼轨迹控制提供了有力帮助。各家旋转导向工具技术参数见表 3.67 至表 3.70。

表 3.67 中海油服 Welleader2.0 旋转导向系统仪器参数表

仪器名称	950 型	675 型	475 型
本体通称外径	9.5in（241mm）	6.75in（171.5mm）	4.75in（121mm）
适用井眼尺寸范围	9.875～17.5in（251～444.5mm）	8.38～10.62in（213～270mm）	5.74～6.75in（146～171.5mm）
工具长度（不含变扣接头）	21.06ft（6.42m）	19.65ft（5.99m）	19.68ft（6m）
方位伽马测点位置（距工具底部）	17.38ft（5.3m）	11.15ft（3.4m）	12.28ft（3.745m）
井斜测点位置（距工具底部）	4.26ft（1.3m）	3.6ft（1.1m）	3.28ft（1.0m）
质量	2800kg	2500kg	400kg
最高工作温度	150℃		
最高工作压强	20000psi		
马达转速	85～185r/min	70～175r/min	300r/min
最大造斜率	8°/30m	12°/30m	15°/30m
可承受轴向最大震击力	$200\sqrt{g}$（20min）		
最大钻压	35tf	20tf	10tf
最高承压	20000psi	20000psi	20000psi
钻井液排量范围	500～1800gal/min	250～1000gal/min	120～350gal/min
低排量	500～1100gal/min	250～600gal/min	120～200gal/min
中等排量	650～1500gal/min	400～750gal/min	190～250gal/min
高排量	840～1850gal/min	450～1000gal/min	200～350gal/min
最大工作扭矩	33185lbf・ft	16224lbf・ft	7375lbf・ft
紧扣扭矩	37610lbf・ft	25073lbf・ft	9586lbf・ft

表 3.68 斯伦贝谢 PowerDrive X6 旋转导向系统仪器参数表

仪器性能	PowerDrive X6 475	PowerDrive X6 675	PowerDrive X6 900	PowerDrive X6 1100
本体通称外径	4.75in（120.7mm）	6.75in（171.5mm）	9in（228.6mm）	9.5in（241.3mm）
适用井眼尺寸范围	5.5～6.75in（139.7～171.45mm）	7～9.875in（177.8～250.825mm）	12～12.75in（304.8～323.85mm）	15.5～28in（393.7～711.2mm）
工具长度	14.95ft（4.56m）	13.48ft（4.11m）	14.6ft（4.45m）	15.1ft（4.6m）
方位伽马测点位置（距工具底部）	5.68ft（1.73m）	6.4ft（1.95m）	7.56ft（2.3m）	7.97ft（2.43m）

续表

仪器性能	PowerDrive X6 475	PowerDrive X6 675	PowerDrive X6 900	PowerDrive X6 1100
井斜角测点位置（距工具底部）	6.73ft（2.05m）	7.27ft（2.21m）	8.43ft（2.57m）	8.83ft（2.69m）
方位角测点位置（距工具底部）	8.83ft（2.69m）	9.37ft（2.85m）	10.53ft（3.21m）	10.93ft（3.33m）
质量	342kg	771kg	1075kg	1172kg
最高工作温度	150℃ /175℃			
最高工作压强	20000psi/30000psi			
马达转速	220r/min			
最大造斜率	8°/30m	8°/30m	5°/30m	3°/30m
可承受轴向最大震击力	超过 50*g* 的三级振动，累计达 30min			
最大钻压	22tf	29tf		
最大工作扭矩	9000lbf · ft	16000lbf · ft	48000lbf · ft	48000lbf · ft
最高承压	120000psi			
钻井液排量范围	100～380gal/min	200～950gal/min	300～2000gal/min	300～2000gal/min

表 3.69 贝克休斯 ATK G3.0 旋转导向系统仪器参数表

仪器性能		950 型	675 型	475 型
本体通称外径		9.5in	6.75in	4.75in
适用井眼尺寸范围		12.25～18.25in（311.15～463.55mm）	8.375～10.625in（212.75～269.87mm）	5.875～6.25in（149.23～158.75mm）
工具长度（不含变扣接头）		58.06ft（17.7m）	49.86ft（15.2m）	53.14ft（16.2m）
方位伽马测点位置（距工具底部）		17.7ft（5.4m）	17.7ft（5.4m）	15.77ft（4.85m）
井斜测点位置（距工具底部）		3.1ft（1.0m）	3.1ft（1.0m）	3.77ft（1.15m）
质量		6896kg	2540kg	998kg
最高工作温度		150℃		
最高工作压强		20000psi		
马达转速		400r/min	400r/min	400r/min
最大造斜率	旋转	6.5°/30m	13°/30m	15°/30m
	滑动	13°/30m	20°/30m	30°/30m

续表

仪器性能	950 型	675 型	475 型
可承受轴向最大震击力	$5\sqrt{g}$（20min）		
最大钻压	45tf	25.5tf	1.5tf
最大工作扭矩	50147lbf・ft	22123lbf・ft	10324lbf・ft
紧扣扭矩	66961lbf・ft	29498lbf・ft	10324lbf・ft
最高承压	20000psi	20000psi	20000psi
钻井液排量范围	430～1590gal/min	200～900gal/min	120～350gal/min

表 3.70　哈里伯顿 Geo-Pilot 旋转导向系统仪器参数表

仪器名称	7600 系列	9600 系列
本体通称外径	6.75in（171mm）	9.625in（244mm）
适用井眼尺寸范围	8.375～10.625in（213～270mm）	12.5～17.5in（311～445mm）
工具长度	20ft（6.1m）带 flex 短节时 29.2ft（8.9m）	22ft（6.7m）带 flex 短节时 31ft（9.5m）
近钻头方位伽马测点位置（距工具底部）	3.2ft（1.0m）	3.6ft（1.1m）
井斜测点位置（距工具底部）	3.2ft（1.0m）	3.6ft（1.1m）
质量（带 flex 短节）	1500kg	2200kg
最高工作温度	140℃	
最高工作压强	20000psi	
马达转速	60～250r/min	
最大造斜率	10°/30m	8°/30m
可承受轴向最大震击力	$50\sqrt{g}$（20min）	
最大钻压	25tf	45tf
最大工作扭矩	20000lbf・ft	30000lbf・ft
紧扣扭矩	29498lbf・ft	47934lbf・ft
最高承压	20000psi	20000psi
钻井液排量范围	不超过 730gal/min	不超过 1500gal/min

3.11.1.2　随钻测井工具

相对于电缆测井技术，随钻测井的优势在于及时、最大限度地减小钻井液侵入对测井质量的影响。经过多年的发展，随钻测井已经从传统的伽马、电阻率、密度和中子测井发展到众多的测井项目，如电阻率成像、密度成像、伽马成像、超声波成像、核磁共振、多极子声波、地层元素谱分析、热中子俘获截面积、随钻地震等。随钻测井可以较准确地对地层作实时评价解释。

3.11.1.3 导向软件

中国海油常用的地质导向软件有斯伦贝谢公司研发的 Petrel、帕拉代码公司研发的 Geolog、勘探开发实时决策系统、中海油服自研的 IPAS 和 WPS。与常规软件不同，地质导向软件需要快速、准确地处理大量随钻测量数据和实时修正地质模型，其数据量较大，要求数据处理速度较快。例如，Petrel 可以通过用深浅颜色标定方向性数值的方法直观地显示二维和三维的成像数据，实时拾取地层倾角，为地质导向人员提供地层构造信息。

3.11.2 地质导向工作流程

地质导向的工作流程包括钻前设计、实时导向、完井分析三大部分。

（1）钻前设计：确认导向目标，根据目标和地质情况进行地质导向可行性分析，选择随钻工具和相应的导向服务，进行井眼轨迹设计和前期地质建模。

（2）实时导向：实时数据解释和模型更新，调整井眼轨迹。

（3）完井分析：应用完钻后的内存数据更新随钻地质导向模型，为相同区块导向作业提供参考。

3.11.3 地质导向方案设计

根据目标储层地质油藏特征综合分析成果，结合随钻仪器探测特性，确定适合设计井着陆段与水平段的随钻地质导向方案。随钻地质导向常用方案参见表 3.71、表 3.72。

表 3.71 着陆段随钻地质导向常用方案推荐表

<table>
<tr><th>钻具组合</th><th>随钻地质导向应用信息</th><th>适用油藏地质特征</th></tr>
<tr><td rowspan="2">旋转导向 / 马达 + 常规随钻测井</td><td>井斜 / 方位 / 伽马 / 电阻率</td><td rowspan="2">（1）储层界面认识清晰；
（2）标志层稳定、可对比性强</td></tr>
<tr><td>中子 / 密度 / 核磁共振（可选）</td></tr>
<tr><td rowspan="3">旋转导向 / 马达 + 常规随钻测井 + 近钻头测量</td><td>近钻头井斜 / 近钻头伽马 / 近钻头电阻率</td><td rowspan="3">（1）局部构造变化快、不确定性大；
（2）标志层不稳定、可对比性弱；
（3）储层非均质性强</td></tr>
<tr><td>井斜 / 方位 / 伽马 / 电阻率</td></tr>
<tr><td>中子 / 密度 / 核磁共振（可选）</td></tr>
<tr><td rowspan="3">旋转导向 / 马达 + 常规随钻测井 + 随钻储层边界远探测测井</td><td>井斜 / 方位 / 伽马 / 电阻率</td><td rowspan="3">（1）局部构造变化快、不确定性大；
（2）标志层不稳定、可对比性弱；
（3）储层非均质性强；
（4）目的层与上下围岩电性特征差异大；
（5）需提前探测储层和流体界面</td></tr>
<tr><td>随钻储层边界远探测测井（方向性测量 + 实时反演成果）</td></tr>
<tr><td>中子 / 密度 / 核磁共振（可选）</td></tr>
</table>

表 3.72 水平段随钻地质导向常用方案推荐表

钻具组合	随钻地质导向应用信息	适用油藏地质特征
旋转导向 / 马达 + 常规随钻测井	近钻头井斜 / 近钻头伽马	（1）构造简单、不确定性小； （2）储层分布稳定、可对比性强
	伽马 / 电阻率	
	中子 / 密度 / 核磁共振（可选）	
旋转导向 + 常规随钻测井 + 随钻成像测井	近钻头井斜 / 近钻头伽马	（1）局部构造变化快、不确定性大； （2）储层非均质性强； （3）目的层与上下围岩电性特征差异小
	伽马 / 电阻率	
	随钻成像测井（伽马 / 电阻率 / 密度）	
	中子 / 密度 / 核磁共振（可选）	
旋转导向 + 常规随钻测井 + 随钻成像测井	近钻头井斜 / 近钻头伽马	（1）局部构造变化快、不确定性大； （2）储层非均质性强； （3）目的层与上下围岩电性特征差异大； （4）流体界面认识不清
	伽马 / 电阻率	
	随钻储层边界探测测井（方向性测量 + 实时反演成果）	
	中子 / 密度 / 核磁共振（可选）	

3.11.4 地质导向方案实施

着陆段井轨迹跟踪与调整：根据着陆段钻遇地层地质油藏特征，并结合地震资料进行综合分析，预测主要标志层及目的层顶底深度及地层产状。当着陆段主要标志层（或地层界面）设计深度与实钻深度有差异时，考虑平稳着陆，宜对着陆靶点进行调整，优化井轨迹。着陆后，根据更新的着陆段地质导向模型及着陆点的地层倾角，判断着陆点到目的层顶、底及流体界面的距离，优化调整水平段轨迹设计，为水平段随钻地质导向作准备。

水平段井轨迹跟踪与调整：通过远程数据实时传输获取随钻地质导向数据，结合地质录井、地震反演资料等信息，对水平段实钻地层进行对比与储层特征分析。基于随钻地质导向实时数据，更新水平段随钻地质导向模型，以实时控制水平段井轨迹。

3.12 随钻地震测井

随钻地震技术是20世纪90年代初在国外发展起来的一种新的井中地震技术。1991年，Marion利用钻头振动为井下震源进行钻头地震测量，阐述了钻头RVSP的应用价值。考虑到钻头地震的限制因素，SLB公司开始试验震源在地面和在钻柱中接收信号的可行性，推出了新型的可视化随钻地震系统（SED），并成功地投入现场使用。2005年，Fabio Rocca等将克希霍夫绕射叠加偏移技术扩展到角度频率域的随钻地震数据，形成了新的三维随钻地震偏移成像技术。目前，国外随钻地震技术已较为成熟，已经开始由理论探索过渡到工程应用，其核心技术主要由斯伦贝谢（SLB）公司、法国IFP公司、意大利

AGIP 公司等几家大公司掌握。综上所述，随钻地震是在勘探地震学的基础上发展起来的，是地震勘探技术与石油钻井技术不断相结合的产物。

3.12.1 斯伦贝谢随钻地震测量原理

SeismicVISION 随钻地震技术是一项利用随钻地震仪器（SMWD）测量地震波从地表传播到井下接收器之间的时间，并记录 4 分量波形数据提高解释精度的服务。SeismicVISION 采用气枪震源在地面进行激发，钻具组合中的随钻地震仪在井中进行数据采集。该技术最大的特点就是实时性，能够提供实时的时深关系和速度，并且数据的采集是在接钻杆的间隙进行震源激发和数据采集，不占用额外井台时间。SeismicVISION 技术是目前业界唯一一个在直井情况下可以进行钻头前方预测的随钻技术，从而帮助更好地实时钻井决策，降低钻井风险提高安全性。

SeismicVISION 随钻地震工具包括一个处理器和一个存储器，它接收来自阵列气枪或钻台及井下工具位置以上的地震源的能量信号。地震信号采集后，经过储存处理，测点资料和资料质量指示经过 MWD 工具实时传输到地面，时深速度资料用以确定所钻井在地震图上的位置，存储器记录的波形数据用于钻后 VSP 处理。仪器如图 3.41 所示。

图 3.41 斯伦贝谢随钻地震仪器（SeismicVISION）

随钻地震测量是一项钻井工程中的新技术，不仅不影响钻井的正常工作，而且能为优化钻井提供有用信息，只需安装传感器和在井场附近的地表埋置常规检波器就可进行随钻测量和现场实时处理，在井场就可以得到钻井决策的地震资料，也可以在远离井场的信息处理中心进行精细处理，为石油勘探、钻井工程和油田开发提供重要信息。随钻地震技术可以更准确地找到含油储层，规避找不到串珠状缝洞发育的风险，提高勘探开发综合经济效益。

3.12.2 质量控制及作业须知

查看首波是否卡准，波形叠加是否一致，速度曲线是否平滑[12]。

3.12.3 资料主要用途

（1）随钻过程，在地震剖面上标定钻头位置。

（2）预测孔隙压力和钻头以下目的层深度。

（3）优化钻井液密度，确定取心及下套管位置。

（4）优化水平井钻井着陆位置。

SeismicVISION 仪器性能见表 3.73。

表 3.73　SeismicVISION 仪器性能表

仪器名称		SeismicVISION 675	SeismicVISION 825	SeismicVISION 900
标称外径		6.75in（171mm）	8.25in（210mm）	9.0in（229mm）
最大外径		7.50in（190.5mm）	9.10in（231.14mm）	10in（254mm）
井眼尺寸		8.5～17.5in（215.9～444.5mm）	10.625～30.0in（269.875～762mm）	
长度		14ft（4.27m）	13.84ft（4.22m）	13.84ft（4.22m）
质量		680kg	900kg	1130kg
最高耐温		150℃	150℃	150℃
最大工作压力		25000psi	23000psi	23000psi
最大流量		800	2000	2000
最大含砂量		3%	3%	3%
最大曲率	旋转	8°/100ft	7°/100ft	4°/100ft
	滑动	16°/100ft	14°/100ft	12°/100ft
最大钻压		74000000lbf/L^2	164000000lbf/L^2	261400000lbf/L^2
最大工作扭矩		16000lbf·ft	23000lbf·ft	35000lbf·ft
地面转速		200r/min		
堵漏材料容限		无限制		
电源		锂电 /MWD（开泵）		

参考文献

[1] 刘红岐，张元中．随钻测井原理与应用［M］．北京：石油工业出版社，2018.

[2] 王若．随钻测井技术发展史［J］．石油仪器，2001，15（2）：5-7.

[3] 吴德山，赵雪阳，赵发展，等．近钻头方位伽马在地质导向中的应用［J］．石油天然气学报，2020，42（3）：42-48.

[4] 刘红岐，刘建新，代春明，等.2015. 渤中地区 EWR-Phase4 随钻测井异常响应特征［J］．西南石油大学学报（自然科学版），2015，37（2），73-81.

[5] 刘书强，周海燕，商明，等．方位密度中子（ADN）成像测井技术及应用［J］．新疆石油地质，2007，28（36）：775-776.

[6] 王世越．随钻四极子声波技术在南海西部深水区钻探中的应用分析［J］．地球科学前沿，2018，8（2）：351-360.

[7] 李东，余强，朱佳音，等．IFPT 随钻测压仪在渤海油田的应用［J］．海洋石油，2021，41（1）：49-51.

[8] 刘庆龙，王瑞和．随钻方位电阻率边界探测影响因素分析［J］．测井技术，2014，38（4）：411-414.

[9] 荣海波，贺昌华．国内外地质导向钻井技术现状及发展［J］．钻采工艺，2006，29（2）：7-9.

[10] 苏义脑 . 地质导向钻井技术概况及其在我国的研究进展［J］. 石油勘探与开发，2005，32（1）：92–95.
[11] 中国石油勘探与生产公司，斯伦贝谢中国公司 . 地质导向与旋转导向技术应用及发展［M］. 北京：石油工业出版社，2012.
[12] 王守君，刘振江，谭忠健，等 . 勘探监督手册：测井分册［M］. 北京：石油工业出版社，2012.

4
工程测井技术要点与质量控制

本章主要内容包括固井质量测井数据采集与固井质量快速评价、卡点测量、爆炸松扣和切割等工艺。

4.1 固井质量测井发展简史

人们最早根据注入环空的水泥浆体积与固井井段管外环空名义容积（那时尚无井径测量）相比较来估计水泥返高。但这种方法是间接的，受到扩径、缩径、漏失、水泥沟槽等因素的影响，往往误差很大。于是，固井质量测井应运而生。

4.1.1 井温测量

1934 年，斯伦贝谢公司利用水泥凝固过程中水化反应放热引起井温升高的规律，取得了用井温测量确定水泥返高位置方法（TOC）的专利。井温测井仪是最早用于固井质量评价的测井仪器。

井温测井简单而便宜，但测井时间要求苛刻，必须在水泥放热峰值附近几个小时，且缺少反映层间封隔的信息。现在温度测井资料常是固井质量评价或利用其他资料发现管外环空窜槽的参考，很少单独用于固井质量评价。在固井质量评价方面，井温测井渐渐为后来出现的声法固井质量测井所替代。

4.1.2 声法固井质量测井

声波测井于 1950 年问世，早期裸眼纵波速度测井主要用于地面地震的时深转换。不久后，声波测井开始应用于固井质量评价。从 20 世纪 60 年代初开始，声法固井质量测井技术发展异常迅速。

4.1.2.1 声波幅度测井

20 世纪 50 年代中期出现单发单收声波幅度测井，1960 年声幅测井开始用于检查固井质量。60 年代早期，实验研究建立了声幅与水泥抗压强度之间的关系。这种测井的缺陷是没有反映水泥环第二界面胶结状况和仪器居中状态的信息，同时声幅受快速地层干扰。

4.1.2.2 CBL/VDL 测井

1964 年，G. Harcourt 等提出用微地震图（Micro−Seismogram）评价固井质量。1966 年，在 P. E. Chaney 等的论文中出现了称为“变密度记录”的全波显示。1971 年，H. D. 布朗等提出用 3ft 源距检测水泥胶结（CBL），用 5ft 源距记录全波变密度（VDL），并根据统计规律给出不同套管外径下的水泥环最小有效封隔长度。

现场应用表明，CBL/VDL 测井响应受仪器偏心、套管尺寸和快速地层等的影响较大，自由套管刻度的条件也限制了其应用范围。20 世纪 80 年代，出现了源距和间距都较小的衰减率测井，如 1982 年斯伦贝谢公司推出双发双收补偿式衰减率测井（Compensated Bond Tool，CBT）。CBT 和 CBL/VDL 测井的共同缺陷是，无法反映水泥沟槽以及受微间隙影响大等。为此，从 20 世纪 80 年代初开始，声法固井质量测井技术沿着两个不同方向发展：一是采用扇区测量“滑行”套管波衰减（或幅度）的测量方式；二是采用向套管垂直发射高频声脉冲测量套管共振反射回波的测量方式。

4.1.2.3 扇区测量方式的固井质量测井

1990 年西方阿特拉斯公司推出设计精巧的 SBT（Semengted Bond Tool，即扇区水泥胶结测井）。这种测井采用贴井壁、分扇区、螺旋状衰减率测量方式，可在较高密度和气侵井液中测量，可反映小至 20° 的水泥沟槽。该仪器应用效果良好，但技术复杂，成本较高。其他公司后来推出了分扇区声幅测井，具有成本优势。例如，Sondex 公司的径向水泥胶结测井 RBT，可识别 90° 水泥沟槽。到目前为止，SBT 测井仪是环向上水泥不均匀“胶结”探测能力最强的测井仪器。中海油服的 CBMT 与 SBT 具有相同的探测能力。

4.1.2.4 高频反射回波方式的固井质量测井

1984 年斯伦贝谢公司推出水泥评价测井 CET。1985 年，吉尔哈特公司推出脉冲回波测井 PET。这两种测井仪器均以 8 个固定换能器面向套管内壁发射高频声束并接收回波信号为特征。高频声脉冲引起套管共振，回到换能器的共振反射波能量衰减速率与紧贴套管外壁的水泥的声阻抗关系密切。这种探测对管外水泥具有较高的环向分辨率和纵向分辨率，可以识别不大的水泥沟槽。但由于每周 360° 仅 8 个扫描点，有可能漏测水泥沟槽。

斯伦贝谢公司和哈里伯顿公司于 20 世纪 90 年代初分别推出 USIT 和 CAST。这两种仪器的测量原理分别与 CET 和 PET 相同，最大的改进是利用马达带动一个声波换能器快速旋转，大大提高了分辨率。USIT 每周 36 个或 72 个扫描点，CAST 每周则扫描高达 200 个点。它们不仅可以探测管外水泥分布，还可以反映各方位的套管内径和套管壁厚，指示套管变形、腐蚀及磨损情况等。这类测井对圆心角不低于 10°（或 30mm）的水泥沟槽一般不会漏测。但这些测井仪器与 CET、PET 一样，不记录 VDL，没有反映第二界面水泥胶结状况的测井信息；同时，不能在较高密度井液或气侵井液的套管井内测量，气侵水泥井段显示水泥胶结很差。

除了美国几家公司先后推出成像类固井质量测井外，国内江汉测井研究所于 1993 年和 2000 年分别推出超声水泥成像测井 UCT 及其升级后的多参数超声工程测井仪 MUST。

MUST 测井和 2017 年中海油服研制的 MUIL 测井，探测水泥环的能力与 USIT 相当。斯伦贝谢 2003 年推出的 IBC 测井仪和中海油服 2019 年推出的 UCCS 测井仪，均可同时探测水泥声阻抗和套管弯曲波衰减率，以确定管外环空介质的物理状态，不受第一界面微间隙干扰。

4.1.2.5 噪声测井

当管外出现窜流时，隘口处流体流动会激发声波。噪声测井正是利用这一现象来探测管外窜流的。如果噪声测井响应处于背景噪声水平，表明管外环空无窜流。如果测井响应明显高于背景噪声水平，则测井曲线峰值点对应于管外流体流出或流入的深度点。这种测井有效性的前提是管外环空正在发生窜流。

4.1.3 核测井

4.1.3.1 放射性示踪测井

1939 年，美国汉布莱石油与炼制公司首次在裸眼测量自然伽马（本底）后注水泥，然后再次测量伽马。在所注水泥中，前面至少 25 袋水泥掺有少量作为放射性示踪剂的矾酸钾铀矿（Carnotite，即卡诺特石）粉末。在水泥顶处，再次测量的自然伽马曲线明显高于本底曲线。这种测井对测井时间的要求不像温度测井那样苛刻，但与温度测井一样，不能探测管外环空水泥环的封隔性。在 CBL 测井出现后，这种测量方法就极少使用了。不过后来在注水条件下，出现了射孔后向怀疑存在窜槽的管外环空射孔并注入混拌有放射性示踪剂的活性液，再进行放射性示踪测井。若注入活性液后再次测量的伽马值大大高于本底伽马值，则该井段管外环空固井质量存在问题。

4.1.3.2 中子寿命测井

首先测量一条中子寿命测井本底曲线，接着把加入硼酸等强热中子吸收剂的流体释放在需要证实是否存在窜槽的管外环空入口处，再进行一次中子寿命测井。若发现与压入工作液射孔井段邻近的某个井段，注硼后中子寿命测井值大大高于注硼前，则表明该井段固井质量存在问题。

4.1.3.3 氧活化测井

氧活化测井能够直接探测管外环空含氧流体（特别是水）的纵向流动，从而确定管外窜槽。

4.1.3.4 伽马密度测井

20 世纪 90 年代，俄罗斯开发成功声波变密度 MAK－Ⅱ和伽马密度 СГДТ－НВ 组合测井，同时探测水泥环界面和水泥环密度。管外环空介质密度降低意味着水泥受到的钻井液污染程度增加，从而间接确定管外环空的渗透性。声波变密度与伽马密度对比可识别微间隙。

4.2 固井质量测井要点

固井质量测井资料的质量直接影响固井评价效果，下面讨论中国海油常用固井质量测井的要点。

4.2.1 水泥胶结测井

水泥胶结测井一般使用CBL/VDL测井仪，也可以使用单极子阵列声波测井仪，属于无定向水泥胶结测井，无法评估是否存在窜槽。

4.2.1.1 现有仪器

中国海油现有的水泥胶结测井仪器见表4.1。

表4.1 中国海油现有的水泥胶结测井仪器

公司	仪器名称	缩写
COSL	数字声波测井仪	EDAT
SLB	小井眼高温水泥胶结测井仪	QSLT

表4.2和表4.3分别列出了EDAT（Enhanced Digital Acoustic Logging Tool）测井仪和QSLT（SlimXtreme Sonic Logging Tool）测井仪的技术参数。

EDAT测井仪有裸眼井和套管井两种测井模式，声源主频为20kHz。在套管井中，声幅CBL和套管波首波到达（传播）时间TT测量源距为3ft，变密度测井VDL测量源距为5ft。

表4.2 EDAT测井仪的技术指标

直径	92mm（3.62in）	质量	153kg（336lb）
长度	6.26m（20.54ft）	测量井眼范围	114.3～400.0mm（4.5～15.5in）
耐温	204℃（400°F）	最大测量速度	15m/min（49.2ft/min）
耐压	137.9MPa（20000psi）	发射主频	20kHz

QSLT适合在高温、高压、小井眼、薄套管外环空的井段检测固井质量，主频为20kHz。

表4.3 QSLT仪器指标

温度	260℃（500°F）	仪器长度	7.01m
压力	207MPa（30000psi）	仪器质量	134kg
最小套管内径	98.425mm（3.875in）	260℃连续工作时间	5h
最大套管内径	203.2mm（8in）	最高测速	1097m/h
仪器外径	76.2mm（3in）	标准测速	549m/h

4.2.1.2 测量原理

EDAT（图 4.1）水泥胶结测井要在与目的层的套管尺寸和管内流体相同的自由套管井段，把 3ft 源距固定门套管波声幅刻度成 100%。在实际测量过程中，探测每个深度点固定门内的套管波幅度，通过刻度因子转换为 CBL。CBL 越高，则套管与水泥环之间第一界面的胶结越差；越低则越好。仪器还记录发射换能器点火后 200～1200μs 时间范围内 5ft 源距的全波波形，并显示成 VDL。若第一界面胶结良好且 VDL 显示地层波清晰，则第二界面胶结良好；若不是软地层且裸眼未扩径，VDL 地层波弱或很弱，则第二界面胶结差。

在 QSLT（图 4.2）水泥胶结测井模式下，上发射换能器 UT 发射，3ft 源距接收换能器 R_1 测量 CBL，5ft 源距 R_3 记录 VDL。下发射换能器 LT 发射，3ft 源距 R_5 测量备份的声幅 CBLB。如果水泥胶结不是良好，UT 发射由 3.5ft 源距（R_2）与 4.5ft 源距（R_4）接收的声幅计算衰减率，LT 发射由 3.5ft 源距（R_4）与 4.5ft 源距（R_2）接收的声幅计算衰减率。补偿衰减率对仪器偏心、井液特性和接收换能器灵敏度不大敏感。为防止快速地层和多层套管井段外层套管干扰 CBL 探测，与 LT 相距 1ft 的 R_6 检测短源距的视衰减（SATN）。

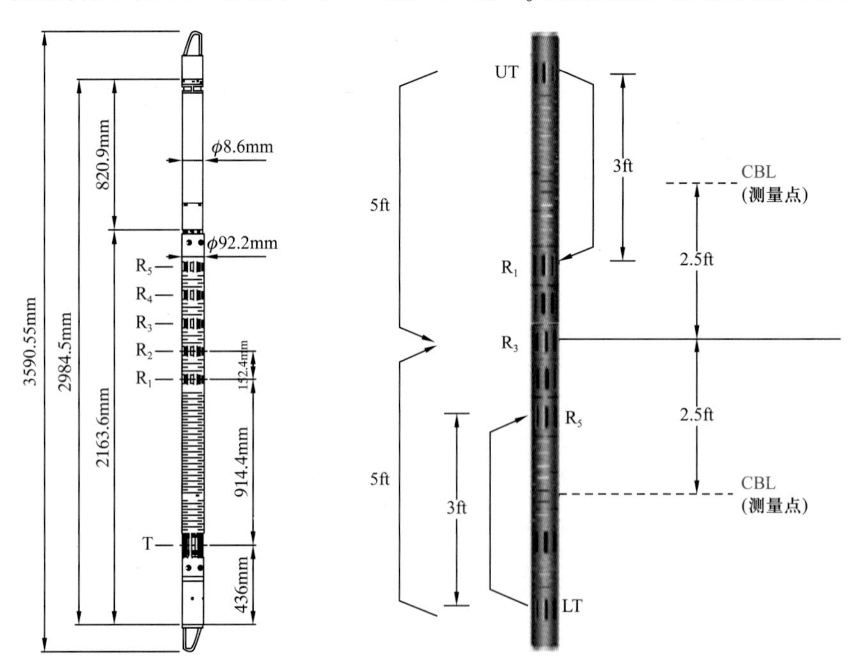

图 4.1 EDAT 测井仪结构示意图　　图 4.2 QSLT 测井声系结构及声幅测量示意图

4.2.1.3 质量控制

（1）在仪器声系上下各安放一只尺寸合适、恢复力足够的仪器扶正器。

（2）在自由套管井段进行 CBL 刻度。

EDAT 必须在自由套管井段将固定门内套管波最大声幅刻度为 100%。下放测井仪器至固井设计的水泥返高面 TOC 下方 100m 处，上提测量，一直测到真正的自由套管井段。

要求测出连续3个以上的自由套管接箍（VDL显示清晰的W形，CBL下降20%以上），同时要求自由套管井段CBL稳定在95%～100%。如主测量发现在自由套管井段声幅测值不符合该声幅要求，应调整仪器居中状态并降低测速测量。如仍不符合声幅质量要求，应判断为仪器刻度有误，需重新刻度、重新测量。

QSLT在不同尺寸自由套管井段的声波幅度应满足表4.4。

表4.4　GSLT测井自由套管声幅值

套管外径／		自由套管声幅值／mV	套管外径／		自由套管声幅值／mV
mm	in		mm	in	
127	5	77 ± 8	193.7	7.625	59 ± 6
139.7	5.5	71 ± 7	244.5	9.625	52 ± 5
177.8	7	62 ± 6	273.1	10.75	49 ± 5

（3）若无自由套管井段，CBL测井前则应在刻度井、刻度筒里或（本钻井平台）邻井同尺寸自由套管内进行声幅刻度。尾管段通常无自由套管，也可选择上一层自由套管刻度。设尾管外径为d_0，尾管井段的上一层套管（外径为d_1）存在自由套管。CBL/VDL测井应首先在该自由套管井段进行声幅刻度，然后利用式（4.1）计算（d_0和d_1单位为in）的转换系数k乘以尾管井段实测的CBL0得到所需CBL。

$$k=\frac{0.692d_1^2-15.59d_1+137.56}{0.692d_0^2-15.59d_0+137.56} \tag{4.1}$$

（4）无定向水泥胶结测井参数选择。

固定门开启时间：如果测量井段不存在双层套管和快速地层，固定门可以针对E1峰（第一正峰）检测声幅，也可以针对E2峰（第一负峰）检测；如果存在双层套管或快速地层，采用E1峰检测比较好。

固定门宽度：一般可选为套管波首波的一个周期。在管外环空间隙较小或存在外层套管的情况下，除应选择检测E1峰外，还应适当提前固定门的后沿。

源距：采用3ft源距检测声幅CBL，采用5ft源距记录VDL。

（5）仪器居中状况要求：在VDL套管波清晰井段，$TT_{fp}-TT$小于5μs（TT_{fp}为自由套管的套管波传播时间）。

（6）CBL不得为零或负值。

（7）VDL质量要求：相线清晰，对比度良好，套管波强度与CBL值匹配，干扰和噪声足够低，无明显的遇卡特征。在自由套管井段，相线笔直且在接箍处显示清晰的特征。在水泥胶结良好井段，套管波无或弱，地层波清晰。

4.2.1.4　测井须知

（1）根据固井设计和施工情况，在固井质量测井前大致确定自由套管井段。在刻度过程中，不能误把双层套管井段外层水泥环第一界面胶结差而内层水泥环固井质量良好的高声幅，或单层套管井段胶结良好的快速地层井段，当成自由套管响应进行声幅刻度。

（2）声幅刻度时，测井仪器必须良好居中，且避开套管接箍。

（3）CBL 测井完毕后，仪器应回到最后刻度时的深度，看声幅值是否符合自由套管井段的声幅要求。如不符合，应调整仪器居中状态并降低测速测量。如仍不符合要求，应判断为仪器刻度有误，需重新刻度并重新测量。仪器刻度和测后检验都要记录下来。在仪器出井前要检验测井过程记录是否正常，如发现记录不正常要重新测量并记录。

（4）每次测井应在混浆段或其他水泥胶结变化大处重复测量 50m，以检查仪器的稳定性、重复性。

（5）若无声幅刻度条件，应考虑换用不需井下自由套管刻度的固井质量测井仪。

（6）在怀疑出现微间隙的井段，需要采用加压方式重测，或进行声阻抗测井。

4.2.2 分扇区声幅测井

分扇区声幅测井有多种，如 RBT 测井（Radial Bond Tool）。

4.2.2.1 现有仪器

中国海油现有的分扇区声幅测井仪器见表 4.5。

表 4.5 中国海油现有的分扇区声幅测井仪器

公司	仪器名称	缩写
GE（原 Sondex）	径向水泥胶结测井仪	RBT

RBT 仪器结构如图 4.3 所示。目前 RBT 有外径分别为 $1^{11}/_{16}$in 和 $3^{1}/_{8}$in 两种型号的仪器。外径为 $1^{11}/_{16}$in 的仪器对测量环境要求较低，可以在从 $2^{7}/_{8}$in 油管到 7in 套管中测量。外径为 $3^{1}/_{8}$in 的仪器在较大井眼中测量较好。

RBT 仪器性能指标见表 4.6。

表 4.6 RBT 仪器性能指标

仪器性能	$1^{11}/_{16}$in 仪器	$3^{1}/_{8}$in 仪器
套管 / 油管尺寸	2.0～7.5in（50.8～191mm）	95～340mm（3.75～13.375in）
仪器长度	3.03m（9.9ft）	2.89m（9.5ft）
仪器质量	34.0kg	98.0kg
主要测量曲线	声幅（3ft，扇区 1 至扇区 6）、变声幅图、传播时间（3ft）、VDL（5ft）	声幅（3ft，扇区 1 至扇区 8）、变声幅图、传播时间（3ft）、VDL（5ft）
无定向发射换能器工作频率	约 18kHz	约 22kHz
接收换能器个数	6 个（源距 3ft）	8 个（源距 3ft）
3ft 源距接收换能器	压电陶瓷（组合）	
5ft 源距接收换能器	压电陶瓷，无定向	

续表

仪器性能	$1^{11}/_{16}$in 仪器	$3^{1}/_{8}$in 仪器
仪器方位指示	相对于井眼高边	
测量精度	<1mV	
测量过程中仪器在井眼中的位置	居中	
测量速度（地面读取模式，深度采样率 0.25ft）	21m/min，遥传速率 50kb/s	
	30m/min，遥传速率 100kb/s	
测量速度（井下存储模式，深度采样率 0.25ft）	9m/min，时间采样率 0.5s	
	23m/min，时间采样率 0.2s	
耐温	204℃（400°F）	
耐压	172MPa（25000psi）	

4.2.2.2 测量原理

4.2.2.2.1 数据采集基本原理

RBT 测井的数据采集基本原理与 CBL/VDL 测井相似。声波由无定向换能器发射。对 3ft 源距套管波 E1 峰开约 30μs 宽“固定门”，检测每个接收换能器处的声幅值 AMP（单位为 mV）和 E1 峰所在正半周高于门槛时对应的“传播时间”TT。

距离声源 3ft 处为一组扇形压电接收换能器（外径 $1^{11}/_{16}$in 和 $3^{1}/_{8}$in 的测井仪器分别为 6 个和 8 个），所有扇区声幅测量结果生成“水泥胶结图”。该组接收声波信号的平均值就等效于常规 3ft 源距的无定向 CBL。距离声源 5ft 处的一个无定向接收换能器，接收发射换能器点火后 200～1200μs 的声波波列，用于生成 VDL。

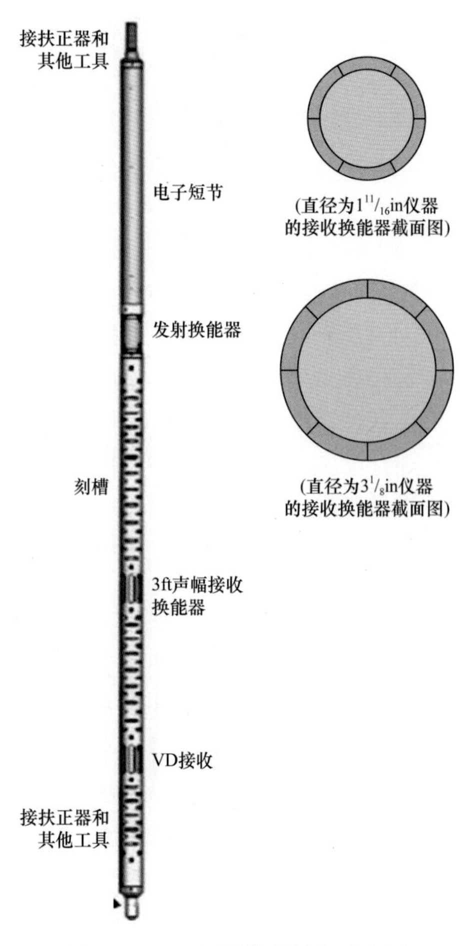

图 4.3 RBT 测井仪器结构示意图

与 RBT 同时测量的有自然伽马（GR）和套管接箍定位信号（CCL），还可以与温度测井同时测量。

现场有两种数据采集方式。第一种是地面读取方式（surface read-out，SRO），另一种是井下存储方式（memory read-out，MRO）。

在 SRO 方式下，仪器测量数据与深度数据合并在一起通过电缆传输到地面计算机，操作工程师和测井监督可以通过显示器实时显示了解仪器刻度情况，随时掌握数据采集过程中的质量情况和异常情况，以便正确决策，及时对异常情况采取措施。这种方式适合于重点井或钻井平台费用高的情况。

在 MRO 方式下，仪器测量数据存储于井下存储器内，作业完成后取出存储器完成与深度数据的合并。这种方式作业成本很低，因为所需设备和操作人员最少，运输方便，而且利用已有连续油管或钢丝即可进行测井作业，特别适合于地层含腐蚀性气体的井和钻机动力不足的井。

4.2.2.2.2 仪器刻度方法

主刻度在 5.5in 刻度筒中带压进行。用手摇泵对刻度筒加压 500psi。

现场测前刻度在自由套管井段进行。固定门对准 E1 峰，宽度通常为 30μs。刻度完成后计算机记录下声幅刻度值和固定门位置。在没有自由套管的情况下，可采用刻度筒刻度数据。在刻度筒中每个扇区的声幅刻度值均为 100mV。在实际测量中，自由套管声幅值（mV）随着套管外径的增大而降低（表 4.4）。

对幅度零点刻度，时间窗应开在套管波到达之前。

4.2.2.3 质量控制

（1）自由套管井段同一深度点扇区声幅最大差异小于或等于 10%。

（2）刻度器中声幅读值为 100mV，在自由套管声幅刻度符合不同套管尺寸下的数值要求（表 4.4）。

（3）在 VDL 套管波清晰处，RBT 测井同一深度点分扇区传播时间最大值和最小值之差 $TT_{max}-TT_{min}$ 小于（4×TR）μs［TR 为扇区声幅测量源距，单位为英尺（ft）］。

（4）现场数据采集及注意事项。

若存在自由套管，则开始数据采集；否则，调用刻度筒数据或与该套管尺寸对应的固定门位置存储值。

在存储测量模式下，利用固定门自动确定功能可在套管尺寸变化的情况下连续测量。推荐测量速度为 10～15m/min。一旦井下存储器数据存储满了，仪器将发出警告。

4.2.2.4 测井须知

（1）刻度点避免选在套管接箍处及其附近。

（2）测井仪器必须良好居中，在自由套管井段或管外环空环向上水泥胶结一致的情况下，保证所有扇区的声幅测量一致，误差小于 10%。

（3）为获得较好的仪器居中效果，RBT 仪器应位于两个强力扶正器之间，调节钢片弹簧扶正器使之达到足够的恢复力度。必要时，根据套管内径绑上硬性橡胶扶正器。

（4）RBT 可在油基钻井液的套管井中测量；不能在气侵钻井液或流动的钻井液中正常工作，因为声波信号在到达接收换能器之前已被严重衰减。

4.2.3 分扇区衰减率测井

4.2.3.1 现有仪器

中国海油现有的分扇区衰减率测井仪器见表 4.7。

表 4.7 中国海油现有的分扇区衰减率测井仪器

公司	仪器名称	缩写
COSL	水泥胶结成像测井仪	CBMT
Baker Hughes	扇区水泥胶结测井仪	SBT

表 4.8 和表 4.9 分别列出了 CBMT 和 SBT 测井仪的性能指标。

表 4.8 CBMT 仪器性能表

套管尺寸	114.3～406.4mm（4.5～16.0in）	仪器直径	85.7mm（3.38in）
耐温	177℃（350°F）	耐压	137.9MPa（20000psi）
衰减率测量部分长度	5.28m	VDL 部分长度	2.34m
衰减率测量部分质量	108kg	VDL 部分质量	49kg
最大测量速度	10.7m/min	衰减率测量范围	0～25dB/ft
衰减率测量精度	± 1.0dB/ft	最大井斜	60°
纵向分辨率	76.2mm（0.25ft）	VDL 检测声源主频	20kHz
衰减率测量声源主频	100kHz	滑板最大推靠力	22.7kgf

表 4.9 SBT 仪器性能表

套管尺寸	114.3～346.1mm（4.5～13.625in）	仪器直径	85.7mm（3.38in）
耐温	177℃（350°F）	耐压	137.9MPa（20000psi）
衰减率测量部分长度	5.28m（17.32ft）	VDL 部分长度	2.34m（7.68ft）
衰减率测量部分质量	108kg（240lb）	VDL 部分质量	49kg（108lb）
标准测量速度	10.7m/min（35ft/min）	衰减率测量范围	0～22dB/ft
衰减率测量精度	± 0.5dB/ft	衰减率重复误差	± 0.5dB/ft
标准显示纵向分辨率	76.2mm（0.25ft）	VDL 检测声源主频	20kHz
衰减率测量声源主频	100kHz	滑板最大推靠力	22.7kgf（50lbf）

4.2.3.2 原理和用途

4.2.3.2.1 测量原理

水泥胶结成像测井仪（Cement Bond Imaging Logging Tool）和扇区水泥胶结测井仪

（Segmented Bond Tool，SBT）通过分扇区衰减率测量来评价固井质量。仪器有 6 个滑板，每个滑板上均有 1 个发射换能器（主频 100kHz）和 1 个接收换能器（图 4.4）。这 6 个滑板平分井周 360°，进行螺旋式衰减率补偿测量，得到 6 条扇区衰减率曲线。衰减率越高，反映第一界面（套管与水泥之间）胶结越好。仪器的 5ft 源距变密度图反映第二界面（水泥与地层之间）胶结状况。

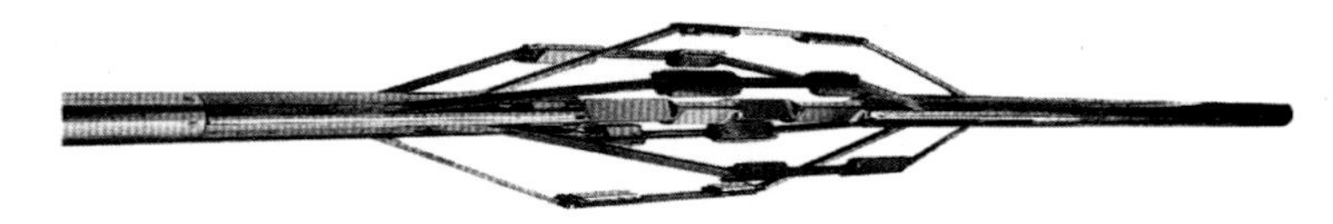

图 4.4　水泥胶结测井成像井仪

4.2.3.2.2　用途及优势

（1）衰减率测量不需要自由套管井段刻度，对井液性能、换能器灵敏度不敏感，对仪器偏心不大敏感。

（2）识别水泥沟槽，较详细评价水泥胶结质量，确定水泥上返高度。

（3）可在高密度或气侵的井液中进行有效测量。

（4）衰减率测量源距小于 1.5ft，可有效探测包括快速地层、双层套管井段内层水泥环胶结状况及管外环空薄间隙在内的水泥胶结。

4.2.3.3　质量控制

根据表 4.10 进行测井资料质量控制。

表 4.10　CBMT 和 SBT 测井数据质量检查表

检查项目	要求
校正系数（CORR. FACTORS）	≤6.6dB/m（≤2.0dB/ft）
自由套管 ATAV−ATMN	≤3.3dB/m（≤1.0dB/ft）
套管声波时差 DTMX−DTMN	≤20μs/m（≤6.0μs/ft）
噪声水平 RNL	≤10mV
滑板声波灵敏度 PS①	>90mV（或>150mV）
平均衰减率 ATAV 的重复性	≤10%
最小衰减率 ATMN	无负值（除套管接箍处外）
测速 SPD	≤10.7m/min

① ECLIPS 5.0 系统 SBT 测量 PS 要求大于 90mV，ECLIPS 6.0 及以上系统 SBT 测量要求大于 150mV；ELIS 系统 CBMT 测量 PS 要求大于 90mV。

4.2.3.4　作业须知

（1）确保仪器居中，是保证扇区衰减率测井质量的关键。应加装数量和扶力足够、位置合适的扶正器。

（2）各扇区衰减率测量一致性，也是保证扇区衰减率测井质量资料质量的关键。为保证各个扇区衰减率测量的一致性，必须确定每个扇区的衰减率校正因子，确保 ATAV-ATMN 小于 2dB/ft。具体做法是仪器应在 120m 井段（最好是直井段，因为易于保证仪器被良好扶正）采样，滑板均良好贴壁，均匀旋转一周以上。根据测井原理，衰减率校验虽然不要求必须在自由套管进行，但选择在水泥环第一界面环向均匀胶结井段（尤其是自由套管井段）校验效果肯定最好；不可在仪器难以扶正且井眼高边和低边易于存在胶结缺失的斜井段、大斜度井段或水平井段校验，因为仪器在这样的井段均匀转动的可能性随着井斜角增大而减小，而在不转动的情况下确定的平衡因子很可能是不准确的甚至是错误的，会引起假象水泥沟槽。如果测量井段为尾管井段，且整个井段为斜井段、大斜度井段或水平井段，可在其上层套管直井段或邻井直井段寻找自由套管或环向上水泥胶结较均匀的井段（与目的层套管尺寸不同亦可），确定校正因子。

（3）除了套管接箍处外，衰减率曲线不可为零或为负值。

（4）在混浆段及自由套管井段，测量重复曲线至少 50m，重复曲线 ATAV′与主曲线 ATAV 的测井响应特征应基本一致，不允许｜ATAV′－ATAV｜大于 1.0dB/ft 的连续井段大于 2m。

（5）采取措施确保 DTMX-DTMN 小于 6μs/ft，以获取高质量衰减率数据：在仪器上加装足够恢复力的扶正器，测井过程中应确保仪器居中；要求套管内壁足够光滑，无水泥残留，套管低边未滞留大量沉砂或金属碎屑，以保证 6 个滑板均良好贴壁。每个深度点 24 个贴壁套管波固定门窗口内的声幅检测开窗位置足够精确，不会因 E1 峰在窗口内少许移动而引起衰减率检测错误。

（6）衰减率曲线变化与 VDL 套管波显示应有良好的相关性。

4.2.4　水泥声阻抗测井

4.2.4.1　现有仪器

中国海油现有的水泥声阻抗测井仪器见表 4.11。

表 4.11　中国海油现有的水泥声阻抗测井仪器

公司	仪器名称	缩写
SLB	超声成像测井仪	USIT
COSL	多功能超声成像测井仪	MUIL

图 4.5 和图 4.6 分别是 USIT（UltroSonic Imager Tool）测井仪和 MUIL（Multi-functional Ultra-sonic Imaging Logging Tool）测井仪的结构示意图，表 4.12 和表 4.13 分别列出了 USIT 和 MUIL 的主要技术参数。

水泥声阻抗探测由一只装在仪器底部旋转短节上的发射 / 接收换能器完成。该换能器受马达驱动旋转，可进行 360° 环向高分辨率扫描探测。USIT 换能器旋转速度约为 7.5r/s。旋转舱有 5in、7in、$9^5/_8$in 和 $10^3/_4$in 几种尺寸可供选用，以尽量减小换能器与套管间的间隙，从而尽量降低钻井液中的信号衰减。同理，MUIL 也有多个尺寸换能器供选择。

水泥声阻抗测井仪可与 GR、CBL、CCL、井斜仪等组合。

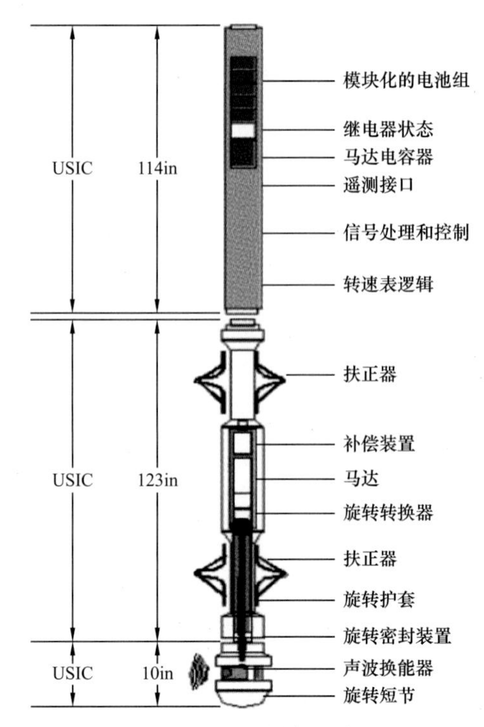

图 4.5 USI 测井仪示意图

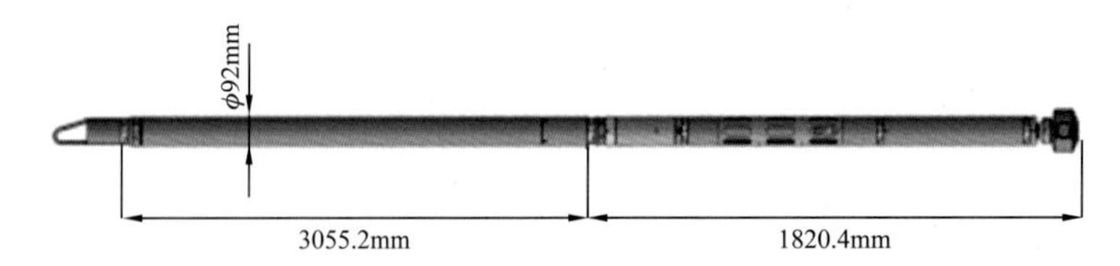

图 4.6 多功能超声波成像测井仪 MUIL

表 4.12 USIT 测井仪技术指标

测量规格		仪器规格	
频率	200～700kHz	温度	177℃（350°F）
测量速度	2.03～16.28m/min	压力	138MPa（20000psi）
声阻抗测量	0～10MRayl	最小套管直径	114mm（$4^{1}/_{2}$in）
纵向分辨率	6in（152.4mm）	最大套管直径	340mm（$13^{3}/_{8}$in）
精度	±0.5MRayl（当声阻抗<3.3MRayl 时）	仪器外径	86mm（$3^{3}/_{8}$in）
探测深度	套管—水泥界面	长度	6.02m（19.75ft）
钻井液密度	水基钻井液可达 1.91g/cm^3；油基钻井液可达 1.34g/cm^3	质量	151kg（333lb）
沟槽分辨率	30mm（1.2in）	声阻抗分辨率	0.2MRayl

表 4.13 MUIL 的主要技术参数和全波模式下的性能指标

<table>
<tr><th colspan="3">技术参数</th><th>性能指标</th></tr>
<tr><td rowspan="6">物理参数</td><td colspan="2">耐温</td><td>200℃（0.5h）；175℃（4h）</td></tr>
<tr><td colspan="2">耐压</td><td>137.9MPa（20000psi）</td></tr>
<tr><td colspan="2">井斜角</td><td>0°～90°</td></tr>
<tr><td colspan="2">组装长度</td><td>3.92m（12.86ft）</td></tr>
<tr><td colspan="2">仪器质量</td><td>98kg（215.6lb）</td></tr>
<tr><td colspan="2">旋转头直径</td><td>92mm（3.625in）
111.1mm（4.375in）
142.8mm（5.625in）
177.8mm（7in）</td></tr>
<tr><td rowspan="12">功能参数</td><td colspan="2">套管井井眼范围</td><td>127～340mm（5～13.375in）</td></tr>
<tr><td colspan="2">测速</td><td>3m/min（10ft/min）(ELIS)
6m/min（20ft/min）(ESCOOL)</td></tr>
<tr><td rowspan="10">声阻抗、壁厚曲线</td><td>每周扫描点数</td><td>60 点 / 圈</td></tr>
<tr><td>方位精度</td><td>6°</td></tr>
<tr><td>纵向分辨率</td><td>8 次扫描 /ft</td></tr>
<tr><td>垂直分辨率</td><td>38.1mm（1.5in）</td></tr>
<tr><td>厚度范围</td><td>5～15.2mm（0.20～0.60in）</td></tr>
<tr><td>厚度精度</td><td>0.5mm</td></tr>
<tr><td>最大厚度误差</td><td>±6%</td></tr>
<tr><td>声阻抗范围</td><td>0～10MRayl</td></tr>
<tr><td>声阻抗精度</td><td>0.2MRayl</td></tr>
<tr><td>声阻抗误差</td><td>±0.5MRayl（0～3.5MRayl）；±15%（>3.5MRayl）</td></tr>
</table>

4.2.4.2 原理和用途

USIT 换能器向套管内壁垂直发射频率为 200～700kHz 的声脉冲，对套管进行螺旋状扫描探测，每圈扫描点为 36 个或 72 个，螺距约 1in。MUIL 每圈扫描点为 60 个，螺距为 1.5in。声脉冲除了受到套管内壁的反射外，进入套管壁厚范围内的能量不停地在套管内外壁反射和透过，并引起套管共振。在发射间隙，换能器接收返回井内的声波，其中共振波幅度衰减随着与套管外壁紧密接触的水泥声阻抗的上升而增大，共振频率与套管壁厚关系密切。

4.2.4.3 质量控制

4.2.4.3.1 USIT 质量控制

（1）井液物理特性参数测量监控：井液声速测量数据点随深度变化，显示为光滑曲线，且与井液类型一致；井液声阻抗测值随深度变化但在理论最大值、最小值之间，偏差绝对值小于10%。

（2）仪器偏心容限：声阻抗换能器偏心距小于（0.1× 以英寸为单位的套管外径 × 以英寸为单位的壁厚）in。

（3）在无套变、套损、套管严重腐蚀的井段，除套管接箍处外，套管内径和套管壁厚与套管名义值一致，测井图上应无异常处理标识；在套管变形处，应适当加宽采集时间窗口重复测量。

（4）利用现场质量控制图（图4.7）判断USIT数据采集质量，进行实时监测。

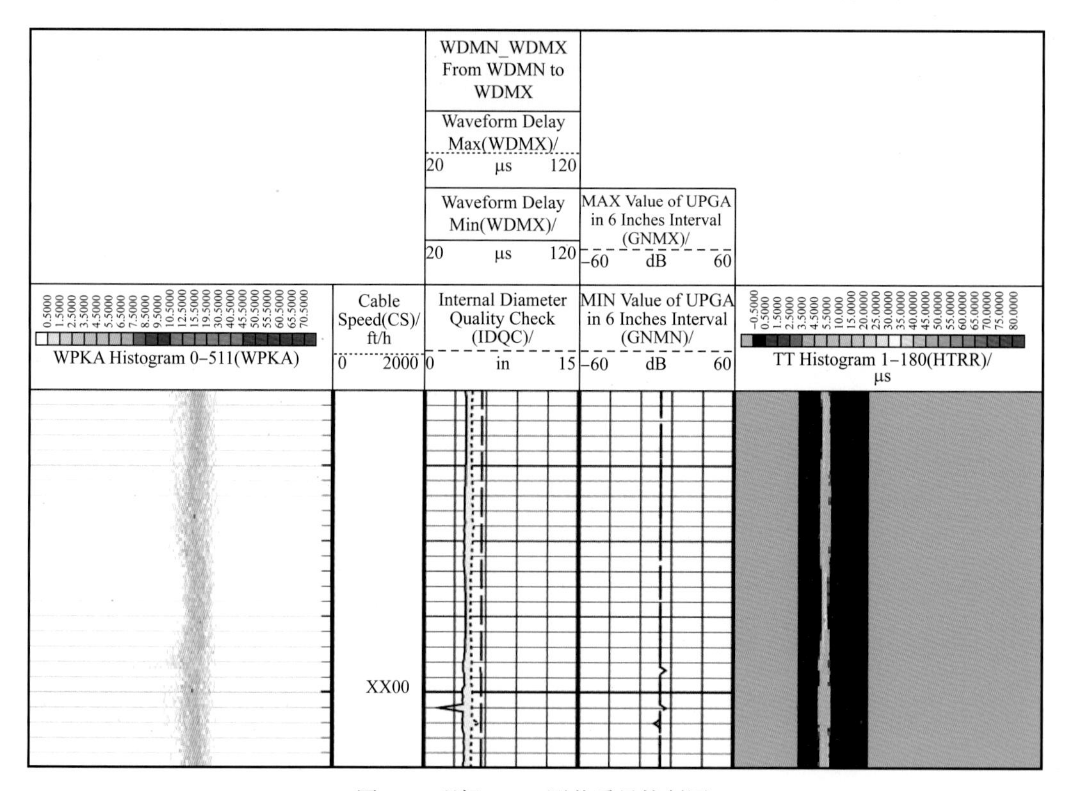

图4.7　现场USIT测井质量控制图

第一道：WPKA直方图为USIT套管内壁反射回波的幅度分布，反映USIT反射波时间窗的数据采集质量。图形的横坐标代表采样点数，颜色代表二进制位峰值。如果仪器居中状况良好，则数据点集中且幅度稳定；仪器偏心越严重或套管有腐蚀，则统计数据点越分散；如果套管已经开裂或有腐蚀洞，则数据点将有缺失。测井时要及时调整时间窗，使数据点全部保持在直方图内。如数据点缺失，应适当放大窗口测重复段。

第三道：IDQC为套管内径质量检查图。IDQC必须与套管内径匹配。WDMX与WDMN应小于10μs。这种差异是由套管变形和仪器偏心引起的。

第四道：图像数据采集纵向6in范围内的自动增益最大值GNMX和最小值GNMN，数值必须在0～10dB范围内。如果大于10dB，反映来自换能器的信号过小，需要工程师增大发射功率；如果增益小于0dB，就需要减小发射功率。

第五道：HRTT为传播时间TT直方图，代表套管内壁回波在峰值检测窗中的时间，绝大多数回波数据点必须落在检测窗内。仪器居中状况越好而套管内表面越光滑，传播时间直方图分布范围就越集中。如果蓝色区域越出检测窗，就必须调整采集参数，使蓝色区域回到窗口中。

（5）实测的管外环空介质声阻抗必须符合实际情况（表4.14），即在自由套管井段，声阻抗与管外环空的井液声阻抗一致；在目的层井段，固井质量良好井段声阻抗测值与试验的水泥石声阻抗一致。套管内径和厚度实测值与该套管的标称值吻合。

表4.14　井下管外环空典型介质的声阻抗

介质	声阻抗 /MRayl	介质	声阻抗 /MRayl
自由气或气体微间隙	＜0.3	水泥浆	1.8～3.0
淡水	1.5	LITEFI水泥（1.4g/cm^3）	3.7～4.3
钻井液	1.5～3.0	纯水泥（1.9g/cm^3）	6.0～8.4

（6）综合图第1道处理标识：黑色■代表数据遥传问题；咖啡色■代表未检测到回波，所有数据无效；红色■代表回波波形太短，套管壁厚和水泥声阻抗无效；淡蓝色■代表模型匹配错误，声阻抗错误。

4.2.4.3.2　MUIL质量控制

（1）全波模式测量时，应根据套管内径和壁厚选择合适的频率和旋转探头。

（2）测井过程中换能器转速应平稳，全波模式转速应不高于10r/s。

（3）测量过程中探头应保持居中，全波模式测量时，7in套管中最大偏心距不大于7mm，9.625in套管中最大偏心距不大于10mm。

（4）全波模式下，不同方位套管内壁反射波信号和共振波信号清晰，无明显信号丢失。

（5）MUIL测井速度要求见表4.13。

4.2.4.4　测井须知

4.2.4.4.1　水泥声阻抗测井数据采集条件

（1）常规密度水泥和高密度水泥固井。

（2）区分套后液体和固体需要两者最少有0.5MRayl的差别。

（3）套管内壁光滑无残留物。

（4）井筒内应无泡沫，无流动的气泡或油泡。

4.2.4.4.2　USIT作业须知

（1）USIT无须刻度，但必须进行测前仪器基本操作检查，整个测量井段的井内流体声阻抗和声波时差测量值用于水泥声阻抗反演模型的初始输入。

（2）测井监督必须向测井数据采集人员提供准确的水泥浆密度参数。

（3）测井前必须用钻头和刮泥器通井。

（4）测量过程中测井仪器偏心应小于 0.02×OD，其中 OD 的单位为 in。

（5）测井速度随垂直采样率减小而提高，随着环向采样间隔减小而降低（表 4.15）。

表 4.15　测井速度和采样率

环向采样间隔	垂向采样间隔	测井速度
10°	38mm（1.51in）	8.13m/min（1600ft/h）
5°	152mm（6.0in）	16.26m/min（3200ft/h）
5°	76mm（3.0in）	8.13m/min（1600ft/h）
5°	41mm（1.6in）	4.06m/min（800ft/h）
5°	15mm（0.6in）	1.52m/min（300ft/h）

4.2.4.4.3　MUIL 作业须知

（1）测井前应循环油保养声系，完全排出声系内的空气，根据井温井压设置活塞位置。

（2）MUIL 仪器要求严格居中。仪器串至少使用两个专用滚轮扶正器，其中一个扶正器加在 MUIL 声系短节 MA 靠近旋转头位置，另一个扶正器加在仪器串中上部。

（3）斜井、大斜度井和水平井测井时，仪器串中必须加装相对方位短节。

（4）马达一般转速调节为 8～9r/s。

（5）测井过程中，观察通信是否正常，数据是否更新，注意观察波形是否清晰正确。

4.2.4.5　优势与不足

4.2.4.5.1　水泥声阻抗测井的优点

（1）纵向和环向分辨率高。

（2）受微间隙和管外环空薄间隙的影响比水泥胶结测井小。

4.2.4.5.2　水泥声阻抗测井的缺点

（1）没有反映第二界面胶结状况的信息。

（2）测量效果明显受仪器偏心、套管内表面光滑程度、钻井液密度、钻井液气侵和气泡的影响。

（3）低密度水泥固井和管外环空受到气侵的情况下测井效果变差。

4.2.5　套后兰姆波水泥成像测井

4.2.5.1　现有仪器

中国海油现有的套后兰姆波水泥成像测井仪器见表 4.16。

表 4.16 中国海油现有的套后兰姆波水泥成像测井仪器

公司	仪器名称	缩写
SLB	套后成像测井	IBC
COSL	超声兰姆波成像测井仪	UCCS

图 4.8 和 图 4.9 分 别 为 IBC（Imager Behind Casing） 测 井 仪 和 UCCS（Ultrasonic Corrosion and Cement Bonding Scanner）测井仪的声系结构示意图。

图 4.8 中 A 为 USIT 测井，B 为兰姆波发射换能器，C 为兰姆波的两个接收换能器，D 为兰姆波传播路径；图 4.9 中红色虚框中为 MUIL 测井，绿色虚框内的 T 为兰姆波发射换能器，R_1 和 R_2 为两个兰姆波接收换能器。表 4.17 和表 4.18 分别列出了 IBC 和 UCCS 的技术参数。

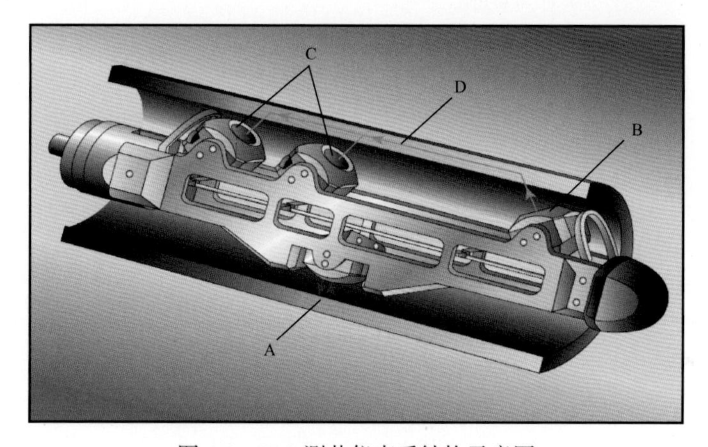

图 4.8 IBC 测井仪声系结构示意图

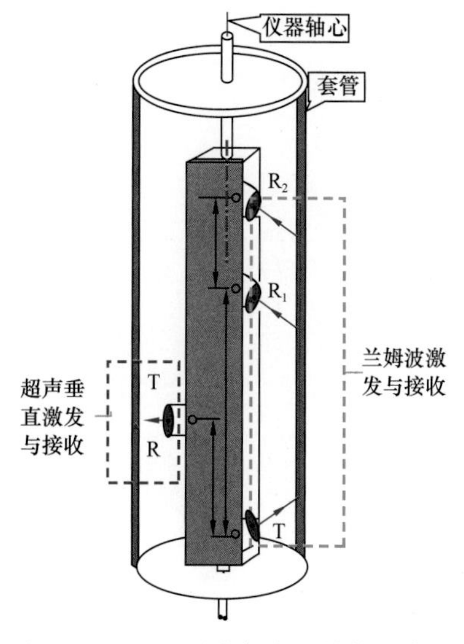

图 4.9 UCCS 测井仪声系结构示意图

表 4.17　IBC 仪器性能表

项目	性能
最大测井速度	标准分辨率（6in，每 10° 采样）：823m/h（2700ft/h） 高分辨率（0.6in，每 5° 采样）：172m/h（563ft/h）
测量范围	最小套管壁厚：0.38cm（0.15in）；最大套管壁厚：2.01cm（0.79in）
纵向分辨率	高分辨：1.52cm（0.6in）；高测速：15.24cm（6in）
声阻抗	范围：0～10MRayl 分辨率：0.2MRayl 精　度：0～3.3MRayl 时为 ±0.5MRayl，>3.3MRayl 时为 ±15%
挠曲波衰减	范围：0～2dB/cm 分辨率：0.05dB/cm 精　度：±0.01dB/cm
套管壁厚	壁厚：4.572～20mm 分辨率：0.05mm 精度：±2%
内径	范围：97.2～355.6mm（3.825～14in） 分辨率：0.05mm（半径方向） 半径精度：0.02mm
最小可以计量的通道宽度	30mm（1.2in）
探测深度①	套管和环空到 76.2mm（3in）
钻井液密度限制	普通换能器：水基钻井液密度（WBM）1.9g/cm^3；油基钻井液密度（OBM）1.4g/cm^3 增强型换能器：水基钻井液密度（WBM）2.25g/cm^3； 油基钻井液密度（OBM）2.07g/cm^3 最终使用作业设计软件确定；井筒不能有泡沫或流动的气泡
组合性	只能接在仪器串底部，可与大部分电测仪器组合 遥测模块：快速传输（FTB）或增强型 FTB（EFTB）
特殊应用	H_2S 服务
耐温	177℃（350°F）
耐压	140MPa（20000psi）
套管尺寸②	最小：114.3mm（$4^1/_2$in） 最大：244.5mm（$9^5/_8$in）
外径	IBCS-A：86mm（3.375in） IBCS-B：113.5mm（4.472in） IBCS-C：169.1mm（6.657in）
长度（无探头）	6.01m（19.73ft）
质量（无探头）	151kg（333lb）
探头长度及质量	IBCS-A：61.22cm（24.10in），7.59kg（16.75lb） IBCS-B：60.32cm（23.75in），9.36kg（20.64lb） IBCS-C：60.32cm（23.75in），10.73kg（23.66lb）

① 可探测的环空宽度取决于第三界面的回波。水泥胶结评价之外的数据分析和处理，可得到额外的一些输出，包括环空波列的 VDL 图和 AVI 格式的剖视动画。

② 套管尺寸限制取决于所用探头型号。如果套管内为低衰减的钻井液，如清水或盐水，则在大于 $9^5/_8$in 的套管内也能获取有效数据。

表 4.18　UCCS 测量模式及技术指标

指标		参数
机械指标	耐温	175℃（350°F）（4h）
	耐压	140MPa（20000psi）
	井斜角	0°～90°
	电路短节外径	92mm
	工作电压 / 频率	180V AC/60Hz
声系（根据套管尺寸选取）	小扫描头	92mm（3.625in）
	中扫描头	113.6mm（4.472in）
	大扫描头	169.1mm（6.657in）
	声阻抗测量每周扫描点	72
	衰减率测量每周扫描点	36
测量指标	可检测套管厚度范围	5～20mm（0.19～0.79in）
	套管壁厚测量精度	±6%
	最小可检测窜槽和缺陷	30mm（1.18in）
	声阻抗测量范围	0～10MRayl
	声阻抗分辨率	0.2MRayl
	声阻抗测量精度	±0.5MRayl（0～3.5MRayl）；±15%（＞3.5MRayl）
	衰减率成像周向分辨率	10°
	衰减率测量范围	0～2dB/cm
	衰减率测量精度	0.05dB/cm
	适用的最大水泥环厚度	4cm（1.57in）
	套管尺寸	127～244.5mm（5.0～9.625in）
	最大测速	3m/min（10ft/min）（ESCOOL 系统）
	垂直分辨率	38.1mm（1.5in）
使用条件	井眼直径	139.7～244.48mm（5.5～9.625in）
	水基钻井液密度	＜2.0g/cm^3
	油基钻井液密度	＜1.8g/cm^3

4.2.5.2　测量原理和用途

IBC 和 UCCS 是最新一代的套管及固井质量评价仪器，通过结合水泥声阻抗测量技术和套管挠曲波首波衰减率成像技术，可以准确评价任何水泥类型的固井质量，包括常规水泥、高密度水泥、低密度水泥和泡沫水泥。结合声阻抗和弯曲波衰减两种相互独立的声波测量，这两种套后兰姆波水泥成像测井可获知套管内壁光滑度、套管内径、套管厚度、套管—水泥间的胶结状况；另外，利用实测声阻抗和弯曲波衰减率交会，可将管外环空介质区分为固体、液体和气体，测量覆盖整个套管圆周，可显示水泥中的细小通道，从而可评价水泥环层间封隔。

在水泥评价之外，分析从第三界面（水泥环—裸眼井壁）反射回来的弯曲波，可确定套管在井眼中或在双层套管井段的外层套管中所处的位置。这些信息有助于评估与套管和固井有关的工程作业，帮助在套管回收作业中选择合适的切割点，并为其他过套管评价服务提供参考。

测井成果图包括管外环空介质的固—液—气成像、水力连通图、声阻抗成像、弯曲波衰减成像、套管内壁粗糙度图、套管壁厚度图、套管内径图。

主要应用：

（1）将管外环空的介质划分为固体、液体和气体。

（2）识别管外环空中的水泥沟槽和其他可能引起层间流体封隔问题的缺陷，评价管外环空封隔性。

（3）确定套管内径和壁厚，评价套管腐蚀情况和套变。

（4）显示水泥返高位置，指导套管切割回收。

套后兰姆波水泥成像测井的优势：

（1）受第一界面微间隙影响很小。

（2）可评价包括轻质水泥和气侵水泥在内的固井质量，识别水泥沟槽。

（3）利用泄漏模式体波、套管弯曲波的深探测，可定量计算套管偏心情况。

4.2.5.3 测井数据采集质量控制

4.2.5.3.1 IBC 测井

（1）车间刻度：每隔 6 个月必须进行车间刻度。在刻度罐内对近源距和远源距弯曲波换能器进行主刻度，以免引入衰减测量偏差。刻度筒充满去空气水后，对其加压 1MPa 进行刻度。

（2）现场刻度：如果井中有 20～30m 自由套管井段，就要进行现场刻度，以验证车间刻度值（UFAO），确定井液的阻抗（ZMUD）和声速（FVEL）及其在整个测量段的计算方式。若无自由套管段，则用井液阻抗（ZMUD）和声速（FVEL）的理论值作为初始值完成测井。若测井过程中发现了自由套管或管外环空介质声阻抗低于 3MRayl，接近自由套管，则可测井后用该段的井液阻抗（ZMUD）和声速（FVEL）作为初始值回放数据。

（3）测井实时监控：综合测井图上质量监控道（UFLG）的处理标识，有助于快速识别影响测井质量的问题，以便及时调整测井参数（表 4.19）。

（4）IBC 测井资料质量要求：

① 仪器正常转速 6～7.5r/min。使用低速马达时，转速 3.3r/min。

② 声阻抗换能器偏心距小于 0.1× 套管外径 × 壁厚。

表 4.19 UFLG 处理标识及实时补救措施

颜色	问题描述	受影响数据	通常原因	实时补救措施
黑色■	遥测	—	测速太快	降低测速
暗红■	回波缺失	全部	仪器偏心	提出仪器，检查居中扶正器
			时间窗不合适	调整超声波时间窗起始和截止时间
			套管有腐蚀洞或开裂	重复测验证
红色■	波形长度错误	套管厚度、水泥评价	WLEN 设置太大或波形设成压缩方式	适当调低 WLEN，套管厚度超过 0.5in，波形设为不压缩
蓝色■	套管厚度错误	套管厚度、水泥评价	腐蚀、磨损	调宽厚度搜索范围 60%～140%
			套管标准厚度输错	确认套管尺寸、重量和下深是否正确输入
			套管重量规格发生变化	分段设置 WLEN
			回波群延迟不好	确认回波群延迟是准确的并在波形窗口内
青色■	T^3 处理错误	水泥评价	套管技术状况	如果群延迟的频率凹不存在或出了窗口，套管数据可能有误
				调宽厚度搜索范围 60%～140%

③ 井液衰减小于 20dB 时，弯曲波换能器偏心距小于（0.2× 以英寸为单位的套管外径 × 以英寸为单位的壁厚）in；井液衰减大于 20dB 时，弯曲波换能器偏心距小于（0.1× 以英寸为单位的套管外径 × 以英寸为单位的壁厚）in。

④ 满足现场质量监控图（IBC_QC4T）质量控制要求，即在声阻抗和弯曲波衰减率波形直方图（图 4.10）中，绝大多数数据点位于直方图中间，且统计数据点集中。

第一道：CS 为电缆移动速度。RSAV 为电动机转速，对确认在数据采集过程中电动机旋转至关重要。CCLU 曲线尖峰与套管接箍对应，用于深度对齐。

第二道：WPKA 直方图为 USIT 套管内壁反射回波的幅度分布，反映 USIT 反射波时间窗的数据采集质量。图形的横坐标代表采样点数，颜色代表二进制位峰值。如果仪器居中状况良好，则数据点集中且幅度稳定；仪器偏心越严重或套管有腐蚀，则统计数据点越分散；如果套管已经开裂或有腐蚀洞，则数据点将有缺失。测井时要及时调整时间窗，使数据点全部保持在直方图内。如数据点缺失，应适当放大窗口测重复段。

第三道：图像数据采集纵向 6in 范围内自动增益的最大值 GNMX 和最小值 GNMN，数值必须在 0～10dB 范围内。如果大于 10dB，反映来自换能器的信号过弱，需要工程师增大发射功率；如果增益小于 0dB，就需要减小发射功率。

第四道：传播时间 TT 直方图的蓝色区域必须处在检测窗的中间位置。

第五道：应根据换能器—套管间的间隙，设置检测回波波峰的检测窗口。WDMN 与 WDMX 分别为 USIT 套管内壁回波检测窗口开始与结束时间。两条曲线应相互靠近。

第六道至第十三道：第二道至第五道的 USIT 质量控制方法适用于弯曲波近接收（第六道至第九道）和远接收（第十道至第十三道）的质量控制。

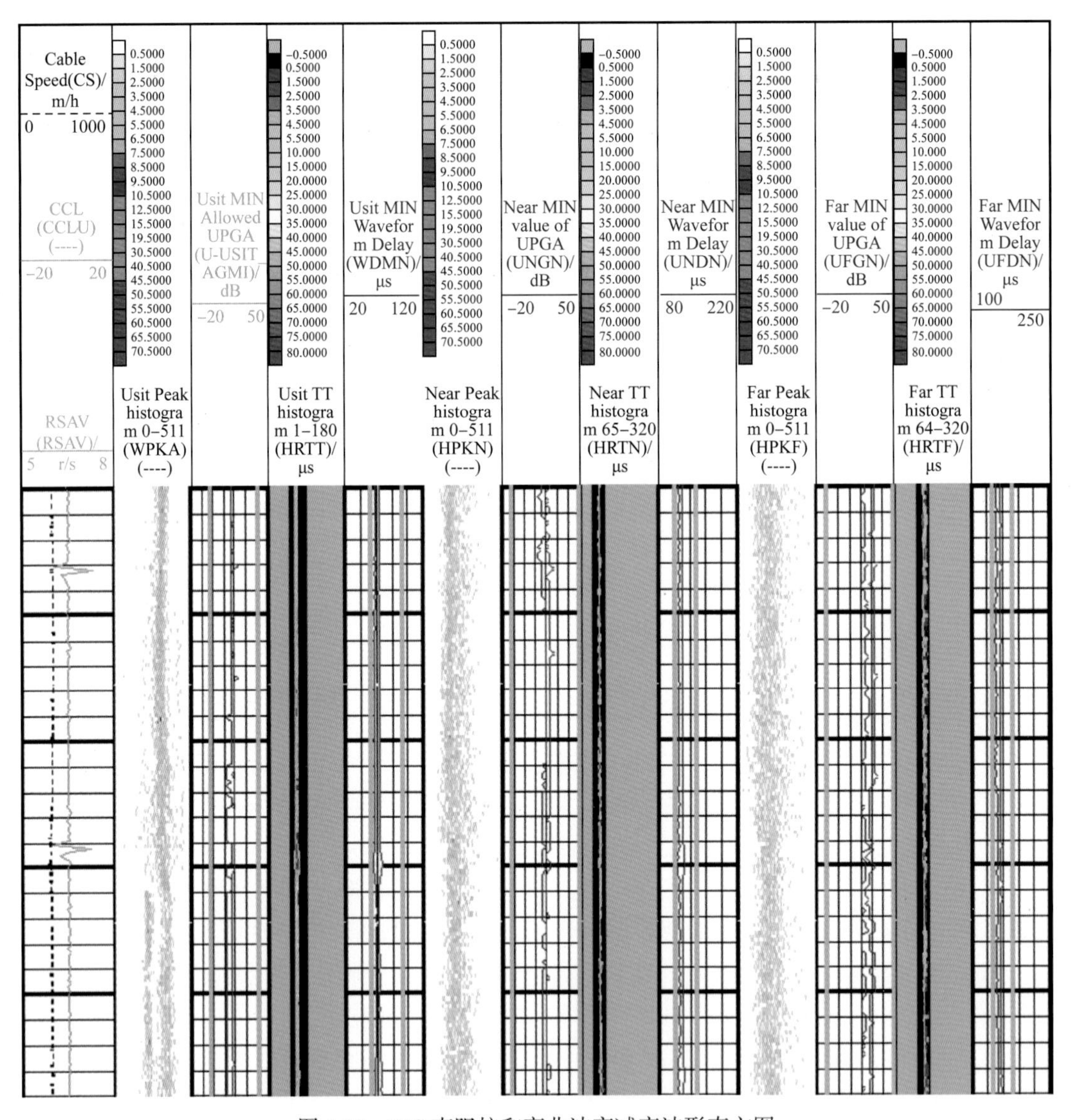

图 4.10　IBC 声阻抗和弯曲波衰减率波形直方图

⑤ 在无套变、无套损和套管无严重腐蚀的井段，除套管接箍处外，套管内径和套管壁厚与套管标称值一致，测井图上应无异常处理标识；在套管变形处，应适当加宽采集窗口重复测量。

⑥ 实测的管外环空介质声阻抗必须符合实际情况（表 4.14），即在自由套管井段，声阻抗与管外环空的井液声阻抗一致；在目的层井段，固井质量良好井段声阻抗测值与试验的水泥石声阻抗一致。套管内径和厚度实测值与该套管的标称值吻合。

4.2.5.3.2　UCCS 测井

（1）仪器下井前质量控制。

检查电缆的通断绝缘：上电之前检查通断绝缘，高速仪器 1、2、3、4、5、6、7 号缆芯对地绝缘性大于 500MΩ；通断方面，2、3、5、6 四根缆芯电阻阻值相近。

（2）仪器上测过程中质量控制。

① 正确设置声阻抗检测、弯曲波远接收、近接收三个换能器的延迟时间。9.625in 套管和 7in 套管声阻抗检测换能器的延迟分别约为 75μs 和 40μs。9.625in 套管的近延迟和远延迟分别约为 135μs 和 165μs。7in 套管的近延迟和远延迟分别约为 100μs 和 130μs。

② 测量过程中声波换能器应保持居中，7in 套管中最大偏心距不大于 7mm，9.625in 套管最大偏心距不大于 10mm。

4.2.5.3.3 水泥声阻抗和套管尺寸检测质量控制

在自由套管井段，声阻抗实测值与管外环空的井液声阻抗一致；在目的层井段，固井质量良好井段声阻抗测量值与试验的水泥石声阻抗一致（表 4.14）。套管内径和厚度实测值与该套管的标称值吻合。

4.2.5.4 作业须知

4.2.5.4.1 IBC 测井

（1）作业前必须在自由套管井段测一小段，以确定套管内井液的声阻抗和声速；无自由套管，则必须通过测井设计软件提供的井筒内的井液阻抗和声速理论值来判断仪器是否适用，并确定测井参数。

（2）测前由钻井液参数、所用换能器类型和套管尺寸及重量，通过软件模拟确定最大钻井液密度。

（3）测前输入套管尺寸、套管重量、井液参数和钻头尺寸，通过软件确定弯曲波激发角度。

（4）套管内壁必须刮干净，井筒内流体不能有气泡和水泥残留等杂物，否则就要通井、刮井壁，或者循环洗井。

（5）根据测井目的选用合适的采集分辨率和测速。

（6）高黏、高密度钻井液需要低转速高扭矩电动机。

（7）在非直井井眼中，IBC 应与通用测斜仪 GPIT 组合测量。

（8）斜井和水平井测井应根据套管尺寸增加相应的扶正器和辅助工具。

4.2.5.4.2 UCCS 测井

（1）套管内壁应刮干净，循环井液清除井筒内的水泥残片、堵漏纤维等固体，井筒应无泡沫或流动的气泡或油泡。

（2）测井前，检查超声波旋转头是否符合套管尺寸；若不符合，应更换合适的旋转头。

（3）斜井、大斜度井和水平井测井时，仪器串中必须加装相对方位短节。

（4）使用 ESCOOL 系统时，测速保持在 6～7m/min（20ft/min）范围内。

（5）扫描头正常工作时转速一般调节到 5～6r/s。

4.2.6 随钻水泥胶结测井

新一代随钻声波仪器可用于水泥胶结测井，如斯伦贝谢公司 SonicScope 工具等，起下钻或裸眼测井结束后在钻具返回地面过程中顺便进行水泥胶结测井，能在大斜度井中完成水泥胶结测井是随钻水泥胶结测井的主要优势，可节约作业时间。

4.2.6.1 现有仪器

中国海油现有的随钻水泥胶结测井仪器见表 4.20。

表 4.20 中国海油现有的随钻水泥胶结测井仪器

公司	仪器名称	缩写
SLB	随钻水泥胶结测井	SonicScope

SonicScope 测井仪器结构如图 4.11 所示，仪器性能见表 4.21，技术参数见表 4.22。

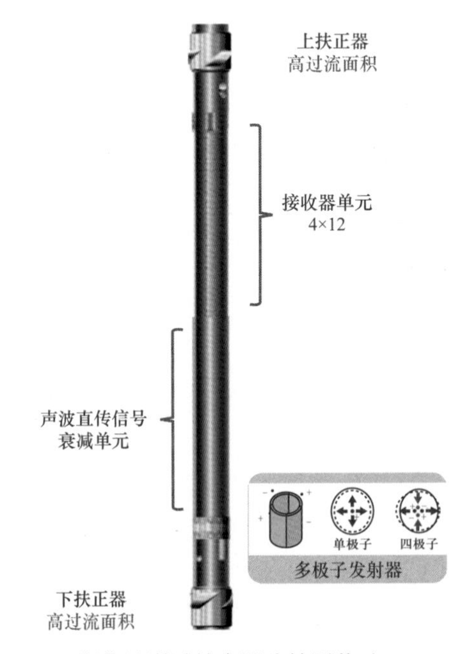

图 4.11 斯伦贝谢随钻水泥胶结测井（SonicScope）

表 4.21 SonicScope 仪器性能表

仪器性能		SonicScope475	SonicScope675	SonicScope825
声系参数	单极子发射—最近接收器距离	7ft	8ft	9ft
	发射器数量	1	2	2
	接收器数量	48		
	接收器间距	4in		

续表

仪器性能			SonicScope475	SonicScope675	SonicScope825
机械参数	井眼尺寸		5.625～8in	8.25～10.625in	10.625～17.5in
	长度		31.5ft（带上接头）	32ft	32ft
	标准外径		4.75in	6.75in	8.25in
	最大本体外径		4.82in	6.9in	8.42in
	最大扶正器外径		5.38in	7.65in	9.39in
	最小内径		2.3in	2in	4in
	质量		1800lb	3600lb	4280lb
	扶正器		工具本体上有两个扶正器		
	最大耐温		150℃（302°F）		
	最大工作压力		25000psi	30000psi	30000psi
	最高测速		548m/h		
	最大曲率	旋转	15°/100ft	8°/100ft	7°/100ft
		滑动	30°/100ft	16°/100ft	14°/100ft
	内存容量		1GB	2GB	2GB

表 4.22　SonicScope 测井仪器技术参数

仪器性能	参数
发射模式	单极子高频 & 低频模式
固井水泥声阻抗	3～6.8MRayl
井筒钻井液声波时差范围	180～280μs/ft
测量环境	150℃，30000psi
最高排量	SonicScope475：400gal/min 或 1.52m^3/min SonicScope675：800gal/min 或 3.03m^3/min SonicScope825：1200gal/min 或 4.54m^3/min
最高狗腿	SonicScope475：旋转 15°/100ft，滑动 30°/100ft SonicScope675：旋转 8°/100ft，滑动 16°/100ft SonicScope825：旋转 7°/100ft，滑动 14°/100ft
最大作业压力	SonicScope475：25000psi SonicScope675/825：30000psi
接收器孔径	每组 12 个数字接收换能器，4 组共 48 个接收器，接收器间距 4in
井下内存	SonicScope475：1GB SonicScope675/825：2GB

续表

仪器性能	参数
实时高速处理能力	声波时差实时提取和 STC 质量监控图，实时模态分解、原始数据叠加处理等，所有的原始数据都存放于内存中以便后续进一步处理
高速测井能力	SonicScope475：274m/h SonicScope675/825：548m/h

4.2.6.2 固井质量测井原理和用途

SonicScope 由 2 个发射器（SonicScope475 仅 1 个发射器）和 4 组（每组 12 个）接收器组成。在水泥胶结测井模式下，采用单极子高频（Monopole High）发射，接收器阵列接收（图 4.11）。采用宽频 3.6～18kHz 发射。井下每个接收器检测全波波列中拉伸波第一周期的固定门 E1 幅度，再由接收器阵列得到的声幅计算衰减率，用于确定水泥返高及评价固井质量。

SonicScope 的优势：

（1）SonicScope 测井仪直径大，与套管内壁间隙小，比在相同井下条件的常规固井质量测井仪居中状况更好，尤其在斜井和水平井中。

（2）相比较其他几种测井方式，作业风险低，复杂情况处理手段多（可开泵、可旋转）。

SonicScope 的不足：

（1）受限于信号传输速率，目前没有一种随钻测井技术能够达到与电缆测井同等技术指标。

（2）测量源距大，纵向分辨率低，快速地层影响测量结果。

（3）在固井质量较好、套管声幅较低的情况下，套管波受到钻铤直达波影响而难以准确评价固井质量，不适合评价薄套管、高声阻抗水泥固井质量。

4.2.6.3 质量控制

（1）保证井下钻具组合的稳定性：剧烈的振动或钻井噪声会降低声波测井的信噪比，从而影响声波测井的数据质量。如果 SonicScope 工具无法稳定，所探得的数据质量将非常差。

（2）减少地层气体进入井眼：钻井液中只要混入少量气体，就会大大增加声波在钻井液中的衰减，测井信噪比就会大大降低。

4.2.6.4 作业须知

（1）在作业过程中需适当控制钻井参数，以防止产生过高的井下振动或黏滑值。

（2）应当采用离心机等设备降低钻井液中的氧含量，否则当钻井液中含氧量过高时不仅容易加速工具腐蚀，也容易影响测量结果。

（3）为了最大限度地减少噪声对数据的影响，在测井作业过程中，测井监督应协调现场工程师与平台作业人员关泵，保持钻具不旋转。

（4）随钻水泥胶结测井仪器尺寸选择：7in套管选择4.75in工具，9.625in套管选择6.75in工具，11.75～14in套管选择8.25in工具。在更大尺寸的套管中，套管和工具之间的间隙变大，声波信号衰减对钻井液性质更敏感。只有声幅方法在大尺寸套管当中可用（例如，4.75in工具不能在10.75in套管中用声幅衰减方法评价固井质量）。

（5）在固井质量较好的井段，控制测速，保证每英尺井段获得2个固井质量测井采样点。

4.3 固井质量测井数据采集基本条件

4.3.1 候凝时间

水泥候凝时间与水泥浆体系特性和井下实际温度密切相关。通常，海上常规固井候凝时间不少于24h，深井不少于48h，超深井不少于72h。低密度水泥固井候凝时间不少于48h。特殊工艺固井候凝时间根据具体设计确定。

如果实际水泥浆密度明显低于设计要求，或者水泥浆的缓凝成分含量显著高于设计要求，或者固井作业前冷的井液循环时间过长，就要通过试验或经验，适当延长候凝时间。

固井质量检测（包括各种类型的水泥胶结测量和水泥声阻抗测量）必须在水泥候凝时间足够后才能测量，任何提前测量的要求必须有书面指令方可实施。

4.3.2 测井仪器选择

根据套管尺寸、最大测量深度、井底温度压力、井眼轨迹、水泥浆密度、井液密度、管外环空间隙、地层岩性、第一界面出现微间隙的可能性，以及本次固井质量测井的重要性等，优选固井质量测井仪器。由测井原理可知，直井、非目的层井段、套管居中有把握的井，可用CBL/VDL测井，高温小井眼固井可选用QSLT测井；斜井、大斜度井和水平井容易出现水泥沟槽，可用分扇区水泥胶结测井或声阻抗测井；若怀疑第一界面出现微间隙，则应采用声阻抗测井；在低密度固井、水泥发生气侵、第一界面可能存在微间隙的情况下，如果对固井质量评价要求高，最好选用声阻抗与超声兰姆波组合测井。

4.3.3 测井仪器居中要求

声法固井质量测井仪器均应安装与套管内径和井眼轨迹（井斜角和井斜方位角变化）相适应的扶正器，确保测井仪器居中。同时，确保测井仪器最大外径与套管内径的差值不小于12mm。

4.3.4 井下环境

（1）不同类型固井质量测井仪器的技术指标，均应适合待测井段的井下环境。

（2）测井过程中，测量井段套管内均应充满液体。

（3）水泥环与套管的声波耦合良好。

① 厚度大于0.1mm的充液微间隙，对水泥胶结类测井响应会产生明显的不利影响；

厚度大于 0.25mm 的微间隙，对声阻抗测井响应产生明显的不利影响。

② 固井作业后，应避免套管内压力波动、温度急剧变化或候凝期间套管内憋压时间过长，可能导致水泥环第一界面出现微间隙。除特殊情况外，在水泥胶结测井前不宜进行固井段的井下作业，候凝期间应保持本井及周边一定半径范围内与固井井段相应的地层压力处于静态环境，以防出现水泥环界面弱胶结等复杂情况。

③ 出现上述情况，可选择声阻抗测井，也可在套管内加压进行水泥胶结类测井。加压大小随微间隙形成原因而变（表 4.23）。套管内加压值应小于套管抗内压强度的 70%。

表 4.23 微间隙条件下套管内加压参考值

微间隙的形成原因	测井时套管内加压参考值
温度剧烈变化	现有静水压力 +7MPa（1000psi）
候凝时憋压过大、憋压时间过长或者套管内加压过大	候凝期间憋压值（或固井原先套管内所加最大压力）+ 7MPa（1000psi）
套管内静水压力降低	现有静水压力 + 静水压力减少值 +7MPa（1000psi）
挤水泥	最大挤水泥压力
通井或钻水泥塞	现有静水压力 +7MPa（1000psi）

④ 对分扇区衰减率测井、声阻抗测井和超声兰姆波衰减率测井，要求套管内壁光滑无胶凝状物体和水泥附着物残留，套管未明显变形和破裂，斜井、大斜度井和水平井井眼低边无井液重成分或水泥残屑堆积。

4.4 固井质量测井质控

4.4.1 收集有关资料和信息

地层、井眼、钻井工程（包括钻井液）和固井工程方面的资料与信息，是固井质量测井仪器选择、固井质量测井数据采集设计、仪器扶正器选择和安放、固井评价尤其在复杂情况（可能由地质、井身结构、井身质量、钻井作业、固井施工或者测井数据采集等其中一种因素或多种因素引起）下固井评价的依据或主要参考，需要测井监督视现场具体情况加以收集。

4.4.1.1 简单情况

对于井眼周围无生产井的直井，管外环空间隙、井身结构、套管外径和壁厚、地层温度、地层孔隙压力、岩性、物性正常，钻井和固井质量测井过程中无显著异常，井身质量好，固井前井眼稳定，常规密度水泥固井，固井作业按设计顺利完成，敞开井口候凝，候凝期间套管内外稳定且无井下作业，固井质量、测井资料质量良好。

（1）地质资料：收集地质分层、岩性、地层压力。

（2）钻井资料：收集钻井设计和钻井施工记录，主要了解钻探目的、目的层深度和岩性、钻头尺寸、钻井液密度。

（3）固井资料：收集固井设计和固井施工记录，主要了解固井作业目的、套管下深、套管外径、套管壁厚和扶正器、分级箍位置、水泥浆密度和水泥石抗压强度、固井作业过程中压稳情况、结束前的碰压情况、预计候凝时间。

（4）候凝期间井下作业情况：收集候凝方式，了解候凝期间有无井下作业（包括井液密度调整和循环）、地层压稳情况。

（5）固井质量测井作业情况：收集仪器扶正器使用、仪器校验、仪器刻度情况和测井过程等信息。

（6）裸眼井常规测井资料：收集裸眼井常规测井图和常规测井解释成果。

4.4.1.2 复杂情况

在收集“4.4.1.1 简单情况”下参考信息的基础上，还需要针对现场井下情况影响固井质量测井响应的复杂程度，选择收集以下信息。

（1）地质资料：收集地质录井中的岩性、油气活跃程度、油气显示层位、当今地应力异常；若有，则收集区域地层压力随地层埋深变化的数据和资料。

（2）钻井资料：收集井眼轨迹、钻井液类型、钻井液密度随井深的变化及其他性能参数，井底循环温度，特殊易漏、易垮等复杂地层在钻井过程中井涌、钻井液漏失和井下落鱼打捞等钻井作业过程中的异常和复杂情况，固井前通井、井眼净化、循环后效情况以及固井前油气上窜情况等，在地层蠕变严重的情况下，要收集地层蠕变缩径或井眼垮塌情况，本开发区块邻井距离以及在固井前和过程中停注、停产情况。

（3）裸眼井常规测井资料：收集裸眼井常规测井图等资料，重点注意岩性、地层温度、地层纵波时差、孔隙压力、裸眼扩径和缩径、裸眼测井解释成果表（储层孔渗性能、地层流体性质和油气水层位置）。

（4）固井资料：收集套管扶正器类型和安放位置，套管外壁有无锈蚀及有无化学涂层和油污、涂层厚度，套管变径短节深度、管外封隔器型号及其深度，作业前井眼准备情况、注水泥前井眼清洗（尤其是针对油基钻井液残留的冲洗隔离液）处理情况，固井作业前和注水泥期间邻近的油气生产井有无停产、停注，水泥浆体系（领浆和尾浆密度等性能、前置液配方、性能、设计用量及实际用量），固井时间、施工过程中主要施工参数（水泥浆密度、排量和泵压）及其随时间变化，注水泥过程中异常、有无施工事故以及注水泥过程中井口上返和漏失情况，固井作业结束时间、结束时井眼流体密度。

（5）候凝期间井下作业情况：收集水泥候凝期间的有关资料，包括候凝方式、候凝期间井下作业（包括替换或循环井液、套管试压、探塞、钻塞、刮管、射孔和地层压裂等）及压井情况，以及与调整井邻近的注水井和生产井的关停情况，特别关注候凝期间以及注水泥结束后的地层压稳情况、大斜度井和水平井井眼低边沉砂清除情况、套管内壁残留物清除情况。

（6）固井质量测井作业情况：收集固井质量测井刻度情况，参数设置，斜井、大斜度井和水平井中仪器扶正器类型和位置，井中流体密度和特性，固井质量测井传输方式，测量过程中出现的异常情况。在水泥声阻抗测井前，收集井液和水泥的声阻抗数据、井液中含气情况。

4.4.2 质量控制流程

固井质量测井资料质量控制主要工作：

第1步，召开作业前交底会，明确如下内容：

（1）仪器选择、仪器串结构（长度、外径、扶正器等）。

（2）自由套管井段。若无自由套管，则商讨解决声幅刻度、分扇区声幅、分扇区衰减率或套管波回波归一化问题。

（3）测量井段（主测量井段和重复测量井段）。

（4）测量参数和绘图参数（测量门、门槛值、井液声阻抗、水泥声阻抗和水泥抗压强度等）。

（5）明确测井曲线质量控制方法和主要测量曲线的误差容限，如与裸眼井测井深度误差小于或等于 ±0.4m 等。

（6）固井质量测井图显示内容和绘图格式。

第2步，仪器地面刻度和校验，检查扶正器型号和数量选择、外径、安放位置和松紧度。

第3步，仪器下井测量。在自由套管井段刻度并校验仪器读数，检查过程中实时显示测井图。

（1）每条曲线的横向比例尺和曲线名称。

（2）检查测井仪器居中效果，检查传播时间相对于预计传播时间的波动变化及 VDL 灰度对比，将记录深度与裸眼井深度进行对比。

（3）优先在自由套管直井段刻度声幅、检查分扇区测量曲线一致性、检查声阻抗测井测量效果能否满足要求。必须避免在套管接箍处和大斜度井段实施测井刻度。若无自由套管，则在刻度筒、上层套管或邻井同尺寸自由套管段进行标定、扇区测量值一致性检查。

（4）关键测量参数记录与显示，例如声幅测井门的起止时间、终止时间、门槛值、幅度增益等。

第4步，检查现场测井图。

（1）检查测井重复性，检查图像（包括 VDL）的灰度（或色调）对比和 CCL 噪声。

（2）观察异常响应，必要时，要求重新测井。

固井质量测井完成后 4h 内，将固井质量测井图及定性解释成果通过网络发回基地；如果遇到实际情况与固井前预测的情况有重大差异，需要修改测井系列设计时，现场测井监督应提出修改意见报基地审批。

4.5 现场固井质量测井资料和部分图件要求

4.5.1 固井质量测井图显示内容

固井质量测井图自图尾至图头分为6个部分：图尾、刻度表和校验表、重复段、主测量段、图头。其中，图头在测井之前就要准备好，自底部至顶部分为仪器结构图、井身结构图、备注、图头信息本身。

4.5.2 图头参数和信息

现场必须收集与固井评价有关的基本数据和基本信息，并显示在测井电子数据文件和测井图中。

4.5.2.1 图头（包括备注栏）基本信息

（1）钻头程序（深度、尺寸）。

（2）套管程序（深度、外径、钢级、重量或壁厚）。

（3）当前井液密度。

（4）水泥浆（领浆、中间浆、尾浆）密度、候凝时间、水泥抗压强度。

（5）井身结构示意图（包括 A 点深度、最大井斜角 / 深度）。

（6）测井仪器结构示意图。

（7）仪器扶正器类型、个数和安放位置；若是橡胶扶正器，则说明该扶正器的外径。

（8）仪器校验和刻度信息（深度、套管尺寸、声波测量数值）。

（9）重复段测量信息。

（10）备注栏：例如，固井作业碰压情况、固井结束时间和候凝方式；固井作业前、作业过程中以及候凝期间的井眼异常情况；候凝期间井液密度、井下作业和替换井液；若固井质量测井无自由套管用于刻度，则说明本次测井刻度方法。

4.5.2.2 各种固井质量测井的信息

除了 4.5.2.1 所列图头信息外，测井图还要显示以下信息：

（1）无定向水泥胶结测井：声幅测量源距、固定门开窗初始时间和窗宽。

（2）分扇区声幅测井：仪器声幅刻度的深度、刻度方法，以及扇区声幅归一化的有关图形和信息；在没有自由套管的情况下，显示声幅刻度方法和扇区声幅归一化的信息。

（3）分扇区衰减率测井：扇区衰减率归一化的有关图形和信息，显示水泥胶结图（变衰减率图）绘制所需的水泥抗压强度。

（4）声阻抗测井、IBC 测井和 UCCS 测井：井液声阻抗、当次固井候凝时间相应于固井质量测井时间的纯净水泥声阻抗、超声兰姆波衰减率测量的波束斜入射角度。

4.5.3 水泥胶结测井曲线及其横向比例尺

总体要求是，水泥胶结测井图显示的测井曲线数量足够多，横向比例尺合适，满足固井评价要求。例如，CBL/VDL 和分扇区声幅测井图上应显示套管波传播时间，斜井、大斜度井和含有水平井段的 CBL/VDL 测井图上应显示电缆张力曲线；斜井、大斜度井和含有水平井段的分扇区水泥胶结测井图上应显示相对方位角、井斜角和电缆张力曲线等。图 4.12 至图 4.15 显示了常用固井质量测井图的测井曲线和横向比例尺。

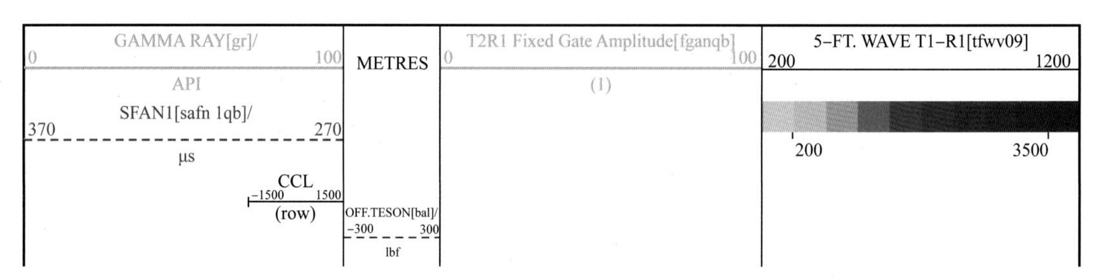

图 4.12 CBL/VDL 测井曲线横向比例尺

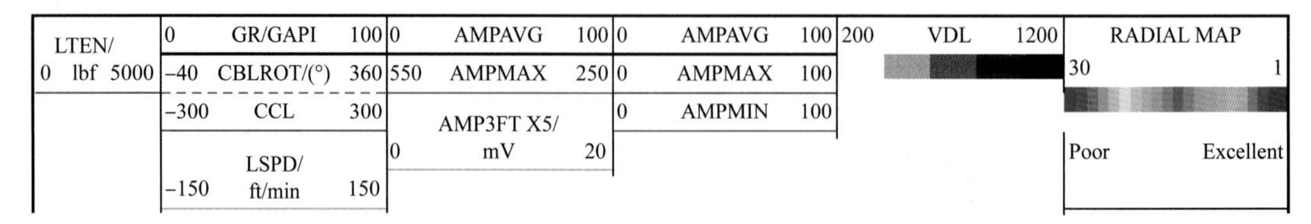

图 4.13 RBT 测井曲线及其横向比例尺

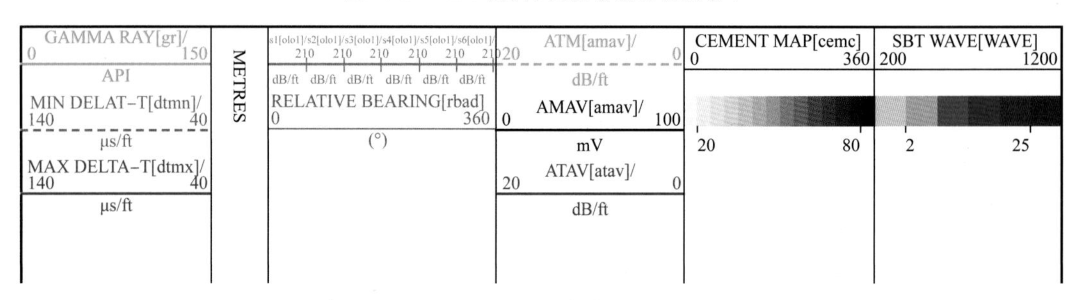

图 4.14 直井中 SBT 测井曲线及其横向比例尺（ECLIPS 系统）

0 DEV 30 / deg	CCL 5000 mV	ATC1 ATC2 ATC3 ATC4 ATC5 ATC6 / 021 021 021 021 021 021 / dB/ft dB/ft dB/ft dB/ft dB/ft dB/ft	20 ATAV/ 0 / dB/ft	360 Cement Map/ 0 / 3.955 8.082 / (°) / RB Oriented	Variable Density/ 200 1200 / μs
140 DTMN 40 / μs/ft	NO meters 1∶200	0 RB/ 360 / (°)	20 ATMX/ 0 / dB/ft		
140 DTMX 40 / μs/ft			20 ATMX/ 0 / dB/ft		
0 GR 150 / API					
-100 SPEED 100 / m/min					

图 4.15 斜井中 SBT 测井曲线及其横向比例尺（CASE 系统）

补充说明：图 4.12 至图 4.15 仅是示例，不规定曲线名称，而是要求关键的测井曲线必须显示，曲线横向比例尺灵敏度足够高。例如，套管波到达时间 TT（或 SFAN1）一般灵敏度为 100μs 或 200μs；对于常规密度水泥固井，SBT 衰减率曲线横向比例尺一般为 0～20dB/ft，而低密度水泥固井则为 0～14dB/ft。

4.5.4 VDL 显示要求

（1）VDL 由 5ft 源距无定向全波列转换而来，显示时间 200～1200μs。

（2）自由套管井段变密度图套管波显示相线平直，明暗清晰细致，套管接箍处 W 形信号清晰。

（3）VDL 图相线对比度适中。对于可调整 VDL 相线色差对比度的测井系统来说，首先要选择合适的 VDL 套管波声幅上下限。尽可能选择地层声波时差 85ms/ft 左右且稳定变化的井段观察：在水泥环两个界面均胶结良好井段，套管波很弱甚至没有而地层波清晰连续；在水泥胶结中等的井段，套管波中等，地层波较为清晰连续；在水泥胶结差的井段，套管波较强至强，地层波弱甚至无法识别。为此，在绘制 VDL 图之前，可以在获取自由套管井段 5ft 套管波首波幅度“最大观测值”的基础上，分别取该幅度的 1% 和 50% 为灰度等级的最低值和最高值。

4.6 固井质量评价

4.6.1 常规密度和高密度水泥固井的胶结评价

4.6.1.1 数据准备

4.6.1.1.1 声幅标准化

对于以“毫伏”为单位的声幅曲线，应转换成以自由套管为 100% 的相对声幅曲线。

$$U = \frac{A}{A_{fp}} \times 100\% \tag{4.2}$$

式中 A_{fp}、A——自由套管和计算深度点的声幅值，mV；

U——相对声幅值，%。

4.6.1.1.2 水泥胶结强度转换

利用测井解释图版，可将 3ft 源距套管波声幅转换为水泥环第一界面胶结强度（图 4.16），也可将分扇区衰减率转换为第一界面胶结强度（图 4.17）。

4.6.1.1.3 胶结比转换

将套管波声幅（图 4.18 中为 3ft 标准源距）或分扇区衰减率（图 4.19）转换为胶结比。胶结比特别适合于低密度水泥声幅测井、薄水泥环声幅测井、套管壁厚特薄或特厚情况下的声幅测井、非标准源距声幅测井或分扇区声幅测井的固井质量评价。

4.6.1.1.4 随钻水泥胶结测井声幅转换为胶结指数

SonicScope 套管井随钻声波首波中既有套管波也有钻铤波（图 4.20 中蓝线为单纯套管波，红线为套管波与钻铤波叠加）。水泥胶结较差时，套管波占优势，由声幅转换为胶结指数 BI（图 4.20a）；水泥胶结较好时，钻铤波占优势，由基于一个与工具尺寸、套管尺寸、水泥声阻抗和钻井液密度有关的求和模型将视衰减率转换为 BI（图 4.20b）。在声幅和视衰减率适用范围的交界及其近旁，采用加权平均法得到 BI。

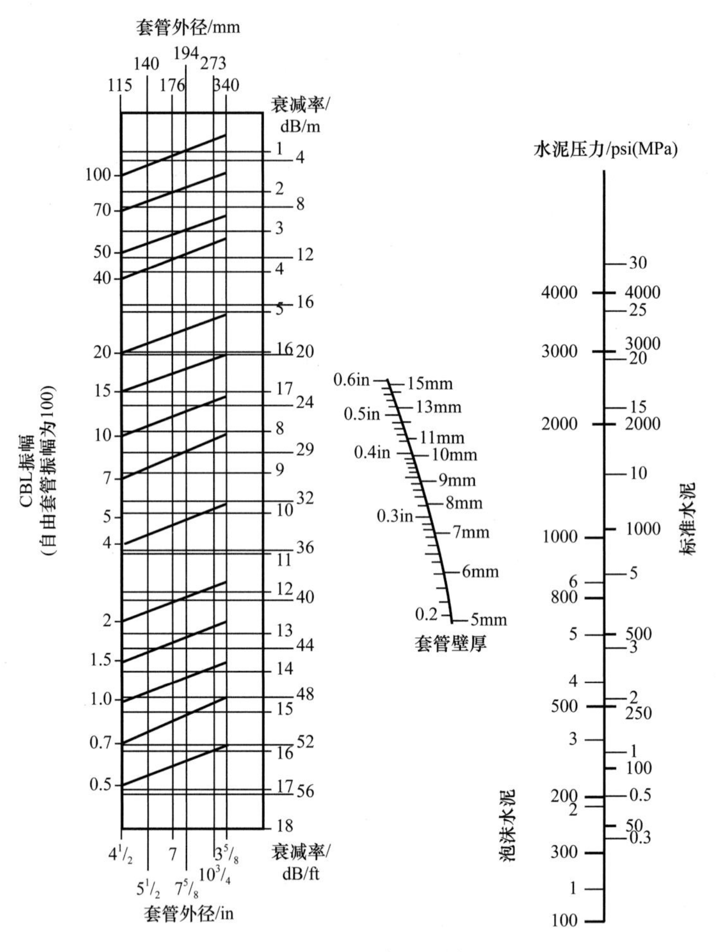

图 4.16　CBL 解释图版

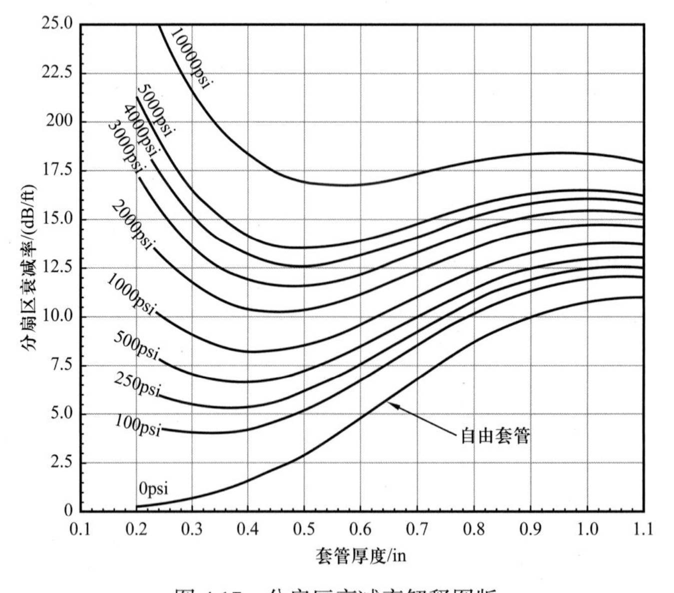

图 4.17　分扇区衰减率解释图版

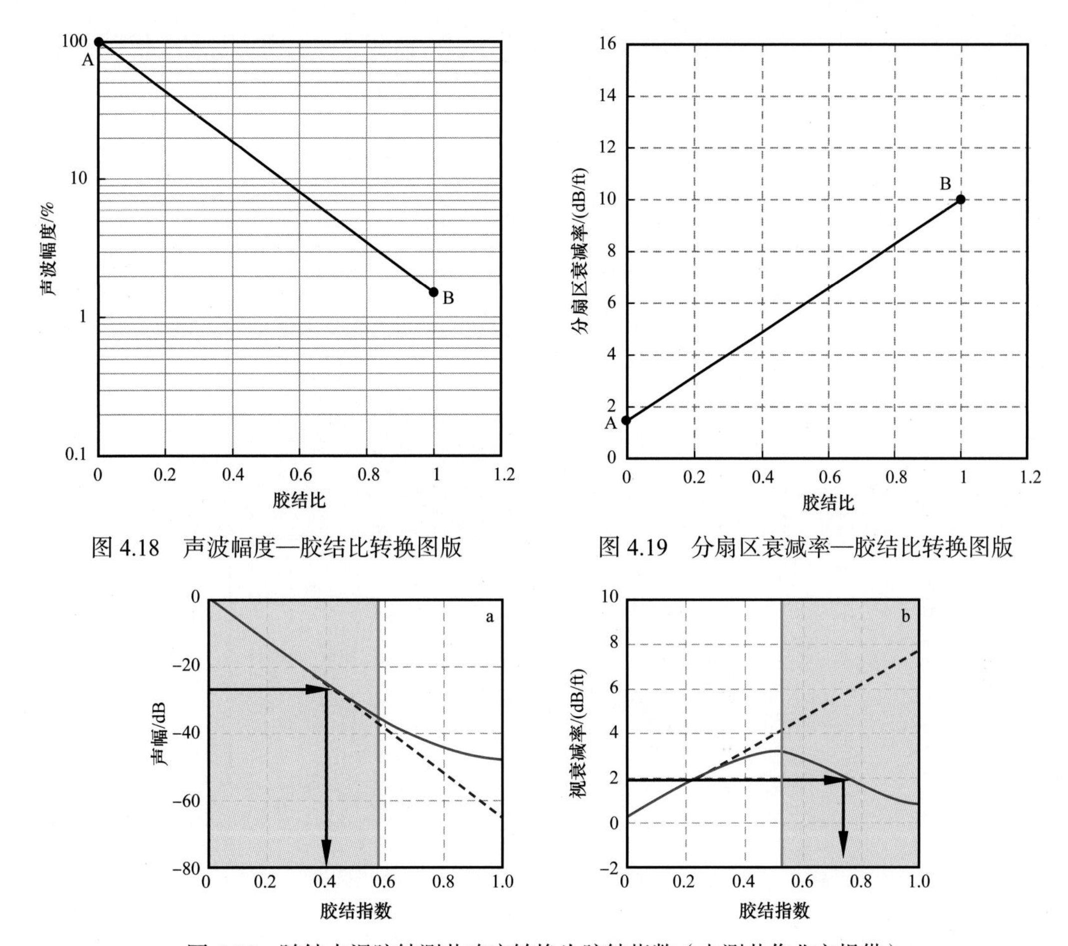

图 4.18　声波幅度—胶结比转换图版

图 4.19　分扇区衰减率—胶结比转换图版

图 4.20　随钻水泥胶结测井响应转换为胶结指数（由测井作业方提供）

4.6.1.2　水泥环第一界面胶结评价

4.6.1.2.1　无定向水泥胶结测井

（1）用无定向套管波声幅评价固井质量的前提条件是：仪器刻度正确，测量时仪器居中，水泥环向胶结均匀，评价井段不是快速地层，声幅测量不受外层套管影响，水泥环第一界面无微间隙，在水泥胶结测井过程中钻井液未发生显著气侵，候凝时间足够。

（2）仪器居中程度可由 3ft 源距的套管波传播时间曲线 TT 与直井段套管波较强、TT 稳定的最大值进行比较来检验。如果仪器偏心，TT 和声幅均减小。在 VDL 套管波清晰的井段，若 TT_{fp}−TT 大于 5μs（TT_{fp} 为自由套管的 TT），则仪器明显偏心。套管尺寸越大，仪器偏心可能引起的声幅降低就越大。

（3）水泥胶结越差，套管接箍处声幅降低越大，在自由套管井段，套管接箍处声幅降低可达 20%～30%。

（4）水泥胶结评价指标：根据声幅或胶结比，均可评价水泥胶结状况（图 4.21，表 4.24）。图 4.21 中“中等（合格）”由给定套管外径对应的上下两条同套管尺寸曲线所夹区域，在给定套管壁厚处对应的两个点分别是胶结中等的相对声幅上、下限。薄水泥环

（厚度<19.05mm）、低密度水泥固井、套管特别厚或特别薄、非标准源距声幅测井，优先使用胶结比 BR 评价固井质量。若 BR 小于 0.5，则胶结差；BR 介于 0.5～0.7，则胶结中等；BR 大于 0.7，则胶结良好。当测井仪器明显偏心时，声幅和胶结比的固井质量评价的可靠性降低。

按照图 4.18 的方法转换得到胶结指数后，可以根据胶结比的评价指标评价固井质量。

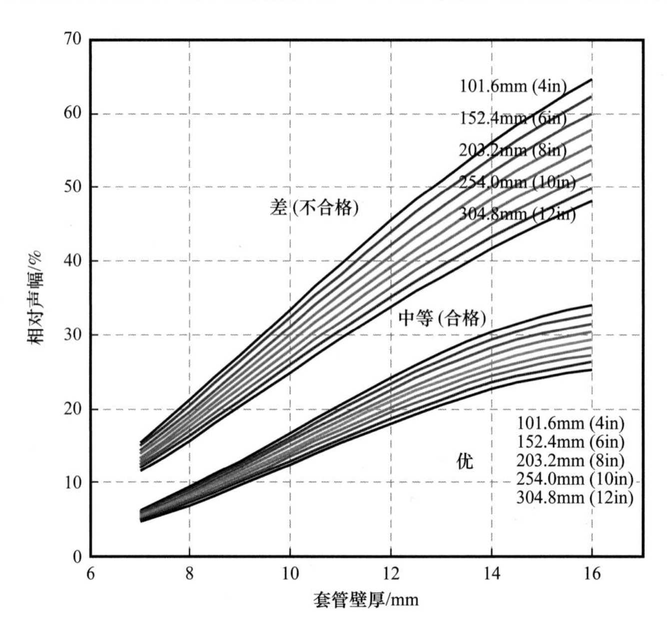

图 4.21　常规密度水泥固井相对声幅评价图版

表 4.24　常用套管常规密度水泥固井“胶结中等”的 CBL 和衰减率评价指标

套管外径 /		套管壁厚 /		CBL/%		衰减率 /（dB/ft）	
mm	in	mm	in	上限	下限	上限	下限
114.3	4.5	6.88	0.271	15.0	6.5	8.1	5.3
127.0	5.0	8.61	0.339	24.5	11.5	7.4	4.9
139.7	5.5	7.72	0.304	18.0	8.0	7.6	5.0
		9.17	0.361	27.5	12.5	7.2	4.9
		10.54	0.415	34.0	18.0	7.2	5.1
177.8	7	10.36	0.408	31.0	15.5	7.1	5.1
		8.05	0.317	19.5	9.0	7.5	5.0
200.0	7.875	10.92	0.430	34.0	18.5	7.2	5.2
244.5	9.625	11.99	0.472	36.0	20.0	7.5	5.6
		15.11	0.595	48.0	26.5	8.8	7.2
339.7	13.375	10.92	0.430	28.0	15.0	7.2	5.2

4.6.1.2.2 分扇区声幅测井

分扇区声幅测井仪器居中状况分析方法是，在VDL套管波清晰井段，当同一深度点分扇区传播时间最大值和最小值之差$TT_{max}-TT_{min}$大于4TR时，反映仪器明显偏心。分扇区声幅测井除了可识别水泥沟槽外，其水泥胶结评价方法与第一界面胶结评价方法基本相同。

4.6.1.2.3 分扇区衰减率测井

分扇区衰减率型水泥胶结测井的DTMX-DTMN大于6μs/ft，反映测量时仪器明显偏心。

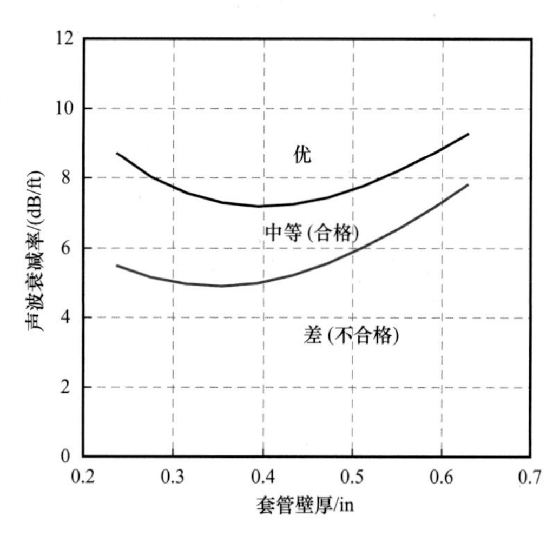

图4.22 常规密度水泥固井扇区衰减率评价图版

根据衰减率或胶结比，都可评价水泥胶结状况（表4.24，图4.22）。图4.22分成三个区域。由给定套管壁厚与区域“中等（合格）”—区域“优”分界线及与区域“差（不合格）”—区域“中等（合格）”分界线的两个交点，分别是该壁厚套管第一界面胶结中等的衰减率上、下限。若实测衰减率小于下限，则胶结差；若实测衰减率在上限、下限之间，则胶结中等；若实测衰减率达到或超过上限，则胶结良好。若BR小于0.5，则胶结差；BR介于0.5～0.7，则胶结中等；BR大于0.7，则胶结良好。

4.6.1.3 水泥环第二界面胶结评价

利用VDL可定性评价水泥环第二界面胶结状况（表4.25）。总体思路是：非松软地层井段的地层波很弱甚至消失，一般反映第二界面胶结差。在套管波幅度和裸眼声波时差AC（或自然伽马GR）相同的不同井段，地层波越弱甚至消失，则第二界面胶结越差。在井径CAL曲线显示扩径严重且CAL曲线跳动频繁的井段或者滤饼较厚的井段，第二界面胶结通常较差。

在裸眼测井显示松软地层未扩径的井段，无法评价第二界面胶结状况。

表4.25 常规密度水泥固井VDL定性评价

VDL特征		水泥胶结定性评价结论	
套管波特征	地层波特征	第一界面胶结状况	第二界面胶结状况
很弱或无	无，AC反映为松软地层，未扩径	优	优
很弱或无	清晰，且相线与AC良好同步	优	优
很弱或无	无，AC反映为松软地层，大井眼	优	差
很弱或无	较清晰	优	部分胶结
较弱	较清晰	部分胶结（或微间隙）	部分胶结至良好

续表

VDL 特征		水泥胶结定性评价结论	
套管波特征	地层波特征	第一界面胶结状况	第二界面胶结状况
较弱	不清晰	中等	差
较弱	无，或隐约	部分胶结	差
较强，接箍“Ⅱ”形特征较清晰	不清晰	较差	部分胶结至良好
很强，接箍“V”形特征清晰	无	差	无法确定

4.6.2 低密度水泥固井的胶结评价

4.6.2.1 水泥环第一界面胶结评价

与常规密度水泥相比，低密度水泥固井的评价指标可适当放松。表 4.26 和表 4.27 分别给出了相对声幅和胶结比的固井质量评价指标。

表 4.26 低密度水泥固井相对声幅评价指标

CBL		评价结论
$1.30g/cm^3$≤水泥密度＜$1.50g/cm^3$	$1.50g/cm^3$≤水泥密度＜$1.75g/cm^3$	
≤22%	≤18%	优
22%＜CBL≤45%	18%＜CBL≤35%	中等（合格）
＞45%	＞35%	差（不合格）

对于密度 $1.30～1.75g/cm^3$ 的低密度水泥，应优先使用 BR 评价水泥胶结质量（表 4.27）。

表 4.27 低密度水泥固井胶结比评价指标

BR	评价结论
≥0.8	优
0.5≤BR＜0.8	中等（合格）
＜0.5	差（不合格）

对比 VDL 与声幅曲线的第一界面胶结状况评价结论，当两者矛盾时，应分析声幅曲线是否受到快速地层、外层套管或仪器偏心等的影响。

4.6.2.2 第二界面胶结定性评价

根据 VDL（或全波波列）可定性评价低密度水泥固井井段第二界面胶结状况（表 4.28）。

表 4.28 根据低密度水泥固井井段 VDL 定性评价固井质量

VDL 特征		固井质量定性评价结论	
套管波特征	地层波特征	第一界面胶结状况	第二界面胶结状况
弱	清晰	优	优
弱	不清晰，地层松软，未扩径	优	优
弱	无或不清晰，地层松软，大井眼	优	差
较弱	较清晰	优	部分胶结
较弱	不清晰	部分胶结 （或微环空间隙）	部分胶结至良好
较弱	无或不清晰	部分胶结	差
较强，接箍“Ⅱ”形特征较清晰	不清晰	中等	差
强，接箍“V”形特征清晰	无或不清晰	较差	部分胶结至良好
很强，接箍“V”形特征清晰	无	差	无法确定

4.6.3 特殊水泥胶结测井响应的定性解释

4.6.3.1 快速地层井段

对于快速地层井段的无定向水泥胶结测井，当套管波传播时间小于自由套管波传播时间且随裸眼井声波时差的减小而减小，VDL 地层波与套管波同时到达或早于套管波到达接收换能器时，第一界面水泥胶结至少可评价为“合格”；当 VDL 套管波无或很弱而地层波清晰时，水泥胶结即可评价为“优”。被分析井段的套管波传播时间大于自由套管传播时间半个周期，可根据声幅曲线和 4.6.1.2 所述方法评价水泥环第一界面的水泥胶结，用 VDL 和 4.6.1.3 所述方法定性评价水泥环两个界面的水泥胶结。

在快速地层或双层套管井段，QSLT 测井 1ft 短源距衰减率较高，反映水泥胶结良好。若该井段声幅较高，则是受到快速地层或外层套管影响的假象。

分扇区衰减率型水泥胶结测井响应通常不受快速地层影响，故仍可按 4.6.1.2 的相关方法评价固井质量。

4.6.3.2 双层套管井段

VDL 套管波较强，但套管波传播时间比自由套管的套管波传播时间延迟不到半个周期的井段，外层套管接箍信号较为清晰，内层水泥环第一界面水泥胶结至少可评价为“合格”；在 VDL 的内层套管波第一相线无或很弱（对比自由套管或清晰的内层套管波首波）而后续套管波强的井段，外层套管接箍信号比内层套管接箍更为清晰，内层水泥环第一界面水泥胶结可评价为“优”。

在快速地层或双层套管井段，RBT 变声幅图显示水泥胶结差，或者 RBT 测井的平均

和最小声幅曲线差异大于 10%，而变声幅图显示两条方位相差 180° 的“水泥沟槽”，但 VDL 清晰显示地层波或外层套管接箍，则实际管外环空水泥胶结良好。

4.6.3.3 水泥胶结与地层孔渗性能有关

若声幅（或衰减率）曲线与自然伽马曲线（或裸眼井声波时差、自然电位等与地层岩性和孔渗性能有关的测井曲线）的形态至少大致呈同步起伏或镜向相关关系，套管外环空纵向上水泥分布较为均匀，但不同孔渗性能地层井段的水泥环第一界面胶结强度存在明显差异，具有这种测井响应特征的井段第一界面胶结可评为“合格”。

4.6.3.4 识别水泥沟槽

同一深度点分扇区声幅测量值最大差异大于 10%，最大声幅对应的水泥抗压强度小于 200psi 的连续井段 2m 以上，则管外环空存在圆心角 100° 以上的沟槽。除套管接箍处外，同一深度点 ATAV−ATMN 大于或等于 2dB/ft 的连续井段 2m 以上，且该井段 ATMN 对应的水泥强度均小于 200psi，则可解释为“沟槽”。如此分析的前提是，扇区声幅一致性和扇区衰减率归一化正确，且测井仪器扶正良好。

如果在整个直井眼内特别是在自由套管井段仪器大致均匀旋转，在大斜度井段和水平井段分扇区衰减率测井 DTMX−DTMN 大于 6μs/ft，某个（些）扇区衰减率或声幅始终较高而另一个（些）扇区衰减率或声幅始终较低，则反映分扇区衰减率归一化或分扇区声幅一致性存在问题或测井仪器明显偏心，水泥胶结图中的“沟槽”是假象。在消除分扇区衰减率归一化或分扇区声幅一致性问题后得到的水泥胶结图，即可得到水泥胶结真实状况。同时，应特别关注水泥环高边“水带”和低边沉砂引起的层间窜通问题。

4.6.3.5 识别气侵

在管外环空水泥充填较好但被气侵的情况下，固井质量测井响应特征如下：气层井段固井质量显示明显变差；气层及上、下方储层甚至相邻的局部非储层井段水泥胶结测井显示明显变差；VDL 套管波较为清晰，而地层波较为清晰或模糊。

4.6.3.6 领浆固井井段水泥胶结评价

领浆通常充填非目的层管外环空，其水泥胶结评价应与尾浆有所不同。根据候凝时间足够时的自由套管和胶结良好井段的测井值，给出图 4.18 或图 4.19 中 A、B 点位置，求出 BR 后，可按常规方法评价水泥胶结。

4.6.4 水泥环层间封隔评价

4.6.4.1 层间封隔评价基本方法

4.6.4.1.1 水泥胶结类测井水泥环层间封隔评价指标

在不进行水力压裂的条件下，可根据胶结比（图 4.23）或胶结强度（图 4.24）查得最小纵向有效封隔长度指标；对于分扇区水泥胶结测井，图 4.24 中的水泥胶结强度由“最小水泥胶结强度”S_{mn} 替换。

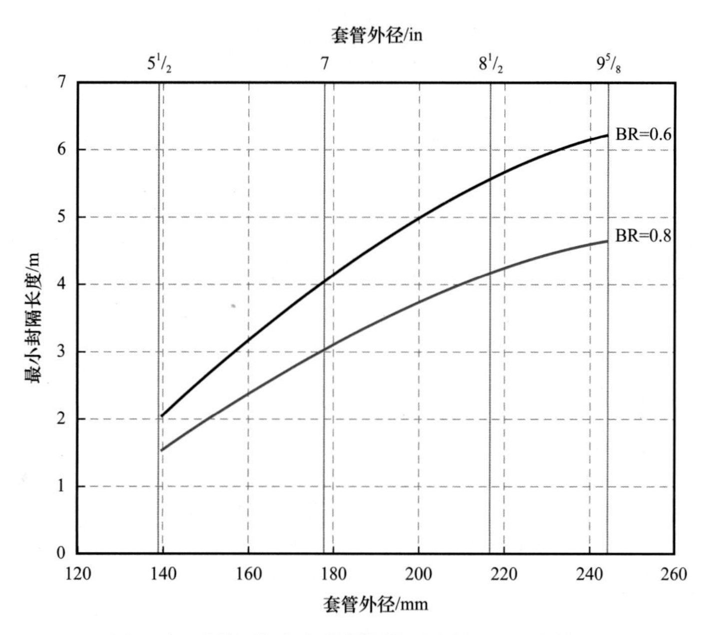

图 4.23 层间最小有效封隔长度图版——胶结比

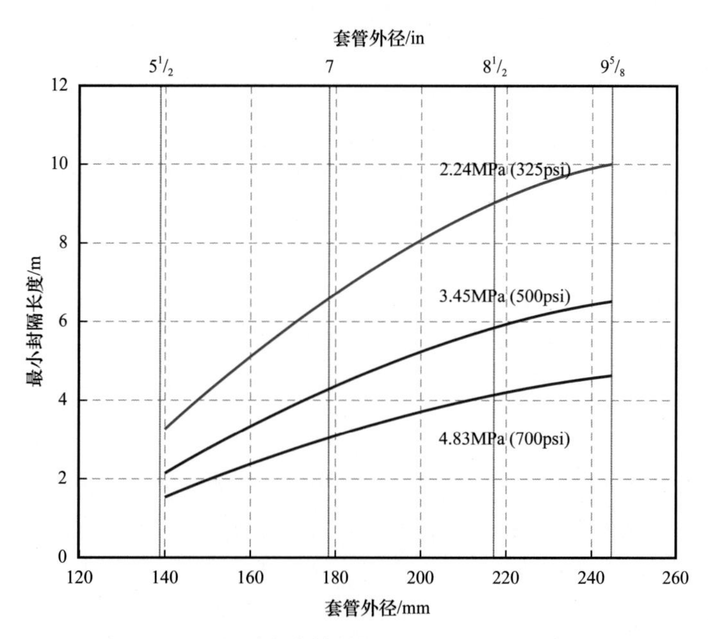

图 4.24 层间最小有效封隔长度图版——胶结强度

4.6.4.1.2 层间封隔评价

综合分析第一界面和第二界面胶结状况，判断水泥环层间封隔能力（表 4.29）。当需水力压裂时，最小有效封隔长度应为由图 4.23 或图 4.24 确定的相应值的 3 倍。只要水泥环存在窜槽的井段或（和）第二界面胶结差的井段将两个地层连接起来，都应评价为“窜通”。

表 4.29　常规密度水泥环层间封隔评价方法

第一界面胶结状况	油层井段水泥环有效封隔长度 L	第二界面胶结状况	评价结论
优	$L \geqslant L_{mn}$	优	不窜
	$L \geqslant L_{mn}$	中等—优	不窜的可能性大
	$L_{mn} > L \geqslant 0.5L_{mn}$	优	不窜的可能性大
	$0.5L_{mn} > L \geqslant 0.25L_{mn}$	优	窜通的可能性大
	$L < 0.25L_{mn}$	优	窜通
		差	窜通
中等（合格）		差	窜通
	$L \geqslant L_{mn}$	优或中等	不窜的可能性大
	$L_{mn} > L \geqslant 0.5L_{mn}$	优或中等	窜通的可能性大
	$L < 0.5L_{mn}$		窜通
差（不合格）			窜通

注：L_{mn} 为由图 4.23 或图 4.24 确定的最小有效封隔长度。

4.6.4.2　特殊情况下的层间封隔评价

4.6.4.2.1　高压气井水泥环层间封隔评价

对于气层测试来说，若邻层为低孔渗高压气层，最小有效封隔长度通常是常规油气井的 1.5 倍；若邻层为中高孔渗高压气层，最小有效封隔长度通常是常规油气井的 2 倍；对于油气层或水层来说，若邻层为高压气层，则最小有效层间封隔长度通常是常规油气井的 3 倍。高压气层上方直到井口，水泥胶结良好井段的累加长度越长，井口出现带压的可能性越小。

4.6.4.2.2　低孔渗地层井段水泥环层间封隔评价

在低孔渗油层和水层井段，水泥胶结评价和层间封隔评价与常规地层相同。若无连接两个产层的沟槽，水泥胶结“良好”井段累加长度达到图 4.23 中 BR 为 0.8 对应的最小有效封隔长度，则水泥环层间封隔良好。同理，可用水泥胶结强度和图 4.24 评价低孔渗地层井段的水泥环层间封隔。

4.6.4.2.3　气侵情况下的水泥环层间封隔评价

在气侵井段，水泥胶结“合格”井段累加长度达到图 4.23 中 BR 为 0.8 对应的最小有效封隔长度的 2 倍，则水泥环层间封隔良好。在气层附近地层出现较长井段气侵的情况下，该气层与邻层之间无沟槽且 VDL 地层波清晰或管外环空确定为固体的井段，超过 BR 为 0.8 对应的最小有效封隔长度，则在地层测试期间，层间不会窜通；在天然气开采阶段，超过 BR 为 0.8 对应的井段长度是最小有效封隔长度的 2 倍，则水泥环层间封隔良好。同理，可用水泥胶结强度和图 4.24 评价气侵情况下的水泥环层间封隔。

4.6.4.2.4 水泥胶结测井响应与地层孔渗性能相关井段的层间封隔评价

在不存在沟槽的条件下，若所有非渗透层水泥环两个界面胶结“优”，则水泥环层间封隔性能可评价为“不窜”；若渗透层两个界面胶结良好，而非渗透层水泥胶结变“差”但裸眼未明显扩径，则对于邻层为油层或水层的情况，水泥环可评价为“不窜的可能性大”；若邻层为气层，可评价为“窜通的可能性大”。

严重扩径引起的水泥胶结测井响应往往与地层孔渗性能变化下的测井响应相似。但是在这种扩径处及其上方邻近井段的层间封隔很可能存在问题，这是因为混浆可能严重导致第二界面胶结差。

4.6.5 不宜用水泥胶结类测井资料评价的情况

4.6.5.1 水泥候凝时间不足

根据水泥胶结测井响应特征判断水泥候凝时间是否足够：水泥实际返高之下的整个固井井段（可以不包括井底以上 1/3 固井井段），声幅曲线基本上均高于胶结“优”对应的声幅上限（常规密度水泥见图 4.21 或表 4.24，低密度水泥见表 4.26），或者声波衰减率基本上均低于胶结“优”对应的衰减率下限（图 4.22 或表 4.24），且随着井深的增加或随着时间的延长（时间推移测井），有固井质量“变好”的趋势。

参考其他资料综合判断候凝时间是否足够：若水泥胶结测井响应如上段所述，且水泥浆中的缓凝剂明显多于固井设计书中的比例，或水泥浆密度明显低于设计值，或井眼实际温度明显低于水泥浆配方实验温度，或注水泥前用冷的液体长时间循环井眼，则可判断为候凝时间不足。

在作出上述判断之前，首先要区分一级固井、二级固井以及每级固井中领浆井段和尾浆井段，其次要排除混浆段。判断不应受这些因素的干扰。

4.6.5.2 第一界面微间隙

4.6.5.2.1 第一界面微间隙的判断方法

（1）根据水泥胶结测井响应特征判断：水泥实际返高之下的固井井段，声幅曲线基本上均高于胶结“优”对应的 CBL 上限（常规密度水泥见图 4.21 或表 4.24，低密度水泥见表 4.26），或者声波衰减率基本上均低于胶结“优”对应的衰减率下限（图 4.22 或表 4.24），且随着井深的增加或者随着时间延长（时间推移测井），没有固井质量变好的趋势。

（2）根据加压条件下水泥胶结测井响应判断：压力增大，水泥胶结有变好的趋势。

（3）根据水泥声阻抗测井响应判断：水泥胶结测井疑似“微间隙”处，声阻抗测井显示固井良好。

4.6.5.2.2 参考其他资料综合判断

水泥胶结测井具有 4.6.5.2.1 中（1）的响应特征，且在水泥养护期间套管内憋压过大、憋压时间过长，或在即将水泥胶结测井前进行套管串试压，或以较低密度钻（完）井液替换较高密度的钻（完）井液，或进行过井下作业（如钻水泥塞、起下工具、刮管、射孔、地层压裂等），或固井质量测井前套管内井液温度剧烈降低，则可判断套管与水泥环之间出现了微间隙。

套管外壁存在厚度大于 1mm 的化学涂层，或固井前置液未能清洗掉油基钻井液在套管外壁形成的油膜，水泥胶结测井响应也具有类似微间隙的特征。

4.6.6 水泥声阻抗测井固井评价

4.6.6.1 影响因素分析

4.6.6.1.1 微间隙和套管外壁涂层影响分析

微间隙井段的实测声阻抗比无微间隙情况明显降低。套管越薄，微间隙影响越大。但气体充填微间隙小于 0.0005mm，液体充填微间隙小于 0.1mm，声阻抗探测受影响小。在地层孔渗性能较好井段出现声阻抗降低，很可能与第一界面微间隙或较大间隙有关。充气微间隙对气井是有害的，是井口带压的原因之一。

套管外壁涂有环氧树脂影响声阻抗测量。管外环空为水泥时，涂层厚度大于 0.4mm，测井显示为水；涂层厚度小于 0.4mm，显示管外环空为水泥。

4.6.6.1.2 识别混浆带和管外环空局部固体堆积

固井井段上部水泥声阻抗随深度由深至浅逐步下降，很可能是混浆带的显示。其顶部井段可间断出现声阻抗接近固体—液体边界。此处所谓“固体”很可能是井液重质成分、井壁地层坍塌物或者领浆前部重成分的局部堆积。

4.6.6.1.3 识别套管内壁磨损影响

在套管内壁磨损严重井段，会引起仪器偏心。若此处现今水平地应力不平衡，则可能出现套变，进一步加剧仪器偏心。在这样井段的测井图上，内壁反射成像图颜色变深，反映套管变形和厚度有变化。钻杆磨损套管内壁还可能引起水泥窜槽假象。套损套变会干扰固井质量测井，超声波在水泥中的传播路径发散从而回波变弱，固—液—气图上可能出现“白点”。

4.6.6.1.4 第三界面反射波的影响

若套管偏心引起管外环空某侧间隙过小，则内层套管胶结良好井段的外层套管反射波，或单层套管井段硬地层井壁的反射波，均显示椭圆形“云图”。

4.6.6.1.5 其他影响因素

套管腐蚀和变形、仪器偏心、水泥气侵、重质和黏度过大的井液都会对声阻抗探测造成不利影响。套管内壁胶黏物残留或水泥残留、井眼低边井液重质成分堆积，都会引起声阻抗探测错误，显示“白点”。

4.6.6.2 管外环空水泥分布分析

4.6.6.2.1 确定管外环空介质的物理性质

管外环空介质（Z 为其声阻抗）识别方法：若 Z 大于或等于 $Z_{水泥}$，则为水泥；若 Z 介于 $Z_{天然气}$～$Z_{水泥}$且 Z 大于 0.3×10^6kg/（$m^2\cdot s$），则为液体；若 Z 小于或等于 $Z_{天然气}$，则为天然气；若 Z 介于 $Z_{天然气}$～0.3×10^6kg/（$m^2\cdot s$），则给出“含气标志”。其中，$Z_{水泥}$为区分固体水泥与流体的声阻抗下限值。对于常规密度水泥，$Z_{水泥}$为 2.6×10^6kg/（$m^2\cdot s$）；对于低密度水泥，$Z_{水泥}$降低，例如泡沫水泥声阻抗下限值 $Z_{水泥}$为 2.0×10^6kg/（$m^2\cdot s$）。$Z_{天然气}$为液体与天然气的临界声阻抗上限值［0.3×10^6kg/（$m^2\cdot s$）］。

水泥未受到气侵或井液污染时，则由声阻抗实测值得到胶结指数（固体圆周百分比）约等于由声幅或衰减率计算的胶结比；若水泥受到气侵或井液污染，该胶结指数小于由声幅或衰减率计算的胶结比。

4.6.6.2.2 识别管外环空水泥沟槽

环向上声阻抗局部连续低于 $Z_{水泥}$，在声阻抗成像上呈现相对于周围背景色调的纵向浅色带状图形或独特的“云图”，而且连续性良好，则为水泥沟槽。

4.6.6.3 层间封隔评价

（1）在水泥返高面以下，若管外环空的固体充填率高于 90% 且不存在沟槽，则水泥环层间封隔良好。

（2）若固体介质充填率介于 80%～90%，其纵向长度大于图 4.23 中 BR 为 0.8 曲线对应的最小有效封隔长度，仅零星存在纵向连续长度小于 2m 的沟槽，则层间封隔良好。

（3）若管外环空虽不存在纵向长度大于 2m 的连续沟槽，但固体介质充填率小于 80% 或纵向封隔长度小于图 4.23 中 BR 为 0.8 曲线对应的最小有效封隔长度，则层间封隔存在风险。

（4）若管外环空不存在水泥，或沟槽将两个产层连接起来，则层间窜通。

当管外环空介质为固体且无较大沟槽时，则不能进行补注水泥作业。

4.6.7 套后成像测井和超声兰姆波成像测井的固井评价

4.6.7.1 确定管外环空介质的物理性质

（1）由套后声波成像测井弯曲波衰减率和声阻抗交会得到 SLG 图，确定包括低密度水泥固井在内的管外环空介质的物理状态（固体、液体或气体，图 4.25）。

（2）在 SLG 图（图 4.25）中，固体、液体和气体均以特征色调显示。白色区域代表声阻抗—衰减率交会数据点落在的三个特征色调区域之外，介质物理性质无法确定。这样的情况可能对应套管严重变形、严重腐蚀、套管内壁附有残留物、井眼低边井液重质成分堆积、仪器严重偏心或套管接箍处等。

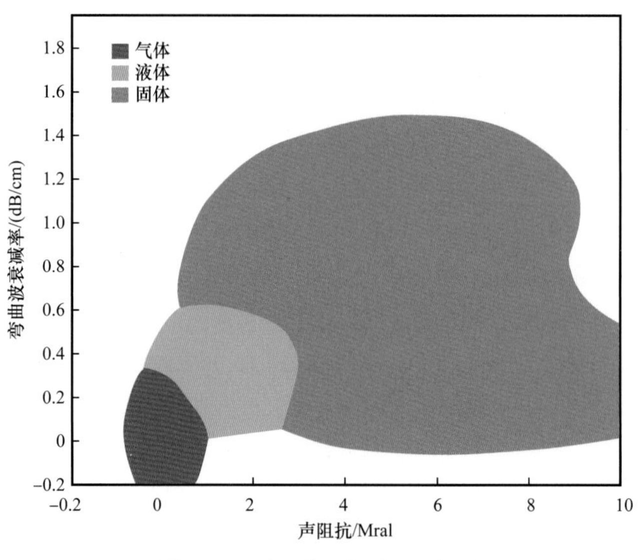

图 4.25　固—液—气（SLG）图

4.6.7.2　识别管外环空窜槽

弯曲波衰减率和声阻抗均局部很低，在 SLG 图像上呈现相对于周围背景色调的纵向浅色带状图形或独特的“云图”，连续性良好，且方位 VDL 显示套管明显偏离井轴而靠近井眼一侧，则管外环空可能存在窜槽。

4.6.7.3　层间封隔评价

在 SLG 图上，凡是连续 2m 及以上井段出现的流体区域，都被保留显示在水力连通图上。

根据管外环空流体分布及沟通情况，可将固井质量分为如下几种：

（1）环空内基本为水泥，无沟槽，则固井质量为“优”。

（2）分布纵向连通长度小于 2m 小沟槽，宽度小于 20% 圆周，但没有连通到一起，则固井质量为“中等”（合格）。

（3）SLG 图上有大于或等于 2m 的连续蓝色流体（沟槽），宽度大于 20% 圆周，则固井质量为“差”（不合格）。

根据两个地层之间管外环空固体充填率、沟槽和 SLG 图特征，综合评价水泥环层间封隔性（表 4.30）。

（4）层间封隔评价注意事项：

① 即使第一界面后有水泥，气填充（空）微间隙对气井也是有害的。

② 液体充填微间隙是指与套管外壁接触的厚度小于 0.25mm 的液体充填间隙或液膜，测井响应特征为弯曲波衰减增大，但仍解释为固体；微间隙大于 0.25mm，则解释为液体。

③ 当套后声波成像测量井段还测有 VDL 时，在水力连通图解释的基础上，按 4.6.1.3（常规密度水泥固井）或 4.6.2.2（低密度水泥固井）评价第二界面胶结状况（尤其是裸眼

井滤饼较厚或者裸眼扩径较大井段），最后参照表 4.30 中套管外径下水泥胶结比 BR（等效于声阻抗—兰姆波测井确定胶结指数）对应的最小层间有效封隔纵向长度，以及第二界面评价结论，综合给出水泥环层间封隔评价结论。

表 4.30　根据套后声波成像测井资料评价水泥环层间封隔

<table>
<tr><th>固体填充度 /%</th><th>沟槽或微环空间隙</th><th>固井质量评价</th><th>SLG（固—液—气）图特征</th><th>水泥环层间封隔评价</th></tr>
<tr><td rowspan="2">≥90</td><td>无</td><td>优</td><td rowspan="2">层间环空内固结水泥占绝大部分，无或有零星液体点孤立分布，没有沟通形成小沟槽的趋势</td><td rowspan="2">能形成有效封隔</td></tr>
<tr><td>有，但液体沟槽宽度＜10% 套管圆周，长度＜1m</td><td>良</td></tr>
<tr><td rowspan="2">70～90</td><td>有，但液体主沟槽宽度＜20% 套管圆周，长度＜2m</td><td>中等（合格）</td><td rowspan="2">层间存在长度和宽度较小的沟槽且分布密度不大，或液体点较多，但空间位置上均不连续，没有形成沟通大沟槽的趋势</td><td>能形成一定的有效封隔</td></tr>
<tr><td>有，但液体主沟槽宽＞20% 套管圆周，长度＞2m</td><td>差（不合格）</td><td>可能窜通</td></tr>
<tr><td>10～70</td><td>有，液体主沟槽宽度＞20% 套管圆周，长度＞2m</td><td>差（不合格）</td><td rowspan="3">层间存在若干沟通的流体充填沟槽或空的间隙，水泥沟槽宽度＞20%，固结水泥较少</td><td rowspan="3">窜通</td></tr>
<tr><td>＜10</td><td>液体主沟槽宽度＞90% 套管圆周，长度＞2m</td><td>自由套管</td></tr>
<tr><td>＜10</td><td>气充填（空）微间隙＞90% 套管圆周，长度＞2m</td><td>气充填（空）微间隙</td></tr>
</table>

4.6.7.4　套管居中程度评价

根据 IBC 测井资料可以评价套管居中程度。IBC 激发的套管弯曲波具有深穿透的特点，其泄漏的声能可达固井前的裸眼井壁。由套后声波成像测井方位 VDL 识别并追踪弯曲波后得到的井壁（斯伦贝谢称之为“第三界面”）反射回波（TIE），详细描述套管在井眼中的位置以及井眼几何形态等。裸眼井壁反射波到达越早，则套管离开井壁越近；反之越远。若井眼一侧套管—裸眼井壁间隙相对于另一侧越窄，即套管偏心越严重，则出现水泥沟槽的可能性越大。

4.6.8　水泥实际返高评价

水泥实际返高应符合固井施工设计要求，实际封过油气层顶部应不少于 50m，其中要求第一界面胶结合格井段浅于 2000m 的井不少于 10m，深于 2000m 的井不少于 20m。

4.7　卡点测量仪

4.7.1　现有仪器

中国海油现有的卡点测量仪见表 4.31。

表 4.31　中国海油现有的卡点测量仪

公司	仪器名称	缩写
COSL	机械卡点测量仪	FPI
COSL	磁性卡点测量仪	FPT
SLB	自由点检测仪	FPIT

4.7.2　测量原理

卡点测量仪又称测卡仪，不论是机械开腿式，还是磁性吸附式，测量原理是相同的。测卡仪通过上下两个机械腿或者上下两块磁铁固定在钻杆内壁上。固定好以后，在地面对钻杆施加拉力或者扭矩，这样卡点以上的钻杆就会发生拉伸或者扭曲。在自由点以下，部分遇卡的钻杆会有较弱的移动。在卡点以下，钻杆不发生移动。测卡仪会感应在两个机械腿（或者两个磁铁）之间拉伸或扭曲的程度，测量结果由电缆直接传到地面面板上。多次不同位置的测量最终确定遇卡深度点。

4.7.3　用途

测卡仪可以精确提供钻杆、套管、油管遇卡的深度。

4.7.4　质量控制及作业须知

在井口进行天滑轮的悬挂时，要注意悬挂位置不影响大钩起下，大钩起下不影响电缆起下，吊点承压 8tf 以上。

电缆走法：顶驱上方有孔（钢丝作业孔、鹅颈孔），电缆在起下过程中摩擦钢丝作业孔，建议井队在孔处加耐磨块。

井口连接仪器串，对零下井（由于仪器串重量轻，在仪器底部加两根加重杆，便于仪器下放）。根据管柱校深，在仪器串下到测点位置时，通知司钻活动管柱，把中和力拉到测点位置，然后使仪器固定在管柱的内臂上。在测探头信号的状态下，让司钻旋转管柱施加正扭矩，尽量多旋转以便把扭矩传到测定位置（一般是 3 圈 /km，井斜时多加 10%，原则是由井队掌握，在不对管柱造成损坏的情况下尽量多加）。观察扭矩读值，若扭矩读值发生变化（正扭矩时读值变大），则说明测点为自由点，若 NEU 读值未发生变化，则说明测点为卡点。每个测点对应的文件号、深度、上提吨位、施加扭矩的旋转圈数、应变力变化量都要记录下来，用于分析卡点位置。继续上提 / 下放仪器到下一个测点，按照同样的方法，继续测量，直至找到卡点。

FPIT 仪器性能见表 4.32。

表 4.32 FPIT 仪器性能表

测量输出	自由钻柱的拉伸和扭转
测井速度	点测
测量范围	拉伸：0.12～3.6in/1000ft 扭转：0.02～0.5r/1000ft
精度	方位：±2°
	倾角：±2°
垂直分辨率	7.24ft（2.21m）(锚定螺栓间的距离)
精度	±10%@350°F（175℃）
钻井液类型或密度限制	无
可组合性	爆炸松扣、CCL
额定温度	FPIT−A/FPIT−D：350°F（175℃） FPIT−C：330°F（165℃）
额定压力	25000psi（172MPa）
井眼尺寸最小值	$1^1/_2$in（3.81cm）
井眼尺寸最大值*	5in（12.70cm）
外径	1.375in（3.49cm）
长度	13.92ft（4.24m）
质量	40.75lb（18kg）
抗拉力	50000lbf（224110N）
抗压力	16700lbf（74280N）

* 当在直径 $9^5/_8$in（24.45cm）套管作业时，仪器外径增加到 1.875in（4.76cm）。

4.8 爆炸松扣

4.8.1 现有仪器

中国海油现有的爆炸松扣仪器见表 4.33。

表 4.33 中国海油现有的爆炸松扣仪器

公司	仪器名称
COSL	爆炸杆

4.8.2 原理

预先给要松扣部位施加反扭矩，然后引爆导爆索，利用其共振作用，达到松扣目的。

4.8.3 用途

卡钻后为了解卡需要，使用缠着导爆索的爆炸杆，下到遇卡点后，地面加压引爆电雷管—导爆索。利用共振，使钻具松扣。

4.8.4 质量控制及作业须知

地面检查及设备组装检查点火头的通断绝缘。

（1）做点火引出线。引出线应用高温线；火线需要做一个内螺纹插头连接到接线柱，内螺纹插头的做法同鱼雷处的做法相同。接到接线柱上后，用 RTV 在胶套上均匀涂抹一层，用泰氟龙胶带缠好。地线是剥掉一段电线外皮后通过螺栓直接固定在点火头的本体上，量一遍通断绝缘。

（2）把导爆索平行、均匀地分布在整个爆炸杆上，严禁缠绕。

（3）导爆索是常用的 80 谷 /ft 的导爆索（1g=15.4 谷），换成其他类型的导爆索时应根据药量进行适当换算。

（4）用绝缘胶布缠绕整个爆炸杆，并每隔 30cm 做一个防磨环。

（5）雷管的检查。在远离其他爆炸品的安全地点，根据火工作业安全要求的步骤，用专用雷管表对雷管进行检查，应使用承压雷管。

每次爆炸松扣，须填写表 4.34。

表 4.34　爆炸松扣作业记录表

油公司：	区块：	井号：	年　月　日
卡点深度 /m		松扣深度 /m	
仪器组合			
反转圈数		紧扣圈数	
上提悬重		雷管型号	
导爆索型号及数量		引爆后返回圈数	
井身结构及钻具组合			
备注：			

4.9 切割

切割工艺包括化学切割、爆炸切割、爆破筒切割、电动切割和径向切割炬（RCT）等。

4.9.1 化学切割

4.9.1.1 原理及应用特点

化学切割（Chemical Cutter，CC）工具一般由电缆下井，用 CCL 仪器管柱校深。当切割头对准切割位置后，给电缆通电引爆发火管，发火管又引燃下面的推进火药，推进火药迅速使火药筒内产生高温、高压气体，压力达到25000psi（172MPa）。气体使锚体锚爪迅速张开，固定在管柱内壁上。这时，如果切割工具有任何移动，都会影响切割效果。

推进火药产生的压力使化学药筒上端破裂盘压破（破裂压力6500psi），推动化学药剂向下又使药筒下端破裂盘压开。化学药剂经过催化剂时产生反应：

三氟化溴＋铁≈三氟化铁＋三溴化铁＋热量

反应产生的高温、高压推动切割头内的小活塞向下移动，打开切割头孔眼，使化学药剂以高温、高压的形式喷向管柱内壁，又和管柱产生强烈的反应切断管柱，整个过程只需要125～175ms。

管柱内必须有水使反应物不断和水溶解，这样才能使反应继续下去使管柱切断（管柱内液面高于切割点以上最少要有200ft）。

当切割工具压力下降到达井液压力时，锚爪自动收回，就可以把工具提出。

4.9.1.2 质量控制及作业须知

（1）工具入井的速度不要超过300ft/min。

（2）到达切割深度后，慢慢增加电流直到工具动作（一般0.4A）。切割动作只需要1s，不要超过1.5A。

（3）如果井里面是密度非常高的钻井液或是井里面遗留有循环材料，工具不能够平衡切割孔，并且防滑纽可能不会完全复位。在这种情况下，最好是在工具的上部接一个震击器。

（4）如果环空是满的，而管内部分是空的，当管子被切开的时候，管外的液体会冲进管柱而将工具上顶从而导致电缆打扭。操作人员要警惕这一情况的出现，使用加重杆将会减小向上的冲力。

（5）上提工具的时候速度不要超过300ft/min，否则，工具将不可能足够平衡，防滑纽可能被激发而引起工具遇卡。

（6）实际作业中，最好将化学切割工具和震击器一起使用。

CC仪器性能见表4.35至表4.40。

表4.35 CC仪器性能表（工具选择：油管切割）

切割工具尺寸/in	油管		锚体张开最大尺寸/in	药筒规格/in	催化剂/（g/mL）
	尺寸/in	质量/（lb/ft）			
$1^3/_8$	1.9	2.40～3.64	1.660	$1^3/_8\times48$	5
$1^1/_2$	$2^1/_{16}$	3.25～3.40	2.220	$1^3/_8\times48$	5
	$2^3/_8$	4.70～7.70	2.20	$1^3/_8\times72$	6
$1^{11}/_{16}$	$3^3/_8$	4.70～6.20	2.220	$1^5/_8\times48$	6

续表

切割工具尺寸 / in	油管		锚体张开最大尺寸 / in	药筒规格 / in	催化剂 / （g/mL）
	尺寸 /in	质量 /（lb/ft）			
$1^7/_8$	$2^7/_8$	6.50～10.70	2.450	$1^5/_8\times60$	8
$2^1/_8$	$2^7/_8$	6.50～9.50	2.660	$1^5/_8\times48$	6
$2^3/_8$	$3^1/_2$	7.70～15.10	3.225	$1^5/_8\times72$	10
$2^5/_8$	$3^1/_2$	7.70～10.30	3.160	$1^5/_8\times60$	8
$3^1/_8$	4	9.50～14.00	3.880	$1^5/_8\times72$	10

表 4.36　CC 仪器性能表（锚体选择：连续油管切割）

锚体外径	最小内径	最大内径	连续油管尺寸
0.687in	0.785in	0.887in	1in，0.848lb/ft，内径为 0.826in 1in，0.918lb/ft，内径为 0.810in 1in，0.978lb/ft，内径为 0.796in
0.950in	1.000in	1.143in	1.25in，1.081lb/ft，内径为 1.076in 1.25in，1.172lb/ft，内径为 1.060in 1.25in，1.251lb/ft，内径为 1.046in 1.25in，1.328lb/ft，内径为 1.032in 1.25in，1.502lb/ft，内径为 1.000in
1.125in	1.175in	1.410in	1.50in，1.426lb/ft，内径为 1.310in 1.50in，1.523lb/ft，内径为 1.296in 1.50in，1.836lb/ft，内径为 1.250in
1.375in	1.425in	1.650in	1.75in，1.910lb/ft，内径为 1.532in 1.75in，2.169lb/ft，内径为 1.500in 1.75in，2.313lb/ft，内径为 1.482in 1.90in，2.90lb/ft，内径为 1.610in

表 4.37　CC 仪器性能表（锚体选择：油管切割）

锚体外径	最小内径	最大内径	油管尺寸
1.687in	1.751in	2.220in	2.063in，3.25lb/ft，内径为 1.751in 2.375in，4.70lb/ft，内径为 1.995in
1.875in	1.925in	2.450in	2.875in
2.125in	2.195in	2.660in	2.875in，6.40lb/ft，内径为 2.441in 3.500in，8.60lb/ft，内径为 2.259in
2.625in	2.695in	3.160in	3.500in，9.30lb/ft，内径为 2.992in 3.500in，12.95lb/ft，内径为 2.750in
3.125in	3.195in	3.885in	4.000in，8.75lb/ft，内径为 3.550in

表 4.38 CC 仪器性能表（锚体选择：套管切割）

锚体外径 /in	最小内径 /in	最大内径 /in	套管尺寸
3.625	3.705	4.335	4.50in，内径为 3.750～4.335in
4.625	4.670	5.755	5.50in，内径为 4.670～4.950in
5.687	5.755	6.817	7.00in，内径为 5.920～6.276in

表 4.39 CC 仪器性能表（推进火药长度选择：连续油管切割）

工具外径 /in	切割点压力 /psi	上部药柱尺寸 /in	下部药柱尺寸 /in
$\frac{11}{16}$	0～5000	4	4
	5000～10000	5	4
	10000～15000	5	5
0.0950	0～5000	4	4
	5000～10000	5	4
	10000～15000	5	5
$1^{1}/_{8}$	0～5000	4	4
	5000～10000	5	4
	10000～15000	5	5

注：推进剂型号 P/N 为 CEM−0800−008。

表 4.40 CC 仪器性能表（推进火药长度选择：油管 / 套管切割）

工具外径 /in	切割点压力 /psi	推进剂长度 /in
$1^{3}/_{8}$	0～5000	8
	5000～10000	9
	10000～15000	10
$1^{11}/_{16}$	0～5000	9
	5000～10000	10
	10000～15000	12
$2^{1}/_{8}$	0～5000	9
	5000～10000	10
	10000～15000	12

续表

工具外径 /in	切割点压力 /psi	推进剂长度 /in
$2^{5}/_{8}$	0～5000	10
	5000～10000	11
	10000～15000	13
$3^{1}/_{8}$	0～5000	11
	5000～10000	12
	10000～15000	14
$3^{5}/_{8}$ 和 $4^{5}/_{8}$	0～5000	12
	5000～10000	13
	10000～15000	14
$5^{11}/_{16}$ 和 $6^{1}/_{4}$	0～5000	14
	5000～10000	15
	10000～15000	16

注：推进剂型号 P/N 为 CEM−0800−002。

4.9.2　爆炸切割

4.9.2.1　原理

根据射孔弹聚焦原理，爆炸切割使炸药爆炸产生金属射流，切割油管或钻杆，如图 4.26 所示，爆炸切割工具结构包括转换接头、切割弹连接杆、扶正装置、雷管组件和油管切割弹。

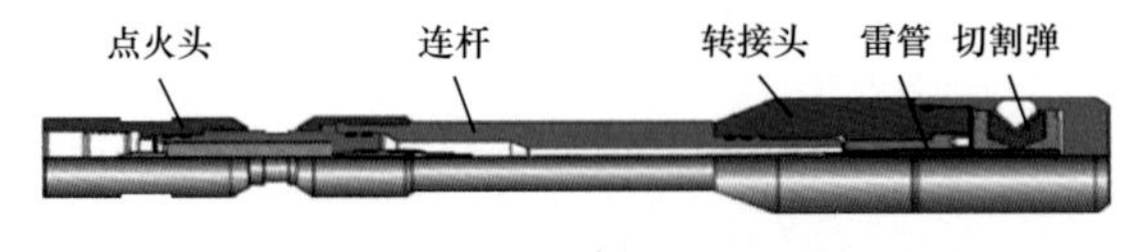

图 4.26　爆炸切割工具示意图

转换接头的作用是将切割连杆与过芯加重棒连接，同时起到连接雷管引线的作用。

切割弹连接杆的作用是增加切割弹到磁定位的距离，减少爆破对磁定位仪器的伤害（缓冲作用），雷管引线从其中心孔穿过连接到转换接头上。它连接在转换接头和扶正装置中间。

扶正装置的作用是对切割弹进行扶正，避免在下井过程中井壁摩擦对切割弹的伤害。同时，它可以保证切割径向更加均匀。

雷管组件通过螺纹连接在它内部。它连接在切割弹连接杆和切割弹中间。

按照尺寸的不同，油管切割弹产品代号不同，通常有 UQ68、UQ60、UQ55、UQ44

等型号。后面两位数字代表尺寸（mm），它连接在扶正装置下面。

4.9.2.2 质量控制及作业须知

作业过程中，重点关注 UQ 系列切割弹的特点和技术参数。UQ 系列切割弹组装容易，操作简单，价格便宜，但是切割处有喇叭口，影响以后打捞，切割后管柱里留有残留物。

UQ 系列油管切割弹技术参数见表 4.41。

表 4.41 油管切割弹技术参数表

型号	UQ44	UQ55	UQ55-1	UQ57	UQ68
装药量	13g	23g	23g	23g	36.6g
最大外径	44mm	55mm	55mm	57mm	68mm
被切割油管外径	2.375in	2.875in	2.875in	2.875in	3.5in
被切割油管壁厚	4.2～5.5in	5.5～7.0in	5.5～7.0in	5.5～7.0in	5.5～7.3in
总长	792mm	792mm	764mm	792mm	792mm
连接螺纹	1.125-12UFN-2B		1.1875-12UFN-2A	1.125-12UFN-2B	
全电阻	55Ω ± 1.5Ω				
安全电流	0.4A/5min				
发火电流	1A				
耐压	80MPa				
耐温	160℃ /4h				
主装药	HMX				

4.9.3 爆破筒切割

4.9.3.1 原理及应用特点

当地面通电后，雷管爆炸引爆导爆索，导爆索又引爆切割组件和两侧的炸药。如图 4.27 所示，首先是切割组件像切割弹一样产生聚能射流向四周喷射，使管柱内壁造成损伤，紧接着是两侧的炸药产生爆轰冲击波使钻杆炸断。由于切割筒里安装的炸药是上下炸药药片，不产生聚能效果，所以在切割钻杆边缘处有参差不齐的现象。

4.9.3.2 质量控制及作业须知

切割筒用于钻杆、钻铤的切割。切割筒外形尺寸与钻杆、钻铤型号规格配合适当时（间隙越小，效果越佳），炸药威力得到充分利用，切割效果达到最佳。

钻杆切割筒、钻铤切割筒参数和型号分别见表 4.42 和表 4.43。

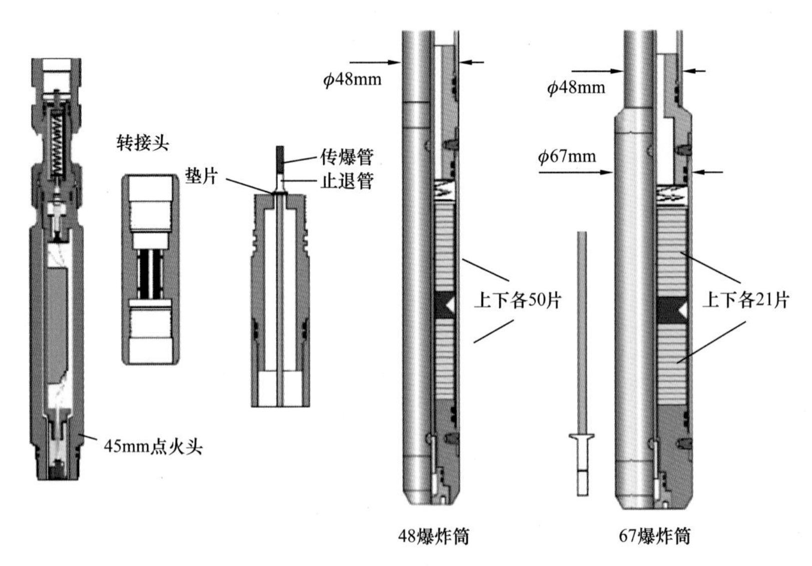

图 4.27　爆破筒切割工具组装图

表 4.42　钻杆切割筒参数和型号表

切割筒型号	切割筒外径 /mm	钻杆规格 /in	钻杆内径 /in	耐压 /MPa	耐温（4h）/℃
QGT1-1	48	3.5	2.125	50	160
QGT1-2	55	3.5	2.5625	50	160
QGT1-3	67	5	3	50	160
QGT1-4	70	5	3.25	50	160

表 4.43　钻铤切割筒参数和型号表

切割筒型号	切割筒外径 /mm	钻杆规格 /in	钻杆内径 /in	耐压 /MPa	耐温（4h）/℃
QGT1-1	48	4.75	2.25	50	160
		5	2.25	50	160
		6.25	2.25	50	160
		6.5	2.25	50	160
		7	2.25	50	160
QGT1-2	60	6	2.8125	50	160℃
		6.25	2.8125	50	160℃
		6.5	2.8125	50	160℃
		7	2.8125	50	160℃

4.9.4 电动切割

4.9.4.1 原理

电动切割（Mechanical Pipe Cutter，MPC）属于非火工或化学品管柱切割。在切割位置，先由电控制液压马达产生液压推动仪器固定臂，坐封在管柱内，然后液压控制切割头的切割片转动，完成管柱切割。切割过程可在地面实时监控，切割精度高，切割断面光滑。

4.9.4.2 特点和优点

（1）地面监控切割深度（切割片进尺）。

（2）可以切割钢管或者合金管。

（3）坐封与解封无限制。

（4）非火工品或化学品。

（5）长度短（2 节近似 9ft 长工具），便于运输。

（6）碎屑少并且小。

（7）任何单芯电缆。

（8）不会损伤外层管柱（设置切割外径）。

电动切割参数见表 4.44。

表 4.44 电动切割参数表

参数	2.125in	3.25in
长度	18.16ft（两节）	18.16ft（两节）
质量	170lb	220lb
外径	2.125in	3.25in
刀片	ϕ50mm，适用管柱 2.875～4in（73～102mm）	ϕ63mm，适用管柱 4～7in（102～178mm）
	ϕ60mm，适用管柱 4～4.5in（102～114mm）	
耐温	200℃	200℃
耐压	20000psi	20000psi
最大切割管柱厚度	ϕ60mm，适用管柱 0.68in（17.27mm）	

4.9.5 径向切割炬

4.9.5.1 原理

径向切割炬（Radial Cutter Torch，RCT）是一种装载有铝热剂的井下切割炬，利用铝热反应原理，产生高温高压熔融态金属流体，推开 RCT 喷嘴保护滑套，高能量的等离子体从石墨喷嘴内高速喷出，喷射到管壁上，并切割管壁。在卡钻等钻井工程事故中，该工具可切割各种尺寸钻杆、加重钻杆；在修井作业中，该工具可切割各种尺寸油管。

4.9.5.2 特点和优点

（1）最大作业范围 500°F（260℃）和 20000psi。

（2）无须无线电静默，按照常规货物运输、存储。

（3）被切割管柱无膨胀、无燃烧，不会产生有毒气体。

（4）可切割不锈钢、有塑料涂层的管柱。

（5）小尺寸工具切割大内径管柱，可通过限制管径。

（6）不会对外层或邻近管柱造成损坏。

（7）切口整齐，无翻边。四种切割方式断面对比如图 4.28 所示。

a. 化学切割

b. 爆炸切割

c. 爆破筒切割

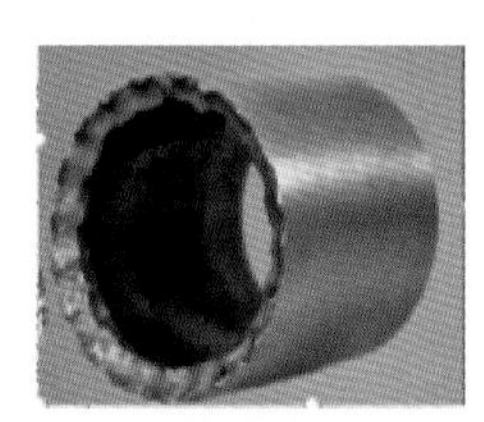

d. 金属粉末切割

图 4.28 四种切割方式断面对比图

5 现场解释及评价

测井解释按照解释目的分为一次解释、二次解释和储量参数计算。现场解释是在测井作业结束后的油、气、水层快速识别与评价，为确定测试层位提供决策依据，属于一次解释，解释结果直接影响海上平台后续作业决策。现场解释主要包括常规测井资料处理、核磁共振测井资料处理、声电成像测井资料处理、电缆地层测试资料处理与解释等。

本章节编写主要参照 SY/T 6451—2017《探井测井资料处理与解释规范》和 Q/HS YF 226—2013《探井测井资料处理与解释规范》，现场解释基本流程包括区域资料收集、质量控制、储层定性分析、流体性质定性识别、测井资料处理、测井综合解释、解释成果提交等工作。

5.1 资料收集

5.1.1 区域资料

（1）构造图、井位部署图、地质总结类报告、周边开发井生产情况。

（2）各含油气层系的岩性、物性、含油性及测井响应特征。

（3）各层段地层水矿化度。

（4）区域测井解释模型及相应解释参数。

5.1.2 邻井资料

（1）地质录井、测井、测试资料。

（2）岩心及油、气、水分析资料。

（3）地质分层数据。

5.1.3 本井资料

5.1.3.1 岩心（含壁心）资料

岩心资料主要为取心井段、收获率及岩心描述。

5.1.3.2 录井资料

（1）岩性、颜色、成分及含量，胶结物。

（2）岩屑薄片、地球化学、三维荧光等其他分析数据。

（3）气测数据与录井油气显示综合表。

（4）录井综合解释成果。

（5）地质分层数据。

5.1.3.3 钻井液性能

（1）钻井过程中钻井液类型与性能变化。

（2）槽面油气显示及钻井液样品含油气情况分析。

5.1.3.4 钻井工程数据

（1）井身结构，如钻头、套管尺寸及下深，开窗、侧钻情况。

（2）目的层浸泡时间、钻时、井喷、井涌、井漏情况。

（3）定向井轨迹数据。

5.1.3.5 测井资料

（1）随钻测井及复测数据。

（2）电缆测井数据。

（3）测井通知单。

5.2 砂泥岩储层测井解释与评价

5.2.1 “四性”关系分析

“四性”指的是岩性、物性、电性和含油气性。“四性”关系分析依据的资料包括地质资料、岩心资料、录井资料、试油资料和测井资料等。“四性”关系分析是测井资料处理与解释的基础，也是储层参数解释模型建立的关键。其中，岩性是储层评价的基础，物性代表储层储集性能和油气产出能力，电性是储层导电能力的响应，也是含油气性的直接表征。“四性”关系分析的成果是建立解释图版，得出工区油、气、水层电性识别标准和有效厚度下限标准。

5.2.1.1 岩性识别

地层岩性识别主要是根据自然伽马、自然电位、井径、中子、密度测井曲线响应特征，结合录井资料、取心资料及区域岩性组合特点，同时参考主要岩石骨架的测井响应特征等综合分析地层岩性。

（1）掌握本地区地质特点，了解基本岩性、特殊岩性在层系及岩性组合上的特点，以及地层对比标准层。

（2）参考录井资料以及取心资料确定。

（3）研究取心井或岩屑录井的岩性和测井资料，总结测井资料划分岩性的规律。

（4）对于砂泥岩地层，自然伽马曲线对砂岩反映为低值，泥岩反映为高值。砂岩层的泥质含量越高，则自然伽马曲线幅度越大，向泥岩的自然伽马值靠得越近。应注意含放射性砂岩如钾长石砂岩的影响等。

（5）对于砂泥岩地层，自然电位曲线在钻井液滤液矿化度低于地层水矿化度条件下，砂岩层出现负异常；反之则为正异常。若两者矿化度相近，则自然电位显示不明显或无异常显示。

（6）对于砂岩地层，井径曲线比较平直，接近或低于钻头直径。

（7）对于特殊岩性地层，利用测录井元素或矿物分析资料实现对地层岩性的识别，也可以参考主要岩石骨架的测井响应特征定性识别。

5.2.1.2 物性与岩性关系分析

储层物性分析主要是根据自然电位、中子、密度、声波、电阻率、核磁共振测井资料，以及电缆地层测试资料开展孔隙度、渗透率分析。

（1）中子与密度孔隙度曲线砂岩与泥岩具有不同的差值。砂岩段，中子曲线呈中低值，且含气性越好，中子值越低；泥岩段，中子曲线呈高值；密度数值的大小主要反映地层孔隙度的大小，通常砂岩含气性越好，中子—密度曲线交会幅度越大。

（2）砂岩段，纵波时差曲线也反映地层孔隙度的大小，孔隙度越大，纵波时差越大。

（3）砂岩段，除个别情况外（具体见 5.2.1.3），不同径向探测深度的电阻率曲线呈增阻侵入（$R_{xo}>R_t$）或减阻侵入（$R_{xo}<R_t$）特征；深浅电阻率之间的差异越大，渗透性相对越好；而在泥岩层和非渗透性地层，则基本重合。

（4）储层核磁共振标准 T_2 谱特征：一般情况下，黏土束缚水和毛细管束缚水较少，可动流体部分相对较多；根据核磁共振测井资料可以分析可动孔隙度、有效孔隙度及总孔隙度的大小。

（5）储层 T_2 分布应有大于 T_2 截止值的长弛豫组分信号，物性好的储层长弛豫组分多，物性差的储层长弛豫组分少。

（6）储层的孔隙度或渗透率应达到或超过该地区储层物性下限值，并且具有可动流体孔隙度。

（7）当储层的总孔隙度未达到该地区储层孔隙度下限值，而可动流体孔隙度达到 3% 时，可考虑划分为低孔低渗类储层。

（8）划分储层时，应考虑流体性质对 T_2 分布的影响（见 5.2.1.4）。

（9）应用电缆地层测试资料计算地层流度，结合流体黏度，评价地层渗透性。

5.2.1.3 电性与含油气性关系分析

电性特征分析主要是根据阵列感应、侧向（双侧向、阵列侧向）资料分析储层电阻率数值变化及侵入特征。通常条件下，电性是含油气性的表现形式，含油气性在一定程度上决定了电性。

在同一次测井中，钻井液电阻率值变化不大时，水基钻井液条件下，在渗透性地层，除个别情况外，不同径向探测深度电阻率曲线呈增阻侵入（$R_{xo}>R_t$）或减阻侵入（$R_{xo}<R_t$）特征；深浅电阻率之间的差异越大，渗透性相对越好；而在泥岩层和非渗透性地层，则基本重合。

5.2.1.3.1 淡水钻井液

（1）气层：电阻率曲线呈高值，不同径向探测深度电阻率曲线一般表现为减阻侵入特征，地层真电阻率大于冲洗带电阻率，也大于标准水层电阻率，且通常侵入程度较相同情况下的油层更明显。

（2）油层：电阻率曲线呈高值，不同径向探测深度电阻率曲线一般表现为减阻侵入特征，地层真电阻率大于冲洗带电阻率，也大于标准水层电阻率。

（3）油水同层：电阻率曲线大于水层电阻率，小于油层电阻率，不同径向探测深度电阻率曲线没有明显的侵入特征。

（4）水层：电阻率曲线呈低值，不同径向探测深度电阻率曲线表现为增阻侵入特征，地层真电阻率小于冲洗带电阻率。

5.2.1.3.2 盐水钻井液

（1）气层：电阻率曲线呈高值，不同径向探测深度电阻率曲线一般表现为减阻侵入特征，地层真电阻率大于冲洗带电阻率，也大于标准水层电阻率，且通常侵入程度较相同情况下的油层更明显。

（2）油层：电阻率曲线呈高值，不同径向探测深度电阻率曲线一般表现为减阻侵入特征，地层真电阻率大于冲洗带电阻率，也大于标准水层电阻率。

（3）油水同层：电阻率曲线大于水层电阻率，小于油层电阻率，不同径向探测深度电阻率曲线表现为减阻侵入特征。

（4）水层：电阻率曲线呈低值，不同径向探测深度电阻率曲线表现为减阻侵入特征，地层真电阻率大于冲洗带电阻率。

5.2.1.3.3 油基钻井液

（1）油气层：电阻率曲线呈高值，不同径向探测深度电阻率曲线一般表现为重合，无侵入特征。

（2）水层：电阻率曲线呈低值，不同径向探测深度曲线表现为增阻侵入特征。

（3）致密层或干层：电阻率曲线数值不确定，不同径向探测深度电阻率曲线一般基本重合，侵入特征不明显。

5.2.1.4 含油气性分析

含油气性分析是储层评价的最终目的和核心，是岩性、物性和电性的综合表现，也是“四性”关系分析的主要内容。

5.2.1.4.1 气层含气性与岩性、物性和电性的关系

在一个解释井段内，典型气层泥质含量少，岩性、孔隙性和渗透性与典型水层相似，厚度足够大，录井、气测、取心油气显示好，深探测电阻率是典型水层的3～5倍或以上，有低密度、低中子、高纵波时差等特征。

（1）气测录井的组分分析中甲烷含量高，重组分低，在干气层中几乎无C_3及以上的重烃。

（2）三孔隙度曲线在气层处出现异常响应，气层段纵波时差曲线数值增大，补偿中子曲线数值变小，体积密度曲线数值变小。

（3）补偿中子—体积密度曲线重叠法：将补偿中子、体积密度曲线统一量纲或刻度并经岩性、滤饼、井眼及其他环境影响校正后进行重叠，根据其差异判断气层。

（4）补偿中子—声波时差曲线重叠法：将补偿中子、声波时差曲线统一量纲或刻度并经岩性、滤饼、井眼及其他环境影响校正后进行重叠，根据其差异判断气层。

（5）中子密度交会图资料点偏离砂岩线，在砂岩线的左上方。

（6）应用电缆地层测试的测压数据，根据取样流体分析及压力梯度分析，确定地层流体密度，根据其数值大小判断气层，地下流体密度在0.2～0.35g/cm^{3}之间为气层。

（7）在钻井液侵入明显的储层，应对电阻率测井曲线进行反演处理，求取地层真电阻率，进行流体性质识别。

（8）在盐水钻井液条件下，利用电阻率时间推移测井的电阻率径向变化进行气层评价。

5.2.1.4.2 油层含油性与岩性、物性和电性的关系

在一个解释井段内，典型油层泥质含量少，岩性、孔隙性和渗透性与典型水层相似，厚度足够大，录井、气测、取心油气显示好，深探测电阻率呈高值。

（1）油层录井显示全烃含量高，烃组分齐全，且重烃相对含量高。

（2）油层岩屑荧光录井显示含油级别较高。

（3）电阻率明显大于水层的电阻率，是典型水层的3～5倍或以上。

（4）应用孔隙度—电阻率交会图版识别油层。

（5）应用电缆地层测试的测压数据，根据取样流体分析及压力梯度分析，确定地层流体密度，根据其数值大小判断油层，通常地下流体密度在0.60～0.95g/cm^{3}之间为油层，若超过0.90g/cm^{3}则应综合其他资料判断是否为油水同层。

5.2.1.4.3 应用核磁共振测井资料识别流体性质

对于海上砂泥岩常规储层，核磁共振测井资料是识别油、气、水层，分析储层含油气性的参考方法。

对核磁共振双T_W（长等待时间和短等待时间）测井进行差谱分析，将两种T_W测得的T_2谱相减（差谱），消除水的信号，突出烃的信号；根据差谱的分布，识别轻质油、气、水层；对核磁共振双T_E（长回波间隔和短回波间隔）测井进行移谱分析，由于气、水的扩散系数大于中高等黏度油的扩散系数，增大回波间隔就增大了扩散系数对T_2弛豫的影

响，气、水谱的位置前移明显，根据长 T_E 谱较短 T_E 谱的位移情况判断油、气、水层。具体地，应用核磁共振测井资料识别流体性质主要包括以下依据：

（1）依据 T_2 分布识别流体性质。

① 轻—中等黏度油层的 T_2 分布长弛豫组分应多于相同物性的纯水层，T_2 分布平缓。

② 稠油层的 T_2 分布长弛豫组分应少于相近物性的纯水层。

③ 特稠油层的 T_2 分布一般表现为短弛豫组分明显增多，中—长弛豫组分明显减少，利用该特征可以识别特稠油层。

④ 对于稠油层，应考虑储层温度对 T_2 分布的影响。高温度储层有时表现中—长弛豫组分明显增多，T_2 分布平缓。

⑤ 气层的 T_2 分布长弛豫组分应少于相近物性的纯水层。

⑥ 纯水层的 T_2 分布谱相对较短，可动流体部分的 T_2 分布呈高陡对称形状。

（2）利用差分谱识别流体性质。

① 轻—中等黏度油层的差分谱在长弛豫组分区间应具有明显的信号。

② 稠油层的差分谱在长弛豫组分区间基本无信号。

③ 气层的差分谱在中等弛豫组分区间应具有明显的信号。

④ 水层的差分谱在长弛豫组分区间基本无信号；在高孔隙度水层、中—强水淹层、溶洞性水层差分谱上有时也有强烈的差分信号。

⑤ 利用差分谱识别流体性质应考虑长短极化时间的影响因素。

（3）利用移谱 / 扩散分析识别流体性质。

① 不同性质的流体具有不同的扩散系数。当磁场梯度一定时，回波间隔增大，T_2 分布的前移量不等，根据其前移量识别流体性质。

② 轻—中等黏度油层长回波间隔的 T_2 分布较短回波间隔的 T_2 分布前移。

③ 稠油层长回波间隔的 T_2 分布较短回波间隔的 T_2 分布无明显前移。

④ 气层长回波间隔的 T_2 分布较短回波间隔的 T_2 分布明显前移。

⑤ 水层长回波间隔的 T_2 分布较短回波间隔的 T_2 分布前移较小。

⑥ 对于高孔隙度水层、水洗较强水层、溶洞类水层，长回波间隔的 T_2 分布较短回波间隔的 T_2 分布有时也明显前移，一般油的扩散前移量比水层的小。

5.2.2 测井资料预处理

5.2.2.1 深度匹配

（1）以自然伽马曲线为标准，确定不同类型测井曲线之间的深度匹配量。

（2）对照钙质、白云质夹层、薄层油页岩、生物灰岩等特殊岩性的测井特征，确定不同曲线间的深度匹配量。

（3）曲线垂直深度匹配，曲线垂直深度校正步骤如下：

① 对比井斜测井与地层倾角或电成像测井井斜数据。

② 利用井斜测井数据进行测井资料的垂深校正。

③ 对比检查测井垂深校正数据与钻井工程提供的垂深数据。

5.2.2.2 曲线数值校正

（1）对受测井环境影响发生的抖动或局部失真变形的曲线，依据其他测井曲线进行平滑校正。

（2）通过与邻井或标志层资料对比，利用理论图版与频率交会图的相对移动，确定校正量。

（3）如果频率交会图上一端数据点落在已知岩性线上或已知的两条岩性线内，而另一端数据点则有规律地偏离已知岩性线，可采用解联立方程的方法，确定刻度系数，对曲线进行校正。

（4）通过与同类测井曲线间的测井数据对比，确定测井数据的校正量。

（5）通过与随钻测井资料的对比，分析确定测井数据的校正量。

5.2.3 测井资料处理

5.2.3.1 解释模型

根据地层特点，选择合适的泥质含量、孔隙度、含水饱和度、渗透率等参数的解释模型。

5.2.3.2 确定关键输入参数

（1）骨架和流体参数尽可能依据岩性采用综合骨架参数。

① 综合骨架密度公式：

$$\rho_{\mathrm{ma}} = V_i\rho_{\mathrm{ma}i}+\cdots+V_n\rho_{\mathrm{ma}n} \tag{5.1}$$

式中 ρ_{ma}——综合骨架密度，g/cm³；

$\rho_{\mathrm{ma}i}$、$\rho_{\mathrm{ma}n}$——矿物 i、矿物 n 的骨架密度值，g/cm³；

V_i、V_n——矿物 i、矿物 n 的体积分数。

② 声波时差公式：

$$\Delta t_{\mathrm{ma}} = V_i\Delta t_{\mathrm{ma}i}+\cdots+V_n\Delta t_{\mathrm{ma}n} \tag{5.2}$$

式中 Δt_{ma}——综合骨架的声波时差，μs/m 或 μs/ft；

$\Delta t_{\mathrm{ma}i}$、$\Delta t_{\mathrm{ma}n}$——矿物 i、矿物 n 的声波时差，μs/m 或 μs/ft；

③ 中子孔隙度：可采用相应的 Schlumberger 或 Atlas 的 ϕ 有关图版校正。

流体参数一般采用表 5.1 所列值。

（2）岩电参数（a、b、m、n）参照区域岩电实验结果和经验确定。

（3）地层水电阻率应通过多种方法对比确定，常用的方法有：

① 邻井试水资料：用邻井相应层段含水层测试获得的地层水资料，各种离子经过等效 NaCl 换算。

表 5.1 流体参数表

参数		淡水	盐水（>10^5mg/L）
密度 / （g/cm^3）		1.00	1.10
纵波时差 /	μs/ft	185	189
	μs/m	606.8	619.9
中子		1.00	1.00

② 自然电位法采用 Schlumberger 或 Atlas 有关图版确定，也可用计算法求得，计算用下式：

$$SSP=-（60+0.133T_f）\lg R_{mf}/R_{weq} \quad （5.3）$$

其中 $R_{weq} = R_{mf}\cdot 10（SSP/60+0.133T_f），T_f = 1.8T_c+32$

式中 SSP——静自然电位或厚层100%含水纯砂岩处的自然电位值，mV；

T_f——地层温度，°F；

T_c——地层温度，℃；

R_{mf}——钻井液滤液电阻率，Ω·m；

R_{weq}——等效地层水电阻率，Ω·m。

$$R_w = \frac{R_{weq} + 0.131\times 10^{1/\lg(T_f/19.9)-2}}{-0.5R_{weq} + 10^{0.0426/\lg(T_f/50.8)}} \quad （5.4）$$

式中 R_w——地层水电阻率，Ω·m。

③ 标准水层法最好选纯含水砂岩层，用下式计算：

$$R_w = R_o \times \frac{\phi^m}{a} \quad （5.5）$$

式中 R_o——水层电阻率，Ω·m；

ϕ——地层孔隙度，%；

m——胶结指数，与孔隙结构有关，通常为2，根据岩性查表5.2；

a——比例系数，与孔隙形状有关，通常为1，根据岩性查表5.2。

表 5.2 m 和 a 参考值表

岩性	疏松砂岩	弱胶结砂岩	中等胶结砂岩	疏松的贝壳石灰岩及白云岩	中等致密的粗晶质石灰岩及白云岩	致密的细晶质石灰岩及白云岩
m	1.3	1.9	2.2	1.85	2.15	2.3
a	1	0.7	0.5	0.55	0.6	0.8

④ 交会图法在双对数坐标纸或 $F=\phi^{-2}$ 的坐标纸上作深探测电阻率与孔隙度交会图，取最低电阻率线为含水饱和度100%的水线，水线与孔隙度为100%相对应的电阻率值即为地层水电阻率。

（4）地层温度的确定方法如下：

① 参考地区地温梯度，根据邻井的DST测试的流温资料整理地层温度。

② 各构造再经过测井的井底地层温度校验。

③ 利用多次测井的循环温度回归得到地层温度。

（5）束缚水饱和度的确定方法如下：

① 根据邻井实验结果给定。

② 用核磁共振测井资料计算，具体见以下公式：

$$S_{wir}=(\phi_{MCBW}+\phi_{MBVI})/\phi_t \tag{5.6}$$

式中 S_{wir}——束缚水饱和度，%；

ϕ_{MCBW}——黏土束缚流体孔隙度，%；

ϕ_{MBVI}——毛细管束缚流体孔隙度，%；

ϕ_t——核磁共振测井计算的总孔隙度，%。

③ 应用经验公式计算。

5.2.3.3 计算泥质含量

（1）自然伽马法（含放射性元素的砂层除外）。

① 自然伽马比值：

$$\Delta GR=\frac{GR-GR_{min}}{GR_{max}-GR_{min}} \tag{5.7}$$

② 泥质含量：

$$V_{sh}=\frac{2^{C\times\Delta GR}-1}{2^C-1} \tag{5.8}$$

式中 GR——目的层自然伽马值，API；

GR_{max}——纯泥岩的自然伽马值，API；

GR_{min}——纯砂岩的自然伽马值，API；

C——泥质经验系数，前古近系取 C=2.0，古近系及更新地层取 C=3.7。

（2）自然电位法求泥质含量公式：

$$V_{sh}=\frac{SSP-PSP}{SSP}\times100\% \tag{5.9}$$

式中 SSP——厚层纯砂岩自然电位，mV；

PSP——含泥砂岩自然电位，mV。

5.2.3.4 计算孔隙度

（1）声波孔隙度：

$$\phi_{s}=\frac{\Delta t-\Delta t_{ma}}{\Delta t_{f}-\Delta t_{ma}}\times\frac{1}{C_{p}}-\frac{\Delta t_{sh}-\Delta t_{ma}}{\Delta t_{f}-\Delta t_{ma}}\times V_{sh} \tag{5.10}$$

其中

$$C_{p}=\frac{\phi_{s}}{\phi_{T}}$$

式中 ϕ_s——声波孔隙度；

Δt——目的层声波时差值，μs/m 或 μs/ft；

Δt_{ma}——目的层岩石骨架时差值，μs/m 或 μs/ft；

Δt_f——流体声波时差值，μs/m 或 μs/ft；

Δt_{sh}——泥岩层声波时差值，μs/m 或 μs/ft；

C_p——欠压实系数；

ϕ_T——用中子和密度求得的交会孔隙度，即总孔隙度。

（2）密度孔隙度：

$$\phi_{D}=\frac{\rho_{ma}-\rho_{b}}{\rho_{ma}-\rho_{f}}-\frac{\rho_{ma}-\rho_{sh}}{\rho_{ma}-\rho_{f}}\times V_{sh} \tag{5.11}$$

式中 ϕ_D——密度孔隙度；

ρ_b——目的层密度测井值，g/cm^3；

ρ_{ma}——目的层骨架密度值，g/cm^3；

ρ_f——流体密度值，g/cm^3；

ρ_{sh}——泥岩层密度测井值，g/cm^3。

当采集随钻密度时，通常采用底部密度，例如斯伦贝谢公司底部密度曲线为ROBB。

（3）中子孔隙度：

$$\phi=\frac{\phi_{N}-\phi_{Nma}}{\phi_{Nf}-\phi_{Nma}}-\frac{\phi_{Nsh}-\phi_{Nma}}{\phi_{Nf}-\phi_{Nma}}\times V_{sh} \tag{5.12}$$

式中 ϕ——中子孔隙度；

ϕ_N——目的层中子测井值，%；

ϕ_{Nsh}——泥岩层中子测井值，%；

ϕ_{Nma}——目的层岩性中子孔隙度骨架值，%；

ϕ_{Nf}——流体中子孔隙度。

（4）总孔隙度：

$$\phi=\sqrt{\frac{\phi_{D}^{2}+\phi_{N}^{2}}{2}} \tag{5.13}$$

式中 ϕ_D——密度孔隙度；

ϕ_N——中子孔隙度，现场解释一般用总孔隙度。

（5）核磁共振测井计算孔隙度：核磁共振测井测量的主要是地层孔隙介质中氢核对仪器测量响应的贡献，不受岩石骨架的影响，能够比较准确地确定孔隙度。对于饱和水的岩石，短横向弛豫时间 T_2 部分对应岩石的小孔隙或微孔隙，长横向弛豫时间 T_2 部分对应岩石的较大孔隙。根据 T_2 分布的积分面积可以计算多种孔隙体积。

黏土束缚流体体积计算公式：

$$\mathrm{MCBW}=\int_{T_{\min}}^{4} S\left(T_2\right)\mathrm{d}T_2 \tag{5.14}$$

式中 MCBW——黏土束缚流体体积，%；

$T_{\min}$——T_2 谱起始时间，ms；

S（T_2）——T_2 谱表达式。

毛细管束缚流体体积计算公式：

$$\mathrm{MBVI}=\phi_{\mathrm{B}}=\int_{4}^{T_{2\mathrm{cutoff}}} S\left(T_2\right)\mathrm{d}T_2 \tag{5.15}$$

式中 MBVI——毛细管束缚流体体积，%；

$T_{2\mathrm{cutoff}}$——T_2 截止值，即自由流体截止值，ms；

S（T_2）——T_2 谱表达式。

可动流体体积计算公式：

$$\mathrm{MBMW}=\phi_{\mathrm{m}}=\int_{T_{2\mathrm{cutoff}}}^{T_{\max}} S\left(T_2\right)\mathrm{d}T_2 \tag{5.16}$$

式中 MBMW——可动流体体积，%；

$T_{2\mathrm{cutoff}}$——T_2 截止值，ms；

$T_{\max}$——T_2 谱终止时间，ms；

S（T_2）——T_2 谱表达式。

有效孔隙体积：有效孔隙体积等于毛细管束缚流体体积与可动流体体积之和。

总孔隙体积：总孔隙体积等于黏土束缚流体体积、毛细管束缚流体体积与可动流体体积之和。

针对上述 5 种孔隙度计算方法，当中子、密度、声波测井资料均齐全时，一般采用中子、密度测井资料计算总孔隙度；当没有中子、密度及核磁共振测井资料时，应用声波测井资料计算孔隙度；对于采集了核磁共振测井资料的井段，可以应用核磁共振测井资料计算地层的束缚孔隙度、可动孔隙度等。

5.2.3.5 计算含水饱和度

（1）纯砂岩或泥质含量小于 10% 的砂岩，可以用阿尔奇公式求含水饱和度：

$$S_{\mathrm{w}}=\sqrt{\frac{R_{\mathrm{w}}}{\phi^2\times R_{\mathrm{t}}}} \tag{5.17}$$

式中 R_t——目的层深探测电阻率，Ω·m；

R_w——地层水电阻率，Ω·m；

ϕ——目的层孔隙度，%。

（2）泥质砂岩用印度尼西亚公式：

$$S_w = \frac{1}{\sqrt{R_t}} \Bigg/ \left[\frac{V_{sh}^{1-V_{sh}/2}}{\sqrt{R_{sh}}} + \sqrt{\frac{\phi^m}{\alpha \times R_w}} \right] \tag{5.18}$$

式中 S_w——含水饱和度，%；

V_{sh}——泥质含量；

R_{sh}——泥岩深探测电阻率，Ω·m；

R_t——目的层深探测电阻率，Ω·m。

结合地区地质特点，优选出适合本地区的经验公式更好。

上述公式中涉及的目的层深探测电阻率具体选取如下：在保证曲线质量前提下，对于阵列感应、阵列侧向、双侧向电阻率，选择探测深度最深的那条曲线作为公式中的深探测电阻率；对于随钻电阻率，选择探测深度最深的相位移电阻率。

5.2.3.6 计算渗透率

（1）Timur 公式。Timur 公式是关于渗透率与孔隙度、束缚水饱和度的关系，具体如下：

$$K = \frac{0.136 \times \phi^{4.4}}{S_{wir}^2} \tag{5.19}$$

式中 K——地层渗透率，mD；

ϕ——地层孔隙度，%；

S_{wir}——束缚水饱和度，%，根据区域经验取值。

（2）自由流体模型（Timur-Coasts 模型）。该模型是应用核磁共振测井资料计算地层渗透率。核磁共振测井可以得到孔隙中各种流体的含量和孔隙分布情况，具体公式如下：

$$K = \left(\frac{\phi_{NMR}}{c}\right)^4 \left(\frac{\phi_{FFI}}{\phi_{BVI}}\right)^2 \tag{5.20}$$

式中 ϕ_{NMR}——核磁共振总孔隙度，%；

ϕ_{FFI}——可动孔隙度，%；

ϕ_{BVI}——束缚流体孔隙度，%；

c——地区系数（缺省值为 10）。

（3）T_2 几何平均值模型。该模型是应用核磁共振资料计算地层渗透率，建立渗透率与核磁共振总孔隙度、T_2 谱几何平均值之间的关系，具体公式如下：

$$K = c\phi_{NMR}^m T_{2g}^n \tag{5.21}$$

式中 ϕ_{NMR}——核磁共振总孔隙度，%；

T_{2g}——T_2谱几何平均值，ms。

（4）应用地区统计的经验公式，利用区域测压流度资料与岩心资料建立回归公式。

针对上述几种渗透率计算方法，当不具备核磁共振资料时，一般采用 Timur 公式或者区域经验公式计算；当有核磁共振资料时，采用核磁共振资料计算的渗透率较准确。

5.2.4 现场测井解释

5.2.4.1 分层

5.2.4.1.1 分层原则

（1）现场解释不必过细地分层解释，但不能漏掉油、气层。

（2）目的层和油气显示段应逐一划分出渗透层，主曲线幅度值变化大于 20%时应单独分层，厚度小于 1m 的夹层不需单独分层。

（3）单层厚度大于 4m 的储层中，如出现流体性质变化，必须分层分别读数、计算、解释。

5.2.4.1.2 层边界划分

（1）以自然伽马、中子、密度为主，参考自然电位、电阻率（注意区分极化效应的影响）等曲线的变化划分层界面。

（2）薄层以高分辨率电阻率曲线划分层界面。

5.2.4.1.3 夹层扣除原则

依据分辨率较高的曲线确定干层或致密层，在上述分层的基础上予以扣除。

5.2.4.2 读值

（1）依据岩性、含油性取其代表性的特征值或平均值。

（2）各条曲线必须对应取值。

（3）取值时应避开干扰。

5.2.4.3 确定解释结论

5.2.4.3.1 油气层解释的基本方法

（1）测井综合解释：在已有测试和测井资料的构造上，借鉴已获区域 DST 测试结果，结合录井显示、测井岩性、电性、物性特征、常规测井解释结果（孔隙度、渗透率、含水饱和度、泥质含量）、核磁共振测井解释结果（核磁共振可动孔隙度、核磁共振束缚孔隙度）、电成像测井解释结果等，并参考邻井解释及测试结果，综合考虑本区块油气层下限及各类解释层的标准判断流体性质。除此之外，油、气、水层综合解释还包括以下方面。

① 纵向上沿井身对比储层间测井曲线和数据处理结果的变化，结合井壁取心、岩心、岩屑、气测及钻井液录井资料，分析岩性、物性、含油（气）性变化，排除测井解释的多

解性。

② 横向上应参考邻井相应层段的测井解释结果和试油（气）后的油、气、水性分析资料及区域构造、圈闭等对油气聚集的控制因素，进行油、气、水层的综合分析。

③ 对各种资料显示明显的油层、气层或水层，通过岩电关系分析其变化规律，选取合理的处理方法及输入参数，使处理结果与地层实际符合。

④ 根据已掌握的岩性、物性、电性变化规律，利用电阻率—孔隙度相关分析方法对储层进行油、气、水层解释。

⑤ 对钻井液特别是盐水钻井液浸泡时间较长、地层与钻井液柱压力差别较大的储层，解释时要考虑钻井液污染的影响。

⑥ 对于钻井液混油或油基钻井液的井，解释时应考虑其对测井资料及井壁取心的影响。

⑦ 应用时间域分析、扩散分析及二维核磁共振测井资料，并结合其他测井资料对流体性质进行识别。

⑧ 通过对比储层在不同时间段采集的相同项目测井响应特征变化情况，对流体性质进行识别。

⑨ 根据与随钻测井的电阻率和孔隙度数值差异的对比情况，对流体性质进行识别。

⑩ 对于厚度较大、孔隙发育且岩性单一的砂岩储层，可用电阻率—孔隙度相关分析法求准储层的含油气饱和度，利用该区油、气、水层定性标准或定量解释图版进行油、气、水层评价。

⑪ 应用电缆地层测试的测压数据，计算出每个储层的压力梯度值或流体密度值，结合取样资料、光谱资料分析，进行油、气、水层的识别和评价。

作业井属于领域探井，无任何可借鉴的标准或资料，应充分利用本井各种录井资料和测井系列资料进行综合解释，可参考相近或相似区块的解释标准给出油、气、水层下限值。重要的是，需用后续测试资料进行修正解释，逐步建立新区块的解释下限标准。

（2）电缆地层测试资料处理与解释：

① 测压取样资料的处理。

首先，进行测试点有效性判断。

a. 有效点：压力测试过程完整，特征点清晰，最后一次预测试压力恢复稳定（60s 内压力变化值在 0.05psi 以内）。当最后两次预测试的恢复压力差小于 0.05psi 时，可用于计算流体密度。该点可用于计算地层流度。

b. 坐封失败点：压力测试期间无压力降落或压力恢复微弱，压力值等于或接近于钻井液柱静压力值。该点不能用于解释分析。

c. 超压点：恢复压力值接近于钻井液柱压力或明显高于相邻有效点地层压力。该点不可用于计算流体密度，但可用于估算地层流度。

d. 致密点：压力恢复过程缓慢，压力值恢复不到正常的地层压力值。该点不可用于计算流体密度和估算地层流度。

e. 干点：压力降落开始后，压力值降至极低，几乎没有压力恢复。该点不可用于计算流体密度或估算地层流度。

其次，进行钻井液柱压力剖面、钻井液密度、压力梯度、流体密度计算。

a. 由钻井液柱特征点压力与深度作交会图，确定钻井液柱压力剖面。

b. 根据钻井液柱压力剖面，可计算钻井液密度：

$$\rho_f = \frac{6.8948\Delta P_m}{g} \tag{5.22}$$

式中 ρ_f——钻井液密度，g/cm^3；

ΔP_m——压力梯度，psi/m；

g——重力加速度，取 $9.8067m/s^2$。

c. 同一压力系统、具有相同流体性质的储层段压力和深度呈线性关系，斜率即为地层压力梯度。压力梯度计算公式如下：

$$\Delta P_m = \frac{p_2 - p_1}{H_2 - H_1} \tag{5.23}$$

式中 H_1——垂直深度 1，m；

H_2——垂直深度 2，m；

p_1——H_1 处的钻井液柱压力值，psi；

p_2——H_2 处的钻井液柱压力值，psi。

d. 计算流体密度时，应结合测井、地质和油藏资料，选择位于同一压力系统、具有相同流体性质层位的测试点进行计算。流体密度计算公式为

$$\rho_f = \frac{p_2 - p_1}{H_2 - H_1} \times \frac{1}{1.422} \tag{5.24}$$

式中 H_2、H_1——同一油水系统内两个测压点的海拔深度，m；

p_2、p_1——H_2、H_1 深度的地层压力，psi。

流体密度是一项十分重要的资料，用它可以划分气、油、水层的界面，稠油油层慎用。

再次，确定地层压力剖面、地层压力系数。

a. 由有效点的压力恢复结束点压力确定地层压力剖面。

b. 由有效点的压力恢复结束点压力确定该深度点的地层压力系数。地层压力系数计算公式为

$$C = \frac{p}{1.422H\rho_w} \tag{5.25}$$

式中 C——地层压力系数；

p——H 处的地层压力值，psi；

H——垂直海拔深度，m；

ρ_w——清水密度，g/cm^3。

最后，计算流度，有压力降落法和压力恢复法两种。

a. 压力降落法：计算地层流度的测点应为有效点或超压点，其计算公式为

$$\mathrm{MOB} = C_{\mathrm{pf}} \times V / \sum\left(\Delta t \times \Delta p\right) \tag{5.26}$$

式中 MOB——压力降落流度，mD/（mPa·s）；

C_{pf}——压力降落流动因子，与仪器类型、探针类型、直径等有关；

V——仪器抽取的地层流体体积，cm^3；

Δt——压力降落的时间增量，s；

Δp——压力恢复的压力增量，psi。

b. 压力恢复法：利用压力恢复期间压力导数随时间变化的双对数图进行流动类型判断。当压力恢复期间出现球形流时，利用压力—球形流时间函数关系图计算流度并外推地层压力；当压力恢复阶段出现径向流时，利用压力—径向流时间函数关系图计算流度并外推地层压力。

② 测压取样资料的解释。

a. 钻井液压力剖面分析：通过对钻井液柱压力的回归计算，可分析井筒内钻井液压力系统，估算不同深度点钻井液密度值，从而判断不同井段钻井液的变化情况。

b. 单井地层压力剖面分析：

• 在同一压力系统中，不同流体性质压力剖面延长线的交点即为流体界面；

• 若不同储层段测压点地层压力系数一致，应结合其他资料判断是否属于同一压力系统；

• 若不同储层段测压点地层压力系数不一致，则不属于同一压力系统。

c. 多井地层压力剖面分析：

• 若本井与邻井同层位地层压力系数不一致，则两井该层位不连通；若地层压力系数一致，应结合其他资料判断该层位是否连通。

• 开发生产区域，若目标层与邻井连通，且地层压力系数小于邻井同层位原始地层压力系数值，则该层地层能量减少或亏空；若地层压力系数大于邻井同层位地层压力系数，应判断是否为邻井注入导致的地层能量增加。

d. 井下地层流体性质评价：

• 流体电导率资料分析：流体抽取过程中，若流体电导率值逐渐降低至接近零值，则表明有油气被抽出；若流体电导率值逐渐升高或呈段塞式高低变化，则表明有地层水抽出。

• 流体密度资料分析：流体抽取过程中，若流体密度值逐渐降低至0.8g/cm^{3}以下，则表明有油气被抽出；若密度值在0.8～1.1g/cm^{3}之间，应结合其他资料综合判断抽出的流体性质。

• 光谱组分资料分析：干气、凝析气、易挥发性油、黑油的C_1组分含量逐渐减少，C_{6+}组分含量逐渐增大；根据光谱吸收通道、光谱组分含量、气油比进行井下流体性质识别，识别方法见表5.3。

表 5.3　光谱组分资料识别井下流体性质

流体类型		光谱吸收通道	光谱组分含量	气油比
气	CO_2	229～232	CO_2 为主	—
	干气	142～144	C_1≥95%	>18000m³/m³
	凝析气	—	C_1<95%	550～18000m³/m³
油	挥发性油	158	以 C_{6+} 为主	250～550m³/m³
	黑油			<250m³/m³
水	地层水	78～98/195～256	—	≈ 0
钻井液滤液	油基	158	以 C_{6+} 为主	≈ 0
	水基	78～98/195～256	—	≈ 0

e. 现场流体样品分析：

• 油气样：若地层压力高于油的泡点压力，则取样得到的气是溶解气，储层为油层；若地层压力低于油的泡点压力，则取样得到的气为自由气，储层为油气层；若样品体积主要为气，地层压力低于气的露点压力，则取样得到的油为凝析油，储层为气层。

• 油水样：当水样矿化度、电阻率值与钻井液滤液矿化度、电阻率值接近时，地层产纯油；当水样矿化度、电阻率值与钻井液滤液矿化度、电阻率值差异较大时，若水样体积含量超过流体总体积的 15% 时，地层产油和水。

• 气水样：当水样矿化度、电阻率值与钻井液滤液矿化度、电阻率值接近时，地层产纯气；当水样矿化度、电阻率值与钻井液滤液矿化度、电阻率值差异较大时，若水样体积含量超过流体总体积的 15%，地层产气和水。

• 水样：当水样矿化度、电阻率值与钻井液滤液矿化度、电阻率值接近时，则水样为钻井液滤液；当水样矿化度、电阻率值与钻井液滤液矿化度、电阻率值差异较大时，地层产水。

5.2.4.3.2　油气水层解释结论

依据企标 Q/HS YF 226—2013《探井测井资料处理与解释规范》，对孔隙型或以孔隙型为主的储层，测井解释结论划分为：油层、差油层、油水同层、含油水层、气层、气水同层、含气水层、差气层、含气层、水淹层、水层、干层、可疑油 / 气层。其测井解释结论划分标准参见表 5.4。

5.2.4.4　解释成果表

根据 5.2.4.2 中的读值结果，依照附录 F.1 的格式编制测井解释成果表，主要包含地质层位、层号、起止深度、厚度、深探测电阻率、密度、中子、声波、自然伽马、泥质含量、孔隙度、含水饱和度、渗透率、核磁共振孔隙度（可动孔隙度、有效孔隙度、总孔隙度）、解释结论以及备注信息，并对解释层数及厚度进行统计汇总，参数书写规范参照中国海洋石油集团有限公司制订的测录试业务数据规范（2021）。

表 5.4　测井解释结论级别划分表

解释结论	分类描述
致密层或干层	（1）井深大于 2000m，流动压差达到地层压力的 50%，其油水流量小于 5m³/d 或天然气流量小于 5000m³/d 的含油、气、水地层，定为致密层； （2）井深小于 2000m，流动压差达到地层压力的 50%，其油水流量小于 3m³/d 或天然气流量小于 3000m³/d 的含油、气、水地层，定为干层
油层	产液中原油含水率小于 5% 的产层
差油层	低产油层，不经过特殊作业处理时为 3～10m³/d
含水油层	油、水同出，产液中含水率（f_w）大于 5% 而小于 30% 的产层
油水同层	油、水同出，含水率（f_w）在 30%～70% 的产层
含油水层	油、水同出，含水率（f_w）大于 70% 而小于 95% 的产层
气层及凝析气层	（1）气层：在地层条件下呈气相存在，产出以天然气甲烷为主的气层； （2）通常每方气体含 100g 凝析油时为湿气；不足 100g 时称为干气； （3）凝析气层：在地层条件下呈气相存在，高气油比，原油密度低于 0.786g/cm³ 的气层
差气层	低产气层，不经过特殊作业处理时为 3000～10000m³/d
含水气层	气、水同出，产液中含水率（f_w）大于 5% 而小于 30% 的产层
气水同层	气、水同出，含水率（f_w）在 30%～70% 的产层
含气水层	气、水同出，含水率（f_w）大于 70% 而小于 95% 的产层
可疑油 / 气层	由于资料不齐全或其他原因难以判断，但不是致密层或水层
水层	产液中含水大于 95% 的产层

5.3　裂缝性储层测井解释与评价

5.3.1　裂缝性储层响应特征

5.3.1.1　常规资料测井响应

裂缝性储层一般分为裂缝型储层、孔洞型储层、缝洞复合型储层。

5.3.1.1.1　裂缝型储层

（1）碳酸盐岩裂缝层大多为低自然伽马而吸附放射性铀的裂缝层，呈现为高伽马值。火成岩地层分为基性火成岩和酸性火成岩，基性火成岩自然伽马值最低，酸性火成岩自然伽马值最高。

（2）井径呈锯齿状或增大的尖峰状，双井径曲线定向扩大呈椭圆状。

（3）补偿中子孔隙度大于骨架值。

（4）体积密度低于骨架值，当使用重晶石钻井液钻井时，光电吸收截面指数高于骨架值。

（5）声波时差增大，尤其是斯通利波增大明显。

（6）声波全波测井声波幅度明显衰减，尤其是斯通利波的幅度衰减明显。

（7）一般情况下，电阻率值明显降低，电阻率的降低程度受裂缝的发育程度，包括有效性、密度、宽度、角度等因素的影响。

5.3.1.1.2 孔洞型储层

（1）自然伽马往往出现高值，大于纯石灰岩地层的自然伽马值，其幅度值的高低取决于有无泥质充填。

（2）井径异常增大，对于无充填的洞穴，井径可达到仪器的最大探测范围；如果泥质充填程度高，井径可能无明显变化。

（3）中子孔隙度异常增大。

（4）密度测井值显著降低。

（5）声波测井曲线在溶洞发育段，声波时差增大；同时声波幅度明显衰减，尤其是斯通利波幅度衰减显著。

（6）斯通利波变密度图像有“人”字反射。

（7）双侧向曲线：在溶洞段，双侧向电阻率明显低于正常沉积地层的电阻率，深浅双侧向具有大幅度正差异，即使在溶洞有泥质全部充填的情况下，深浅双侧向仍具有较大的正差异。用此特征可以区分溶洞充填泥质和正常沉积泥质。

（8）钻井过程中有钻具放空、钻井液漏失等特征。

5.3.1.1.3 缝洞复合型储层

（1）密度测井值降低。

（2）中子孔隙度增大。

（3）声波时差增大，尤其是斯通利波增大明显。

（4）声波幅度明显衰减，尤其是斯通利波幅度衰减显著。

（5）一般情况下，电阻率值明显降低。电阻率的降低程度受裂缝的发育程度，包括有效性、密度、宽度、角度等因素的影响。

5.3.1.2 声电成像识别孔洞缝

5.3.1.2.1 声电成像资料预处理

（1）电成像资料预处理。

① 图像处理之前进行深度检查，成像深度与常规测井深度应一致；若不一致，使用自然伽马校深。

② 测斜检查：分别对成像测井的三分量加速度和三分量磁测量信息的 X 和 Y 分量绘制交会图，来判断测斜数据的可靠性。如果测斜数据可靠，则表明成像测井的资料采集质量是符合要求的。交会图呈圆形或弧形，则说明测斜数据是可靠的；反之，交会图为杂乱数据，或圆心偏离坐标原点，说明测斜数据不可靠，需要对其进行校正。经过 XY 轴的磁分量或者加速度分量校正处理后，图像的规律性扭曲现象消失。

③ 加速度校正：校正因仪器测井速度不均匀而产生的图像错位，主要用来改善仪器遇卡引起的图像拉伸现象。

④ 纽扣电极深度对齐：消除因仪器设计导致的纽扣电极深度差异。

⑤ 图像均衡处理：对极板间和纽扣电极间的数据进行均衡处理，改善图像效果。

⑥ 自动增益校正：确保测量值正确反映地层电阻率信息。

⑦ 异常纽扣电极剔除：目的是剔除异常纽扣电极数据。异常电极表现为：零或无效的负值；某个电极方差变化过于平缓或剧烈。通过异常纽扣电极剔除，利用相邻电极插值完成校正，消除异常纽扣电极的影响。

（2）声成像资料预处理。

① 图像处理之前进行深度检查，成像深度与常规测井深度应一致；若不一致，使用自然伽马校深。

② 加速度校正：校正因仪器测井速度不均匀而产生的图像错位。

③ 深度与方位曲线重采样：当方位、深度曲线与加速度校正后输出深度曲线纵向采样间隔不同时，应对声成像数据进行重采样；重采样不进行深度移动与方位旋转，确保方位曲线、深度曲线及声成像数据间的纵向匹配。

④ 图像居中校正：根据井径、井眼半径等信息，结合方位曲线进行声波幅度居中校正。

⑤ 方位匹配校正：声成像和电成像同时测量时，如两者图像存在相对方位差异，应分析判断并校正保持两者图像方位一致。

5.3.1.2.2 声电成像孔洞缝识别方法

（1）裂缝型储层。

① 高阻矿物充填的闭合缝在电成像上表现为亮色的正弦曲线，而张开缝与泥质充填的闭合缝在电成像上均为暗色的正弦线（图 5.1）。

② 在声成像图上，张开缝的幅度和时间图像均显示为非均匀的暗色正弦曲线；泥质充填的闭合缝的幅度图像显示为暗色的正弦曲线，而时间图像无裂缝特征显示。

（2）孔洞型储层。

① 在电成像图像上，溶蚀孔洞的高电导率异常边缘呈浸染状并较圆滑，在 360°方位上随机分布，且大小不一（图 5.2）。孔洞通常应用岩心标定图像进行孔洞解释。

② 在声成像图像上，溶蚀孔洞在时间与幅度图像上均表现为与孔洞本身形状一致的暗色团块。

（3）缝洞复合型储层。

① 在电成像图像上既有裂缝成像特征又有孔洞成像的特征。

② 在声成像的时间和幅度图像上既有裂缝成像特征又有孔洞成像的特征。

（4）诱导缝识别。

① 压裂缝：高密度钻井液与地应力的不平衡性造成压裂缝，它们径向延伸不远，张开度和纵向延伸可能会很大，在电成像图上以及声成像幅度图像上表现为相差 180°或近于 180°方位的两条暗色竖线对称地出现在井壁上，在声成像时间图像上无显示。

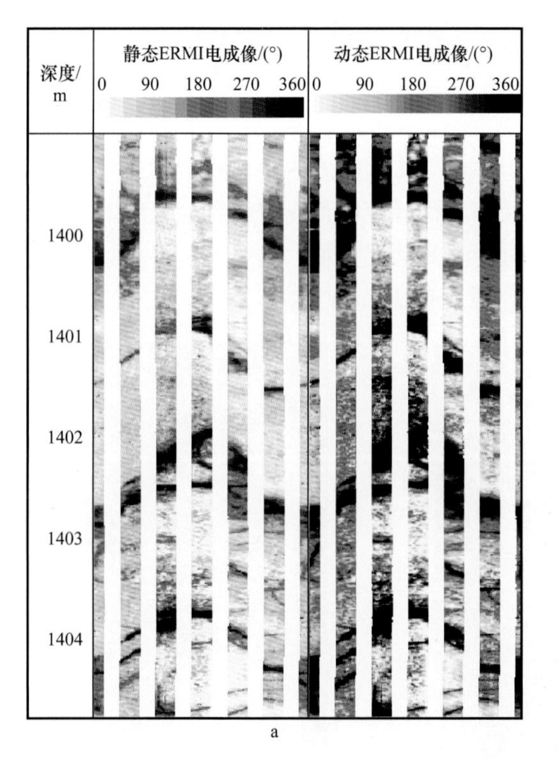

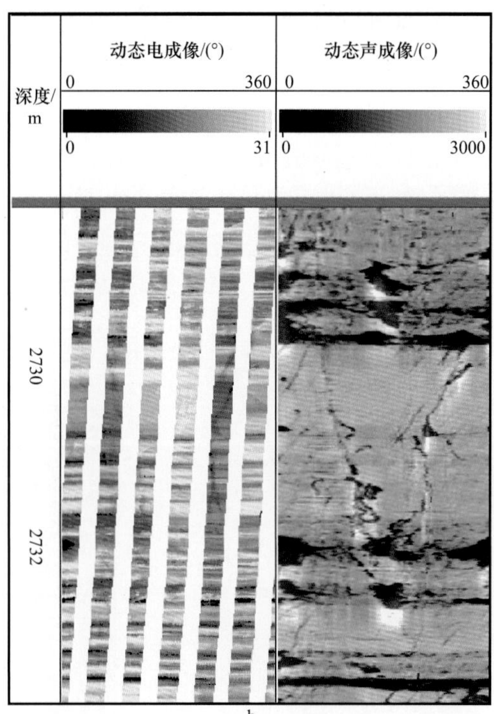

图 5.1 高导缝 a、高阻缝 b

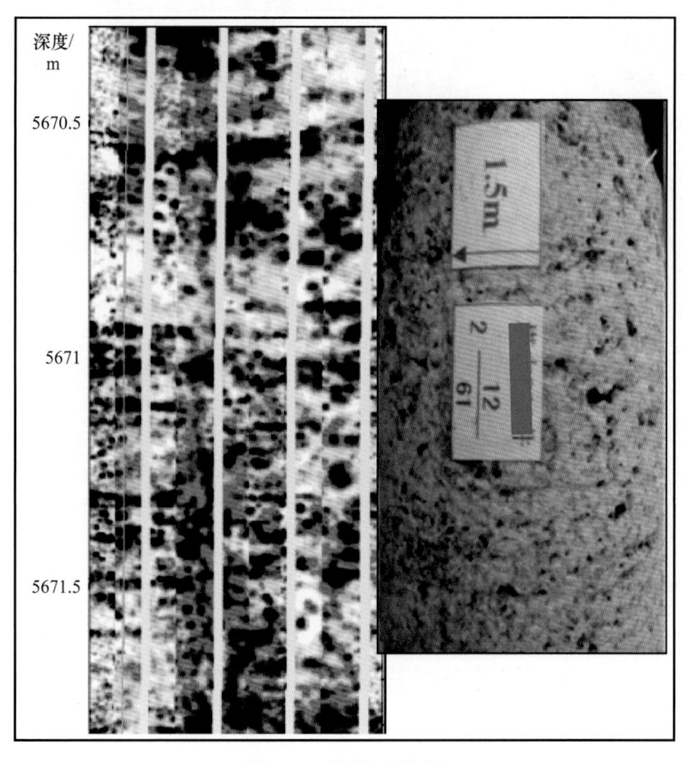

图 5.2 孔洞型储层

② 钻井诱导缝：钻井过程中由于钻具的震动所形成的裂缝，十分微小且径向延伸很短，在电成像图上以及声成像幅度图像上一般呈羽状或雁行状排列，在声成像时间图像上无显示。

③ 应力释放裂缝：古构造应力未得到释放的地层，一旦被钻开，将产生一组与之相关的裂缝。这种应力释放裂缝在电成像图上以及声成像幅度图像上是一组接近平行的高角度缝，且裂缝面十分规则（图 5.3），在声成像时间图像上无显示。

④ 对于垂直井眼，诱导缝总是出现在最大水平主应力方向上。

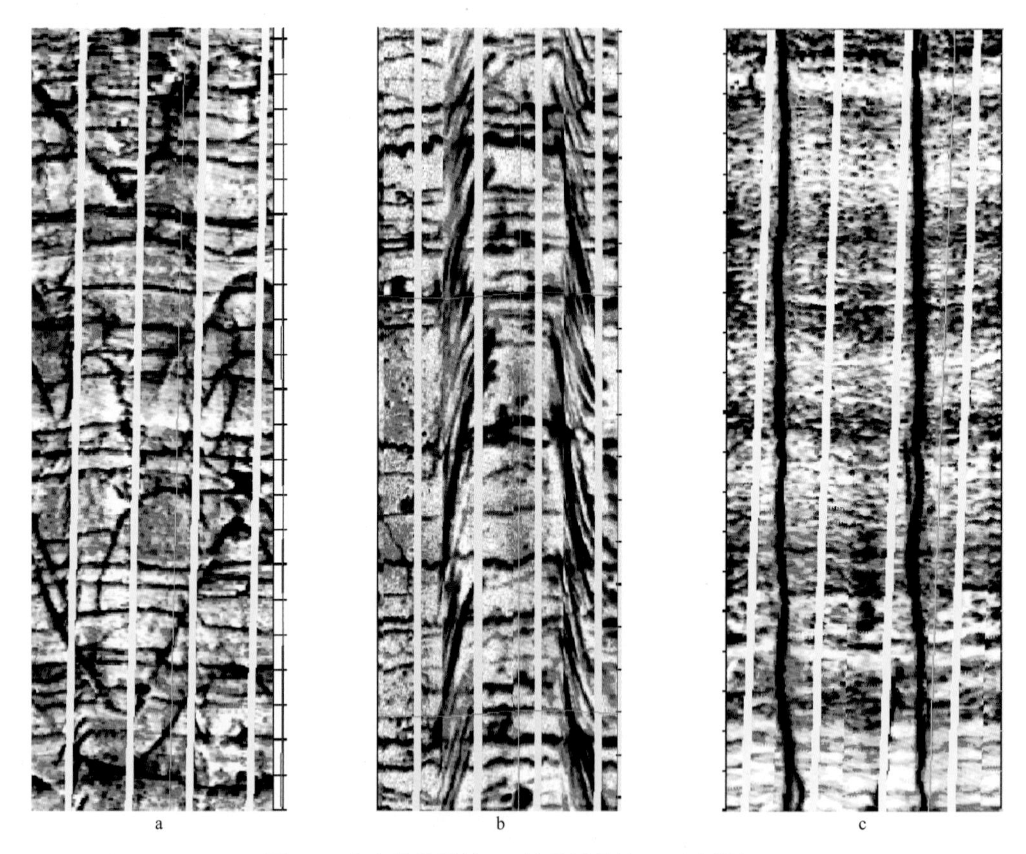

图 5.3　应力释放裂缝 a、钻井诱导缝 b、压裂缝 c

（5）井眼崩落识别。

① 井眼崩落的特征：在声电成像图上呈 180°对称分布，在相距 180°方向上始终呈两条垂向暗色条带，井眼崩落的方位为地层现今最小水平主应力方位。井眼崩落原因是井孔周围最大水平主应力与最小水平主应力的应力差大于地层中岩石的剪切强度时，井眼就会产生崩落掉块，形成椭圆形井眼，如图 5.4 所示。

② 钻井过程中应力崩塌可形成椭圆井眼，利用双井径曲线和 1 号极板方位角曲线能够探测椭圆井眼的方位。椭圆井眼长轴方位就是最小水平主应力方位，对存在椭圆井眼现象井段的长轴方位进行统计，并绘出方位频率图，此方位就代表最小水平主应力方位，与之垂直的方位就是最大水平主应力方位。

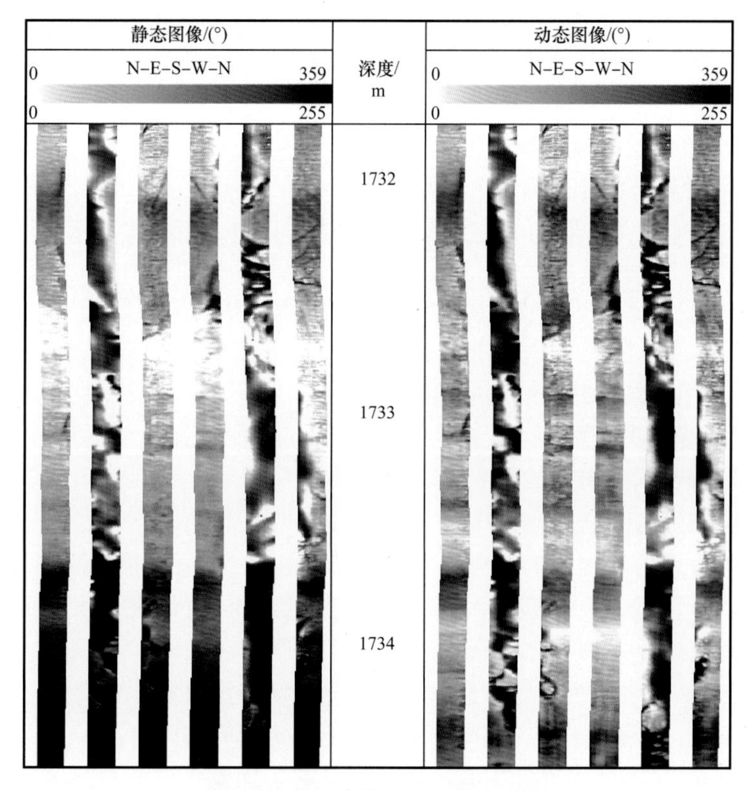

图 5.4 井眼崩落方向为近东西向

5.3.2 裂缝性储层资料处理

5.3.2.1 确定矿物成分和孔隙度

岩石由各种矿物组成，矿物由多种元素构成。确定岩石中矿物组分的方法有许多，其大致可分为定性识别和定量分析。定性识别主要有肉眼识别法和薄片观察法等，定量分析主要有差热法、红外光谱法、X 射线衍射法、X 荧光光谱法、扫描电镜法等。在测井领域，确定岩石的矿物成分和孔隙度主要有两种方法，一是基于常规测井曲线的约束最优化模型法确定矿物组分及孔隙度，二是基于地层元素测井确定矿物含量和孔隙度。

5.3.2.1.1 基于常规测井曲线的约束最优化模型法确定矿物组分及孔隙度

地层对于测井仪器的响应方程可由岩石体积物理模型表示。例如，声波测井的响应方程为

$$\begin{aligned}\Delta t = \Delta t_{\text{gas}} x_{\text{gas}} + \Delta t_{\text{water}} x_{\text{water}} + \Delta t_{\text{sh1}} x_{\text{sh1}} + \Delta t_{\text{sh2}} x_{\text{sh2}} + \cdots + \\ \Delta t_{\text{sh}k} x_{\text{sh}k} + \Delta t_{\text{ma1}} x_{\text{ma1}} + \Delta t_{\text{ma2}} x_{\text{ma2}} + \cdots + \Delta t_{\text{ma}k} x_{\text{ma}k}\end{aligned} \tag{5.27}$$

式中 Δt_{gas}，Δt_{water}，Δt_{sh1}，Δt_{sh2}，$\Delta t_{\text{sh}k}$，Δt_{ma1}，Δt_{ma2}，…，$\Delta t_{\text{ma}k}$——地层中气、水、黏土矿物（1～k 种）、岩石骨架矿物（1～k 种）的声波时差值。

同理，补偿中子、密度以及其他测井曲线都可以写成上述形式。公式（5.27）可以简写为

$$\sum_{j=1}^{n}\Delta t_j x_j = \Delta t_{\mathrm{b}} \qquad (j=1,2,\cdots,n) \tag{5.28}$$

式中　n——组成地层的组分个数；

x_j——第 j 种组分的相对含量。

同理可写出其他测井仪器的响应方程，并组成方程组，用通式表示为

$$\sum_{j=1}^{n}A_{ij}x_j = B_i \qquad (i=1,2,\cdots,m) \tag{5.29}$$

式中　A——某种组分的测井曲线响应值；

m——测井仪器的个数；

x_j——第 j 种组分的相对含量；

B——地层对测井仪器的响应值。

求解以上由 m 个方程组成的方程组，就可以求得 x_j，这就是根据测井曲线反演地层矿物组分的思路。具体地，在模型中，所求地层组分数 n 与测井曲线条数 m 组成的方程组存在以下三种情况：

（1）m 小于 n，方程组为欠定方程，有无穷多个解，没有实际意义。

（2）m 等于 n，方程组平衡，有唯一解，但不一定具有实际意义。

（3）m 大于 n，方程组为超定方程，有多解，有最优解。

为了使求解的结果合乎地质意义并符合地层实际情况，需要在式（5.29）中加入有关的约束条件，即：

$$\begin{cases}\sum_{j=1}^{n}A_{ij}x_j = B_i \quad (i=1,2,\cdots,m)\\ \text{约束}R\text{：}\sum_{j=1}^{n}x_j = c\\ 0\leqslant x_j\leqslant x_{\max j} \quad (j=1,2,\cdots,n)\end{cases} \tag{5.30}$$

式中　c、$x_{\max j}$——常数，在地层组分分析程序中，c=1；

$x_{\max j}$——第 j 种组分的最大相对体积。

式（5.30）为一带约束条件的超定线性方程组。

由最小二乘法原理，解式（5.30）这一带约束条件的线性方程组的问题可转换成以下求极值问题，即实际测井值与求解出的组分反算（即正演）的理论测井值残差的平方和最小：

$$\begin{cases}\min f(\boldsymbol{x}), f(\boldsymbol{x}) = \sum_{i=1}^{m}\left(\sum_{j=1}^{n}A_{ij}x_j - B_i\right)^2\\ \text{约束}R\text{：}\sum_{j=1}^{n}x_j = c\\ 0\leqslant x_j\leqslant x_{\max j} \quad (i=1,2,\cdots,m; j=1,2,\cdots,n)\end{cases} \tag{5.31}$$

式中 $f(\boldsymbol{x})$——目标函数。

公式（5.31）构成了最优化方法的数学模型。

根据最优化方法计算孔隙中流体组分水和气的相对含量，两种组分相对含量之和即为储层孔隙度：

$$\phi = x_w + x_{gas} \tag{5.32}$$

式中 ϕ——孔隙度；

x_w——水的相对含量；

x_{gas}——气的相对含量。

5.3.2.1.2 基于地层元素测井确定矿物含量和孔隙度

地层中矿物的种类及含量对地层矿物识别、岩性划分、确定地层黏土含量与类型、计算骨架参数以及研究沉积环境等方面，均有着非常重要的意义。

元素俘获测井作为一项测井新方法新技术，可以直接测量得到 Si、Al、Fe、Ca、K、Mg、S、Ti 和 Gd 等元素的含量。通过建立元素和矿物之间的定量关系，可以将元素含量转换得到矿物含量。Si、Al、Fe、Ca、K、Mg 和 S 元素是地层的主要组成元素，通过这几种元素可以确定地层岩石主要矿物的含量，即可以确定岩石骨架的主要组成部分。

首先，元素俘获测井仪测量的非弹性散射和俘获伽马能谱是测量地层所有元素的伽马能谱的叠加，因此需要从混合能谱中区分各元素的贡献，并得到每种元素的产额。然后，通过闭合模型法可以将解谱得到的元素产额进行重新归一化，进而转换成元素的质量分数。最后，可以通过实验或最优化算法建立地层元素与矿物两者之间的定量关系。国内外学者进行了大量的实验和分析工作，首先分析样品岩心中主要元素的含量，再通过 XRD 分析主要矿物的含量，然后统计分析这些元素与矿物之间的定量关系。在对全球范围内的大量岩心进行实验、分析、统计和研究后，Herron 提出了通过元素含量转换为矿物含量的关系式：

$$E_i = \sum_{j}^{n} C_{ij} M_j \tag{5.33}$$

式中 E_i——第 i 种元素的质量分数；

C_{ij}——第 j 种矿物中第 i 种元素的含量，是元素含量与矿物含量的转换系数；

M_j——第 j 种矿物的质量分数。

通过确定元素含量和矿物含量之间的转换关系，可以把元素含量转换成矿物含量。根据不同的岩性选择，建立从元素含量向矿物含量转换的模型，通过相应的转换关系，借助最小二乘方法和广义逆矩阵求解线性方程组的方法，采用地层元素测井得到的元素含量，从而计算出地层中的矿物含量。获取地层中的矿物成分后，根据各矿物成分的密度值以及矿物含量确定岩石骨架的密度值，进而计算孔隙度。

5.3.2.2 确定裂缝参数

裂缝参数计算包括视裂缝宽度、视裂缝累计长度、视裂缝水动力宽度、视裂缝密度、视裂缝面积孔隙度及视裂缝体积孔隙度计算。

（1）视裂缝宽度计算方法见公式（5.34）。

$$W = CAR_{\mathrm{m}}^{b} R_{\mathrm{xo}}^{1-b} \tag{5.34}$$

式中 W——视裂缝宽度，mm；

R_{xo}——侵入带电阻率（浅电阻率标定后的极板数据代替），Ω·m；

R_{m}——钻井液电阻率，Ω·m；

C、b——与仪器相关的系数；

A——由裂缝造成的电导异常的面积，mm^2/（Ω·m）。

（2）视裂缝累计长度计算方法见公式（5.35）。

$$L = \int \sqrt{1+\left(y'\right)^2}\,\mathrm{d}x \tag{5.35}$$

式中 L——视裂缝累计长度，$\mathrm{m/m^2}$；

y'——轨迹函数（正弦函数）求导。

（3）视裂缝水动力宽度计算方法见公式（5.36）。

$$W_{\mathrm{h}} = \sqrt[3]{\frac{\sum W_n^3}{n}} \tag{5.36}$$

式中 W_{h}——视裂缝水动力宽度，mm；

W_n——单条裂缝宽度，mm。

（4）视裂缝密度计算方法见公式（5.37）。

$$F_{\mathrm{d}} = \frac{m}{L} \tag{5.37}$$

式中 F_{d}——视裂缝密度，条 /m；

m——窗长统计的裂缝条数，条；

L——统计的裂缝长度，m。

（5）视裂缝面积孔隙度计算方法见公式（5.38）。

$$\phi_{\mathrm{f}} = \frac{S_{\phi_{\mathrm{f}}}}{S} \qquad S_{\phi_{\mathrm{f}}} = \sum W_i L_i \tag{5.38}$$

式中 ϕ_{f}——裂缝面积孔隙度，%；

W_i——单条裂缝宽度，mm；

L_i——单条裂缝长度，mm；

$S_{\phi_{\mathrm{f}}}$——裂缝孔隙面积，mm^2；

S——测量岩石总表面积，mm^2。

（6）视裂缝体积孔隙度计算方法见公式（5.39）。

$$\phi_v = \sum \sqrt{1+\tan^2\theta_i} W_i \tag{5.39}$$

式中 ϕ_v——视裂缝体积孔隙度，%；

θ——裂缝视倾角，(°)。

5.3.2.3 确定孔洞参数

孔洞参数计算包括视孔洞密度、视孔洞面孔率及视孔洞平均大小计算。

（1）视孔洞密度计算方法见公式（5.40）。

$$F_{AVD} = \frac{\sum C}{\pi BW} \tag{5.40}$$

式中 F_{AVD}——视孔洞密度，个/m^2；

C——单位窗长内的孔洞个数，个；

B——钻头直径，m；

W——单位窗口长度，m。

（2）视孔洞面孔率计算方法见公式（5.41）和公式（5.42）。

$$\phi_v = \frac{\sum S_C}{\pi BW} \times 100 \tag{5.41}$$

$$S_C = \sum P_t R_H R_V \tag{5.42}$$

式中 ϕ_v——视孔洞面孔率，%；

S_C——单位窗长内单个孔洞面积，m^2；

P_t——单个纽扣电极覆盖面积，m^2；

R_H——横向分辨率，%；

R_V——纵向分辨率，%。

（3）视孔洞平均大小计算方法见公式（5.43）。

$$\mathrm{AVS} = \frac{S_C}{n} \tag{5.43}$$

5.3.3 裂缝性储层解释标准

由于裂缝性储层参数反映了裂缝发育程度，同时还受到一些非裂缝因素的影响，因此需要综合分析裂缝性储层参数，建立不同类型裂缝性储层的测井解释标准。由于目前还没有形成一套能够适用于全海域的裂缝性储层解释标准，本分册分别选取了变质岩潜山裂缝性储层、碳酸盐岩裂缝性储层和花岗岩潜山裂缝性储层，形成了裂缝性储层有效厚度解释标准（表5.5），以供参考。

表 5.5 裂缝性储层有效厚度解释标准

层位	岩性	油气层类型	储层类型	物性	含油性		测井定性标准				测井定量标准							参考油气田
				孔隙度/%	钻井取心	井壁取心	录井	常规测井	成像测井	阵列声波测井	深侧向电阻率/Ω·m	纵波时差/μs/ft	电阻率与纵波时差比值	纵波时差与骨架时差差值/μs/ft	斯通利波时差差值/μs/ft	深浅侧向电阻率比值*纵波时差	气测总烃相对幅度值/%	
太古宇	变质花岗岩、片麻岩、闪长玢岩、辉绿岩	气层	孔隙型、裂缝—孔隙型、孔隙—裂缝型	≥2	荧光及以上	荧光及以上	气测总烃相对较高，气测组分齐全	高阻背景下的低阻特征，三孔隙度增大，深浅侧向有一定的幅度差	直观识别潜山地层裂缝发育段	时差变大，幅度衰减，各向异性增强，斯通利波时差差值增大	≤510	≥53	—	—	≥4	—	—	渤中19−6气田
			裂缝型	—	—						—	—	—	—	—	—	—	
	变质花岗岩、片麻岩	油层	孔隙型、裂缝—孔隙型、孔隙—裂缝型	≥3	荧光及以上	荧光及以上					—	—	—	—	—	≥90	—	锦州25−1S油气田
古生界	石灰岩和白云岩	油层	孔隙型、裂缝—孔隙型、孔隙—裂缝型、裂缝型	≥2	荧光及以上	荧光及以上					≤1000	—	≤22	≥3	—	—	≥8	曹妃甸2−2油田
中生界	二长花岗岩、花岗闪长岩	油层	孔隙型、裂缝—孔隙型、孔隙—裂缝型、裂缝型	≥4	荧光及以上	荧光及以上					≤210	—	—	—	≥5	—	—	蓬莱9−1油田
	花岗岩、闪长岩、玄武安山岩	油层	孔隙型、裂缝—孔隙型、孔隙—裂缝型、裂缝型	≥3	荧光及以上	荧光及以上					—	—	—	—	—	—	—	永乐8−3油田
	花岗岩、闪长岩、动力变质岩	油层	孔隙型、裂缝—孔隙型、孔隙—裂缝型、裂缝型	≥2	荧光及以上	荧光及以上					≤500	≥56	—	—	—	—	—	惠州26−6油田

5.4 应提交的成果及相关资料

组织完成现场解释与评价工作后，应提交如下成果：

（1）常规解释成果：成果图、成果数据。

（2）核磁共振处理解释成果：成果图、成果数据。

（3）声电成像处理解释成果：成果图、成果数据。

（4）解释报告，包括解释模型、解释参数及解释成果图表。

6 测井作业常见问题处理建议

测井作业受井场作业环境、井眼状况、地层因素、仪器设备适用性、测量方式和人为操作等因素影响，易出现复杂情况。本章通过对近年来常见的测井作业问题进行综合分析，提出现场作业注意事项及建议，旨在为测井监督现场作业提供参考。

6.1 现场作业注意事项及建议

6.1.1 井场作业环境

6.1.1.1 作业现场

（1）测井作业前应为测井作业提供充足的作业场地。

（2）检查坡道上是否有妨碍测井作业的杂物。

（3）在套管上作业时应铺设钢板，防止作业人员滑倒、挤伤。

（4）检查通信设备（网络、电话、对讲机等）是否通畅。

（5）测井操作间到钻台应视线开阔，夜间作业应保证钻台灯光适当。

（6）钻台应干净清洁，防止作业人员滑倒。

（7）电缆测井期间禁止动用电气焊等热工作业，火工品作业期间应保持无线电静默。

（8）检查测井设备固定情况、天地滑轮与张力计的安装是否符合要求、井口防护设备是否配备齐全等。

（9）电缆测井作业期间严禁跨电缆吊运货物。

（10）交叉作业时，需在作业前进行沟通，并在作业过程中安排专人指挥协调。

（11）半潜式钻井平台应注意检查钻柱升沉补偿器的使用状况，检查安全绳是否配备。

6.1.1.2 特殊测井项目要求

（1）核磁共振仪器探头部分有非常强的静磁场，任何铁磁性物质都必须远离仪器探头部分，以防强磁引起的危险。当持导磁物体靠近仪器探头部位时需特别小心，以防吸附造成危险。身体装有心脏起搏器或其他金属部件的人必须离核磁共振仪器至少1.5m以上；信用卡、手表等带有磁性的介质至少要保持1.5m以上，以防被毁坏。必要时，应在探头上加装磁性防护罩。探头存放时应有明显的强磁警示；探头在空气中激发（不加直流高压）的射频磁场对人体有害，人员应在距探头 1m 范围以外。

（2）操作化学放射源时，应拉好警示带，设置“电离辐射”警示标志，无关人员不得进入；装卸源及带源仪器出入井前后应全船广播，并确认钻台附近无交叉作业人员。

（3）当海上有六级及以上风浪时，应停止进行非零偏 VSP 作业。如继续作业，可在下风处把空气枪放入海水中，并将连接空气枪的电缆固定在甲板栏杆上。作业时要时常检查空气枪是否被吹向桩腿。

6.1.2 井眼状况

6.1.2.1 井眼轨迹

测井设计需充分考虑井眼轨迹的影响，避免造成测井仪器阻卡和资料质量问题。

（1）井斜较大或井眼轨迹复杂时，宜采用随钻测井。

（2）方位性测井应考虑测量盲区问题，提前调整作业方案。

（3）井况较差时，应考虑采用随钻无源中子密度、随钻声波或随钻核磁共振来代替放射性测井。

6.1.2.2 钻井液性能

根据不同的钻井液类型选择适用的测井仪器。

（1）核磁共振测井前应在循环通道放置超强磁铁，清除钻井液中的铁屑。

（2）核磁共振测井仪器要求钻井液电阻率大于或等于 0.02Ω·m，电成像仪器要求地层电阻率与钻井液电阻率的比值小于 20000。当钻井液性能不满足要求时，应提前制订处理方案。

（3）塑料小球、堵漏材料等钻井液固相添加剂会堵塞测压取样仪器管线或探针，随钻测井时可能会造成 MWD 工具流道堵塞，导致仪器无法传输信号等。需要根据实际情况对钻井液固相添加剂的粒径、数量、添加时机等进行优化。

（4）在水基钻井液中进行电成像测井时，应严格控制钻井液中磺化沥青或油分散剂的添加量。

6.1.3 仪器优选及组合方式

6.1.3.1 仪器优选

仪器设备的选择应满足以下条件：

（1）遵守作业所在国家及当地政府的法律、法规、条例，以及公司的各项安全管理规定。

（2）充分考虑区域测井的一致性、完整性和可对比性，根据油藏特征、地质特点、工程问题、井型、井眼尺寸、钻井液类型及性能、井温及压力等因素，选择安全、经济、高效的测井仪器和设备。

6.1.3.2 测井组合及方式

综合考虑测井项目、测量环境、通信兼容等因素优化测井系列组合和测量方式。

（1）不同代、不同系列仪器组合作业时，应考虑通信的兼容性；通信兼容且井况满足要求时，可考虑多种测井项目组合作业。

（2）深井 / 超深井应采用超强电缆；高温井应采用高温仪器；井筒中含腐蚀性气体时，应采用防腐蚀性电缆和仪器。

（3）应根据现场实际情况，决定大满贯是否分开测量。

（4）电成像测井的次序应在核磁共振测井之前，避免因地层被磁化造成电成像无法分辨极板方位的情况。

（5）随钻测井时，水力振荡器会影响钻井液脉冲信号传输，同时也会因较强的震动造成测井工具元器件损坏，其连接位置应尽量远离随钻测井工具。

（6）方位性随钻测井仪器在滑动钻进时，可能会造成方位性测井数据的失真，应及时补测。

（7）脉冲中子源会活化地层导致自然伽马数据失真，应提前优化测井仪器组合和测量方式。

6.1.3.3 地层岩性与仪器匹配性

测井仪器的选择要充分考虑储层岩性和物性特征：

（1）根据地层岩性、埋藏深度、声波时差及密度值等选择合适的取心仪器。

（2）若实钻情况与地质设计出现较大差异，需变更测井设计时，应及时向主管领导汇报并提出设计变更建议。如在缝洞型潜山储层，应根据实钻情况建议增加自然伽马能谱、交叉偶极子声波、成像、元素及双封隔器取样等测井项目。

6.1.4 常见遇卡原因分析及应对措施

测井作业过程中的遇卡主要有压差黏卡、键槽卡、套管鞋处遇卡、侧钻井窗口处遇卡、井底沉砂或井眼不稳定导致的遇卡等，通过增强仪器通过性、缩短停留时间、控制测井速度和张力等措施预防遇卡。

6.1.4.1 压差黏卡

由于井筒内钻井液液柱压力和地层压力的差值较大而导致电缆或仪器发生压差黏卡。当仪器或电缆切入滤饼时，在压差的作用下迫使仪器或电缆压靠井壁。如果黏附产生的力大于最大安全张力，就会造成黏卡。由于重复地层测试作业时仪器及电缆静止时间较长，发生压差黏卡的风险相对较高。

预防措施：

（1）常规测井作业时应避免电缆和仪器长时间静止，裸眼静止时间应小于 3min。

（2）合理配置扶正器的数量和位置。

（3）电缆取样作业期间应按照黏卡试验情况按时活动电缆。

（4）一旦发现电缆有黏卡迹象，应尽快上提并活动仪器。

6.1.4.2 键槽卡

在定向井进行电缆测井作业时，电缆在造斜井段容易磨出键槽而嵌入地层，由于鱼雷及仪器直径大于电缆无法通过键槽，从而造成键槽卡。

预防措施：

（1）在条件允许的情况下，尽量采取组合测井，减少仪器下井次数，降低因电缆摩擦形成键槽的机会。

（2）合理配置扶正器数量和位置，使仪器和井壁间保持一定的间隙，防止仪器头在键槽处遇卡。

6.1.4.3 套管鞋处遇卡

（1）套管有损伤变形或套管接箍处裂口时，电缆或仪器易在套管变形处遇卡。

（2）套管鞋破裂或变形时，仪器易在套管鞋处遇卡，表现为遇卡深度与套管鞋深度一致，仪器本体在套管鞋以下。

预防措施：

（1）在仪器头附近加装扶正器，使仪器居中。

（2）仪器串以较低的速度通过套管鞋位置，发现遇阻或遇卡情况，及时反向活动。

（3）如仪器上提过程中在套鞋处有遇卡显示，可快速下放使仪器远离遇卡位置，然后缓慢上提，反复尝试直至仪器通过套管鞋。

6.1.4.4 侧钻井窗口处遇卡

（1）侧钻窗口套管边缘呈齿状，易阻挂测井电缆或仪器。

（2）窗口处水泥环由于受震动破碎，加之钻井液冲蚀，易形成台阶导致台阶卡。

（3）合理配置扶正器，仪器通过窗口时应降低速度并关注张力变化，及时判断阻卡情况。

6.1.4.5 井底沉砂

（1）由于井底沉砂过多，易导致仪器遇卡。

（2）仪器下放至井底前，应上提称重，记录正常上提张力，并计算井底最大安全张力；然后以低于正常下放速度的速度继续下放至井底，尽量缩短仪器在井底的停留时间，及时上测。

6.1.4.6 井眼不稳定

井眼不稳定主要表现为地层膨胀造成井眼缩径、井壁失稳产生掉块甚至坍塌等，通常会造成起下钻不畅，测井期间仪器频繁遇阻、遇卡等复杂情况。在测井作业过程中，井壁掉块易堆积在仪器的顶部或者卡在仪器与井壁之间，造成仪器遇卡；细碎的井壁掉块易在井筒内堆积形成砂桥，造成测井仪器下放遇阻或上提遇卡。

预防措施：

（1）测井前应收集钻井井史和地质录井资料，充分了解井眼情况。

（2）仪器下放速度应低于正常下放速度，密切关注悬重和张力变化，发现遇阻立即停止下放，并上提仪器。

（3）下放仪器接近井底时，应避免快速下冲，防止仪器遇卡。

（4）当上测遇卡时，过提张力应不得超过 1500lbf。若过提 1500lbf 仍未通过遇卡点，应立即停止上测并收回仪器推靠臂；若仍未解卡，应缓慢下放电缆并放活仪器，重新尝试通过遇卡点。若仪器始终无法放活，则应逐步提高上提张力，直至解卡或达到最大安全张力。

6.1.5　测井作业常见问题原因分析

6.1.5.1　仪器及附件落井

在测井作业过程中，由于电缆头弱点、电缆或仪器串断裂，导致测井仪器部分或全部掉入井内，无法正常起出，称为仪器落井，主要有以下几种原因：

（1）当仪器遇卡时，由于最大安全张力计算不准确、张力指示存在问题或其他原因等导致上提张力超过最大安全拉力，仪器从弱点处断开。

（2）绞车面板出现故障，或张力线、张力计等出现故障，不能正确显示张力或者显示的张力小于实际的张力，导致拉断弱点。

（3）绞车系统调压阀调节不当，遇卡时未及时采取措施，拉断弱点造成仪器落井。测井绞车大多采用液压驱动，并且装有系统调压阀，其作用是调节液压系统的拉力大小。顺时针旋转调压阀，系统拉力逐渐增大；逆时针旋转，系统拉力逐渐减小。通过调压阀的调节，既要保障系统有足够大的拉力，又能确保系统达到设定的拉力时会自动卸载，避免拉断弱点。

（4）张力计安装在地滑轮上，而绞车面板上的系数 K 设置过小，导致张力面板显示的拉力小于实际拉力。在仪器遇卡时，上提的拉力超过最大安全拉力，造成仪器落井。

（5）马笼头、花键、锥体等部件存在质量缺陷，造成仪器落井。

（6）张力棒、电缆与电极、电极与仪器之间的连接部位均为薄弱点，如果连接部位能承受的最大张力小于最大安全拉力，易导致仪器落井，主要有以下几种情况：

① 鱼雷壳、花键、锥体等连接配件存在质量问题。

② 在连接部位制作过程中，出现压钢丝、断钢丝等情况未能及时发现。

③ 连接部位在使用过程中出现损伤、腐蚀等。

④ 电缆对接不当或电缆锈蚀、磨损严重。

（7）极板或扶正器落井：入井前应确认入井扶正器数量和安装稳固性。当遇卡时，应先收回极板，防止极板脱落；仪器出井后，需核查极板及扶正器状况，如发生脱落，应及时通知钻井总监。

6.1.5.2 电缆打扭

电缆打扭后通常会导致电缆绝缘性变差，造成无法继续作业；若处理不当，会导致电缆在打扭处断裂，导致仪器落井，主要有以下原因导致电缆打扭：

（1）使用未进行破劲或者破劲不够的新电缆进行测井。

（2）仪器下放过程中遇阻未及时发现，导致电缆在仪器顶部堆积，上提时速度过快造成电缆打扭。

6.1.5.3 电缆跳槽

电缆跳槽原因分析：

（1）仪器在井口附近时，电缆下放过快，而仪器下行较慢，导致电缆从滑轮槽滑出。

（2）快速上提电缆时突然停车，造成电缆滑出滑轮槽。

（3）滑轮槽损坏，电缆沿损坏部位脱离滑轮槽。

（4）电缆外径与滑轮槽尺寸不匹配。

6.1.5.4 仪器灌肠

测井作业时，井内液柱压力超过仪器耐压指标或者仪器密封性差，钻井液侵入仪器内部，造成仪器损坏，通常称为仪器灌肠，主要原因如下：

（1）未严格按照操作规程检查密封圈或未及时更换有缺陷的密封圈。

（2）下井仪器的密封面受损。

（3）在高压井作业前未落实仪器耐压指标，仪器耐压不能满足作业需求。

在高压深井作业前，应注意检查下井仪器设备密封部件，特别是对中子源密封圈的检查。镅—铍中子源由放射源内芯和两层源包壳组成。如果密封圈破损失去抗压能力，井内液柱压力直接作用在源包壳上，可能造成源外壳挤压变形，使中子源不能正常取出，甚至源包壳压裂，内芯外露，造成放射性污染。

6.1.5.5 电缆钢丝断裂

（1）电缆外层铠装钢丝发生断裂极易在刮泥器处堆积，将刮泥器带离井口。

（2）如未能及时发现，一旦刮泥器经过天滑轮，易造成电缆跳槽或切断电缆。

（3）定期检查电缆外观，评估电缆磨损和锈蚀情况。

（4）下放和上提仪器时，绞车操作人员注意观察电缆，发现断丝等情况应及时采取措施。

（5）测井作业期间，应安排专人在井口巡视。

6.1.5.6 测井绞车故障

测井绞车故障导致仪器在裸眼段无法活动时，应先在钻井大绳滚筒处做好记号，以使绞车恢复正常后天滑轮回到同一位置而不影响井下仪器深度；然后打电缆卡子，在测井人员的指挥下，由司钻慢速上下活动游车，避免仪器及电缆遇卡；此过程中绞车操作人员应关注张力变化，防止拉断弱点。

6.1.6 常见作业风险及应对方案

6.1.6.1 作业场地受限

现场问题：测井绞车摆放位置不合理；滑轮悬挂点或焊接点不牢固；滑轮悬挂位置不合理，导致电缆角度过大；测井仪器检查、吊装占用安全通道等。

应对方案：在电缆测井作业前，测井工程师应逐一确认设备就位位置、检查仪器场地、天地滑轮悬挂点等满足测井作业实施要求。

6.1.6.2 仪器故障风险

现场问题：测井过程中出现仪器故障、通信故障、马笼头故障、电缆传输故障等，现场无备用仪器或配件，无法继续进行测井作业。

应对方案：现场应配备至少 2 套测井仪器设备，并在入井前充分检查；由承包商配备一名具有常用配件维修更换能力的工程师。

6.1.6.3 高温高压井作业风险

井底温度高于 150℃，且地层孔隙压力大于 68.9MPa（10000psi）或地层孔隙压力当量密度大于 $1.80g/cm^3$ 的井，称为高温高压井。

（1）作业难点：井眼条件差；对测井仪器的耐温耐压性能要求高；测井作业安全时间窗口窄等。

（2）应对措施：

① 随钻测井作业应根据仪器耐温指标以及地层温度压力选取合适的仪器，作业过程中要求工程师密切监测井下仪器内部温度变化和仪器状态，确保工具正常运转。

② 提出合理的钻井液性能改进建议，推动高温钻井液体系的应用，改善井眼环境，为测井作业安全高效的实施打好基础。

③ 电缆测井作业时，应安排专人观察井口，如发现有井涌、溢流等现象，按有关井控规定及时采取应对措施。各个作业环节应衔接紧凑，尽可能地减少仪器下井时间；根据实际井筒温度和仪器耐温性能提出通井建议，以便满足测井条件。

④ 合理调整各电缆测井项目的作业次序，根据测压取样时测得的静液柱压力计算钻井液的实际密度，判断钻井液的沉淀情况及固相含量，必要时应在旋转井壁取心作业前进行通井，降低钻井液固相含量，保障旋转井壁取心作业顺利进行。

⑤ 垂直地震测井可采用振动探测器辅助判断仪器井下状态，并通过挂接加重杆的方式增加仪器重量，以克服高密度钻井液对仪器正常下放和遇阻状态判断的影响，全程密切关注振动探测器状态和张力变化，综合判断仪器的运动状态。

6.1.7 PVT 样筒转样流程及注意事项

6.1.7.1 PVT 样筒转样流程

PVT 样筒内氮气压力较高，一般为 5～8MPa，井口转样操作流程与常规样筒类似。

仪器出井后，应首先关闭样筒手动针阀，并对管线残留压力进行泄压。泄压完成后，拆开转样堵头，安装转样工具，确保转样工具安装牢固后，关闭转样工具放样开关，缓慢开启样筒手动针阀，观察样筒压力，若发现压力泄漏应及时关闭手动针阀查找原因。待手动针阀完全开启后，缓慢开启转样工具放样阀，将样品放入指定容器。

6.1.7.2 PVT 样筒现场转样注意事项

PVT 样筒内部含有补偿氮气，一般情况下，其内部压力要高于常规样筒，转样时应注意以下事项：

（1）为防止吸入有毒、有害气体，转样期间操作人员必须位于上风处，放样阀出口避免朝向作业人员。

（2）转样前应适当延长泄压过程，确保管线压力充分释放。

（3）拆卸转样堵头时如遇到拆卸困难，不可强行拆卸，避免因压力未释放到位造成高压伤人。

（4）若样筒内压力较高，在开启手动针阀时应安排专人稳固转样工具，防止手动针阀开启瞬间高压流体造成转样工具晃动，同时观察压力数值，待压力稳定后再开启放样阀。

（5）在转样过程中，应缓慢开启转样工具放样阀，防止因样品流速过快，造成样品喷洒飞溅。

（6）待转样工具压力恢复为原始压力，且无样品流出时，样品转出完毕。应首先关闭手动针阀，保持放样阀打开，拆卸转样工具，最后安装转样口堵头。

（7）若样筒出口堵塞或手动针阀故障等导致样品无法正常转出时，严禁现场工程师拆解 PVT 样筒，故障带压样筒应张贴明显标识，及时返回陆地车间进行维修、转样。

6.2 测井资料常见问题处理及建议

6.2.1 常见深度问题及建议

6.2.1.1 零长误差

每次测井作业前，都需重新核对测井系列组合和服务表，确认零长数据与入井仪器一致。

6.2.1.2 人为因素

无论随钻测井还是电缆测井，深度校正时均需要修改系统深度。测井工程师应严格按照深度校正规范操作，并由测井监督确认。

6.2.1.3 电缆深度记录系统误差

电缆测井深度是通过马丁代克测量得到的，电缆深度系统误差主要有以下几个方面：

（1）马丁代克故障：如怀疑马丁代克故障，可通过转动测量轮来验证，光码盘转动一圈为 0.768m。

（2）测量轮磨损：由于测量轮磨损使其周长变小，导致测井深度变大，需定期对测量轮检查更换。

（3）刮泥器洗缆不干净：易造成测量轮处滤饼堆积及冬天电缆外层结冰等情况，导致记录深度出现误差。测井过程中应保证刮泥器气动管线气量充足，确保刮泥器工作状态正常。

6.2.1.4 半潜式平台深度控制

半潜式平台井口在水下，受潮汐、波浪、洋流、季风和内波流等因素影响，易造成平台不同程度的升沉。不同半潜式平台补偿效果相差较大，通常老平台补偿效果较差，尤其是海况较差情况下，对深度影响较为明显，给测井作业深度的确定带来很大困难。

（1）半潜式平台随钻测井深度控制推荐做法。

① 针对潮汐浪涌等对深度系统的影响，一般要求随钻测井工程师安装隔水管深度变化传感器，主要是记录潮汐浪涌等对平台升沉的影响。

② 针对波浪对深度系统的影响，一般要求随钻测井工程师采用光栅编码和绞车传感器配合使用。光栅编码传感器要连接在顶驱上，主要是平衡波浪的影响，对深度系统进行实时校正。

③ 针对洋流对深水勘探的影响，主要是要求平台压载时调整好各锚链拉力，保证各锚链拉紧且拉力平衡。在平台周围投放若干浮标，若监测到较强洋流，在上流方向可以用拖轮提供持续拉力，减少平台漂移量。

④ 针对钻井工程对深度系统的影响，主要是钻进过程中控制好钻井参数，避免大幅度改变钻井参数，尤其需要控制好钻压，尽量减小因钻压的大幅度变化引起的深度误差。

⑤ 若某些半潜式平台不能安装隔水管深度变化传感器，可通过光栅编码深度传感器的深度和潮汐表（自然资源部提供最近站点潮汐数据）进行手工校正，手动设置数据录入规则（具体深度规则与当时海况相关）：钻头提离井底大于 0.4m 时，不录入数据；钻头提离井底小于 0.4m 时，继续录入数据。

（2）半潜式平台电缆测井深度控制推荐做法。

① 为保证电测时仪器相对地层、隔水管、钻台及拖橇相对静止，通过顶驱，在钻台与伸缩隔水管之下连接补偿大绳，电缆测井作业期间保证补偿大绳拉力大于或等于 10klbf。

② 若作业过程中，井队人员发现补偿绳出现松弛现象，应第一时间通知测井工程师及测井监督，严禁井队人员私自给补偿绳补气。

③ 测井人员应定时巡检，检查补偿大绳受力情况。若存在松弛情况，第一时间通知测井工程师及测井监督。

④ 对于连续测量项目，若补偿绳存在压力下降情况，应在测井监督同意的前提下，缓慢补充；对于点测项目，电缆测井期间需多次校深，由于存在补偿大偶尔绳松的情况，基本保证每一层校深一次，每次校深时间间隔不超过 1h，每次校深深度间隔不超过 50m。若作业过程中出现补偿绳松弛现象，应在拉紧补偿绳之后再次校深，方可继续电测作业。

6.2.2 常见曲线质量问题及建议

6.2.2.1 电缆测井常见曲线质量问题及建议

（1）自然电位异常。自然电位曲线应平滑无毛刺，常见的自然电位曲线异常有：基线不稳、突然大幅度偏移、曲线明显跳动、毛刺、正弦波等现象。排除仪器故障后，大幅度的异常变化一般是由井场漏电、自然电位测量环偏心刮井壁等原因导致的，应检查平台是否有电气焊作业及阴极保护设备；另外，井下测量环泥包、测井过程中泥巴脱落也会导致出现曲线不稳的现象；自然电位曲线正弦波干扰一般是由滚筒带磁导致的，降低测速可以减小干扰幅度，如干扰严重可更换电缆和滚筒。

常见干扰源及其表现见自然电位质量控制章节。

（2）自然伽马值偏大。自然伽马曲线受钾离子影响比较大。当钻井液中含大量的钾离子时，可导致自然伽马值偏大，需对钾离子进行校正。

（3）双侧向曲线双轨。一般认为，在水基钻井液条件下，非渗透性的厚地层中，深浅侧向测得的视电阻率曲线应基本重合；在渗透性地层，由于钻井液侵入产生幅度差。然而在实际测井过程中，会出现非渗透性地层深浅侧向曲线不重合的现象，表现为差值基本一致的双线轨迹，即所谓的“双轨”现象。引起双侧向“双轨”现象的因素一般分为仪器故障、仪器刻度常数 K 值变化和环境介质三大因素。一般由仪器故障引起的“双轨”现象是无法进行校正的，而由仪器刻度常数 K 值变化和环境介质引起的“双轨”现象则是可以校正的。一般在厚度较大的非渗透层出现轻微的“双轨”现象是正常的，如果曲线“双轨”幅度差过大，应分析原因，必要时应更换仪器进行验证。

（4）微球测量值偏低。微球极板电极被滤饼、泥块等包裹时，会导致微球测量值异常偏低。随着测量的进行，电极上的泥块被刮掉，微球值会恢复正常。若为仪器故障，需进行补测。

（5）中子孔隙度值偏大。中子孔隙度曲线容易受强热中子吸收剂和井眼扩径影响，导致测量值偏大。当发现中子值偏大时，应判断是否扩径影响，同时检查中子曲线是否进行氯离子等校正。此外，放射源刻度过期也会导致中子值偏大。

（6）声波测井首波卡取不准。声波测井时应设置合理的首波卡取门槛值及增益，并根据波形变化进行实时调整，保证首波卡取准确。首波卡取不准的原因主要有门槛值及增益设置不准、波形不饱满。如果使用阵列声波仪器测井，出现部分井段首波卡取不准时，可对声波原始数据进行回放，重新提取纵波时差。

（7）电成像曲线异常。当地层电阻率与钻井液电阻率之比大于 20000 时，电成像资料质量会逐渐变差，成像图中易出现麻点，分辨率降低；随着井眼尺寸的增加，电成像资料覆盖率逐渐降低。

6.2.2.2 随钻测井常见曲线质量问题及建议

（1）实时测井资料缺失。通常导致实时测井资料缺失的原因为仪器故障或信号解码错误。若确认为仪器问题，应及时更换仪器，如仪器长时间高排量作业导致脉冲器转子被冲蚀损坏或脉冲器被堵塞等均会导致实时信号缺失。钻井液脉冲信号受到钻井泵噪声、旋冲马达噪声、水力振荡器噪声等干扰时，会因为实时数据解码错误导致实时数据缺失，但内存数据正常，应及时调整排量或发指令调整仪器解码频率以保障实时数据传输正常。

钻进期间需保持钻井液清洁，注意防止编织袋等杂物进入循环系统。与钻井总监及时沟通，将钻井泵排量控制在合理范围内，同时降低钻井液含砂量，避免长时间冲蚀造成脉冲器损坏等情况。

（2）自然伽马测井值偏大。NeoScope、EcoScope 等仪器因为中子激发源在自然伽马探头的上方，因此应使用下测的方式，否则激发源将活化地层，所测自然伽马值异常偏高。

（3）电阻率曲线异常。当电阻率曲线出现异常值、曲线之间一致性差等现象时，除分析仪器原因外，还应分析地层、测量环境、介电常数和极化角等因素。

（4）方位密度测井值异常。方位密度值通常取井筒各方位密度平均值或低边密度值。大部分方位密度仪器的密度探头在扶正器上，测量时与井壁贴合较好；而 ADN8 仪器无扶正器，密度探头在仪器本体上，测量时与井壁间隙较大，默认选择低边密度值作为测量值。当井斜小于 20°时，因 ADN8 与低边贴合较差而导致密度数据失真；当井眼方位为正北左右，且井斜与当地地磁倾角的余角值接近时，ADN8 无法分辨测量方位，存在测量“盲区”，可能导致数据异常，但其他仪器可提供平均密度值，受“盲区”影响较小。

（5）随钻声波曲线异常。当钻井液中含有较多气泡或泡沫时，声波数据会出现尖跳，此时应循环处理钻井液并复测，且测量过程中需适当控制钻井参数以防止过高的井下震动或黏滑值。随钻声波对于仪器居中性要求较高，当曲线出现异常时，需分析是否受井径影响。

（6）随钻电阻率成像曲线异常。当钻具震动过大时，测量图像会出现扭曲的现象；需保证钻压稳定，且保持足够的转速进行测量。另外，在下一柱测量前，当转速达到测量要求后再继续测量。

6.3 复杂作业条件下测井常见问题推荐做法

6.3.1 有效耦合钻井液与测井作业的推荐做法

测井资料高质量的录取和解释评价，是油藏精细化评价的重要保障。为满足海上油田定向探井及中深层探井勘探开发工艺需要，钻井液体系也随之进行优化，主要表现为高矿化度钻井液体系。这就对在该钻井液体系条件下如何取够、取准测井资料提出了严峻的挑战。为了探讨钻井液体系与测井作业、测井资料解释之间的耦合关系，提高资料录取质量和作业效率，提出并制订了以下相关推荐做法。

6.3.1.1 有效耦合钻井液与核磁共振测井作业技术的推荐做法

技术参数要求：钻井液对核磁共振测井的影响，主要体现在钻井液电阻率对核磁共振测量增益的影响。当钻井液电阻率低于仪器测量极限时，仪器将自动停止工作，导致资料录取失败（表 6.1）。

表 6.1 常见核磁共振仪器对钻井液电阻率的要求

核磁共振仪器类型	MREx	CMR−Plus	MRIL−P	EMRT
钻井液电阻率 / (Ω · m)	＞0.02	＞0.018	＞0.02	＞0.02

推荐做法：在井温一定的条件下，提高目的层井段的钻井液电阻率，使其高于 0.02Ω · m，满足核磁共振测井技术的参数要求：

（1）针对某井特定井段井底温度（＞140℃）和用含 Na^+ 或 KCl 作为抑制剂的高矿化度钻井液体系，提升电阻率的推荐做法为：测井前，裸眼段垫高封堵高润滑封闭浆［井浆 + 1%PF−LPF（H）+1%PF−DFLHT+4%PF−PF−LUBE+3%PF−PF−JLXC+3%HTC］。

（2）针对某井特定井段井底温度（＞140℃）和用 PFCOK 加重高矿化度 HSD 钻井液体系的特点，提升电阻率的推荐做法为：测井前，裸眼段垫封闭浆加 4%PF−LUBE。

针对上述两种推荐做法，现场均需提前做小型实验，以验证调整后的钻井液电阻率是否满足核磁共振测井的录取要求；若不满足，建议工程上取消核磁共振测井项目。

6.3.1.2 有效耦合钻井液与电成像测井作业技术的推荐做法

技术参数要求：为得到高质量的成像测井资料，要求钻井液电阻率应小于 50Ω · m，地层电阻率（R_t）/ 钻井液电阻率（R_m）应小于 20000（表 6.2）。如果该比值大于 20000，图像清晰度会逐渐降低。

表 6.2 常见电成像仪器对电阻率的要求

电成像仪器类型	ERMI	FMI	STAR	XRMI
钻井液电阻率 / (Ω · m)	＜50	＜50	＜50	＜50
电阻率比值 R_t/R_m	＜20000	＜20000	＜20000	＜20000

推荐做法：在地层电阻率（R_t）一定的条件下，通过调整目的层井段的钻井液电阻率（R_m），使 R_t/R_m 小于 20000，满足电成像测井技术的参数要求：

针对特定井段井底温度高和用 PF−COK 加重高矿化度 HSD 钻井液体系的特点，提升钻井液电阻率（R_m）的推荐做法为：测井前，裸眼段垫封闭浆加 4%PF−LUBE。现场提前做小型实验，以验证调整后的钻井液电阻率是否满足电成像测井的录取要求；若不满足，建议工程上取消电成像测井项目。

6.3.1.3 有效耦合钻井液与测压取样作业技术的推荐做法

6.3.1.3.1 提高测压取样坐封效果的推荐做法

钻井液中加入优质膨润土、石墨、磺化沥青封堵材料等措施改善钻井液滤饼质量，提升测压取样坐封效果。

6.3.1.3.2 提高测压取样泵抽效果的推荐做法

（1）测井方面，在钻井液中固相含量高的条件下进行测压取样作业时，优化测井作业方式。仪器入井后先将吸口和出口关闭，待坐封后再开启；测压、取样结束后，先将吸口和出口关闭，然后解封；作业过程中不进行钻井液抽排操作。

（2）钻井液方面，在必须添加塑料小球的前提下，优化加量及添加时机，在定向井滑动钻进期间出现托压状况后根据现场情况进行间歇性添加。中完或完钻后，根据井眼轨迹，长起前裸眼段加入 1% 塑料小球。若测压取样为选测，为保证电测顺利，可尝试将塑料小球含量提高至 1.5%。

6.3.1.4　有效耦合钻井液与旋转井壁取心作业技术的推荐做法

（1）钻井液方面，为保证第一趟电测沉砂少，下钻至井底时，建议循环时间不少于两个循环周，井底垫 200m 稠浆，稠浆至少提前 1h 配置剪切后再使用。

（2）测井方面。

① 取心前合理安排取心顺序，确定目的层后，先取深度较浅的岩心，后取较深部分的岩心，减少固体颗粒凝固在岩心筒中影响推心。

② 根据声波时差和邻井作业经验，不同层位取心时优化调整马达钻速，提高取心时效，降低单颗取心用时，减少长时间取心造成岩屑堆积导致岩心筒堵塞的概率。

③ 清理碎岩屑，建议取心 8～9 颗后，快速上提下放仪器（活动范围 50～100m），通过清理钻头及岩心筒小碎屑，辅助壁心进入岩心筒。

6.3.1.5　有效耦合钻井液与减少测井遇阻遇卡的推荐做法

（1）测井方面（8.5in 井段定向探井）。

① 优化扶正器。使用圆弧形导角扶正器，相位角相差 45°；在距离绝缘棒顶部 1m 处加装一个 6in 的扶正器，确保上部仪器居中，降低马笼头附近仪器硬卡和台阶卡的风险。

② 做好测前设计及风险预判。提前了解井眼轨迹、造斜点及最大狗腿度等信息，对存在风险进行预判；加强测前设计，计算仪器在造斜井段的最大仪器串通过长度，确保仪器串能在造斜井段可以通过。

③ 加大可释放马笼头应用。使用可释放马笼头技术，可在发生仪器卡时使用电缆破断力的 50% 尝试解卡。

④ 提升操作及险情应变能力。做好仪器黏卡试验，合理活动电缆，减少仪器的静止时间；提升工程师的应变能力，第一时间判断遇卡类型，给出正确解卡指令；选派经验丰富的绞车操作手，提升处理复杂问题的能力。

⑤ 精细化准备及操作。严格按照《电缆测井预防遇卡及打捞指南》进行作业准备和险情的应急处理，减少后效；严格按照《定向探井电缆测井资料录取指南》进行作业准备和施工流程细节把控，提高作业成功率。

（2）钻井液方面（8.5in 井段定向探井）。

① 逐级拟合填充剂 HTC 由一种高纯度、超细目、多级配的刚性充填粒子复配而成，能够降低地层渗透性，有效降低渗透压。

② 小球能够降低电缆或者仪器与井壁的接触面积，是降低黏卡的一种手段。作业中测井前使用 1% 塑料小球（使用前与甲方沟通）。

③ 为了适应地质工作，目前探井使用的磺化沥青荧光低，封堵性欠佳。建议完钻之后短起期间使用 1% 天然沥青，利用天然沥青的软化点效应提高对地层的封堵。

④ 使用纳米级封堵材料，使钻井液对页岩孔隙及微裂缝有效封堵。钻井液中的水分子不容易渗入地层，大大降低了地层的孔隙压力增速，增加了井壁的稳定性，降低渗透压差。

⑤ 选用邻井较低的钻井液密度钻进，降低压差。

⑥ 在满足环保要求的前提下，建议后期选用合成基钻井液体系。

6.3.2　定向探井测井作业推荐做法

由于井斜、井况等因素影响，定向探井测井作业复杂，取全、取准测井资料的挑战越来越大。为获得更优质的定向探井测井资料，降低作业风险，提高作业时效，形成此推荐做法。

6.3.2.1　定向探井测井项目设计

（1）井斜小于 35°时，建议测井项目为常规满贯测井、井壁取心，选测测井项目为测压取样、核磁共振测井，其他测井项目可进行具体论证。

（2）井斜为 35°～45°时，建议测井项目为常规满贯测井、井壁取心，原则上不设计其他电缆测井项目。

（3）井斜大于 45°时，宜采用随钻测井项目。

（4）如遇特殊地质目的或井况，可根据实际情况具体论证。

6.3.2.2　大满贯测井作业

（1）复杂井况条件下，受井斜、狗腿度、井壁稳定性等因素限制，电缆吸附卡和仪器遇阻、遇卡风险增加，导致无法下放至目的层段或完成资料采集。

（2）井眼不规则（如螺旋井眼），易造成极板类仪器受损，影响资料采集质量。

（3）提前了解井眼轨迹、造斜点及最大狗腿度等信息，做好测前设计，对可能存在的风险进行预判。

（4）根据起下钻情况了解井眼状况，为后续测井作业实施提供参考依据。

（5）复杂井况条件下，优化大满贯测井作业模式，建议分声波电阻率、放射性两趟测量。

（6）建议使用阵列侧向电阻率仪器替代双侧向仪器，优化仪器串长度，提高作业成功率。

（7）建议声波仪器上加装 3 个橡皮扶正器，电阻率仪器上加装 2 个橡皮扶正器，保障仪器的居中程度。

（8）建议在距离绝缘棒顶部 1m 处加装一个扶正器，确保上部仪器居中，降低马笼头附近仪器硬卡和台阶卡的风险。

（9）宜把扶正器外观由梯形改进为圆弧形倒角，降低扶正器挂台阶卡的风险。

（10）扶正器之间宜相差 45°相位角，保证扶正器有良好的居中作用。

（11）提升工程师的应变能力，应第一时间判断遇卡类型，给出正确解卡指令。

（12）选派经验丰富的绞车操作手，以提升处理复杂问题的能力。

（13）建议将井壁充分处理规则、井底充分循环，防止沉砂过多导致仪器阻卡。

（14）建议钻井液中加入液体润滑剂、防卡剂，调整钻井液性能，降低电缆吸附卡风险。

6.3.2.3 电成像测井作业

（1）复杂井况条件下，受井斜、井壁稳定性等因素限制，仪器遇阻、遇卡风险增加。

（2）因井斜影响，测井过程中存在极板损坏、极板贴靠差等风险，影响资料采集质量。

（3）建议仪器串中增加柔性短节，降低遇阻风险，提高作业成功率。

（4）如测井过程中遇卡，建议处理方式如下：张力短节的张力不宜过大，遇卡后立即停止下放，不要立即收极板；停止下放后，若能够自行解卡，继续测井，若不能够解卡，稍放松电缆，适当增加拉力继续上提；若还不能解卡，适当收极板并迅速处理。过提差分张力大于1200lbf时，应当立即收极板。

（5）建议仪器串组合中使用两个橡胶扶正器，尺寸小于待测井眼直径1in，分别安装在方位短节下部和电成像仪器底部。在大斜度井中可以考虑安装弹簧扶正器，以保障居中效果和资料采集质量。

6.3.2.4 核磁共振测井作业

受井斜影响，仪器加装偏心弓存在遇阻遇卡风险，建议使用多功能推靠器替代偏心弓配接核磁共振仪器，实现偏心完成资料采集。

6.3.2.5 测压取样作业

（1）受井斜影响，坐封效果可能较差，易漏封，建议斜井取样时安装偏心器，有助于提高坐封成功率。偏心器安装位置为电子节底部，安装时保证偏心弓方向与极板方向一致。

（2）钻井液内固相颗粒物如小球、堵漏材料等易造成仪器探针或管线堵塞，建议钻井液中不要添加固相颗粒物（小球、堵漏材料等）。如出于钻井施工考虑需要添加，作业前应对异物进行充分过滤。仪器下井前关闭双吸口及出口，坐封前不要进行泵抽操作，以提高作业成功率。

（3）如果仪器静止时间较长，易造成电缆及仪器吸附卡，建议取样过程中活动电缆以降低电缆吸附卡概率。作业前应在作业深度附近进行黏卡试验，黏卡试验可根据前期作业井况进行灵活掌握（以5～15min为宜），作业过程中根据黏卡试验结果适时活动电缆，一般情况间隔时间为15～30min，特殊情况下根据实际情况缩短间隔时间，活动电缆时电缆头张力不得低于500lbf，下放电缆长度不得超过2m。

（4）建议在每两个短节间安装刚性扶正器，降低仪器黏卡风险。

（5）如果取样过程中压差较大，活动电缆时应暂时停止泵抽，并在活动电缆前后补充坐封压力。

（6）建议使用异向解卡装置解决仪器吸附卡。解封后如发现仪器吸附卡（以过提张力1000lbf为上限），应使用异向解卡模块进行解卡。电缆过提张力保持在1000lbf左右，先打开同一侧解卡臂；若无法解卡，回收解卡臂后再开启另外一侧解卡臂；若按此步骤尝试3次仪器仍未解卡，应放弃使用异向解卡装置。

（7）优化泵抽时间，降低黏卡风险。根据取样目的对泵抽时间优化，提高取样效率，减少取样时静止时间。取样前应选取目的层流度较好的深度点进行泵抽，对物性较差的地层，可以选取超大探针或者采用双探针的方式进行取样。

（8）阶段性灌样，提高取样成功率。泵抽过程中，可根据井下流体参数的变化情况，进行阶段性灌样，在不同的时间阶段灌取备用样品，可以累计增加样品体积，满足化验分析要求，也可以用来进行对比分析，提高取样成功率，降低作业风险。

6.3.2.6　旋转井壁取心测井作业

（1）受井斜影响，复杂井况条件下，仪器存在遇阻、遇卡及电缆黏卡风险。

（2）如获取单颗岩心用时较长，仪器和电缆黏卡的风险增加。

（3）建议使用斜井专用尾堵，以减少仪器下放过程中的阻力，降低遇阻风险。

（4）下放时绞车操作人员应时刻关注张力变化，若张力降低（减小至200lbf为上限）或张力在2～3min内没有变化，应立即停车并上提电缆观察仪器是否遇阻。

（5）作业前应进行黏卡试验，根据试验结果，控制取心时间或者进行通井。

6.3.2.7　撞击式井壁取心测井作业

（1）井斜30°～40°的井作业时，建议安装大片橡皮扶正器3组（以双枪为例），每组2片，方向与弹头一致；同时安装灯笼体扶正器2个，保障取心枪居中，提高作业成功率和收获率。

（2）在大片扶正器的喉箍处缠电工胶带，减少喉箍侧边磨损，降低扶正器位置移动或落井的风险。

6.3.3　复杂储层取样推荐做法

复杂储层主要是指由于岩性、物性、流体性质等较为复杂，常规测井关于储层的含油气性表征被掩盖或削弱，导致油气水解释容易产生多解性的储层。常见的复杂储层主要包括浅层稠油储层、低孔渗储层、潜山裂缝储层等。

6.3.3.1　浅层稠油储层取样

稠油储层一般埋深浅，压实作用差，取样时在较大压差作用下易漏封，造成取样失败；同时由于稠油黏度大，流动性差，易出砂，易堵塞仪器和管线，降低取样成功率。

浅层稠油储层取样推荐做法：

（1）作业前进行出砂分析，泵抽过程中，尽量将压差控制在安全生产压差范围内。建议先以低泵速进行泵抽，然后尝试缓慢提高泵速，期间观察压降变化，选择最佳泵速，在不出砂的前提下实现最大泵抽效率，期间尽量保持流压平稳。若发现流压急剧下降，应及时降低泵速，防止漏封。

（2）EFDT 作业建议采用常规探针模块 + 大极板探针模块组合。常规探针进行测压，取样时优先选用超大探针。若超大探针无法坐封或多次出现漏封，可尝试双常规探针同时泵抽，降低砂堵风险。

（3）取样过程若发生漏封，原来的泵抽效果依然存在，建议在原取样点或附近进行重新坐封，提高作业效率。

（4）鉴于浅层稠油储层取样成功率低，建议泵抽过程中根据参数变化选择合适的时机进行阶段性灌样，以实现提高样品的对比性和增加样品体积的目的，避免因漏封或砂堵而造成取样失败。

6.3.3.2 低孔渗储层取样

低孔渗储层往往埋藏深，物性差，非均质性强，侵入深，取样时间长，进而增加仪器遇卡风险。

低孔渗储层取样推荐做法如下：

（1）作业前应根据储层特性和孔渗条件，优选取样仪器和探针类型。

（2）根据常规资料和核磁共振优选储层“甜点”，取样前先测压，根据流度数据优选取样点。

（3）由于低孔渗储层取样时间长，建议采用“段塞”法取样，根据油水段塞特征能够实时估算油气纯度，根据油气占比及时决策取样时机；通过计算油气段塞从流体分析模块到样筒的时间，根据流体分析显示的油段塞时长，控制样筒开关阀实现只将油气部分灌入样筒，从而提高样品纯度（油气含量）。

6.3.3.3 潜山裂缝储层取样

潜山储层发育高角度裂缝、诱导缝、微裂缝时，封隔井段的裂缝容易与井筒连通导致无法获取地层流体样品；钻井液侵入较深，导致滤液占比下降趋势非常缓慢，很难取得较纯流体样品。

潜山裂缝储层取样推荐做法如下：

（1）鉴于潜山裂缝储层的特殊性，常规单探针坐封面积较小无法有效封隔裂缝，应优选双封隔器进行潜山裂缝储层取样。建议双封隔器和超大探针一起入井，作业时双封隔器和超大探针同时坐封，取样期间定时活动电缆，防止电缆黏卡。

（2）根据常规测井曲线、斯通利波幅度、横波幅度以及声电成像等资料，结合录井和工程参数来优选取样位置（表 6.3）。

（3）当钻井液中的固相含量较高时，可考虑样筒携带清水下井，使用取样筒中清水泵入胶皮进行坐封，来改善坐封效果，提高坐封成功率。坐封成功后建议先泵抽 10～15min 后测压，验证裂缝有效性。

（4）鉴于裂缝型储层取样时间较长，因此取样时应用尽量短的泵抽时间取得更多的地层流体样品，建议采用阶段性灌样法 + 段塞灌样法增加样品体积及油气占比。

表 6.3 潜山裂缝储层取样位置优选原则

常规测井	电阻率	密度	中子	声波时差	电阻率 / 伽马
	数量级降低	降低	增大	增大	交会
阵列声波	横波 / 斯通利波幅度	泊松比 / 体积压缩系数	斯通利波渗透率	各向异性	偶极子横波远探测
	衰减明显	交会	增大	增大	见反射信息
成像测井	电成像	声成像		裂缝高度	诱导缝
	动、静态图像裂缝特征明显	声波幅度特征明显	旅行时间裂缝特征明显	较低	不发育
录井 / 工程参数	气测异常响应明显；避开钻井漏失井段				

6.3.4 高温高压测井作业推荐做法

6.3.4.1 随钻测井

由于高温高压井地层温度超过 150℃，井下高温环境极易造成随钻工具损坏，因此在工具选择、循环降温、特殊情况处理中应严格遵守随钻测井作业规程，尽量保障良好的井下作业环境。

6.3.4.1.1 随钻工具选择

（1）高温高压井的井下作业环境复杂，应选用高温随钻工具获取常规测井资料，同时保证 ECD、井径、温度等数据的测量，为工程作业提供可靠的井下信息。

（2）高温高压井的井下作业风险高，宜选用无源随钻测井工具；若无法避免使用放射源，应充分考虑放射源的可打捞性。

（3）常温随钻工具用于高温井的推荐做法：

① 根据邻井温压资料进行井温模拟，测前预测地层温度及循环温度。如果循环温度在随钻工具耐温极限之内，则可考虑使用常温随钻工具。

② 常温随钻工具下钻时，应进行分段循环降温，监控循环温度不超过 130℃，尽量缩短停泵接立柱时间，待井温降低至仪器耐温极限之下时才能继续下钻。

③ 随钻测量作业结束后，起钻过程中也需进行温度监测，确保循环钻井液降温至工具耐温极限之下时才可正常起钻。

④ 对于有条件的钻井平台，可考虑加装钻井液冷却装置，降低井筒钻井液温度。

6.3.4.1.2 循环降温规程

（1）作业前应根据作业井实际情况编写随钻测井作业指令。作业指令应包括循环降温规程、随钻工具组合、钻进速度上限、钻井参数要求等内容，并且必须经钻井总监和测井总监签字确认，作业过程中应严格遵守随钻测井作业指令。

（2）起下钻过程应严格遵守循环降温规程，必要时应采用开泵循环的下钻和起钻方式。

（3）钻进过程中应密切关注随钻工具测量的井筒温度变化，以及钻井参数与温度变化之间的关系；尽量减少接立柱等关泵停止循环时间；钻柱旋转摩擦将会导致随钻工具温度升高加快，因此尽量避免在不循环的条件下旋转钻具组合，并在钻进过程中适当降低转速，将会有效减少温度增加。高温高压井应确保在整个钻井过程中使用钻井液冷却器，并保持钻井液含砂量小于 0.3%。当钻进过程中随钻工具测量的井筒温度超过工具耐温上限时，需要将钻头提离井底进行循环降温。

6.3.4.1.3　特殊情况处理

（1）高温高压井在钻进至目的层时极易发生溢流情况，导致井筒温度迅速增高，增加随钻工具因高温损坏的风险，因此在钻入目的层前应采取循环降温措施。在发生溢流期间，为辅助判断地层流体类型，随钻测井工程师应加密测量钻井液进出口的钻井液温度和电阻率，钻井液工程师应积极提供钻井液样品。

（2）高温高压井在钻进过程中，当出现地面设备故障导致不能建立正常循环时，建议在排除故障期间，应先将随钻工具短起至井筒静止温度小于 130℃的深度以上，或根据需要停泵的时间起钻至安全深度以上，避免随钻工具因高温而损坏。

6.3.4.2　电缆测井

高温高压井电缆测井作业风险高，需要钻井液、工程、测井等多方面采取相应的措施，确保作业的顺利施工。

（1）钻井液方面。

① 需要使用高温钻井液，保证钻井液的稳定性、抗温性、流变性、润滑性、抑制性等，降低滤失量，提升滤饼质量。

② 控制钻井液黏度，提高钻井液的悬浮能力，防止重晶石等的沉淀。

③ 控制钻井液终切力，减小仪器下放摩阻。

（2）工程方面。

① 电缆测井前，需要提高循环排量，有效清洁井眼，降低钻井液固相含量。

② 短起钻时，需全程倒划眼短起，扭矩较大和过提悬重过大处应多次划眼，破坏虚滤饼，修整井壁，改善滤饼的封堵性。

③ 长起钻时，应在保障井况安全的情况下提高起钻速度，减少井筒内钻井液静止时间，以避免静止时间过长而导致的钻井液高温稠化。

④ 长起钻之前的循环应该关注钻井液的电阻率，必要时应提升钻井液的固相含量等，充分调整钻井液性能至满足电成像、核磁共振等测井项目的工作环境。

（3）测井方面。

① 考虑各仪器的耐温指标，合理设计测井项目的作业次序。

② 自重较轻的仪器串需要增加配重措施，保障仪器顺利下放到位。

③ 当预估井底温度接近仪器耐温指标时，部分项目可尝试采用下测方式或分段测量，并可调整校深和重复段测量的顺序。

④ 常温仪器可尝试加装保温筒以进行高温深井作业。

附　录
各种表格式样

附录 A　测井通知单

<table>
<tr><td colspan="2">作业者</td><td colspan="4"></td><td>井名</td><td></td><td>油气田</td><td></td></tr>
<tr><td colspan="2">地区</td><td colspan="2"></td><td>国家</td><td></td><td>测井方式</td><td></td><td>钻机</td><td></td></tr>
<tr><td colspan="2">永久基准面</td><td colspan="2"></td><td>零点</td><td></td><td>补心海拔 /m</td><td></td><td>水深 /m</td><td></td></tr>
<tr><td colspan="2">补泥距 /m</td><td colspan="2"></td><td>测井服务公司</td><td colspan="2"></td><td colspan="2">井眼尺寸 /in</td><td></td></tr>
<tr><td colspan="2">X 坐标 /m</td><td colspan="2"></td><td>经度</td><td colspan="2"></td><td colspan="2">测井井次</td><td></td></tr>
<tr><td colspan="2">Y 坐标 /m</td><td colspan="2"></td><td>纬度</td><td colspan="2"></td><td colspan="3"></td></tr>
<tr><td colspan="10">井眼及套管程序</td></tr>
<tr><td rowspan="7">钻头程序</td><td>尺寸 /in</td><td>深度 /m</td><td rowspan="7">套管程序</td><td>外径 /in</td><td>内径 /in</td><td>重量 /lb/ft</td><td>钢级</td><td>顶深 /m</td><td>底深 /m</td></tr>
<tr><td></td><td></td><td></td><td></td><td></td><td></td><td></td><td></td></tr>
<tr><td></td><td></td><td></td><td></td><td></td><td></td><td></td><td></td></tr>
<tr><td></td><td></td><td></td><td></td><td></td><td></td><td></td><td></td></tr>
<tr><td></td><td></td><td></td><td></td><td></td><td></td><td></td><td></td></tr>
<tr><td></td><td></td><td></td><td></td><td></td><td></td><td></td><td></td></tr>
<tr><td></td><td></td><td></td><td></td><td></td><td></td><td></td><td></td></tr>
<tr><td colspan="10">井况信息</td></tr>
<tr><td colspan="2">开钻时间</td><td colspan="3"></td><td>循环开始时间</td><td colspan="4"></td></tr>
<tr><td colspan="2">停钻时间</td><td colspan="3"></td><td>循环停止时间</td><td colspan="4"></td></tr>
</table>

续表

<table>
<tr><td colspan="2">造斜点 /m</td><td colspan="3"></td><td>最大井斜 /（°）</td><td></td><td>深度 /m</td><td colspan="2"></td></tr>
<tr><td colspan="2">预计井底温度 /℃</td><td colspan="3"></td><td>最大狗腿度 /（°）</td><td></td><td>深度 /m</td><td colspan="2"></td></tr>
<tr><td colspan="2">钻井遇阻遇卡深度 /m</td><td colspan="8"></td></tr>
<tr><td colspan="2">钻井中遇到的问题</td><td colspan="8"></td></tr>
<tr><td colspan="2">录井显示井段 /m</td><td colspan="8"></td></tr>
<tr><td colspan="7">钻井液参数</td><td>测量时间</td><td colspan="2"></td></tr>
<tr><td>类型</td><td colspan="2"></td><td>pH 值</td><td colspan="2"></td><td rowspan="4">电阻率</td><td>项目</td><td>Ω·m</td><td>℃</td></tr>
<tr><td>密度</td><td></td><td>g/cm³</td><td>氯离子含量</td><td></td><td>mg/L</td><td>R_{m}</td><td></td><td></td></tr>
<tr><td>失水</td><td></td><td>mL/30min</td><td>固相含量</td><td></td><td>%</td><td>R_{mf}</td><td></td><td></td></tr>
<tr><td>黏度</td><td></td><td>s</td><td>钾离子含量</td><td></td><td>mg/L</td><td>R_{mc}</td><td></td><td></td></tr>
<tr><td colspan="10">测井要求</td></tr>
<tr><td rowspan="2">入井序号</td><td colspan="3" rowspan="2">项目组合</td><td rowspan="2">顶深 /m 曲线图比例</td><td rowspan="2">底深 /m 纸质文件数量</td><td colspan="4">提交资料</td></tr>
<tr><td>光盘数量</td><td>备注</td><td></td><td></td></tr>
<tr><td></td><td colspan="3"></td><td></td><td></td><td></td><td></td><td></td><td></td></tr>
<tr><td></td><td colspan="3"></td><td></td><td></td><td></td><td></td><td></td><td></td></tr>
<tr><td></td><td colspan="3"></td><td></td><td></td><td></td><td></td><td></td><td></td></tr>
<tr><td></td><td colspan="3"></td><td></td><td></td><td></td><td></td><td></td><td></td></tr>
<tr><td></td><td colspan="3"></td><td></td><td></td><td></td><td></td><td></td><td></td></tr>
<tr><td colspan="2">备注</td><td colspan="8"></td></tr>
<tr><td colspan="2">服务公司代表</td><td colspan="3"></td><td>公司代表</td><td colspan="4"></td></tr>
<tr><td colspan="5"></td><td>日期</td><td colspan="4"></td></tr>
</table>

附录B 测井作业时效分析表

B.1 随钻测井作业时效表

井名				井次		完钻时间			完钻深度 / m		
总测井时间 /h				总损失时间 / h		测井时效					
井眼尺寸 / in	入井序号	项目组合	入井时间	开钻时间	停钻时间	出井时间	测量顶深 / m	测量底深 / m	测井时间 / h	损失时间 / h	备注
施工过程说明											
备注											
			填表：			审核：			日期：		

B.2 电缆测井作业时效表

<table>
<tr><td>井名</td><td></td><td>井次</td><td></td><td>测井井深 /m</td><td></td><td>井眼尺寸 /
in</td><td></td><td>测井
日期</td><td colspan="2"></td><td>总测井时间 /
h</td><td colspan="3"></td></tr>
<tr><td>总通井时间 /
h</td><td></td><td>总打捞时间 /
h</td><td></td><td>测井作业时间 /
h</td><td></td><td>接井口
时间</td><td></td><td>交井口
时间</td><td colspan="2"></td><td>总损失时间 /
h</td><td></td><td>测井
时效</td><td></td></tr>
<tr><td colspan="15">计入时效的测井作业</td></tr>
<tr><td>入井序号</td><td>项目
组合</td><td>入井时间</td><td>起测
时间</td><td>停测时间</td><td>出井
时间</td><td>拆完仪器
时间</td><td>测量
顶深 /
m</td><td>测量
底深 /
m</td><td>占用
时间 /
h</td><td>损失
时间 /
h</td><td>最大井温 /
℃</td><td>深度 /
m</td><td>时间</td><td>备注</td></tr>
<tr><td></td><td></td><td></td><td></td><td></td><td></td><td></td><td></td><td></td><td></td><td></td><td></td><td></td><td></td><td></td></tr>
<tr><td></td><td></td><td></td><td></td><td></td><td></td><td></td><td></td><td></td><td></td><td></td><td></td><td></td><td></td><td></td></tr>
<tr><td></td><td></td><td></td><td></td><td></td><td></td><td></td><td></td><td></td><td></td><td></td><td></td><td></td><td></td><td></td></tr>
<tr><td colspan="15">不计入时效的测井作业</td></tr>
<tr><td></td><td></td><td></td><td></td><td></td><td></td><td></td><td></td><td></td><td></td><td></td><td></td><td></td><td></td><td></td></tr>
<tr><td></td><td></td><td></td><td></td><td></td><td></td><td></td><td></td><td></td><td></td><td></td><td></td><td></td><td></td><td></td></tr>
<tr><td></td><td></td><td></td><td></td><td></td><td></td><td></td><td></td><td></td><td></td><td></td><td></td><td></td><td></td><td></td></tr>
<tr><td colspan="15">通井作业</td></tr>
<tr><td>通井作业序号</td><td colspan="2">通井开始时间</td><td colspan="2">通井结束时间</td><td colspan="2">占用时间 /h</td><td colspan="4">通井作业原因</td><td colspan="4">说明</td></tr>
<tr><td></td><td colspan="2"></td><td colspan="2"></td><td colspan="2"></td><td colspan="4"></td><td colspan="4"></td></tr>
<tr><td></td><td colspan="2"></td><td colspan="2"></td><td colspan="2"></td><td colspan="4"></td><td colspan="4"></td></tr>
<tr><td></td><td colspan="2"></td><td colspan="2"></td><td colspan="2"></td><td colspan="4"></td><td colspan="4"></td></tr>
<tr><td colspan="15">打捞作业</td></tr>
<tr><td>打捞作业序号</td><td colspan="2">决定打捞时间</td><td colspan="2">打捞结束时间</td><td colspan="2">占用时间 /h</td><td colspan="8">说明</td></tr>
<tr><td></td><td colspan="2"></td><td colspan="2"></td><td colspan="2"></td><td colspan="8"></td></tr>
<tr><td></td><td colspan="2"></td><td colspan="2"></td><td colspan="2"></td><td colspan="8"></td></tr>
<tr><td>问题及解决</td><td colspan="14"></td></tr>
<tr><td>备注</td><td colspan="14"></td></tr>
<tr><td></td><td colspan="2"></td><td>填表：</td><td colspan="2"></td><td>审核：</td><td colspan="2"></td><td>日期：</td><td colspan="4"></td><td></td></tr>
</table>

附录 C　测井实际作业信息表

C.1　随钻测井实际作业信息表

<table>
<tr><td>井名</td><td colspan="2"></td><td>测井井次</td><td></td><td>测井类型</td><td colspan="2">勘探测井</td><td>测井方式</td><td>随钻</td><td>钻井最大井深 /m</td><td></td></tr>
<tr><td colspan="2">测井最大井深 /m</td><td></td><td>钻井套管鞋深度 /m</td><td></td><td>测井套管鞋深度 /m</td><td colspan="2"></td><td colspan="2">仪器待命时间 /d</td><td colspan="2"></td></tr>
<tr><td colspan="2">井次作业描述</td><td colspan="10"></td></tr>
<tr><td>井眼尺寸 /in</td><td>入井序号</td><td colspan="2">项目组合</td><td>项目组合类型</td><td>最大记录温度 /℃</td><td>深度 /m</td><td>时间</td><td>地面系统</td><td>测井公司</td><td>测井工程师</td><td>测井监督</td></tr>
<tr><td></td><td></td><td colspan="2"></td><td></td><td></td><td></td><td></td><td></td><td></td><td></td><td></td></tr>
<tr><td></td><td></td><td colspan="2"></td><td></td><td></td><td></td><td></td><td></td><td></td><td></td><td></td></tr>
<tr><td></td><td></td><td colspan="2"></td><td></td><td></td><td></td><td></td><td></td><td></td><td></td><td></td></tr>
<tr><td></td><td></td><td colspan="2"></td><td></td><td></td><td></td><td></td><td></td><td></td><td></td><td></td></tr>
<tr><td></td><td></td><td colspan="2"></td><td></td><td></td><td></td><td></td><td></td><td></td><td></td><td></td></tr>
<tr><td></td><td></td><td colspan="2"></td><td></td><td></td><td></td><td></td><td></td><td></td><td></td><td></td></tr>
<tr><td></td><td></td><td colspan="2"></td><td></td><td></td><td></td><td></td><td></td><td></td><td></td><td></td></tr>
<tr><td></td><td></td><td colspan="2"></td><td></td><td></td><td></td><td></td><td></td><td></td><td></td><td></td></tr>
<tr><td></td><td></td><td colspan="2"></td><td></td><td></td><td></td><td></td><td></td><td></td><td></td><td></td></tr>
<tr><td></td><td></td><td colspan="2"></td><td></td><td></td><td></td><td></td><td></td><td></td><td></td><td></td></tr>
<tr><td></td><td></td><td colspan="2"></td><td></td><td></td><td></td><td></td><td></td><td></td><td></td><td></td></tr>
<tr><td></td><td></td><td colspan="2"></td><td></td><td></td><td></td><td></td><td></td><td></td><td></td><td></td></tr>
</table>

C.2 电缆测井实际作业信息表

井名		测井井次		测井类型		测井方式		钻井最大井深 /m		
测井最大井深 / m		钻井套管鞋深度 /m		测井套管鞋深度 /m						
井次作业描述										
井眼尺寸 / in	井眼类型	入井序号	项目组合	项目组合类型	地面系统	服务公司	测井工程师	测井监督	计入项目统计	一次入井作业成功

C.3　测井作业实际入井仪器组合信息表

项目信息			仪器信息						仪器组合信息					扶正器			偏心弓			马笼头弱点				电缆						备注
入井序号	项目组合	仪器组合	长度/m	质量/lb	外径/in	测量点/m	序列号	服务公司	总长/m	总质量/lb	最大外径/in	总体积/m^3	对零点/m	类型	个数	最大外径/in	安装位置	个数	最大外径/in	释放类型	破断张力/lbf	安全张力/lbf	服务公司	型号	破断张力/lbf	安全张力/lbf	直径/in	排液量/m^3/km	服务公司	

C.4 测井设备故障统计表

入井次序	井眼尺寸 /in	仪器组合	地面系统	故障设备类型	故障设备	损失时间 /h	故障描述	故障原因	解决方案	资料采集情况

C.5 测井资料问题统计表

入井序号	井眼尺寸 /in	项目组合	问题项目	顶深 /m	底深 /m	资料问题原因分类	资料问题描述

附录 D　电缆地层测试数据表

D.1　电缆地层测试压力数据表

井名					仪器名称		日期				入井序号		
序号	实测深度/m	垂直深度/m	测前钻井液柱压力/psi	最终测压读值/psi	地层压力/psi	测后钻井液柱压力/psi	测压流度/mD/（mPa·s）	地层压力系数	等效钻井液密度/g/cm^3	记录温度/℃	压力点类型	探针类型	备注
备注													
坐封成功率			坐封次数		测压点数		有效点数		泵抽数		取样数		
填表					审核			日期					

D.2 电缆地层测试取样数据表

井名			仪器名称		入井序号										
样品编号															
取样深度 /m															
测前钻井液柱压力 /psi															
测后钻井液柱压力 /psi															
泵抽前地层恢复压力 /psi															
取样后地层恢复压力 /psi															
取样后压恢复流度 /［mD/（mPa·s）］															
关样筒时样筒压力 /psi															
泵抽时间 /min															
泵抽流体体积 /L															
取样时间 /min															
样筒容积 /cm^3															
样筒地面压力 /psi															
样品体积	气 /cm^3														
	油 /cm^3														
	水 /cm^3														
	钻井液滤液 /cm^3														
混合样品体积	水 + 钻井液滤液 /cm^3														

续表

井名			仪器名称		入井序号										
液样	氯离子 /（mg/L）														
	电阻率 /（Ω·m）														
	温度 /℃														
钻进时钻井液滤液	氯离子 /（mg/L）														
	电阻率 /（Ω·m）														
	温度 /℃														
井筒中钻井液滤液	氯离子 /（mg/L）														
	电阻率 /（Ω·m）														
	温度 /℃														
气样组分	CO_2/%														
	C_1/%														
	C_2/%														
	C_3/%														
	iC_4/%														
	nC_4/%														
	iC_5/%														
	nC_5/%														
	非烃含量 /%														
地层电阻率 /（Ω·m）															
地层温度 /℃															
备注															
填表		审核		日期											

D.3 现场快速流体分析数据表

井名			入井序号													
样品类型																
样品编号																
取样深度 /m																
体积 /mL																
pH 值																
碳酸氢根离子（HCO_3^-）/（mg/L）																
碳酸根离子（CO_3^{2-}）/（mg/L）																
氯离子（Cl^-）/（mg/L）																
硫酸根离子（SO_4^{2-}）/（mg/L）																
阴离子总量 /（mg/L）																
钠离子（Na^+）/（mg/L）																
铵离子（NH_4^+）/（mg/L）																
钾离子（K^+）/（mg/L）																
镁离子（Mg^{2+}）/（mg/L）																
钙离子（Ca^{2+}）/（mg/L）																
阳离子总量 /（mg/L）																
总矿化度 /（mg/L）																
钠钾离子比值																
估算混入钻井液滤液比例 /%																
结论																
备注																
制表		审核		日期												

附录 E　井壁取心作业信息表

入井序号			仪器		岩心直径 / in		取心方式		试钻（颗）		实取（颗）		收获率		服务公司	
序号	层位	实取斜深 / m	实取垂深 / m	岩心长 / mm	取心时间 / min	作业描述	岩性描述	胶结	灰质	含砾	纵波时差 / μs/ft	横波时差 / μs/ft	密度 / g/cm³	伽马 / API	井径 / in	备注
备注																
			工程师			测井监督			地质监督					日期		

附录 F　测井解释及固井质量评价成果表

F.1　测井解释成果表

层位	层号	深度							自然伽马/API	声波时差/μs/ft	密度/g/cm^3	中子/%	深电阻率/Ω·m	泥质含量/%	孔隙度/%	含水饱和度/%	渗透率/mD	结论	备注
		井段（MD）/m		厚度/m	井段（TVD）/m		厚度/m												
解释结论：																			

解释：　　　　　　　　　　审核：

F.2　固井质量评价成果表（CBL/VDL）

井名		套管尺寸 /in		壁厚 /in		入井序号	
井段 /m		厚度 /m	CBL/mV	VDL（变密度）		水泥胶结综合评价	备注
				套管波	地层波		
技术说明							
封隔性评价							
球座深度 /m					遇阻井深 /m		
水泥返高深度 /m					混浆井段 /m		
短套管位置 /m							
放射性记号位置 /m							
备注							
评价		审核		审定		日期	

F.3 固井质量评价成果表（SBT）

井名			套管尺寸 /in			壁厚 /in			入井序号		
井段 /m		厚度 /m	ATAV/ dB/ft	ATMN/ dB/ft	ATMX/ dB/ft	AMAV/ mV	水泥强度 / psi	VDL		水泥胶结	备注
								套管波	地层波	综合评价	
技术说明		评价依据为水泥胶结强度（psi）：差：0～500；中等：500～1000；良：1000～2000；优：＞2000；ATMN＜6.5dB/ft，存在沟槽，定为差									
封隔性评价											
球座深度 /m						遇阻井深 /m					
水泥返高深度 /m						混浆井段 /m					
短套管位置 /m											
放射性记号位置 /m											
备注											
评价			审核			审定				日期	

附录 G　电缆测井井底静止温度回归表

补泥距 /m		泥面温度 /℃		循环开始时间		循环结束时间		历时 /h	
入井序号	项目组合	下入最大井深时间	与循环结束时间的差 /h	比值	最大井温 /℃	记录斜深 /m	记录垂深 /m	比值取自然对数	换算在井底温度
地温梯度 /（℃ /100m）					井深 /m			井底回归温度 /℃	
填表				审核			日期		

附录 H　电缆测井作业遇阻统计表

基本信息				遇阻情况						遇阻措施			
井眼尺寸 / in	入井序号	项目组合	当前作业井深 / m	遇阻井深 / m	遇阻损失时间 / h	遇阻情况描述	资料采集情况	反复下放时间 / h	起出 + 拆甩仪器时间 / h	是否通井	通井作业序号	通井作业占用时间 / h	后续措施

附录 I　电缆测井作业遇卡统计表

基本信息				遇卡情况											遇卡措施													
井眼尺寸/in	入井序号	项目组合	当前作业井深/m	遇卡井深/m	遇卡损失时间/h	遇卡情况描述	遇卡类型	马笼头张力			电缆张力			资料采集情况	尝试解卡时间/h	是否解卡成功	成功解卡后起出+拆甩仪器时间或打捞出井后拆甩仪器时间/h	是否打捞作业	打捞作业序号	打捞方式	是否打捞成功	打捞作业占用时间/h	打捞准备时间/h	打捞时间/h	是否通井作业	通井作业序号	通井时间/h	后续措施
								正常张力/lbf	最大张力/lbf	过提张力/lbf	正常张力/lbf	最大张力/lbf	过提张力/lbf															

附录 J 测井设备人员动态表

测井服务公司			井名	
地面设备				
设备名称	数量	离开基地日期	返回基地日期	备注
井下仪器				
仪器名称	数量	离开基地日期	返回基地日期	备注
人员动态				
人员姓名	岗位	离开基地日期	返回基地日期	备注
测井工程师			测井监督	

注：要求说明仪器的名称或系列号。

附录 K 测井资料递交规范

K.1 电缆测井图件

K.1.1 高分辨率阵列侧向 / 声波 / 中子密度（DMLL_RTEX_XMAC-F1_ZDL_CN_DSL）

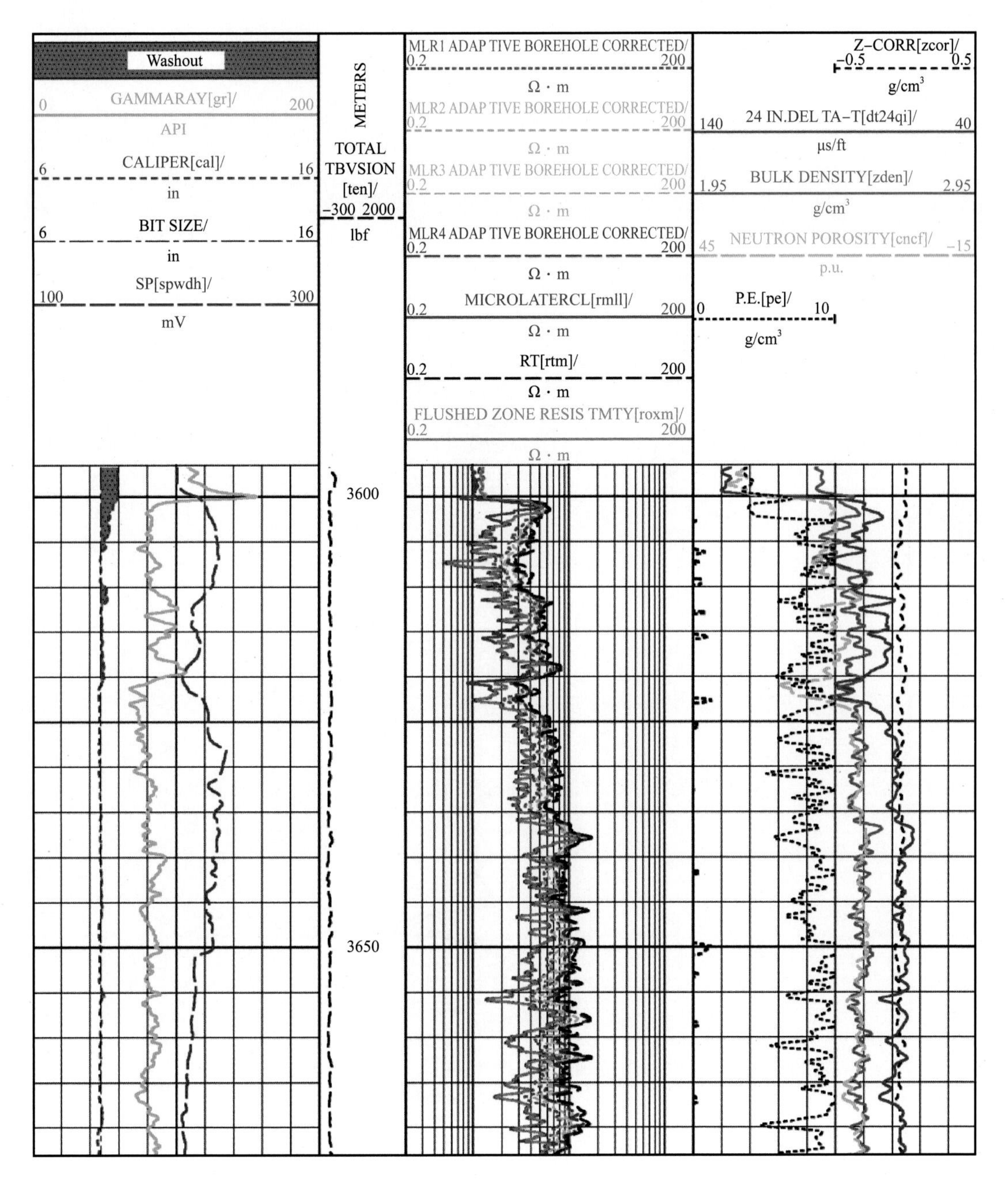

K.1.2 阵列感应 / 无源中子 / 岩性密度 / 井径（QAIT-HAPS-LDS-PPC）

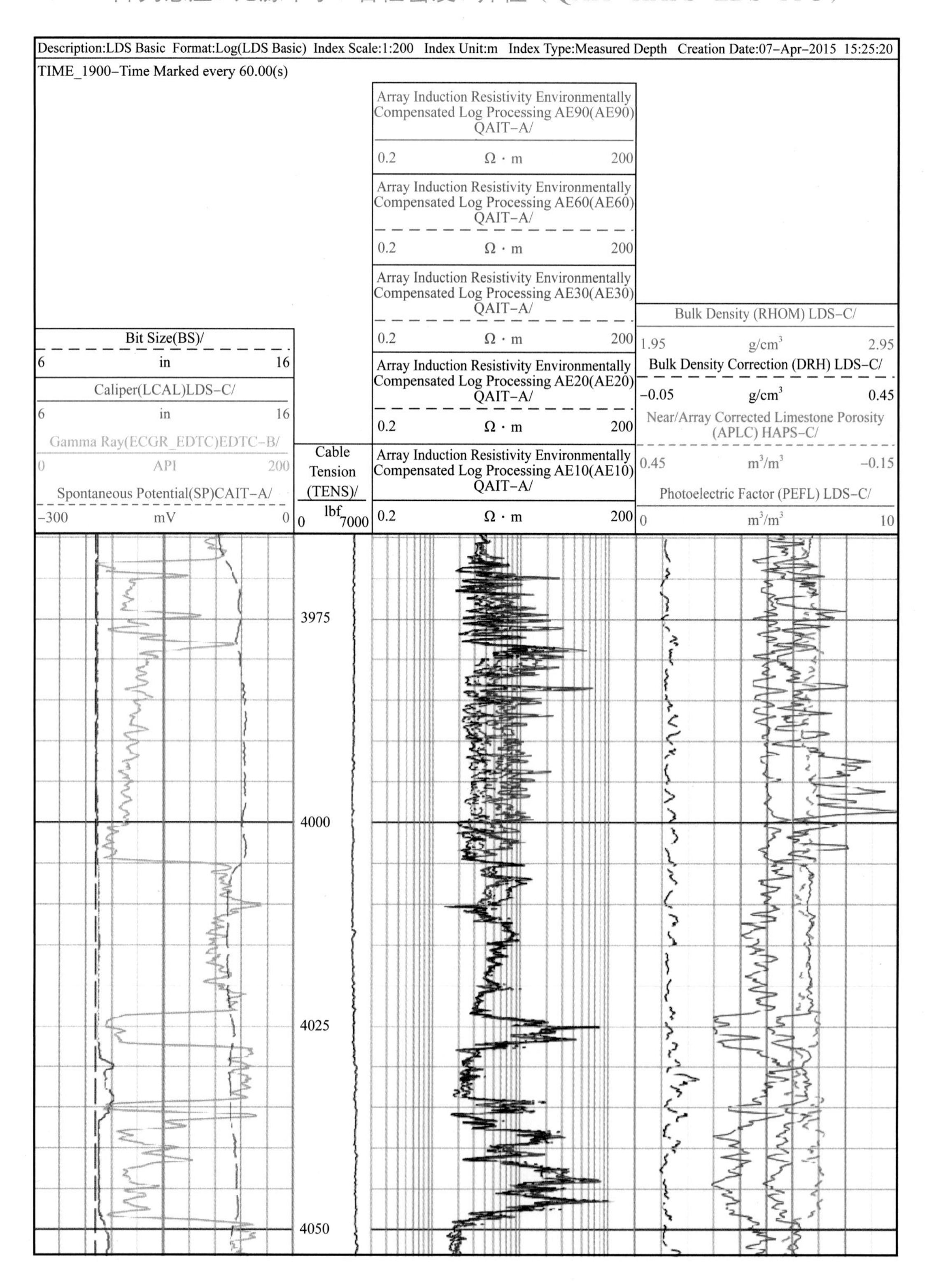

K.1.3 自然伽马能谱（HNGS）

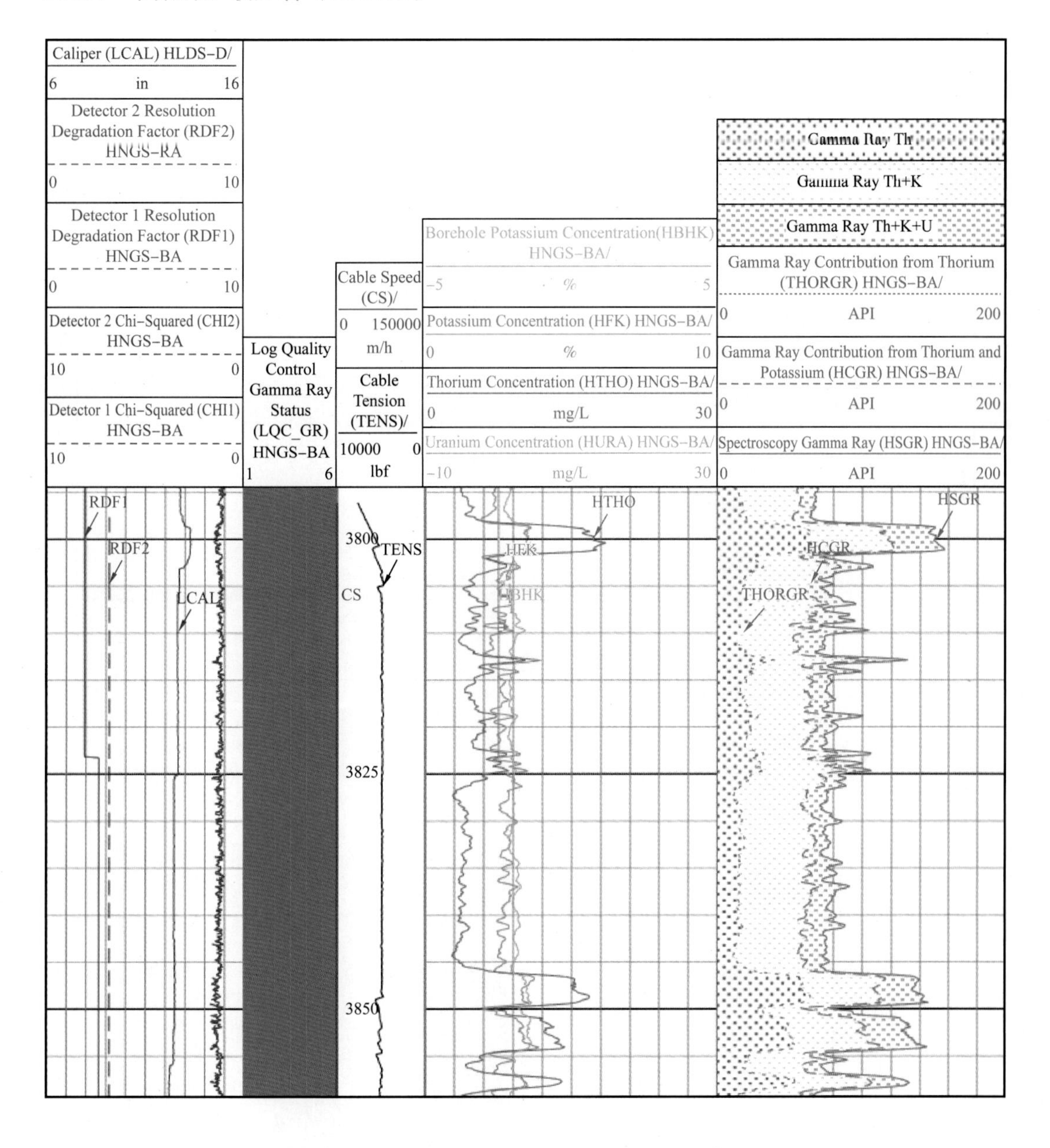

K.1.4 微电阻率成像（FMI）

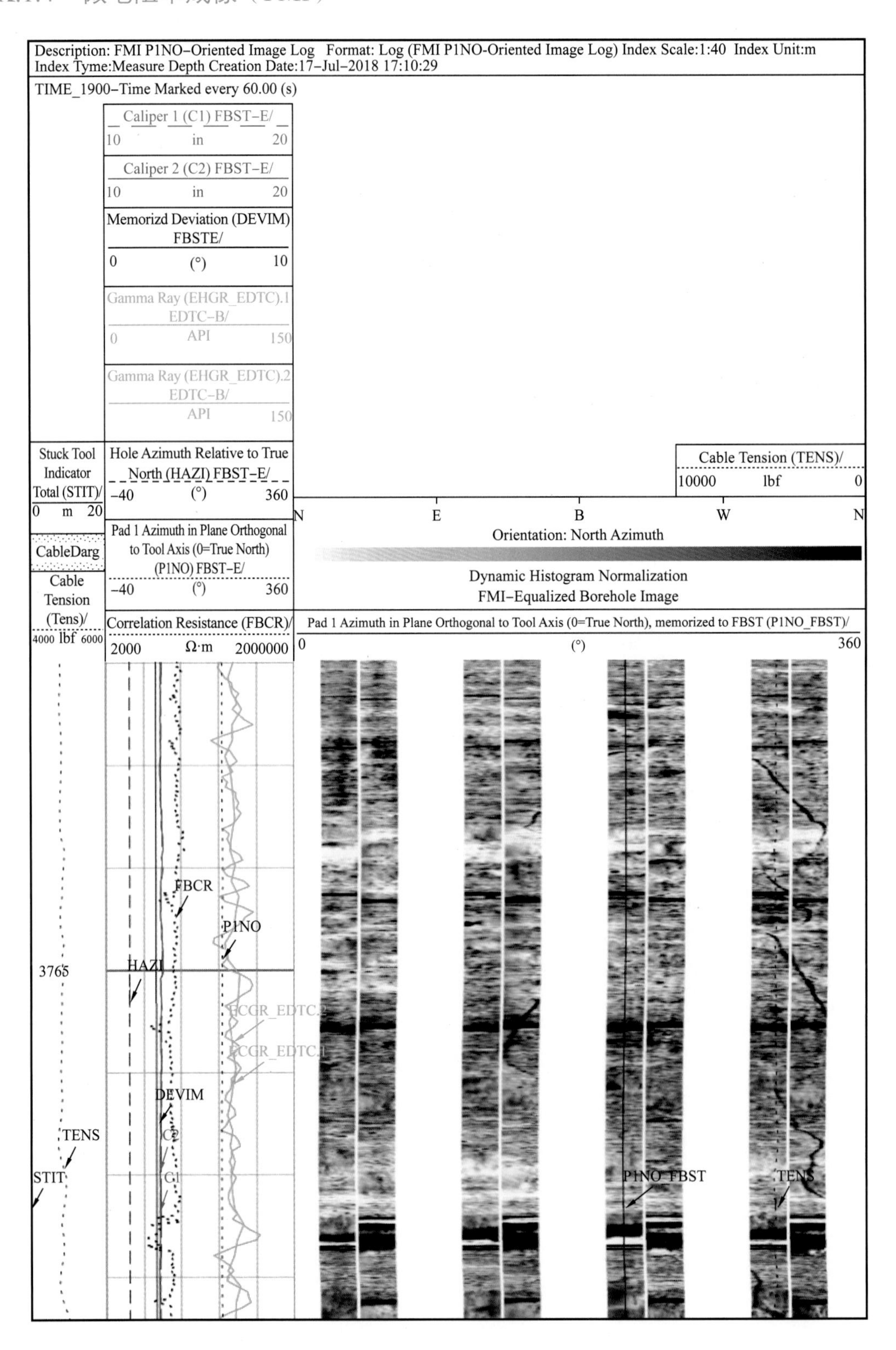

K.1.5　核磁共振（CMR）

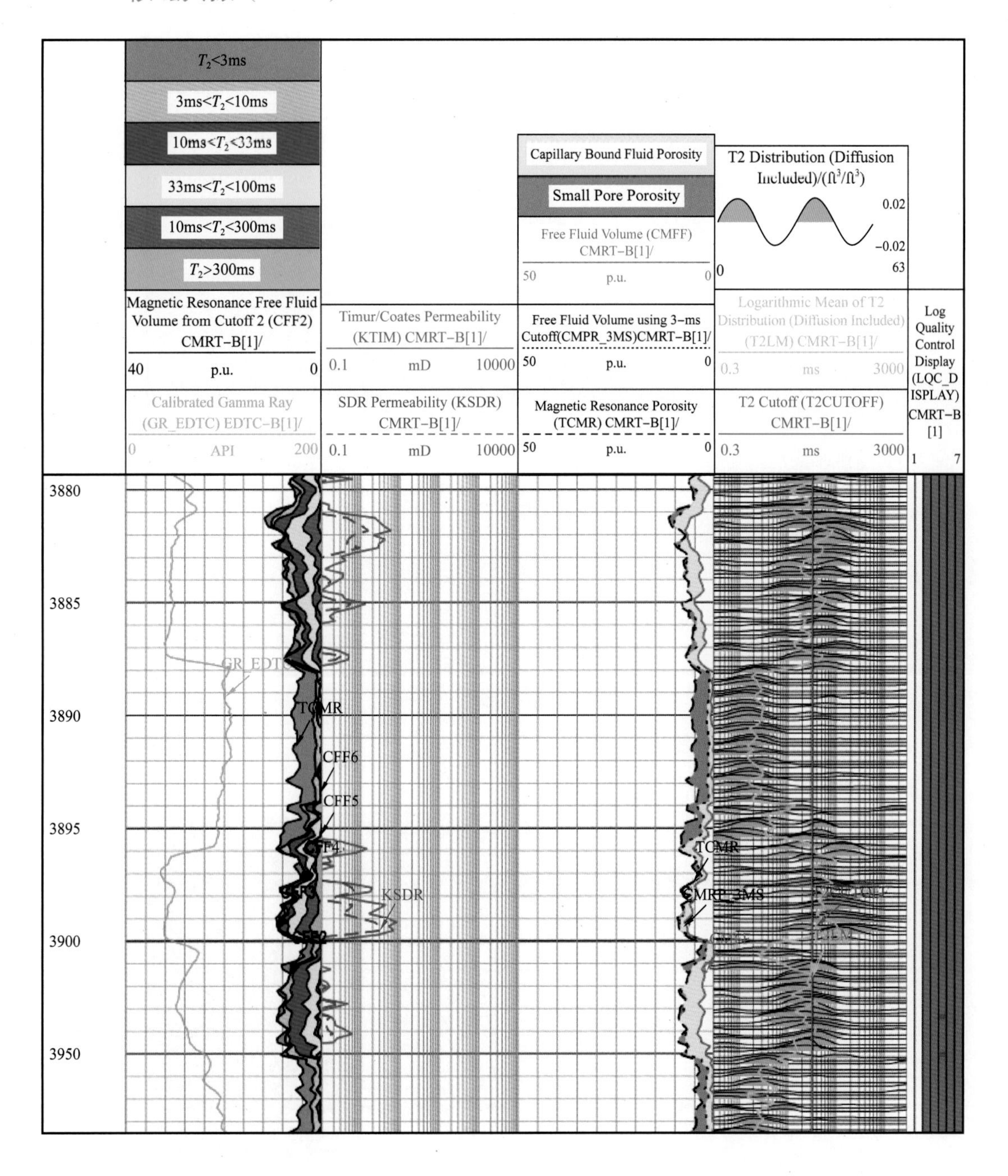

T_2<3ms
3ms<T_2<10ms
10ms<T_2<33ms
33ms<T_2<100ms
10ms<T_2<300ms
T_2>300ms
Magnetic Resonance Free Fluid Volume from Cutoff 2 (CFF2) CMRT-B[1]/
40 p.u. 0
Calibrated Gamma Ray (GR_EDTC) EDTC-B[1]/
0 API 200
Timur/Coates Permeability (KTIM) CMRT-B[1]/
0.1 mD 10000
SDR Permeability (KSDR) CMRT-B[1]/
0.1 mD 10000
Capillary Bound Fluid Porosity
Small Pore Porosity
Free Fluid Volume (CMFF) CMRT-B[1]/
50 p.u. 0
Free Fluid Volume using 3-ms Cutoff(CMPR_3MS)CMRT-B[1]/
50 p.u. 0
Magnetic Resonance Porosity (TCMR) CMRT-B[1]/
50 p.u. 0
T2 Distribution (Diffusion Included)/(ft³/ft³)
0.02
-0.02
0
63
Logarithmic Mean of T2 Distribution (Diffusion Included) (T2LM) CMRT-B[1]/
0.3 ms 3000
T2 Cutoff (T2CUTOFF) CMRT-B[1]/
0.3 ms 3000
Log Quality Control Display (LQC_DISPLAY) CMRT-B [1]
1 7
3880
3885
3890
3895
3900
3950
GR_EDTC
TCMR
CFF6
CFF5
CFF4
KSDR
TCMR
CMRP_3MS

K.1.6 偶极子横波（DSI）

K.1.6.1 DSI Dipole_D200MD

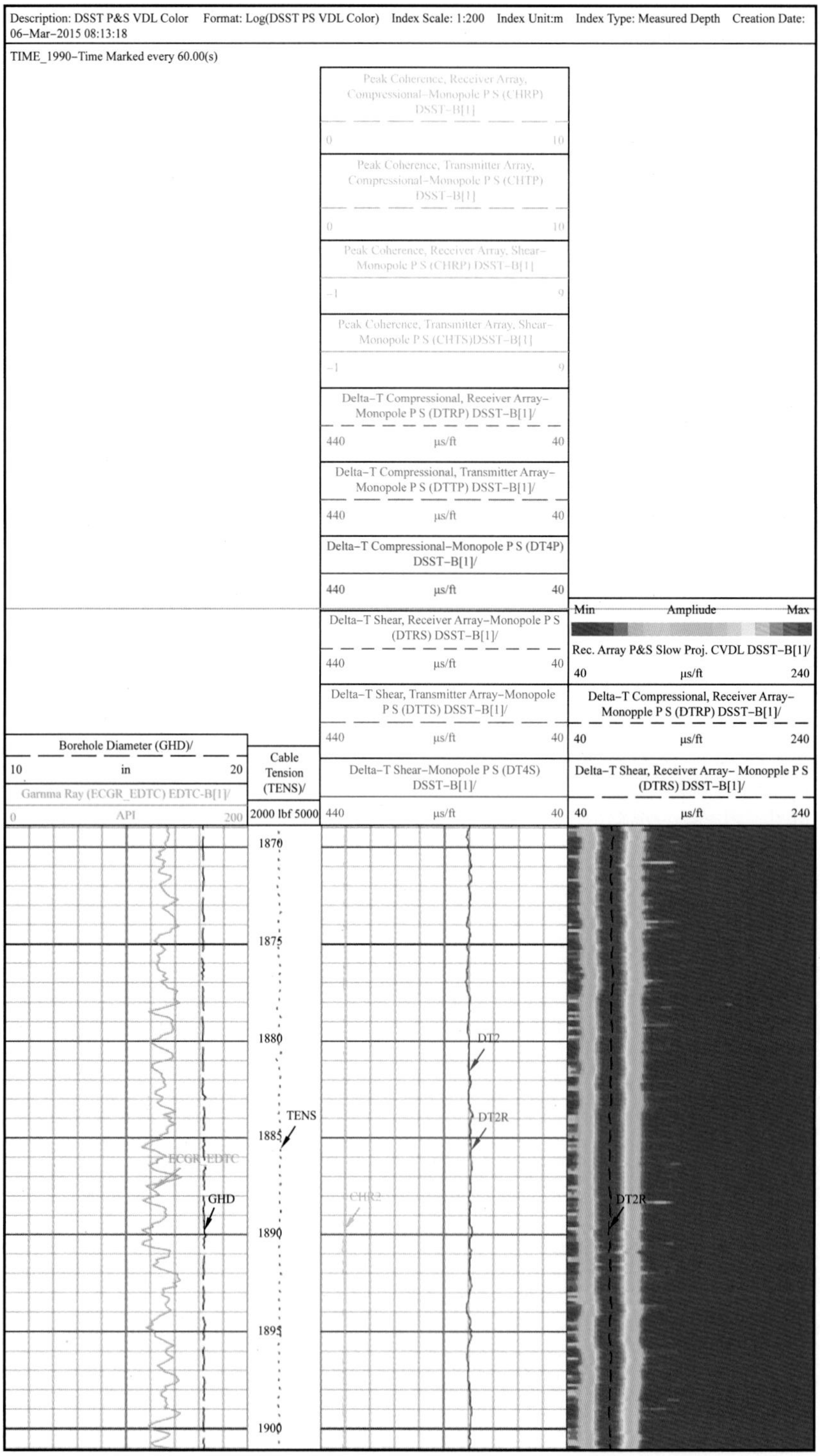

Description: DSST P&S VDL Color Format: Log(DSST PS VDL Color) Index Scale: 1:200 Index Unit:m Index Type: Measured Depth Creation Date: 06-Mar-2015 08:13:18

TIME_1990-Time Marked every 60.00(s)

Peak Coherence, Receiver Array, Compressional-Monopole P S (CHRP) DSST-B[1] 0 10

Peak Coherence, Transmitter Array, Compressional-Monopole P S (CHTP) DSST-B[1] 0 10

Peak Coherence, Receiver Array, Shear-Monopole P S (CHRP) DSST-B[1] -1 9

Peak Coherence, Transmitter Array, Shear-Monopole P S (CHTS)DSST-B[1] -1 9

Delta-T Compressional, Receiver Array-Monopole P S (DTRP) DSST-B[1]/ 440 μs/ft 40

Delta-T Compressional, Transmitter Array-Monopole P S (DTTP) DSST-B[1]/ 440 μs/ft 40

Delta-T Compressional-Monopole P S (DT4P) DSST-B[1]/ 440 μs/ft 40

Delta-T Shear, Receiver Array-Monopole P S (DTRS) DSST-B[1]/ 440 μs/ft 40

Delta-T Shear, Transmitter Array-Monopole P S (DTTS) DSST-B[1]/ 440 μs/ft 40

Delta-T Shear-Monopole P S (DT4S) DSST-B[1]/ 440 μs/ft 40

Min Ampliude Max

Rec. Array P&S Slow Proj. CVDL DSST-B[1]/ 40 μs/ft 240

Delta-T Compressional, Receiver Array-Monopple P S (DTRP) DSST-B[1]/ 40 μs/ft 240

Delta-T Shear, Receiver Array- Monopple P S (DTRS) DSST-B[1]/ 40 μs/ft 240

Borehole Diameter (GHD)/ 10 in 20

Gamma Ray (ECGR_EDTC) EDTC-B[1]/ 0 API 200

Cable Tension (TENS)/ 2000 lbf 5000

1870 1875 1880 1885 1890 1895 1900

ECGR_EDTC GHD TENS CHR2 DT2 DT2R DT2R

K.1.6.2 DSI Monopole_D200MD

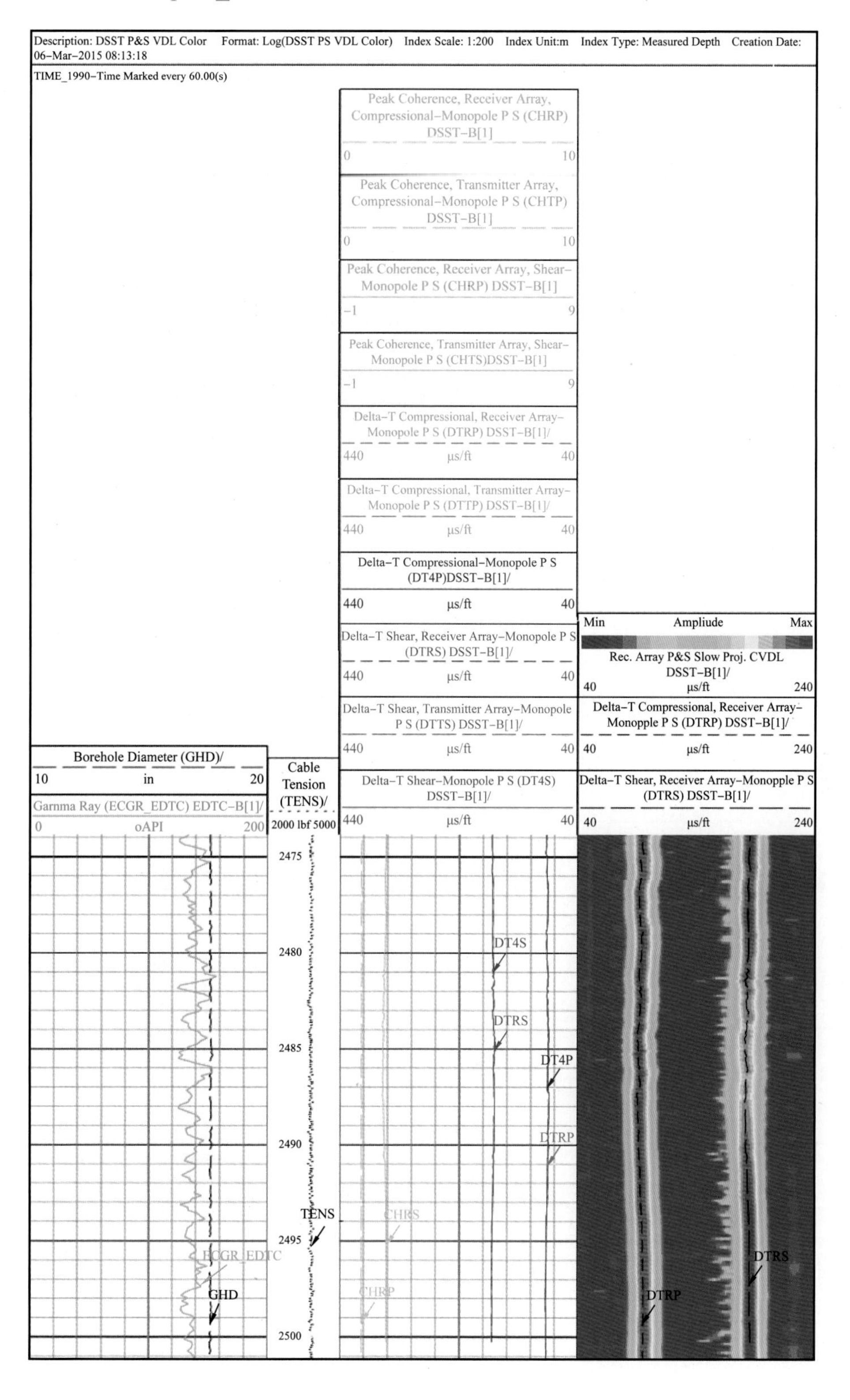

K.1.7 测压取样（MDT）

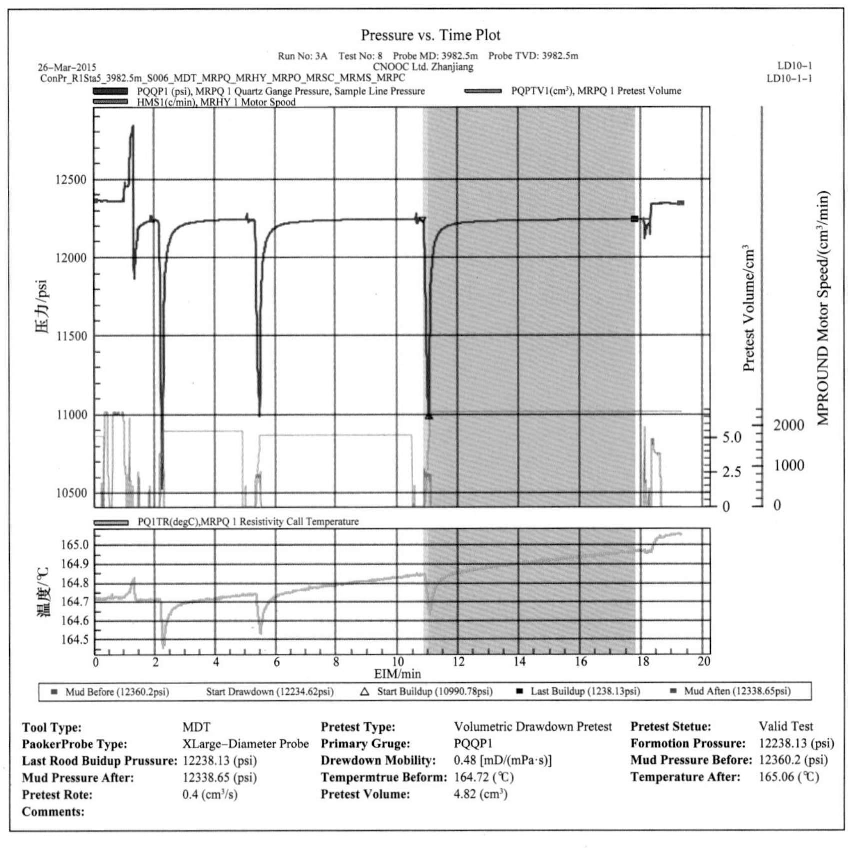

Description: File No.ConPr_R1Sta5_3982.5m_s006_MDT_MRPQ_MRHY_MRPO_MRSC_MRMS_MRPC Probe MD3982.5 m Probe TVD 3982.5m Format InSitr Pro Time Index Log Index Scale:1 cm per 15s Index Type: Time Creation Date:27-Mar-2015 06:39:17

MPROUD Motor Speed (PORDMS)/ 0 cm³/min 5000

MRPQ 1 Quzrtz Gauge Temperature (PQQT1)/ 37.78 ℃ 65.56

MRPQ 1 Strain Gauge Temperature (PQ1TV)/ 37.78 ℃ 65.56

MRPQ 1 Resistivity Cell Temperature (PQ1TR)/ 37.78 ℃ 65.56

MRPQ 1 Flowline Fluid Resistivity (PQFR1)/ 0 Ω·m 1

MRPQ 1 Strain Gauge Pressure, Guand Line Pressure (PQFR1)/ 0 psi 10000

MRPQ 1 Quarta Gauge Pressure, Sample Line Pressure (PQQP1)/ 0 psi 10000

Elapsed Time (ETIM)

MRHY1 Motor Speed (HMS1)/ 0 8000 cm³/min

MRHY1 Motor Speed (HMS1)/ 0 8000 cm³/min	MRPQ 1 Strain Gauge Pnessure, Guard Line Pressure (PQSG1)/ psi	MRPQ 1 Strain Gauge Pressure, Guard Line Pressure (PQSG1)/ 0 psi 10	MRPQ 1 Quartz Gauge Pnessure, Sample Line Pressure (PQQP1)/ psi	MRPQ 1 Quartz Gauge Pressure, Sample Line Pressure (PQQP1)/ 0 psi 1
1155	12301.00		12338.98	
1147				
1140	12301.54		12339.80	
1132	12302.87		12341.10	
1125				
1118	12302.48		12340.32	
1110	12300.83		12338.96	

K.1.8 井壁取心（MSCT）

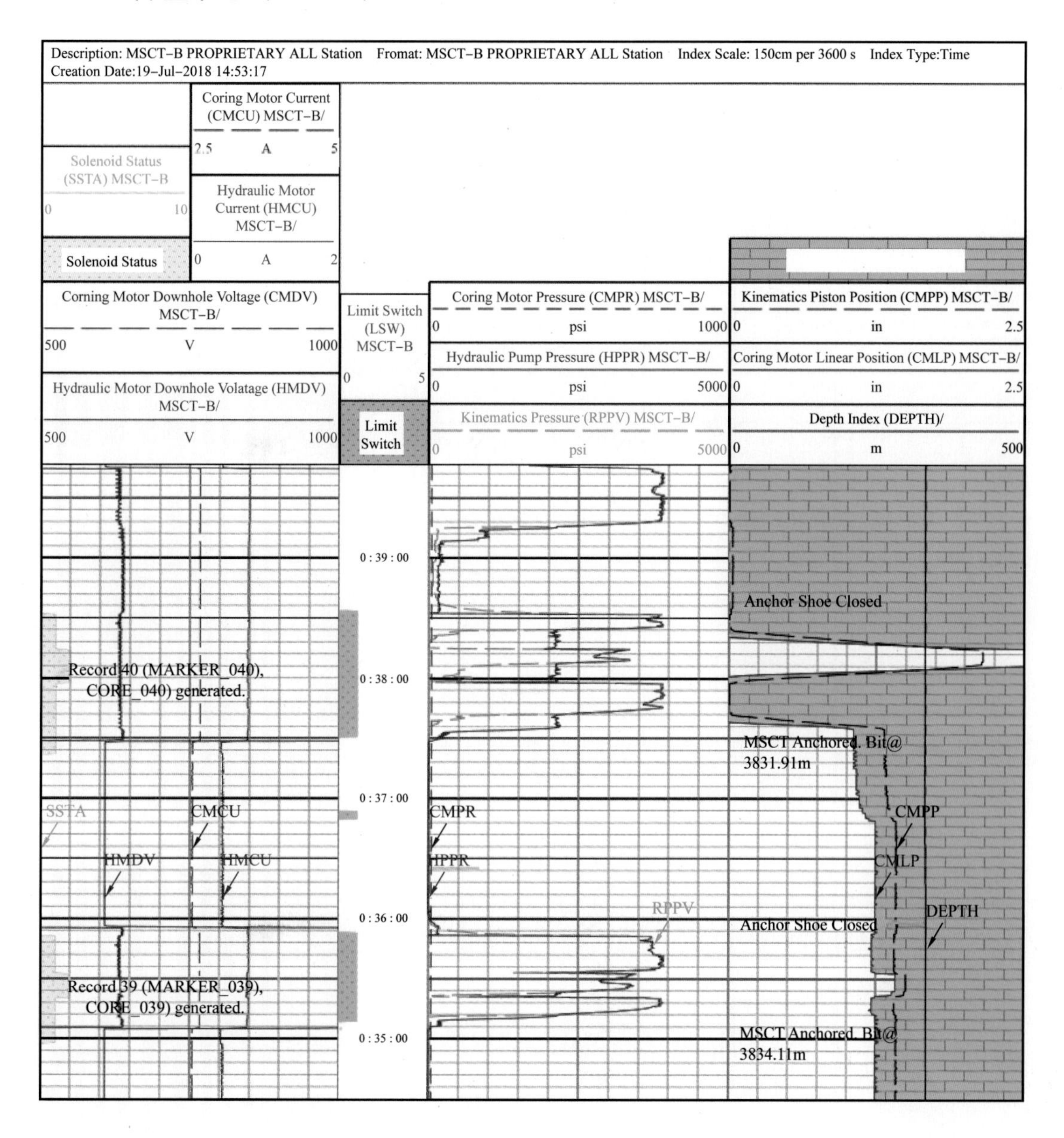

K.1.9 水泥胶结变密度（CBL-VDL-GR）

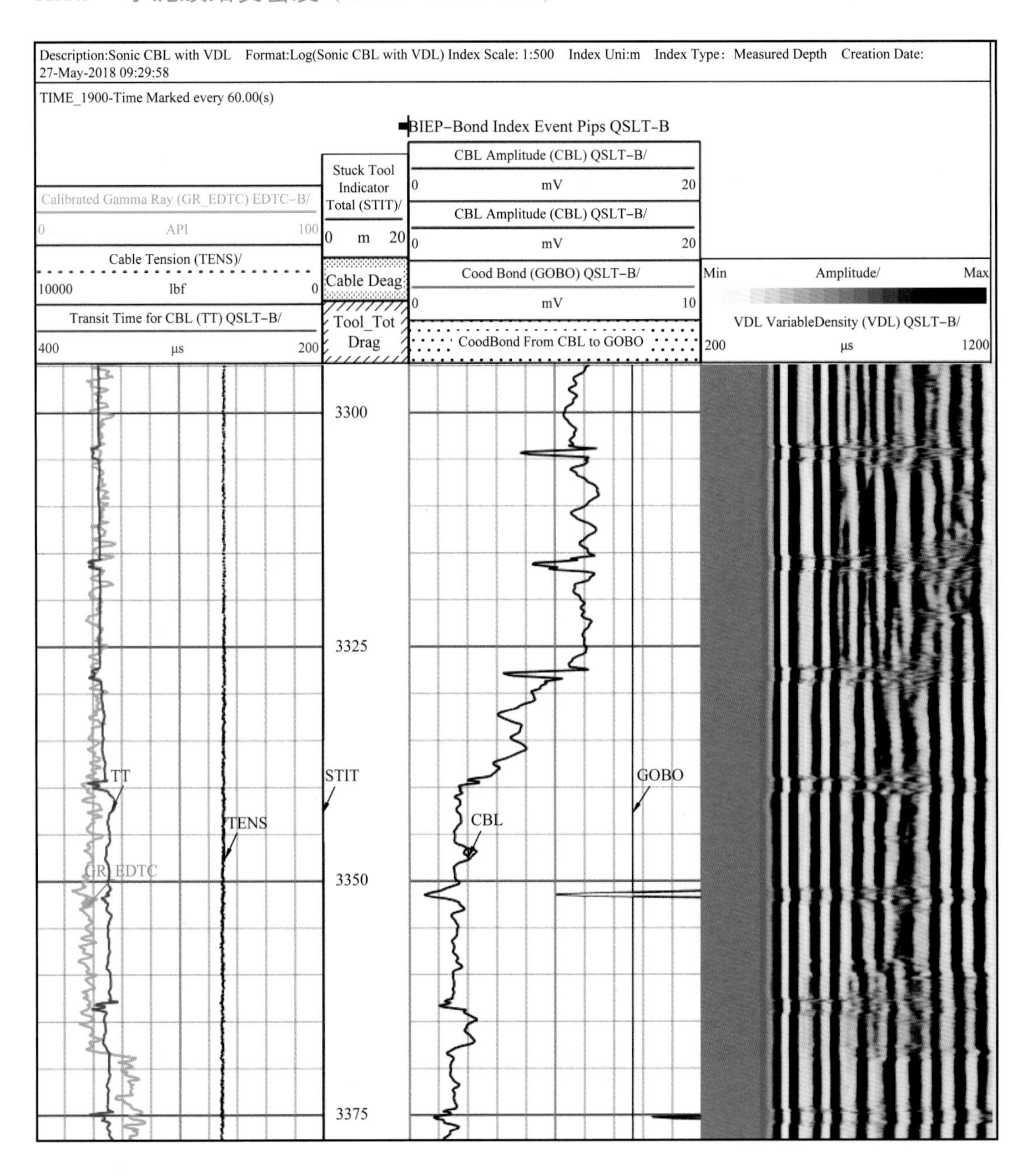

K.2　随钻测井图件

K.2.1　随钻伽马、电阻率和中子密度（斯伦贝谢）

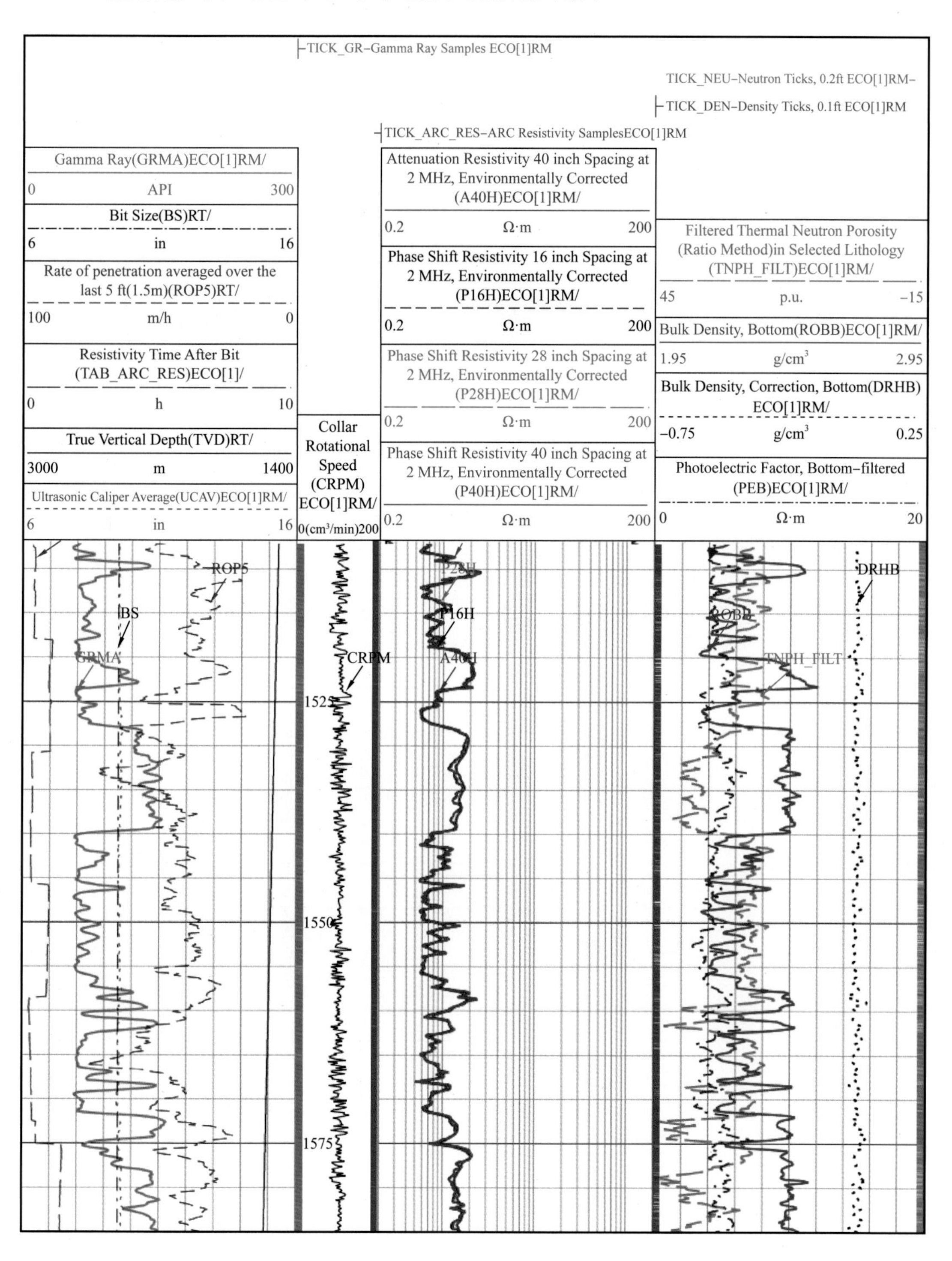

K.2.2 随钻伽马、电阻率和中子密度（贝克休斯）

Time Since Drilled[RPTHM]/
0 min 300
Rate of Penetration Averaged[ROPA]/
200 m/h 0
Gamma Ray Corrected Fillered[GRCFM]/
0 API 300
BITSIZE/
10 in 20
Caliper Corrected Filt[CALCFM]/
10 in 20
CDS Temperature[TCDM]/
0 ℃ 150
True Vertical Depth[TVD]/
1800 m 700
GRIM
RPHIM
MD/m
Resistivity 400kHz(AT)(LS)[RACELM]/
0.2 Ω·m 200
Resistivity 2MHz(AT)(LS)[RPCESHM]/
0.2 Ω·m 200
Resistivity 400kHz(PD)(LS)[RPCELM]/
0.2 Ω·m 200
Resistivity 2MHz(AT)(LS)[RPCEHM]/
0.2 Ω·m 200
Bulk Density Filt Cornp[BDCFM]/
1.95 g/cm³ 2.95
Neutron Porosity Filt(LS)[NPCKLFM]/
45 p.u. −15
Pe Filt[DPEFM]/
0 bar/e 10
Delta Rho Filt[DRHFM]/
−0.25 g/cm³ 0.25
BDIM
NPIM
1500
1550

K.2.3　随钻伽马、电阻率和中子密度（中海油服）

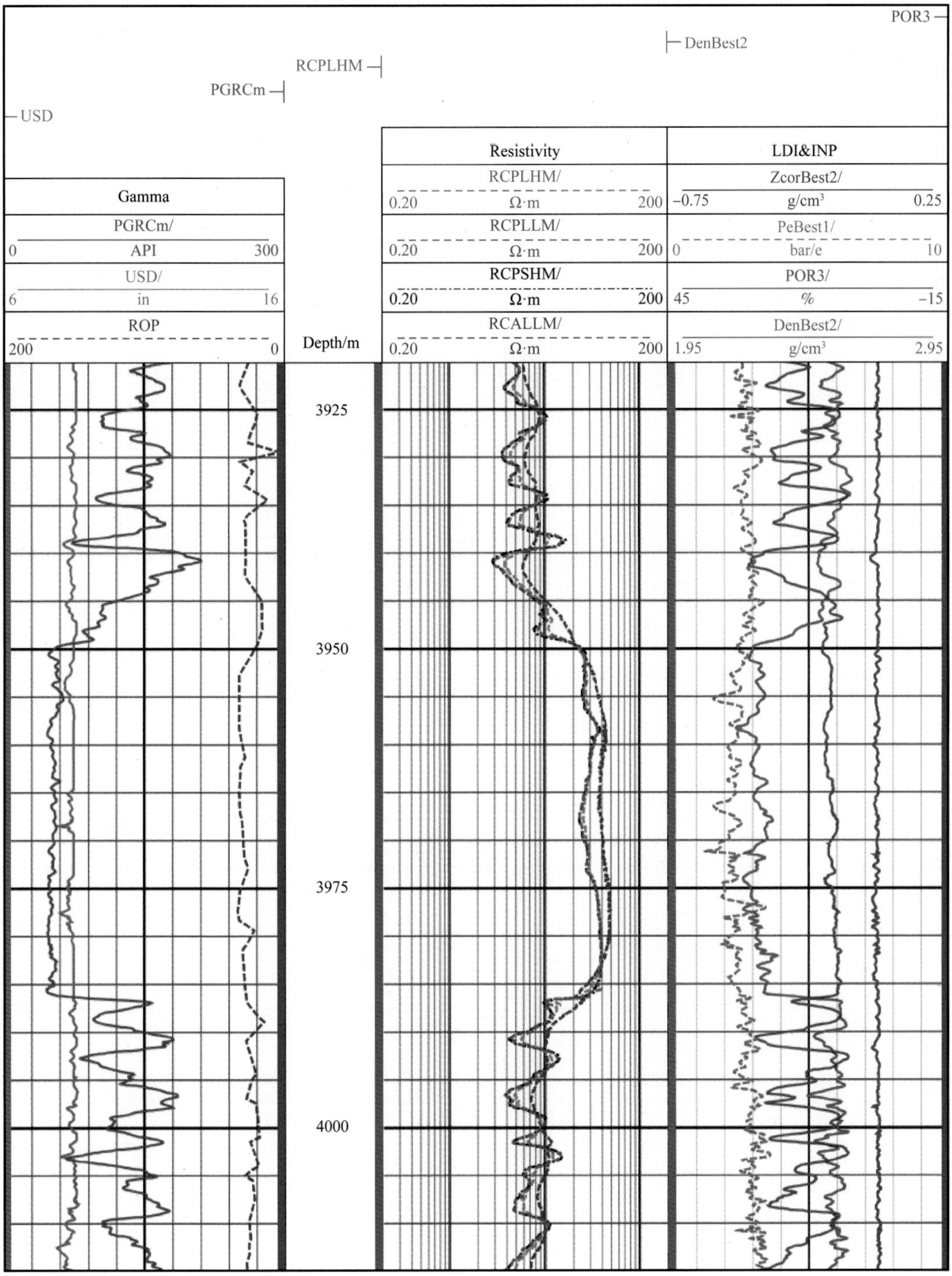

POR3

DenBest2

RCPLHM

PGRCm

USD

Gamma			Depth/m	Resistivity			LDI&INP		
PGRCm/				RCPLHM/			ZcorBest2/		
0	API	300		0.20	Ω·m	200	−0.75	g/cm³	0.25
USD/				RCPLLM/			PeBest1/		
6	in	16		0.20	Ω·m	200	0	bar/e	10
ROP				RCPSHM/			POR3/		
200		0		0.20	Ω·m	200	45	%	−15
				RCALLM/			DenBest2/		
				0.20	Ω·m	200	1.95	g/cm³	2.95

3925

3950

3975

4000

K.2.4 随钻伽马、电阻率和中子密度（哈里伯顿）

Track 1	Depth	Track 2	Track 3
Form Expos Time (SFXE)/ 0–100 h		EWR Deep Atten Res (SEDA)/ 0.2–200 Ω·m	LCRB Photoelectric (SNP2)/ 0–20 bar/e
Hole Size Indicator (SCAL)/ 6–16 in		EWR Shallow Phase Res (SESP)/ 0.2–200 Ω·m	LCRB Delta Rho (SCO2)/ −0.75–0.25 g/cm³
Rate of Penetration (SROP)/ 200–0 m/h	MD/m	EWR Medium Phase Res (SEMP)/ 0.2–200 Ω·m	LCRB Comp Dens (SBD2)/ 1.95–2.95 g/cm³
Combined Gamma Ray (SGRC)/ 0–300 API		EWR Deep Phase Res (SEDP)/ 0.2–200 Ω·m	CTN Smoothed LS Porosity (TNPL)/ 45–−15 p.u.

SGRC 2350 EWR−P4 TNPL SCO2 SNP2 SBD2

SGRC 2400 EWR−P4 TNPL SCO2 SNP2 SBD2

K.2.5　随钻伽马、电阻率和声波（斯伦贝谢）

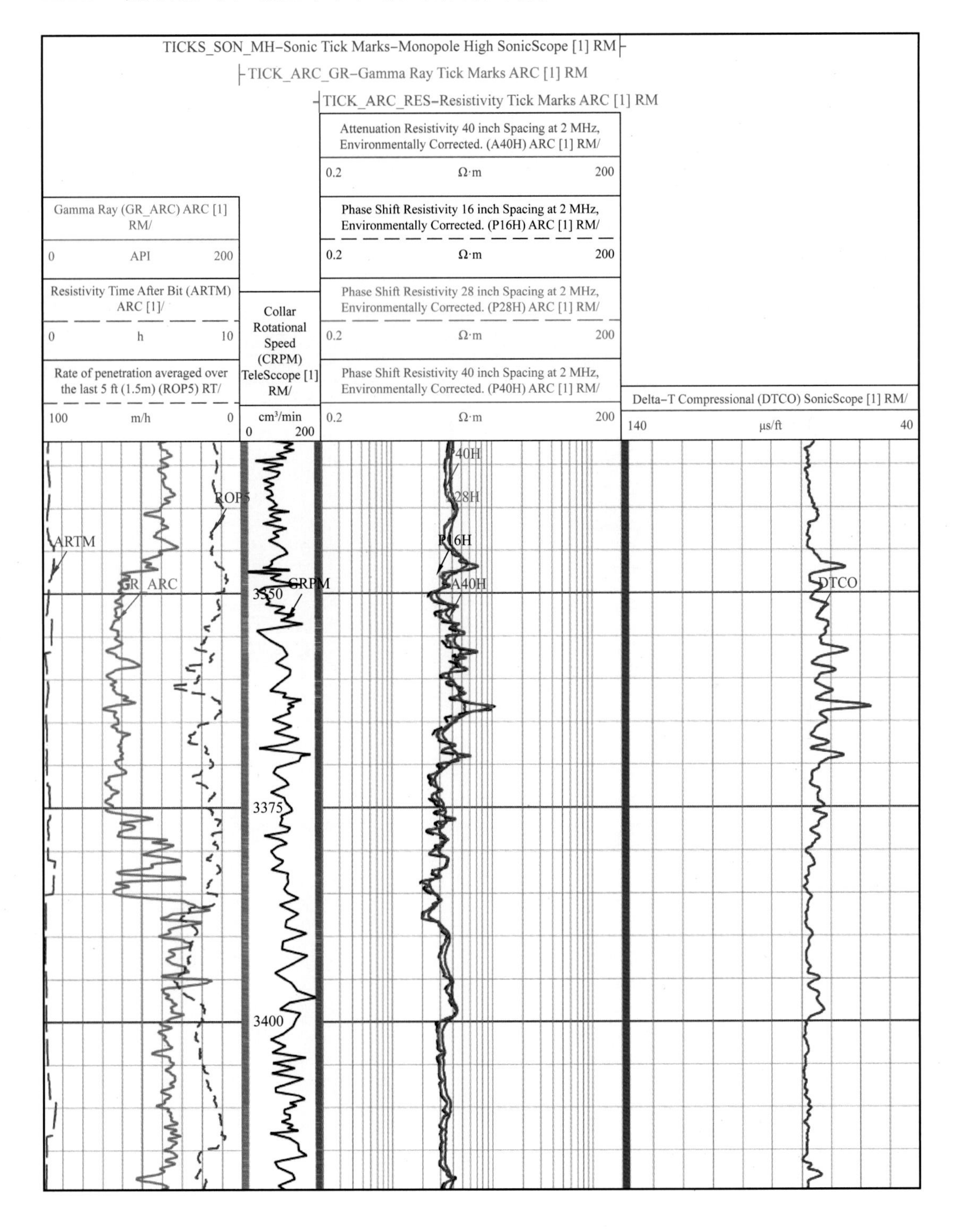

K.2.6 随钻伽马、电阻率和核磁共振（贝克休斯）

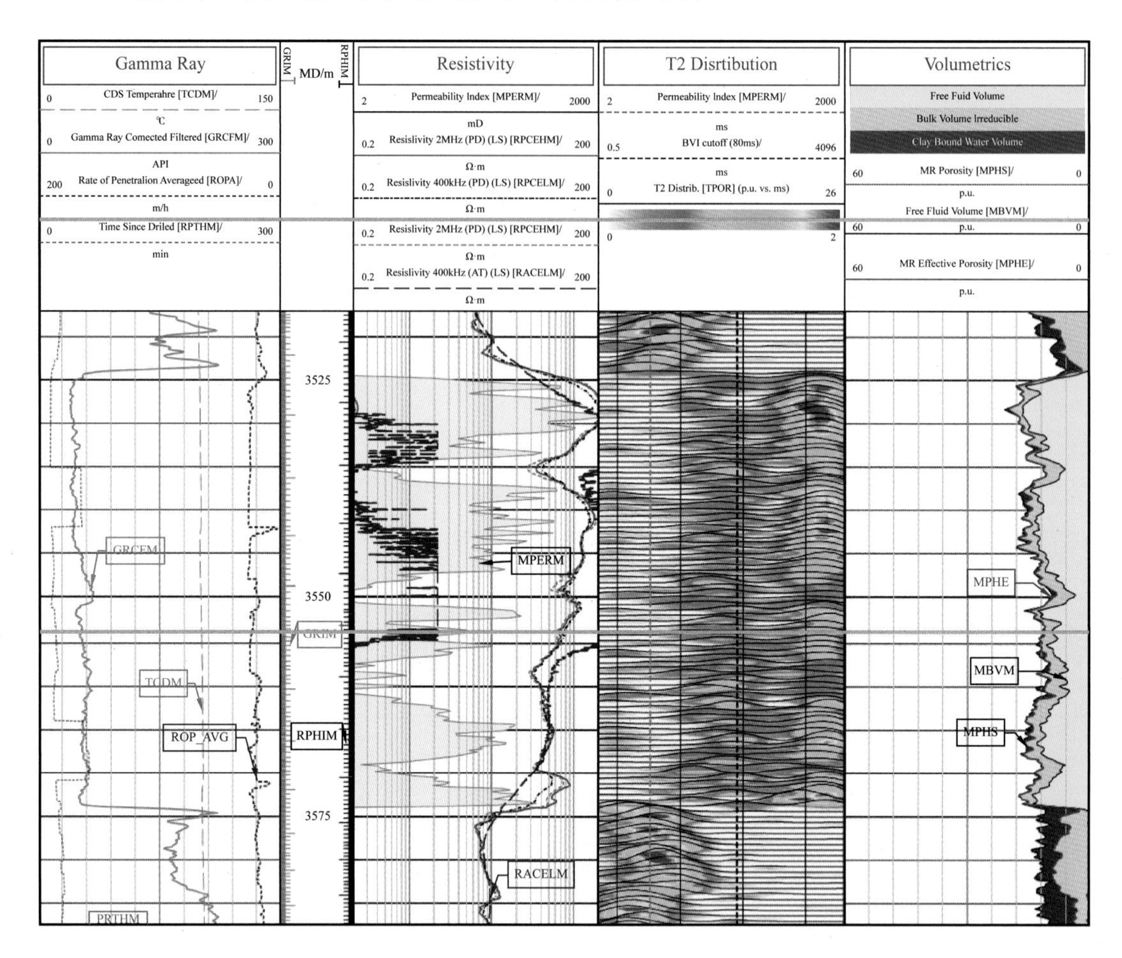

K.3　综合解释柱状图

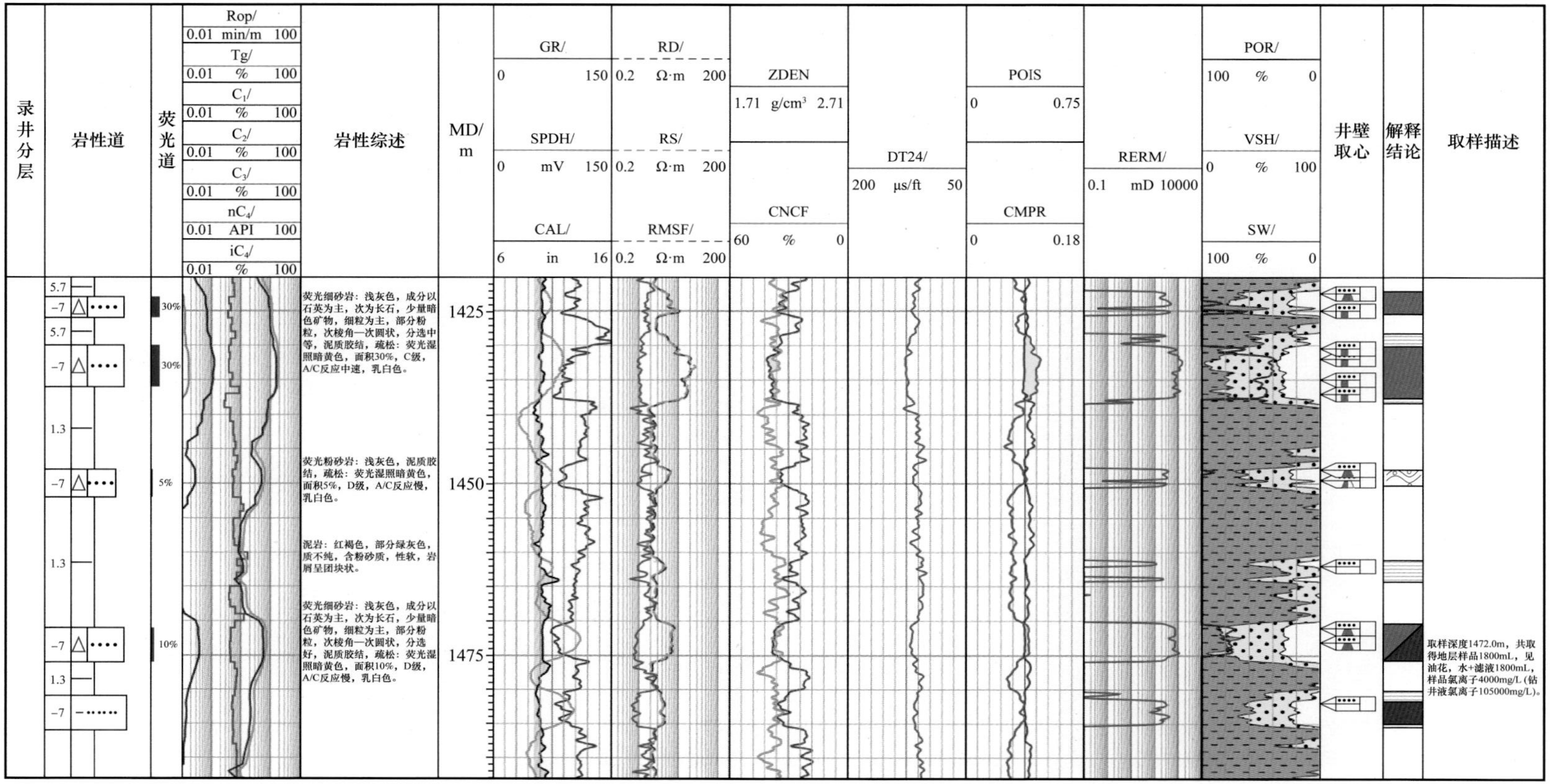

录井分层 | 岩性道 | 荧光道 | Rop/ 0.01 min/m 100; Tg/ 0.01 % 100; C_1/ 0.01 % 100; C_2/ 0.01 % 100; C_3/ 0.01 % 100; nC_4/ 0.01 API 100; iC_4/ 0.01 % 100 | 岩性综述 | MD/m | GR/ 0 150; SPDH/ 0 mV 150; CAL/ 6 in 16 | RD/ 0.2 Ω·m 200; RS/ 0.2 Ω·m 200; RMSF/ 0.2 Ω·m 200 | ZDEN 1.71 g/cm³ 2.71; CNCF 60 % 0 | DT24/ 200 μs/ft 50 | POIS 0 0.75; CMPR 0 0.18 | RERM/ 0.1 mD 10000 | POR/ 100 % 0; VSH/ 0 % 100; SW/ 100 % 0 | 井壁取心 | 解释结论 | 取样描述

5.7; −7; 5.7; −7; 1.3; −7; 1.3; −7; 1.3; −7

30%; 30%; 5%; 10%

1425; 1450; 1475

荧光细砂岩：浅灰色，成分以石英为主，次为长石，少量暗色矿物，细粒为主，部分粉粒，次棱角—次圆状，分选中等，泥质胶结，疏松：荧光湿照暗黄色，面积30%，C级，A/C反应中速，乳白色。

荧光粉砂岩：浅灰色，泥质胶结，疏松：荧光湿照暗黄色，面积5%，D级，A/C反应慢，乳白色。

泥岩：红褐色，部分绿灰色，质不纯，含粉砂质，性软，岩屑呈团块状。

荧光细砂岩：浅灰色，成分以石英为主，次为长石，少量暗色矿物，细粒为主，部分粉粒，次棱角—次圆状，分选好，泥质胶结，疏松：荧光湿照暗黄色，面积10%，D级，A/C反应慢，乳白色。

取样深度1472.0m，共取得地层样品1800mL，见油花，水+滤液1800mL，样品氯离子4000mg/L（钻井液氯离子105000mg/L）。

附录 L　测井数据提交规范

测井公司	测量方式	测量项目	仪器名称或曲线组合	las 文件要求	原始数据文件（CFF/DLIS/XTF）要求
中海油服	随钻测井	D+W 测井	伽马、电阻率、中子、密度、声波	包含伽马、电阻率、中子、密度等数据，las 文件共需提交 20 条曲线	涉及原始曲线共 283 条，包括地层测量数据、环境校正参数以及工具状态参数等曲线
			伽马、电阻率、声波	包含伽马、电阻率、声波等数据的 las 文件共需提交 15 条曲线	涉及原始曲线共 91 条，包括地层测量数据、环境校正参数以及工具状态参数等曲线
			伽马、电阻率	包含伽马、电阻率等数据的 las 文件共需提交 13 条曲线	涉及原始曲线共 91 条，包括地层测量数据、环境校正参数以及工具状态参数等曲线
	电缆测井	感应大满贯	伽马、电阻率、中子、密度、声波	感应大满贯 SLAM（EAIL）las 文件共需提交 17 条数据曲线	涉及原始数据曲线共 807 条
		阵列侧向大满贯	伽马、电阻率、中子、密度、声波	阵列侧向大满贯 SLAM（EALT）las 文件共需提交 17 条数据曲线	涉及原始数据曲线共 794 条
		核磁共振	EMRT	las 文件共需提交 9 条数据曲线	涉及原始数据曲线共 891 条
		测压取样	EFDT	las 文件共需提交 13 条数据曲线	涉及原始数据曲线共 609 条
斯伦贝谢	随钻测井	EcoScope	伽马、电阻率、中子、密度	包含伽马、电阻率、中子、密度等数据的 las 文件共需提交 40 条数据曲线	涉及原始数据共 92 条，包括地层测量、校正以及工具状态参数等曲线
		NeoScope	伽马、电阻率、中子、密度	包含伽马、电阻率、中子、密度等数据的 las 文件共需提交 35 条数据曲线	涉及原始数据共 86 条，包括地层测量、校正以及工具状态参数等曲线
		ARC	伽马、电阻率	包含伽马、电阻率等数据的 las 文件共需提交 28 条数据曲线	涉及原始数据共 74 条，包括地层测量、校正以及工具状态参数等曲线

续表

测井公司	测量方式	测量项目	仪器名称或曲线组合	las 文件要求	原始数据文件（CFF/DLIS/XTF）要求
斯伦贝谢	随钻测井	SADN	伽马、中子、密度	包含伽马、中子、密度、光电截面指数等数据的 las 文件共需提交 11 条数据曲线	涉及原始数据共 28 条，包括地层测量、校正以及工具状态参数等曲线
		随钻核磁共振	proVISION	核磁共振 las 文件共需提交 10 条数据曲线	涉及原始数据曲线共 8 条，包括地层测量、校正以及工具状态参数等曲线
	电缆测井	大满贯 _HRLA_HDRS_HGNS	阵列侧向、伽马、电阻率、中子、密度	las 文件共需提交 14 条测井曲线	涉及原始数据曲线共 239 条
		大满贯 _AIT_HGNS_HDRS	阵列感应、伽马、电阻率、中子、密度	las 文件共需提交 13 条测井数据曲线	涉及 277 条原始测井数据曲线
		大满贯 _QAIT_HAPS_HLDS	感应、伽马、电阻率、中子、密度	las 文件共需提交 13 条测井数据曲线	涉及原始数据曲线共 305 条
		核磁共振	CMR	las 文件共需提交 17 条测井数据曲线	涉及原始数据曲线共 94 条
		声波	DSI	las 文件共需提交 20 条测井数据曲线	涉及原始数据曲线共 94 条
贝克休斯	随钻测井	OnTrak	伽马、电阻率	包含伽马、电阻率的测井 las 文件共需提交 26 条数据曲线	涉及原始数据曲线共 45 条
		OnTrak+LithoTrak	伽马、电阻率、中子、密度	包含伽马、电阻率、密度、中子的 las 数据文件需提交 26 条数据曲线	涉及原始数据曲线共 55 条
		随钻声波	SoundTrak	las 文件共需提交 9 条数据曲线	涉及原始数据曲线共 9 条
		随钻核磁共振	MagTrak	las 文件共需提交 9 条数据曲线	涉及原始数据曲线共 16 条

续表

测井公司	测量方式	测量项目	仪器名称或曲线组合	las 文件要求	原始数据文件（CFF/DLIS/XTF）要求
贝克休斯	电缆测井	侧向大满贯	侧向、伽马、电阻率、中子、密度	las 文件共需提交 18 条数据曲线	涉及原始数据曲线共 18 条
		感应大满贯	感应、伽马、电阻率、中子、密度	las 文件共需提交 20 条数据曲线	涉及原始数据曲线共 20 条
		核磁共振	MREX	las 文件共需提交 10 条数据曲线	涉及原始数据曲线共 153 条
		测压取样	RCI	las 文件共需提交 10 条数据曲线	涉及原始数据曲线共 12 条
哈里伯顿	随钻测井	EWR−P4	伽马、电阻率	包含伽马、电阻率测井曲线的 las 文件共需提交 20 条数据曲线	涉及原始数据曲线共 29 条
		EWR−M5/ALD/CTN	伽马、电阻率 、中子、密度	包含伽马、电阻率、中子密度测井 las 文件共需提交 29 条数据曲线	涉及原始数据曲线共 46 条
		随钻核磁共振	伽马、电阻率、随钻核磁共振（MRIL_WD）	包含伽马、电阻率、随钻核磁共振（MRIL_WD）测井数据 las 文件共需提交 90 条数据曲线	涉及原始数据曲线共 46 条
		随钻声波	伽马、电阻率、随钻声波（XBATPLUS）	包含伽马、电阻率、随钻声波（XBAT−PLUS）的 las 数据文件共需提交 23 条数据曲线	涉及原始数据曲线共 32 条

附录 M 测井工具名称表

M.1 电缆测井工具名称表

序号	缩写	英语全称	汉语全称
1	4CAL	4-Arm Caliper Log	4 臂井径测井
2	AC	BHC Acoustic log	声波测井
3	BAL	Bond Attenuation Log	衰减固井质量测井
4	CBIL	Circumferential Borehole Imaging Log	井周成像测井
5	CBL	Acoustic Cement Bond Log	水泥胶结评价测井
6	CBMT	Cement Bond Imaging Logging Tool	水泥胶结成像测井仪
7	CC	Chemical Cutter	化学切割工具
8	CDL	Compensated Density log	补偿密度测井
9	CN	Compensated Neutron Log	补偿中子测井
10	DIFL	Dual Induction-Focused Log	双感应—聚焦测井
11	DLL	Dual Laterolog	双侧向测井
12	FMT	Formation Multi-Tester	重复地层测试
13	FPI	Free Point Indicator	卡点测量仪
14	GR	Gamma Ray	自然伽马
15	HDIL	High Difinition Induction Log	高分辨率感应测井
16	HDLL	High Difinition Latero Log	高分辨率侧向测井
17	MAC	Multipole Array Acoustic Log	多极子阵列声波测井
18	MLL	Micro Latero Log	微侧向测井
19	MRIL-P	Megnetic Resonance Imaging Log（Prime）	P 型核磁共振测井
20	NEU	Neutron Log	中子测井
21	RCI	Reservoir Characterization Instrument	储层描述仪
22	SBT	Segmented Bond Tool	扇区水泥胶结测井仪
23	SL	Spectralog	自然伽马能谱测井
24	SP	self potential	自然电位
25	STAR	Simultaneous Acoustic and Resistivity Imager	电阻率—声波成像仪
26	TTRM	Tension/Temperature/Resistivityof Mud	张力 / 温度 / 钻井液电阻率
27	VSP	Vertical Seismic Profile	垂直地震剖面

续表

序号	缩写	英语全称	汉语全称
28	XMAC	Cross Multipole Array Acostic log	交叉多极子阵列声波
29	ZDL	Compensated Z−Density log	Z− 密度测井
30	EAIL	ELISArray Induction Log	阵列感应测井仪
31	ECBI	ELIS Circumferential Borehole Imaging Tool	井周声波成像测井仪
32	EDLT	Enhanced Dual Laterolog Tool	增强型双侧向测井仪
33	EDAT	ELIS Digital Acoustic Logging Tool	数字声波测井仪
34	EFET	Enhanced Formation Evaluation Tool	增强型地层评价测试仪
35	EFDT	Enhanced Formation Dynamics Tester	增强型地层动态测试仪
36	EMAT	ELIS Multipole Acoustic Tool	阵列声波测井仪
37	ERMI	Enhanced Resistivity Micro Imager	增强型微电阻率扫描成像测井仪
38	ERSC	Enhanced Rotary sidewall coring Tool	旋转式井壁取心仪
39	ESWC	ELIS Sidewall Core gun	撞击式井壁取心
40	EXDT	ELIS Cross Dipole Array Sonic Tool	交叉偶极子阵列声波测井仪
41	ADN	Azimuthal Density Neutron Tool	方位密度中子仪
42	ADT	Dielectric Scanner	介电扫描仪
43	AIT	Array Induction Imager Tool	阵列感应成像仪
44	APS	Accelerator Porosity Sonde	阵列孔隙度测量仪
45	ARI	Azimuthal Resistivity Imager	方位电阻率成像仪
46	CDR	Compensated Dual Resistivity	井眼补偿双电阻率仪器
47	CHDT	Cased Hole Dynamics Tester	套管井地层动态测试器
48	CHFR−Plus	Cased Hole Formation Resistivity Plus	过套管地层电阻率测井仪
49	CHFR−Slim	Cased Hole Formation Resistivity Slim	小井眼套管地层电阻率测井仪
50	CMR−Plus	Combinable Magnetic Resonance Tool	组合式核磁共振测井仪
51	CSI	Combinable Seismic Imager	组合式地震成像仪
52	DSI	Dipole Shear Sonic Imager	偶极子声波成像仪
53	ECS	Elemental Capture Sonde	元素俘获能谱仪
54	EMS	Environmental Measurement Sonde	井眼环境测量仪
55	FMI	Fullbore Formation MicroImager	全井眼地层微电阻率成像仪
56	FPIT	Free Point Indicator Tool	自由点检测仪

续表

序号	缩写	英语全称	汉语全称
57	GPIT	General Purpose Inclinometry Tool	通用测斜仪
58	GST	GeoSteering Tool	地质导向仪
59	HAPS	Xtreme Accelerator Porosity Sonde	高温阵列孔隙度测量仪
60	HRLA	High−Resolution Laterolog Array Tool	高分辨率阵列侧向仪
61	IBC	Imager Behind Casing	套后成像测井
62	IPL	Integrated Porosity Lithology	综合孔隙度岩性测井仪
63	MDT	Modular Formation Dynamics Tester	模块式地层动态测试器
64	MSCT	Mechanical Sidewall Coring	机械式旋转井壁取心器
65	OBMI	Oil−Base MicroImager	油基微电阻率成像仪
66	RST	Reservoir Saturation Tool	油藏饱和度仪
67	UBI	Ultrasonic Borehole Imager	超声波井眼成像仪
68	VSI	Versatile Seismic Imager	多功能地震成像仪

M.2　随钻测井工具名称表

序号	缩写	汉语全称	公司
1	CGR	自然伽马测井	中海油服
2	NBIG	近钻头伽马测井	中海油服
3	DGR	自然伽马测井	哈里伯顿
4	ARC	感应电阻率测井	斯伦贝谢
5	EWR	电磁波传播电阻率测井	哈里伯顿
6	OnTrak	随钻电阻率测井	贝克休斯
7	AziTrak	方位电磁波传播电阻率测井	贝克休斯
8	ACPR	随钻感应电阻率测井	中海油服
9	LDI−INP	随钻中子密度测井	中海油服
10	ADN	方位中子密度	斯伦贝谢
11	ALD	方位岩性密度	哈里伯顿
12	CTN	补偿超热中子	哈里伯顿
13	LithoTrak	随钻中子密度	贝克休斯

续表

序号	缩写	汉语全称	公司
14	QUAST	随钻四极子声波	中海油服
15	Sonic VISION	随钻声波	斯伦贝谢
16	SoundTrak	随钻声波	贝克休斯
17	IFPT	随钻测压	中海油服
18	StethoScope	随钻测压	斯伦贝谢
19	TestTrak	随钻测压	贝克休斯
20	GVR	侧向电阻率	斯伦贝谢
21	EcoScope	多功能随钻测井	斯伦贝谢
22	SeismicVISION	随钻地震	斯伦贝谢
23	PROVISION	随钻核磁共振	斯伦贝谢
24	MagTrak	随钻核磁共振	贝克休斯
25	StarTrak	高分辨率电阻率成像	贝克休斯
26	AFR	方位聚焦电阻率	哈里伯顿
27	ADR	方位探边电阻率	哈里伯顿
28	GeoTap	随钻测压	哈里伯顿
29	MRIL-WD	随钻核磁共振测井	哈里伯顿
30	Xbat	随钻声波	哈里伯顿
31	DWPR	随钻边界探测	中海油服
32	MAST	随钻阵列声波测井	中海油服
33	NeoScope	无化学源综合随钻测井	斯伦贝谢
34	SpectraSphere	随钻测压取样	斯伦贝谢
35	FasTrak	随钻测压取样	贝克休斯
36	SonicScope	随钻多极子声波测井	斯伦贝谢
37	PeriScope	多边界探测	斯伦贝谢
38	Welleader2.0	旋转导向系统	中海油服
39	AutoTrak G3.0	旋转导向系统	贝克休斯
40	GeoPilot	旋转导向系统	哈里伯顿
41	PowerDrive X6	旋转导向系统	斯伦贝谢

附录 N　测井曲线名称表

N.1　电缆测井曲线名称表

N.1.1　中海油服电缆测井曲线名称描述

名称		描述	单位
大满贯 SLAM（EAIL）	DEPT	Depth	m
	GR	Gamma Ray	API
	CNCF	Normalized Compensated Neutron Porosity	p.u.
	CAL	Caliper from ZDT	in
	ZDEN	Formation Bulk Density	g/cm^3
	ZCORR	Density Correction	g/cm^3
	PE	Photo Electric Cross-Section	bar/e
	DT24	Fast DeltaT Slowness	μs/ft
	M2R1	Vert.Resolution Matched（2ft）Res-DOI 10 Inch	Ω·m
	M2R2	Vert.Resolution Matched（2ft）Res-DOI-DOI 20 Inch	Ω·m
	M2R3	Vert.Resolution Matched（2ft）Res-DOI-DOI 30 Inch	Ω·m
	M2R6	Vert.Resolution Matched（2ft）Res-DOI-DOI 60 Inch	Ω·m
	M2R9	Vert.Resolution Matched（2ft）Res-DOI-DOI 90 Inch	Ω·m
	M2RX	Vert.Resolution Matched（2ft）Res-DOI-DOI 120 Inch	Ω·m
	SPDH	Spontaneous Potential Processed in Common Remote	mV
	TEN	Differential Tension	lbf
	BIT	Bit Size	in
大满贯 SLAM（EALT）	DEPT	Depth	m
	SPDH	Spontaneous Potential Processed in Common Remote	mV
	CNCF	Field Normalized Compensated Neutron Porosity	p.u.
	ZDEN	Formation Bulk Density	g/cm^3
	ZCORR	Density Correction	g/cm^3
	PE	Photo Electric Cross-Section	bar/e
	DT24	Fast DeltaT Slowness	μs/ft

续表

名称		描述	单位
大满贯 SLAM（EALT）	MLR1C	ABC Corrected MLR1	Ω·m
	MLR2C	ABC Corrected MLR2	Ω·m
	MLR3C	ABC Corrected MLR3	Ω·m
	MLR4C	ABC Corrected MLR4	Ω·m
	RXOM	Array Laterolog Inversion Flushed Zone Resistivity	Ω·m
	RTM	Array Laterolog Inversion True Resistivity	Ω·m
	CHAD	Characteristic Caliper Diameter	in
	GR	Gamma Ray	API
	TEN	Differential Tension	lbf
	BIT	Bit Size	in
电成像 ERMI	DEPT	Depth	m
	GR	Gamma Ray	API
	TEN	Differential Tension	lbf
	AZI1	azimuth of OGIT71 pad1	（°）
	DEVI	Borehole Deviation of OGIT71	（°）
	HAZI	DRIFT AZIMUTH of OGIT71	（°）
	DAZOD	Borehole Deviation Azimuth	（°）
	DEVOD	Borehole Deviation	（°）
	CHAD	Characteristic caliper diameter	in
声成像 CBIT	DEPT	Depth	m
	GR	Gamma Ray	API
	DAZOD	Borehole Deviation Azimuth	（°）
	DEVOD	Borehole Deviation	（°）
	ARAD1	Radius1	in
	ARAD2	Radius2	in
	ARAD3	Radius3	in
	ARAD4	Radius4	in
	TEN	Differential Tension	lbf

续表

名称		描述	单位
核磁共振 EMRT	DEPT	Depth	m
	GR	Gamma Ray	API
	TEN	Differential Tension	lbf
	PMT	Total Porosity	p.u.
	PME	Effective Porosity	p.u.
	PMF	Moveable Water Porosity	p.u.
	KSDR	Permeability of SDR	mD
	KTIM	Permeability of Timur/Coates	mD
	T2LM	T2LM	ms
测压取样 EFDT	TIME	Index	ms
	GR	Gamma Ray	API
	QPG1	Quartz pressure gauge 1	psi
	QPG2	Quartz pressure gauge 2	psi
	QPG1T	QPG 1 Temperature	℃
	QPG2T	QPG 2 Temperature	℃
	FDEN	Fluid density	g/cm^3
	COND2	Conductivity 2	S/m
	PVOL	Pump volume in seconds	cm^3
	VOL	Pump Volume	cm^3
	TEN	Differential Tension	lbf
固井质量 CBMT	DEPT	Depth	m
	GR	Gamma Ray	API
	TEN	Differential Tension	lbf
	CCL	Casing Collar Locator	mV
	DTMN	Minimal Delta−T	μs/ft
	DTMX	Maximal Delta−T	μs/ft
	ATC1	Attenuation Pad1	dB/ft
	ATC2	Attenuation Pad2	dB/ft
	ATC3	Attenuation Pad3	dB/ft

续表

名称		描述	单位
固井质量 CBMT	ATC4	Attenuation Pad4	dB/ft
	ATC5	Attenuation Pad5	dB/ft
	ATC6	Attenuation Pad6	dB/ft
	ATAV	Average Attenuation	dB/ft
	AMAV	Average Amplitude	mV
	ATMX	Attenuation Maximum	dB/ft
	ATMN	Attenuation Minimum	dB/ft
	RB	Relative Bearing（Pad2 to Low Side of Borehole）	（°）

N.1.2 SLB 电缆测井曲线名称描述

名称		描述	单位
大满贯_ HRLA_ HDRS_ HGNS	DEPT	Depth Index	m
	CALI	Caliper	in
	BS	Bit Size	in
	RLA5	Apparent Resistivity from Computed Focusing Mode 5	Ω·m
	RLA4	Apparent Resistivity from Computed Focusing Mode 4	Ω·m
	RLA3	Apparent Resistivity from Computed Focusing Mode 3	Ω·m
	RLA2	Apparent Resistivity from Computed Focusing Mode 2	Ω·m
	RLA1	Apparent Resistivity from Computed Focusing Mode 1	Ω·m
	RHOZ	Standard Resolution Formation Density	g/cm^3
	PEFZ	Standard Resolution Formation Photoelectric Factor	bar/e
	TNPH	Thermal Neutron Porosity（Ratio Method）in Selected Lithology	p.u.
	DTSM	Delta−T Shear	μs/ft
	DTCO	Delta−T Compressional	μs/ft
	GR	Gamma Ray	API
大满贯_ AIT_HDRS_ HGNS	DEPT	Depth Index	m
	BS	Bit Size	in
	CALI	Caliper	in
	AT90	Array Induction Two Foot Resistivity A90	Ω·m

续表

名称		描述	单位
大满贯_AIT_HDRS_HGNS	AT60	Array Induction Two Foot Resistivity A60	Ω·m
	AT30	Array Induction Two Foot Resistivity A30	Ω·m
	AT20	Array Induction Two Foot Resistivity A20	Ω·m
	AT10	Array Induction Two Foot Resistivity A10	Ω·m
	RHOZ	Standard Resolution Formation Density	g/cm^3
	PEFZ	Standard Resolution Formation Photoelectric Factor	bar/e
	TNPH	Thermal Neutron Porosity（Ratio Method）in Selected Lithology	p.u.
	DTSM	Delta−T Shear	μs/ft
	DTCO	Delta−T Compressional	μs/ft
	GR	Gamma Ray	API
大满贯（高温高压）_QAIT_HAPS_HLDS	DEPT	Depth Index	m
	AT10	Array Induction Two Foot Resistivity A10	Ω·m
	AT20	Array Induction Two Foot Resistivity A20	Ω·m
	AT30	Array Induction Two Foot Resistivity A30	Ω·m
	AT60	Array Induction Two Foot Resistivity A60	Ω·m
	AT90	Array Induction Two Foot Resistivity A90	Ω·m
	PEF	Photoelectric Factor	bar/e
	DRHO	Bulk Density Correction	g/cm^3
	APLC	Near/Array Corrected Limestone Porosity	ft^3/ft^3
	RHOB	Bulk Density	g/cm^3
	TENS	Cable Tension	lbf
	STIT	Stuck Tool Indicator，Total	m
	GR	Gamma Ray	API
	CALI	Caliper	in
	AE10	Array Induction Resistivity Environmentally Compensated Log Processing AE10	Ω·m
	AE20	Array Induction Resistivity Environmentally Compensated Log Processing AE20	Ω·m

续表

名称		描述	单位
大满贯（高温高压）_QAIT_HAPS_HLDS	AE30	Array Induction Resistivity Environmentally Compensated Log Processing AE30	Ω·m
	AE60	Array Induction Resistivity Environmentally Compensated Log Processing AE60	Ω·m
	AE90	Array Induction Resistivity Environmentally Compensated Log Processing AE90	Ω·m
	AF10	Array Induction Four Foot Resistivity A10	Ω·m
	AF20	Array Induction Four Foot Resistivity A20	Ω·m
	AF30	Array Induction Four Foot Resistivity A30	Ω·m
	AF60	Array Induction Four Foot Resistivity A60	Ω·m
	AF90	Array Induction Four Foot Resistivity A90	Ω·m
	AO10	Array Induction One Foot Resistivity A10	Ω·m
	AO20	Array Induction One Foot Resistivity A20	Ω·m
	AO30	Array Induction One Foot Resistivity A30	Ω·m
	AO60	Array Induction One Foot Resistivity A60	Ω·m
	AO90	Array Induction One Foot Resistivity A90	Ω·m
元素测井 ECS	DEPT	Depth Index	m
	DWCA_WALK2_MI	DWCA_WALK2 Minus Uncertainty	
	DWSU_WALK2_MI	DWSU_WALK2 Minus Uncertainty	
	DWFE_WALK2_MI	DWFE_WALK2 Minus Uncertainty	
	DWTI_WALK2_MI	DWTI_WALK2 Minus Uncertainty	
	DWSI_WALK2_MI	DWSI_WALK2 Minus Uncertainty	
	DWAL_WALK2_MI	DWAL_WALK2 Minus Uncertainty	
	DWSI_WALK2_PL	DWSI_WALK2 Plus Uncertainty	
	DWAL_WALK2_PL	DWAL_WALK2 Plus Uncertainty	
	DWCA_WALK2_PL	DWCA_WALK2 Plus Uncertainty	
	DWSU_WALK2_PL	DWSU_WALK2 Plus Uncertainty	
	DWFE_WALK2_PL	DWFE_WALK2 Plus Uncertainty	
	DWTI_WALK2_PL	DWTI_WALK2 Plus Uncertainty	

续表

名称		描述	单位
元素测井 ECS	DWFE_WALK2	Dry Weight Fraction Iron + 0.14 Aluminum（SpectroLith WALK2 Model）	lbf/lbf
	DXFE_WALK2	Dry Weight Fraction Excess Iron（SpectroLith WALK2 Model）	lbf/lbf
	DWCA_WALK2	Dry Weight Fraction Calcium（SpectroLith WALK2 Model）	lbf/lbf
	DWSI_WALK2	Dry Weight Fraction Silicon（SpectroLith WALK2 Model）	lbf/lbf
	DWSU_WALK2	Dry Weight Fraction Sulfur（SpectroLith WALK2 Model）	lbf/lbf
	DWTI_WALK2	Dry Weight Fraction Titanium（SpectroLith WALK2 Model）	lbf/lbf
	DWAL_WALK2	Dry Weight Fraction Pseudo Aluminum（SpectroLith WALK2 Model）	lbf/lbf
	GR	Gamma Ray	API
	TENS	Cable Tension	lbf
	CS	Cable Speed	ft/h
核磁共振 CMR	DEPT	Depth Index	m
	GR_CAL	Calibrated Gamma Ray	API
	MFF2	Magnetic Resonance Free Fluid Volume from Cutoff 2	m^3/m^3
	MFF3	Magnetic Resonance Free Fluid Volume from Cutoff 3	m^3/m^3
	MFF4	Magnetic Resonance Free Fluid Volume from Cutoff 4	m^3/m^3
	MFF5	Magnetic Resonance Free Fluid Volume from Cutoff 5	m^3/m^3
	MFF6	Magnetic Resonance Free Fluid Volume from Cutoff 6	m^3/m^3
	TENS	Cable Tension	lbf
	HTEN	Head Tension	lbf
	FFV_3MS	Free Fluid Volume using 3-ms Cutoff	m^3/m^3
	MRP	Magnetic Resonance Porosity	m^3/m^3
	FFV	Free Fluid Volume	m^3/m^3
	KSDR	SDR Permeability	mD
	KTIM	Timur/Coates Permeability	mD
	T2CUTOFF	T2 Cutoff	ms
	T2LM_DI	Logarithmic Mean of T2 Distribution（Diffusion Included）	ms
	GTEM	Generalized Borehole Temperature	℃

续表

名称		描述	单位
声波 DSI	DEPT	Depth Index	m
	DEPTH	Depth Index	m
	HTEN	Head Tension	lbf
	GR	Gamma Ray	API
	HD1	Hole Diameter 1	in
	HD2	Hole Diameter 2	in
	DCI1	Data Copy Indicator−Lower Dipole	
	DTCO	Delta−T Compressional	μs/ft
	DTSM	Delta−T Shear	μs/ft
	A_X	Acceleration X−Axis	m/s^2
	A_Y	Acceleration Y−Axis	m/s^2
	A_Z	Acceleration Z−Axis	m/s^2
	FINC	Magnetic Field Inclination	(°)
	FNOR	Magnetic Field Intensity Computed Norm	mT
	F_X	Magnetometer X−Axis	mT
	F_Y	Magnetometer Y−Axis	mT
	F_Z	Magnetometer Z−Axis	mT
	HAZI	Hole Azimuth Relative to True North	(°)
	HAZIM	Memorized Hole Azimuth	(°)
	SDEV	Sonde Deviation	(°)
成像 FMI	DEPT	DEPTH（BOREHOLE）	m
	C1	Caliper 1	in
	C2	Caliper 2	in
	EV	EMEX Voltage	V
	EI	EMEX Current	mA
	GR_EDTC	Gamma Ray	API
井径 PPC	DEPT	Depth Index	m
	DEPTH	Depth Index	m
	HTEN	Head Tension	lbf

续表

名称		描述	单位
井径 PPC	GR	Gamma Ray	API
	HD1	Hole Diameter 1	in
	HD2	Hole Diameter 2	in
	DCI1	Data Copy Indicator−Lower Dipole	
	DTCO	Delta−T Compressional	μs/ft
	DTSM	Delta−T Shear	μs/ft
	A_X	Acceleration X−Axis	m/s^2
	A_Y	Acceleration Y−Axis	m/s^2
	A_Z	Acceleration Z−Axis	m/s^2
	FINC	Magnetic Field Inclination	(°)
	FNOR	Magnetic Field Intensity Computed Norm	mT
	F_X	Magnetometer X−Axis	mT
	F_Y	Magnetometer Y−Axis	mT
	F_Z	Magnetometer Z−Axis	mT
	HAZI	Hole Azimuth Relative to True North	(°)
	HAZIM	Memorized Hole Azimuth	(°)
	SDEV	Sonde Deviation	(°)
套后固井 质量 IBC	DEPT	Depth Index	m
	AIMN	Acoustic Impedance Minimum	Mralys
	AIMX	Acoustic Impedance Maximum	Mralys
	AIAV	Acoustic Impedance Average	Mralys
	UCAZ	Ultrasonic Azimuth	(°)
	AZEC	Azimuth of Eccentering	(°)
	RSAV	Motor Revolution Speed	cm^3/s
	UFAN	Minimum Flexural Attenuation	dB/m
	UFAV	Average Flexural Attenuation	dB/m
	UFAX	Maximum Flexural Attenuation	dB/m
	AWMX	Amplitude of Wave Maximum	dB
	AWMN	Amplitude of Wave Minimum	dB

续表

名称		描述	单位
套后固井质量 IBC	AWAV	Amplitude of Wave Average	dB
	CCLU	Casing Collar Locator Ultrasonic	in
	ECCE	Amplitude of Eccentering	in
	USLGWR	SLG White Points Ratio	
	USLGLR	SLG Liquid Ratio	
	USLGCR	SLG Cement Ratio	
	STIT	Stuck Tool Indicator，Total	m
	GR	Gamma Ray	API
固井质量 CBL	DEPT	Depth Index	m
	GR	Gamma Ray	API
	DATN	Discriminated BHC Attenuation	dB/m
	DCBL	Synthetic CBL from Discriminated Attenuation	mV
	CTEM	Cartridge Temperature	℃
	TENS	Cable Tension	lbf
	TT3_5F_AVE_MLH	Transit Time 3.5ft Average from Monopole Lower High Frequency Waveform	μs
	TT3_5F_AVE_MUH	Transit Time 3.5ft Average from Monopole Upper High Frequency Waveform	μs
	TT3F_AVE_MLH	Transit Time 3ft Average from Monopole Lower High Frequency Waveform	μs
	TT3F_AVE_MUH	Transit Time 3ft Average from Monopole Upper High Frequency Waveform	μs
介电扫描 ADT	DEPT	Depth Index	m
	PHIZ	Intergranular Porosity	m^3/m^3
	PWXO	Invaded Zone Water−filled Porosity	m^3/m^3
	RXO	Flushed Zone Resistivity	Ω·m
	THMC	Mudcake Thickness	in
	CALI	Caliper	in
	BS	Bit Size	in
	WSALXO	Invaded Zone Water Salinity	mg/L
	GR	Gamma Ray	API

N.1.3 贝克休斯电缆测井曲线名称描述

名称		描述	单位
大满贯 SLAM（RTeX）	DEPT	Depth	m
	CALX	Caliper from *X*-axis of XY caliper（s）	in
	DT24	Slowness over 24-inch interval	μs/ft
	GR	Gamma ray	API
	KTH	Stripped potassium-thorium	API
	K	Potassium content	%
	TH	Thorium concentration	mg/L
	U	Uranium content	mg/L
	MLR1C	RTeX shallow resistivity 1，adaptive borehole correction	Ω·m
	MLR2C	RTeX shallow resistivity 2，adaptive borehole correction	Ω·m
	MLR3C	RTeX medium resistivity 3，adaptive borehole correction	Ω·m
	MLR4C	RTeX deep resistivity 4，adaptive borehole correction	Ω·m
	RMLL	Resistivity	Ω·m
	RTM	MultiLaterolog inversion true resistivity	Ω·m
	RXOM	MultiLaterolog inversion flushed zone resistivity	Ω·m
	SPWDH	Electrode sub processed downhole	mV
	ZCOR	Density correction	g/cm^3
	ZDEN	Formation bulk density	g/cm^3
	PE	Photo electric cross-section	bar/e
	CNCF	Field normalized compensated neutron porosity	p.u.
大满贯 SLAM（HDIL）	DEPT	Index	m
	GR	Gamma Ray	API
	CNCF	Field Normalized Compensated Neutron Porosity	p.u.
	ZDEN	Formation Bulk Density	g/cm^3
	ZCORR	Density Correction	g/cm^3
	PE	Photo Electric Cross-Section	bar/e
	CHAD	Characteristic Caliper Diameter	in
	DAZOD	Borehole Deviation Azimuth	（°）

续表

名称		描述	单位
大满贯 SLAM （HDIL）	DEVOD	Borehole Deviation	（°）
	DT24	Fast DeltaT Slowness	μs/ft
	M2R1	Vert. Resolution Matched（2ft）Res-DOI 10 inch	Ω·m
	M2R2	Vert. Resolution Matched（2ft）Res-DOI-DOI 20 inch	Ω·m
	M2R3	Vert. Resolution Matched（2ft）Res-DOI-DOI 30 inch	Ω·m
	M2R6	Vert. Resolution Matched（2ft）Res-DOI-DOI 60 inch	Ω·m
	M2R9	Vert. Resolution Matched（2ft）Res-DOI-DOI 90 inch	Ω·m
	M2RX	Vert. Resolution Matched（2ft）Res-DOI-DOI 120 inch	Ω·m
	SPDH	Spontaneous Potential Processed in Common Remote	mV
	TTEN	Total Tension	lbf
核磁共振 MREX	DEPT	Depth	m
	GR	Gamma ray	API
	MBVI	MR DMTW irreducible porosity	p.u.
	MBVM	MR DMTW moveable porosity	p.u.
	MCBW	MR DMTW clay bound porosity	p.u.
	MPHE	MR effective porosity	p.u.
	MPHS	MR total porosity	p.u.
	MCBWL	MR T2 Clay bound water cutoff	ms
	MBVIL	MR T2 BVI cutoff	ms
	MPERM	MR DMTW permeability index	mD
声电成像 STAR	AZST_S	—	（°）
	DAZST_S	—	（°）
	DEVST_S	Deviation for STAR	（°）
	RBST_S	Relative bearing（relative to borehole high side）for STAR	（°）
	GR_STAR	Gamma ray	API
	CAL	Caliper	in
测压取样 RCI	TIME	System time since record start	s
	SEC	Time in seconds	s
	TIME	System time since record start	ms

续表

名称		描述	单位
测压取样 RCI	APQL	1970LB Quartzdyne gauge pressure	psi
	BUQC	Build-up quality curve	psi/min
	DPTL	1970LB differential pressure	psi/min
	BVOL	Borehole volume	L
	DDV	Drawdown volume	cm^3
	DEPTH	System depth	m
	MIN	Time in minutes	min
	RTDQL	1970LA Quartzdyne pressure gauge temperature	℃
	WTBH	Temperature of borehole	℃
	TTEN	Total tension	lbf
元素测井 FLEX	DEPT	Depth	m
	BIT	Bit size **MERGED**	in
	CAL	Caliper **MERGED**	in
	GLIT	General lithology **MERGED**	
	GRDENMIN	Grain density **MERGED**	g/cm^3
	GRSLC	Gamma ray from 1329 spectrum，borehole corrected **MERGED**	API
	KTHC	Stripped potassium-thorium，borehole corrected **MERGED**	API
	KC	Potassium content，borehole corrected **MERGED**	%
	UK	Potassium concentration，uncertainty **MERGED**	%
	SIGF	Sigma formation，apparent **MERGED**	c.u.
	SLIT	Specific lithology **MERGED**	
	TEN	Differential tension **MERGED**	lbf
	THC	Thorium concentration，borehole corrected **MERGED**	mg/L
	UC	Uranium content，borehole corrected **MERGED**	mg/L
	UTH	Thorium concentration，uncertainty **MERGED**	mg/L
	UU	Uranium concentration，uncertainty **MERGED**	mg/L

N.2　随钻测井曲线名称表

N.2.1　中海油服 CGR/ACPR/LDI/INP 测井曲线名称描述

名称	描述	单位
DEPT	深度	m
TVD	垂深	m
PGRCm	自然伽马	API
RCPSHM	2MHz 短源距 相位移电磁波传播电阻率	Ω·m
RCPLLM	400kHz 长源距 相位移电磁波传播电阻率	Ω·m
RCPSLM	400kHz 短源距相位移电磁波传播电阻率	Ω·m
RCPLHM	2MHz 长源距相位移电磁波传播电阻率	Ω·m
RCALLM	400kHz 长源距振幅衰减电磁波传播电阻率	Ω·m
RCASLM	400kHz 短源距振幅衰减电磁波传播电阻率	Ω·m
RCASHM	2MHz 短源距振幅衰减电磁波传播电阻率	Ω·m
RCALHM	2MHz 长源距振幅衰减电磁波传播电阻率	Ω·m
DenBest2	体积密度	g/cm^3
ZcorBest2	密度校正值	g/cm^3
PeBest1	光电吸收截面指数	bar/e
POR3	平均中子孔隙度	p.u.
USD	井径	in
ROP	钻速	m/h

N.2.2　斯伦贝谢 NeoScope 测井曲线名称描述

名称	描述	单位
DEPT	深度	m
TVD	垂深	m
ROP5	钻速	m/h
GR	自然伽马	API
P16H	2MHz 16in 相位移电磁波传播电阻率	Ω·m
P22H	2MHz 22in 相位移电磁波传播电阻率	Ω·m
P28H	2MHz 28in 相位移电磁波传播电阻率	Ω·m
P34H	2MHz 34in 相位移电磁波传播电阻率	Ω·m

续表

名称	描述	单位
P40H	2MHz 40in 相位移电磁波传播电阻率	Ω·m
A16H	2MHz 16in 振幅衰减电磁波传播电阻率	Ω·m
A22H	2MHz 22in 振幅衰减电磁波传播电阻率	Ω·m
A28H	2MHz 28in 振幅衰减电磁波传播电阻率	Ω·m
A34H	2MHz 34in 振幅衰减电磁波传播电阻率	Ω·m
A40H	2MHz 40in 振幅衰减电磁波传播电阻率	Ω·m
RHON	体积密度	g/cm^3
TNPH	平均中子孔隙度	p.u.
UCAV	平均井径	in
BS	钻头直径	in
TAB_RES	电阻率测井滞后时间	h
TAB_DEN	密度测井滞后时间	h

N.2.3　斯伦贝谢 SADN 测井曲线名称描述

名称	描述	单位
DEPT	DEPTH	m
TVD	True Vertical Depth	m
ROP5	Rate of penetration averaged over the last 5ft（1.5m）	m/h
BS	Bit Size	in
DCAV	Density Caliper，Average−filtered if Orion compressed	in
DRHO	Bulk Density Correction	g/cm^3
DRHB	Bulk Density Correction，Bottom	g/cm^3
DRHU	Bulk Density Correction，Up	g/cm^3
ROBB	Bulk Density，Bottom	g/cm^3
ROBU	Bulk Density，Up	g/cm^3
RHOB	Bulk Density	g/cm^3
PEB	Photoelectric Factor，Bottom−filtered	
PEF	Photoelectric Factor−filtered	
PEU	Photoelectric Factor，Up−filtered	
TNPH	Thermal Neutron Porosity（Ratio Method）in Selected Lithology	p.u.
TNRA	Thermal Neutron Ratio	

N.2.4 斯伦贝谢侧向电阻率 GVR 测井曲线名称描述

名称	描述	单位
DEPT	DEPTH	m
TVD	True Vertical Depth	m
ROP5	Rate of penetration averaged over the last 5ft（1.5m）	m/h
GR	Gamma Ray	API
RES_BD	Deep Button Resistivity	Ω·m
RES_BIT	Bit Resistivity	Ω·m
RES_BM	Medium Button Resistivity	Ω·m
RES_BS	Shallow Button Resistivity	Ω·m
RES_RING	Ring Resistivity	Ω·m

N.2.5 斯伦贝谢声波 SonicVISION 测井曲线名称描述

名称	描述	单位
DEPT	DEPTH	m
DTCO	Compressional Slowness	μs/ft
DTSH	Shear Slowness	μs/ft
GRMA	Gamma Ray，Average	API
TICO_MPS	Compressional integrated transit time for reference receiver	μs
TISH_MPS	Shear integrated transit time for reference receiver	μs
TICO_MPS	Compressional integrated transit time for reference receiver	μs
UCAV	Ultrasonic Caliper Average	in

N.2.6 斯伦贝谢核磁共振 proVISION 测井曲线名称描述

名称	描述	单位
DEPT	DEPTH	m
TVD	True Vertical Depth	m
ROP5	Rate of penetration averaged over the last 5ft（1.5m）	m/h
CRPM	Collar Rotational Speed	c/min
GR	Gamma Ray	API
BS	Bit Size	in

续表

名称	描述	单位
BFV	Bound Fluid Volume	p.u.
FFV	Free Fluid Volume	p.u.
MRP	Magnetic Resonance Porosity	p.u.
MRP_3MS	Magnetic Resonance Porosity using 3ms Cutoff	p.u.

N.2.7 贝克休斯 OnTrak-Lithotrak 测井曲线名称描述

名称	描述	单位
DEPT	深度	m
TVD	垂深	m
ROPA	钻速	m/h
GRCFM	自然伽马	API
RPCEHM	2MHz 长源距 相位移电磁波传播电阻率	Ω·m
RPCELM	400kHz 长源距 相位移电磁波传播电阻率	Ω·m
RPCESHM	2MHz 短源距 相位移电磁波传播电阻率	Ω·m
RPCESLM	400kHz 短源距 相位移电磁波传播电阻率	Ω·m
RACEHM	2MHz 长源距 相位移电磁波传播电阻率	Ω·m
RACELM	400kHz 长源距 振幅衰减电磁波传播电阻率	Ω·m
RACESHM	2MHz 短源距 振幅衰减电磁波传播电阻率	Ω·m
RACESLM	400kHz 短源距振幅衰减电磁波传播电阻率	Ω·m
BDCFM	体积密度	g/cm^3
DRHFM	密度校正值	g/cm^3
DPEFM	光电吸收截面指数	bar/e
NPCKLFM	平均中子孔隙度	p.u.
CALCFM	平均井径	in
BS	钻头直径	in
RPTHM	电阻率测井滞后时间	h
TVDM	井温	℃
ACTECDM	环空循环当量密度	g/cm^3
APRESXM	环空压力	psi
TCDXM	环空温度	℃

N.2.8 贝克休斯 SoundTrak 测井曲线名称描述

名称	描述	单位
DEPT	DEPTH	m
TVD	True Vertical Depth	m
DTC	Compressional wave slowness	μs/ft
DTS	Shear wave slowness	μs/ft
VPVS	Compressional to shear velocity ratio	—
DTST	Stoneley wave slowness	μs/ft

N.2.9 贝克休斯 MagTrak 测井曲线名称描述

名称	描述	单位
DEPT	DEPTH	m
TVD	True Vertical Depth	m
ROP_AVG	Depth Averaged ROP	m/h
TCDM	Downhole Temperature	℃
GRIM	Gamma Ray Data Point Indicator	—
MBVM	MagTrak Movable Fluid Porosity	p.u.
MPHS	MagTrak Total Porosity	p.u.
MPHE	MagTrak Effective Porosity	p.u.
MPERM	MagTrak Permeability Index	mD

N.2.10 哈里伯顿 DGR/EWR−P4/CTN/ALD 测井曲线名称描述

名称	描述	单位
DEPT	深度	m
TVD	垂深	m
DGRCC	自然伽马	API
R39PC	39in 相位移电磁波传播电阻率	Ω·m
R27PC	27in 相位移电磁波传播电阻率	Ω·m
R15PC	15in 相位移电磁波传播电阻率	Ω·m
R09PC	9in 相位移电磁波传播电阻率	Ω·m

续表

名称	描述	单位
R39AC	39in 振幅衰减电磁波传播电阻率	Ω·m
R27AC	27in 振幅衰减电磁波传播电阻率	Ω·m
R15AC	15in 振幅衰减电磁波传播电阻率	Ω·m
R09AC	9in 振幅衰减电磁波传播电阻率	Ω·m
ALCDLC	体积密度	g/cm^3
ALDCLC	密度校正值	g/cm^3
ALPELC	光电吸收截面指数	bar/e
TNPL	平均中子孔隙度	p.u.
ALHSI	密度井径	in